贵州印江洋溪自然保护区综合科学考察研究

Comprehensive scientific survey and research on Yangxi nature reserve in Yinjiang county of Guizhou province

主　编：朱　军　江亚猛　张安兵
副主编：李　茂　吴　华　熊源新

中国林业出版社

图书在版编目（CIP）数据

贵州印江洋溪自然保护区综合科学考察研究 / 朱军等主编. —北京：中国林业出版社，2016. 12
ISBN 978-7-5038-8834-2

Ⅰ. ①贵…　Ⅱ. ①朱…　Ⅲ. ①自然保护区-科学考察-考察报告-贵州　Ⅳ. ①S759. 992. 73

中国版本图书馆 CIP 数据核字(2016)第 314253 号

出版　中国林业出版社(100009　北京西城区德内大街刘海胡同 7 号)
电话　(010)83143581
发行　中国林业出版社
印刷　北京中科印刷有限公司
版次　2017 年 6 月第 1 版
印次　2017 年 6 月第 1 次
开本　889mm × 1194mm　1/16
印张　25
印数　1200 册
字数　792 千字

编辑委员会

单　位: 贵州省林业科学研究院

贵州省印江土家族苗族自治县林业局

主　编: 朱　军　江亚猛　张安兵

副主编: 李　茂　吴　华　熊源新

编　委(按姓氏笔画排序)

邓伦秀　冉景丞　朱　军　范云美　江亚猛　李筑眉　李从瑞

李　茂　朱惊毅　李秋华　安明态　张华海　张安兵　吴兴亮

吴　华　余登利　陈东升　陈会明　张明明　罗　扬　杨荣和

杨传东　杨成华　杨再华　苟光前　姜运力　高华端　徐　宁

谢双喜　雷孝平　熊源新　穆　彪　魏鲁明　魏　刚

贵州印江洋溪自然保护区科学考察团

团　长: 黎　平（贵州省林业厅厅长）

副团长: 陈代军(原印江自治县县委书记)

田　艳(印江自治县县委书记)

孙吉慧(贵州省林业厅野生动植物保护与自然保护区管理处处长)

冉景丞(贵州省林业厅野生动植物管理站站长)

罗　扬(贵州省林业科学研究院院长,研究员,博士)

张　智(原铜仁市林业局局长)

付　君(铜仁市林业局局长)

张浩然(印江自治县人民政府县长)

组织领导小组

组　长: 张浩然(印江自治县人民政府县长)

成　员: 朱　军(贵州省林业科学研究院副院长,研究员)

王朝文(印江自治县人大主任)

何圣仙(印江自治县政协主席)

田　猛(印江自治县人民政府副县长)

高世娟(铜仁市林业局副局长)

张安兵(印江自治县林业局局长)

考察学科组

基 础 组：朱 军　高华端　穆 彪　朱惊毅　杨婷婷　余登利　魏鲁明
陈东升　陈正仁　李 茂　吴 鹏　龚羿文　罗忠志　李振吉
兰洪波　刘 龙　肖 志　田 杰　孟 敏　熊应鸿　田如春
杨明富　邓 辉　代 江　代瑞华　任亚华　张 莉　刘 京

资源生态组：罗 扬　谢双喜　杨荣和　谢镇国　刘 飞　张文洁　唐 静
丁章超　高 江　蒙惠理　杨加文　姚世雄　陈 祥　张玉泉
王 英　谭志明　陈光德　张小玲　任晓英　罗时娟

植 物 组：熊源新　张华海　吴兴亮　李秋华　苟光前　杨传东　杨成华
李 磊　安明态　邓伦秀　范云美　姜运力　李从瑞　龚光禄
李新华　胡 韧　周金川　何 林　夏 欣　周书芹　钟世梅
吴菲菲　陈颜明　康 超　黄雁飞　潘明发　邹锡彬　黄 力
陈志萍　严丽蓉　王时霞　王 婷　冯邦贤　安黔宁　李光容
穆 君　汤升虎　王加国　李晓芳　李 鹤　韦堂灵　潘德权
田 凡　黄小龙　杨 洋　宋泽芬　林 虹　王加国　吴 华
田朝阳　徐 华　李秀斌　李应树　李朝彪　田 英　付泓桔
张 泓

动 物 组：李筑眉　张明明　江亚猛　杨再华　陈会明　魏 刚　徐 宁
雷孝平　张志升　张海波　王元顶　匡中凡　李 扬　朱秀娥
龙见坤　周 舜　王露雨　孟祥伟　谭贤明　严小波　陈天仁
黄 冰　任晓东　秦 进　王 蓉　吕敬才　李仕泽　张 红
洪 华　游云军　邹诗兵　陈 靖　罗新娅

序

贵州地处云贵高原向广西丘陵平原过渡的斜坡地带，山脉纵横、河流遍布，复杂的地形地貌和优越的水热条件，为生物的演化和发展提供了有利因素，加之贵州自三叠系以来就结束了海浸的历史，而第四纪冰期对一些沟谷地带影响较小，使高等陆生种子植物有了相对稳定的发育环境，使贵州发育历史较为古老的孑遗植物和特有动植物种类繁多，是我国的生物多样性热点地区。这样的本底资源和条件为我省保护区建设奠定了良好条件，经过近30多年的历程，已建立122个自然保护区，初步形成了较为完善的自然保护区网络，主要野生动植物物种得到有效保护。贵州省一直坚持生态优先、推动绿色发展，牢牢守住发展和生态两条底线，坚持人与自然和谐共处，努力实现百姓富与生态美的有机统一。自然保护区建设正是实现这一切的有力措施和重要途径。

贵州印江洋溪自然保护区位于梵净山、佛顶山、雷公山这三个国家级自然保护区之间，紧接梵净山，是串连贵州生态功能区划中黔东武陵山系的“黔东北梵净山森林生态系统生物多样性关键区域”及黔东南苗岭山系的“黔东苗岭东段雷公山常绿阔叶林生物多样性关键区域”的重要结点和生物通道驿站，是黔金丝猴的潜在分布地，是重要的生态廊道。保护区的建立，对于完善贵州省的自然保护区总体布局体系，解决贵州各自然保护区孤岛化、破碎化问题具有重要意义。

为了进一步深入掌握该保护区的本底资源，更加规范地进行保护管理，合理开发利用自然资源，2014年5月印江自治县县委、县政府委托贵州省林业厅组织贵州省林业科学研究院、贵州大学、贵州师范大学、贵州科学院、贵阳学院、贵州梵净山国家级自然保护区、贵州茂兰国家级自然保护区等十多个单位的植物、动物、生态、地质、土壤、气象、社会经济、自然保护等有关学科的专家学者100多人，组成贵州印江洋溪自然保护区科学考察团，围绕印江自治县拟建保护区及周边相关地区约30 000hm^{2}范围，经过近两年的外业考察、标本鉴定、样品分析和内业资料整理，结合其他考察资料，共完成了31个专题考察和综合考察报告的撰写，完成了这本《贵州印江洋溪自然保护区综合科学考察研究》。

《贵州印江洋溪自然保护区综合科学考察研究》为该保护区的正确评价、总体规划以及今后的保护管理和合理开发利用提供了科学研究和必要基础，同时也是贵州省自然保护区建设、生物多样性保护工作的又一重要成果。值此出版之际，我谨代表贵州省林业厅向在考察中辛勤工作的专家、教授、科技工作者以及当地党委政府的领导、同志、后勤人员表示崇高的敬意和衷心的感谢！

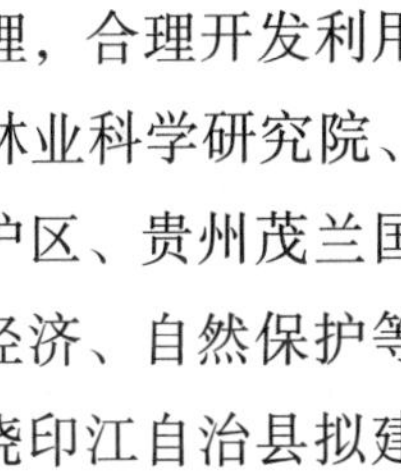

2017年5月

前 言

贵州印江洋溪自然保护区紧靠梵净山，与梵净山的植被相似，为以黔金丝猴为代表的珍稀动植物提供了更广阔的生存空间。保护区位于梵净山、佛顶山、雷公山这三个国家级自然保护区之间，是连接黔东武陵山系与黔东南苗岭山系的重要结点，是串连贵州生态功能区划中的“黔东北梵净山森林生态系统生物多样性关键区域”及“黔东苗岭东段雷公山常绿阔叶林生物多样性关键区域”的重要结点和生物通道驿站，更是正在申报的梵净山世界自然遗产的重要组成部分。保护区是乌江的重要流域，印江河、洋溪河的重要源头，其森林生态系统所发挥的保持水土和涵养水源功能，对保护下游地区人民正常的生产生活起着极为重要的作用。因此，对保护区内现有森林生态系统进行保护，无论是保护生物多样性，还是发挥其国土保安功能都具有重要意义。

印江土家族苗族自治县历届党委、政府均重视野生动植物保护工作，2000 年批准成立了印江洋溪县级自然保护区。由于多种历史原因，该保护区长期处于有保护区名称、无专职保护工作机构和人员编制、无保护设施建设和人员业务经费，资源本底不清，保护能力缺乏，管理水平较为低下的状态。

为进一步加强印江自治县生态文明建设，经县委、县政府研究决定将原县级自然保护区升级为省级自然保护区。为此，印江自治县县委、县政府于 2014 年 5 月委托贵州省林业厅组织，由贵州省林业科学研究院牵头，邀请了贵州大学、贵州师范大学、贵州科学院、贵阳学院、贵州梵净山国家级自然保护区、贵州茂兰国家级自然保护区等十多个单位的植物、动物、生态、地质、土壤、气象、社会经济、自然保护等有关学科的专家学者，组成贵州印江洋溪自然保护区科学考察团，围绕印江自治县拟建保护区及周边相关地区约 30 000hm^2 范围，开展深入的多学科综合科学考察工作，并据此提供自然保护区建设、发展的决策依据，以及制定切实可行的总体规划和详细的内部区划方案。

贵州印江洋溪自然保护区位于贵州省东北部、印江土家族苗族自治县东部，总面积 21 871. 48 hm^2，涉及洋溪、缠溪 2 个镇，杨柳、罗场、永义 3 个乡，包括 26 个行政村 80 个自然村寨 208 个村民组，共有 6 438 户 23 283 人。保护区属长江流域乌江水系，区内森林茂密，沟壑纵横，生境复杂多样，植物区系起源古老。境内以中亚热带常绿落叶阔叶次生植被为主，并保存有部分中亚热带常绿阔叶原生植被，物种丰富，现已调查记录的各类生物约有 2 500 种，珍稀濒危物种丰富，有国家 I 级保护野生动植物 4 种（植物 2 种，动物 2 种）、II 级保护野生动植物 27 种（植物 7 种，动物 20 种），发现植物新种 1 种，中国大陆新纪录植物 1 种，贵州新纪录植物 1 种。

总体上，贵州印江洋溪自然保护区具有重要的生态区位，典型的森林植被，多样的物种与生态系统，珍稀的动植物，脆弱的生态环境，自然的森林群落，原生态的感染力，适宜的保护面积以及独特的科研价值。

本次科学考察，得到贵州省林业厅、贵州省环保厅、铜仁市林业局以及当地政府的大力支持和帮助，在此一并致谢！

由于时间仓促，涉及学科众多，编辑过程中难免有疏漏和不足，望广大读者不吝赐教。

编者

2015 年 6 月

贵州印江洋溪自然保护区区位图

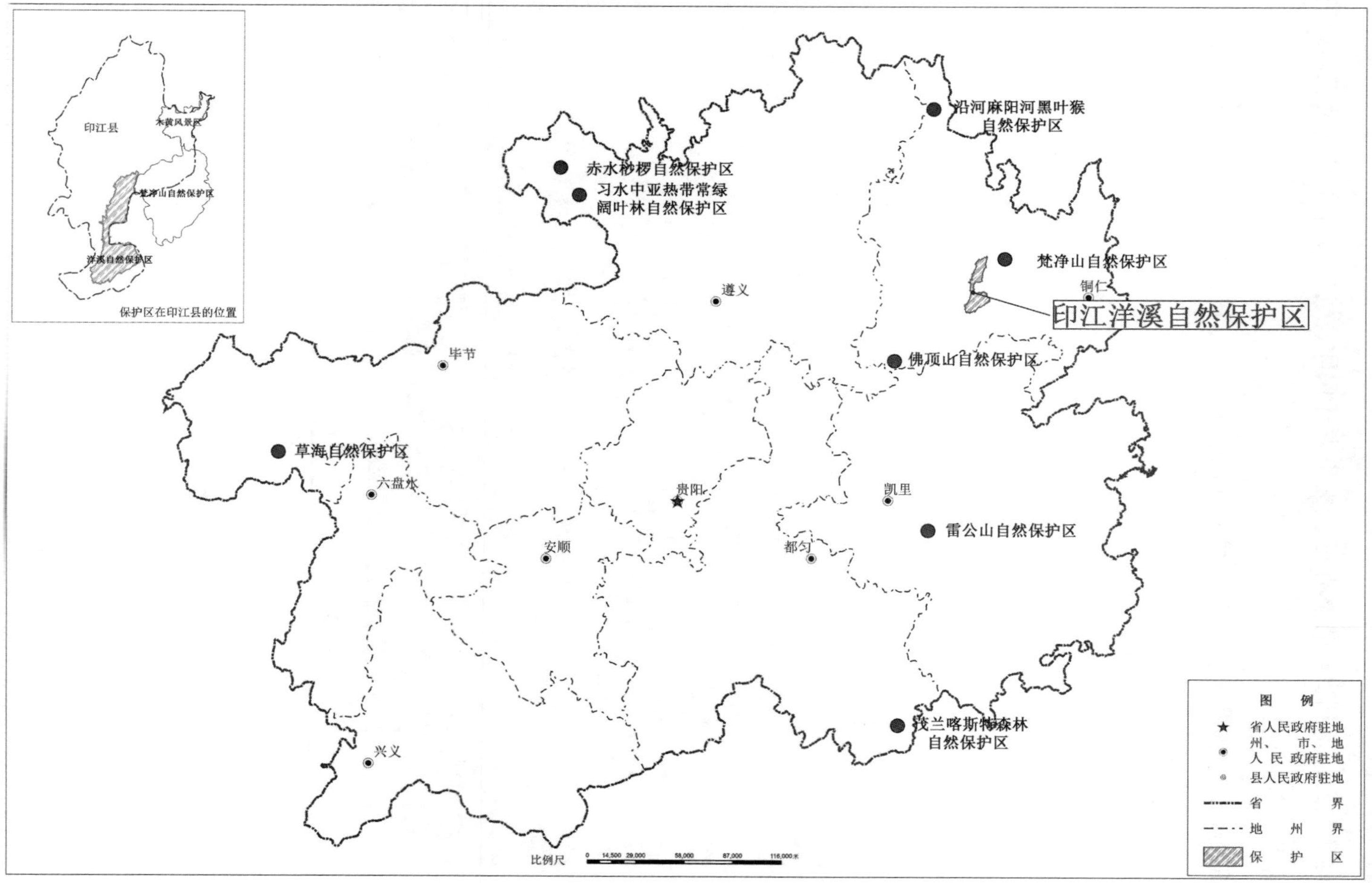

目　录

第一章　总　论

贵州印江洋溪自然保护区地处贵州省东北部，印江土家族苗族自治县东部，东西宽22.5km，南北长19.9km，总面积21871.48hm^2，地理位置为北纬27°36′50.6″~27°57′28″，东经108°26′15″~108°36′31.9″。保护区行政区域隶属于贵州省铜仁市印江土家族苗族自治县，面积涉及5个乡镇的26个行政村。

第一节　自然地理环境概况

一、地质地貌

洋溪自然保护区地处梵净山窿起和黔北坳陷的交接地带，褶皱与断裂发育，构造线呈北东—南西向延伸。受新生代喜马拉雅运动和新构造运动的影响，保护区以拱形运动为主，形成大的山体和凸状坡地。区内从茶园—打杵坳—桅杆至洋溪，形成以寒武系地层为核心，奥陶系和志留系地层为两翼的近南北向的典型背斜构造，背斜受地应力挤压、拉伸的作用，发育了一系列走向正断层，如赵家坪—大坝河沟—打杵场—小田沟—瓮山沟断层、石家寨—刁家沟—洋溪—陡河断层以及板溪—小溪沟—翁山断层，保护区西南部局部受青杠园向斜的影响。背斜及断裂构造控制了保护区的主要山脉及水系走向，形成了轮廓分明的平行状山川景观。

保护区内地层较发育，除古生界的泥盆系和石炭系、中生界的侏罗系和白垩系外，其他地层均有分布。特别是古生界寒武系、奥陶系、志留系和二叠系地层分布广泛。出露地层主要为沉积岩，主要岩性有石灰岩、白云岩等碳酸盐岩及砂岩、粉砂岩、泥岩及页岩等碎屑岩类。主要地层时代从老到新有：寒武系中上统(∈1)、中上统(∈2-3)；奥陶系下统(O1)、中上统(O2-3)；志留系下统(S1)、中上统(S2-3)；二叠系下统(P1)、上统(P2)及三叠系下统(T1)。

保护区处于贵州高原东北边缘向四川盆地过渡的斜坡地带，在武陵山脉的主峰梵净山的西麓，为南北长东西窄的狭长地段。地形地貌成因是在茶园—打杵坳—桅杆—洋溪背斜的基础上，受走向断层的破坏，河流侵蚀及岩溶的作用下形成的构造—侵蚀—溶蚀地貌。保护区整体属低中山、低山地貌。区内存在切割深度达100m以上，山地侵蚀沟发育，山坡坡度在30°以上刃脊状或锯齿状的河间分水岭，在河谷两岸常见悬崖峭壁；也有坡度平缓、地形开阔的山原台地和山间平地(盆地)。保护区整体以侵蚀地貌为主，多为山间河谷盆地形式的岩溶低中山、中低山峡谷，并分布3~4级夷平面。地势最高点位于保护区最北的林尖，海拔1599.9m，最低点位于保护区南部后坝西北方向的青山棚河谷，海拔530m。泥页岩地段，流水侵蚀与风化作用明显，常形成冲沟，寒武系及三叠系碳酸盐岩区岩溶洞发育。

二、水文

保护区整体受茶园—打杵坳—桅杆—洋溪背斜的控制，其核部地层为寒武系可溶性的强富水层白云岩，在一组大型正断层的切割下，形成了“V”字形的陡峻河谷，并成为地下水的主要排泄通道，如缠溪镇—杨柳乡的河流、洋溪河等；而背斜的两翼则以志留系砂页岩为主，具有较强隔水性。因此，保护区核心部分水文地质条件较良好，具有完整的补给、径流和排泄条件。

保护区每平方公里产水量为71万m^3，在单位面积产水量上，比长江流域和乌江水系高，分别高28%和9.2%，因而保护区地表水资源较丰富。保护区内分布有河流水道507条，其中一级水道406条，二级水道74条，三级水道21条，四级水道5条，五级水道1条。保护区内高级水道流量大，水资源丰富，低级水道切割浅，径流量不大。

洋溪河是保护区最大的河流，发源于桅杆村的李家山，有小河1条支流，主、支流共长37.7km，主干流长28km，天然落差470m。洋溪河从洋溪的木耳寨流入石阡县境，多年平均流量为5.82m^3/s。

保护区地下水主要有两种类型，一是分布于碎屑岩地带出露的孔隙裂隙水，泉涌量小，一般不大于1L/s，个别达6L/s；二是分布在碳酸盐岩地带的岩溶水，泉涌水量较大，一般在10L/s以上，最大的达650L/s。

三、气候

印江洋溪自然保护区大部分属北亚热带湿润季风气候区，海拔500m以下低海拔河谷区属中亚热带湿润季风气候区。保护区年日照时数在1073.9～1331.4h之间，年日照百分率在26%～29%之间，年太阳总辐射在3593.9～3777.5MJ/m^2之间，光能资源低于省内中部，明显低于省内西部地区，是全国低值区之一，有夏季最多，冬季最少，春季略多于秋季之分布规律，太阳总辐射73.8%～75.3%集中在动植物生长发育的4～10月。该区年均温在16.2～17.4℃之间，冬冷夏热，秋温略高于春温，年最高气温在38.9～41.1℃之间，夏有酷暑伏旱，年最低气温在－5.2～－0.1℃之间，冬有雨雪凝冻。该区日均温≥10℃持续日数为242～255d，稳定高于10℃的积温在5070～5480℃·d之间，年均绝对湿度在16.0～17.1hpa之间，年蒸发量1073.9～1331.4mm，年降水量1093.0～1430.1mm，虽有高温伏旱，但年降水量仍有夏季最多，冬季最少，秋略多于春的分布规律，4～10月降水量占年雨量的81.5%～87.8%，为该区动、植物的生长发育创造了优越的气候条件。

四、土壤

印江洋溪保护区内的成土母岩有沉积岩：砂岩、紫色页岩、石灰岩以及变质岩：板岩。发育的土壤类型主要有黄壤和小部分紫色土。各土壤剖面的土壤容重在1.11～1.56g/cm^3之间，平均值为1.40g/cm^3；A、B、C三层的平均土壤容重分别为：1.29g/cm^3、1.41g/cm^3和1.51g/cm^3，随土层深度的增加而递增。土壤总孔隙度为40.00～56.00%，平均值46.44%。A、B、C三层的总孔隙度分别为：49.60%、46.78%和42.24%；毛管孔隙度分别为：43.70%、41.45%和37.87%；非毛管孔隙度分别为：5.90%、5.33%和4.37%；各土壤剖面的总孔隙度和毛管孔隙度除个别剖面以外，基本上都是随土层深度的增加而减小，非毛管孔隙度随土层深度的增加无明显变化规律。保护区各土壤剖面的最大、最小和毛管持水量分别为：343.11g/kg、251.07g/kg和303.49g/kg，且基本上都是随着土层深度的增加而减小。各土壤剖面的最大蓄水量在375.01～1021.19t/hm^2之间波动，平均最大蓄水量为796.03t/hm^2；各层(A、B、C层)的平均最大蓄水量分别为310.33t/hm^2、722.84t/hm^2和1466.71t/hm^2；非毛管蓄水量在20.99～275.83t/hm^2之间波动，平均值92.46t/hm^2；不同土层(A、B、C层)的分别为34.60t/hm^2、92.58t/hm^2和161.76t/hm^2。各土壤剖面不同土层的平均初渗速率平均稳渗速率分别为2.52和1.07mm/min，且均随着土层深度的增加而减小。保护区内各土壤剖面的pH值在4.34～7.01之间，平均值5.60，为酸性土壤；表层土壤的pH平均值为5.47，B层为5.63，母质层的为5.90，各土壤剖面的pH值基本均随土壤深度的增加而增大。各土壤剖面的有机质平均含量在15.79～53.17g/

kg之间，平均值45.87g/kg；基本上都是随土层深度的增加而下降，其土壤表层的有机质含量(65.18g/kg)分别是其下层的2.40倍和4.37倍。土壤全氮和水解氮的平均含量分别为2.17g/kg和143.79mg/kg；不同土层深度的分布规律与有机质一致。各土壤剖面全磷和速效磷的平均含量分别为0.51g/kg和5.52mg/kg，表层土壤速效磷的含量在0.59~89.90mg/kg之间波动，平均含量为7.71mg/kg，大部分处于低水平的状态，速效磷含量相对缺乏；土壤全磷和速效磷的含量都均有随土层深度加深而降低的趋势。土壤全钾和速效钾的平均含量分别为25.95g/kg和140.34mg/kg；全钾含量随土层深度的加深无明显的变化规律，速效钾的含量随上层深度的加深而降低。各土壤剖面的阳离子交换量在6.61~20.06cmol/kg之间，平均值12.77cmol/kg；不同土层(A、B、C层)的分别为14.72cmol/kg、11.76cmol/kg和8.78cmol/kg；随土层深度的增加而递减。

第二节　自然资源概况

一、森林资源

贵州印江洋溪自然保护区总面积21871.48hm^2，其中林业用地17886.36hm^2，占总面积的81.78%；非林地3985.12hm^2，占总面积的18.22%。保护区森林覆盖率78.34%，活立木总蓄积量76.69万m^3。在林业用地中按地类划分，有林地16381.64hm^2，其中乔木林16376.00hm^2，竹林4.26hm^2，有林地占林业用地的91.59%；灌木林地1052.68hm^2，占林业用地的5.89%；其他林地451.68hm^2，占林业用地的2.53%。总体来说，保护区森林覆盖率较高，乔木林比重大。

通过对保护区森林植被类型调查分析，区域内森林植被类型较为丰富，以常绿落叶阔叶混交林为主，主要森林植被有7个类型，即常绿阔叶林、常绿落叶阔叶混交林、落叶阔叶林、针阔混交林、针叶林、竹林、灌木林及灌丛等类型。森林植被具有明显次生性，形成了半自然半人工的森林群落，森林群落在垂直分布上不明显，但在局部地段仍有一定垂直分布的现象。

二、野生植物资源

印江洋溪自然保护区淡水藻类共包括7门10纲18目35科81(种/属)：蓝藻门为1纲3目7科13种(属)，金藻门为1纲1目1科1种(属)，甲藻门为1纲1目3科3种(属)，裸藻门为1纲1目1科4种(属)，隐藻门为1纲1科1属1种(属)，硅藻门为2纲5目8科22属(种/属)，绿藻门为3纲7目14科37种(属)。

保护区大型真菌种类共有190种(含变种、亚种)，其中子囊菌5科11属15种；担子菌45科96属175种。

保护区的苔藓植物共计58科130属323种(含变种、亚种)，其中苔类有23科34属74种，藓类有35科96属249种。发现中国大陆新纪录种1种，即南亚粗柄藓 *Trachyloma indicum* Mitt.

保护区共有石松类及蕨类植物20科56属126种(含种以下分类单位)，其中石松类植物2科4属13种，蕨类植物18科52属113种(均含种以下分类单位)，保护区境内石松类及蕨类植物资源丰富，系统进化完善。

保护区内草本种子植物共有81科299属542种(含亚种、变种及变型)。其中，贵州首次记录种1种，即三小叶碎米荠 *Cardamine trifoliolata* Hook. f. et Thoms；新种1种，即柔毛黄精 *Polygonatum sino-*

pubescens M. T. An, Yun Lin et J. G. Wang。

保护区内木本种子植物94科265属568种(含亚种、变种)。

三、野生动物资源

印江洋溪自然保护区内，有软体动物22种，隶属于8科15属；倍足动物7种，隶属于4科6属；环节动物8种，隶属于5科5属；甲壳动物16种，隶属于12属；蜘蛛目动物96种，隶属于21科53属。

保护区内昆虫种类有13目97科292属359种。

保护区内有鱼类37种，隶属于4目12科32属，占贵州省鱼类种类总数202种的18.3%。其中主要经济鱼类有泥鳅、草鱼、黄颡鱼、月鳢等23种。保护区鱼类均属淡水鱼类，全属硬骨鱼纲鱼类，由鲤形目、鲇形目、合鳃鱼目、鲈形目的种类组成，其中鲤形目种类最多。

保护区内有两栖动物25种，隶属2目7科16属；除大鲵、红点齿蟾、峨眉髭蟾、峨眉树蛙、棘侧蛙等少数对栖息地环境有特殊要求的珍稀物种外，区内其余两栖动物种群数量均较丰富。保护区两栖动物生态类型共5种，即陆栖-静水型、树栖型、静水型、流水型，其中以流水型的9种和陆栖-静水型的8种两栖动物为主，树栖型的4种次之，陆栖-流水型和静水型的2种最少。保护区流水型为主且种群数量较多的两栖动物格局，不仅反映了区内丰富的水资源，同时也反映了区内良好的生态环境。

保护区内共有爬行动物共24种，隶属3目5科19属24种。爬行纲中以游蛇科物种为多，计14属18种；其次依次是蝰科，计3属3种，鳖科、石龙子科、眼镜蛇科均为1属1种。

保护区内共有鸟类124种，隶属于14目40科。

保护区现有兽类43种，隶属于8目19科，占贵州省兽类记载总数的30.28%。食虫目(Insectivora)1科1种，占保护区兽类总种数的2.33%；翼手目(Chiroptera)2科2种，占保护区兽类总种数的4.65%；灵长目(Primates)1科2种，占保护区兽类总种数的4.65%；鳞甲目(Pholidota)1科1种，占保护区兽类总种数的2.33%；食肉目(Carnivora)4科13种，占保护区兽类总种数的30.23%；偶蹄目(Artiodactyla)4科7种，占保护区兽类总种数的16.28%；啮齿目(Rodentia)5科16种，占保护区兽类总种数的37.21%；兔形目(Lagomorpha)1科1种，占保护区兽类总种数的2.33%。啮齿目和食肉目物种种类较多。

第三节 社会经济概况

印江洋溪自然保护区涉及洋溪、缠溪2个镇，杨柳、罗场、永义3个乡，包括26个行政村80个自然村寨208个村民组，共有6438户23283人，其中男性12149人，女性11134人，男女比例约1.09:1。户均3.67人，基本上都是农业人口。土家族是社区的主要民族，占总人口的55.0%，汉族仅占28.7%。受经济条件、贫困等影响，初中以下文化水平的人群较多，文盲人群主要分布在50岁以上的年龄段。

在保护区核心区分布有9个行政村，26个自然村寨，68个村民组2111户7636人；缓冲区分布有6个行政村，19个自然村寨，50个村民组1539户5565人；实验区分布有11个行政村，35个自然村寨，90个村民组2788户，10082人。保护区内村民大多择地而居，只要地势相对平缓，有可耕种的土地，便就近建房而居。村庄分布呈分散状况，有些高居山梁，有些居于群山中央，有些驻于台地中央，有些则傍水而居。

由于杭瑞高速公路、印江至江口的303省道横穿整个保护区，印江至石阡主干公路沿保护区西部边缘通过，因此保护区内的主干道交通基本畅通。周边各乡镇基本通柏油路，各村基本修通了简易的通村公路，但公路级别较低，晴通雨阻，难以保障常年畅通，交通状况依然落后，至今还有部分村民组不通公路，不能满足人民群众生产生活需要。

保护区内只有约40%的村通程控电话，移动通讯覆盖率达90%，电视入户率45%。5个乡镇都有文化站，各村建有地面卫星接收站或有闭路电视线，电视已经普及到每户。保护区所处5乡镇25村教育条件较好，有初级中学1所，中心小学1所，村小11所，实现了9年制义务教育，能满足各年龄段学生的就学，但村小师资力量还是相对不足，师资也以民办教师为主。保护区内医疗条件一般，有乡卫生院1所，各村均有村级医疗站，已实行了农村新型合作医疗保险，但村卫生所环境差，条件简陋。

保护区内社区家庭经济来源主要有农业和外出务工两方面。传统种植业包括种植稻谷、马铃薯、红薯、玉米等，近些年烤烟、茶叶、核桃的种植在社区家庭经济收入中占了极大比例。洋溪大米、洋溪腊肉在当地享有很高声誉，养殖以猪、牛、羊、禽为主，基本以家庭为单位自产自销，特色养殖发展不成熟，只有少数家庭养殖竹鼠、兔、豪猪等。居民大部分在当地拥有一套及以上房产，今后打算进城发展的占80%以上。人均口粮200~380kg，年人均纯收入4189~6135元。

近年来，外出务工是当地另一大经济来源，外出务工人数占总人数的41.5%。在调查的村寨中，90%的年轻人都已经外出务工，因为没有专门的技能，主要从事的都是建筑行业的泥水工等体力活，或生产技能要求不高的手工加工业，有部分初中以上毕业生能在工厂工作，工资待遇能达到当地工作人员的平均工资水平。

保护区内多数村民参加了新农保，生活有了最低保障。

第四节　保护区范围及功能区划

一、保护区范围

保护区范围北抵印江自治县永义乡竹元村林界边缘；西抵罗场乡快场村、寨口村、合群村、青龙村，缠溪镇周家湾村、双龙村、新阁村，沿缠溪镇方家岭村公路经许家寨，楠木坪公路，客店沟公路，杨柳乡白虎咀公路，新屯村公路、崔山村公路；南至洋溪镇新阳村公路、冷水村边界、洋溪村边界、新黔村公路、合心村公路；东抵洋溪镇的蒋家坝村、缠溪镇湄坨村、江口县界、梵净山自然保护区团龙村。行政区划涉及洋溪镇、杨柳乡、缠溪镇、罗场乡、永义乡五个乡镇，洋溪镇有合心村、蒋家坝村、双龙村、桅杆村、新黔村、新阳村、银坳村；杨柳乡有白虎咀村、茶山村、崔山村、新屯村；缠溪镇有方家岭村、客店沟村、冷水溪村、柳塘村、楠木坪村、楠星村、塘房岭村、土坪村、周家坳村、湄坨村；罗场乡有茶园坨村、靛厂村、广东坪村、岭峰村；永义乡有竹元村。

二、功能区划

按照功能区区划原则和依据，在实地考察、广泛调研和科学分析的基础上，根据保护区的资源分布情况，保护区功能区主要采用自然区划方法进行区划，即以明显山脊、溪河、沟谷、道路等地形地貌以及行政区界作为核心区、缓冲区和实验区的区划界线，地形不明显的地方用界碑、界桩进行标记。保护区总面积21871.48hm^2，其中：核心区8184.28hm^2，占37.42%；缓冲区5053.75hm^2，占23.11%；实验区8633.45hm^2，占39.48%。

保护区核心区划分为茶园片区和洋溪片区，由缓冲区和实验区形成的走廊带连接，促进动植物基因交流。茶园核心片区位于保护区北部，紧挨梵净山保护区，地理位置为东经108°30′35.081″~108°34′17.394″，北纬27°50′42.584″~27°56′32.861″，面积2931.07hm²，北抵永义乡竹元，西抵广东坪村、茶园坨村、缠溪镇柳塘村，南抵缠溪镇冷水村，东抵梵净山自然保护区。洋溪核心片区位于保护区南部，地理位置为东经108°26′39.506″~108°34′38.023″，北纬27°39′9.947″~27°45′4.732″，面积5253.21hm²，北抵洋溪镇桅杆村、蒋家坝村，南抵洋溪镇新阳村、新黔村，西抵杨柳乡白虎咀村、崔山村，东抵洋溪镇蒋家坝村、银坳村。

在核心区外围，以山脊、林班、小班界地物地标为界，集中连片，设立缓冲区，并且在两个核心区之间用缓冲区和实验区相连接。

第五节　综合评价

一、重要的生态区位

保护区位于梵净山、佛顶山、雷公山这三个国家级自然保护区之间，紧接梵净山，是连接黔东武陵山系与黔东南苗岭山系的重要结点，是串连贵州生态功能区划中的“黔东北梵净山森林生态系统生物多样性关键区域”及“黔东苗岭东段雷公山常绿阔叶林生物多样性关键区域”的重要结点和生物通道驿站。保护区的建立，对于完善贵州省的自然保护区总体布局体系具有重要意义。

保护区紧挨梵净山国家级自然保护区，与梵净山生态环境相近，是梵净山生物圈的延伸。保护区的建立，可以为梵净山保护区内生活的黔金丝猴等珍稀动物提供更广阔的生存空间，有利于其种群的繁衍、扩大。

同时，保护区位于乌江流域，保护区南部的大小河流汇聚成洋溪河后，向南经凯峡河注入石阡河再进乌江，北部的大小河流则汇聚到印江河后经印江县城，流入乌江。保护区内即将开工建设的清渡河水库、山岔河水库是周边乡镇重要的饮用、生产水源。保护区茂密的森林植被和多样的生态系统在涵养水源、调控水量、净化空气、调节局部气候等方面发挥着巨大的作用，自然保护区保护的好坏不仅直接影响到印江河省级水产种质资源保护区的生态环境，还辐射到石阡、沿河等下游地区的农田灌溉、工业用水与饮用水源。因此，保护区又是黔东重要的水源涵养林区之一。通过对保护区系统、科学的规划，能最大限度地发挥其“乌江流域生态屏障”的生态服务功能，从而保障乌江流域的生态安全。

二、典型的森林植被

保护区处于中亚热带季风湿润气候区域，紧挨梵净山，与梵净山的森林植被、生态环境相近，地带性植被为常绿阔叶林。由于早期人类干扰以及历史的原因，本区现存植被主要为次生植被，总体森林植被为常绿落叶阔叶混交林，主要组成树种有：石栎 *Litho carpus*、大叶栲 *Castanopsis megaphylla*、丝栗栲 *C. fargesii*、楠木 *Phoebe zhennan*、闽楠 *P. bournei*、樟树 *Cinnamomum camphora*、黑壳楠 *Lindera megaphylla*、山矾 *Symplocus sumuntia*、大叶桂樱 *Laurocerasus zippeliana*、云贵鹅耳枥 *Carpinus pubescens*、水青冈 *Fagus longipetiolata*、石灰花楸 *Sorbus folgneri*、美脉花楸 *S. caloneura*、猴欢喜 *Sloanea sinensis*、仿栗 *S. hemsleyana*、山杜英 *Elaeocarpus sylvestris*、四照花 *Dendrobenthamia melanotricha*、马尾松 *Pinus massoninana*、黄杉 *Pseudotsuga sinensis*、柏木 *Cupressus funebris*、南酸枣 *Choerospondias axillaries*、红豆杉

Taxus chinensis、南方红豆杉 *T. chinensis* var. *mairei*，山核桃 *Carya cathayensis* 等。本区植被无明显垂直分布现象，但局部仍保存有团状分布的较好林分，如石栎－楠木林、丝栗栲－山矾林、润楠、樟树林等。

三、多样的物种与生态系统

（一）物种多样性

保护区有较好的水文条件、复杂的气候条件和土壤条件，生物生境复杂多样，为生物的繁衍生息提供了良好场所，生物种类繁多，资源丰富。现已调查记录的各类生物约有2500种，虽然较梵净山、佛顶山、雷公山略低，但相对于贵州大部分地区，物种多样性较为丰富。更为重要的是，保护区还与周边的保护区在物种方面有互补性，如国家Ⅱ级保护植物黄杉，在梵净山、佛顶山都未发现，而保护区内有小片群落存在。

（二）生态系统多样性

保护区以森林生态系统为主，也有少量茶园生态系统、农田生态系统、河沟湿地生态系统和村庄。根据《中国植被》分类系统，保护区地带性森林植被类型较为丰富，以常绿落叶阔叶混交林为主，主要森林植被有7个类型，即常绿阔叶林、常绿落叶阔叶混交林、落叶阔叶林、针阔混交林、针叶林、竹林、灌木林及灌丛等类型。森林植被明显地具有次生性，形成了半自然半人工的森林群落，森林群落在垂直分异上不明显，但在局部地段仍有一定垂直分布现象。森林群落类型丰富，主要有27个类型：即马尾松林（Form. *Pinus massoniana*），杉木林（Form. *Cuninghamia lanceolata*），柏木林（Form. *Cupressus funebris*），黄杉林（Form. *Pseudotsuga sinensis*），光叶榉林，枫香＋马尾松林（Form. *Liquidambar formosana* ＋ *Pinus massoniana*），水青冈林（Form. *Fagus longipetiolata*），大叶栲林，楠木林（Form. *Phoebe zhennan*），青檀林（Form. *Pteroceltis tatarinowii*），板栗＋栓皮栎林（Form. *Castanea mollissima* ＋ *Quercus variabilis*），栓皮栎林（Form. *Quercus variabilis*），意杨林（Form. *Populus euramevicana*），榉木林，山核桃林（Form. *Carya cathayensis*），慈竹林（Form. *Neosinocalamus affinis*），箬竹林（Form. *Indocalamus tessellatus*），楠竹林，金竹林，桂竹林，苦竹林，白栎、金樱子灌丛，火棘、悬钩子灌丛，薄柱草、石菖蒲灌草丛，棕竹、南天竹灌丛等。

四、珍稀的动植物

据初步统计，保护区内共有珍稀植物18种（含变种），其中国家Ⅰ级保护植物2种：南方红豆杉、伯乐树，国家Ⅱ级保护植物7种：香樟、伞花木、香果树、榉木、黄杉、楠木、花榈木，省级保护植物有三尖杉、青檀、刺楸、青钱柳、银鹊树、檫木、紫楠、穗花杉和川桂，兰科植物有金兰、春兰、蕙兰、虾脊兰、套叶兰、舌唇兰、羊耳蒜等。

保护区43种兽类中，有国家重点保护动物9种，其中国家Ⅰ级保护动物1种：林麝，国家Ⅱ级保护动物9种：猕猴、藏酋猴、穿山甲、水獭、大灵猫、斑灵狸、斑羚、鬣羚，青鼬。另外，还有列入世界自然保护联盟（IUCN）濒危物种红色名录的物种43种，濒危（EN）等级2种，易危（VU）等级1种，近危（NT）等级6种；列入濒危野生动植物种国际贸易公约（CITES）的兽类9种，列入附录Ⅰ的4种，列入附录Ⅱ的5种。列入国家保护的有益的或者有重要经济、科学研究价值的陆生野生动物名录（简称“三有名录”）20种。

保护区106种鸟类中，国家Ⅰ级重点保护动物1种，为白颈长尾雉；国家Ⅱ级重点保护动物12种，分别为鸳鸯、黑冠鹃隼、蛇雕、凤头鹰、赤腹鹰、松雀鹰、红隼、燕隼、白冠长尾雉、红腹锦鸡、黄腿鱼鸮和斑头鸺鹠。列入濒危野生动植物种国际贸易公约（CITES）（附录Ⅰ）物种1种，（附录Ⅱ）物种11种；列为国际自然与自然资源保护联盟（IUCN）“易危”等级的物种1种，“近危”的物种3种。

保护区的25种两栖动物中，珍稀濒危物种有国家Ⅱ级保护动物大鲵；IUCN濒危物种红皮书极危物种大鲵，濒危物种峨眉髭蟾、棘腹蛙，易危物种红点齿蟾、棘侧蛙，近危物种黑斑侧褶蛙。

保护区爬行动物有4种列入中国濒危动物红皮书保护动物易危级，即王锦蛇、玉斑锦蛇、紫灰锦蛇指名亚种和黑眉锦蛇；2种珍稀爬行动物在贵州行政区域分布≤3个县，即昆明攀蜥和福建钝头蛇。

在考察中，发现1个中国大陆新分布记录：南亚粗柄藓 *Trachyloma indicum* Mitt.。此外，藏酋猴、林麝、大鲵、峨眉髭蟾、峨山掌突蟾、红点齿蟾、小角蟾、华西雨蛙武陵亚种、无斑雨蛙、峨眉林蛙、镇海林蛙和龙胜臭蛙为中国特有种，毛冠鹿为准特有种。

最为重要的是，2005年9月，保护区内的罗场乡曾经发现一只黔金丝猴，救助后送到黑湾河保护站。这充分说明保护区生态环境是适合黔金丝猴生境需求的。建立保护区，可以为黔金丝猴种群的繁衍壮大提供更广阔的生存空间。

五、脆弱的生态环境

保护区内典型植被和珍稀植物的生境大多是在陡峭的坡地，山势险峻，沟谷深切，土层浅薄，岩石裸露，土壤蓄水保水能力差。一旦植被受到破坏，易造成泥石流，不但无法恢复这些珍稀物种的生境，而且恢复森林植被将是一个漫长过程，必须加以严格保护。

六、自然的森林群落

从整体上看，保护区森林群落原生性较强，同时也有相当一部分森林群落以次生性为主。从各个片区来看，位于核心区的洋溪镇、罗场乡的群落原生性相对较强，这与该片区得天独厚的地理位置、保护力度、周边环境以及内在生态系统结构息息相关。近年来，由于当地政府、林业部门加大管理力度，避免人为破坏，加之本区优越的气候条件，因此植被自然恢复较好，各类森林顺向演替进度较快，整个森林系统自然性较强。

七、原生态的感染力

保护区内山体庞大深邃，峰峦高耸奇异，沟壑纵横交错，巉岩峭壁对峙，峡谷幽深野旷，瀑布千姿百态，溪涧水流湍急，森林植被丰富，集山、河、瀑、峡、洞、石、林于一体，融雄、秀、幽、险、奇于一炉，春天花木吐艳，夏至绿叶争荣，秋天层林尽染，冬季银装素裹，四季景色变化无穷。生活在保护区内的土家族群众在漫长的历史长河中，沉淀了丰厚的民族民间文化，有独具魅力的民族节日，绚丽多姿的民族歌舞，特色鲜明的土家民居建筑，众多的历史文物，精美的民族民间工艺，艳丽缤纷的民族服饰，风味别具的民族食品等。这一切，使保护区充满原生态的感染力。

八、适宜的保护面积

保护区总面积21871.48 hm^2，属中型自然保护区，其中核心区面积8247.66 hm^2，占37.71%；缓冲区面积5055.46hm^2，占23.11%。核心区与缓冲区的面积占保护区总面积的60.88%，保护对象可以得到完整保护，有效地维持和发挥保护区生态系统的结构和功能，保护区面积适宜。

九、独特的科研价值

保护区原生和次生的森林生态系统为认识自然规律、利用自然规律提供了良好的研究基地。首先，保存较好的常绿阔叶林为深入研究原生性森林生态系统结构与功能，生物多样性保护，珍稀、濒危物种的生物学、生态学特征，扩展种群规模等提供了良好的研究场所。其次，保护区因人为干扰，存在较丰富的不同演替阶段的群落类型，这为退化群落恢复与重建的研究提供了难得场所。同时，保护区还承担了生物廊道的功能，规划将针对保护区内的高速公路、省道、县道、乡村公路等人为活动通道进行各种生物通道建设，为解决生物生境破碎化的研究提供场所。

（李　茂　江亚猛　吴　华）

第二章　自然地理环境

第一节　地质地貌

一、区域地质特点

（一）地质构造

印江洋溪自然保护区地处梵净山窿起和黔北坳陷的交接地带，褶皱与断裂发育，构造线呈北东—南西向延伸。

受新生代喜马拉雅运动和新构造运动的影响，保护区以拱形运动为主，形成大的山体和凸状坡地。区内从茶园—打杵坳—桅杆至洋溪，形成以寒武系地层为核心，奥陶系和志留系地层为两翼的近南北向的典型背斜构造，背斜受地应力挤压、拉伸的作用，发育了一系列走向正断层，如赵家坪—大坝河沟—打杵场—小田沟—瓮山沟断层、石家寨—刁家沟—洋溪—陡河断层以及板溪—小溪沟—翁山断层，保护区西南部局部受青杠园向斜的影响（图 2.1）。背斜及断裂构造控制了保护区的主要山脉及水系走向，形成了轮廓分明的平行状山川景观。

（二）地层岩性

保护区内地层较发育，除古生界的泥盆系和石炭系、中生界的侏罗系和白垩系外，其他地层均有分布。特别是古生界寒武系、奥陶系、志留系和二叠系地层分布广泛。

出露地层主要为沉积岩，主要岩性有石灰岩、白云岩等碳酸盐岩及砂岩、粉砂岩、泥岩及页岩等碎屑岩类，其中，碳酸盐岩面积占 47.90%（石灰岩组占 10.5%，白云岩组占 37.4%），砂页岩组占 51.0%，煤系地层占 1.1%（图 2.1、图 2.2）。

主要地层时代从老到新有：寒武系中上统（$\in_1$）、中上统（$\in_{2-3}$）；奥陶系下统（O_1）、中上统（O_{2-3}）；志留系下统（S_1）、中上统（S_{2-3}）；二叠系下统（P_1）、上统（P_2）及三叠系下统（T_1）。

各地层分布面积见表 2.1。

表 2.1　印江洋溪自然保护区地层分布面积比例

地层及代号	岩组类型	占保护区面积比例（%）
$\in_{1n-j}$	砂页岩组	1.49
$\in_{1q}$	石灰岩组	4.10
$\in_{2g}$	白云岩组	14.41
$\in_{2-3ls}$	白云岩组	16.34
O_{1t-h}	白云岩组	6.67
O_{1m}	砂页岩组	9.65

（续）

地层及代号	岩组类型	占保护区面积比例(%)
O_{2+3}	石灰岩组	2.44
S_1	砂页岩组	3.81
S_{2-3hn}	砂页岩组	36.07
P_1	石灰岩组	3.28
P_2	煤系地层	1.06
T_1	石灰岩组	0.68
合　计		100.00

保护区出露岩性特征为：

寒武系：

牛蹄塘组($\in_{1n}$)：厚度9～218m，上部砂质页岩，下部炭质页岩，底为硅质岩夹磷块岩，有超基性岩类侵入；

明心寺组($\in_{1m}$)：厚度100～642m，上部含砾石英砂岩，中部古杯灰岩，下部粉砂岩、砂质页岩；

金顶山组($\in_{1j}$)：厚度120～245m，薄层砂岩，粉砂质页岩，页岩夹鲕状灰岩；

清虚洞组($\in_{1q}$)：厚度80～449m，上部白云质灰岩、白云岩夹泥质白云岩，中下部为白云质灰岩、白云岩，底部为鲕状灰岩；

高台组($\in_{2g}$)：0～89m，薄层砂质白云岩，底部为鲕状白云岩；

娄山关群($\in_{2-3}$)：厚度430～1280m，上部为含燧石白云岩，中部块状白云岩，下部白云岩夹角砾状白云岩。

奥陶系：

桐梓组(O_{1t})：厚度50～448m，上部白云质灰岩夹灰岩、生物灰岩、页岩；下部灰岩，白云质灰岩夹泥页岩；

红花园组(O_{1h})：厚度15～176m，灰色厚层灰岩，生物灰岩夹白云岩；

湄潭组(O_{1m})：0～317m，上部页岩夹钙质砂岩及生物灰岩，中部砂岩夹砂质页岩，下部黄绿争页岩；

奥陶系中上统(O_{2-3})：厚度0～107m，中层石灰岩及泥灰岩；

志留系：

龙马溪组(S_{1l})：厚度0～504m，上部钙质砂岩、页岩夹瘤状灰岩，下部钙质砂岩、砂质页岩、底部炭质页岩；

石牛栏组(S_{1sh})：厚度0～420m，上部黄绿色页岩夹泥质粉砂岩及灰岩透镜体，下部为瘤状岩夹钙质砂质页岩、石灰岩；

韩家店群(S_{2-3hn})：厚度0～507m，上部灰黄、绿色页岩，砂质页岩夹砂岩，下部紫红色页岩、砂质页岩；

二叠系：

梁山组(P_{1l})：厚度17～28m，中厚、厚层泥岩、泥灰岩夹少量砂岩、炭质页岩；

栖霞组、茅口组(P_{1q-m})：厚度300～964m，上部浅灰至深灰色中厚层灰岩，常含白云质斑块或白云岩，下部为灰、深灰中厚层至块状灰岩，含少量燧石结核及白云质团块，层间常夹钙质炭质页岩；

吴家坪组(P_{2w})：厚度0～800m，中厚层燧石灰岩夹硅质岩，硅质页岩，底部局部夹劣质煤层；

长兴组(P_{2c})：厚度0～238m，灰色燧石灰岩夹少量炭质页岩；

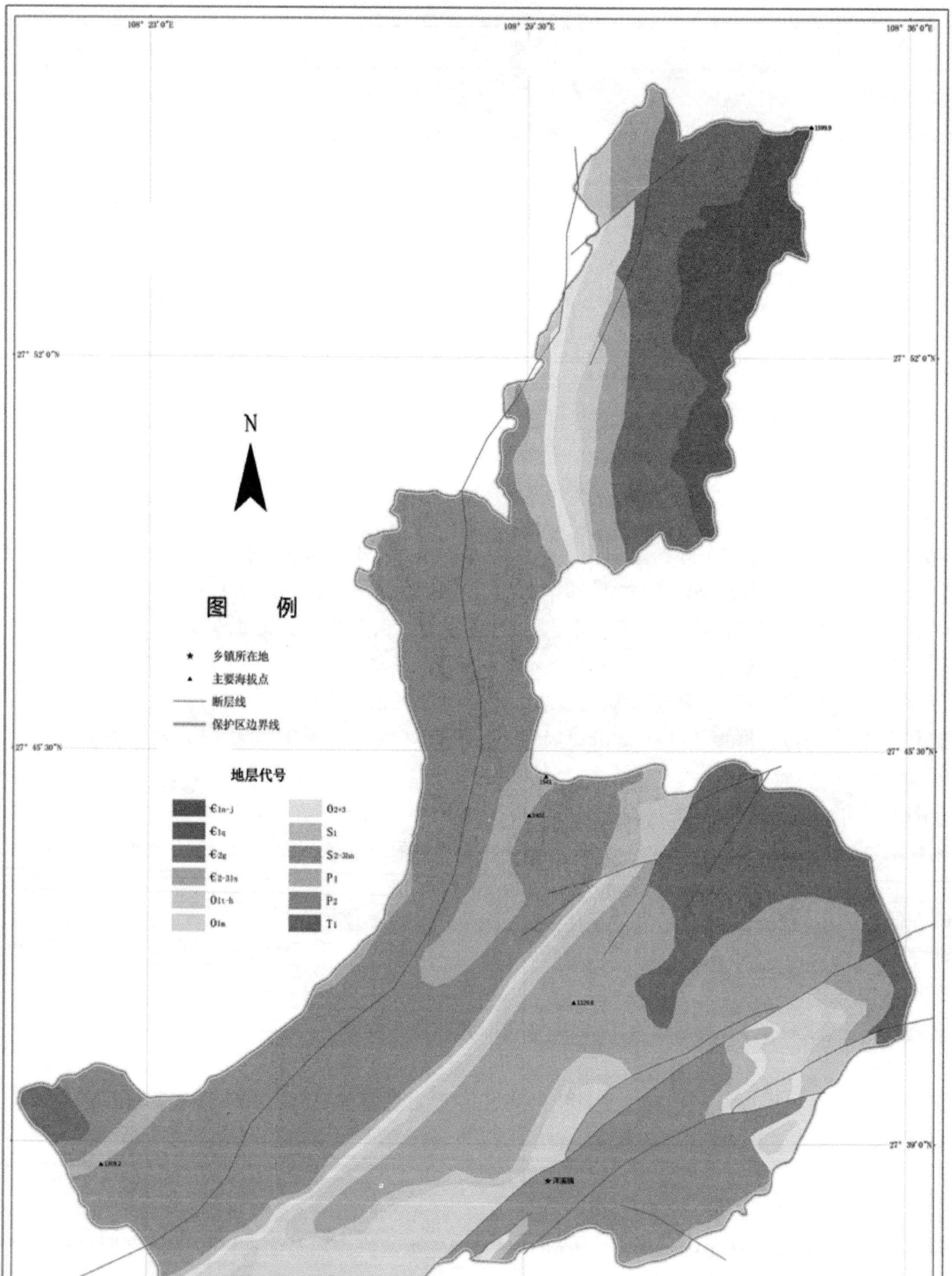

图 2. 1 印江洋溪自然保护区地质图

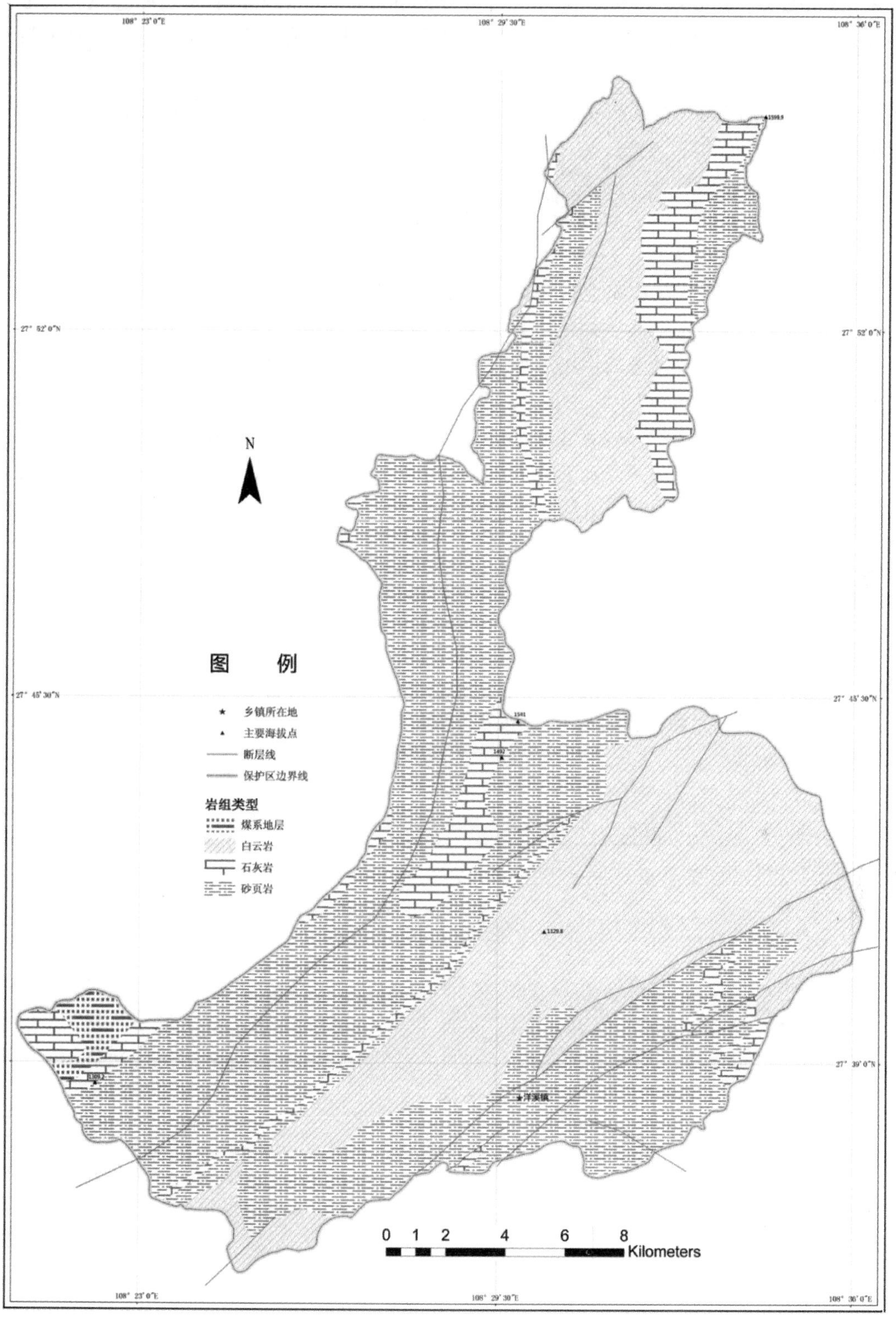

图 2.2　印江洋溪自然保护区岩组图

三叠系下统(T_1)：厚度0~286m，中厚层石灰岩、白云岩及泥灰岩，底部黄绿色页岩夹油页岩。

第四系(Q)：厚度0~10m，分布较零星。主要为夷平面上古风化壳，河流沉积的河床与河漫滩、阶地，部分洞穴堆积物。

保护区岩组分布情况为：石灰岩组占10.51%；白云岩组占37.42%；砂页岩组占51.01%，煤系地层占1.06%。

二、地形地貌

洋溪自然保护区处于贵州高原东北边缘向四川盆地过渡的斜坡地带，在武陵山脉的主峰梵净山的西麓，为南北长东西窄的狭长地段。地形地貌成因是在茶园—打杵坳—桅杆—洋溪背斜的基础上，受走向断层的破坏，河流侵蚀及岩溶的作用下形成的构造—侵蚀—溶蚀地貌。

区内存在切割深度达100m以上，山地侵蚀沟发育，山坡坡度在30°以上刃脊状或锯齿状的河间分水岭，在河谷两岸常见悬崖峭壁；也有坡度平缓、地形开阔的山原台地和山间平地(盆地)。保护区整体以侵蚀地貌为主，多为山间河谷盆地形式的岩溶低中山、中低山峡谷，并分布3~4级夷平面。地势最高点位于保护区最北的林尖，海拔1599.9m，最低点位于保护区南部后坝西北方向的青山棚河谷，海拔530m。泥页岩地段，流水侵蚀与风化作用明显，常形成冲沟，寒武系及三叠系碳酸盐岩区岩溶洞发育。

保护区整体属低中山、低山地貌。其中，海拔500~600m面积占1.04%，600~700m面积占3.99%，700~800m面积占12.52%，800~900m面积占23.59%，900~1000m面积占24.66%，1000~1100m面积占19.61%，1100~1200m面积占9.51%，1200~1300m面积占4.21%，1300~1400m面积占1.30%，1400~1500m面积占0.46%，1500~1600m面积占0.05%。700~1200m间面积高达90%左右(表2.2、图2.3)。

表2.2 印江洋溪自然保护区地势等级面积比例

海拔段(m)	面积(hm^2)	占保护区面积比例(%)
500~600	38	0.10
600~700	1459	3.99
700~800	4573	12.52
800~900	8618	23.59
900~1000	9010	24.66
1000~1100	7164	19.61
1100~1200	3472	9.51
1200~1300	1536	4.21
1300~1400	476	1.30
1400~1500	166	0.46
1500~1600	19	0.05
合　计	36531	100.00

(一)断裂-河流侵蚀地貌

保护区内主体为一背斜构造，由于核部地层挤压产生断裂，形成一系列相互平行的走向正断层，断层带在地表流水、河流的长期作用下，形成了断裂—河流侵蚀谷地，并伴随断层崖或三角面山。

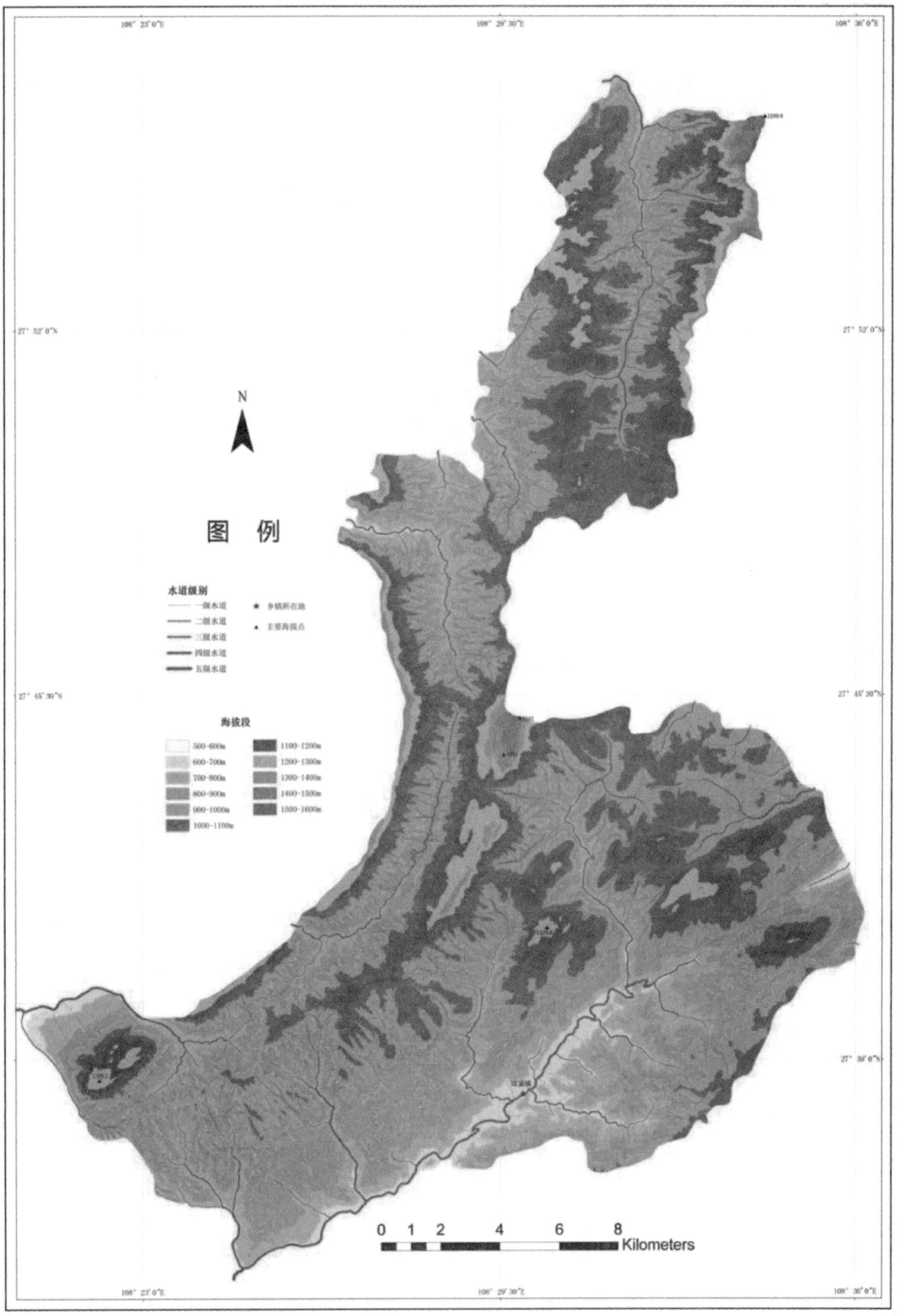

图 2.3　印江洋溪自然保护区地势等级图

整体上，高级别河谷均有受断裂控制其发育的形迹。

（二）岩溶地貌

保护区碳酸盐岩组面积为占保护区总面积的47.93%，分布于寒武系、奥陶系、二叠系和三叠系地层中，并集中在保护区核心部位。因而区内岩溶较为发育，形成了一定规模的地表岩溶地貌和地下岩溶地貌。

地表岩溶地貌以峰丛地貌为主，地下岩溶地貌有溶洞、地下暗河、溶隙、石钟乳、石柱等，景观丰富。

岩溶地貌是保护区内主要的地貌类型，但由于受大面积砂页岩的控制，区内难形成大规模的喀斯特景观。

整体看来，洋溪自然保护区在地质地貌条件方面具有典型的黔北特点，地层、地形及河流走向与构造线方向一致，总体地形受背斜构造控制，但又受一系列走向断层的破坏和影响，形成构造—侵蚀地形。地貌景观多样，生境条件空间分异明显，为保护区生态系统、生物多样性及水文水资源的形成提供了良好的下垫面。

（高华端　罗忠志　龚羿文）

第二节　气　候

一、地理环境与环流背景

（一）地理环境

印江洋溪自然保护区位于贵州省东北部，贵州梵净山西侧和西南侧，紧靠梵净山国家级自然保护区，在印江县城（108.4°E，28°N）南部、思南县城（108.25°E，27.93°N）东南部、石阡县城（108.23°E，27.52°N）东北部和江口县城（108.85°E，27.7°N）西部，自印江县永义乡竹元村向南至印江县洋溪镇组成南北走向的狭长自然保护区。区内山峦叠翠，沟谷纵横，溪流遍布，山清水秀，植被繁茂，海拔高差不大，植被原生性好，物种多样性强。

（1）该区地处北纬28°左右，应是世界上副热带高压控制的干旱沙漠地带。但该区处在季风气候区内，冬夏季风均可到达，植物生长与光热水充裕同季，总体上气候温暖湿润，植被繁茂。不过由于该区位于贵州省东部，盛夏易受西伸的西太平洋副热带高压脊影响而晴朗少云，故该区是贵州省易伏旱和重伏旱地区之一。

（2）该区距南海北部湾洋面600km左右，据焦金斯基大陆度公式：$F=(1.7A/\sin\varphi)-20.4$，（式中$A$为气温年变幅，$\varphi$为纬度）印江$F=58$，江口$F=60$，思南$F=59$，石阡$F=59$，保护区区大陆度均大于50，该区气候受大陆影响大于海洋。

（3）该区位于贵州高原向湖南丘陵和两湖盆地倾斜坡面过渡地带，是冷暖空气进入贵州的必经之地。冬季，北方干冷空气多经两湖盆地进入贵州；盛夏，西太平洋副热带高压脊也多从东部伸入贵州。故相同海拔，该地区较同纬度西部地区冬季冷、夏季热。

（二）大气环流背景

大气环流是气候形成的主要因素之一，该区大气环流状况如下：

冬季：该区在高空平直西风气流引导下，多短波槽脊东移，不断引导北方冷空气南下，从地面到2000m高空受变性极地大陆气团控制，干冷空气一次又一次南下从两湖盆地自东向西直抵该地区。此时青藏高原对西风气流分支作用明显，其南支槽不断东移输送来孟加拉湾暖湿气流，与北方南下的干冷气流在贵州西部交汇形成静止锋面，在其锋面掩盖之下的贵州大部地区常形成持续低温阴寒，甚至雨雪凌冻天气。该区部分地处梵净山西侧，雨雪凌冻气象灾害较轻。

夏季，该区受热带海洋气团控制。随着西太平洋副热带高压脊西伸北上，东南来的暖湿气流不断深入内陆。初夏，西南季风盛行，东南季风和西南季风均来自热带洋面，水汽含量充足。当东南季风和西南季风在贵州境内交汇，与空中青藏高原低槽东移配合，形成该地区较强降水，且多大雨暴雨天气，春末夏初是当地降水量多且降水强度大，暴雨频率高之时段。盛夏7～8月，该区受西太平洋副热带高压脊控制，北方冷空气难以南下，不易形成锋面降水。西太平洋副热带高压是大气稳定的深厚高压系统，脊线区域气流下沉，增温减湿，云消雾散，尽管水汽充足也不能成云致雨，故形成当地晴朗少云的高温伏旱天气。该区部分地处梵净山西侧，暴雨较梵净山东坡小，高温伏旱较梵净山东坡严重。

春秋季，是冷暖气团交替转换季节。春季，当西风槽东移配合地面冷锋引导极地大陆冷空气南下时，冷暖气团常在当地交汇过境后锋面移至贵州西部准静止，形成该区降水，在海拔1000m以上地区易出现连绵阴雨的倒春寒天气，该区部分地处梵净山西侧，雨季比梵净山东坡晚。秋季，当冷空气南下频繁，冷暖气团交汇形成冷锋面或静止锋面，该区出现“一场秋雨一场寒”的秋雨绵绵天气，若暖气团势力强盛，则出现秋高气爽天气。

二、研究材料与方法

本学科在定点观测、巡回观测和调查访问等方法获取部分资料的基础上，收集了印江、江口、思南、思南塘头、石阡等邻近气象台站和石阡县石固，印江缠溪，江口德旺、闵孝等邻近水文站的同期观测资料及多年历史资料，按照气候资料的超短期序列订正和延长方法。太阳辐射应用日照百分率与其相关方程推算。温度指标用邻近台站多年历史资料中逐旬逐月建立温度指标与海拔的相关方程推算，并作适当的坡向修正，相关系数经检验达极显著水平。降水量根据水文站观测资料与县站历史资料用比值法订正延长。所有资料经考察期实测资料、调查访问资料和近年装备的区内若干两要素自动气象站资料验证，数据可靠。

三、气候资源分布特征

(一)日照与太阳辐射

1. 日照及日照百分率

该区位于贵州省东北部，属贵州省内日照时数最少地区之一。年日照百分率在26%～29%之间，年日照时数在1165.5～1288.4h之间，较贵州中部地区(贵阳1285.3h，29%)稍低，明显低于贵州西部地区(威宁1805.4h，41%)。与全国日照之冠的青海冷湖站(3550.6h，80%)相比，仅为该站日照时数和日照百分率的32%左右。

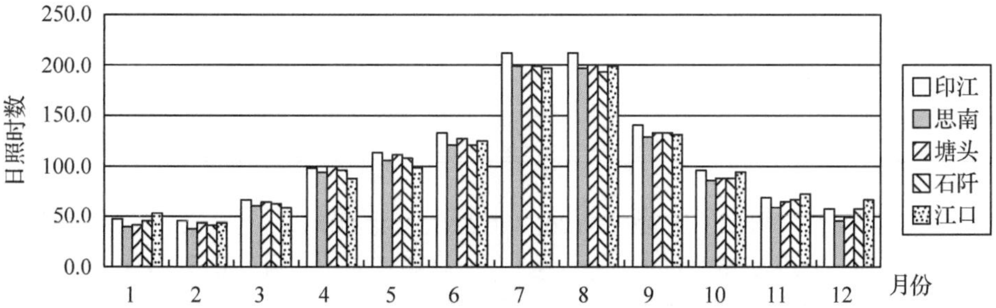

图2.4　印江洋溪自然保护区逐月平均日照时数分布图

图2.4、图2.5显示了该区5气象站多年平均日照时数和日照百分率逐月变化状况。显而易见，7、8两月是当地日照最充足时期，月日照时数均在193.1~216.0h之间，日照百分率为46%~53%之间。1、2两个月当地日照时数最少，月日照时数38.5~51.9h，日照百分率为12%~16%。在植物旺盛生长及雨热资源丰富的4~9月，月日照时数均在90h以上，月日照百分率在25%以上。生长季内光热水资源较丰富且配合好，有利植物生长。但7、8两月晴朗少云的伏旱天气对植物生长不利。

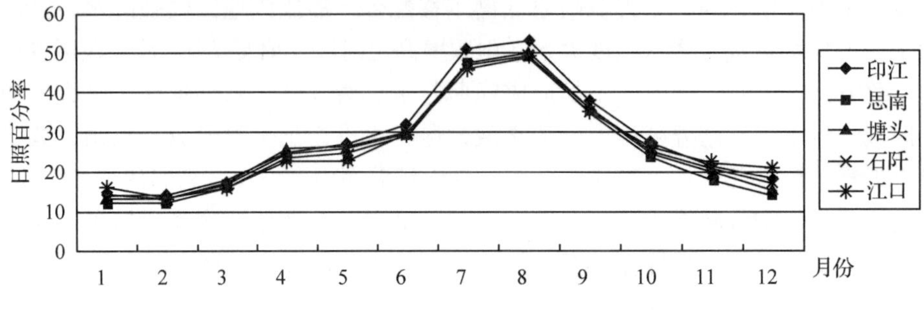

图2.5 印江洋溪自然保护区逐月日照百分率变化图

2. 太阳辐射量

表2.3 印江洋溪自然保护区年、月太阳辐射量 (mJ/m²)

地名		印江	思南	塘头	石阡	江口
各月太阳辐射量	1	158.2	150.6	155.3	160.0	167.4
	2	174.1	165.6	170.6	171.2	170.7
	3	251.7	240.4	246.6	247.1	241.0
	4	324.1	317.8	330.7	324.6	311.7
	5	373.8	359.7	366.6	366.5	345.5
	6	406.0	385.0	391.6	384.4	391.6
	7	550.5	521.8	521.5	521.2	514.3
	8	533.7	506.7	513.5	500.1	506.8
	9	374.6	357.2	363.6	364.0	357.8
	10	272.5	257.4	263.2	263.9	268.6
	11	192.9	180.9	190.0	194.9	198.4
	12	165.4	150.7	155.3	163.7	178.2
年太阳辐射总量		3777.5	3593.9	3668.5	3661.5	3652.0

太阳辐射能量是地球上一切物质的能量源泉，也是气候形成的重要因素，由表2.3可见，该区太阳辐射年总量在3593.9~3777.5mJ/m²之间，略低于中部地区(贵阳4017.7mJ/m²)，较西部(威宁4551.0mJ/m²)明显偏少，仅为全国日照之冠(青海冷湖站7323.9 mJ/m²)的50%左右。该区夏季7、8两月太阳的辐射量最多，月太阳辐射量可达500.1~550.5mJ/m²；冬季12、1、2月太阳辐射量最少，

月太阳辐射量为 150.6 ~ 198.4mJ/m^2，4 ~ 9 月太阳辐射量均在 300mJ/m^{2}以上，正是光热水资源丰富与物生长同季才使得保护区物种资源丰富多样和植被繁茂。

(二)温度状况

温度是植物生长发育的重要环境因素，是保护区动、植物群落分布的重要依据。

表 2.4　印江洋溪自然保护区年、月均温及极端温度　(℃)

地名	高程(m)	各月平均气温												年均温	极端高温	极端低温
		1	2	3	4	5	6	7	8	9	10	11	12			
竹元村	1095.6	2.8	3.9	8.3	13.3	17.9	20.8	23.5	22.8	19.6	14.0	9.3	4.5	13.4	34.0	-9.7
广东坪村	1050.4	3.0	4.1	8.5	13.6	18.1	21.0	23.8	23.1	19.9	14.3	9.6	4.7	13.6	34.4	-9.5
岭峰村	1054.0	3.0	4.1	8.5	13.6	18.1	21.0	23.8	23.1	19.9	14.2	9.6	4.7	13.6	34.4	-9.5
茶园坊村	1040.5	3.0	4.1	8.6	13.6	18.2	21.1	23.9	23.2	19.9	14.3	9.6	4.7	13.7	34.5	-9.4
靛厂村	921.2	3.6	4.7	9.1	14.3	18.8	21.7	24.6	23.8	20.6	15.0	10.2	5.3	14.3	35.7	-8.7
柳塘村	929.0	3.5	4.6	9.1	14.2	18.8	21.7	24.5	23.8	20.5	14.9	10.2	5.3	14.3	35.6	-8.8
缠溪镇	615.6	4.9	6.1	10.6	16.0	20.4	23.5	26.3	25.6	22.1	16.7	11.7	6.8	15.9	38.7	-6.9
周家坳村	828.9	3.9	5.1	9.6	14.8	19.3	22.3	25.1	24.4	21.0	15.5	10.7	5.8	14.8	36.6	-8.2
冷水溪村	998.8	3.2	4.3	8.8	13.9	18.4	21.3	24.1	23.4	20.1	14.5	9.8	4.9	13.9	34.9	-9.2
土坪村	889.6	3.7	4.8	9.3	14.5	19.0	21.9	24.7	24.0	20.7	15.2	10.4	5.5	14.5	36.0	-8.5
方家岭村	821.5	4.0	5.1	9.6	14.8	19.3	22.3	25.1	24.4	21.1	15.6	10.7	5.8	14.8	36.6	-8.1
湄坨村	1044.1	3.0	4.1	8.5	13.6	18.2	21.1	23.8	23.1	19.9	14.3	9.6	4.7	13.7	34.5	-9.4
楠星村	851.4	3.9	5.0	9.4	14.7	19.2	22.1	25.0	24.2	20.9	15.4	10.6	5.7	14.7	36.4	-8.3
楠木坪村	751.6	4.3	5.4	9.9	15.2	19.7	22.7	25.5	24.8	21.4	16.0	11.1	6.2	15.2	37.3	-7.7
客家店村	742.9	4.3	5.5	10.0	15.3	19.7	22.7	25.6	24.9	21.5	16.0	11.1	6.2	15.2	37.4	-7.7
德旺乡	626.7	4.8	6.0	10.5	15.9	20.4	23.4	26.3	25.6	22.1	16.7	11.7	6.8	15.8	38.6	-7.0
塘房岭村	1020.3	3.1	4.2	8.7	13.7	18.3	21.2	24.0	23.3	20.0	14.4	9.7	4.8	13.8	34.7	-9.3
白虎咀村	905.4	3.6	4.8	9.2	14.4	18.9	21.8	24.6	23.9	20.6	15.1	10.3	5.4	14.4	35.8	-8.6
蒋家坝村	1013.0	3.2	4.3	8.7	13.8	18.3	21.2	24.0	23.3	20.1	14.5	9.8	4.9	13.8	34.8	-9.3
桅杆嘴村	798.6	4.1	5.2	9.7	15.0	19.5	22.4	25.3	24.6	21.2	15.7	10.8	5.9	14.9	36.9	-8.0
新屯村	805.7	4.0	5.2	9.7	14.9	19.4	22.4	25.2	24.5	21.2	15.6	10.8	5.9	14.9	36.8	-8.0
崔家山村	776.4	4.2	5.3	9.8	15.1	19.6	22.6	25.4	24.7	21.3	15.8	10.9	6.0	15.1	37.1	-7.9
合心村	705.8	4.5	5.7	10.1	15.5	19.9	22.9	25.8	25.1	21.7	16.2	11.3	6.4	15.4	37.8	-7.4
双龙村	703.1	4.5	5.7	10.1	15.5	20.0	23.0	25.8	25.1	21.7	16.2	11.3	6.4	15.4	37.8	-7.4
茶山村	976.6	3.3	4.4	8.9	14.0	18.5	21.4	24.2	23.5	20.3	14.7	9.9	5.0	14.0	35.1	-9.0
新黔村	691.2	4.5	5.7	10.2	15.5	20.0	23.0	25.9	25.2	21.7	16.3	11.4	6.4	15.5	37.9	-7.4
新阳村	834.7	3.9	5.1	9.5	14.8	19.3	22.2	25.1	24.3	21.0	15.5	10.6	5.7	14.8	36.5	-8.2
洋溪镇	693.4	4.5	5.7	10.2	15.5	20.0	23.0	25.9	25.2	21.7	16.3	11.4	6.4	15.5	37.9	-7.4
杨柳乡	779.0	4.2	5.3	9.8	15.1	19.6	22.5	25.4	24.7	21.3	15.8	10.9	6.0	15.0	37.1	-7.9
印江	455.5	5.6	6.9	11.3	16.9	21.4	24.5	27.3	26.6	23	17.7	12.6	7.6	16.8	39.9	-9
思南	416.3	6.1	7.3	11.9	17.4	21.6	24.6	28	27.3	23.6	18.1	13	8.2	17.3	40.7	-5.5
塘头	420.6	6.2	7.4	12.1	17.7	22.1	24.9	27.9	27.3	23.6	18.3	13.2	8.2	17.4	39.6	-5.2
石阡	467.5	5.6	6.9	11.5	17.1	21.4	24.5	27.2	26.4	23.1	17.8	12.7	7.7	16.8	41.1	-6.9
江口	369.6	5	6.2	10.5	16.1	20.7	24.1	26.7	26.1	22.4	17.2	12.1	7.1	16.2	38.9	-10.1

1. 年月平均气温

保护区年月平均气温见表2.4。该区地处贵州东北部，沟谷纵横，山岭重叠，海拔高差不大，热量条件较丰富。由表2.4可见该区年均气温在13.4～17.4℃之间，从月均温看，一年中以7月最高，1月最低。各季代表月均温：冬季(1月)均温在2.8～6.2℃之间，春季(4月)均温在13.3～17.7℃之间，夏季(7月)均温在23.5～28.0℃之间，秋季(10月)均温在14.0～18.3℃之间，冬冷夏热，秋温略高于春温。

2. 年极端气温

由表2.4可见，该区夏温较高，冬温较低，冬季12～2月温度变化小，月均变化1.4℃左右，夏季6～8月温度变化也小，月均温度变化1.7℃左右，3～5月升温快，月均温度升高4.8℃左右，9～11月降温也快，月均降温5.2℃左右。年极端高温在34.0～41.1℃之间，极端低温在－5.2～－10.1℃之间。该区冬季河谷地区越冬条件较好，山上多雨雪凝冻天气，但也有河谷盆地与北来冷空气堆积温度剧降情况，如江口、印江两地实测极端低温就较同高程地区低。

3. 各级界限温度初终日，持续期及积温

由表2.5可见，该区无高大山体，大部地区高程在1000m以下，故各级界限温度初终日，持续期及积温以四邻县资料代表，≥0℃积温在5926.5～6318.7℃d之间。≥10℃初日在3月18日至3月25日之间，终日在11月21日至11月25日之间，持续日期为241～254天，≥10℃积温在5069.9～5479.9℃d，≥15℃初日在4月16日至4月22日之间，终日在10月22日至10月27日之间，持续日期为183～193天，≥15℃积温为4237.2～4601.1℃d。据气候带划分指标，该林区垂直气候带可划分为北亚热带，热量条件好，在沟谷地区湿润温和。海拔1000m以上的沟谷到山脊地带，面积不大，水热条件次之，冬季易出现雨雪、凌冻天气，也多云雾天气。该地区属北亚热带温暖湿润季风气候区。

表2.5 印江洋溪自然保护区各级界限温度初、终日(月－日)及积温 (℃d)

县名	高程(m)	≥0℃积温	≥10℃				≥15℃			
			初日	终日	天数	积温	初日	终日	天数	积温
印江	455.5	6153.9	3/21	11/24	248	5296	4/16	10/26	193	4506.4
思南	416.3	6318.7	3/18	11/27	254	5479.9	4/17	10/27	193	4601.1
江口	369.6	5926.5	3/25	11/21	241	5069.9	4/22	10/22	183	4237.2
石阡	467.5	6163.8	3/22	11/23	246	5278.8	4/18	10/26	191	4488.8

(三)水分状况

1. 年降水量分布

该区年降水量分布由表2.6可见，该区年降水量在1093.0～1430.1mm之间。有南部(石固1365.4mm)多于北部(印江1097.4mm)、东部(德旺1430.1mm)多于西部(塘头1134.5mm)之趋势，南部地区与德旺、江口、石固一带是该区的多雨中心，年降水量达1300mm以上，究其原因，一是该区在梵净山南坡，水汽容易到达，地势抬升有利降水形成；二是森林繁茂，有利降水形成。

表2.6 印江洋溪自然保护区年、月降水量 (mm)

坡向	地名	各月降水量												年水量
		1	2	3	4	5	6	7	8	9	10	11	12	
SW	石阡	21.6	23.8	43.0	127.7	182.5	193.0	113.8	114.9	94.1	97.3	57.4	23.9	1093.0
N	印江	17.6	21.7	44.0	122.9	171.2	192.4	129.4	126.5	97.1	97.7	54.8	22.1	1097.4
WN	思南	20.3	24.4	44.0	121.0	180.4	189.2	142.5	118.6	99.6	108.2	61.0	25.2	1134.4

（续）

坡向	地名	各月降水量												年水量
		1	2	3	4	5	6	7	8	9	10	11	12	
WN	塘头	27.8	33.2	49.8	126.6	183.9	165.8	128.5	115.0	99.6	105.1	67.0	32.2	1134.5
S	石固	44.5	35.2	58.6	156.2	223.5	259.1	162.7	134.0	86.2	104.0	62.8	41.3	1365.4
中	缠溪	18.4	23.0	39.9	138.5	170.9	226.4	149.2	99.2	89.8	93.7	49.7	27.3	1122.6
E	闵孝	18.5	21.7	38.9	161.4	178.5	233.2	154.0	128.7	71.8	99.9	46.9	22.1	1170.8
E	德旺	44.5	36.6	67.9	146.6	222.7	263.0	161.5	161.0	102.0	119.0	64.7	37.3	1430.1
E	江口	30.7	36.1	57.4	156.6	202.7	205.6	168.0	150.1	101.4	113.9	68.2	33.8	1324.5

2. 降水量的月、季分布

由表2.6可见，该区降水量变化多为双峰型分布，月降水量最大月在6月，月雨量达165.8～263.0mm；月降水量最小月在1月，个别在2月，月雨量达18.4～36.6mm；降水量出现弱低值月在9月，月雨量较出现弱高值月的10月略低。

表2.7　印江洋溪自然保护区各季降水量　（mm，%）

地名	春季降水量	百分比	夏季降水量	百分比	秋季降水量	百分比	冬季降水量	百分比	4～10月降水量	百分比
石阡	353.2	32	421.7	39	248.8	23	69.3	6	923.3	84
印江	338.1	31	448.3	41	249.6	23	69.6	6	937.2	85
思南	345.4	30	450.3	40	268.8	24	69.9	6	959.5	85
塘头	365.3	32	409.3	36	271.7	24	70.2	6	924.5	81
石固	438.3	32	555.8	41	253.0	19	70.5	5	1125.7	82
缠溪	349.3	31	474.8	42	233.2	21	70.8	6	967.7	86
闵孝	378.8	32	515.9	44	218.7	19	71.1	6	1027.5	88
德旺	437.1	31	585.6	41	285.7	20	71.4	5	1175.8	82
江口	416.7	31	523.7	40	283.5	21	71.7	5	1098.3	83

该区降水量的季节分布见表2.7，夏季(6～8月)降水量最多，达409.3～585.6mm，占年雨量的36%～44%；冬季(12～2月)降水量最少，仅69.3～71.7mm，占年雨量的5%～6%；秋季(9～11月)降水量218.7～285.7mm，占年雨量的19%～24%；春季(3～5月)降水量338.1～438.3mm，占年雨量的30%～32%，春季降水量略多于秋季。夏半年(4～10月)总降水量达923.3～1175.8mm，占年雨量的81%～88%，此间正值林木枝繁叶茂，光热水的良好搭配为该区林木生长发育和农业生产提供了优越气候条件。

四、主要气象灾害

该区灾害性天气类型多，频率高，年际变化较大。对林木生长发育危害大的有以下几种：

1. 干旱

该地区干旱四季均有发生，分别称为春旱、夏旱、秋旱和冬旱。就其发生频率和影响程度而言，该区以夏旱为最高。出现在6月上旬的称为“洗手干”，出现在6月下旬至8月底的称为“伏旱”。该区夏旱是由于太平洋副热带高压北移西伸控制本地区所致，夏旱发生几率高、面积广，年年有夏旱，不是大旱就是小旱，对林木生长发育和农作物产量影响极大，是该地区最主要的灾害性天气。

2. 倒春寒和秋风

由于该区地处贵州东北部，是贵州冷空气的入口。每年3～4月份，当气温回升以后，又遇冷空气南下，使日均温降至10℃以下，持续3天以上，或日均温降至8℃以下，持续两天以上，并伴有阴雨，这种天气称为“倒春寒”。在9月上旬至10月上旬的40天中，每遇冷空气南下，日均温<20℃，最低气温<18℃并伴有阴雨，这种天气称为秋季低温，群众称为“秋风”。

“倒春寒”除对小麦、油菜扬花、灌浆有一定影响外，主要造成水稻烂种，烂秧，延误季节。它会导致海拔较高地区树木萌发迟缓或萌发嫩芽冻坏再发，形成山林树木“发两轮”现象。“秋风”也会对林木生长发育造成很大影响。

由于该地区海拔高差较大，小气候差异很明显。因此，“倒春寒”和“秋风”出现频率与严重程度也有很大差异。

3. 冰雹

降雹是该地区的局部性灾害天气。降雹的地理分布与山脉走向，气流通道密切相关。该地区是铜仁地区两条冰雹路径过境点之一：冰雹路径从沿河小井南下，经印江木黄、缠溪、洋溪转向西经思南县大坝场，过石阡县花桥、五德出境，每年约出现2～3次。

4. 暴雨

在12小时内降雨量达30mm，或24个小时内降雨达50mm的日数称为“暴雨日”。暴雨常造成洪涝灾害，危害生产。如1983年6月19日，该区南部石固乡6小时降雨187.3mm，暴雨常造成严重洪涝灾害。

5. 冰凝

冰凝是雨凇、雾凇和湿雪等冻结现象的总称。冰凝天气往往造成运输、邮电和输电中断，也造成林木断枝断梢，翻根倒伏。保护区海拔较高的山峰，冰凝发生几率大，强度强。由于该区域处在贵州东北部冷空气迎风面，每年晚秋到初春，几乎每次较强冷空气南下都会发生。

五、结语与讨论

贵州印江洋溪自然保护区年日照数为1165.5～1288.4h，年日照百分率在26%～29%之间，年太阳总辐射在3593.9～3777.5mJ/m^{2}之间，是贵州光能较少地区之一，有7、8月最多、11～2月最少之季节分布规律。该区年平均气温在13.4～17.4℃之间。年极端高温在34.0～41.1℃之间，极端低温在－5.2～－10.1℃之间。该区≥10℃初日在3月18日～3月25日之间，终日在11月21日～11月25日之间，持续日期为241～254天，≥10℃积温为5069.9～5479.9℃d，年降水量为1093.0～1430.1mm。夏季最多、冬季最少、无明显干湿季，夏半年(4～10月)降水量923.3～1175.8mm，占年雨量的81%～88%，该地区为北亚热带温暖湿润季风气候区。

（穆彪　张莉　刘京）

参考文献

穆彪，张邦琨．1997．农业气象学[M]．贵阳：贵州科学技术出版社．

张福春，丘宝剑．1984．县级农业气候分析与区划[M]．北京：气象出版社．

贵州省农业气候区划编写组．1989．贵州省农业气候区划[M]．贵阳：贵州人民出版社．

印江县综合农业区划编写组．1989．印江县综合农业区划[M]．贵阳：贵州人民出版社．

江口县综合农业区划编写组．1989．江口县综合农业区划[M]．贵阳：贵州人民出版社．

《中国气象灾害大典·贵州卷》编委会．2006．中国气象灾害大典·贵州卷[M]·北京：气象出版社．

第三节　水文

一、水文地质条件

（一）水文地质构造

保护区整体受茶园—打杵坳—桅杆—洋溪背斜的控制，其核部地层为寒武系可溶性的强富水层白云岩，在一组大型正断层的切割下，形成了“V”字形的陡峻河谷，并成为地下水的主要排泄通道，如缠溪镇—杨柳乡的河流、洋溪河等；而背斜的两翼则以志留系砂页岩为主，具有较强隔水性。因此，保护区周边水文地质条件并不理想，核心部分水文地质条件较良好，具有完整的补给、径流和排泄条件。

（二）地层岩性的水文地质性质

区内出露了寒武系下统（$\in_1$）、中上统（$\in_{2-3}$）；奥陶系下统（O_1）、中上统（O_{2-3}）；志留系下统（S_1）、中上统（S_{2-3}）；二叠系下统（P_1）、上统（P_2）及三叠系下统（T_1）。

其中，娄山关群（$\in_{2-3ls}$）、桐梓组（O_{1t}）、红花园组（O_{1h}）、十字铺组（O_{2s}）、宝塔组（O_{2b}）、栖霞组（P_{1q}）、茅口组（P_{1m}）、长兴组（P_{2c}）和夜郎组（T_{1y}）为碳酸盐岩组，节理、裂隙、溶隙发育，富水性及透水性强，岩溶现象普遍。其余地层多为碎屑岩与泥页岩互层，含部分孔隙水。

寒武系下统（$\in_1$）：

砂页岩含裂晾水，富水性弱，一般泉流量0.1～0.5L/s。地下径流模数2.66L/s·km^2，地下水化学类型为$HC0_3$-Ca，Mg及$HC0_3$、$S0_4$- Ca－ K＋ Na型，矿化度小于0.2g/L。白云岩、灰岩夹层含裂隙水，一般泉流量1.3L/s。地下水化学类型为$HC0_3$—Ca，Mg型，矿化度小于0.2g/L。泥页岩，含水极弱，起相对隔水作用。

中上统（$\in_{2-3}$）——奥陶系下统（O_{1h}）：

灰岩溶洞，暗河强烈发育，一般暗河流量100～500L/s，枯季平均流量200L/s，地下径流模数6～8L/s·km^2。地下水化学类型为HCO_3—Ca型，矿化度小于0.5g/L；白云岩溶洞、暗河发育不很强烈，但裂隙发育，含水较均一，一般泉流量大于50L/s，较大泉点枯季平均流量60L/s。地下径流模数3～6L/s·km^2。

奥陶系下统（O_{1m}）——志留系下统（S_{1sh}）：

含溶洞裂隙水，溶洞暗河不很发育，一般泉流量10～20L/s，枯季流量5～10L/s；地下径流模数3L/s·km^2。地下水化学类型为$HC0_3$—Ca型，矿化度约0.3g/L。

志留系中上统（S_{2-3}）：

杂色泥页岩、粉砂岩及少置灰岩透镜体。含水极弱，起相对隔水作用。

二叠系（P）：

溶洞暗河强烈发育，调查期一般暗河流量100～300L/s，枯季平均流量180L/s，泉流量大于50L/s；地下径流模数6～8L/s·km^2。地下水化学类型为HCO_3－Ca，矿化度小于0.2g/L。

三叠系下统（T_1）：

溶洞暗河强烈发育，暗河一般流量100～500L/s，枯季平均流量150L/s，地下径流模数4～9L/s·km^2。地下水化学成分为HCO_3—Ca及HCO_3—Ca，Mg型，矿化度小于0.3g/L。

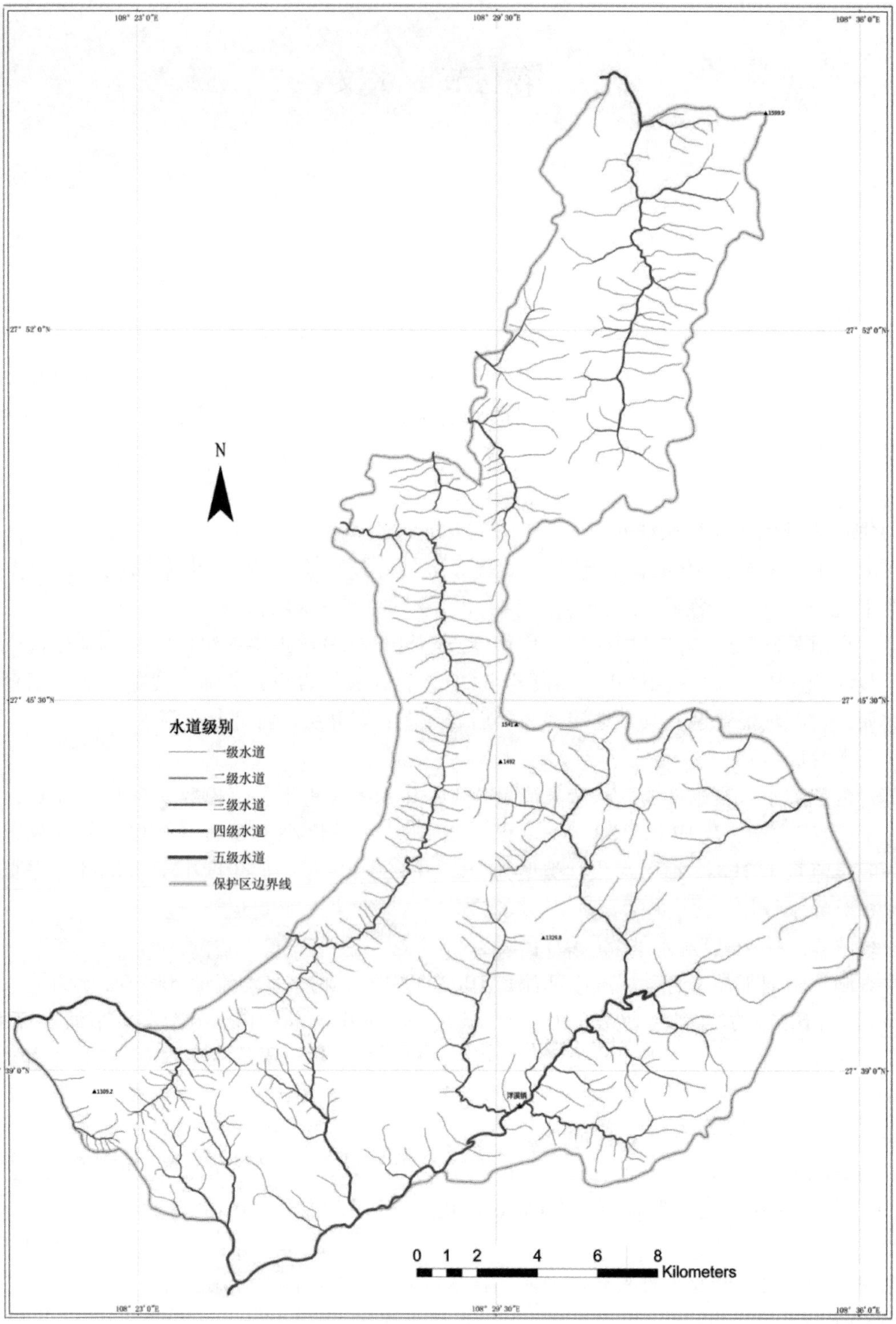

图 2.6 印江洋溪自然保护区河流水道结构图

二、　水资源状况

（一）河流水道及地表径流

经考察统计，保护区内分布有河流水道507条。其中一级水道406条，二级水道74条，三级水道21条，四级水道5条，五级水道1条(图2-6)；一级水道平均长为896.44m，二级水道平均长为1181.04m，三级水道平均长为3383.45m，四级水道平均长为6677.12m，五级水道平均长为1758.45m；保护区水道频度为1.38条/km^2，水道总密度为1.53km/km^2(表2.8)。

表2.8　印江洋溪自然保护区水道结构表

水道级别	水道条数（条）	水道总长（m）	水道平均长（m/条）	水道总频度（条/km^2）	水道总密度（km/km^2）
1	406	363954.47	896.44		
2	74	87397.17	1181.04		
3	21	71052.54	3383.45	1.38	1.53
4	5	33385.60	6677.12		
5	1	1758.45	1758.45		
合计	507	557548.23			

保护区内高级水道流量大，水资源丰富，低级水道切割浅，径流量不大。

洋溪河是保护区最大的河流，发源于桅杆村的李家山，有小河1条支流，主、支流共长37.7km，主干流长28km，天然落差470m。洋溪河从洋溪镇的木耳寨流入石阡县境，多年平均流量为5.82m^3/s。洋溪河平均径流深708mm，地表径流量为1.6亿m^3，在丰水年地表径流量为1.92亿m^3，平水年为1.55亿m^3，偏枯年1.30亿m^3，枯水年0.98亿m^3。

保护区每平方公里产水量为71万m^3，在单位面积产水量上，比长江流域和乌江水系高，分别高28%和9.2%。因而保护区地表水资源是较丰富的。

（二）地下水资源

区内地下水主要受气候条件、地质条件的影响，降水或地表水直接或间接入渗补给，在一定条件下，地表水和地下水相互转换或相互补给。泉水一般都沿着石灰岩、灰岩与页岩接触地带构造以及破碎地带中出露。岩溶水的排泄基准面随河流的下蚀而下移，其运动受构造的控制。岩溶水主要以管道形式运移，并补给河流。由于岩溶发育，保蓄水的能力差，地下水多深埋。

保护区地下水主要有两种类型，一是分布于碎屑岩地带出露的孔隙裂隙水，泉涌量小，一般不大于1L/s，个别达6L/s；二是分布在碳酸盐岩地带的岩溶水，泉涌水量较大，一般在10L/s以上，最大的达650L/s。

地下水含水层主要为碳酸盐岩，在深切河谷地带，上覆碳酸盐层及中下部碳酸盐夹层都较容易溶蚀，形成规模较大的、走向一定的地下岩溶空间，溶隙、地下暗河的补给、径流及排泄条件较好。受砂页岩夹层、断层及地层产状的影响，岩溶地下水多能在谷坡或临谷出露，流量大而稳定。

总的来说，保护区水资源的分布，不但受气候条件的影响，而且受地貌和地质条件的控制；地形复杂，岩溶发育，田高河低，地层储水条件差的地区，自然降水虽然较为丰富，但由于地下水深埋，开发利用较为困难。

（高华端　龚羿文　罗忠志）

第四节 土壤

森林土壤养分状况与构成林分的树种及树种组成、林分结构等林分因子有密切关系。在山地，对土壤的理化性质起明显控制作用的因子主要是地形和植被类型，在同一气候区，地形通过改变气候因子的空间分配影响植被格局，植被影响成土过程、土壤演替及其理化性质，另一方面，植被格局可以控制微气候和影响土壤状况。

一、研究方法

在保护区内选择具有代表性的森林植被类型设置标准样地(表2.9)，每个样地20m×20m。在样地内进行每木检尺，测定其树高、胸径，调查记录植物种类、郁闭度、盖度等。剖面的挖掘和土壤样品的采集：在设置的样地内，选择典型剖面地点(记录每个剖面的位置、地形地貌、植被及形态特性)，然后开挖剖面。剖面挖好后，观察记录各土层的厚度、颜色、质地、结构、坚实度等剖面特征。根据实地所划分的土壤剖面层次，每层取500g以上土样，装入布袋，贴上标签，运回室内自然风干，分析其土壤理化性状；同时分层采集相应的土壤环刀样品分析测定土壤空隙特征。土壤理化性状严格按照国家林业局发布的中华人民共和国林业行业标准进行测定。

表2.9 印江洋溪自然保护区森林土壤调查样地基本情况

样地号	植被类型	树种	东经	北纬	海拔(m)	土壤	母质	坡度(°)
YJ-1	落叶阔叶林	野樱桃	108°32′50″	27°53′50″	880	黄壤	石灰岩	15~20
YJ-2	落叶阔叶林	光叶榉	108°33′02″	27°53′47″	989	黄壤	板岩	36~60
YJ-3	落叶阔叶林	枫香	108°33′42″	27°54′03″	1179	黄壤	板岩	10~15
YJ-4	落叶阔叶林	水青冈	108°33′47″	27°53′59″	1207	黄壤	板岩	25~30
YJ-5	落叶阔叶林	大叶楞	108°29′37″	27°49′08″	790	黄壤	变质岩	20~25
YJ-6	落叶阔叶林	青檀	108°31′35″	27°37′06″	815	黄壤	石灰岩	10~15
YJ-7	落叶阔叶林	栓皮栎	108°31′25″	27°37′10″	850	黄壤	石灰岩	10~15
YJ-8	落叶阔叶林	枫香	108°32′30″	27°41′45″	926	黄壤	石灰岩	5~10
YJ-9	落叶阔叶林	钓樟	108°32′58″	27°42′55″	960	黄壤	砂页岩	20~25
YJ-10	落叶阔叶林	水青冈	108°32′48″	27°44′29″	1000	黄壤	板岩	20~25
YJ-11	落叶阔叶林	山核桃	108°31′14″	27°37′36″	771	黄壤	板岩	10~15
YJ-12	常绿阔叶林	楠木	108°29′24″	27°48′50″	890	黄壤	变质岩	30~35
YJ-13	常绿阔叶林	飞蛾槭	108°31′05″	27°43′15″	818	黄壤	石灰岩	10~15
YJ-14	常绿阔叶林	大叶桂樱	108°29′25″	27°41′35″	921	黄壤	砂页岩	20~25
YJ-15	常绿阔叶林	香叶树	108°29′38″	27°40′54″	946	黄壤	石灰岩	10~15
YJ-16	常绿阔叶林	楠竹	108°30′35″	27°44′31″	910	黄壤	砂页岩	15~20
YJ-17	常绿阔叶林	金竹	108°30′46″	27°44′22″	914	黄壤	砂岩	8~15
YJ-18	针叶林	黄杉	108°31′48″	27°53′12″	1023	黄壤	石灰岩	5~7
YJ-19	针叶林	马尾松	108°31′35″	27°53′03″	1070	黄壤	石灰岩	3~5
YJ-20	针叶林	杉木	108°28′54″	27°44′33″	953	黄壤	砂页岩	30~35
YJ-21	针叶林	柏木	108°31′37″	27°42′32″	805	黄壤	石灰岩	15~20
YJ-22	针叶林	杉木	108°34′10″	27°41′01″	883	紫色土	紫色砂页岩	20~25

二、结果与分析

印江洋溪自然保护区调查样地的土壤理化性状测定结果见表2.10。

1. 土壤容重

土壤容重影响土壤多孔性状，进而影响林木根系生长和生物量的积累，是衡量土壤肥力质量高低的重要指标之一。由表2.10可知：保护区内各土壤剖面的土壤容重在1.11～1.56g/cm^{3}之间，平均值1.40±0.18g/cm^3。通过方差分析，A、B、C三层的土壤容重存在极显著差异($P=0.006<0.01$)；运用最小显著差法(LSD)进行多重比较：A与C层之间存在极显著差异($P=0.002<0.01$)，其他层次之间差异均不显著($P>0.05$)。各剖面不同土层的土壤容重有随土层深度的增加而递增的趋势。

从不同植被类型来看(表2.11)：常绿阔叶林、落叶阔叶林和针叶林各土壤剖面的平均土壤容重分别为1.49±0.04g/cm^3、1.26±0.13g/cm^{3}和1.40±0.10g/cm^3。通过方差分析，不同植被类型各土壤剖面的平均土壤容重存在显著差异($P=0.036<0.05$)；运用最小显著差法(LSD)进行多重比较：常绿阔叶林与落叶阔叶林之间存在显著差异($P=0.015<0.05$)，其他类型之间差异均不显著($P>0.05$)。

2. 土壤孔隙度

土壤孔隙度与土壤质地、土壤类型、土壤有机质有关，是土壤主要物理特征之一，在土壤物理学研究方面，土壤孔隙度是一个重要的参数。经研究表明(表2.10)：保护区内各土壤剖面的非毛管孔隙度、毛管孔隙度和总孔隙度平均值分别为5.25±1.34%、41.19±5.99%和46.44±6.46%。方差分析结果显示：非毛管孔隙度和毛管孔隙度不同层次间均不存在显著差异($P>0.05$)，A、B、C三层的总孔隙度存在显著差异($P=0.023<0.05$)；运用最小显著差法(LSD)对总孔隙度不同层次间进行多重比较：A与C层之间存在极显著差异($P=0.007<0.01$)，其他层次之间差异均不显著($P>0.05$)。各土壤剖面的总孔隙度和毛管孔隙度基本上都是随土层深度的增加而减小，非毛管孔隙度随土层深度的增加无明显变化规律。

从不同植被类型看(表2.11)：常绿阔叶林、落叶阔叶林和针叶林各土壤剖面的平均非毛管孔隙度分别为3.24±0.58%、6.87±1.83%和5.75±0.84%，毛管孔隙度分别为39.50±3.10%、42.53±6.30%和41.01±4.03%，总孔隙度分别为：42.75±2.78%、49.40±6.62%和46.76±5.00%。方差分析显示非毛管孔隙度、毛管孔隙度和总孔隙度各土壤剖面的平均值在不同植被类型间均不存在显著差异($P>0.05$)。不同植被类型的非毛管孔隙度、毛管孔隙度和总孔隙度，整体上均表现为落叶阔叶林>针叶林>常绿阔叶林。

3. 土壤蓄水性能

土壤的持水能力是评价土壤涵养水源及调节径流的一个重要指标，它主要取决于土壤毛管孔隙度及非毛管孔隙度的大小。通过分析(表2.10)：保护区内各土壤剖面平均最大、最小和毛管持水量分别为343.11±90.33g/kg、251.07±62.72g/kg和303.46±75.99g/kg。方差分析显示：A、B、C三层最小持水量不存在显著差异($P=0.110>0.05$)，最大持水量($P=0.020<0.05$)和毛管持水量($P=0.026<0.05$)存在显著差异；运用最小显著差法(LSD)进行多重比较：最大持水量A与C层之间存在极显著差异($P=0.006<0.01$)，其他层次之间差异均不显著($P>0.05$)；毛管持水量A与C层之间存在极显著差异($P=0.008<0.01$)，其他层次之间差异均不显著($P>0.05$)。最大、最小和毛管持水量基本上都是随着土层深度的增加而减小。

从不同植被类型看(表2.11)：常绿阔叶林、落叶阔叶林和针叶林各土壤剖面的平均最大持水量分别为293.60±18.89g/kg、389.37±106.43g/kg和340.30±58.27g/kg，最小持水量分别为222.71±13.55g/kg、273.26±68.14g/kg和242.60±57.11g/kg，毛管持水量分别为270.50±22.37g/kg、335.32±89.77g/kg和297.39±42.54g/kg。方差分析显示最大持水量、最小持水量和毛管持水量各土壤剖面的平均值在不同植被类型间均不存在显著差异($P>0.05$)。不同植被类型的最大持水量、最小持水量和毛管持水量，均整体上表现为落叶阔叶林 > 针叶林 > 常绿阔叶林。

土壤蓄水量是土壤水分的重要指标，不同植被类型的土壤蓄水量在不同时间存在一定规律。通过研究(表2.10)：保护区内各土壤剖面平均最大蓄水量为796.03 ± 168.11 t/hm²。方差分析得出A、B、C三层最大蓄水量存在极显著差异($P = 0.000 < 0.01$)；运用最小显著差法(LSD)进行多重比较：A与B($P = 0.004 < 0.01$)、A与C($P = 0.000 < 0.01$)和B与C($P = 0.000 < 0.01$)之间均存在极显著差异。各土壤剖面平均非毛管蓄水量为92.46 ± 22.13t/hm²。方差分析A、B、C三层非毛管蓄水量不存在显著差异($P = 0.076 > 0.05$)。最大蓄水量和非毛管蓄水量整体上随土层深度的增加而增大。

从不同植被类型看(表2.11)：常绿阔叶林、落叶阔叶林和针叶林各土壤剖面的平均最大蓄水量分别为672.97 ± 171.84 t/hm²、870.97 ± 127.23 t/hm²和791.16 ± 101.48 t/hm²，非毛管蓄水量分别为44.29 ± 6.85 t/hm²、130.64 ± 32.08 t/hm²和93.16 ± 19.94t/hm²。各土壤剖面的平均最大蓄水量和非毛管蓄水量均表现为落叶阔叶林 > 针叶林 > 常绿阔叶林，但在不同层次上规律性不明显。方差分析显示最大蓄水量和非毛管蓄水量各土壤剖面的平均值在不同植被类型间均不存在显著差异($P > 0.05$)。

4. 土壤渗透性能

土壤的渗透性能是土壤重要的水分物理性质之一，也是林分水源涵养功能的重要指标。土壤渗透性能的好坏，直接关系到地表产生径流的大小，渗透性能越好，地表径流越少，土壤理水调洪的功能越强，土壤的侵蚀量也会相应减少。通过研究表明(表2.10)：保护区内各土壤剖面的平均初渗速率和稳渗速率分别为2.52 ± 0.51 mm/min和1.07 ± 0.11mm/min。土壤表层(A)的初渗速率分别是B、C层的2.1和4.4倍。方差分析显示A、B、C三层的初渗速率和稳渗速率均不存在显著差异($P > 0.05$)。土壤的初渗速率和稳渗速率基本上都是随着土层深度的增加而减小。

从不同植被类型看(表2.11)：常绿阔叶林、落叶阔叶林和针叶林土壤的初渗速率和稳渗速率规律性不明显。各土壤剖面的平均初渗速率落叶阔叶林(4.36 ± 1.37 mm/min) > 针叶林(3.03 ± 0.58 mm/min) > 常绿阔叶林(0.71 ± 0.21 mm/min)；各土壤剖面的平均稳渗速率针叶林(1.79 ± 0.42 mm/min) > 落叶阔叶林(1.54 ± 0.29 mm/min) > 常绿阔叶林(0.22 ± 0.06 mm/min)。方差分析显示初渗速率和稳渗速率各土壤剖面的平均值在不同植被类型间均不存在显著差异($P > 0.05$)。

5. 土壤pH值

土壤pH能影响土壤养分有效性的发挥，同时，植被对土壤pH也有影响。由表2.10可以看出：保护区内的土壤主要为酸性土壤，各土壤剖面的pH值在4.35 ~ 6.98之间，其平均值为5.60 ± 0.84。通过方差分析，A、B、C三层的pH值不存在显著差异($P > 0.05$)。各土壤剖面的pH值随土壤深度的增加而增大。

从不同植被类型来看(表2.11)：常绿阔叶林、落叶阔叶林和针叶林pH值规律表现为常绿阔叶林(5.97 ± 0.50) > 落叶阔叶林(5.52 ± 0.86) > 针叶林(5.45 ± 1.12)，通过方差分析，不同植被类型各土壤剖面的平均pH值不存在显著差异($P > 0.05$)。

6. 土壤有机质

土壤中的有机质是评价土壤肥力的标志性物质，不同植被类型土壤有机质含量存在显著差异。保护区内各土壤剖面的平均有机质含量在15.80 ~ 52.23g/kg之间，其平均值为35.42 ± 10.06g/kg。方差分析A、B、C三层的有机质含量存在极显著差异(P = 0.000 < 0.01)；运用最小显著差法(LSD)进行多重比较：A与B($P = 0.000 < 0.01$)和A与C($P = 0.000 < 0.01$)层存在显著极显著差异，B与C($P = 0.019 < 0.05$)层存在显著差异。各土壤剖面有机质的含量基本上都是随土层深度的增加而下降，土壤表层的有机质含量分别是其下层的2.42倍和4.41倍。

从不同植被类型来看(表2.11)：常绿阔叶林、落叶阔叶林和针叶林各土壤剖面的平均有机质含量分别为28.54 ± 6.55g/kg、41.89 ± 6.48 g/kg和29.28 ± 8.45 g/kg。通过方差分析，不同植被类型各土壤剖面的平均有机质含量存在显著差异($P = 0.039 < 0.05$)；运用最小显著差法(LSD)进行多重比较：常绿阔叶林与落叶阔叶林之间存在显著差异($P = 0.037 < 0.05$)，落叶阔叶林与针叶林之间存在显著差

异($P=0.031<0.05$)，常绿阔叶林与针叶林之间差异不显著($P>0.05$)。不同植被类型土壤有机质含量整体上表现为落叶阔叶林＞针叶林＞常绿阔叶林。

7. 土壤氮素状况

氮(N)是植物生长不可或缺的元素，不同植被类型下的土壤N储量存在较大差异。由表2.10可知：保护区内各土壤剖面的全N和水解N的平均含量分别为1.82±0.29g/kg和118.86±29.28mg/kg。方差分析显示A、B、C三层的全N含量($P=0.000<0.01$)和水解N含量($P=0.000<0.01$)都存在极显著差异；运用最小显著差法(LSD)进行多重比较：全N含量A与B($P=0.000<0.01$)和A与C($P=0.000<0.01$)层之间均存在极显著差异，B与C层之间差异不显著($P=0.059>0.05$)；水解N含量A与B($P=0.000<0.01$)和A与C($P=0.000<0.01$)层之间均存在及显著差异，B与C层之间差异不显著($P=0.155>0.05$)。各土壤剖面全N和水解N的含量均随土层深度的增加而下降，这与有机质的分布规律是一致的。

从不同植被类型来看(表2.11)：常绿阔叶林、落叶阔叶林和针叶林各土壤剖面的平均全N含量分别为1.75±0.38g/kg、2.09±0.49 g/kg和1.41±0.42 g/kg；平均水解N含量分别为90.80±16.70mg/kg、145.86±32.68mg/kg和92.68±25.94mg/kg。方差分析显示各土壤剖面的全N和水解N的平均含量在不同植被类型间均不存在显著差异($P>0.05$)。从各土壤剖面的平均值来看，全N含量整体上表现为落叶阔叶林＞常绿阔叶林＞针叶林，水解N含量整体上表现为落叶阔叶林＞针叶林＞常绿阔叶林。

8. 土壤磷素状况

植物体中的磷(P)主要从其所生长的土壤中通过吸收获得，土壤P含量与植被分布在空间上存在一定关系。研究结果表明(表2.10)：保护区内各土壤剖面的全P和有效P的平均含量分别为0.45±0.09g/kg和4.76±1.36mg/kg。方差分析显示A、B、C三层的全P含量存在显著差异($P=0.030<0.05$)，有效P含量不存在显著差异($P>0.05$)；运用最小显著差法(LSD)对全P含量进行多重比较，A与C层之间存在显著差异($P=0.012<0.05$)，其他层次间差异不显著($P>0.05$)。总体来看，该自然保护区森林土壤磷素相对不足，保护区内表层土壤有效P的含量大部分处于低水平的状态，有效P相对缺乏。在同一剖面上土壤全P和有效P的含量都有随土层深度的加深而降低的趋势。

从不同植被类型来看(表2.11)：常绿阔叶林、落叶阔叶林和针叶林各土壤剖面的平均全P含量分别为0.42±0.10g/kg、0.58±0.15 g/kg和0.26±0.06 g/kg，平均有效P含量分别为11.69±2.55mg/kg、2.83±0.93mg/kg和2.95±0.91mg/kg。方差分析显示各土壤剖面的全P和有效P的平均含量在不同植被类型间均不存在显著差异($P>0.05$)。从各土壤剖面的平均值来看，全P含量整体上表现为落叶阔叶林＞常绿阔叶林＞针叶林，有效P含量整体上表现为常绿阔叶林＞针叶林＞落叶阔叶林。

9. 土壤钾素状况

土壤中所含的钾(K)是植物吸收最多的营养元素之一，土壤钾素在不同林地内呈不均匀分布。由表2.10可知：保护区内各土壤剖面全K的平均含量在9.21～45.56g/kg之间波动，平均值为26.70±5.38g/kg。土壤中的速效K含量是土壤K素的现实供应指标，它能被植物直接吸收与利用。保护区各土壤剖面速效K的平均含量在30.70～235.48mg/kg之间波动，平均值为129.75±37.47mg/kg。土壤K含量的高低主要受母岩矿物和气候的影响，另外K又是容易随水淋溶流失的元素，总体来说，保护区内速效K的含量处于中等水平(参考标准为100～150 mg/kg)。另外，在同一剖面上速效K的含量有随土层深度的加深而降低的趋势，而全K含量随土层深度的加深无明显的变化规律，其原因可能是各土层水热条件和生物量累积的不同所致。

从不同植被类型来看(表2.11)：常绿阔叶林、落叶阔叶林和针叶林各土壤剖面的平均全K含量分别为25.98±6.33g/kg、31.32±9.84 g/kg和19.50±5.38 g/kg；平均速效K含量分别为161.96±34.85mg/kg、150.00±23.04mg/kg和70.17±17.08mg/kg。方差分析显示各土壤剖面的全K和速效K的平均含量在不同植被类型间均不存在显著差异($P>0.05$)。从各土壤剖面的平均值来看，全K含量整体上表现为落叶阔叶林＞常绿阔叶林＞针叶林，速效K含量整体上表现为常绿阔叶林＞落叶阔叶林

> 针叶林。

10. 土壤阳离子交换量

土壤阳离子交换量是土壤的一个重要的化学性质，能直接反应土壤保肥性能、供肥性能和缓冲能力。由表2.10可以看出：保护区内各土壤剖面的阳离子交换量在6.69~19.72 cmol(+)/kg之间，其平均值为11.79 ±2.54 cmol(+)/kg。通过方差分析，A、B、C三层的阳离子交换量彼此间存在极显著差异($P=0.000<0.01$)；运用最小显著差法(LSD)进行多重比较：A与B($P=0.033<0.05$)、A与C($P=0.000<0.01$)和B与C($P=0.046<0.05$)三层彼此之间均存在显著差异。各土壤剖面的阳离子交换量随土壤深度的增加而减小。

从不同植被类型来看(表2.11)：常绿阔叶林、落叶阔叶林和针叶林土壤阳离子交换量各土壤剖面的平均值落叶阔叶林[12.43 ±1.92 cmol(+)/kg]>常绿阔叶林[11.20 ±2.90 cmol(+)/kg]>针叶林[11.11 ±2.90 cmol(+)/kg]。通过方差分析，不同植被类型各土壤剖面的平均阳离子交换量不存在显著差异($P=0.562$)。

三、小结

土壤有机质主要来源于植物的凋落物。在一般情况下，不同植被类型凋落物量表现为常绿阔叶林>落叶阔叶林>针叶林，但是印江洋溪自然保护区土壤有机质含量表现为落叶阔叶林>针叶林>常绿阔叶林。土壤有机质实际含量除与凋落物量有关外，还与气候、植被、地形、土壤类型等因素有关，这些因子综合作用影响有机质进入土壤的速率。不同植被类型的凋落物组成复杂，凋落物中有机化合物包括碳水化合物、木质素、蛋白质、树脂、蜡质等，其中木质素很难分解，复杂的粗蛋白相对难降解，树脂难分解，蜡质对凋落物起一定的保护作用。分解进入土壤速率慢的凋落物累积在土壤表面，所以不同植被类型的凋落物积累量也就不同。另一方面，进入土壤中的有机质量主要取决于加入土壤中动植物残体的数量和类型，土壤有机质的损失主要由土壤有机质的氧化及土壤侵蚀程度决定，土壤有机质的含量由进入土壤的有机质与有机质从土壤中损失之间的平衡决定。在保护区常绿阔叶林的采样样地主要树种为樟科和壳斗科的树种，这些树种多属硬阔类，叶片角质化，枝木质素含量高，均不利于凋落物分解进入土壤。而落叶阔叶林的采样样地主要树种多为软阔类，有利于分解进入土壤。

土壤孔隙度、持水量、蓄水量和土壤有机质含量均表现为落叶阔叶林>针叶林>常绿阔叶林，而土壤容重刚好相反，表现为常绿阔叶林>针叶林>落叶阔叶林，这体现出土壤有机质含量与土壤物理性质的相关性。土壤是一个综合性的因子，土壤有机质对土壤物理性质的作用是相互影响的，其中一个因子的变化会引起其他因子不同程度的改变。土壤有机质在土壤团聚体的形成过程和稳定性方面起着重要的作用，促进土壤形成散碎的团粒结构，使土壤形成疏松的结构，进而使土壤的蓄水性、透水性、通气性和植物根系的生长环境有所改善。另一方面，土壤孔隙结构得到改善可以增加土壤持水量，减少水土流失。

不同植被类型间土壤有机质含量为落叶阔叶林>针叶林>常绿阔叶林，而全N、全P和全K均表现为落叶阔叶林>常绿阔叶林>针叶林。这主要是由不同植被类型凋落物和土壤有机质中各化学元素的含量的差异和各化学元素流失的差异引起的。各种化学元素在凋落物和土壤有机质中的含量因植物种类、器官和年龄等而异；部分元素可以直接来源于大气，具体途径包括大气沉降和微生物固定等。另一方面，含各化学元素的有机质分解速率存在差异，分解后流失的速率也各不相同，所以不同元素在土壤中保留的时间不同，在土壤中积累的量也就不同。

不同植被类型土壤全N、全P和全K均表现为落叶阔叶林>常绿阔叶林>针叶林，但是水解N为落叶阔叶林>针叶林>常绿阔叶林，有效P为常绿阔叶林>针叶林>落叶阔叶林，速效K为常绿阔叶林>落叶阔叶林>针叶林。这主要是含各元素的有机质矿化过程速率和转化、植物吸收以及流失等原因造成。各元素分别在不同的化合物中，水解N、有效P和速效K在土壤中形成的速率以及转化为其他化合物、被植物吸收速率不同。

表 2.10　印江洋溪自然保护区森林土壤理化性状统计表

理化性质	土层	最大值	最小值	均值	理化性质	土层	最大值	最小值	均值
土壤容重（g/cm³）	A	1.48	1.10	1.29 ±0.13a	有机质含量（g/kg）	A	97.89	28.22	65.82 ±15.95a
	B	1.65	1.11	1.41 ±0.17ab		B	49.71	10.72	27.21 ±7.46b
	C	1.72	1.16	1.51 ±0.17b		C	27.59	1.53	14.91 ±3.00c
	平均值	1.56	1.11	1.40 ±0.18		平均值	52.23	15.80	35.42 ±10.06
非毛管孔隙度（%）	A	15.30	1.39	5.90 ±1.67a	全 N（g/kg）	A	4.37	1.72	2.81 ±0.72a
	B	13.50	1.60	5.33 ±1.21a		B	3.37	0.52	1.64 ±0.42b
	C	17.78	1.80	4.37 ±0.81a		C	2.41	0.48	1.13 ±0.32b
	平均值	14.40	1.67	5.25 ±1.34		平均值	3.09	1.03	1.82 ±0.29
毛管孔隙度（%）	A	51.10	37.10	43.70 ±3.84a	水解 N（mg/kg）	A	330.45	107.67	191.39 ±32.16a
	B	49.49	33.20	41.45 ±5.06a		B	222.35	36.48	96.58 ±25.12b
	C	51.72	21.95	37.87 ±7.86a		C	176.20	18.37	66.62 ±18.28b
	平均值	47.65	32.15	41.19 ±5.99		平均值	226.22	63.39	118.86 ±29.28
总孔隙度（%）	A	56.40	42.10	49.60 ±4.40a	全 K（g/kg）	A	39.32	7.35	24.52 ±7.01a
	B	56.80	35.90	46.78 ±6.99ab		B	57.01	9.32	27.82 ±6.63a
	C	55.44	34.30	42.24 ±6.05b		C	42.30	7.73	27.58 ±6.42a
	平均值	56.00	40.00	46.44 ±6.46		平均值	45.56	9.21	26.70 ±5.38
最大持水量（g/kg）	A	508.11	305.74	392.15 ±71.50a	速效 K（mg/kg）	A	289.23	48.17	160.56 ±29.74a
	B	502.26	217.05	340.64 ±92.68ab		B	243.29	20.79	121.00 ±34.76ab
	C	477.92	199.30	287.23 ±80.51b		C	197.60	18.84	87.09 ±20.59b
	平均值	505.19	265.15	343.11 ±90.33		平均值	235.48	30.71	129.75 ±37.47
毛管持水量（g/kg）	A	442.34	286.41	343.83 ±52.04a	全 P（g/kg）	A	1.83	0.15	0.62 ±0.15a
	B	417.34	206.17	300.60 ±71.04ab		B	1.38	0.11	0.41 ±0.11ab
	C	445.89	133.91	258.45 ±75.19b		C	1.31	0.05	0.32 ±0.08b
	平均值	429.84	208.85	303.46 ±75.99		平均值	1.51	0.10	0.45 ±0.09
最小持水量（g/kg）	A	366.64	169.81	278.41 ±53.30a	有效 P（mg/kg）	A	61.19	0.59	6.96 ±1.20a
	B	334.51	148.26	247.44 ±61.74a		B	16.71	0.74	3.73 ±0.75a
	C	341.13	96.09	222.61 ±66.17a		C	5.82	0.13	1.68 ±0.26a
	平均值	318.28	156.58	251.07 ±62.72		平均值	27.91	0.97	4.76 ±1.36
最大蓄水量（t/hm²）	A	564.00	157.20	310.33 ±67.32a	pH	A	7.12	4.20	5.56 ±0.98a
	B	1545.00	441.56	722.84 ±196.10b		B	7.02	4.25	5.63 ±0.90a
	C	2217.56	429.59	1466.71 ±287.79c		C	7.08	4.59	5.90 ±0.90a
	平均值	1021.19	375.01	796.03 ±168.11		平均值	6.98	4.35	5.60 ±0.84

（续）

理化性质	土层	最大值	最小值	均值	理化性质	土层	最大值	最小值	均值
非毛管蓄水量（t/hm²）	A	75.27	6.97	34.60 ±8.29a	阳离子交换量（cmol/kg）	A	21.64	8.05	14.65 ±3.86a
	B	405.00	18.00	92.58 ±25.55a		B	21.27	6.78	11.76 ±2.05b
	C	711.28	27.68	161.76 ±39.83a		C	17.04	4.21	8.78 ±2.60c
	平均值	275.83	20.99	92.46 ±22.13		平均值	19.72	6.69	11.79 ±2.54
初渗速率（mm/min）	A	17.60	0.00	4.27 ±1.03a	稳渗速率（mm/min）	A	9.52	0.00	1.91 ±0.30a
	B	9.60	0.00	2.06 ±0.53a		B	3.70	0.00	0.92 ±0.25a
	C	5.50	0.00	0.97 ±0.24a		C	0.92	0.00	0.24 ±0.05a
	平均值	11.40	0.00	2.52 ±0.51		平均值	6.61	0.00	1.07 ±0.11

注：±后为标准差；同一指标列中所标小写字母相同者，则两者之间差异不显著($p<0.05$)。

表 2.11 印江洋溪自然保护区不同植被类型土壤理化性状统计表

理化性质	常绿阔叶林	落叶阔叶林	针叶林
土壤容重(g/cm^3)	1.49 ±0.04a	1.26 ±0.13b	1.40 ±0.10ab
非毛管孔隙度(%)	3.24 ±0.58a	6.87 ±1.83a	5.75 ±0.84a
毛管孔隙度(%)	39.50 ±3.10a	42.53 ±6.30a	41.01 ±4.03a
总孔隙度(%)	42.75 ±2.78a	49.40 ±6.62a	46.76 ±5.00a
最大持水量(g/kg)	293.60 ±18.89a	389.37 ±106.43a	340.30 ±58.27a
毛管持水量(g/kg)	270.50 ±22.37a	335.32 ±89.77a	297.39 ±42.54a
最小持水量(g/kg)	222.71 ±13.55a	273.26 ±68.14a	242.60 ±57.11a
最大蓄水量(t/hm^2)	672.97 ±171.84a	870.97 ±127.23a	791.16 ±101.48a
非毛管蓄水量(t/hm^2)	44.29 ±6.85a	130.64 ±32.08a	93.16 ±19.94a
初渗速率(mm/min)	0.71 ±0.21a	4.36 ±1.37a	3.03 ±0.58a
稳渗速率(mm/min)	0.22 ±0.06a	1.54 ±0.29a	1.79 ±0.42a
土壤有机质(g/kg)	28.54 ±6.55a	41.89 ±6.48b	29.28 ±8.45a
全N(g/kg)	1.75 ±0.38a	2.09 ±0.49a	1.41 ±0.42a
水解N(mg/kg)	90.80 ±16.70a	145.86 ±32.68a	92.68 ±25.94a
全K(g/kg)	25.98 ±6.33a	31.32 ±9.84a	19.50 ±5.38a
速效K(mg/kg)	161.96 ±34.85a	150.00 ±23.04a	70.17 ±17.08a
全P(g/kg)	0.42 ±0.10a	0.58 ±0.15a	0.26 ±0.06a
速效P(mg/kg)	11.69 ±2.55a	2.83 ±0.93a	2.95 ±0.91a
pH	5.97 ±0.50a	5.52 ±0.86a	5.45 ±1.12a
阳离子交换量(cmol(+)/kg)	11.20 ±2.90a	12.43 ±1.92a	11.11 ±2.90a

注：±后为标准差；行中所标小写字母相同者，则两者之间差异不显著($p<0.05$)。

（朱 军 吴 鹏 舒德远）

参考文献

王作梅，宋秀琴．1995．不同林分类型土壤养分状况的调查研究[J]．辽宁林业科技，6：42～43.

郝成员，张永领，吴绍洪，等．2009．岭谷组合地形的植被空间变异性对比及成因[J]．山地学报，27(1)：14～23.

刘世梁，马克明，傅伯杰，等．2003．北京东灵山地区地形土壤因子与植物群落关系研究[J]．植物生态学报，27(4)：496～502.

国家林业局．1999．中华人民共和国林业行业标准．森林土壤分析方法[M]．

谢宝东，方升佐．2010．生物覆盖对山地杨树人工林土壤容重及稳定性影响[J]．林业科技开发，24(1)：72～75.

陈世超，林剑辉，孙宇瑞，等．2013．基于土壤表面粗糙度预测降雨影响下的表层土壤孔隙度[J]．北京林业大学学报，35(2)：69～74.

魏强，张秋良，代海燕，等．2008．大青山不同林地类型土壤特性及其水源涵养功能[J]．水土保持学报，22(2)：111～115.

韩永刚，王维明，杨玉盛．2011．闽北不同土地利用方式土壤蓄水量的研究[J]．亚热带水土保持，23(2)：1～10.

丁访军，王兵，钟洪明，等．2009．赤水河下游不同林地类型土壤物理特性及其水源涵养功能[J]．水土保持学报，23(3)：179～183.

谭艳，吴承祯，洪伟，等．2012．邓恩桉林地土壤 pH 空间变异分析[J]．植物资源与环境学报，21(1)：14～19.

贾美芹．2013．郑州黄河滩地不同植被土壤养分的含量与分布特征[J]．贵州农业科学，41(8)：132～134.

肖英，任希等．2013．不同森林覆盖下长沙土壤氮的垂直变化及氮储量[J]．中南林业科技大学学报，33(6)：104～107.

罗先香，敦萌，闫琴．2011．黄河口湿地土壤磷素动态分布特征及影响因素[J]．水土保持学报，25(5)：154～160.

赵志强，包耀贤，廖超英，等．2010．乌兰布和沙漠东北部沙区人工林土壤钾素特征研究[J]．水土保持学报，24(1)：176～180.

黄昌勇，徐建明．2010．土壤学[M]．北京：中国农业出版社．

第三章　植物多样性

第一节　高等植物区系分析

一、保护区高等植物区系基本特征

印江洋溪自然保护区高等植物资源丰富，植被类型较为丰富，气候条件优越，根据保护区高等植物的特点，按照不同的点与面相结合的采集路线，详细记录苔藓、蕨类和种子植物的采集地点、海拔高度、植被类型等相关的生态数据。同时，采用野外调查与室内鉴定、宏观及微观特征相结合，在室内，大量的苔藓标本通过微观结构和宏观特征的分类鉴定、大量的蕨类植物和种子植物标本通过查阅相关植物志进行对比鉴定，最后汇总保护区苔藓植物、蕨类植物和种子植物名录，参照吴征镒对中国种子植物属分布类型和吴世福等的“中国蕨类植物属的分布区类型及区系特征”中的分类方法，对区内高等植物进行区系分析。

经过调查，保护区内有高等植物219科、726属、1536种(含种以下分类单位)，其中58科130属323种，蕨类植物20科56属126种，种子植物141科540属1087种，外来植物有24科35属37种，野生种子植物134科、516属、1054种(被子植物采用克朗奎斯特系统)。

根据相关数据分析，保护区高等植物区系有以下特点：

(一)种类丰富、多样性较高

保护区苔藓植物58科130属323种，其中苔类有23科34属74种，分别占全国苔类植物总科数的48.93%，总属数的22.52%，总种数的9.79%，藓类有35科96属249种，分别占全国藓类植物总科数的57.38%，总属数的26.827%，总种数的12.76%。石松类及蕨类植物20科56属126种(含种以下分类单位，下同)，占中国石松类及蕨类植物34科143属2600种中的58.82%、39.16%和4.85%，其中石松类植物2科4属12种，蕨类植物18科52属114种。种子植物141科540属1087种，分别占贵州省种子植物科、属、种数的54.55%、30.58%、12.84%。由此可见，保护区高等植种类丰富，多样性较高。

(二)苔藓植物优势科、属贫乏，蕨类、种子植物优势科、属明显

高等植物的优势科属在该保护区植物区系中占有重要地位。本区苔藓植物58科中含10种以上的科有10科170种，如丛藓科 Pottiaceae(26种)(下同)、青藓科 Brachytheciaceae(26)、灰藓科 Hypnaceae(20)、真藓科 Bryaceae(19)、提灯藓科 Mniaceae(17)、凤尾藓科 Fissidentiacea(15)、蔓藓科 Meteoriaceae(15)、羽藓科 Thuidiaceae(12)、平藓科 Neckeraceae(10)、细鳞苔科 Lejeuneaceae(10)，含2~9种的科有30科137种，含1种的可有17科。130属种含6种以上的属有14属112种，如凤尾藓属 *Fissidens*(15)、真藓属 *Bryum*(13)、青藓属 *Brachythecium*(12)、美喙藓属 *Eurhynchium*(8)、绢藓属 *Entodon*(8)、光萼苔属 *Porella*(8)等。含2~5种的属有54属150种，含1种的属有61属。蕨类含10种以上的科有5科79种，如鳞毛蕨科 Dryopteridaceae(26)、凤尾蕨科 Pteridaceae(16)、水龙骨科 Polypodiaceae(15)、铁角蕨科 Aspleniaceae(11)、金星蕨科 Thelypteridaceae(11)，含2~9种的科有9科41种，

含 1 种的科 6 科。含 10 种的有铁角蕨属 *Asplenium* 1 属，含 2～9 种的属有 26 属 87 种，含 1 种是属有 29 属。种子植物含 20 种以上的科有 13 科 447 种，如菊科 Compositae(71)、禾本科 Poaceae(57)、蔷薇科 Rosaceae(57)、豆科 Fabaceae(39)、樟科 Lauraceae(34)、百合科 Smilacaceae(33)、荨麻科 Urticaceae(30)、唇形科 Lamiaceae(23)、壳斗科 Fagaceae(21)、忍冬科 Caprifoliaceae(21)、莎草科 Cyperaceae(21)、大戟科 Euphorbiaceae(20)、兰科 Orchidaceae(20)，含 10～19 种的科有 17 科 239 种，主要有蓼科 Polygonaceae(19)、伞形科 Umbelliferae(18)、毛茛科 Ranunculaceae(17)、虎耳草科 Saxifragaceae(16)、葡萄科 Vitaceae(16)等，含 2～9 种的科有 78 科 341 种，如十字花科 Cruciferae(9)、紫金牛科 Myrsinaceae(9)、马鞭草科 Verbenaceae(8)、败酱科 Valerianaceae(7)、桔梗科 Campanulaceae(6)、紫草科 Boraginaceae(5)、石蒜科 Amaryllidaceae(3)等。含 10 种以上的属有 7 属 84 种，如蓼属 *Polygonum*(14)、槭属 *Acer*(14)、悬钩子属 *Rubus*(13)、堇菜属 *Viola*(12)、苔草属 *Carex*(11)、珍珠菜属 *Lysimachia*(10)、山胡椒属 *Lindera*(10)，含 2～9 种的属有 218 属 680 种，含 1 种的属有 290 属。

（三）地理成分复杂多样，以温带成分占优势，同时具有明显的过渡性

保护区苔藓植物 58 科 130 属 323 种，参照吴征镒对中国种子植物属的分布类型的研究中界定的范围，种的区系地理成分有 13 个类型 3 个变型；蕨类植物蕨类植物 20 科 56 属 126 种，属的地理成分有 11 个类型，6 个变型，种的地理成分有 9 个类型 4 个变型；野生种子植物 134 科、516 属、1054 种，属的地理成分有 13 个类型，18 个变型，种的地理成分有 13 个类型。从种级水平的统计反映出，本区温带成分占总种数的 49.94%，热带成分占总种数的 21.92%，显然温带成分占主导地位，体现了本区植物区系具有明显的温带性质。

区内复杂多样的地理成分及其比例关系，一方面显示出保护植物区系与其他地区的广泛联系性，包括与世界其他各植物大区以及与国内各植物地区的广泛联系，特别是与国内的西南、华南和华中有着密切的关系。另一方面，显示出保护区植物区系突出的过渡性和典型温带性质的特点。

（四）中国特有类群、珍稀植物较丰富

保护区位于梵净山、佛顶山、雷公山这三个国家级自然保护区之间，是连接黔东武陵山系与黔东南苗岭山系的重要结点，由于保护较好，区内保存着丰富的特有珍稀野生植物资源。区内中国特有种 370 种，其中苔藓植物 29 种，蕨类植物 22 种，种子植物 319 种(其中贵州特有植物 10 种)，占高等植物总种数的 23.04%，以西南和华中成分为主。

保护区内有天然分布的野生珍稀濒危植物 14 科 28 属 36 种(包括变种，下同)。其中国家Ⅰ级保护植物 2 科 2 属 2 种，国家Ⅱ级保护植物 6 科 7 属 7 种，贵州省重点保护树种 7 科 9 属 9 种，《濒危野生动植物种国际贸易公约》附录Ⅱ(简称 CITES Ⅱ)兰科 11 属 18 种。

二、孢子植物区系

（一）苔藓植物区系分析

按照吴征镒中国种子植物属的分布类型，并结合保护区苔藓植物的实际地理分布，将该区划分出 13 种区系成分。

1. 世界广布成分

世界广布成分指分布于世界各个洲而无特殊分布中心的种，或仅一个或几个分布中心而广布各洲的种。该区系成分因遍布世界而区系特点难以表现，需将之排除。属于本区系成分的种有毛口藓 *Trichostomum brachydontium*、绒苔 *T. tomentella*、真藓 *Bryum argenteum*、大羽藓 *Thuidium cymbifolium*、石地钱 *Reboulia hemisphaerica*、毛地钱 *Dumortiera hirsute* 等。

2. 泛热带成分

指分布在东、西半球的热带地区，在世界热带地区有一个或几个分布中心，但也有少数种分布在其他热带地区，有的种甚至延伸到温带地区。本区属于此分布类型的有白藓 *Leucomium strumosum*、扭

叶藓 *Trachypus bicolor*、羽叶锦藓 *Sematophyllum subpinnatum*、比拉真藓 *Bryum billardieri*、柔叶真藓 *B. cellulare* 等。

3. 热带亚洲和热带美洲间断成分

包括间断分布在美洲和亚洲热带地区的种类，在旧世界从亚洲可能延伸到澳大利亚东北部或西南太平洋岛屿。此分布类型只有疣齿丝瓜藓 *Pohlia flexuosa* 1 种。

4. 旧世界热带成分

分布于非洲、亚洲和大洋洲热带地区及相邻岛屿的种类。这一类型的苔藓种类有黄叶凤尾藓 *Fissidens crispulus*、密毛细羽藓 *Cyrtohypnum gratum*、明叶藓 *Vesicularia montagnei*、光苔 *Cyathodium cavernarum* 等。

5. 热带亚洲至热带大洋洲成分

分布于旧世界热带分布范围的东部，向西可延伸至马达加斯加，但不到非洲大陆。此分布类型有缺齿小石藓 *Weissia edentula*、蔓藓 *Meteorium polytrichum*、刺叶羽苔 *Plagiochila sciophila*、双齿异萼苔 *Heteroscyphus coalitus*、长叉苔 *Metzgeria mauina* 等。

6. 热带亚洲至热带非洲成分

分布于旧世界热带分布范围的西部，即从热带非洲至印度－马来西亚，有的种延伸到斐济等南太平洋岛屿，澳大利亚大陆未见分布。本区属于此分布类型的有宽叶短月藓 *Brachymenium capitulatum*、暖地大叶藓 *Rhodobryum giganteum*、金黄银藓 *Anomobryum auratum*、橙色锦藓 *Sematophyllum phoeniceum*、狭尖叉苔 *Metzgeria consanguinea* 等。

7. 热带亚洲成分

分布于旧世界热带的中心，包括印度、斯里兰卡、缅甸、泰国、中南半岛、印度尼西亚、加里曼丹岛、菲律宾及新几内亚岛等。向东可到斐济等南太平洋岛屿，但不能延伸至澳大利亚大陆，向北可到我国华南、西南、台湾或更北。该分布类型有南亚丝瓜藓 *Pohlia gedeana*、短肋雉尾藓 *Cyathophorum hookerianum*、毛尖羽藓 *Thuidium plumulosum*、软枝绿锯藓 *Duthiella flaccida*、淡叶偏蒴藓 *Ectropothecium dealbatum*、多形带叶苔 *Pallavicinia ambigua*、南亚异萼苔 *Heteroscyphus zollingeri*、毛边光萼苔原变种 *Porella perrottetiana* var. *perrottetiana* 等。

8. 北温带成分

指分布在亚洲、欧洲和北美洲地区的温带种，部分种向南达到热带山区或南半球温带地区，而分布中心仍在北温带。本区属于此分布类型的有立碗藓 *Physcomitrium sphaericum*、黄牛毛藓 *Ditrichum pallidum*、垂蒴真藓 *Bryum uliginosum*、细叶小羽藓 *Haplocladium microphyllum*、皱叶牛舌藓 *Anomodon rugelii*、紫背苔 *Plagiochasma rupestre*、蛇苔 *Conocephalum conicum*、花叶溪苔 *Pellie endiviaefolia*、深绿叶苔 *Jungermannia atrovirens* 等。

9. 东亚和北美间断成分

间断分布于东亚和北美洲温带、亚热带。本区属于此分布类型的有黄边孔雀藓 *Hypopterygium flavoimbatum*、多疣细羽藓 *Cyrtohypnum pygmaeum*、凸尖鳞叶藓 *Taxiphyllum cuspidifolium*、墨西哥毛灰藓 *Homomallium mexicanum*、长尖对齿藓 *Didymodon ditrichoides*、耳瓣扁萼苔 *Radula auriculata* 等。

10. 旧世界温带成分

指分布于欧亚中高纬度温带和寒温带的种，有的类群达到北非、亚洲－非洲热带山地。本区属于此分布类型的仅有圆叶匐灯藓 *Plagiomnium vesicatum*、深绿褶叶藓 *Palamocladium euchloron*、瘤根真藓 *Bryum bornholmense*3 种。

11. 温带亚洲成分

分布于亚洲温带地区的种类，个别种延伸到亚热带。本区属于此分布类型的有阔叶小石藓 *Weisia planifolia*、侧枝匐灯藓 *Plagiomnium maximoviczii*、疣灯藓 *Trachycystis microphylla*、平肋提灯藓 *Mnium laevinerve*、皱叶粗枝藓 *Gollania ruginosa*、列胞耳叶苔 *Frullania moniliata*、盔瓣耳叶苔 *F. muscicola* 等。

12. 东亚成分

分布于喜马拉雅至日本的种类。鉴于东亚植物区系在我国西部垂直变化大，地貌、气候复杂的特点，与东部许多属有替代现象，因而细分为3种类型。

(1)中国－喜马拉雅成分：分布于喜马拉雅山区至我国西南，部分种类达陕、甘、华东或台湾，向南甚至达中南半岛。该分布类型有东亚小金发藓 *Pogonatum inflexum*、四川丝带藓 *Floribundaria setschwanica*、齿边同叶藓 *Isopterygium serrulatum*、赤茎小锦藓 *Brotherella erythrocaulis*、皱叶绢藓 *Entodon plicatus*、长叶绢藓 *E. longifolius*、亮叶光萼苔 *Porella nitens*、中华光萼苔原变种 *P. chinensis* var. *chinensis* 等。

(2)中国－日本成分：位于我国滇、川金沙江河谷以东地区直至日本和琉球，但不见于喜马拉雅。该分布类型有台湾缩叶藓 *Ptychomitrium formosicum*、密叶美喙藓 *Eurhynchium savatieri*、卵叶长喙藓 *Rhynchostegium ovalifolium*、台湾绿锯藓 *Duthiella formosana*、卷叶偏蒴藓 *Ectropothecium ohsimese*、东亚灰藓 *Hypnum fauriei*、东亚拟鳞叶藓 *Pseudotaxiphyllum pohliaecarpum*、陕西鳞叶藓 *Taxiphyllum giraldii*、叉齿异萼苔 *Heteroscyphus lophocoleoides*、长叶光萼苔 *Porella longifolia*、塔拉大克耳叶苔 *Frullania taradakensis*、圆叶裸蒴苔 *Haplomitrium mnioides* 等。

(3)东亚广布：植物类群向西至喜马拉雅山，向东至日本。该分布类型有狭叶白发藓 *Leucobryum bowringii*、网孔凤尾藓 *Fissidens areolatus*、东亚小石藓 *Weissia exserta*、东亚泽藓 *Philonotis turneriana*、芽胞银藓 *Anomobryum gemmigerum*、东亚黄藓 *Distichophyllum maibarae*、毛边光萼苔齿叶变种 *Porella perrottetiana* var. *ciliatodentata*、异鳞苔 *Tuzibeanthus chinensis* 等。

13. 中国特有成分

本区属于此分布类型的有双珠小金发藓 *Pogonatum pergranulatum*、狭叶美喙藓 *Eurhynchium coarctum*、中华粗枝藓 *Gollania sinensis*、四川平藓 *Neckera setschwanica*、台湾多枝藓 *Haplohymenium formosanum*、白叶鞭苔 *Bazzania albifolia*、中华裂萼苔 *Chiloscyphus sinensis*、中华耳叶苔 *Frullania sinensis*、中华片叶苔 *Riccardia chinensis*、中华细鳞苔 *Lejeunea chinensis* 等。

从表3.1看出，保护区的苔藓植物地理成分有13种类型。该区区系成分的主要特点是东亚成分比例高，占种数的37.73%，远远超过典型的东亚成分(8.70%)，其中中国－日本成分占24.18%，说明该地区苔藓植物区系东亚成分有明显的过渡性，苔藓植物起源与日本关系密切。具有温带性质的种类有70种，占种数的25.64%；具有热带性质的种类有65种，占种数的23.81%。温带成分和热带成分都占有相当比例，该区区系由温带向热带过渡的特征明显，与印江所处的地理位置和气候相符。中国特有成分29种，占种数的10.62%，说明该区苔藓植物区系有一定的特有性，也体现了其分化变异性的特点。综上所述，该区苔藓植物区系成分复杂、多样，相互渗透，表现出多种成分并存，东亚色彩浓厚，温带性质明显、与热带成分联系密切的特征。

表3.1　印江洋溪自然保护区苔藓植物区系成分

区系	种数	百分比(%)
世界广布成分	50	—
泛热带成分	6	2.20
热带亚洲和热带美洲间断成分	1	0.37
旧世界热带成分	7	2.56
热带亚洲至热带大洋洲成分	12	4.39
热带亚洲至热带非洲成分	7	2.56
热带亚洲成分	32	11.72
北温带成分	58	21.25
东亚和北美间断成分	6	2.20

（续）

区系	种数	百分比(%)
旧世界温带成分	3	1.10
温带亚洲成分	9	3.30
东亚成分	103	37.73
中国－喜马拉雅成分	11	4.03
中国－日本成分	66	24.18
东亚广布	26	9.52
中国特有成分	29	10.62

(二)石松类和蕨类植物区系分析

保护区共有石松类及蕨类植物20科56属126种(含种以下分类单位)，其中石松类植物2科4属13种，蕨类植物18科52属113种。

1. 属的区系成分及特点

在植物区系研究中，属是比较稳定的分类单位，其特征是相对古老和稳定的。由表3.2可以看出：保护区石松类及蕨类植物主要以泛热带成分(31属)为主，占该地区总属数的55.36%，表明保护区的石松类及蕨类植物具有热带性质；世界分布属(13属)、温带分布属(12属)也占到了一定的比例，说明区内石松类及蕨类植物在分布上具有广泛的地理联系性。

2. 种的区系成分及特点

一个地区的区系性质是由种的地理成分决定的，而与科属的分布类型不一定完全相同，有时甚至存在极大差别。因此要得到保护区石松类及蕨类植物的区系特征，还要进一步研究种的区系成分。

表3.2 印江洋溪自然保护区石松类及蕨类植物区系属、种的分布区类型

分布类型	属数	占属总数(%)	种数	占总种数(%)
1. 世界分布	13	23.21	5	3.97
2. 泛热带	12	21.43	2	1.59
2－1 热带亚洲、大洋洲、南美洲(墨西哥)间断	1	1.79		
2－2 热带亚洲、非洲、南美洲间断	2	3.57	1	0.79
3. 热带亚洲、热带美洲间断分布	1	1.79		
4. 旧世界热带	5	8.93		
4－1 热带亚洲、非洲、大洋洲间断	1	1.79		
5. 热带亚洲至热带大洋洲	1	1.79	9	7.14
6. 热带亚洲至热带非洲	3	5.36	1	0.79
7. 热带亚洲(印度－喜马拉雅)	4	7.14	18	14.29
7－4 越南(或中南半岛)至华南(或西南)	1	1.79	8	6.35
8. 北温带	5	8.93	2	1.59
8－4 北温带和南温带间断分布	1	1.79		
11. 温带亚洲分布	1	1.79	1	0.79
14. 东亚(东喜马拉雅－日本)	2	3.57	20	15.87
14－1. 中国—喜马拉雅(SH)			9	7.14
14－2. 中国—日本(SJ)	1	1.79	28	22.22
15. 中国特有分布	2	3.57	22	17.46
总计	56	100	126	100.00

保护区石松类及蕨类植物中，温带成分最多(见表3.2)，共有82种，占总种数的65.08%，说明该地区的石松类及蕨类植物具有温带性质。温带成分由北温带分布、东亚分布与中国特有分布三个分

布区类型组成，其中东亚分布最多，共有 57 种，占总种数的 45.24%，说明该地区蕨类植物属于东亚植物区系；在东亚成分中，中国—日本分布亚型共有 28 种，占东亚成分的 49.12%，而中国—喜马拉雅分布亚型只有 9 种，占东亚成分的 15.79%，说明该区内蕨类植物在东亚区系中与日本的关系较为密切。中国特有分布蕨类有 22 种，占总种数的 17.46%。

三、种子植物区系

种子植物 135 科 516 属 1054 种，其中，裸子植物 5 科 9 属 10 种，被子植物(阔叶类)130 科 507 属 1044 种。

(一)种子植物科的区系特点

根据吴征镒先生对中国种子植物科的区系成分的划分原则，保护区内的野生种子植物分布区类型详见表 3.3。其中以世界分布、泛热带分布和北温带分布三种成分占主要，它们分别有 45、43 和 18 科，占保护区种子植物总科数的 33.33%、31.85%、13.33%。按世界分布、热带分布、温带分布三种成分划分，则分别包含 45 科、58 科和 32 科，分别占该地野生种子植物总科数的 33.33%、42.96%、23.70%。从该地区植物的科的分布比例可以看出保护区种子植物区系具有很明显的热带亲缘关系。

表 3.3　印江洋溪自然保护区种子植物科的地理分布区类型

序号	分布类型	科数	科数率(%)
一	世界分布	45	33.33
二	热带分布		
	(1)泛热带	43	31.85
	(2)热带亚洲和热带美洲间断分布	8	5.93
	(3)旧世界热带分布	2	1.48
	(4)热带亚洲至热带大洋洲分布	2	1.48
	(5)热带亚洲至热带分布	1	0.74
	(6)热带亚洲分布	2	1.48
三	温带分布		
	(1)北温带分布	18	13.33
	(2)东亚与北美洲间断分布	7	5.19
	(3)旧世界温带分布	1	0.74
	(4)地中海区、西亚至中亚分布	0	0
四	东亚分布		
	(1)东亚分布	5	3.70
	(2)东亚变型:		
	中国—喜马拉雅(SH)变型	1	0.74
	中国—日本(SJ)变型	0	0
五	中国特有分布		
	合计	135	100

在保护区中，缺乏温带亚洲、地中海区分布、中亚分布的所有类型及变型，以及热带亚洲带、北温带、东亚和北美间断分布和旧世界温带分布等的部分变型。

1. *世界分布*

世界分布区类型包括几乎遍布世界各大洲而没有特殊的分布中心的科，或虽有一个或数个分布中心而包括世界分布属的科。

保护区有世界分布 45 科，占总科数的 33.33%，其中草本植物有 35 科，常见的有菊科 Compositae、毛茛科 Ranuculaceae、伞形科 Umbelliferae、禾本科 Poaceae、茜草科 Rubiaceae、兰科 Orchidaceae 等，木本植物有 10 科，常见的有鼠李科 Rhamnaceae、榆科 Ulmaceae、木犀科 Oleaceae、蔷薇科 Rosaceae、杨梅科 Myricaceae、桑科 Moraeeae 等。

表 3.4 印江洋溪自然保护区种子植物世界分布科统计表

中名	拉丁名	类型	中名	拉丁名	类型
毛茛科	Ranunculaceae	1	伞形科	Umbelliferae	1
榆科	Ulmaceae	1	龙胆科	Gentianaceae	1
桑科	Moraceae	1	茄科	Solanaceae	1
藜科	Chenopodiaceae	1	旋花科	Convolvulaceae	1
苋科	Amaranthaceae	1	紫草科	Boraginaceae	1
马齿苋科	Portulacaceae	1	唇形科	Lamiaceae	1
石竹科	Caryophyllaceae	1	水马齿科	Callitrichaceae	1
蓼科	Polygonaceae	1	车前草科	Plantaginaceae	1
堇菜科	Violaceae	1	木犀科	Oleaceae	1
十字花科	Cruciferae	1	玄参科	Scrophulariaceae	1
报春花科	Primulaceae	1	桔梗科	Campanulaceae	1
景天科	Crassulaceae	1	茜草科	Rubiaceae	1
虎耳草科	Saxifragaceae	1	败酱科	Valerianaceae	1
蔷薇科	Rosaceae	1	菊科	Compositae	1
豆科	Fabaceae	1	泽泻科	Alismataceae	1
小二仙草科	Haloragidaceae	1	眼子菜科	Potamogetonaceae	1
千屈菜科	Lythraceae	1	茨藻科	Najadaceae	1
瑞香科	Thymelaeaceae	1	浮萍科	Lemnaceae	1
柳叶菜科	Onagraceae	1	莎草科	Cyperaceae	1
槲寄生科	Viscaceae	1	禾本科	Poaceae	1
鼠李科	Rhamnaceae	1	香蒲科	Typhaceae	1
远志科	Polygalaceae	1	兰科	Orchidaceae	1
酢浆草科	Oxalidaceae	1			

这些科中，木本植物较少，大都属于草本植物。可见，该地区世界分布科是组成草本层植被的优势成分。而在这些世界分布科中，毛茛科、蓼科、禾本科、伞形科、菊科等大科占有显著的作用，说明了这些是草本层植物中的建群种和优势种。

2. 热带分布

保护区有该类植物 90 科，占该地区植物区系总科数的 50 %，包括泛热带分布、热带亚洲和热带美洲间断分布、热带亚洲至热带大洋洲分布、热带亚洲分布、热带亚洲至热带非洲分布、旧世界热带分布 6 个类型。

(1)泛热带分布

泛热带分布指广布于两半球热带。保护区有该类型 43 科，占保护区种子植物总科数的 36.11%。常见的有樟科 Lauraceae、漆树科 Anacardiaceae、萝藦科 Asclepiasaceae、野牡丹科 Melastomataceae、天南星科 Araceae、荨麻科 Urticaceae、卫矛科 Celastraceae、芸香科 Rutaceae、大戟科 Euphorbiaceae、薯蓣科 Dioscoreaceae、凤仙花科 Balsaminaceae 等，这些植物是保护区中亚热带常绿阔叶落叶混交林中的重要组成之一，也是林下草本层常见的植物。

表 3.5　印江洋溪自然保护区野生种子植物泛热带分布科统计表

中名	拉丁名	类型	中名	拉丁名	类型
樟科	Lauraceae	2	无患子科	Sapindaceae	2
金粟兰科	Chloranthaceae	2	漆树科	Anacardiaceae	2
胡椒科	Piperaceae	2	苦木科	Simaroubaceae	2
马兜铃科	Aristolochiaceae	2	楝科	Meliaceae	2
防己科	Menispermaceae	2	芸香科	Rutaceae	2
金缕梅科	Hamamelidaceae	2	凤仙花科	Balsaminaceae	2
荨麻科	Urticaceae	2	夹竹桃科	Apocynaceae	2
山茶科	Theaceae	2	萝藦科	Asclepiadaceae	2
藤黄科	Clusiaceae	2	爵床科	Acanthaceae	2
梧桐科	Sterculiaceae	2	棕榈科	Arecaceae	2
锦葵科	Malvaceae	2	天南星科	Araceae	2
大风子科	Flacourtiaceae	2	鸭跖草科	Commelinaceae	2
葫芦科	Cucurbitaceae	2	百合科	Smilacaceae	2
秋海棠科	Begoniaceae	2	薯蓣科	Dioscoreaceae	2
桤叶树科	Clethraceae	2	商陆科	Phytolaccaceae	2
柿树科	Ebenaceae	2	桃金娘科	Myrtaceae	2
紫金牛科	Myrsinaceae	2	桑寄生科	Loranthaceae	2
野牡丹科	Melastomataceae	2	石蒜科	Amaryllidaceae	2
铁青树科	Olacaceae	2	山矾科	Symplocaceae	2－1
卫矛科	Celastraceae	2	椴树科	Tiliaceae	2－2
大戟科	Euphorbiaceae	2	鸢尾科	Iridaceae	2－2
葡萄科	Vitaceae	2			

除了正型以外，该类型还有以下 2 种变型：

热带亚洲—大洋洲和热带美洲(南美洲或/和墨西哥)1 科，即山矾科 Symplocaceae；

热带亚洲—热带非洲—热带美洲(南美洲)2 科，椴树科 Tiliaceae、鸢尾科 Iridaceae。

(2)热带亚洲和热带美洲间断分布

这一分布区类型包括间断分布于美洲和亚洲温暖地区的热带科。保护区有该类型 8 科，占该地区植物区系总科数的 6.67%，这些科中除了苦苣苔科 Gesneriaceae，其他 7 科都是木本，即野茉莉科 Styracaceae、五加科 Araliaceae、杜英科 Elaeocarpaceae、冬青科 Aquifoliaceae、省沽油科 Staphyleaceae、马鞭草科 Verbenaceae、木通科 Lardizabalaceae。这些木本植物是保护区森林群落灌木层的共建种。

(3)旧世界热带分布

该分布指热带亚洲、大洋洲、非洲及其邻近岛屿为旧热带，便于与美洲新大陆热带区别。保护区有该类型 2 科，即海桐花科 Pittosporaceae 和八角枫科 Alangiaceae。

(4)热带亚洲至热带大洋洲分布

这一分布区类型包括以热带亚洲至热带澳洲洲际连续或间断分布的科。保护区有该类型 4 科。如交让木科 Daphniphyllaceae 和姜科 Zingiberaceae。

(5)热带亚洲至热带非洲分布

该分布包括热带亚洲至热带非洲连续或间断分布的科，保护区有该类型 1 科，即杜鹃花科 Ericaceae。

（6）热带亚洲分布

它是旧世界热带的中心部分，包括印度、斯里兰卡、中南半岛、印度尼西亚、加里曼丹岛、菲律宾及新几内亚岛等。保护区有该类型2科，即清风藤科 Sabiaceae 和伯乐树科 Bretschneideraceae。

3. 温带分布

温带分布包括北温带分布、东亚与北美洲间断分布、旧世界温带分布、东亚分布和中国特有分布，保护区有温带分布共42科，占总科数的24.44%。

（1）北温带分布

一般是指那些广泛分布于欧洲、东亚洲和北美洲温带地区的科。保护区北温带分布有18科，占总科数的16.11%，该类型主要有下面4个变型：

①北温带广布类型有2科，即松科 Pinaceae、忍冬科 Caprifoliaceae。

②北温带和南温带间断分布类型有14科，包括杉科 Taxodiaceae、柏科 Cupressaceae、红豆杉科 Taxaceae、罂粟科 Papaveraceae、胡桃科 Juglandaceae、壳斗科 Fagaceae、桦木科 Betulaceae、杨柳科 Salicaceae、胡颓子科 Elaeagnaceae、黄杨科 Buxaceae、山茱萸科 Cornaceae、槭树科 Aceraceae、牻牛儿苗科 Geraniaceae、灯心草科 Juncaceae。

③地中海、东亚、新西兰和墨西哥—智利间断分布，即马桑科 Coriariaceae。

④欧亚和南美洲温带间断分布1科，即小檗科 Berberdaceae。

（2）东亚与北美洲间断分布

这一分布区类型是指间断分布于东亚和北美洲温带及亚热带地区的科。保护区有该类型7科。它们是木兰科 Magnoliaceae、蜡梅科 Calycanthaceae、三白草科 Saururaceae、八角科 Illiciaceae、五味子科 Schisandraceae、蓝果树科 Nyssaceae、透骨草科 Phrymataceae。这些科都是少种科，也是原始孑遗科，说明该地植物区系的古老性。

（3）旧世界温带分布

保护区种子植物区系中，旧世界温带分布型有1科，即川续断科 Dipsacaceae。

（4）东亚分布

该分部含东亚分布和东亚分布变型，东亚分布指从喜马拉雅一直分布到日本的科。保护区有该类型5科，即三尖杉科 Cephalotaxaceae、旌节花科 Stachyuraceae、猕猴桃科 Actinidiaceae、青荚叶科 Helwingiaceae、桃叶珊瑚科 Aucubaceae。东亚分布变型中的中国—喜马拉雅变型（SH），保护区有1科，即鞘柄木科 Torricelliaceae。

4. 科的区系小结

保护区植物区系有种子植物135科，其中世界分布的45科，占保护区总科数的33.33%，热带分布的58科，占总科数的42.96%，温带分布32科，占总科数的23.70 %。从以上数据可知，保护区植物区系以热带科占优势，说明该地植物区系与热带植物区系联系非常紧密。

（二）种子植物属的区系分析

植物区系属的分布型分析比较，更具体地反映植物的演化扩展过程、区域分异及地理特征。根据吴征镒对种子植物属的分布区类型划分方法，保护区516属野生种子植物可分为14种分布类型，各分布类型的属数分布情况见表3.6。

表 3.6　印江洋溪自然保护区种子植物属的地理分布统计表

分布区类型及变型	属数	占总属数率(%)
一、世界分布		
1. 世界分布	59	11.43
二、泛热带分布及其变型		
2. 泛热带	79	15.31
2－1. 热带亚洲、大洋洲和南美洲(墨西哥)间断		
2－2. 热带亚洲、热带非洲和热带美洲(南美洲)间断	4	0.78
三、热带亚洲和热带美洲间断分布		
3. 热带亚洲和热带美洲间断分布	9	1.74
四、旧世界热带分布及其变型		
4. 旧世界热带	26	5.04
4－1. 热带亚洲、非洲和大洋洲间断	3	0.58
五、热带亚洲至热带大洋洲分布及其变型		
5. 热带亚洲至热带大洋洲	15	2.91
5－1. 中国(西南)亚热带和新西兰间断分布	1	0.19
六、热带亚洲至热带非洲分布及其变型		
6. 热带亚洲至热带非洲	15	2.91
6－1. 华南西南至印度和热带非洲		
6－2. 热带亚洲和东非或马达加斯加	1	0.19
七、热带亚洲分布及其变型		
7. 热带亚洲(印度—马来西亚)	30	5.81
7－1. 爪哇(或苏门答腊)，喜马拉雅间断或星散分布到华南、西南	2	0.39
7－2. 热带印度至华南(尤其云南南部)分布	1	0.19
7－3. 缅甸、泰国至华西南分布	3	0.58
7－4. 越南(或中南半岛)至华南或西南分布	5	0.97
八、北温带分布及其变型		
8. 北温带	78	15.12
8－4. 北温带和南温带间断分布	22	4.26
8－5. 欧亚和南美洲温带间断	2	0.39
8－6. 地中海、东亚、新西兰和墨西哥—智利间断分布	1	0.19
九、东亚和北美洲间断分布及其变型		
9. 东亚和北美洲间断	39	7.56
9－1. 东亚和墨西哥间断分布	1	0.19
十、旧世界温带分布及其变型		
10. 旧世界温带	19	3.68
10－1. 地中海区、西亚和东亚间断	6	1.16
10－2. 地中海区和喜马拉雅间断	1	0.19
10－3. 欧亚和南非洲(有时也在大洋洲)间断	3	0.58

（续）

分布区类型及变型	属数	占总属数率(%)
十一、温带亚洲分布		
11. 温带亚洲分布	5	0.97
十二. 地中海区、西亚至中亚分布及其变型		
12－3. 地中海区至温带－热带亚洲，大洋洲和/或北美南部至南美洲间断	1	0.19
十三、东亚分布及其变型		
13. 东亚(东喜马拉雅－日本)	35	6.78
13－1. 中国－喜马拉雅(SH)	9	1.74
13－2. 中国－日本(SJ)	28	5.43
十四、中国特有分布		
14. 中国特有	13	2.52
合计	516	100.00

从表3.6中可知，热带分布属194属，占保护区种子植物总数的37.60%，而温带分布属共计250属，占总属数的48.45%，中国特有属13属，占总属数的2.52%。从而说明保护区种子植物区系以温带属占优势，同时也说明该地区植物区系是温带性质的。

1. 世界分布

该分布遍及全世界，没有固定分布中心。保护区有世界分布59属，占该区种子植物总属数的11.43%。其中木本植物有4属，即悬钩子属 *Rubus*、黄芪属 *Astragalus*、槐属 *Sophora*、鼠李属 *Rhamnus*；草本植物有55属，如堇菜属 *Viola*、远志属 *Polygala*、金丝桃属 *Hypericum*、拉拉藤属 *Galium*、铁线莲属 *Clematis*、毛茛属 *Ranunculus*、焊菜属 *Rorippa*、繁缕属 *Stellaria*、蓼属 *Polygonum*、酸模属 *Rumex*、商陆属 *Phytolacca*、藜属 *Chenopodium*、苋属 *Amaranthus*、千屈菜属 *Lythrum*、龙胆属 *Gentiana*、车前草属 *Plantago*、半边莲属 *Lobelia*、鬼针草属 *Bidens*、茄属 *Solanum*、老鹳草属 *Geranium*、莎草属 *Cyperus* 等。这些属是保护区分布较为普遍的种类，也是保护区植被的主要组成成分(表3.7)。

表3.7 印江洋溪自然保护区野生种子植物世界分布属统计表

中名	拉丁名	类型	中名	拉丁名	类型
银莲花属	*Anemone*	1	鼠尾草属	*Salvia*	1
铁线莲属	*Clematis*	1	水苏属	*Stachys*	1
毛茛属	*Ranunculus*	1	香科科属	*Teucrium*	1
商陆属	*Phytolacca*	1	水马齿属	*Callitriche*	1
藜属	*Chenopodium*	1	车前草属	*Plantago*	1
苋属	*Amaranthus*	1	半边莲属	*Lobelia*	1
繁缕属	*Stellaria*	1	拉拉藤属	*Galium*	1
蓼属	*Polygonum*	1	鬼针草属	*Bidens*	1
酸模属	*Rumex*	1	鼠麴草属	*Gnaphalium*	1
金丝桃属	*Hypericum*	1	千里光属	*Senecio*	1
堇菜属	*Viola*	1	苍耳属	*Xanthium*	1
荠属	*Capsella*	1	黄鹌菜属	*Youngia*	1
碎米荠属	*Cardamine*	1	眼子菜属	*Potamogeton*	1

（续）

中名	拉丁名	类型	中名	拉丁名	类型
独行菜属	*Lepidium*	1	茨藻属	*Najas*	1
蔊菜属	*Rorippa*	1	浮萍属	*Lemna*	1
珍珠菜属	*Lysimachia*	1	紫萍属	*Spirodela*	1
悬钩子属	*Rubus*	1	苔草属	*Carex*	1
槐属	*Sophora*	1	莎草属	*Cyperus*	1
狐尾藻属	*Myriophyllum*	1	荸荠属	*Eleocharis*	1
千屈菜属	*Lythrum*	1	刺子莞属	*Rhynchospora*	1
鼠李属	*Rhamnus*	1	水葱属	*Schoenoplectus*	1
远志属	*Polygala*	1	灯心草属	*Juncus*	1
酢浆草属	*Oxalis*	1	翦股颖属	*Agrostis*	1
老鹳草属	*Geranium*	1	马唐属	*Digitaria*	1
茴芹属	*Pimpinella*	1	稷属	*Panicum*	1
变豆菜属	*Sanicula*	1	早熟禾属	*Poa*	1
龙胆属	*Gentiana*	1	香蒲属	*Typha*	1
茄属	*Solanum*	1	斑叶兰属	*Goodyera*	1
酸浆属	*Physalis*	1	羊耳蒜属	*Liparis*	1
黄芩属	*Scutellaria*	1			

世界分布种主要是以草本植物为主。由于世界分布在确定植物区系关系、分析地理分布特点时意义不大，所以在各分布类型统计分析时常不计。

2. 泛热带分布

包括普遍分布于东、西两半球热带和在全世界热带范围有一个或数个分布中心，但在其他地区也有一些种类分布的热带属，指广布于东西半球的热带地区的属。保护区有该分布类型 83 属，占该区种子植物总属数的 16.09%。该分布类型分为正型和两个变型，其中泛热带正型有 79 属，木本植物有杜英属 *Elaeocarpus*、云实属 *Caesalpinia*、山矾属 *Symplocos*、黄檀属 *Dalbergia*、卫矛属 *Euonymus* 等，是该地主要的乔木层和灌木层植被；草本植物如凤仙花属 *Impatiens*、下田菊属 *Adenostemma*、泽兰属 *Eupatorium*、冷水花属 *Pilea*、胡椒属 *Piper*、鸭跖草属 *Commelina* 等，均是保护区林下植物的主要组成部分（表 3.8）。

该类型有 1 个变型，即热带亚洲—热带非洲—热带美洲（南美洲）变型，4 属，即糯米团属 *Gonostegia*、桂樱属 *Laurocerasus* 、粗叶木属 *Lasianthus*、簕竹属 *Bambusa*。

表 3.8　印江洋溪自然保护区野生种子植物泛热带分布属统计表

中名	拉丁名	类型	中名	拉丁名	类型
金粟兰属	*Chloranthus*	2	积雪草属	*Centella*	2
胡椒属	*Piper*	2	天胡荽属	*Hydrocotyle*	2
朴属	*Celtis*	2	打碗花属	*Calystegia*	2
山黄麻属	*Trema*	2	马蹄金属	*Dichondra*	2
无花果属	*Ficus*	2	大青属	*Clerodendrum*	2
苎麻属	*Boehmeria*	2	紫珠属	*Callicarpa*	2
艾麻属	*Laportea*	2	马鞭草属	*Verbena*	2

（续）

中名	拉丁名	类型	中名	拉丁名	类型
冷水花属	*Pilea*	2	茉莉属	*Jasminum*	2
牛膝属	*Achyranthes*	2	翼萼属	*Torenia*	2
马齿苋属	*Portulaca*	2	钩藤属	*Uncaria*	2
红淡比属	*Cleyera*	2	下田菊属	*Adenostemma*	2
杜英属	*Elaeocarpus*	2	白酒草属	*Conyza*	2
木槿属	*Hibiscus*	2	菊芹属	*Erechtites*	2
柞木属	*Xylosma*	2	鳢肠属	*Eclipta*	2
秋海棠属	*Begonia*	2	泽兰属	*Eupatoium*	2
柿树属	*Diospyros*	2	豨莶属	*Siegesbeckia*	2
安息香属	*Styrax*	2	鸭跖草属	*Commelina*	2
山矾属	*Symplocos*	2	飘拂草属	*Fimbristylis*	2
紫金牛属	*Ardisia*	2	水蜈蚣属	*Kyllinga*	2
鹿藿属	*Rhynchosia*	2	砖子苗属	*Mariscus*	2
红豆树属	*Ormosia*	2	扁莎属	*Pycreus*	2
黄檀属	*Dalbergia*	2	臂形草属	*Brachiaria*	2
木蓝属	*Indigofera*	2	狗牙根属	*Cynodon*	2
羊蹄甲属	*Bauhinia*	2	䅟属	*Eleusine*	2
油麻藤属	*Mucuna*	2	白茅属	*Imperata*	2
云实属	*Caesalpinia*	2	鸭嘴草属	*Ischaemum*	2
节节菜属	*Rotala*	2	柳叶箬属	*Isachne*	2
青皮木属	*Schoepfia*	2	求米草属	*Oplismenus*	2
南蛇藤属	*Celastrus*	2	雀稗属	*Paspalum*	2
卫矛属	*Euonymus*	2	狼尾草属	*Pennisetum*	2
冬青属	*Ilex*	2	棒头草属	*Polypogon*	2
黄杨属	*Buxus*	2	狗尾草属	*Seteria*	2
铁苋菜属	*Acalypna*	2	鼠尾粟属	*Sporobolus*	2
大戟属	*Euphorbia*	2	菝葜属	*Smilax*	2
算盘子属	*Glochidion*	2	仙茅属	*Curculigo*	2
叶下珠属	*Phyllanthus*	2	薯蓣属	*Dioscorea*	2
乌桕属	*Sapium*	2	虾脊兰属	*Calanthe*	2
枣属	*Ziziphus*	2	桂樱属	*Laurocerasus*	2-2
花椒属	*Zanthoxylum*	2	糯米团属	*Gonostegia*	2-2
凤仙花属	*Impatiens*	2	粗叶木属	*Lasianthus*	2-2
鹅掌柴属	*Schefflera*	2	簕竹属	*Bambusa*	2-2
树参属	*Dendropanax*	2			

在该类型中，榕树属 *Ficus* 8 种，世界分布约 1000 种，分布于热带和亚热带地区；中国分布有 98 种，分布于西南部至东部和南部。卫矛属 6 种，世界分布 176 种，分布于热带和亚热带地区；中国分布有 90 种，分布于长江流域、珠江流域和西南。保护区常见的灌木层树种有山矾属 7 种，世界分布 350 种，分布于亚洲、大洋洲和美洲的热带和亚热带地区，我国有 80 余种，主要分布于西南部至东南

部，以西南部地种类较多，东北部仅 1 种。保护区常见草本植物有凤仙花属 *Impatiens* 3 种，世界分布 500 种，广布于全球热带地区，也见于东亚和北美的温暖地区，中国分布 220 种，分布中国广西、广东，经长江流域中、下游诸省，北达陕西南部和河南南部。冷水花属 *Pilea* 9 种，世界分布 400 多种，广布于热带及温带地区，我国有 90 种，主要分布长江以南省区，少数可分布到东北、甘肃等地。还有打碗花属 *Calystegia*、鸭跖草属、泽兰属、金粟兰属 *Chloranthus*、马齿苋属 *Portulaca* 等。藤本植物或攀援植物有南蛇藤属 *Celastrus*、油麻藤属 *Mucuna* 等。

综上所述，该分布式特点是：以灌木层或藤状木本植物为多数，乔木层树种较少；草本植物多数是林下耐荫植物，也有生于荒坡、草丛或湿地。

3. 热带亚洲和热带美洲间断分布

该分布指热带美洲和温带亚洲地区间断分布属，但在东半球亚洲地区，可延伸到澳大利亚东北部或西南太平洋岛屿等。从古地理资料分析：热带美洲或南美洲，原来位于古南大陆西冀，中生代晚期与非洲分离。由于古南大陆的解体及几个板块向北的欧亚大陆漂移，促使这些古老的属向亚洲热带侵入，形成间断分布属，它们起源于古南大陆。保护区有该类型分布 9 属，占该区种子植物总属的 1.74%。

该分布式基本是木本植物属，其中木姜子属 *Litsea*、楠木属 *Phoebe*、柃木属 *Eurya*、苦木属 *Picrasma*、泡花树属 *Meliosma*、猴欢喜属 *Sloanea*、桤叶树属 *Clethra*、白珠树属 *Gaultheria*、雀梅藤属 *Sageretia* 等为该地常见森林植物，其中很多种类是本区植被的建群种和重要的组成成分。

4. 旧世界热带分布

旧世界热带又称古热带，其分布范围包括亚洲、非洲热带地区、太平洋及其邻近的岛屿。保护区有该分布 29 属，占该区种子植物总属数的 5.62%（表 3.9）。

表 3.9　印江洋溪自然保护区野生种子植物旧世界热带分布属统计表

中名	拉丁名	类型	中名	拉丁名	类型
千金藤属	*Stephania*	4	厚壳树属	*Ehretia*	4
楼梯草属	*Elatostema*	4	香茶菜属	*Rabdosia*	4
蝎子草属	*Girardinia*	4	石龙尾属	*Limnophila*	4
杜茎山属	*Maesa*	4	栀子属	*Gardenia*	4
海桐花属	*Pittosporum*	4	艾纳香属	*Blumea*	4
合欢属	*Albizia*	4	一点红属	*Emillia*	4
老虎刺属	*Pterolobium*	4	三七草属	*Gynura*	4
蒲桃属	*Syzygium*	4	杜若属	*Pollia*	4
锦香草属	*Phyllagathis*	4	细柄草属	*Capillipedium*	4
八角枫属	*Alangium*	4	山姜属	*Alpinia*	4
槲寄生属	*Viscum*	4	天门冬属	*Asparagus*	4
白饭树属	*Flueggea*	4	青牛胆属	*Tinospora*	4－1
野桐属	*Mallotus*	4	飞蛾藤属	*Porana*	4－1
乌蔹莓属	*Cayratia*	4	爵床属	*Justicia*	4－1
黄皮属	*Clausena*	4			

该类型正型有 26 属，占该区种子植物总属数的 5.04%，如栀子属 *Gardenia*、合欢属 *Albizia*、八角枫属 *Alangium*、厚壳树属 *Ehretia* 等。其中该类型还有一个变型，即热带亚洲、非洲和大洋洲间断或星散分布变型，有 3 属，即青牛胆属 *Tinospora*、爵床属 *Justicia*、飞蛾藤属 *Porana*，是保护区林间主要灌木和攀援植物。

该分布式的植物多见于林下灌木丛中或林缘、林中空地，如野桐属 *Mallotus* 多见于林缘、灌木丛中；乔木状合欢属，生阳坡或混交林中。林下灌木还有栀子属、杜茎山属 *Maesa* 等，草本植物有天门冬属 *Asparagus*、艾纳香属 *Blumea*、楼梯草属 *Elatostema* 等多见于林下湿地或水沟边。

该分布式特点：木本植物主要以灌木为主，较为耐荫的植物；该分布属的种系多为中国或东亚特有，分布于长江以南的华中、华南、西南，个别种北至陕西、山西或延伸到印度或越南。

5. 热带亚洲至热带大洋洲

该分布式位于旧世界热带东部，其西端有时可达马达斯加，但一般不到非洲大陆。保护区有 16 属，占该区种子植物总属数的 3.10%。乔木层有樟属 *Cinnamomum*、香椿属 *Toona*、臭椿属 *Ailanthus* 等，是该地区亚热带常绿阔叶和常绿落叶阔叶混交林的重要组成。通泉草属 *Mazus*、蜈蚣草属 *Eremochloa*、栝楼属 *Trichosanthes* 等是保护区林下主要植被的种类（表 3.10）。

表 3.10 印江洋溪自然保护区野生种子植物热带亚洲至热带大洋洲分布属统计表

中名	拉丁名	类型	中名	拉丁名	类型
樟属	*Cinnamomum*	5	臭椿属	*Ailanthus*	5
栝楼属	*Trichosanthes*	5	香椿属	*Toona*	5
昆明鸡血藤属	*Callerya*	5	通泉草属	*Mazus*	5
紫薇属	*Lagerstroemia*	5	蜈蚣草属	*Eremochloa*	5
荛花属	*Wikstroemia*	5	淡竹叶属	*Lophatherum*	5
雀儿舌头属	*Leptopus*	5	兰属	*Cymbidium*	5
猫乳属	*Rhamnella*	5	天麻属	*Gastrodia*	5
崖爬藤属	*Tetrastigma*	5	文参属	*Metapanax*	5－1

6. 热带亚洲至热带非洲分布

该分布式位于旧世界地西部，通常指从热带非洲到印度－马来西亚，也有些属分布到斐济等南太平洋岛屿；保护区有 16 属，占该区种子植物总属数的 3.10%（表 3.11）。

表 3.11 印江洋溪自然保护区野生种子植物热带亚洲至热带非洲分布属统计表

中名	拉丁名	类型	中名	拉丁名	类型
水麻属	*Debregeasia*	6	金鱼草属	*Dichrocephala*	6
梧桐属	*Firmiana*	6	魔芋属	*Amorphophallus*	6
赤瓟属	*Thladiantha*	6	蓝耳草属	*Cyanotis*	6
铁仔属	*Myrsine*	6	类芦属	*Neyraudia*	6
钝果寄生属	*Taxillus*	6	牡竹属	*Dendrocalamus*	6
飞龙掌血属	*Toddalia*	6	荩草属	*Arthraxon*	6
常春藤属	*Hedera*	6	芒属	*Miscanthus*	6
豆腐柴属	*Premna*	6	马蓝属	*Strobilanthes*	6－2

该分布还有 1 个变型，即热带亚洲和东非或马达加斯加间断分布，为马蓝属 *Strobilanthes*。

该分布式的特点是：从系统发育上看，木本植物为原始类型，但缺少乔木种类，仅有梧桐属 *Firmiana* 1 属，灌木有豆腐柴属 *Premna*、飞龙掌血属 *Toddalia*、铁仔属 *Myrsine*；攀援植物有常春藤属 *Hedera* 等。草本植物有赤瓟属 *Thladiantha*、荩草属 *Arthraxon*、芒属 *Miscanthus*、马蓝属 *Strobilanthes*、金鱼草属 *Dichrocephala* 等。

7. 热带亚洲（印度—马来西亚）

该分布式是以旧世界热带为中心，范围包括：印度、斯里兰卡、中南半岛、印度尼西亚、加里曼丹岛、菲律宾及新几内亚岛，东到斐济等太平洋岛屿，不到澳大利亚，其北到我国华南、西南及台湾。保护区有 41 属，占该区种子植物总属数的 7.95%。

热带亚洲保存着许多第三纪古热带植物区系的后裔或残遗，其中有不少是古老或原始、单型属、少型或多型属，保护区有含笑属 *Michelia*、润楠属 *Machilus*、虎皮楠属 *Daphniphyllum*、唇柱苣苔属 *Chirita* 等，它们起源于第三纪古热带。很多属都直接分布到热带和亚热带，如黄棉树属 *Metadina*、蛇根草属 *Ophiorrhiza*、轮环藤属 *Cyclea*、绞股蓝属 *Gynostemma*、芋属 *Colocasia* 等(表 3.12)。

表 3.12　印江洋溪自然保护区野生种子植物热带亚洲分布属统计表

中名	拉丁名	类型	中名	拉丁名	类型
含笑属	*Michelia*	7	柑橘属	*Citrus*	7
黄肉楠属	*Actinodaphne*	7	唇柱苣苔属	*Chirita*	7
润楠属	*Machilus*	7	蛛毛苣苔属	*Paraboea*	7
山胡椒属	*Lindera*	7	黄棉树属	*Metadina*	7
新木姜子属	*Neolitsea*	7	蛇根草属	*Ophiorrhiza*	7
草珊瑚属	*Sarcandra*	7	苦荬菜属	*Ixeris*	7
轮环藤属	*Cyclea*	7	雷公连属	*Amydrium*	7
清风藤属	*Sabia*	7	芋属	*Colocasia*	7
水丝梨属	*Sycopsis*	7	玉山竹属	*Yushania*	7
虎皮楠属	*Daphniphyllum*	7	木荷属	*Schima*	7-1
构树属	*Broussonetia*	7	金钱豹属	*Campanumoea*	7-1
紫麻属	*Oreocnide*	7	球果藤属	*Aspidocarya*	7-2
赤车属	*Pellionia*	7	来江藤属	*Brandisia*	7-3
黄杞属	*Engelhardtia*	7	粗筒苣苔属	*Briggsia*	7-3
柯属	*Lithocarpus*	7	香果树属	*Emmenopterys*	7-3
青冈属	*Cyclobalanopsis*	7	穗花杉属	*Amentotaxus*	7-4
山茶属	*Camellia*	7	山羊角树属	*Carrierea*	7-4
绞股蓝属	*Gynostemma*	7	赤杨叶属	*Alniphyllum*	7-4
蛇莓属	*Duchesnea*	7	半蒴苣苔属	*Hemiboea*	7-4
葛属	*Pueraria*	7	竹根七属	*Disporopsis*	7-4
野扇花属	*Sarcococca*	7			

保护区热带亚洲分布式还有以下 4 个变型：

①爪哇(或苏门答腊)，喜马拉雅间断或星散分布到华南、西南：保护区种子植物属于该分布式的有木荷属 *Schima*、金钱豹属 *Campanumoea* 2 属。

②热带印度至华南(尤其云南南部)分布：保护区属于该分布式的有球果藤属 *Aspidocarya* 1 属。

③缅甸、泰国至华西南分布：保护区属于该分布式的有来江藤属 *Brandisia*、粗筒苣苔属 *Briggsia*、香果树属 *Emmenopterys* 3 属。

④越南(或中南半岛)至华南或西南分布：保护区属于该分布式的有山羊角树属 *Carrierea*、赤杨叶属 *Alniphyllum*、竹根七属 *Disporopsis*、半蒴苣苔属 *Hemiboea* 4 属。

该分布式的特点是：保护区热带亚洲分布类型的数量较多，是森林和林下植物的主要组成部分。这些属与热带类型的联系非常紧密，从亚热带到温带有自己的代表种，可见保护区种子植物与热带性质联系都较大，体现出了保护区地貌上的植物特点。

8. 北温带分布

北温带分布主要指广布于欧洲、亚洲和北美洲温带地区的属。保护区有 103 属，占该区种子植物总属数的 19.96%。该分布式的种类是保护区种子植物区系的重要组成，也是该地区常绿落叶阔叶混交林的主要成分(表 3-13)。

表 3.13 印江洋溪自然保护区野生种子植物北温带分布属统计表

中名	拉丁名	类型	中名	拉丁名	类型
松属	*Pinus*	8	白蜡树属	*Fraxinus*	8
柏木属	*Cupressus*	8	马先蒿属	*Pedicularis*	8
刺柏属	*Juniperus*	8	忍冬属	*Lonicera*	8
红豆杉属	*Taxus*	8	荚蒾属	*Viburnum*	8
细辛属	*Asarum*	8	香青属	*Anaphalis*	8
乌头属	*Aconitum*	8	蒿属	*Artemisia*	8
翠雀花属	*Delphinium*	8	紫菀属	*Aster*	8
小檗属	*Berberis*	8	蓟属	*Cirsium*	8
紫堇属	*Corydalis*	8	风毛菊属	*Saussurea*	8
榆属	*Ulmus*	8	一枝黄花属	*Solidago*	8
桑属	*Morus*	8	苦苣菜属	*Sonchus*	8
胡桃属	*Juglans*	8	蒲公英属	*Taraxacum*	8
栎属	*Quercus*	8	泽泻属	*Alisma*	8
栗属	*Castanea*	8	天南星属	*Arisaema*	8
水青冈属	*Fagus*	8	野古草属	*Arundinella*	8
鹅耳枥属	*Carpinus*	8	拂子茅属	*Calamagrostis*	8
桦木属	*Betula*	8	稗属	*Echinochloa*	8
榛属	*Corylus*	8	画眉草属	*Eragrostis*	8
漆姑草属	*Sagina*	8	羊茅属	*Festuca*	8
椴树属	*Tilia*	8	百合属	*Lilium*	8
锦葵属	*Malva*	8	黄精属	*Polygonatum*	8
柳属	*Salix*	8	葱属	*Allium*	8
杨属	*Populus*	8	鸢尾属	*Iris*	8
杜鹃花属	*Rhododendron*	8	头蕊兰属	*Cephalanthera*	8
报春花属	*Primula*	8	玉凤花属	*Habenaria*	8
虎耳草属	*Saxifraga*	8	舌唇兰属	*Platenthera*	8
梅花草属	*Parnassia*	8	绶草属	*Spiranthes*	8
山梅花属	*Philadelphus*	8	唐松草属	*Thalictrum*	8－4
龙牙草属	*Agrimonia*	8	荨麻属	*Urtica*	8－4
草莓属	*Fragaria*	8	蚤缀属	*Arenaria*	8－4
委陵菜属	*Potentilla*	8	卷耳属	*Cerastium*	8－4
地榆属	*SanguisorbaL.*	8	越橘属	*Vaccinium*	8－4
花楸属	*Sorbus*	8	景天属	*Sedum*	8－4
李属	*Prunus*	8	金腰属	*Chrysosplenium*	8－4
蔷薇属	*Rosa*	8	水杨梅属	*Geum*	8－4

（续）

中名	拉丁名	类型	中名	拉丁名	类型
绣线菊属	*Spiraea*	8	稠李属	*Padus*	8－4
栒子属	*Cotoneaster*	8	野豌豆属	*Vicia*	8－4
樱属	*Cerasus*	8	柳叶菜属	*Epilobium*	8－4
紫荆属	*Cercis*	8	当归属	*Angelica*	8－4
胡颓子属	*Elaeagnus*	8	花锚属	*Halenia*	8－4
露珠草属	*Circaea*	8	獐牙菜属	*Swertia*	8－4
山茱萸属	*Cornus*	8	婆婆纳属	*Veronica*	8－4
葡萄属	*Vitis*	8	茜草属	*Rubia*	8－4
槭属	*Acer*	8	接骨木属	*Sambucus*	8－4
盐肤木属	*Rhus*	8	缬草属	*Valeriana*	8－4
鸭儿芹属	*Cryptotaenia*	8	慈姑属	*Sagittaria*	8－4
琉璃草属	*Cynoglossum*	8	雀麦属	*Bromus*	8－4
薄荷属	*Mentha*	8	三毛草属	*Trisetum*	8－4
风轮草属	*Clinopodium*	8	马桑属	*Coriaria*	8－5
活血丹属	*Glechoma*	8	火绒草属	*Leontopodium*	8－6
夏枯草属	*Prunella*	8	看麦娘属	*Alopecurus*	8－6

该分布类型的乔木有桦木属 *Betula*、杨属 *Populus*、栎属 *Quercus*、槭属 *Acer*、鹅耳枥属 *Carpinus*、胡桃属 *Juglans* 等，是保护区常绿落叶阔叶混交林的主要成分；灌木有栒子属 *Cotoneaster*、荚蒾属 *Viburnum*、胡颓子属 *Elaeagnus*、蔷薇属 *Rosa*。该类植物是保护区常见植物。常见的草本植物有紫菀属 *Aster*、活血丹属 *Glechoma*、蒿属 *Artemisia*、蓟属 *Cirsium*、画眉草属 *Eragrostis*、花锚属 *Halenia*、野古草属 *Arundinella*、天南星属 *Arisaema*、蒲公英属 *Taraxacum* 等。

保护区有北温带和南温带间断分布变型，如：唐松草属 *Thalictrum*、蚤缀属 *Arenaria*、接骨木属 *Sambucus*、茜草属 *Rubia*、婆婆纳属 *Veronica*、水杨梅属 *Geum*、柳叶菜属 *Epilobium* 等22属。

保护区有欧亚和南美洲间断分布的火绒草属 *Leontopodium* 和看麦娘属 *Alopecurus* 2属，它与南半球和古南大陆温带区域植物区系有一定的联系。

保护区有马桑属 *Coriaria*，是马桑科的单型属，它起着维系南北古大陆的作用。

9. 东亚与北美洲间断分布

该分布范围为东亚、北美洲温带和亚热带的属；保护区有40属，占该区种子植物总属数的7.75%（表3.14）。

表3.14　印江洋溪自然保护区野生种子植物东亚与北美间断分布属统计表

中名	拉丁名	类型	中名	拉丁名	类型
黄杉属	*Pseudotsuga*	9	水姑里属	*Hylodesmum*	9
玉兰属	*Yulania*	9	香槐属	*Cladrastis*	9
檫木属	*Sassafras*	9	小槐花属	*Ohwia*	9
八角属	*Illicium*	9	皂荚属	*Gleditsia*	9
五味子属	*Schisandra*	9	蓝果树属	*Nyssa*	9
十大功劳属	*Mahonia*	9	勾儿茶属	*Berchemia*	9
枫香树属	*Liquidambar*	9	蛇葡萄属	*Ampelopsis*	9

（续）

中名	拉丁名	类型	中名	拉丁名	类型
柘属	*Maclura*	9	爬山虎属	*Parthenocissus*	9
锥栗属	*Castanopsis*	9	漆属	*Toxicodendron*	9
金线草属	*Antenoron*	9	楤木属	*Aralia*	9
大头茶属	*Polyspora*	9	络石属	*Trachelospermum*	9
珍珠花属	*Lyonia*	9	透骨草属	*Phryma*	9
扯根菜属	*Penthorum*	9	木犀属	*Osmanthus*	9
黄水枝属	*Tiarella*	9	腹水草属	*Veronicastrum*	9
落新妇属	*Astilbe*	9	风箱属	*Cephalanthus*	9
绣球属	*Hydrangea*	9	菖蒲属	*Acorus*	9
石楠属	*Photinia*	9	粉条儿菜属	*Aletris*	9
两型豆属	*AmphicarpaeaElliot*	9	万年青属	*Rohdea*	9
山蚂蝗属	*Desmodium*	9	万年青属	*Rohdea*	9
胡枝子属	*Lespedeza*	9	六道木属	*AbeliaR.*	9－1

保护区乔木层树种有黄杉属 *Pseudotsuga*、漆树属 *Toxicodendron*、皂荚属 *Gleditsia*、檫木属 *Sassafras*、枫香树属 *Liquidambar*、楤木属 *Aralia* 等；灌木层如勾儿茶属 *Berchemia*、枫香属 *Cephalanthus*、胡枝子属 *Lespedeza*、绣球属 *Hydrangea*、大头茶属 *Polyspora*、山蚂蝗属 *Desmodium* 等；藤本植物有五味子属 *Schisandra*、蛇葡萄属 *Ampelopsis*、爬山虎属 *Parthenocissus* 等；草本植物有菖蒲属 *Acorus*、金线草属 *Antenoron*、万寿竹属 *Disporum*、落新妇属 *Astilbe*、万年青属 *Rohdea* 等。

综上所述，东亚与北美洲间断分布属联系密切，与两地的地史变迁有紧密的关系，正如吴征镒院士指出：东亚与北美洲间断分布属是第三纪古热带起源。

10. 旧世界温带分布

分布于欧亚大陆高纬度地区的温带和寒温带，个别延伸到北美洲及亚洲、热带山地或澳大利亚。保护区有该分布式 29 属，占该区种子植物总属数的 5.62%（表 3.15）。

表 3.15 印江洋溪自然保护区野生种子植物旧世界温带分布属统计表

中名	拉丁名	类型	中名	拉丁名	类型
淫羊藿属	*Epimedium*	10	橐吾属	*Ligularia*	10
狗筋蔓属	*Cucubalus*	10	萱草属	*Hemerocallis*	10
鹅肠菜属	*Myosoton*	10	重楼属	*Paris*	10
瑞香属	*Daphne*	10	角盘兰属	*Herminium*	10
水芹属	*Oenanthe*	10	榉树属	*Zelkova*	10－1
筋骨草属	*Ajuga*	10	火棘属	*Pyracantha*	10－1
香薷属	*Elsholtzia*	10	桃属	*Amygdalus*	10－1
野芝麻属	*Lamium*	10	山靛属	*Mercurialis*	10－1
女贞属	*Ligustrum*	10	窃衣属	*Torilis*	10－1
沙参属	*Adenophora*	10	牛至属	*Origanum*	10－1
川续断属	*Dipsacus*	10	鹅绒藤属	*Cynanchum*	10－2
牛蒡属	*Arctium*	10	百脉根属	*Lotus*	10－3
天名精属	*Carpesium*	10	前胡属	*Peucedanum*	10－3
菊属	*Dendranthema*	10	莴苣属	*Lactuca*	10－3
旋覆花属	*Inula*	10			

保护区有欧亚温带变型 19 属，即瑞香属 *Daphne*、淫羊藿属 *Epimedium*、香薷属 *Elsholtzia*、天名精属 *Carpesium*、旋覆花属 *Inula* 等。

保护区有地中海区，西亚(或中亚)和东亚间断分布变型 6 属，即牛至属 *Origanum* 、桃属 *Amygdalus*、榉树属 *Zelkora*、火棘属 *Pyracantha*、窃衣属 *Torilis*、山靛属 *Mercurialis*。

保护区有地中海区和喜马拉雅间断分布变型 1 属，即鹅绒藤属 *Cynanchum*。此变型相当于原在属分布区类型系统中的 10—2 和 12—4，后者即地中海区至热带非洲和喜马拉雅间断分布，现将二者归并，地中海区取广义，包括相邻的热带非洲。

保护区有欧亚和南非(有时也有澳大利亚)分布变型的 3 个属，有莴苣属 *Lactuca*、百脉根属 *Lotus*、前胡属 *Peucedanum*。

该分布式的特点是：草本植物占优势，如菊属 *Dendranthema*、筋骨草属 *Ajuga*、水芹属 *Oenanthe*、香薷属等；木本的较少，仅有 6 属，以灌木或小乔木为主，如梨属 *Pyrus*、女贞属 *Ligustrum*、瑞香属等；由于旧世界温带分布属的多元起源，因此，它们起源于欧亚大陆及古地中海沿岸和旧世界热带。

11. 温带亚洲分布

这一分布区类型是指主要局限于亚洲温带地区的属，它们分布区的范围一般包括从苏联中亚(或南俄罗斯)至东西伯利亚和亚洲东北部，南部界限至喜马拉雅山区，我国西南、华北至东北、朝鲜和日本北部，也有一些属分布到亚热带，个别属种到达亚洲热带，甚至到新几内亚；保护区有 5 属，占该区种子植物总属数的 0.97%；它们是杏属 *Armeniaca*、杭子梢属 *Campylotropis*、马兰属 *Kalimeris*、粘冠草属 *Myriactis*、附地菜属 *Trigonotis*。

该分布式中，草本占绝大多数，是保护区主要地被植物。

12. 地中海、西亚至中亚分布

该范围从现代地中海至古地中海地区，包括西亚、西南亚及乌兹别克斯坦、即吉尔吉斯斯坦、塔吉克斯坦、哈萨克斯坦和中国新疆、青海、青藏高原及蒙古一带。保护区有 1 属，黄连木属 *Pistacia*，占该区种子植物总属数的 0.19%。且黄连木属是地中海区至温带 - 热带亚洲，大洋洲或北美南部至南美洲间断分布变型。

13. 东亚分布

该分布区是从喜马拉雅一直分布到日本的属；保护区有 72 属，占总属数的 13.95%。其中，东亚分布 35 属，占该区种子植物属数的 6.78 %；中国—喜马拉雅(sh)变型 9 属，占该区种子植物属数的 1.74%；中国—日本(sj)变型 28 属，占该区种子植物属数的 5.43%(表 3.16)。

表 3.16　印江洋溪自然保护区野生种子植物东亚分布属统计表

中名	拉丁名	类型	中名	拉丁名	类型
三尖杉属	*Cephalotaxus*	14	雪胆属	*Hemsleya*	14*sh*
蕺菜属	*Houttuynia*	14	冠盖藤属	*Pileostegia*	14*sh*
野木瓜属	*Stauntonia*	14	鞘柄木属	*Toricellia*	14*sh*
蜡瓣花属	*Corylopsis*	14	囊瓣芹属	*Pternopetalum*	14*sh*
花点草属	*Nanocnide*	14	鞭打绣球属	*Hemiphragma*	14*sh*
猕猴桃属	*Actinidia*	14	阴行草属	*Siphonostegia*	14*sh*
旌节花属	*Stachyurus*	14	吊石苣苔属	*Lysionotus*	14*sh*
吊钟花属	*Enkianthus*	14	开口箭属	*Tupistra*	14*sh*
黄常山属	*Dichroa*	14	柳杉属	*Cryptomeria*	14*sj*
溲疏属	*Deutzia*	14	天葵属	*Semiaquilegia*	14*sj*

（续）

中名	拉丁名	类型	中名	拉丁名	类型
枇杷属	*Eriobotrya*	14	木通属	*Akebia*	14*sj*
石斑木属	*Rhaphiolepis*	14	防己属	*Sinomenium*	14*sj*
结香属	*Edgeworthia*	14	博落迴属	*Macleaya*	14*sj*
青荚叶属	*Helwingia*	14	化香树属	*Platycarya*	14*sj*
桃叶珊瑚属	*Aucuba*	14	山桐子属	*Idesia*	14*sj*
油桐属	*Vernicia*	14	白辛树属	*Pterostyrax*	14*sj*
南酸枣属	*Choerospondias*	14	钻地风属	*Schizophragma*	14*sj*
刺五加属	*Eleutherococcus*	14	棣棠花属	*Kerria*	14*sj*
五加属	*Acanthopanax*	14	鸡眼草属	*Kummerowia*	14*sj*
斑种草属	*Bothriospermum*	14	枳椇属	*Hovenia*	14*sj*
紫苏属	*Perilla*	14	野鸦椿属	*Euscaphis*	14*sj*
双盾木属	*Dipelta*	14	松风草属	*Boenninghausenia*	14*sj*
败酱属	*Patrinia*	14	臭常山属	*Orixa*	14*sj*
兔儿风属	*Ainsliaea*	14	黄柏属	*Phellodendron*	14*sj*
泥胡菜属	*Hemistepta*	14	四数花属	*Tetradium*	14 – *sj*
蒲儿根属	*Sinosenecio*	14	刺楸属	*Kalopanax*	14*sj*
棕榈属	*TrachycarpusH.*	14	萝藦属	*Metaplexis*	14*sj*
刚竹属	*Phyllostachys*	14	泡桐属	*Paulownia*	14*sj*
大百合属	*Cardiocrinum*	14	桔梗属	*Platycodon*	14*sj*
吉祥草属	*Reineckia*	14	六月雪属	*Serissa*	14*sj*
沿阶草属	*Ophiopogon*	14	锦带花属	*WeigelaThunb.*	14*sj*
蜘蛛抱蛋属	*Aspidistra*	14	半夏属	*Pinellia*	14*sj*
石蒜属	*Lycoris*	14	大明竹属	*Pleioblastus*	14*sj*
白及属	*Bletilla*	14	寒竹属	*Chimonobambusa*	14*sj*
杜鹃兰属	*Cremastra*	14	显子草属	*Phaenosperma*	14*sj*
牛姆瓜属	*Holboellia*	14*sh*	玉簪属	*Hosta*	14*sj*

该分布式的特点：

(1)木本植物属占优势，但乔木很少，仅化香树属 *Platycarya*、山桐子属 *Idesia*、野鸦椿属 *Euscaphis*、南酸枣属 *Choerospondias*、刺楸属 *Kalopanax* 等6属，灌木树种占绝大多数，它们是保护区植物类型的重要组成部分。

(2)单型属、少型属丰富，含1种的有蕺菜属 *Houttnynia*、山桐子属 *Idesia*、吉祥草属 *Reineckia* 等，从上分析，保护区单型属、少型属占的比例大。

(3)本区还分布有大量的古老和孑遗类群，如三尖杉 *Cephalotaxus*、刺楸属 *Kalopanax* 等，说明该地植物区系性质的古老、原始。

14. 中国特有属

保护区有中国特有13属，占总属数的1.68%；其中木本12属，主要有杉木属 *Cunninghamia*、鸡仔木属 *Sinoadina*、伯乐树属 *Bretschneidera*、青檀属 *Pteroceltis*、通脱木属 *Tetrapanax*、青钱柳属 *Cyclocarya*、蜡梅属 *Chimonanthus* 等，草本仅有血水草属 *Eomecon*(表3.17)。

表 3.17　印江洋溪自然保护区野生种子植物中国特有分布属统计表

中名	拉丁名	类型	中名	拉丁名	类型
杉木属	*Cunninghamia*	10	伯乐树属	*Bretschneidera*	10
蜡梅属	*Chimonanthus*	10	伞花木属	*Eurycorymbus*	10
大血藤属	*Sargentodoxa*	10	通脱木属	*Tetrapanax*	10
血水草属	*Eomecon*	10	秦岭藤属	*Biondia*	10
青檀属	*Pteroceltis*	10	鸡仔木属	*Sinoadina*	10－1
青钱柳属	*Cyclocarya*	10	箬竹属	*Indocalamus*	10－1
山拐枣属	*Poliothyrsis*	10			

综上所述，保护区种子植物世界分布 59 属，占保护区总属数的 11.43%，种子植物区系以温带分布占优势，共 250 属，占该区总属数的 48.45%，热带分布属 194 属，占全区总属数的 37.60%。保护区种子植物区系属的分析结果表明该地区植物区系温带性质较强，但很多属的植物也是从温带到热带的过渡地带的重要种类，保护区植物区系和热带区系联系非常紧密。

（三）保护区种子植物种的地理分布区类型

一个自然区域和一个行政区的植物区系，是由各自的植物种类组成的。研究种的地理分布区类型，可以确定该区域的植物区系地带性质和起源。

保护区有种子植物 1054 种，划分为 13 个地理分布区类型。

表 3.18　印江洋溪自然保护区种子植物种的地理分布

序号	分布区类型	种数	占全区种数率（%）
1	世界分布	27	2.56
2	泛热带分布	22	2.09
3	热带亚洲至热带和热带美洲间断分布	28	2.66
4	旧世界热带分布	16	1.52
5	热带亚洲至热带大洋洲分布	28	2.66
6	热带亚洲至热带非洲分布	11	1.04
7	热带亚洲分布	163	15.46
8	北温带分布	145	13.76
9	东亚和北美洲间断分布	22	2.09
10	旧世界温带分布	29	2.75
11	温带亚洲分布	21	1.99
12	东亚分布	249	23.62
13	中国特有分布	293	27.80
	合计	1054	100

1. 世界分布

保护区有世界分布种 27 种，占地区的总种数 2.56%，它们是：小藜 *Chenopodium ficifolium* 分布于世界各地，生于荒地、道旁、垃圾堆等处。紫萍 *Spirodela polyrhiza* 生于世界温带和热带，生于水田、水塘、湖湾、水沟。少花龙葵 *Solanum americanum* 分布于热带地区和温带地区，分布于溪边、密林阴湿处或林边荒地。酸浆 *Physalis alkekengi* 分布于世界各地；我国产于甘肃、陕西、河南、湖北、四川、贵州和云南，常生长于空旷地或山坡。还有虎杖 *Reynoutria japonica*、马鞭草 *Verbena officinalis*、臭椿 *Ai-*

lanthus altissima、繁缕 *Stellaria media* 等。

本分布式特点：草本占绝对优势，全世界分布较少，亚世界分布较多，如欧亚分布种。这与农业开发和人类的活动有关。

2. 泛热带分布

保护区泛热带分布种 22 种，占该地区的总种数 2. 09 %，它们是：马蹄金 *Dichondra micrantha* 广布于两半球热带亚热带地区，我国长江以南各省及台湾省均有分布，生于海拔 1300 ~ 1980m，山坡草地，路旁或沟边。一点红 *Emilia sonchifolia* var. *sonchifolia* 分布于泛热带地区，产云南、贵州(绥阳、兴义、安龙、册亨、赤水)、四川、湖北、湖南、江苏、浙江、安徽、广东、海南、福建、台湾，常生于山坡荒地、田埂、路旁，海拔 800 ~ 2100m。还有鬼针草 *Bidens pilosa*、苍耳 *Xanthium strumarium*、牛筋草 *Eleusine indica*、见血青 *Liparis nervosa* 等。

泛热带植物分布于全球热带地区，保护区该类型植物种类比较多，说明保护区植物区系与热带性质有联系密切。

3. 热带亚洲至热带美洲间断分布

这一分布区类型包括间断分布于美洲和亚洲温暖地区的热带属，在旧世界(东半球)从亚洲可能延伸的到澳大利亚东北部或西南太平洋岛屿。保护区有热带亚洲至热带美洲间断分布 28 种，占该地区的总种数 2. 66%，如杠板归 *Polygonum perfoliatum* 分布于孟加拉国，不丹，印度，印度尼西亚，日本，韩国，马来西亚，尼泊尔，新几内亚，菲律宾，俄罗斯，泰国，越南；亚洲西南部和北美洲，生于田边、路旁、山谷湿地，海拔 80 ~ 2300m。蔊菜 *Rorippa indica* 分布于孟加拉国，印度，印度尼西亚，日本，韩国，老挝，马来西亚，缅甸，尼泊尔，巴基斯坦，菲律宾，泰国，越南；归化于南美洲和北美洲，生于路旁、田边、园圃、河边、屋边墙脚及山坡路旁等较潮湿处，海拔 230 ~ 1450m。叶下珠 *Phyllanthus urinaria* 分布于印度、斯里兰卡、中南半岛、日本、马来西亚、印度尼西亚至南美，在中国分布于河北、山西、陕西、华东、华中、华南、西南等省区，通常生于海拔 500m 以下旷野平地、旱田、山地路旁或林缘，在云南海拔 1100m 的湿润山坡草地亦见有生长。

4. 旧世界热带分布

旧世界热带指亚洲、非洲和大洋洲热带地区及其邻近岛屿(也常称为古热带)，与美洲新大陆热带相区别，保护区有旧世界热带分布 16 种，占该区总种数的 1. 52%。如烟管头草 *Carpesium cernuum* 分布于阿富汗，印度，印度尼西亚，日本，韩国，巴基斯坦，巴布亚新几内亚，菲律宾，俄罗斯，越南，澳大利亚，亚洲西南部，欧洲，中国分布于东北、华北、华中、华东、华南、西南各省及西北陕西、甘肃等地，生于路边荒地及山坡、沟边等处。鱼眼草 *Dichrocephala integrifolia* 广布于亚洲与非洲的热带和亚热带地区，中国分布于云南、四川、贵州、陕西南部、湖北、湖南、广东、广西、浙江、福建与台湾，生山坡、山谷阴处或阳处，或山坡林下，或平川耕地、荒地或水沟边，海拔 200 ~ 2000m。还有砖子苗 *Cyperus cyperoides*、白茅 *Imperata cylindrica*、刺子莞 *Rhynchospora rubra* 等。

5. 热带亚洲至热带大洋洲分布

该分布式位于旧世界热带东部，其西端有时可达马达加斯加，但一般不到非洲大陆。保护区有热带亚洲至热带大洋洲分布 28 种，占该区的总种数 2. 66%，如糯米团 *Gonostegia hirta* 分布于亚洲热带和亚热带地区及澳大利亚，中国自西藏东南部、云南、华南至陕西南部及河南南部广布，生于丘陵或低山林中、灌丛中、沟边草地，海拔 100 ~ 1000m，在云贵高原一带可达 1500 ~ 2700m。构棘 *Cudrania cochinchinensis* 分布于斯里兰卡、印度、尼泊尔、不丹、缅甸、越南、中南半岛、马来西亚、菲律宾至日本及澳大利亚、新喀里多尼亚，在中国分布于东南部至西南部的亚热带地区，多生于村庄附近或荒野。石岩枫 *Mallotus repandus* 分布于孟加拉国，不丹，柬埔寨，印度，印度尼西亚，老挝，马来西亚，缅甸，尼泊尔，新几内亚，菲律宾，斯里兰卡，泰国，越南，澳大利亚北部，太平洋群岛，在中国分布于广西、广东南部、海南和台湾，生于海拔 250 ~ 300m 山地疏林中或林缘。还有淡竹叶 *Lophatherum gracile*、粗糠柴 *Mallotus philippinensis*、乌蔹莓 *Cayratia japonica* 、泥胡菜 *Hemisteptia lyrata*、葛 *Pueraria* montana、桐叶千斤藤 *Stephania japonica* var. *discolor* 等。

该分布型的特点是：多是藤本植物和草本植物，其适应能力比较强，远达我国东北及日本、朝鲜。

6. 热带亚洲至热带非洲分布

该分布式位于旧世界地西部，通常指从热带非洲到印度－马来西亚，特别是其西部（西马来西亚），也有些属分布到斐济等南太平洋岛屿，但不见于澳大利亚；保护区有该分布类型 11 种，占该地区的总种数的 1.04%，如大蝎子草 *Girardinia diversifolia* 分布于中南半岛和马来半岛、尼泊尔、印度北部、印度尼西亚和埃及，中国分布于西藏、云南、贵州、四川、湖北，生于山谷、溪旁、山地林边或疏林下。尼泊尔蓼 *Polygonum nepalense* 分布于朝鲜、日本、俄罗斯（远东）、阿富汗、巴基斯坦、印度、尼泊尔、菲律宾、印度尼西亚及非洲，中国除新疆外，全国有分布，生于山坡草地、山谷路旁，海拔 200～4000m。还有铁仔 *Myrsine africana*、木蓝 *Indigofera tinctoria*、飞龙掌血 *Toddalia asiatica*、天胡荽 *Hydrocotyle sibthorpioides*、毛臂形草 *Brachiaria villosa* 等。

7. 热带亚洲分布

该分布包括印度半岛、斯里兰卡、中南半岛、马来西亚、印度尼西亚、菲律宾及新几内亚，东到萨摩群岛，西到马尔代夫群岛；保护区有热带亚洲分布种 143 种，占该地区的总种数 13.57%。

其中木本植物如枫香树 *Liquidambar formosana* 产我国秦岭及淮河以南各省，北起河南、山东，东至台湾，西至四川、云南及西藏，南至广东；亦见于越南北部，老挝及朝鲜南部；性喜阳光，多生于平地，村落附近，及低山的次生林。冠毛榕 *Ficus gasparriniana* 分布于印度（北部至东北部）、缅甸北部及越南（北部至中部）。风箱树 *Cephalanthus tetrandrus* 产于广东、海南、广西、湖南、福建、江西、浙江、台湾；喜生于略阴蔽的水沟旁或溪畔；国外分布于印度、孟加拉国、缅甸、泰国、老挝和越南北部。黄棉木 *Metadina trichotoma* 产于广东、广西、云南、湖南等地；生于海拔 300m 以上（云南可上升至 1400m）的林谷溪畔；国外分布于越南、马来西亚、缅甸和印度。还有紫楠 *Phoebe sheareri*、云南樟 *Cinnamomum glanduliferum*、大八角 *Illicium majus*、烟斗柯 *Lithocarpus corneus* 等。

藤本或攀援状灌木如女贞叶忍冬 *Lonicera ligustrina* 分布于尼泊尔和印度东部，中国分布于湖北西南部、湖南西北部、广西西北部、四川、贵州及云南；生于灌丛或常绿阔叶林中，海拔（650）1000～2000m（云南禄劝达 3000m）。小木通 *Clematis armandii* 在我国分布于西藏东部、云南（海拔 800～2400m）、贵州（400～1400m）、四川（650～2000m）、甘肃和陕西南部（800～1000m）、湖北、湖南、广东（300～1600m）、广西（100～1300m）、福建西南部；生山坡、山谷、路边灌丛中、林边或水沟旁，越南也有分布。球果藤 *Aspidocarya uvifera* 分布于印度东部～东北部，缅甸，泰国北部，中国分布于云南省南部和西南部；生于密林中。还有三裂叶野葛 *Pueraria phaseoloides*、毛葡萄 *Vitis heyneana*、崖爬藤 *Tetrastigma obtectum*、常春油麻藤 *Mucuna sempervirens* 等。

草本植物有血满草 *Sambucus adnata* 分布于不丹，印度，中国分布于陕西、宁夏、甘肃、青海、四川、贵州、云南和西藏等地；生于林下、沟边、灌丛中、山谷斜坡湿地以及高山草地等处，海拔 1600～3600m。短齿楼梯草 *Elatostema brachyodontum* 产广西西北部、贵州、湖南西北部、四川南部及东部、湖北西部；生于山谷林中或沟边石上，海拔 500～1100m。华南楼梯草 *E. balansae* 产西藏东南部、云南东南部、四川西南部、湖南西北部、贵州南部、广西西北部和广东北部；生于山谷林中或沟边阴湿地，海拔 300～2100m。还有卵叶水芹 *Oenanthe javanica* subsp. *rosthornii*、蒲儿根 *Sinosenecio oldhamianus*、花葶薹草 *Carex scaposa*、青牛胆 *Tinospora sagittata*、异叶泽兰 *Eupatorium heterophyllum* 等。

8. 北温带分布

该分布指除欧洲、亚洲和北部非洲热带以外，部分种可以延伸到热带山地，甚至到达南半球温带。保护区有 139 种，占该地区的总种数 13.19%。如酸模 *Rumex acetosa* 产我国南北各省区；生山坡、林缘、沟边、路旁，海拔 400～4100m；朝鲜、日本、高加索、哈萨克斯坦、俄罗斯、欧洲及美洲也有。卫矛 *Euonymus alatus* 分布于日本，韩国，俄罗斯，我国除东北、新疆、青海、西藏、广东及海南以外，全国各省区均产；生于山坡、沟地边沿。夏枯草 *Prunella vulgaris* 分布于不丹，印度，日本，哈萨克斯坦，韩国，吉尔吉斯斯坦，尼泊尔，巴基斯坦，俄罗斯，塔吉克斯坦，土库曼斯坦，乌兹别克斯坦；非洲，亚洲西南部，欧洲，北美洲，中国产陕西，甘肃，新疆，河南，湖北，湖南，江西，浙江，福建，台湾，广东，广西，贵州，四川及云南等省区；生于荒坡、草地、溪边及路旁等湿润地上，海拔高可达3000m。还有半夏 *Pinellia ternata*、绣线菊 *Spiraea salicifolia*、光头稗 *Echinochloa colona*、鸡眼草 *Kummerowia striata*、千金榆 *Carpinus cordata* 等。

9. 东亚与北美洲间断分布

欧亚大陆和北美大陆早在第三纪以后，靠着白令地区这个“陆桥”通道，促使两大陆物种相互交流。由于晚第三纪时，白令地区太冷，导致大量物种灭绝，加之第四纪冰川和间冰期交替，白令海峡形成，断绝两大陆物种交流，形成了东亚与北美间断分布，保护区有22种，占该地区的总种数2.09%，如鸭跖草 *Commelina communis*、椭圆叶花锚 *Halenia elliptica* 等。

10. 旧世界温带分布

指分布于欧亚大陆和北部非洲；保护区有29种，占该地区总种数的2.75%。如地榆 *Sanguisorba officinalis* 产黑龙江、吉林、辽宁、内蒙古、河北、山西、陕西、甘肃、青海、新疆、山东、河南、江西、江苏、浙江、安徽、湖南、湖北、广西、四川、贵州、云南、西藏；生草原、草甸、山坡草地、灌丛中、疏林下，海拔30~3000m；广布于欧洲、亚洲北温带。一叶萩 *Flueggea suffruticosa* 除西北尚未发现外，全国各省区均有分布，生于山坡灌丛中或山沟、路边，海拔800~2500m；蒙古、俄罗斯、日本、朝鲜等也有分布；刺楸 *Kalopanax septemlobus* 分布广，北自东北，南至广东、广西、云南，西自四川西部，东至海滨的广大区域内均有分布。多生于阳性森林、灌木林中和林缘，水湿丰富、腐殖质较多的密林，向阳山坡，甚至岩质山地也能生长；朝鲜、俄罗斯和日本也有分布。还有香薷 *Elsholtzia ciliata*、大车前 *Plantago major*、天麻 *Gastrodia elata*、牛毛毡 *Heleocharis yokoscensis* 等。

11. 温带亚洲分布

这一分布区类型是指主要局限于亚洲温带地区的种，它们分布的范围一般包括从前苏联中亚(或南俄罗斯)至东西伯利亚和亚洲东北部，南部界限至喜马拉雅山区，我国西南、华北至东北、朝鲜和日本北部，也有一些属分布到亚热带，个别属种到达亚洲热带，甚至到新几内亚。保护区有21种，占该地区总种数的1.99%，如漆姑草 *Sagina japonica*、马兰 *Kalimeris indica* 等。

12. 东亚分布

该分布范围指东经83°以东的喜马拉雅、印度东北部边境地区，缅甸北部山区，北部湾北部山区，中国大部分，朝鲜半岛、琉球群岛、九州岛、四国岛、本州岛、北海道、小笠原群岛和硫磺列岛、千岛群岛南部岛屿、哈萨林南部和北部。东亚植物区系是北温带植物区系的一部分，保护区有249种，占该地区的总种数23.62%，依据吴征镒先生对中国种子植物区系成分的划分原则，把保护区东亚分布植物与相应的东亚地区分为3个类型。

(1)东亚广布

从东喜马拉雅一直分布到日本的种类，其分布区向东北一般不超过前苏联的阿穆尔州，并从日本北部一直到萨哈林，向西南不超过越南北部和喜马拉雅东部，向南最远达菲律宾等。保护区有21种，占该地区的总种数10.09%，如禺毛茛 *Ranunculus cantoniensis* 分布于云南、四川、贵州、广西、广东、福建、台湾、浙江、江西、湖南、湖北、江苏、浙江等省区，生于海拔500~2500m的平原或丘陵田边、沟旁水湿地，印度、越南、朝鲜、日本也有。风龙 *Sinomenium acutum* 产于长江流域及其以南各省区，北至陕西南部，南至广东和广西二省区北部，以及云南东南部，也分布于印度北部，日本，尼泊尔，泰国北部。鸡仔木 *Sinoadina racemosa* 产于四川、云南、贵州、湖南、广东、广西、台湾、浙江、江西、江苏和安徽；喜生于向阳处，多生长于海拔330~950m(云南可达1300~1500m)处的山林中或水边，国外分布于日本、泰国和缅甸。绞股蓝 *Gynostemma pentaphyllum* 产陕西南部和长江以南各省区。生于海拔300~3200m的山谷密林中、山坡疏林、灌丛中或路旁草丛中，国外分布于印度、尼泊尔、孟加拉国、斯里兰卡、缅甸、老挝、越南、马来西亚、印度尼西亚(爪哇)、新几内亚、北达朝鲜和日本。还有红毛悬钩子 *Rubus pinfaensis*、雀梅藤 *Sageretia thea*、白瑞香 *Daphne papyracea* 等。

(2)中国－喜马拉雅

分布于喜马拉雅山区至我国西南，部分种类达陕、甘、华东或台湾，向南甚至达中南半岛。保护区有 92 种，占该地区总种数的 8.73%，如细圆齿火棘 *Pyracantha crenulata* 产陕西、江苏、湖北、湖南、广东、广西、贵州、四川、云南，生于山坡、路边、沟旁、丛林或草地，海拔 750～2400m，印度、不丹、尼泊尔也有分布。大花野茉莉 *Styrax grandiflorus* 产西藏、云南、贵州、广西、广东和台湾，阳性树种，生于海拔 1000～2100m 疏林中，在山坡、沟旁、土壤肥沃、湿润而疏松之处生长良好，不丹、印度、缅甸和菲律宾也有。爪哇唐松草 *Thalictrum javanicum* 在我国分布于西藏南部和东南部、云南、四川、甘肃南部、湖北西部、贵州、江西、浙江西部、台湾、广东北部，生海拔 1500～3400m 间山地林中、沟边或陡崖边较阴湿处，在尼泊尔、印度、斯里兰卡、印度尼西亚(苏门答腊、爪哇)也有分布。八月瓜 *Holboellia latifolia* 产于云南、贵州、四川和西藏东南部，生于海拔 600～2600m 的山坡、山谷密林林缘。印度东北部、不丹和尼泊尔有分布。托叶楼梯草 *Elatostema nasutum* 产西藏(波密、墨脱)、云南西北部及东部、广西北部、贵州、湖南、江西西部、湖北西南部、四川西部(马边至峨眉山)，生于山地林下或草坡阴处，海拔 600～2 400m，尼泊尔、不丹也有分布。三小叶碎米荠 *Cardamine trifoliolata* 产湖北、湖南、四川、云南、西藏，生于山坡林下、山沟、水边草地，海拔 2000m 以上，不丹有分布。蛇含委陵菜 *Potentilla kleiniana* 产辽宁、陕西、山东、河南、安徽、江苏、浙江、湖北、湖南、江西、福建、广东、广西、四川、贵州、云南、西藏，生田边、水旁、草甸及山坡草地，海拔 400～3000m，朝鲜、日本、印度、马来西亚及印度尼西亚均有分布。还有枳椇 *Hovenia acerba*、青灰叶下珠 *Phyllanthus glaucus* 等。

(3)中国－日本

分布于我国滇、川金沙江河谷以东地区直至日本和琉球，但不见于喜马拉雅。保护区有 51 种，占该地区总种数的 4.84%，如化香树 *Platycarya strobilacea* 产于我国甘肃、陕西和河南的南部及山东、安徽、江苏、浙江、江西、福建、台湾、广东、广西、湖南、湖北、四川、贵州和云南，分布于朝鲜、日本，常生长在海拔 600～1300 m、有时达 2200m 的向阳山坡及杂木林中。乌冈栎 *Quercus phillyraeoides* 产陕西、浙江、江西、安徽、福建、河南、湖北、湖南、广东、广西、四川、贵州、云南等省区，生于海拔 300～1 200m 的山坡、山顶和山谷密林中，常生于山地岩石上，日本也有分布。还有金线草 *Antenoron filiforme*、木荷 *Schima superba*、山桐子 *Idesia polycarpa* 产甘肃南部、陕西南部、山西南部、河南南部、台湾北部和西南三省、中南二省、华东五省、华南二省等 17 个省区，生于海拔 400～2500m 的低山区的山坡、山洼等落叶阔叶林和针阔叶混交林中，通常集中分布于海拔 900m(秦岭以南地区)至海拔 1400m(西南地区)的山地，朝鲜、日本的南部也有分布。垂盆草 *Sedum sarmentosum* 产福建、贵州、四川、湖北、湖南、江西、安徽、浙江、江苏、甘肃、陕西、河南、山东、山西、河北、辽宁、吉林、北京(模式产地)，生于海拔 1600m 以下山坡阳处或石上，朝鲜、日本也有。野鸦椿 *Euscaphis japonica* 除西北各省外，全国均产，主产江南各省，西至云南东北部，日本、朝鲜也有。豆腐柴 *Premna microphylla*、苦枥木 *Fraxinus insularis*、木蜡树 *Toxicodendron sylvestre* 长江以南各省区均产；生于海拔 140～800(2300)m 的林中，朝鲜和日本亦有分布。

13. 中国特有分布

限于分布在中国境内的植物种，称为中国特有种。保护区中国特有种都是属于泛北极东亚植物区系，中国特有种 293 种，占该地区总种数的 27.80%，划分为 4 个地区分布亚型：南北片、南方片、西南片、贵州特有(表 3.19)。

表 3.19 印江洋溪自然保护区中国特有种分布统计表

序号	与印江洋溪自然保护区联系的植物分布	种数	该区中国特有比例(%)
一	南北片		
	广布或亚广布	14	4.39
	西南、西北、华中	25	7.84
	西南、西北、中南、华东	76	23.82
	西南、中南、华东	44	13.79
	西南、中南、西北	36	11.29
二	南方片		
	西南、华中	19	5.96
	西南、华南	13	4.08
	西南、华中、华东	11	3.45
	西南、华南、华东	3	0.94
	西南、中南	20	6.27
三	西南—印江分布		
	黔、滇、	9	2.82
	黔、川	16	5.02
	黔、桂	5	1.57
	黔、滇、川、	14	4.39
	黔、滇、川、桂	4	1.25
四	贵州特有	10	3.13
合计		319	100

(1)南北片

指分布于长江以南和以北的植物种，长江以北包括华北、东北、西北，也称为中国特有种的广布种或亚广布种，共195种，占本类型种数的61.13%，分为5个变型。

a. 广布或亚广布

保护区有该变型14种，占本分布区类型种数的4.39%，如花楸树 *Sorbus pohuashanensis*、石灰花楸 *S. folgneri*、李 *Prunus salicina*、粉团蔷薇 *Rosa multiflora* var. *cathayensis*、中华绣线菊 *Spiraea chinensis* 等。

b. 西南、西北、华中变型

保护区有该变型25种，占本分布区类型种数的7.84%，如铁箍散 *Schisandra propinqua* subsp. *sinensis*、矮生栒子 *Cotoneaster dammeri*、小叶平枝栒子 *C. horizontalis* var. *perpusillus*、灰毛蛇葡萄 *Ampelopsis bodinieri* var. *cinerea*、毛脉南酸枣 *Choerospondias axillaris* var. *pubinervis*、总梗女贞 *Ligustrum pedunculare* 等。

c. 西南、华东、中南、西北变型

保护区有该变型76种，占本分布区类型种数的23.82%，如黑壳楠 *Lindera megaphylla*、青檀 *Pteroceltis tatarinowii*、扬子铁线莲 *Clematis puberula* var. *ganpiniana*、湖北紫荆 *Cercis glabra*、短梗南蛇藤 *Celastrus rosthornianus*、紫花络石 *Trachelospermum axillare*、光枝勾儿茶 *Berchemia polyphylla* var. *leiocla da*、周毛悬钩子 *Rubus amphidasys* 等。

e. 西南、中南、华东变型

保护区有该变型 44 种，占本分布区类型种数的 13.79%，如血水草 *Eomecon chionantha*、翼梗五味子 *Schisandra henryi*、钻地风 *Schizophragma integrifolium*、伞花木 *Eurycorymbus cavaleriei*、倒卵叶石楠 *Photinia lasiogyna*、尾叶悬钩子 *Rubus caudifolius*、四川溲疏 *Deutzia setchuenensis* 等。

f. 西南、中南、西北变型

保护区有该变型 36 种，占本分布区类型种数的 11.29%，如川钓樟 *Lindera pulcherrima* var. *hemsleyana*、宜昌悬钩子 *Rubus ichangensis*、野扇花 *Sarcococca ruscifolia*、四川长柄山蚂蝗 *Hylodesmum podocarpum* subsp. *szechuenense*、来江藤 *Brandisia hancei*、贵州鼠尾草 *Salvia cavaleriei*、蕊帽忍冬 *Lonicera ligustrina* var. *pileata* 等。

(2)南方片

指分布于长江以南广大地区的植物种。保护区有 66 种，占保护区中国特有种分布类型的 20.69%，分为 5 个变型。

a. 西南、华中变型

保护区有该变型 19 种，占本分布区类型种数的 5.96%，如楠木 *Phoebe zhennan*、近轮叶木姜子 *Litsea elongata* var. *subverticillata*、川黔紫薇 *Lagerstroemia excelsa*、河滩冬青 *Ilex metabaptista*、蒙自桂花 *Osmanthus henryi*、西南附地菜 *Trigonotis cavaleriei* 等。

b. 西南、华南变型

保护区有该变型 13 种，占本分布区类型种数的 4.08%，如粗毛淫羊藿 *Epimedium acuminatum*、心托冷水花 *Pilea cordistipulata*、毛穗杜茎山 *Maesa insignis*、华南半蒴苣苔 *Hemiboea follicularis* 等。

c. 西南、华中、华东

保护区有该变型 11 种，占本分布区类型种数的 3.45%，如紫柳 *Salix wilsonii*、野柿 *Diospyros kaki* var. *silvestris*、露珠珍珠菜 *Lysimachia circaeoides*、小叶葡萄 *Vitis sinocinerea*、光叶兔儿风 *Ainsliaea glabra*、苦竹 *Pleioblastus amarus* 等。

d. 西南、华南、华东

保护区有该变型 3 种，占本分布区类型种数的 0.94%，即凤凰润楠 *Machilus phoenicis*、黄牛奶树 *Symplocos cochinchinensis* var. *laurina*、狭叶沿阶草 *Ophiopogon stenophyllus*。

e. 西南、中南(包括华南、华中)变型

保护区有该变型 20 种，占本分布区类型种数的 6.27%，如黔岭淫羊藿 *Epimedium leptorrhizum*、贵州毛柃 *Eurya kueichowensis*、白辛树 *Pterostyrax psilophyllus*、缝线海桐 *Pittosporum perryanum*、尾叶远志 *Polygala caudata*、四川蜘蛛抱蛋 *Aspidistra sichuanensis* 等。

(3)西南片

分布于云南、贵州、西藏、四川、重庆、及湖南、广西的植物。保护区共 48 种，占本分布区类型种数的 15.05%，分 5 个变型：

a. 黔、滇变型

保护区有该变型 9 种，占本分布区类型种数的 2.82%，如截裂秋海棠 *Begonia miranda*、歪叶秋海棠 *B. augustinei* 等。

b. 黔、川变型

保护区有该变型 16 种，占本分布区类型种数的 5.02%，如峨眉钓樟 *Lindera prattii*、亮叶十大功劳 *Mahonia nitens*、棱茎八月瓜 *Holboellia pterocaulis*、柳叶红茎黄芩 *Scutellaria yunnanensis* var. *salicifolia*、青城菝葜 *Smilax tsinchengshanensis* 等。

c. 黔、桂变型

保护区有该变型 5 种，占本分布区类型种数的 1.57%，如黔桂润楠 *Machilus chienkweiensis*、隆林唇

柱苣苔 *Chirita lunglinensis*、毛果半蒴苣苔 *Hemiboea flaccida*、八角 *Illicium verum* 等。

d. 黔、滇、川变型

保护区有该变型 14 种，占本分布区类型种数的 4. 39%，如石木姜子 *Litsea elongata* var. *faberi*、壮刺小檗 *Berberis deinacantha*、西南獐牙菜 *Swertia cincta*、黔椴 *Tilia kueichouensis*、细柄十大功劳 *Mahonia gracilipes*、毛果黄肉楠 *Actinodaphne trichocarpa* 等。

e. 黔、滇、川、桂变型

保护区有该变型 4 种，占本分布区类型种数的 1. 23%，如矩圆叶柃 *Eurya oblonga*、革叶粗筒苣苔 *Briggsia mihieri* 等。

(4)贵州特有种

限于分布在贵州省内的植物种，称为贵州特有种。保护区有贵州特有种 10 种，占本分布式种数的 3. 13%。如岩生鹅耳枥 *Carpinus rupestris*、贵州羊奶子 *Elaeagnus guizhouensis*、卷柱胡颓子 *E. retrostyla*、锐齿革叶鼠李 *Rhamnus coriophylla* var. *acutidens*、石生鼠李 *R. saxitilis*、纳雍槭 *Acer nayongense*、贵州青冈 *Cyclobalanopsis argyrotricha*、贵定杜鹃 *Rhododendron fuchsiifolium*、黔竹 *Dendrocalamus tsiangii*、梵净山玉山竹 *Yushania complanata*。

14. 种的地理分布小结

保护区有种子植物 1054 种，植物区系地理分布的分析结果：

(1)保护区种子植物区系世界分布 27 种，占全区总种数的 2. 56%；热带分布，共 248 种，占全区总种数的 23. 53%；温带分布 460 种，占全区总种数的 43. 64%。该结果说明保护区植物区系具有明显的温带性质。

(2)保护区位于云贵高原中部，种子植物区系中的植物绝大多数和四川植物、湖南植物交叉分布，说明保护区植物区系和湖南、四川的植物区系联系紧密。

(3)特有种多，中国特有种 319 种，贵州特有种 10 种，这与该地特殊的地质地貌和气候有很大的关系。

(四)小结

(1)保护区高等植物区系成分丰富，有高等植物 212 科，702 属，1503 种。

(2)在种的分布型中，世界分布 82 种，占总种数的 23. 53%，热带分布 352 种，占总种数的 23. 40%；温带分布 699 种，占总种数的 46. 50%，中国特有种 370 种，占总种数的 24. 60 %。说明该地植物区系具有明显的温带性。

(3)保护区自然条件优越，而且受第四纪冰川的影响不大，因而保留了许多古老或原始、单型属、少型属、中国特有属和中国特有种。

(4)本区植物区系具有较多湖南、四川和云南交界地区特有的种类，与云南、四川和湖南植物区系联系紧密。

(张华海　陈志萍　苟光前　熊源新)

第二节　森林植被类型

一、森林植被类型

印江洋溪自然保护区处于北亚热带季风湿润气候区域，地带性植被为常绿阔叶林。由于早期人类干扰以及历史的原因，本区现存植被主要为次生植被，总体森林植被为常绿落叶阔叶混交林，主要组成树种有：石栎、大叶栲、甜槠栲、丝栗栲 *Castanopsis fargesii*、楠木 *Phoebe zhennan*、闽楠 *P. bournei*、樟树 *Cinnamomum camphora*、黑壳楠 *Lindera megaphylla*、山矾 *Symplocus sumuntia*、大叶桂樱、云贵鹅耳枥 *Carpinus pubescens*、水青冈、石灰花楸 *Sorbus folgneri*、美脉花楸 *S. caloneura*、猴欢喜 *Sloanea sinensis*、仿栗 *S. hemsleyana*、山杜英 *Elaeocarpus sylvestris*、四照花 *Dendrobenthamia melanotricha*、马尾松 *Pinus massoninana*、黄杉、柏木、南酸枣 *Choerospondias axillaries*、红豆杉 *Taxus chinensis*、南方红豆杉 *T. chinensis* var. *mairei*，山核桃等。本区植被无明显垂直分布现象，但局部仍保存有团状分布的较好林分，如石栎-楠木林、丝栗栲-山矾林、润楠、樟树林等。因本区的垂直高差达1200m，在低海拔处的山麓处多为人工林，如马尾松、柏木、柳杉林和竹林等。保护区现存森林植被类型较为丰富，主要有以下8个类型。

1. 常绿阔叶林

常绿阔叶林与该区地带性植被相吻合，也是保护区最主要的植被类型之一，但由于人为干扰，该类森林分布范围不大，在保护区内呈零星分布。主要树种有槭树科槭属、蔷薇科石楠属、壳斗科的青冈栎属等。对该植被类型调查了1个标准地。样地所处位置：洋溪镇桅杆村，海拔1094m，坡度15～20°，坡向南，样地内人为活动较少。群落优势种为飞蛾槭、椤木石楠、青冈栎，重要值162.246，乔木层盖度65%，树种组成较为单一，$600m^2$内有乔木树种16种，大径级树种集中于飞蛾槭、青冈栎(表3.20)

表3.20　印江洋溪自然保护区飞蛾槭-椤木石楠林种群重要值

树种	相对密度	相对显著度	相对频度	重要值
飞蛾槭	30.77	34.42	19.108	84.298
椤木石楠	16.92	10.17	15.924	43.014
青冈栎	10.77	14.61	9.554	34.934
枫香	6.15	6.84	9.554	22.544
鹅耳枥	7.69	12.77	1.274	21.734
朴树	4.62	5.99	6.369	16.979
杉木	7.69	0.95	6.369	15.009
黄檀	3.08	1.75	6.369	11.199
三花假卫矛	1.54	3.4	3.185	8.125
白栎	1.54	2.75	3.185	7.475
板栗	1.54	1.88	3.185	6.605
化香	1.54	1.51	3.185	6.235
长穗桑	1.54	1.27	3.185	5.995

（续）

树种	相对密度	相对显著度	相对频度	重要值
榆树	1.54	1.11	3.185	5.835
钓樟	1.54	0.45	3.185	5.175
鹅掌柴	1.54	0.12	3.185	4.845
	100	100	100	300

2. 常绿落叶阔叶混交林

该植被类型也是保护区主要植被类型，是保护区常见植被类型，分布范围较广。常绿树种略占优势，伴生一定数量的落叶阔叶树种。主要常绿树种有樟科楠木属、山胡椒属，山茶科木荷属，壳斗科栲属等。落叶树种有金缕梅科的枫香属、蔷薇科花楸属等。乔木层盖度90%，高度在18～25m之间。胸径18～37cm。主要分布在30°以上地势陡峭地带。树种组成丰富，600m^{2}样地有乔木树种20种(表3.21)。

表3.21 印江洋溪自然保护区楠木－枫香林种群重要值

树种	相对密度	相对显著度	相对频度	重要值
楠木	46.667	30.9	22.124	99.691
枫香	11.111	32.19	11.062	54.363
木荷	4.444	16.94	6.637	28.021
黑壳楠	5.556	1.59	8.85	15.996
水青冈	4.444	0.87	6.637	11.951
柏木	2.222	4.96	4.425	11.607
大叶栲	3.333	0.87	6.637	10.84
杉木	2.222	1.28	4.425	7.927
花楸	2.222	0.37	4.425	7.017
油茶	2.222	0.17	4.425	6.817
朴树	1.111	2.67	2.212	5.993
粗糠柴	3.333	0.14	2.212	5.685
花楸	1.111	1.99	2.212	5.313
香叶树	1.111	1.99	2.212	5.313
柃木	3.333	1.07	0.442	4.845
四照花	1.111	1.01	2.212	4.333
红豆杉	1.111	0.62	2.212	3.943
黄檀	1.111	0.21	2.212	3.533
青冈栎	1.111	0.11	2.212	3.433
山胡椒	1.111	0.05	2.212	3.373
	100	100	100	300

3. 落叶阔叶林

落叶阔叶林植被以落叶阔叶树种占绝对优势，伴生少量常绿阔叶树种。主要落叶树种有金缕梅科枫香属，桦木科鹅耳枥属，壳斗科栗属、水青冈属，楝科楝属(表3.22、表3.23)。

表 3.22　印江洋溪自然保护区枫香－鹅耳枥林种群重要值

树种	相对密度	相对显著度	相对频度	重要值
枫香	38.6	35.84	27.59	102.03
鹅耳枥	21.05	4.96	13.79	39.8
板栗	3.51	26.06	6.9	36.47
马尾松	5.26	19.5	10.34	35.1
水青冈	10.53	2	13.79	26.32
苦楝	7.02	0.72	3.45	11.19
漆树	3.51	0.75	6.9	11.16
槲栎	3.51	3.95	3.45	10.91
四照花	3.51	0.48	6.9	10.89
杉木	1.75	5.49	3.45	10.69
楤木	1.75	0.27	3.45	5.47
	100.00	100.00	100.00	300.00

表 3.23　印江洋溪自然保护区水青冈－鹅耳枥林种群重要值

树种	相对密度	相对显著度	相对频度	重要值
水青冈	22.5	35.33	23.47	81.3
鹅耳枥	12.5	30.86	14.08	57.44
鹿角杜鹃	22.5	7.78	18.78	49.06
枫香	15	11.58	18.78	45.36
四照花	12.5	7.6	14.08	34.18
冬青	10	2.73	1.41	14.14
厚皮栲	2.5	2.97	4.69	10.16
野樱桃	2.5	1.15	4.69	8.34
	100	100	99.98	299.98

4. 针阔混交林

针阔混交林在自然保护区的分布较广。该植被类型乔木层分为 2 个亚层，针叶树在第一层占绝对优势，亚层主要为阔叶树种。针叶树主要有黄杉、杉木、马尾松等树种，阔叶树种主要有甜槠栲、青冈栎、南酸枣等组成，树种组成较丰富，针叶树种一般处于林分上层。群落外貌不整齐(表 3.24、表 3.25)。

表 3.24　印江洋溪自然保护区黄杉－杉木－鹅掌柴林种群重要值

树种	相对密度	相对显著度	相对频度	重要值
黄杉	17.11	47.98	17.07	82.16
杉木	32.89	0.04	21.95	54.88
马尾松	6.58	30.03	9.76	46.37
红豆杉	15.79	2.15	17.07	35.01
鹅掌柴	11.84	3.28	7.32	22.44

（续）

树种	相对密度	相对显著度	相对频度	重要值
柏木	3.95	6.97	4.88	15.8
刺楸	2.63	6.07	4.88	13.58
黄樟	2.63	1.7	4.88	9.21
钓樟	2.63	0.84	4.88	8.35
光皮桦	1.32	0.58	2.44	4.34
异叶梁王茶	1.32	0.18	2.44	3.94
南酸枣	1.32	0.18	2.44	3.94
合计	100.01	100	100.01	300.02

表 3.25 印江洋溪自然保护区杉木－甜槠栲林种群重要值

树种	相对密度	相对显著度	相对频度	重要值
杉木	26.81	31.3	15.13	73.24
甜槠栲	30.64	21.68	15.13	67.45
马尾松	11.06	29.65	13.62	54.33
鹅耳枥	11.49	2.89	13.62	28
锥栗	2.55	5.53	6.05	14.13
青冈栎	2.13	1.01	6.05	9.19
鹅掌柴	2.55	1.05	4.54	8.14
板栗	1.28	1.87	3.03	6.18
漆树	1.28	0.73	3.03	5.04
杜鹃	2.55	0.82	1.51	4.88
苦木	0.85	0.44	3.03	4.32
细叶青冈	1.7	0.25	1.51	3.46
柃木	0.85	0.18	1.51	2.54
香叶树	0.43	0.59	1.51	2.53
南酸枣	0.43	0.23	1.51	2.17
枫香	0.43	0.22	1.51	2.16
山合欢	0.43	0.2	1.51	2.14
细叶山矾	0.43	0.2	1.51	2.14
青皮木	0.43	0.18	1.51	2.12
樱桃	0.43	0.08	1.51	2.02
青榨槭	0.43	0.04	1.51	1.98
白栎	0.85	0.84	0.15	1.84
合计	100.03	99.98	99.99	300

5. 针叶林

该植被类型主要为纯林，主要树种为马尾松、杉木、柏木 *Cupressus funebris* 等。林分上层为针叶树，下层伴生少量低矮的灌木。如山胡椒、菝葜 *Smilax china*、杜鹃、柃木等。盖度 60% ~85%，高度 13 ~17m，胸径 18 ~32cm(表 3. 26、表 3. 27)。

表 3. 26　印江洋溪自然保护区柏木 – 杉木林种群重要值

树种	相对密度	相对显著度	相对频度	重要值
柏木	73. 17	79. 87	58. 82	211. 86
杉木	24. 39	14. 82	35. 29	74. 5
马尾松	2. 44	5. 31	5. 88	13. 63
合计	100	100	99. 99	299. 99

表 3. 27　印江洋溪自然保护区马尾松 – 杉木林种群重要值

树种	相对密度	相对显著度	相对频度	重要值
马尾松	60. 81	77. 56	58. 82	197. 19
杉木	28. 38	21. 91	29. 41	79. 7
山胡椒	9. 46	0. 39	5. 88	15. 73
南酸枣	1. 35	0. 14	5. 88	7. 37
合计	100	100	99. 99	299. 99

6. 竹林

主要分布在海拔 1000 ~1300m 之间，主要竹种为箭竹、方竹。群落盖度 60% ~85%。为箭竹纯林或方竹纯林，竹林密度为每公顷 100000 ~130000 杆。箭竹直径 0. 4 ~0. 8cm，均为天然竹林灌丛植被类型。

7. 灌木林

主要呈镶嵌状小块分布，一般海拔 600 ~800m，主要树种为金佛山荚蒾、马桑 *Coriaria sinica*、腊莲绣球 *Hydrangea strigosa*、菝葜、竹叶椒 *Zanthoxylum planispinum*、巴豆 *Croton tiglium*、球核荚蒾等。盖度在 50% ~80% 之间，高度 2 ~4m。

8. 人工植被

保护区范围内存在相当数量的人工林，主要为意杨纯林、马尾松纯林等。高度 9 ~15m，胸径 16 ~22cm。郁闭度在 0. 7 ~0. 8 之间。林下为低矮的铁仔、菝葜、柃木、悬钩子、竹叶椒等灌木。

二、森林植被特点

(1)印江洋溪自然保护区植物资源丰富，森林类型多样。考察表明，该保护区共有种子植物 141 科 540 属 1087 种。其中，裸子植物(针叶类)6 科 10 属 11 种，被子植物(阔叶类)135 科 530 属 1076 种，双子叶植物有 116 科 427 属 903 种，单子叶植物有 19 科 103 属 173 种。森林植被有 7 个主要类型，与中亚热带典型的常绿阔叶落叶混交林大致相同，反映了它们深受地带性气候条件的影响。

(2)群落物种丰富度较好，根据 19 个典型样地及 20 个记录样地调查统计表明，600m^2样地内平均为 21 种，最高 29 种，最低 14 种。

(3)印江洋溪自然保护区森林植被明显地具有次生性。它们是在人们长期经营和干扰下顺向演替和逆向演替交织进行过程中不同演替阶段的产物，如滥砍滥伐、不同程度用途的选择、自然灾害、人为地抚育某一树种而将其他树种伐除等方式，其结果就构成了该地区目前半自然半人工的森林群落。

由于本区优越的气候条件，植被的自然恢复较容易，因此各类森林在停止人为破坏后，顺向演替进度较快。

(4)由于人为干扰的原因，保护区森林群落在垂直分布上不明显。

(杨荣和 谢双喜 牟志磊 刘志楠 洪康国)

参考文献

黄威廉，屠玉麟，杨龙. 1988. 贵州植被[M]. 贵阳：贵州人民出版社. 84～332.

张华海，龙启德，廖德平. 2006. 兴义坡岗自然保护区综合科学考察集[M]. 40～44.

第三节 主要森林群落类型

一、材料与方法

(一)材料来源

调查采用线路调查和标准地调查相结合，群落学调查样地面积一般为20m×30m($600m^2$)，同时在样地内均匀设置10个小样方。调查的主要内容包括样地所在位置、群落盖度及其生境因子(包括海拔、坡向、坡度、坡位等)，样地内的乔木层、灌木层和草本层。对乔木层(高3m以上，胸径2.5cm以上)进行每木调查，调查因子包括种类、胸径、树高、冠幅、枝下高等。对角线法选取五个灌木层(4m×4m)样方，记录指标包括多度、盖度、高度、分布状况和生活强度等。记录草本层(1m×1m)种类、高度和盖度等。本次考察，在保护区内共做了27个样地。

(二)重要值的计算

密度＝个体数/样地面积

相对密度＝(一个种的密度/所有种的密度之和)×100

显著度＝一个种的胸高断面积/样地面积

相对优势度＝相对显著度＝(一个种的显著度/所有种的显著度之和)×100

频度＝该种出现的样方数/样方总数

相对频度＝(一个种的频度/所有种的频度和)×100

重要值＝相对密度＋相对优势度＋相对频度

二、主要森林群落类型

(一)针叶林

1. 马尾松＋杉木林

马尾松林在保护区内主要分布于印江县罗场乡茶园村一带，土壤为黄壤，土层浅薄。由于利用度过大，至今只有少数地段上还保留有少量的马尾松成林。马尾松林林相变化较大，局部地方结构比较完整，乔木层大小比较均匀，盖度大，但大多数地段上林分都表现出受破坏的痕迹，因而乔木层疏密不均，径阶相差大，多数出现天窗，阔叶树种的侵入使得这类地带林层难以划分。整个林分表现出较强的阳性特征。

马尾松林层次明显，可分为乔木层、灌木层、草本层。乔木层高7～15m，覆盖度达50%～60%，马尾松为明显的优势种，还混有杉木 *Cunninghamia lanceolata*、山胡椒 *Lindera glauca*；灌木层高 1.5 ~ 3m，主要树种有火棘 *Pyracantha fortuneana*、云贵鹅耳枥 *Carpinus pubescens*、飞龙掌血 *Toddalia asiatica*、藤黄檀 *Dalbergia hancei*、小叶六道木 *Abelia parvifolia*、盐肤木 *Rhus chinensis*、柃木 *Eurya japonica*、香叶树 *Lindera communis*、山葡萄 *Vitis amurensis*、球核荚蒾 *Viburnum propinquum*、山胡椒 *Lindera glauca*、川钓樟 *L. pulcherrima* var. *hemsleyana*、野桐 *Mallotus japonicas* var. *floccosus*、刺齿珊瑚冬青 *Ilex corallina* var. *aberrans*、白马骨 *Serissa serissoides*、小果蔷薇 *Rosa cymosa*、地瓜藤 *Ficus tikoua*、杜鹃 *Rhododendron simsii*、琴叶榕 *Ficus pandurata*、黄脉莓 *Rubus xanthoneurus*、疏花鸡矢藤 *Paederia laxiflora*；草本层有：珍珠荚蒾 *Viburnum foetidum* var. *ceanothoides*、荩草 *Arthraxon hispidus*、贯众 *Cyrtomium fortunei*、五节芒 *Miscanthus* sp.、白茅 *Imperata* sp. 等。具体重要值见表 3.28。

表 3.28　印江洋溪自然保护区马尾松 + 杉木林重要值分析表

植物名称	株数	密度	相对密度(%)	胸高断面积(cm^2)	相对显著度(%)	频度	相对频度(%)	重要值	重要值序
马尾松	45	45	59.21	10529.00	76.83	1.0	58.82	194.87	1
杉木	23	23	30.26	3102.54	22.64	0.5	29.41	82.32	2
山胡椒	7	7	9.21	53.29	0.39	0.1	5.88	15.48	3
南酸枣	1	1	1.32	18.85	0.14	0.1	5.88	7.34	4
合计	76	76	100.00	13703.68	100.00	1.7	100.00	300.00	

2. 杉木 + 甜槠林

杉木属于杉科杉木属，裸子植物，常绿乔木，生长快，是我国特有的速生商品材树种。

该群落在保护区范围内分布广泛，以茶园片区分布面积最大。大部分是人工林，其余地方由于受人为强烈干扰和控制，形成小面积的密度大结构简单的林分，有麻栎 *Quercus acutissima*、青榨槭 *Acer davidii*、鹅耳枥 *Carpinus turczaninowii*、马尾松 *Pinus massoniana*、白栎 *Quercus fabri*、杜鹃、山槐 *Albizia kalkora* 等参与组成乔木层。盖度为 30% ~ 70%，高度为 7 ~ 12m。灌木层高 1 ~ 2m，盖度为 20% ~ 50%，主要树种有火棘、高粱泡 *Rubus lambertianus*、红豆杉 *Taxus chinensis*、柃木 *Eurya japonica*、银果胡颓子 *Elaeagnus magna*、山胡椒等。草本层有麦冬 *Ophiopogon japonicus*、香附子 *Cyperus rotundus*、千里光 *Senecio* sp. 等。具体重要值见表 3.29。

表 3.29　印江洋溪自然保护区杉木 + 甜槠林重要值分析表

植物名称	株数	相对密度(%)	胸高断面积(cm^2)	相对显著度(%)	频度	相对频度(%)	重要值	重要值序
杉木	64	27.00	7021.38	31.21	1	15.15	73.36	1
甜槠栲	72	30.38	4882.58	21.70	1	15.15	67.23	2
马尾松	26	10.97	6675.16	29.67	0.9	13.64	54.28	3
鹅耳枥	27	11.39	649.81	2.89	0.8	12.12	26.40	4
锥栗	6	2.53	1246.29	5.54	0.4	6.06	14.13	5
青冈栎	5	2.11	226.71	1.01	0.4	6.06	9.18	6
鹅掌柴	6	2.53	237.43	1.06	0.3	4.55	8.13	7
板栗	3	1.27	420.76	1.87	0.2	3.03	6.17	8

（续）

植物名称	株数	相对密度(%)	胸高断面积(cm^2)	相对显著度(%)	频度	相对频度(%)	重要值	重要值序
漆树	3	1.27	164.85	0.73	0.2	3.03	5.03	9
杜鹃	6	2.53	184.97	0.82	0.1	1.52	4.87	10
苦木	2	0.84	97.98	0.44	0.2	3.03	4.31	11
细叶青冈	4	1.69	57.39	0.26	0.1	1.52	3.46	12
白栎	2	0.84	189.97	0.84	0.1	1.52	3.20	13
香叶树	2	0.84	141.69	0.63	0.1	1.52	2.99	14
柃木	2	0.84	41.64	0.19	0.1	1.52	2.54	15
南酸枣	1	0.42	52.78	0.23	0.1	1.52	2.17	16
枫香	1	0.42	48.99	0.22	0.1	1.52	2.15	17
山合欢	1	0.42	45.34	0.20	0.1	1.52	2.14	18
细叶山矾	1	0.42	44.16	0.20	0.1	1.52	2.13	19
青皮木	1	0.42	40.69	0.18	0.1	1.52	2.12	20
樱桃	1	0.42	18.85	0.08	0.1	1.52	2.02	21
青榨槭	1	0.42	9.62	0.04	0.1	1.52	1.98	22
合计	237	100.00	22499.05	100.00	6.60	100.00	300.00	

3. 柏木林

柏木林主要分布于洋溪镇桅杆村姚寨沟组，基层裸露的岩石山地上，分布面积较小，林分结构简单，多为纯林。可划分为乔木层、灌木层、草本层。乔木层高度4~15m，盖度60%~80%，柏木主要呈小群聚状分布，树形高大通直，柏木为明显的优势种；灌木层高度1~3m，盖度50%~70%，主要树种有球核荚蒾、琴叶榕 *Ficus pandurata*、女贞叶忍冬 *Lonicera ligustrina*、冬青 *Ilex chinensis*、香叶树 *Lindera communis*.、刺异叶花椒 *Zanthoxylum ovalifolium* var. *spinifolium*、中华常春藤、异叶梁王茶 *Nothopanax davidii*、中国旌节花 *Stachyurus chinensis*、疏花雀梅藤 *Sageretia laxiflora*、野桐 *Mallotus japonicas* var. *floccosus*、野生樱桃 *Cerasus pseudocerasus*、小果蔷薇 *Rosa cymosa*、川莓 *Rubus setchuenensis*、棕榈 *Trachycarpus ortunei*、杜鹃、地瓜藤、三叶木通 *Akebia trifoliata*、火棘、化香 *Platycarya strobilacea*.、悬钩子 *Rubus* sp.、六月雪 *Serissa japonica* 等；草本层中常见的有打破碗花花 *Anemone hupehensis*、万寿竹 *Disporum cantoniense*、白茅、苔草 *Carex* sp.、珍珠菜 *Lysimachia* sp. 等。具体重要值见表3.30。

表3.30 印江洋溪自然保护区柏木林重要值分析表

植物名称	株数	相对密度(%)	胸高断面积(cm^2)	相对显著度(%)	频度	相对频度(%)	重要值	重要值序
柏木	30	73.17	9263.65	79.87	1.0	58.82	211.86	1
杉木	10	24.39	1719.46	14.82	0.6	35.29	74.51	2
马尾松	1	2.44	615.44	5.31	0.1	5.88	13.63	3
合计	41	100.00	11598.56	100.00	1.7	100.00	300.00	

4. 黄杉 + 杉木林

黄杉 *Pseudotsuga sinensis* 林主要分布于洋溪镇杨柳乡白虎咀村邓家山青冈岭一带，分布面积较小，林分结构简单，多为纯林。可划分为乔木层、灌木层、草本层。乔木层高度 4 ~ 25m，盖度 60% ~ 80%，黄杉主要呈小群聚状分布，树形高大通直，黄杉为明显的优势种，乔木层还有马尾松、甜槠栲 *Castanopsis eyrei*、鹅耳枥等；灌木层高度 1 ~ 5m，盖度 25% ~ 50%，主要树种有柃木、香叶树、琴叶榕、中华常春藤、异叶梁王茶、中国旌节花、菝葜、扶芳藤 *Euonymus fortunei* 等；草本层中常见的有打破碗花花、蕨 *Pteridium aquilinum* var. *latiusculum*、麦冬、莩草等。具体重要值见表 3. 31。

表 3. 31　印江洋溪自然保护区黄杉林重要值分析表

植物名称	株数	相对密度 (%)	胸高断面积 (cm^2)	相对显著度 (%)	频度	相对频度 (%)	重要值	重要值序
黄杉	13	16. 88	5215. 85	44. 99	0. 7	17. 50	79. 38	1
杉木	26	33. 77	1987. 97	17. 15	0. 9	22. 50	73. 42	2
马尾松	5	6. 49	2588. 39	22. 33	0. 4	10. 00	38. 82	3
红豆杉	12	15. 58	185. 14	1. 60	0. 6	15. 00	32. 18	4
鹅掌柴	9	11. 69	282. 39	2. 44	0. 3	7. 50	21. 62	5
柏木	3	3. 90	600. 37	5. 18	0. 2	5. 00	14. 08	6
刺楸	2	2. 60	522. 91	4. 51	0. 2	5. 00	12. 11	7
钓樟	2	2. 60	72. 60	0. 63	0. 2	5. 00	8. 22	8
黄樟	2	2. 60	46. 63	0. 40	0. 2	5. 00	8. 00	9
光皮桦	1	1. 30	50. 24	0. 43	0. 1	2. 50	4. 23	10
南酸枣	1	1. 30	23. 75	0. 20	0. 1	2. 50	4. 00	11
异叶梁王茶	1	1. 30	15. 90	0. 14	0. 1	2. 50	3. 94	12
合计	77	100. 00	11592. 14	100. 00	4. 0	100. 00	300. 00	

（二）阔叶林

1. 光叶榉林

光叶榉 *Zelkova serrata* 林主要分布于印江县罗场乡岭风村小甘溪一带，是保护区最常见的乔木树种之一，组成较单一，林冠整齐，覆盖度 90%，密度为每公顷 1600 株，最大胸径 25cm。林下复杂，灌木层成小群聚状，枯枝落叶厚度为 3cm 左右；裸露的母岩被苔藓覆盖，土壤为板岩黄壤。林层结构可明显地划分为乔木层、灌木层、草本层。乔木层高度 10 ~ 25m，光叶榉为优势种，林内混生有石栎 *Lithocarpus glaber*、香叶树、钓樟 *Lindera reflexa*、紫薇 *Lagerstroemia indica*、鹅掌柴 *Schefflera octophylla*、紫楠 *Phoebe sheareri*、南酸枣 *Choerospondias axillaris*、枫香树 *Liquidambar formosana* 等，树干通直；灌木层高度 1 ~ 2. 5m，覆盖度 30%，种类组成丰富，可见少量光叶榉幼树，常见灌木有胡颓子 *Elaeagnus pungens*、蚬壳花椒、小叶女贞 *Ligustrum quihoui*、常春藤 *Hedera nepalensis* var. *sinensis*、地瓜藤等；草本层组成很丰富，种类较多，常见有鸢尾 *Iris tectorum*、乌蔹莓 *Cayratia japonica*、唐松草 *Thalictrum aquilegifolium* var. *sibiricum*、水红木 *Viburnum cylindricum*、球核荚蒾、野茉莉 *Styrax japonicus*、一把伞南星等。具体重要值见表 3. 32。

表 3.32 印江洋溪自然保护区光叶榉林重要值分析表

植物名称	株数	相对密度（%）	胸高断面积（cm^2）	相对显著度（%）	频度	相对频度（%）	重要值	重要值序
光叶榉	5	13.89	2332.96	45.23	0.4	16.00	75.12	1
香叶树	11	30.56	404.64	7.85	0.6	24.00	62.40	2
枫香	3	8.33	1051.78	20.39	0.2	8.00	36.73	3
钓樟	4	11.11	225.53	4.37	0.2	8.00	23.48	4
紫薇	1	2.78	379.94	7.37	0.1	4.00	14.14	5
石栎	2	5.56	132.88	2.58	0.1	4.00	12.13	6
朴树	1	2.78	213.72	4.14	0.1	4.00	10.92	7
紫楠	2	5.56	61.33	1.19	0.1	4.00	10.74	8
南酸枣	1	2.78	165.05	3.20	0.1	4.00	9.98	9
槭树	1	2.78	76.94	1.49	0.1	4.00	8.27	10
小叶女贞	1	2.78	40.69	0.79	0.1	4.00	7.57	11
鹅掌柴	1	2.78	33.17	0.64	0.1	4.00	7.42	12
榆树	1	2.78	17.34	0.34	0.1	4.00	7.11	13
山胡椒	1	2.78	13.85	0.27	0.1	4.00	7.05	14
枇杷	1	2.78	8.04	0.16	0.1	4.00	6.93	15
合计	36	100.00	5157.85	100.00	2.5	100.00	300.00	

2. 枫香林

枫香 *Liquidambar formosana*，落叶乔木，高达 30m，胸径最大可达 1m，树皮灰褐色；喜温暖湿润气候，性喜光，耐干旱瘠薄。该群落是保护区常见的一种森林群落，主要分布在山脊和较为平缓的斜坡上，海拔 1000m 以下，树高度 12～16m，林冠线较整齐，覆盖度 80%，林层结构可明显地划分为乔木层、灌木层、草本层。乔木层高度 5～20m，枫香为优势种，林内混生有杉木、板栗 *Castanea mollissima*、鹅耳枥、水青冈 *Fagus longipetiolata*、马尾松、四照花等，树干通直；灌木层高度 2～3m，覆盖度 60%，种类组成简单，可见有少量枫香幼树，常见灌木有柃木、马桑 *Coriaria nepalensis*、绣球花 *Hoya carnosa*、川莓等；草本层有五节芒、蝴蝶花 *Iris japonica*。具体重要值见表 3.33、表 3.34。

表 3.33 印江洋溪自然保护区枫香林重要值分析表一

植物名称	株数	相对密度（%）	胸高断面积（cm^2）	相对显著度（%）	频度	相对频度（%）	重要值	重要值序
枫香	22	37.93	2829.52	44.43	0.8	26.67	109.02	1
马尾松	3	5.17	1539.36	24.17	0.3	10.00	39.34	2
鹅耳枥	12	20.69	326.06	5.12	0.4	13.33	39.14	3
水青冈	6	10.34	157.54	2.47	0.4	13.33	26.15	4
板栗	2	3.45	514.35	8.08	0.2	6.67	18.19	5
杉木	1	1.72	433.52	6.81	0.1	3.33	11.86	6
胡栗	2	3.45	312.13	4.90	0.1	3.33	11.68	7
苦楝	4	6.90	56.72	0.89	0.1	3.33	11.12	8
漆树	2	3.45	59.38	0.93	0.2	6.67	11.05	9

（续）

植物名称	株数	相对密度（%）	胸高断面积（cm^2）	相对显著度（%）	频度	相对频度（%）	重要值	重要值序
四照花	2	3.45	37.70	0.59	0.2	6.67	10.71	10
赤杨叶	1	1.72	81.67	1.28	0.1	3.33	6.34	11
楤木	1	1.72	21.23	0.33	0.1	3.33	5.39	12
合计	58	100.00	6369.16	100.00	3	100.00	300.00	

表 3.34　印江洋溪自然保护区枫香林重要值分析表二

植物名称	株数	相对密度（%）	胸高断面积（cm^2）	相对显著度（%）	频度	相对频度（%）	重要值	重要值序
枫香	35	23.33	4095.13	35.29	0.9	13.64	72.26	1
杉木	24	16.00	2085.36	17.97	0.7	10.61	44.58	2
响叶杨	15	10.00	1100.31	9.48	0.4	6.06	25.54	3
山合欢	10	6.67	638.68	5.50	0.6	9.09	21.26	4
油茶	12	8.00	170.82	1.47	0.5	7.58	17.05	5
化香	8	5.33	215.84	1.86	0.5	7.58	14.77	6
樱桃	5	3.33	504.74	4.35	0.2	3.03	10.71	7
苦木	4	2.67	404.50	3.49	0.3	4.55	10.70	8
青榨槭	3	2.00	322.38	2.78	0.3	4.55	9.32	9
香叶树	6	4.00	89.81	0.77	0.3	4.55	9.32	10
桦木	4	2.67	250.12	2.16	0.1	1.52	6.34	11
漆树	2	1.33	147.72	1.27	0.2	3.03	5.64	12
鹅掌柴	2	1.33	298.99	2.58	0.1	1.52	5.43	13
异叶梁王茶	3	2.00	212.54	1.83	0.1	1.52	5.35	14
刺楸	2	1.33	141.69	1.22	0.1	1.52	4.07	15
角叶鞘柄木	1	0.67	206.02	1.78	0.1	1.52	3.96	16
含笑	1	0.67	195.97	1.69	0.1	1.52	3.87	17
稠李	2	1.33	110.78	0.95	0.1	1.52	3.80	18
朴树	2	1.33	65.32	0.56	0.1	1.52	3.41	19
拐枣	1	0.67	132.67	1.14	0.1	1.52	3.33	20
黄樟	1	0.67	38.47	0.33	0.1	1.52	2.51	21
君迁子	1	0.67	36.30	0.31	0.1	1.52	2.49	22
盐肤木	1	0.67	35.24	0.30	0.1	1.52	2.49	23
钓樟	1	0.67	31.16	0.27	0.1	1.52	2.45	24
丝栗栲	1	0.67	22.89	0.20	0.1	1.52	2.38	25
光皮桦	1	0.67	20.42	0.18	0.1	1.52	2.36	26
马尾松	1	0.67	20.42	0.18	0.1	1.52	2.36	27
香粉叶	1	0.67	9.62	0.08	0.1	1.52	2.26	28
总计	150	100.00	1.16	100.00	6.6	100.00	300.00	

3. 水青冈林

水青冈 *Fagus longipetiolata*，乔木，高达25m；树干通直，分枝高；生于海拔300～2400 m山地杂木林中，多见于向阳坡地，与常绿或落叶树混生，常为上层树种。该群落主要分布于罗场乡一带，林下物种丰富，乔木盖度达60%～80%，土壤为板岩黄壤，厚度15～30cm。林层结构可明显的划分为乔木层、草本层。乔木层高度9～20m，组成简单，水青冈为优势种，长势笔直，林内还混生有鹅耳枥、鹿角杜鹃、枫香树、厚皮栲、冬青、四照花等，树干通直；灌木层主要有柃木、鹿角杜鹃、小叶女贞、长蕊杜鹃 *Rhododendron stamineum*、尾尖连蕊条、萼叶榕、香粉叶等；草本层组成较单一，种类少，林下均匀分布着苔草。具体重要值见表3.35。

表3.35 印江洋溪自然保护区水青冈林重要值分析表

植物名称	株数	相对密度（%）	胸高断面积（cm^2）	相对显著度（%）	频度	相对频度（%）	重要值	重要值序
水青冈	9	22.50	5373.17	35.33	0.5	20.00	77.83	1
鹅耳枥	5	12.50	4693.42	30.86	0.3	12.00	55.36	2
枫香	6	15.00	1760.49	11.58	0.5	20.00	46.58	3
鹿角杜鹃	9	22.50	1183.80	7.78	0.4	16.00	46.28	4
四照花	5	12.50	1155.78	7.60	0.3	12.00	32.10	5
冬青	4	10.00	415.27	2.73	0.3	12.00	24.73	6
厚皮栲	1	2.50	452.16	2.97	0.1	4.00	9.47	7
野樱桃	1	2.50	174.28	1.15	0.1	4.00	7.65	8
合计	40	100.00	15208.37	100.00	2.5	100.00	300.00	

4. 大叶栲林

大叶栲 *Castanopsis megaphylla* 属于壳斗科栲属，落叶大乔木，高12～15m，姿态婆娑，遍生山地；生于山坡、河岸、路旁，分布于中国南北海拔1300～3200m的山坡杂木林中。

该群落主要分布于印江县缠溪镇楠星村龙泉组一带山顶上，坡度30°以上，海拔高度900m左右地区。此群落类型属于落叶阔叶林，成层现象明显，在垂直方向上可分为乔木层，灌木层和草本层，地被层不发达，有一定数量的层间植物。大叶栲群落乔木层发育良好，乔木层盖度为75%，上层高度3～15m，主要树种有大叶栲、杉木、枫香树、青桐、板栗、冬青、青榨槭、楠木 *Phoebe zhennan*、山合欢 *Albizia kalkora*、白栎等，以大叶栲、杉木占优势。灌木有杜茎山 *Maesa japonica*、油茶 *Camellia oleifera*、藤黄檀 *Dalbergia hancei*、香叶树、棕榈、八爪金龙 *Ardisia crispa*、穗序鹅掌柴 *Schefflera delavayi*、薜荔、中华常春藤等，盖度约50%。草本层有蝴蝶花、翠云草 *Selaginella uncinata*、黄精 *Polygonatum sibiricum* 等，盖度为5%。具体重要值见表3.36。

表3.36 印江洋溪自然保护区大叶栲林重要值分析表

植物名称	株数	相对密度（%）	胸高断面积（cm^2）	相对显著度（%）	频度	相对频度（%）	重要值	重要值序
大叶栲	51	39.53	9693.99	32.88	1.0	17.86	90.27	1
杉木	29	22.48	5702.92	19.34	0.8	14.29	56.11	2
枫香	8	6.20	2626.31	8.91	0.6	10.71	25.82	3
板栗	5	3.88	3337.45	11.32	0.4	7.14	22.34	4

（续）

植物名称	株数	相对密度（%）	胸高断面积（cm^2）	相对显著度（%）	频度	相对频度（%）	重要值	重要值序
水青冈	6	4.65	381.51	1.29	0.4	7.14	13.09	5
青榨槭	4	3.10	1309.95	4.44	0.3	5.36	12.90	6
楠木	4	3.10	997.67	3.38	0.3	5.36	11.84	7
栓皮栎	1	0.78	1962.50	6.66	0.1	1.79	9.22	8
长柄水青冈	2	1.55	1235.28	4.19	0.1	1.79	7.53	9
四照花	3	2.33	159.64	0.54	0.2	3.57	6.44	10
油茶	3	2.33	72.10	0.24	0.2	3.57	6.14	11
山合欢	2	1.55	288.26	0.98	0.2	3.57	6.10	12
白栎	2	1.55	281.91	0.96	0.2	3.57	6.08	13
红肤杨	1	0.78	580.77	1.97	0.1	1.79	4.53	14
青桐	2	1.55	164.95	0.56	0.1	1.79	3.90	15
多脉榆	1	0.78	390.37	1.32	0.1	1.79	3.88	16
小红栲	1	0.78	136.78	0.46	0.1	1.79	3.02	17
合欢	1	0.78	94.99	0.32	0.1	1.79	2.88	18
冬青	1	0.78	31.16	0.11	0.1	1.79	2.67	19
花楸	1	0.78	19.63	0.07	0.1	1.79	2.63	20
润楠	1	0.78	15.90	0.05	0.1	1.79	2.61	21
合计	129	100.00	29484.03	100.00	5.6	100.00	300.00	

5. 楠木林

楠木 *Phoebe zhennan* 群落类型主要分布于印江县缠溪镇楠星村龙泉组一带，海拔900m处。楠木多通直，树冠浑圆，树种明显的占有一定优势。乔木层树种较为丰富，优势种为楠木，混生有花楸 *Catalpa ovata*、枫香树、四照花、柃木、红豆杉、水青冈、黑壳楠 *Lindera megaphylla*、木荷 *Schima superba* 等，高度6～30m，盖度90%；灌木层有中华常春藤、棕榈、粗糠柴、白簕 *Acanthopanax trifoliatus*、香叶树、薛荔、油茶、女贞叶忍冬、杜茎山、八爪金龙等，盖度为15%；草本层主要种为蝴蝶花、乌蕨 *Stenoloma chusanum*、黄精、莎草、苺草、灯芯草、高杆苔草等。具体重要值见表3.37。

表3.37　印江洋溪自然保护区楠木林重要值分析表

植物名称	株数	相对密度（%）	胸高断面积（cm^2）	相对显著度（%）	频度	相对频度（%）	重要值	重要值序
楠木	41	45.56	6545.64	30.99	1.0	19.23	95.77	1
枫香	10	11.11	6836.09	32.36	0.5	9.62	53.09	2
木荷	4	4.44	3597.88	17.03	0.3	5.77	27.25	3
黑壳楠	5	5.56	338.01	1.60	0.4	7.69	14.85	4
水青冈	4	4.44	578.64	2.74	0.3	5.77	12.95	5
柏木	2	2.22	1053.17	4.99	0.2	3.85	11.05	6
花楸	3	3.33	364.05	1.72	0.3	5.77	10.83	7
大叶栲	3	3.33	185.14	0.88	0.3	5.77	9.98	8

（续）

植物名称	株数	相对密度（%）	胸高断面积（cm^2）	相对显著度（%）	频度	相对频度（%）	重要值	重要值序
厚壳楠	1	1.11	60.79	0.29	0.4	7.69	9.09	9
柃木	3	3.33	227.72	1.08	0.2	3.85	8.26	10
杉木	2	2.22	271.49	1.29	0.2	3.85	7.35	11
油茶	2	2.22	35.42	0.17	0.2	3.85	6.24	12
朴树	1	1.11	568.03	2.69	0.1	1.92	5.72	13
粗糠柴	3	3.33	29.96	0.14	0.1	1.92	5.40	14
青冈栎	1	1.11	23.75	0.11	0.2	3.85	5.07	15
四照花	1	1.11	213.72	1.01	0.1	1.92	4.05	16
红豆杉	1	1.11	132.67	0.63	0.1	1.92	3.66	17
黄檀	1	1.11	44.16	0.21	0.1	1.92	3.24	18
山胡椒	1	1.11	10.17	0.05	0.1	1.92	3.08	19
香叶树	1	1.11	7.07	0.03	0.1	1.92	3.07	20
合计	90	100.00	21123.57	100.00	5.2	100.00	300.00	

6. 青檀林

青檀 *Pteroceltis tatarinowii*，落叶乔木，高可达20m；树皮淡灰色，多生于海拔800m以下低山丘陵地区，四川康定可达海拔1700m。稀有种。在落叶阔叶树种中具有特殊的观赏价值，园林绿化中可作为点缀树种应用。

该群落主要分布于洋溪镇曾心村木合村组一带，这一带岩石裸露，土壤厚度10～30cm不等，因侵蚀形成的石隙；石阶的深浅而异。乔木层青檀为主要优势种，总盖度为70%，林下零星分布有桑树 *Morus alba*、大叶桂樱 *Laurocerasus zippeliana*、紫荆 *Cercis chinensis*、珊瑚朴 *Celtis julianae*、山核桃 *Carya cathayensis*、榆树 *Ulmus pumila*、川黔紫薇 *Lagerstroemia excelsa* 等，林下较为空旷。灌木层盖度30%～40%，以乔木层更新苗为主，另常有山胡椒、中华常春藤、蚬壳花椒、黄肉楠、水麻 *Debregeasia orientalis*、扶芳藤、野扇花 *Sarcococca ruscifolia*、旱禾树 *Pileostegia viburnoides*、白马骨等，高1～2m。草本层物种组成较为丰富，主要有三脉紫菀 *Aster ageratoides*、蝎子草 *Girardinia suborbiculata*、吉祥草 *Reineckia carnea*、轮叶黄精 *Polygonatum verticillatum*、金线草 *Antenoron filiforme*、虎耳草 *Saxifraga stolonifera*、序叶苎麻 *Boehmeria clidemioides* var. *diffusa*、鸢尾等。具体重要值见表3.38。

表3.38 印江洋溪自然保护区青檀林重要值分析表

植物名称	株数	相对密度（%）	胸高断面积（cm^2）	相对显著度（%）	频度	相对频度（%）	重要值	重要值序
青檀	59	62.77	7576.20	22.83	0.8	22.22	107.82	1
川黔紫薇	1	1.06	11512.19	34.69	0.1	2.78	38.53	2
山核桃	7	7.45	2436.50	7.34	0.4	11.11	25.90	3
华桑	1	1.06	6358.50	19.16	0.1	2.78	23.00	4
云贵鹅耳枥	2	2.13	3901.49	11.76	0.1	2.78	16.66	5
紫荆	3	3.19	139.63	0.42	0.2	5.56	9.17	6
钓樟	3	3.19	35.82	0.11	0.2	5.56	8.85	7

（续）

植物名称	株数	相对密度（%）	胸高断面积（cm^2）	相对显著度（%）	频度	相对频度（%）	重要值	重要值序
青冈栎	2	2.13	224.20	0.68	0.2	5.56	8.36	8
珊瑚朴	2	2.13	164.95	0.50	0.2	5.56	8.18	9
大叶桂英	2	2.13	70.48	0.21	0.2	5.56	7.90	10
榉木	2	2.13	43.27	0.13	0.2	5.56	7.81	11
桑树	2	2.13	16.58	0.05	0.2	5.56	7.73	12
榆树	2	2.13	412.03	1.24	0.1	2.78	6.15	13
鹅耳枥	1	1.06	171.95	0.52	0.1	2.78	4.36	14
核桃	1	1.06	45.34	0.14	0.1	2.78	3.98	15
黄连木	1	1.06	33.17	0.10	0.1	2.78	3.94	16
柿树	1	1.06	25.50	0.08	0.1	2.78	3.92	17
黄肉楠	1	1.06	12.56	0.04	0.1	2.78	3.88	18
香叶树	1	1.06	4.91	0.01	0.1	2.78	3.86	19
合计	94	100.00	33185.26	100.00	3.6	100.00	300.00	

7. 板栗＋栓皮栎林

该群落类型主要分布于洋溪镇曾心村徐家组风洞岩一带石灰岩黄壤岩山上，坡度30°以上，海拔高度800m，土层浅，地表湿润。林冠连片、整齐。群落层次结构明显地可划分为三层，即乔木层、灌木层、草本层。乔木层盖度为70%，高度3～10m，主要树种有栓皮栎 *Quercus variabilis*、锥栗 *Castanea henryi*、青皮木 *Schoepfia jasminodora* 等，还有花楸、合欢 *Albizia julibrissin*、细叶青冈栎、杉木、马尾松等。灌木层有白栎、白马骨、楤木 *Aralia chinensis*、白瑞香 *Daphne papyracea*、八角枫 *Alangium chinense*、琴叶榕、山胡椒、胡颓子、小果蔷薇等，盖度约60%。草本层为五节芒、三脉紫菀、鸢尾、一把伞南星、吉祥草、珍珠荚蒾、瓦韦以及多种苔藓等，盖度为50%。具体重要值见表3.39。

表3.39　印江洋溪自然保护区板栗＋栓皮栎林重要值分析表

植物名称	株数	相对密度（%）	胸高断面积（cm^2）	相对显著度（%）	频度	相对频度（%）	重要值	重要值序
板栗	12	7.95	3923.43	37.43	0.6	8.45	53.83	1
栓皮栎	29	19.21	1297.07	12.37	0.7	9.86	41.44	2
锥栗	15	9.93	746.08	7.12	0.6	8.45	25.50	3
白栎	14	9.27	628.83	6.00	0.6	8.45	23.72	4
青皮木	15	9.93	408.04	3.89	0.7	9.86	23.69	5
山合欢	9	5.96	923.54	8.81	0.5	7.04	21.81	6
杉木	11	7.28	675.62	6.45	0.5	7.04	20.77	7
水青冈	8	5.30	493.26	4.71	0.4	5.63	15.64	8
马尾松	7	4.64	251.96	2.40	0.4	5.63	12.67	9
细叶青冈栎	3	1.99	536.96	5.12	0.2	2.82	9.93	10
合欢	6	3.97	169.56	1.62	0.3	4.23	9.82	11
化香	5	3.31	93.47	0.89	0.3	4.23	8.43	12

（续）

植物名称	株数	相对密度（%）	胸高断面积（cm^2）	相对显著度（%）	频度	相对频度（%）	重要值	重要值序
枫香	4	2.65	106.54	1.02	0.2	2.82	6.48	13
藤黄檀	3	1.99	23.12	0.22	0.2	2.82	5.02	14
花楸	2	1.32	53.73	0.51	0.2	2.82	4.65	15
柿树	2	1.32	50.12	0.48	0.2	2.82	4.62	16
野鸦椿	2	1.32	26.39	0.25	0.1	1.41	2.98	17
厚壳树	1	0.66	36.30	0.35	0.1	1.41	2.42	18
黄檀	1	0.66	15.90	0.15	0.1	1.41	2.22	19
冬青	1	0.66	13.85	0.13	0.1	1.41	2.20	20
盐肤木	1	0.66	8.04	0.08	0.1	1.41	2.15	21
合计	151	100.00	10481.81	100.00	7.1	100.00	300.00	

8. 飞蛾槭林

飞蛾槭 *Acer oblongum* 为槭树科植物，其群落在保护区主要分布于洋溪镇双龙村水车坝组晴望山一带，大多在土层深厚基岩露头较少的斜坡山地上，林分结构复杂，有较多大胸径常绿阔叶树，林下较多灌木，可见较多飞蛾槭幼树在其间。

飞蛾槭林盖度多为75%，常为单优势树种，分布较多大胸径乔木，重要值居首位。林分可明显划分为乔木层、灌木层、草本层。乔木层高度5～15m，乔木层还分布有板栗、榆树 *Ulmus pumila*、椤木石楠 *Photinia davidsoniae*、杉木、朴树 *Celtis sinensis* 等，灌木层高度1～3m，盖度50%，多为飞蛾槭幼树，主要树种有异叶梁王茶、香叶树、黄脉莓、红果黄肉楠 *Actinodaphne cupularis*、白簕、白马骨、女贞叶忍冬、小果蔷薇、竹叶椒、中华常春藤、琴叶榕等；草本层有黄精、三脉紫菀、一把伞南星、鸢尾、八爪金龙、翠云草、贯众等。具体重要值见表3.40。

表3.40 印江洋溪自然保护区飞蛾槭林重要值分析表

植物名称	株数	相对密度（%）	胸高断面积（cm^2）	相对显著度（%）	频度	相对频度（%）	重要值	重要值序
飞蛾槭	20	30.77	5463.74	34.42	0.6	17.14	82.34	1
椤木石楠	11	16.92	1614.26	10.17	0.5	14.29	41.38	2
青冈栎	7	10.77	2318.94	14.61	0.3	8.57	33.95	3
鹅耳枥	5	7.69	2026.08	12.77	0.4	11.43	31.89	4
枫香	4	6.15	1086.31	6.84	0.3	8.57	21.57	5
朴树	3	4.62	951.44	5.99	0.2	5.71	16.32	6
杉木	5	7.69	150.88	0.95	0.2	5.71	14.36	7
黄檀	2	3.08	277.72	1.75	0.2	5.71	10.54	8
三花假卫矛	1	1.54	538.86	3.40	0.1	2.86	7.79	9
白栎	1	1.54	437.21	2.75	0.1	2.86	7.15	10
板栗	1	1.54	298.50	1.88	0.1	2.86	6.28	11
化香	1	1.54	240.41	1.51	0.1	2.86	5.91	12
长穗桑	1	1.54	200.96	1.27	0.1	2.86	5.66	13

（续）

植物名称	株数	相对密度（%）	胸高断面积（cm^2）	相对显著度（%）	频度	相对频度（%）	重要值	重要值序
榆树	1	1.54	176.63	1.11	0.1	2.86	5.51	14
钓樟	1	1.54	70.85	0.45	0.1	2.86	4.84	15
鹅掌柴	1	1.54	18.85	0.12	0.1	2.86	4.51	16
合计	65	100.00	15871.62	100.00	3.5	100.00	300.00	

9. 大叶桂樱林

大叶桂樱 *Prnnus zippeliana* 林是保护区分布较少的一种森林群落，该群落中大叶桂樱数量不多，但仅有的几株都比较大，分布在杨柳乡茶山村五家沟组较为偏僻的山下。

大叶桂樱林的结构十分简单。乔木层明显地可分为两个亚层，第一亚层高 15 ~ 30m，主要种为大叶桂樱，盖度为 70%。大叶桂樱胸径 81 ~ 109cm；第二个亚层高 15m 以下，主要伴生树种有润楠 *Machilus pingii*、黑壳楠、朴树、楠竹、灯台树 *Bothrocaryum controversum*、化香、楠木、香果树、野生樱桃等。上下两层林冠之间不相连接而显得空旷。灌木层有香叶树、野扇花、柃木、蚬壳花椒、小叶女贞等，盖度为 30% ~60%。草本层有金钱草、鱼腥草 *Houttuynia cordata*、楼梯草 *Elatostema involucratum*、接骨草 *Sambucus chinensis*、荩草、水芹 *Oenanthe javanica*、打破碗花花、三脉紫菀、黄精、鸭儿芹 *Cryptotaenia japonica* 等，盖度 40%。具体重要值见表 3.41。

表 3.41　印江洋溪自然保护区大叶桂樱林重要值分析表

植物名称	株数	相对密度（%）	胸高断面积（cm^2）	相对显著度（%）	频度	相对频度（%）	重要值	重要值序
大叶桂樱	3	2.50	10021.44	68.00	0.2	3.92	74.42	1
香叶树	25	20.83	551.02	3.74	0.8	15.69	40.26	2
润楠	21	17.50	943.84	6.40	0.4	7.84	31.75	3
黑壳楠	13	10.83	548.42	3.72	0.5	9.80	24.36	4
朴树	5	4.17	346.81	2.35	0.4	7.84	14.36	5
兰竹	12	10.00	115.40	0.78	0.1	1.96	12.74	6
楠竹	8	6.67	76.93	0.52	0.1	1.96	9.15	7
灯台树	3	2.50	90.53	0.61	0.3	5.88	9.00	8
化香	3	2.50	337.24	2.29	0.2	3.92	8.71	9
楠木	3	2.50	118.72	0.81	0.2	3.92	7.23	10
香果树	3	2.50	104.67	0.71	0.2	3.92	7.13	11
野樱桃	2	1.67	67.36	0.46	0.2	3.92	6.05	12
漆树	4	3.33	108.38	0.74	0.1	1.96	6.03	13
槭树	2	1.67	50.12	0.34	0.2	3.92	5.93	14
榆树	1	0.83	237.67	1.61	0.1	1.96	4.41	15
响叶杨	1	0.83	191.04	1.30	0.1	1.96	4.09	16
稠李	1	0.83	169.63	1.15	0.1	1.96	3.95	17
异叶梁王茶	2	1.67	41.64	0.28	0.1	1.96	3.91	18
樱桃	1	0.83	153.86	1.04	0.1	1.96	3.84	19
鹅耳枥	1	0.83	132.67	0.90	0.1	1.96	3.69	20

（续）

植物名称	株数	相对密度（%）	胸高断面积（cm^2）	相对显著度（%）	频度	相对频度（%）	重要值	重要值序
桑树	1	0.83	80.08	0.54	0.1	1.96	3.34	21
角叶鞘柄木	1	0.83	78.50	0.53	0.1	1.96	3.33	22
野桐	1	0.83	52.78	0.36	0.1	1.96	3.15	23
青檀	1	0.83	44.16	0.30	0.1	1.96	3.09	24
构树	1	0.83	40.69	0.28	0.1	1.96	3.07	25
含笑	1	0.83	33.17	0.23	0.1	1.96	3.02	26
合计	120	100.00	14736.73	100.00	5.1	100.00	300.00	

10. 栓皮栎林

栓皮栎 *Quercus variabilis* 又称软木栎，以树皮具有发达的栓皮层而得名。喜光，常生于山地阳坡，但幼树以有侧方庇荫为好。对气候、土壤的适应性强，是我国重要的用材树种。该群落林分的结构较简单，可明显分为乔灌草三层。乔木层以栓皮栎占优势，盖度为80%，同时伴生有鹅耳枥、锥栗、榆树、白栎、泡花树 *Meliosma cuneifolia*、柃木、朴树等；灌木层有香叶树、异叶梁王茶、小叶女贞、琴叶榕、香粉叶、球核荚蒾、川莓、火棘、三叶木通、盐肤木、山葡萄、黄脉莓等，盖度为40%。草本层有三脉紫菀、荩草、翠云草、莎草等。在保护区，虽然栓皮栎多处都有，但常受到当地居民的干扰，故很少见有大量集中分布点的栓皮栎群落，多以伴生形式存在，且以幼树居多。具体重要值见表3.42。

表3.42 印江洋溪自然保护区栓皮栎林重要值分析表

植物名称	株数	相对密度（%）	胸高断面积（cm^2）	相对显著度（%）	频度	相对频度（%）	重要值	重要值序
栓皮栎	24	17.52	3947.46	29.87	0.7	10.00	57.39	1
鹅耳枥	18	13.14	2710.45	20.51	0.6	8.57	42.22	2
锥栗	9	6.57	1222.73	9.25	0.4	5.71	21.54	3
香叶树	12	8.76	249.84	1.89	0.6	8.57	19.22	4
榆树	8	5.84	953.97	7.22	0.4	5.71	18.77	5
白栎	9	6.57	435.98	3.30	0.5	7.14	17.01	6
泡花树	9	6.57	182.16	1.38	0.3	4.29	12.23	7
毛椿	7	5.11	574.91	4.35	0.1	1.43	10.89	8
柃木	6	4.38	99.66	0.75	0.3	4.29	9.42	9
朴树	4	2.92	243.16	1.84	0.3	4.29	9.05	10
麻栎	2	1.46	500.24	3.79	0.2	2.86	8.10	11
樱桃	3	2.19	49.83	0.38	0.3	4.29	6.85	12
杉木	2	1.46	269.43	2.04	0.2	2.86	6.36	13
刺楸	1	0.73	542.98	4.11	0.1	1.43	6.27	14
梾木	3	2.19	127.80	0.97	0.2	2.86	6.01	15
山合欢	2	1.46	216.76	1.64	0.2	2.86	5.96	16
水青冈	2	1.46	205.83	1.56	0.2	2.86	5.87	17
黄心夜合	2	1.46	74.75	0.57	0.2	2.86	4.88	18

（续）

植物名称	株数	相对密度(%)	胸高断面积(cm^2)	相对显著度(%)	频度	相对频度(%)	重要值	重要值序
小叶女贞	2	1.46	41.64	0.32	0.2	2.86	4.63	19
花楸	3	2.19	47.69	0.36	0.1	1.43	3.98	20
青檀	1	0.73	203.48	1.54	0.1	1.43	3.70	21
灯台树	1	0.73	63.59	0.48	0.1	1.43	2.64	22
紫荆	1	0.73	51.50	0.39	0.1	1.43	2.55	23
板栗	1	0.73	48.99	0.37	0.1	1.43	2.53	24
四照花	1	0.73	44.16	0.33	0.1	1.43	2.49	25
大叶冬青	1	0.73	38.47	0.29	0.1	1.43	2.45	26
冬青	1	0.73	29.21	0.22	0.1	1.43	2.38	27
山樱桃	1	0.73	24.62	0.19	0.1	1.43	2.34	28
红肤杨	1	0.73	13.20	0.10	0.1	1.43	2.26	29
合计	137	100.00	13214.47	100.00	7.0	100.00	300.00	

11. 意杨林

该群落主要分布于洋溪镇桅杆村姚寨沟组旁的一块较空旷的平地，为人工栽植的纯林。群落内树种单一，林下几乎无伴生的其他乔木树种。盖度75%。乔木层高9～14m，优势树种意大利杨，平均胸径20cm。灌木层树种少，盖度20%，高1～3m，主要树种有臭牡丹 *Clerodendrum bungei*、马桑、石岩枫 *Mallotus repandus*、野扇花等。草本植物较少，主要有鸭儿芹、车前草 *Plantago depressa*、马鞭草 *Verbena officinalis*、打破碗花花、酢浆草、蛇莓等。

12. 榉树林

榉树 *Zelkova serrata*，落叶乔木，树皮坚硬，灰褐色，树高一般可达30m，偶尔可达50m，胸径可达1.3m，在密林中枝下高可达18m以上。

该群落主要分布在洋溪镇曾心村木合冲组一带，可明显分为乔、灌、草三层。乔木层高度5～35m，上下林冠互相交错连接，覆盖度可达90%，榉木为主要优势种，该群落内榉木平均胸径为30cm，林下组成树种较为丰富，主要为朴树、黑壳楠、青冈、栓皮栎、山核桃、华桑 *Morus cathayana*、八角枫等。灌木层盖度约为40%，高2.5m以下，主要植物有蚬壳花椒、中华常春藤、琴叶榕、香叶树、亮叶崖爬藤、山胡椒、棕榈、臭牡丹等。草本植物覆盖度约20%，以竹根七为主，遍布整个群落，其余主要有蝎子草、吉祥草、接骨草、三脉紫菀、鸭儿芹、鸢尾、金钱草、轮叶黄精、瓦韦、麦冬、万寿竹等，以及覆盖在岩石上的多种苔藓植物。具体重要值见表3.43。

表3.43　印江洋溪自然保护区榉树林重要值分析表

植物名称	株数	相对密度(%)	胸高断面积(cm^2)	相对显著度(%)	频度	相对频度(%)	重要值	重要值序
榉树	7	7.87	22789.74	45.14	0.6	12.24	65.25	1
朴树	19	21.35	4628.36	9.17	0.8	16.33	46.84	2
黑壳楠	21	23.60	1566.34	3.10	0.9	18.37	45.07	3
青冈	17	19.10	1832.31	3.63	0.5	10.20	32.93	4
栓皮栎	1	1.12	12661.27	25.08	0.1	2.04	28.24	5
山核桃	5	5.62	5361.71	10.62	0.3	6.12	22.36	6

（续）

植物名称	株数	相对密度（%）	胸高断面积（cm^2）	相对显著度（%）	频度	相对频度（%）	重要值	重要值序
华桑	4	4.49	321.90	0.64	0.4	8.16	13.30	7
八角枫	3	3.37	218.55	0.43	0.2	4.08	7.89	8
钓樟	3	3.37	215.53	0.43	0.2	4.08	7.88	9
刺槐	2	2.25	220.46	0.44	0.2	4.08	6.77	10
香叶树	2	2.25	44.94	0.09	0.2	4.08	6.42	11
柏木	1	1.12	307.75	0.61	0.1	2.04	3.77	12
青檀	1	1.12	176.63	0.35	0.1	2.04	3.51	13
鹅耳枥	1	1.12	109.30	0.22	0.1	2.04	3.38	14
大叶桂樱	1	1.12	15.90	0.03	0.1	2.04	3.20	15
樱桃	1	1.12	12.56	0.02	0.1	2.04	3.19	16
合计	89	100.00	50483.25	100.00	4.9	100.00	300.00	

13. 山核桃林

山核桃 *Carya cathayensis* 是一种落叶乔木，属胡桃科山核桃属，适宜南方温暖，湿润环境种植。

该群落类型以山核桃为主要优势种，可划分为乔木层、灌木层、草本层。乔木层高度 5 ~ 16m，乔木层还分布有杉木、华桑、朴树、马尾松、枫香树、栓皮栎等，山核桃最大胸径可达 16.5cm，盖度为 75%；灌木层高度 1 ~ 3m，盖度 30%，主要树种有香叶树、白马骨、白簕、冻绿 *Rhamnus utilis*、琴叶榕、八角枫、山胡椒、小叶女贞、竹叶椒等；草本层有鸢尾、金钱草、细穗腹水草、黄精、三脉紫菀、千年不烂心 *Solanum cathayanum*、血盆草 *Salvia cavaleriei* var. *simplicifolia* 等。具体重要值见表 3.44。

表 3.44 印江洋溪自然保护区山核桃林重要值分析表

植物名称	株数	相对密度（%）	胸高断面积（cm^2）	相对显著度（%）	频度	相对频度（%）	重要值	重要值序
山核桃	115	74.68	5544.07	67.11	1.0	30.30	172.09	1
杉木	21	13.64	1843.94	22.32	0.7	21.21	57.17	2
华桑	3	1.95	88.59	1.07	0.3	9.09	12.11	3
朴树	3	1.95	145.74	1.76	0.2	6.06	9.77	4
马尾松	1	0.65	471.20	5.70	0.1	3.03	9.38	5
枫香	2	1.30	62.31	0.75	0.2	6.06	8.11	6
栓皮栎	2	1.30	23.88	0.29	0.2	6.06	7.65	7
化香	2	1.30	16.58	0.20	0.1	3.03	4.53	8
山合欢	1	0.65	20.42	0.25	0.1	3.03	3.93	9
金弹子	1	0.65	15.90	0.19	0.1	3.03	3.87	10
樱桃	1	0.65	13.20	0.16	0.1	3.03	3.84	11
香叶树	1	0.65	10.17	0.12	0.1	3.03	3.80	12
青皮木	1	0.65	4.91	0.06	0.1	3.03	3.74	13
合计	154	100.00	8260.90	100.00	3.3	100.00	300.00	

（三）竹林

1. 慈竹林

慈竹 *Neosinocalamus affinis* 林主要分布于桅杆村公路旁河谷处，河谷两侧的斜坡上，以及山腰部的平台地上。石砾和裸露的岩石占 70%，土层浅薄，厚度仅为 10～20cm。

慈竹林往往由慈竹组成单优群落。慈竹呈丛生状，散布于石隙、石槽中以及半山台地上。除台地上可形成竹径 4～8cm，10～25 株一丛的群落，覆盖度可达 80%～90% 外，其余由于人为活动和放牧及其他原因的作用，群落内植株密度小，总盖度仅为 40%～60%。

竹林结构简单，多为单层，一般高 3.5～6m，杆径 3～4cm，10～25 株一丛，每亩株数 3500～4500 株，林内常混生有鹅耳枥、樱 *Cerasus serrulata*、枇杷 *Eriobotrya bengalensis*、毛桐 *Mallotus barbatus* 等。林下灌木层发育差，常见有：悬钩子、榕 *Ficus* sp.、荚蒾、菝葜 等。草本有蓼 *Polygonum* sp.、大蝎子草、水丝麻、香薷 *Elsholtzia ciliata*、大序莎草等。

慈竹林由于受牛、羊以及人为活动的影响和竹林较老的原因，多处地段有生长不良的表现，出现竹秆断裂，杆径小，竹秆基部残存的丛生竹秆较多，竹林更新差等现象。

2. 箬竹林

箬竹 *Indocalamus tessellatus* 林在保护区分布于桅杆村公路旁一带的河谷中，石排一带亦有分布，它不像慈竹那样能形成一定面积的单优群落，只能在小面积内组成优势群落。分布环境多见于潮湿地和溪边。

箬竹林一般高 1.9m，平均地径为 0.6cm，除箬竹外，还伴生有川莓、紫珠、中华绣线梅 *Neillia sinensis*、石岩枫、野桐等；草本主要有尼泊尔酸梅、通泉草、马鞭草等。

3. 楠竹林

楠竹 *Phyllostachys heterocycla* 林仅分布于桅杆村公路旁一带，海拔高度 800m。多见于河沟两侧由河漫滩发育的河边阶地上和沟两侧斜坡的下部。土壤沙壤质，砂石含量多。

楠竹林高 14m，分布于砾石含量多地段的竹株，平均地径为 12cm。林层结构简单，仅为单层，除楠竹外，偶见混杂有杉木、银杏 *Ginkgo biloba* 等。林下灌木层不发达，疏生有香粉叶、穗序鹅掌柴、油茶、小叶女贞、水麻、青榨槭。草本层盖度为 40%，有箭叶淫羊藿、日本蛇根草、鸢尾、细穗腹水草、虎耳草、荩草、龙芽草、三脉紫菀、打破碗花花、金钱草等。

4. 金竹林

金竹 *Phyllostachys sulphurea* 林分布于桅杆村河谷两侧斜坡上，常见沿河沟两侧形成连片的带状分布。有时在其他林下形成背景化。其竹子高度 8m，平均杆径在 6cm 左右，密集度大，每平方米金竹可达 30 株。

河沟两侧阶地上的金竹往往能够成独立的群落类型，而分布于两侧斜坡上的金竹则为其他乔木林下灌木层的组成，在林下往往形成单优种。金竹的林层结构简单，种类组成单一、混杂的其他灌木树种在竹林中呈星散状分布，有时集中分布于林缘，一般常见的有海盘子、女贞叶忍冬、棕榈、白簕、穗序鹅掌柴、长柄山蚂蝗 *Podocarpium podocarpum*、青榨槭、火棘、旱禾树。林下草本层植物种类少，稀疏，常见的鸢尾、荩草、龙芽草 *Agrimonia pilosa*、三脉紫菀、打破碗花花、五节芒、鱼腥草等。

5. 桂竹林

桂竹 *Phyllostachys bambusoides* 林分布于桅杆村大罗湾一带，海拔高度 800m 左右。坡度 40～50°的斜坡，杆高 8m，杆径 4cm，常形成连片的分布，密集度大，每平方米竹杆约为 40 株。

桂竹均分布于林下，所以从群落整体性来看，并没有构成独立的群落类型，它的上层为板栗、枫香、柏木等，覆盖度 60%～80%。桂竹实际上只是其他类型乔木层中的优势种之一。竹冠集中出现在乔木中的第二亚层，成为单优种。其他乔木树种仅少数在这一层分布。灌木层发育差，有少量棕榈、火棘、小果蔷薇等。草本有龙芽草、鸭儿芹、金钱草、三脉紫菀、打破碗花花、鱼腥草、虎杖 *Reynoutria japonica*、瓦韦 *Lepisorus thunbergianus* 等。

6. 苦竹林

苦竹 *Pleioblastus amarus* 林分布于桅杆村的大罗湾一带，海拔高度800m左右。坡度40~50°，土壤为黄棕壤，厚度20~40cm。杆高2.5~6m，秆径1~3.5m，常形成连片的分布，密集度大，每平方米32株左右。

苦竹在该群落为明显优势种，伴生有一定的板栗、枫香、朴树幼树；灌木层盖度为30%，主要有白簕、川莓、山胡椒、刺梨 *Rosa roxburghii*、水麻等；草本层较稀疏，分布较少的鱼腥草、万寿竹 *Disporum cantoniense*、打破碗花花、鸭儿芹、鸢尾等。

三、小结与建议

(1)印江洋溪自然保护区紧邻梵净山国家级自然保护区，保护区有良好的水热条件，生境复杂多样，也形成了森林群落的多样性。从现有森林群落整体结果来看，保护区森林植被具有一定的次生性，森林植被总体表现为常绿落叶阔叶林，但在部分区域，典型的地带性常绿阔叶林保持较为完好。

(2)该保护区由于生境多样性以及良好水热条件，保存了一些珍稀植物群落，如楠木林群落、青檀林群落等，这些种群结构较为完整，具有一定的代表性与典型性。

(3)现有森林中大部分是在人们长期经营和干扰下顺向演替和逆向演替交织进行过程中不同演替阶段的产物，森林群体总体处于正向演替中期，森林结构稳定性较差，因此如何优化森林结构，提高森林生态系统稳定性，是保护区保护和经营应解决的问题。

(张文洁　谢双喜　刘　飞　唐　静　杨家文)

第四节　木本植物

2014年5月至2015年4月，考察组先后进行了两次科学考察，结合以前在该县进行的相关研究，综合进行整理分析。调查收集的木本植物包含了半灌木、木质藤本类和草本类，调查方法是选择重点的区域和有代表性的区域，结合普遍线路调查，对常见种进行记录，对珍稀保护种类和不易识别的种类，采集标本并拍摄数码图片，以供鉴定、佐证和查阅。调查过程中共采集标本791号，1000余份。

一、种类组成

通过初步调查，保护区内有木本种子植物541种(含引进栽培种，包括变种和种以下单位，下同)，隶属93科254属。其中，裸子植物(针叶类)6科10属11种，科、属、种分别占全部的6.45%、3.94%、2.03%，被子植物(阔叶类)有87科244属530种，在被子植物中，双子叶植物有83科234属513种，科、属、种分别占全部的89.25%、92.13%、94.82%；单子叶植物有4科10属17种，科、属、种分别占全部的4.30%、3.94%、3.14%。可以看出，双子叶植物在本地区木本种子植物区系中占据绝对优势，其分布最广，种群数量最多。

二、优势科属

按物种数量多少进行排序，具有4属以上(含4属)的科有22个(见表3.45)，合计有149种，占总属数的58.66%，其中豆科 Leguminosae 和蔷薇科 Rosaceae 分别含19属和17属，为属数最多的两个科，前5位的科还有五加科 Araliaceae、茜草科 Rubiaceae 和樟科 Lauraceae。具有10种以上(含10种)的科有16个(见表3.46)，合计有290种，占总种数的53.60%，其中蔷薇科有52种，占总种数的9.61%，包含物种数量排名前五位的科分别是蔷薇科、樟科、豆科、壳斗科 Fagaceae、忍冬科 Caprifoliaceae，占总种数的28.10%。具有6种以上(含6种)的属有19个(见表3.47)，合计有140种，占总种数的25.88%，其中槭属 *Acer* 有14种，排序第一，另外，还有悬钩子属 *Rubus*、山胡椒属 *Lindera*、荚蒾属 *Viburnum*、无花果属 *Ficus*、木姜子属 *Litsea* 等都是种类比较多的属。比较保护区木本植物的种类，该保护区内优势科属明显。

表3.45　印江洋溪自然保护区木本种子植物属数超过4属的科排序

序号	科名	属数	占总属数的比例(%)
1	豆科 Fabaceae	19	7.48
2	蔷薇科 Rosaceae	17	6.69
3	五加科 Araliaceae	9	3.54
4	茜草科 Rubiaceae	8	3.15
5	樟科 Lauraceae	8	3.15
6	大戟科 Euphorbiaceae	7	2.76
7	禾本科 Poaceae	7	2.76
8	芸香科 Rutaceae	7	2.76
9	虎耳草科 Saxifragaceae	6	2.36
10	壳斗科 Fagaceae	6	2.36
11	鼠李科 Rhamnaceae	6	2.36
12	杜鹃花科 Ericaceae	5	1.97
13	葡萄科 Vitaceae	5	1.97
14	忍冬科 Caprifoliaceae	5	1.97
15	山茶科 Theaceae	5	1.97
16	榆科 Ulmaceae	5	1.97
17	大风子科 Flacourtiaceae	4	1.57
18	胡桃科 Juglandaceae	4	1.57
19	木通科 Lardizabalaceae	4	1.57
20	木犀科 Oleaceae	4	1.57
21	漆树科 Anacardiaceae	4	1.57
22	桑科 Moraceae	4	1.57
	合计	149	58.66

表 3.46 印江洋溪自然保护区木本种子植物种数超过 10 种的科排序

序号	科名	种数	占总种数的比例(%)
1	蔷薇科 Rosaceae	52	9.61
2	樟科 Lauraceae	34	6.28
3	豆科 Fabaceae	26	4.81
4	壳斗科 Fagaceae	21	3.88
5	忍冬科 Caprifoliaceae	19	3.51
6	桑科 Moraceae	15	2.77
7	大戟科 Euphorbiaceae	14	2.59
8	葡萄科 Vitaceae	14	2.59
9	槭树科 Aceraceae	14	2.59
10	山茶科 Theaceae	14	2.59
11	芸香科 Rutaceae	13	2.40
12	杜鹃花科 Ericaceae	12	2.22
13	木犀科 Oleaceae	12	2.22
14	虎耳草科 Saxifragaceae	10	1.85
15	鼠李科 Rhamnaceae	10	1.85
16	卫矛科 Celastraceae	10	1.85
	合计	290	53.60

表 3.47 印江洋溪自然保护区木本种子植物种数超过 6 种的属排序

序号	属名	种数	占总种数的比例(%)
1	槭属 *Acer* Linn.	14	2.59
2	悬钩子属 *Rubus* Linn.	13	2.40
3	山胡椒属 *Lindera* Thunb.	10	1.85
4	荚蒾属 *Viburnum* Linn.	8	1.48
5	无花果属 *Ficus* Linn.	8	1.48
6	木姜子属 *Litsea* Lam.	7	1.29
7	蔷薇属 *Rosa* Linn.	7	1.29
8	山矾属 *Symplocos* Jacq.	7	1.29
9	菝葜属 *Smilax* Linn.	6	1.11
10	冬青属 *Ilex* Linn.	6	1.11
11	杜鹃花属 *Rhododendron* Linn.	6	1.11
12	胡颓子属 *Elaeagnus* Linn.	6	1.11
13	花椒属 *Zanthoxylum* Linn.	6	1.11
14	柃属 *Eurya* Thunb.	6	1.11

（续）

序号	属名	种数	占总种数的比例(%)
15	女贞属 *Ligustrum* Linn.	6	1.11
16	葡萄属 *Vitis* Linn.	6	1.11
17	忍冬属 *Lonicera* Linn.	6	1.11
18	山茱萸属 *Cornus* Linn.	6	1.11
19	卫矛属 *Euonymus* Linn.	6	1.11
	合计	140	25.88

三、分布特点

通过对保护区木本植物进行全面调查，调查区域海拔幅度在652~1307m之间，植物种类较丰富，其中杉木 *Cunninghamia lanceolata* 、马尾松 *Pinus massoniana*、华山松 *Pinus armandii*、香叶树 *Lindera communis*、山胡椒 *Lindera glauca*、白木通 *Akebia trifoliata*、朴树 *Cltis sinensis*、马桑 *Coriaria nepalensis*、构树 *Broussonetia papyrifer*、地果 *Ficus tikoua*、紫麻 *Oreocnide orientalis*、油茶 *Camellia oleifera*、中华猕猴桃 *Actinidia chinensis*、杜鹃 *Rhododendron simsii*、蜡莲绣球 *Hydrangea strigosa*、火棘 *Pyracantha fortuneana*、单瓣缫丝花 *Rosa roxburghii*、悬钩子蔷薇 *Rubus rubus*、光皮梾木 *Cornus wilsoniana*、湖北算盘子 *Glochidion wilsonii*、常春藤 *Hedera sinensis*、楤木 *Aralia elata*、臭牡丹 *Clerodendrum bungei*、金佛山荚蒾 *Viburnum chinshanense* 等种类为广泛分布种。

四、用途分类

保护区内木本植物，按照用材纤维类、珍稀类、油脂类、园林观赏类、淀粉树胶类、药用类、香料色素果胶类、干鲜水果类、森林蔬菜类、蜜源类的用途进行统计，共计10个类型。

1. 用材纤维类

该类植物干形(通直度、尖削度)、节疤(数量、大小)及材性(木材物理-力学特性、纤维素含量和特性等)等方面表现优良，适合工业、农业的各种应用。保护区内的该类植物共有55科124属226种，如华山松、云南松 *Pinus yunnanensis*、马尾松、日本柳杉 *Cryptomeria japonica*、柏木 *Cupressus funebris*、檫木 *Sassafras tzumu*、楠木 *Phoebe zhennan*、化香树 *Platycaria strobilacea*、宜昌润楠 *Machilus ichangensis*、狭叶润楠 *M. rehderi* 等。

2. 珍稀类

该类植物具有较高的研究和保护价值。保护区内该类植物共有17科19属22种，如南方红豆杉 *Taxus wallichiana* var. *mairei*、杜仲 *Eucommia ulmoides*、楠木 *Poebe zhennan*、青檀 *Pteroceltis tatarinowii*、榉树 *Zekova serrata*、伞花木 *Eurycorymbus cavaleriei*、香果树 *Emmenopterys henryi* 等。

3. 油脂类

该类植物体内富含油脂，可开发为生物能源。共有10科12属24种，如油茶 *Camellia oleifera*、灯台树 *Cornus controversa*、苦皮藤 *Castanea angulatus*、乌桕 *Sapium sebiferum*、油桐 *Vernicia fordii*、野鸦椿 *Euscaphis japonica*、野茉莉 *Styrax japonicus*、伞花木、黄连木 *Pistacia chinensis* 等。

4. 园林观赏类

该类植物的形态、冠型、枝、叶、花、果等方面具有一定的观赏价值，可开发作为园林观赏。该类植物共有65科125属268种，如罗汉松 *Podocarpus macrophyllus*、常春藤、紫珠 *Callicarpa bodinieri*、二翅六道木（小叶六道木）*Abelia uniflora*、蜡梅 *Chimonanthus praecox*、木犀 *Osmanthas fragrans*、猴樟 *Cinnamomum bodinieri*、蜡莲绣球 *Celtis sinensis*、平枝栒子 *Cotoneaster horizontalis*、地锦 *Parthenocissus tricuspidata*、野扇花 *Saracococca ruscifolia* 等。

5. 淀粉树胶类

该类植物体内富含淀粉、树胶、树脂等成分，能作为化工原料或食用。该类木本植物有 6 科 10 属 27 种，如毛果黄肉楠 *Actinodaphne trichocarpa*、烟斗柯 *Lithocarpus corneus*、白栎 *Quercus fabri*、麻栎 *Q. acutissima*、乌冈栎 *Q. phillyreoides*、栗 *Castanea mollissima*、茅栗 *C. seguinii*、贵州青冈 *Cyclobalanopsis argyrotricha*、亮叶桦 *Betula luminifera* 等。

6. 药用类

该类植物是指医学上用于防病、治病的植物，其植株的全部或一部分供药用或作为制药工业的原料。该类木本植物共有 78 科 170 属 278 种，如银杏 *Ginkgo biloba*、柏木、南方红豆杉、三尖杉 *Cyphalotaxus fortunei*、厚朴 *Magnolia officinalis*、红果黄肉楠 *Actinodaphne cupularis*、红叶木姜子 *Litsea rubescens*、宜昌润楠 *Machilus ichangensis*、香叶树 *Lindera communis* 等。

7. 香料色素果胶类

该类植物是指植物体内富含天然的香料、色素、果胶类成分，可以提取用于各种食品、饮料的添加剂以及用作染料等。该类木本植物共有 18 科 27 属 59 种，如柏木 *Cupressus funebris*、香粉叶 *Lindera. pulcherrima* var. *attenuata*、石木姜子 *Litsea elongata* var. *faberi*、山鸡椒 *L. cubeb*、黄丹木姜子 *L. elongata*、木姜子 *L. pungens*、云南樟 *Cinnamomum glanduliferum*、枫香树 *Liquidambar formosana*、构树 *Broussonetia papyrifera*、八角 *Illicium verum* 等。

8. 干鲜水果类

该类植物是指植物的果实营养丰富，口感较好，可供人们食用。该类木本植物有 21 科 33 属 79 种，如白木通 *Akebia trifoliata* subsp. *australis*、八月瓜 *Holboellia latifolia*、地果 *Ficus tikoua*、华榛 *Corylus chinensis*、中华猕猴桃 *Actinidia chinensis*、君迁子 *Dispyrosa lotus*、乌柿 *D. cathayensis* 等。

9. 森林蔬菜类

该类植物的芽、茎、叶、花可以作为蔬菜食用，不仅野味诱人，而且营养丰富，大众十分喜欢。该类木本植物共有 7 科 11 属 15 种，如香椿 *Toona sinensis*、白簕 *Eleutherococcus trifoliatus*、楤木 *Aralia chinensis*、刺楸 *Kalopanax septemlobus*、棕榈 *Trachycarpus fortunei* 等。

10. 蜜源类

该类植物是指可供蜜蜂采集花蜜和花粉的植物，是养蜂的物质基础。该类木本植物共有 10 科 32 属 65 种，如贵州毛柃 *Eurya kueichowensis*、杭子梢 *Campylotropis macrocarpa*、葛 *Pueraria montana* var. *lobata*、小蜡 *Ligustrum sinense* 等。

（杨成华　李　鹤）

第五节　草本植物

草本植物资源是森林生态系统的重要组成成分，在维护生态系统稳定、提供多样性种质资源等方面的作用同样不可忽视。本节旨在对整个保护区草本种子植物资源开展进一步的野外调查，结合以前多次在保护区调查与标本采集的资料，进一步查明草本种子植物种类资源本底、分布概况及其资源植物在国民经济中的意义，以期为保护区的科学规划和合理保护与利用提供一定的参考。

一、研究方法

在保护区各片区选择典型线路和地段进行系统的草本种子植物种类资源专项调查，共记录和采集草本种子植物标本1000余号，拍摄照片2000余张，结合2012~2013年在该地区调查记录的种类和采集的标本、照片，通过室内标本鉴定和参考相关文献，编写出洋溪自然保护区草本种子植物系统名录。剔除调查时记录的栽培种、逸生种和外来种，分析区内植物组成及其优势科属。并通过查阅资料与民间用途调查，对保护区主要草本经济植物资源进行了初步分析探讨。

二、结果与分析

1. 种类组成与新纪录

通过初步调查，保护区内有草本种子植物542种(含亚种、变种和变型，下同)，隶属81科299属。其中，发现并发表种子植物新种1个，即柔毛黄精(*Polygonatum sinopubescens* M. T. An，Yun Lin et J. G. Wang)，分布于保护区杨柳乡白虎咀，海拔870~930m；贵州首次记录种1种，即三小叶碎米荠(*Cardamine trifoliolata* Hook. f. et Thoms)，分布于罗场乡三花山。

本区分布草本种子植物全为被子植物。其中，双子叶植物61科205属389种，其科、属、种分别占75.30%、68.56%、71.77%；单子叶植物有20科94属153种，其科、属、种分别占24.69%、31.44%、28.23%。显然，本区草本种子植物区系基本组成是以双子叶植物占优势，单子叶植物种类亦占有较大比例。但根据野外调查，以单子叶植物分布最广，种群数量最多，单子叶植物种群的广布程度和覆盖率均占绝对优势(图3.1)。

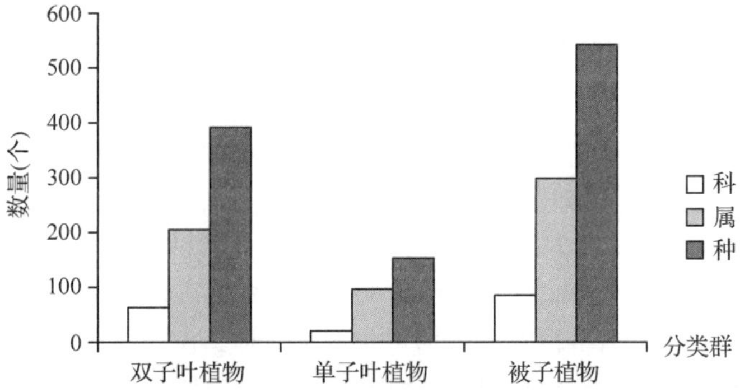

图3.1　印江洋溪自然保护区草本种子植物主要分类群数量比较

2. 优势科属

按物种数量多少排序，具有10种以上(含10种)的有16个科，其属、种数合计分别为192属、367种，分别占保护区草本种子植物总属数、总种数的64.21%、67.71%(表3.48)。其中排在前6位分别是菊科 Compositae、禾本科 Gramineae、百合科 Liliaceae、唇形科 Labiatae、兰科 Orchidaceae、伞形科 Umbelliferae。具有5种以上(含5种)的属有18个，共计126种，占保护区草本种子植物总物种数的23.25%。比较全区草本种子植物有81科、299属、542种，可见本区草本种子植物的优势科、属都很明显，含10种以上的科所包含的物种数已超过了全区总物种数的一半，含5种以上的属所包含的物种数亦接近全区总物种数的1/5。同时，具有1~2属、种的科以及具有1~2种的属很为普遍。

表 3.48 印江洋溪自然保护区草本种子植物优势科、属统计(按物种数量排序)

排序	科 名	属数/种数	占总属/种数的比率(%)	排序	属 名	种数	占总种数比的率(%)
1	菊科 Compositae	40/75	13.38/13.84	1	蓼属 *Polygonum*	14	2.58
2	禾本科 Gramineae	32/47	10.70/8.67	2	堇菜属 *Viola*	12	2.21
3	百合科 Liliaceae	15/24	5.02/4.43	3	苔草属 *Carex*	11	2.03
4	唇形科 Labiatae	14/21	4.68/3.87	4	珍珠菜属 *Lysimachia*	10	1.85
5	兰科 Orchidaceae	12/20	4.01/3.69	5	冷水花属 *Pilea*	9	1.66
6	伞形科 Umbelliferae	12/20	4.01/3.69	6	兰属 *Cymbidium*	8	1.48
7	蝶形花科 Papilionaceae	11/17	3.68/3.14	7	蒿属 *Artemisia*	6	1.11
8	莎草科 Cyperaceae	9/21	3.01/3.87	8	景天属 *Sedum*	6	1.11
9	荨麻科 Urticaceae	9/27	3.01/4.98	9	楼梯草属 *Elatostema*	5	0.92
10	毛茛科 Ranuculaceae	9/17	3.01/3.14	10	蓟属 *Cirsium*	5	0.92
11	玄参科 Scrophulariaceae	8/10	2.68/1.85	11	毛茛属 *Ranunculus*	5	0.92
12	天南星科 Araceae	7/12	2.34/2.21	12	马唐属 *Digitaria*	5	0.92
13	葫芦科 Cucurbitaceae	7/11	2.34/2.03	13	莴苣属 *Lactuca*	5	0.92
14	蓼科 Polygonaceae	3/19	1.00/3.51	14	苎麻属 Boehmeria	5	0.92
15	报春花科 Primulaceae	3/14	1.00/2.58	15	野豌豆属 *Vicia*	5	0.92
16	堇菜科 Violaceae	1/12	0.33/2.21	16	千里光属 *Senecio*	5	0.92
				17	天南星属 *Arisaema*	5	0.92
				18	马兰属 *Kalimeris*	5	0.92
合计		192/367	64.21/67.71			126	23.25

3. 物种垂直分布格局

物种多样性随海拔升高而不断降低被认为是较普遍的一种格局，另一种是总体的物种多样性随海拔升高先增高后降低的单峰形分布格局。从垂直格局分析区内草本植物物种的分布，由于保护区海拔范围为650~1360m，所以以海拔700m以下为第一海拔段，从700m以后每隔100m为一个海拔梯度。共将其分为8个海拔梯度。海拔700m以下物种数162种，海拔700~800m物种数为104种，海拔800~900m为101种，900~1000m海拔段物种数为最多的175种，占区内草本总物种数32.29%，1000~1100m为56种，1100~1200m为14种，1200~1300m以上为7种，1300m以上仅1种。总体看来，分布在800~1000m海拔段的物种最多，共380种，占总草本物种70.11%，这与保护区平均海拔在800~1000m有重要关系。随着海拔升高，区内物种数又逐渐下降。整体来说，保护区内物种垂直分布格局呈单峰型(表3.49)。

表 3.49 印江洋溪自然保护区草本种子植物垂直分布格局

海拔	700m以下	700~800m	800~900m	900m~1000m	1000~1100m	1100~1200m	1200~1300m	1330m以上
物种数	162	104	101	175	56	14	7	1

4. 国家重点保护与珍稀濒危植物

保护区有列入《濒危野生动植物种国际贸易公约》(CITES)附录的兰科植物20种，国际贸易受到严格禁止和控制。除了即将列入《国家重点保护野生植物名录》(第二批)的兰科植物，保护区尚未见列入国家重点保护的其他草本类种子植物。此外，保护区列入《中国珍稀濒危植物名录》的草本种子植物有

1 种，即天麻 *Gastrodia elata*，该种分布于杨柳乡，据走访该地曾有分布，由于采挖严重，本次未见植株。

5. 经济植物资源

保护区具有开发利用价值的草本经济植物较为丰富，各类经济草本植物可达 200 余种。其中，优良饲料植物有多种葛藤 *Pueraria* spp.、白车轴草 *Trifolium repen*、广布野豌豆 *Vicia cracca*、天蓝苜蓿 *Medicago lupulina* 等近 100 种；观赏植物有大百合 *Cardiocrinum giganteum*、南川百合 *Lilium rosthornii*、紫萼 *Hosta ventricosa*、萱草 *Hemerocallis fulva*、多种凤仙花 *Impatiens* spp. 与秋海棠 *Begonia* spp.、多种蜘蛛抱蛋 *Aspidistra* spp.、牛耳朵 *Chirita eburnea* 及多种兰科植物等可达近 100 种；药用植物有白薇 *Cynanchum atratum*、韩信草 *Scutellaria indica*、益母草 *Leonurus artemisia*、日本蛇根草 *Ophiorrhiza japonica*、蒲儿根 *Senecio oldhamianus*、多种黄精 *Polygonatum* spp.、七叶一枝花 *Paris polyphylla* 等 100 余种；淀粉植物有薯蓣属 *Dioscorea*、葛藤属 *Pueraria*、大百合等 10 余种；野生蔬菜有鸭儿芹 *Cryptotaenia japonica*、水芹 *Oenanthe javanica*、三脉紫菀 *Aster ageratoides*、钻形紫菀 *A. subulatus*、蕺菜 *Houttuynia cordata* 等 40 余种；等等。有些植物还兼有多种用途，如薯蓣 *Dioscorea polystachya*，块茎淀粉含量高，不但是优良的淀粉植物，而且可作药用，有强壮、祛痰的功效，又可食用。

三、结论与讨论

1. 保护区草本种子植物种类资源较为丰富，有 542 种(含亚种、变种和变型)，隶属 81 科 299 属。其中，双子叶植物略占优势，单子叶植物的优势度亦很明显。以单子叶植物分布最广，种群数量最多，单子叶植物种群的广布程度和覆盖率均占绝对优势。优势科、属明显，其中具有 10 种以上(含 10 种)的 16 个科所包含的物种，分别可达保护区草本种子植物总属、总种数的 64.21%、67.71%；具有 5 种以上(含 5 种)的 18 个属所包含的种，占保护区草本种子植物总物种数的 23.25%。

2. 保护区草本种子植物物种丰富度以海拔 800～1000 m 最为丰富，物种种数达 380 种，占区内总草本物种 70.11%。由于受调查路线与调查物种先后顺序的影响，物种垂直分布格局数据可能会在一定程度上存在偏差。但是垂直分布格局结果与保护区平均海拔 800～1000m 相互吻合，此海拔段物种数较多。物种数分布受海拔制约较大，海拔越高，物种数越少，保护区内高海拔段物种相比低海拔段物种较少。

3. 除了即将列入《国家重点保护野生植物名录》(第二批)的兰科植物，保护区尚未见列入国家重点保护的其他草本类种子植物。此外，保护区列入《中国珍稀濒危植物名录》的草本种子植物仅有 1 种，特有草本植物均未见分布。虽然区内具有丰富的经济植物资源，但需要注意合理处理好保护与利用的关系。由于当地居民长期以来靠山吃山，对林区自然资源具有较强的依赖性，因此应采取措施加强社区建设，提高当地居民的生活水平。同时，应加强野生资源保护与利用关系的科学研究，探讨科学对策，对重点物种和森林类型的核心区，应实行严格管理，确保重点物种和森林类型得到优先和充分保护。

(吴　华　安明杰　王加国　李晓芳　孟　敏　杨焱冰)

参考文献

《贵州森林》编辑委员会. 1992. 贵州森林[M]. 贵阳：贵州科技出版社.
张礼安，李明晶，周庆，等. 2004. 贵州省森林和野生动物及湿地类型保护区[M]. 贵阳：贵州科技出版社.
中国科学院植物研究所. 1972. 中国高等植物图鉴(1－5)[M]. 北京：科学出版社.
李永康主编. 1982－1988. 贵州植物志(1－3)[M]. 贵阳：贵州人民出版社.
李永康主编. 1989. 贵州植物志(4－9)[M]. 成都：四川民族出版社.
陈谦海主编. 2004. 贵州植物志(10)[M]. 贵阳：贵州科技出版社.

中国科学院植物研究所．1978－2002. 中国植物志(种子植物各卷)[M]. 北京：科学出版社.

赵志模，郭依泉．1990. 群落生态学原理与方法[M]. 重庆：科学技术文献出版社重庆分社.

陈心启，吉占和，罗毅波．1999. 中国野生兰科植物彩色图鉴[M]. 北京：科学出版社．

龚正达，吴厚永，段兴德，等．2005. 云南横断山区蚤类物种丰富度与区系的垂直分布格局[J]. 生物多样性，13(4)：279－289.

Ming－tai An, Yun Lin, Jia－guo Wang, *et al.* 2016. A new species of *polygonatum* Mill. (Asparagaceae) from Guizhou, China[J]. *Bangladesh J. Plant Taxon*, 23(1)：7－11.

第六节 石松类及蕨类植物

一、调查地点与方法

2014年5月，通过线路调查法对印江洋溪自然保护区进行标本采集，采集地点涉及洋溪、杨柳等四个乡镇28个村，共计采集石松类及蕨类植物标本190余号，常规方法制作标本(凭证标本保存于贵州大学标本室)，用体视显微镜及相关工具书进行标本鉴定。主要以形态结构为主要鉴定依据，参考《中国植物志》、《云南植物志》及《贵州蕨类植物志》来进行标本鉴定，将鉴定后得到的石松类及蕨类植物物种，参照1978年秦仁昌系统和《Flora of China》系统，按Christenhusze 2011石松类及蕨类植物线性分类系统进行名录的排列，并参照吴世福等的“中国蕨类植物属的分布区类型及区系特征”中的分类方法，对印江洋溪自然保护区内的石松类及蕨类植物进行统计、排序和分析。

二、结果与分析

1. 物种组成分析

经标本鉴定及数据统计，保护区共有石松类及蕨类植物共20科56属126种(含种以下分类单位，下同)，占中国石松类及蕨类植物34科143属2600种中的58.82%、39.16%和4.85%，占贵州蕨类植物931种的13.53%其中石松类植物2科4属12种，蕨类植物18科52属114种。区境内石松类及蕨类植物资源丰富，系统进化完善，所以对印江地区石松类及蕨类植物进行调查从物种的多样性，植物地理学特性及系统分类学的角度都是极其必要的。

(1)石松类植物概况及优势性分析

保护区内石松类植物种属组成为：石松科3属4种，其中石杉属1种，小石松属1种，石松属2种；卷柏科1属8种。从石松类植物整体组成来看，卷柏属*Selaginella*是唯一相对优势属，在该地区内分布广泛，但石松科植物所占的比重相对较少，资源相对匮乏。从系统地位角度来看，石松类植物是与裸子植物、蕨类植物并列的另一姊妹单系群，起源相对古老，推断该保护区在植物迁移进化过程中处于迁移过渡地段，原始起源性较低；而从蕨类植物种属组成上来看，从相对原始的木贼科到比较进化的水龙骨科在该保护区内均有分布，鳞毛蕨类群、蹄盖蕨类群、凤尾蕨类群在该区内也拥有较大的数量，蕨类植物资源相对于石松类具有较高的丰富性，这体现出印江洋溪自然保护区蕨类植物起源古老，在历史变迁中逐渐进化，并处于过渡迁移过程中种类逐渐丰富。

(2)蕨类植物概况及优势性分析

保护区蕨类植物中，由于新系统变更后，广义凤尾蕨科Pteridaceae、广义鳞毛蕨科Dryopteridaceae

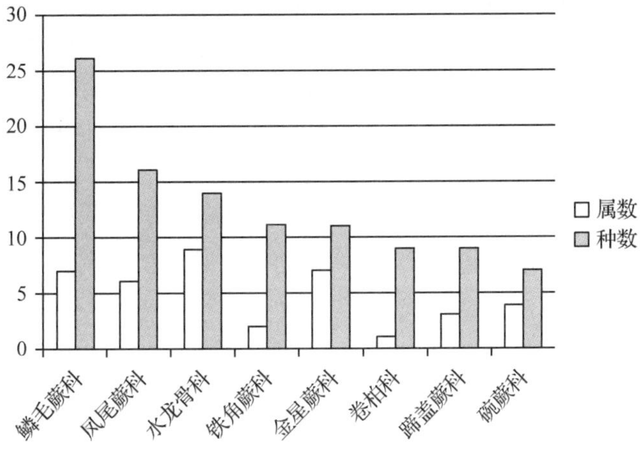

图 3.2　印江洋溪自然保护区蕨类植物主要科所含属、种统计

及广义水龙骨科Polypodiaceae 类群庞大，在进行优势性分析时优势性过于明显，在图 3.2 中即能看出，故此不再进行科的优势性分析。

从属的组成来看(见图 3.3)，保护区蕨类植物优势属依次为：铁角蕨属 *Asplenium* 10 种，凤尾蕨属 *Pteris* 8 种，耳蕨属 *Polystichum*7 种，鳞毛蕨属 *Dryopteris*5 种，对囊蕨属 5 种；5 个优势属占蕨类植物总属数的 9.61%，优势属包含种数占该区蕨类植物总种数的 30.97%，优势性明显，其余 47 个属所包括的种类都不超过 5 种。此外，只有 1 个种分布的属共有 27 个，占区内蕨类植物总属数的一半，为 51.92%，从该数据上体现出该地区蕨类植物在科属分化较为完善的同时，种的分化程度相对较低，表现出该区蕨类植物具有地理过渡性。

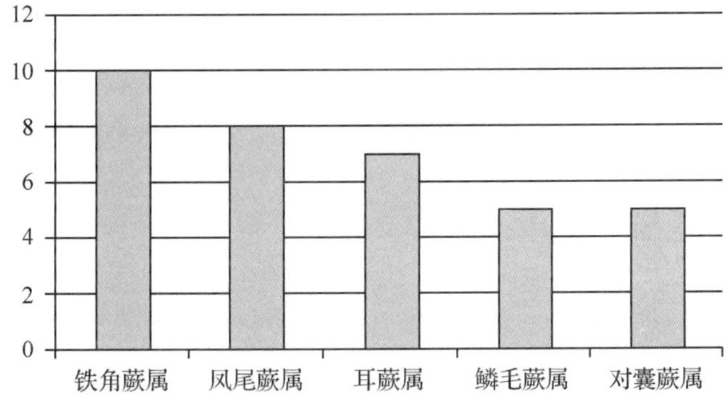

图 3.3　印江洋溪自然保护区蕨类植物主要属所含种统计

三、结论与讨论

(1)印江洋溪自然保护区石松类及蕨类植物 20 科 56 属 126 种，其中石松类植物 2 科 4 属 12 种，蕨类植物 18 科 52 属 114 种；优势属为铁角蕨属、凤尾蕨属、耳蕨属、鳞毛蕨属、对囊蕨属，区境内石松类及蕨类植物资源丰富，系统进化完善。

(2)在保护区石松类及蕨类植物中，属是以泛热带分布的属占优势，表明了该地区的石松类及蕨类植物区系具有热带亲缘关系，同时地理联系广泛。

该保护区石松类及蕨类植物中，温带成分种最多，占总种数的 65.08%，热带成分种共有 39 种，世界广布种共有 5 种，说明该地区植物具有温带性质；东亚分布最多，共有 57 种，占总种数的 45.24%，属于东亚植物区系，并有广泛的地理联系性。根据 1991 年吴征镒提出的云南，金沙江河谷为中国—日本分布和中国—喜马拉雅分布的分界线，保护区蕨类植物处于中国—日本分布区，故其成分多于中国—喜马拉雅成分，表明了该区内石松类及蕨类植物区系与日本的关系较为密切；同时该地区接近分布区的分界线，为过渡地带，反映到蕨类植物上为含 1 种的属较多(27 个属)，具有过渡性，这与南宫自然保护区、黔北蕨类植物的研究结果一致。同时，保护区石松类及蕨类植物中中国特有种有 22 种，说明保护区石松类及蕨类植物具有一定的特殊性。

(3)保护区内，紫萁(薇菜)*Osmunda japonica*，营养价值高；海金沙 *Lygodium japonicum*、贯众 *Cyrtomium fortunei* 等均为传统的中药材，具有较高的医药价值；江南星蕨 *Microsorum fortunei* 等，叶形奇特美观，可作为耐阴盆栽美化环境。这些有一定经济价值的种类，可以在保护的前提下，进行适度的开发利用。

(吴菲菲　苟光前　孙巧玲　王美娟　严丽蓉)

参考文献

吴征镒 . 2006. 云南植物志(第 20 卷)[M]. 北京：科学出版社 .

吴征镒 . 2006. 云南植物志(第 21 卷)[M]. 北京：科学出版社 .

王培善，王筱英 . 2001. 贵州蕨类植物志[M]. 贵阳：贵州科学出版社，1 – 727.

李茂，陈景艳，罗扬，等 . 2009. 贵州蕨类植物整理研究[J]. 贵州林业学报，37(1)：32 – 38.

秦仁昌 . 1978. 中国蕨类植物科属的系统排列和历史来源[J]. 植物分类学报，16(3)：1 – 19.

秦仁昌 . 1978. 中国蕨类植物科属的系统排列和历史来源[J]. 植物分类学报，16(4)：16 – 37.

徐永福，喻勋林，陈炳辉 . 2009. 广东郁南同乐大自然保护区种子植物区系研究[J]. 热带亚热带植物学报，17(6)：590 – 595.

薛高亮，王韶敏，苟光前，等 . 2011. 黔北丹霞地貌蕨类植物初步研究[J]. 山地农业生物学报，30(2)：110 – 114.

吴征镒 . 1991. 中国种子植物属的分布区类型[J]. 云南植物研究，(增刊)：1 – 139.

吴世福，张伟江，周 伟，等 . 1993. 中国蕨类植物属的分布区类型及区系特征[J]. 考察与研究，13：63 – 77.

苟光前 . 2003. 蕨类植物[C]. 南宫自然保护区科学考察集 . 贵阳：贵州科技出版社，54 – 63.

莫 非，杨 龙，陈 训 . 2005. 贵州喀斯特地区蕨类植物区系特征[J]. 贵州科学，9(3)：56 – 59.

刘红梅，王丽，张宪春，等. 2008. 石松类和蕨类植物研究进展：兼论国产类群的科级分类系统[J]. 植物分类学报，46(6)：808 ~ 829.

Christenhusz MJM，Zhang XC，Schneider H. 2011a. A linear sequence of extant families and genera of lycophytes and ferns [J]. Phytotaxa，19：7 – 54.

Christenhusz MJM，Reveal JL，Farjon A et al.. 2011b. A new classification and linear sequence of extant gymnosperms[J]. Phytotaxa，19：55 – 70.

第七节　苔藓植物

一、材料与方法

1. 标本整理与鉴定

2013 年 5 月，通过对印江洋溪自然保护区苔藓植物的采集、实验室内标本的整理，查阅相关书籍、文献对标本进行鉴定。

2. 数据分析

(1)丰富性评价方法。采用左家哺综合系数法，对不同地区的苔藓植物丰富性程度进行比较。

$Si = \sum_{k=1}^{m} [(xik - \overline{xik})/\overline{xik}]$，xik 为 n 个苔藓植物区系里第 i 个苔藓植物区系 m 个分类单位第 k 个分类单位的数值；$\overline{xik} = \frac{1}{n}\sum_{k=1}^{m} xik$ 为 n 个区系中 m 个分类单位第 k 个分类单位的平均值；Si 为 n 个区系里第 i 个区系丰富性综合值，Si 越大，则该区系越丰富。

(2)区系谱。$FER = (FEi/T) \times 100\%$，$FEi$ 表示某区系中第 i 个区系成分的分类群数，T 为某区系中分类群总数，世界分布广布成分不计算其内。

(3)SPSS 软件聚类分析。聚类分析选取组间联接法，采用平方 Euclidean 距离进行间距的测量。

二、结果与分析

1. 苔藓植物物种组成

鉴定出该地区有苔藓植物 58 科 130 属 323 种(含变种、亚种)，苔类有 23 科 34 属 74 种，藓类有 35 科 96 属 249 种。

(1)优势科、优势属统计。根据本区苔藓植物具体组成情况，优势科设定为种数大于或等于 15 种的科，优势属设定为种数大于或等于 8 的属，详见表 3.50、表 3.51。可知该区苔藓植物优势科有 7 个，占该地区科数的 12.07%，分别是：丛藓科 Pottiaceae、青藓科 Brachytheciaceae、灰藓科 Hypnaceae、真藓科 Bryaceae、提灯藓科 Minaceae、蔓藓科 Meteoriaceae 和凤尾藓科 Fissidentiacea。7 个优势科共有苔藓植物 42 属 138 种，占整个保护区苔藓植物属数的 32.31% 和种数的 42.72%。其中代表温带分布的科有丛藓科、青藓科和提灯藓科，代表温带至热带分布的科有凤尾藓科，热带、亚热带性质的科有蔓藓科，世界广布类型的科有真藓科、灰藓科。综上，保护区苔藓植物区系特征为：温带成分占主体，热带成分也占有较大比例。由此得出，印江洋溪苔藓植物区系在科一级分类上处于北半球回归线以北的温带地段上。这与该区的地理位置及亚热带季风气候特征相一致。

从表 3.51 看出，优势属有凤尾藓属、真藓属、青藓属、美喙藓属、绢藓属和光萼苔属。6 个优势属共有苔藓植物 64 种，占总种数的 19.81%。其中，具有温带性质的有青藓属、美喙藓属和绢藓属，具温带和热带分布的有凤尾藓属、光萼苔属，代表世界广布类型的有真藓属。该地区苔藓植物区系有强烈的温带性质，同优势科分析结果相一致。

表 3.50　印江洋溪自然保护区苔藓植物优势科组成

顺序	科名	属数	种数
1	丛藓科 Pottiaceae	11	26
2	青藓科 Brachytheciaceae	5	26
3	灰藓科 Hypnaceae	8	20
4	真藓科 Bryaceae	5	19
5	提灯藓科 Minaceae	5	17
6	蔓藓科 Meteoriaceae	7	15
7	凤尾藓科 Fissidentiacea	1	15
合计	7(12.07%)	42(32.31%)	138(42.72%)

表 3.51 印江洋溪自然保护区苔藓植物优势属组成

顺序	属名	种数
1	凤尾藓属 *Fissidens*	15
2	真藓属 *Bryum*	13
3	青藓属 *Brachythecium*	12
4	美喙藓属 *Eurhynchium*	8
5	绢藓属 *Entodon*	8
6	光萼苔属 *Porella*	8
合计	6(4.62%)	64(19.81%)

(2)单一科、属的组成。保护区中苔藓植物含1属的科有31科，占总科数的53.45%，含1种的属有62属，占总属数的47.69%。他们所占比例相当大，说明该地区苔藓植物在科与属的层次上多样性和复杂性，同时也表明该地区苔藓植物区系起源的古老性，与印江的地质地貌、气候特征和群落演化有着紧密的关系。

2. 与其他地区苔藓植物区系的关系

(1)物种丰富度比较。一个植物区系的物种丰富度的评价，必须建立在不同地区的比较上才有意义，同时不能仅从种的数目上去区分，必须综合区系的科、属、种三方面因素。根据印江所处经纬度，选择了8个与之在经度或纬度相近的地区来比较苔藓植物丰富度，其中在纬度上选择了25°~28°的4个地区，分别是广西猫儿山、云南鸡足山、江西阳际峰和贵州麻阳河；在经度上选择了103°~109°的4个地区，分别是云南大围山、陕西太白山、陕西佛坪和海南尖峰岭。大围山、猫儿山丰富度最高，其余依次为佛坪、鸡足山、太白山、尖峰岭、洋溪、阳际峰，麻阳河丰富度最低。印江洋溪自然保护区排列第七，综合系数Si为-0.3393。大围山、猫儿山在中国苔藓植物地理分区中属于岭南区，终年潮湿多雨，植被类型丰富，热带雨林小生境多样，成为苔藓植物最为丰富的地区之一；麻阳河、洋溪苔藓植物地理分区为云贵区，但其丰富度偏低，可能与该保护区海拔跨度小、生境异质性低和地理位置相对狭窄等因素相关(表3.52、表3.53)。

表 3.52 9个地区地理环境、气候和植被类型

地区	纬度	经度	最高峰	高差(m)	气候	植被类型
猫儿山	25°48′~25°58′	110°20′~110°35′	2141.5	1862	亚热带季风气候	亚热带常绿阔叶林
鸡足山	25°56′~26°00′	100°20′~100°25′	3248.4	1500	季风高原气候	亚热带温带常绿针阔叶林
阳际峰	27°51′~28°02′	117°11′~117°28′	1540	1415	亚热带季风气候	亚热带常绿阔叶林
麻阳河	28°28′~28°51′	108°07′~108°20′	1067	647	亚热带季风气候	亚热带常绿阔叶林
洋溪	27°45′~27°59′	108°23′~108°40′	1360	710	亚热带季风气候	亚热带常绿阔叶林
大围山	22°28′~22°45′	103°39′~103°51′	2363	2138	亚热带海洋性气候	热带山地常绿阔叶林
太白山	33°49′~34°08′	107°41′~107°51′	3767	3047	温带季风气候	落叶阔叶林
佛坪	33°33′~33°46′	107°40′~107°55′	2904	1924	北亚热带向暖温带过渡	暖温带落叶阔叶林
尖峰岭	18°23′~18°50′	108°36′~109°05′	1412	1212	热带雨林气候	热带半落叶季雨林

表 3.53　印江洋溪自然保护区与其他 8 个地区苔藓植物丰富度比较

地区	科数	属数	种数	科	属	种	综合系数	排序
广西猫儿山	71	167	466	0.1989	0.1011	0.1891	0.4891	2
云南鸡足山	63	189	388	0.0638	0.2462	-0.0099	0.3000	4
江西阳际峰	57	133	297	-0.0375	-0.1231	-0.2421	-0.4027	8
贵州麻阳河	42	121	349	-0.2908	-0.2022	-0.1094	-0.6024	9
印江洋溪	58	130	323	-0.0206	-0.1429	-0.1758	-0.3393	7
云南大围山	65	180	519	0.0976	0.1868	0.3244	0.6087	1
秦岭太白山	62	143	341	0.0469	-0.0571	-0.1299	-0.1401	5
陕西佛坪	62	163	475	0.0469	0.0747	0.2121	0.3337	3
海南尖峰岭	53	139	369	-0.1051	-0.0835	-0.0584	-0.2470	6

(2)区系地理成分比较。植物区系谱是指某植物区系中各种区系成分百分率的集合，反映了各类区系成分在该区系中占有的比例或对区系总体的贡献，有利于消除保护区的面积和物种丰富度对其的影响。9 个地区的苔藓区系地理成分谱系如表 3.54 所示。从图 3.4 可得出 9 个地区的苔藓植物区系北温带成分、热带成分和东亚成分为主，可决定该地区的区系性质。从表 3.54 可知，纬度由麻阳河、阳际峰、洋溪、鸡足山、猫儿山依次降低，这 5 个地区的北温带成分总体上随纬度的降低而减少，但鸡足山却出现相反趋势，可能与其高于 3000m 的高海拔相关，海拔越高，区系成分越偏向于温带成分。印江、阳际峰和麻阳河由于纬度位置接近，温带成分比例相近。热带成分比例与其纬度变化趋势基本符合。东亚成分与经度的变化趋势也并未呈现出完全的对应趋势。综上所述，区系成分并非简单由经纬度所决定，而与许多因素综合交叉相关，如气候、地质地貌、海拔、人为干扰程度等都会影响苔藓植物区系地理成分。

根据 FER 值，用 SPSS19.0 软件作聚类分析。从图 3.5 看出，9 个地区的苔藓植物区系成分关系树状图明显地分为 3 组，鸡足山、麻阳河、阳际峰、洋溪、猫儿山、大围山和佛坪聚为一大类群组 1，太白山单独为一类为组 2，尖峰岭为组 3。组 1 和组 2 在步长等于 17 处聚合，再和组 3 在步长等于 25 处聚合。印江地区苔藓植物区系以步长等于 1 与云贵区的鸡足山和麻阳河、华东区的阳际峰关系最为密切，这 4 个地区由于地理位置相邻，同处亚热带，气候相似及植被类型相同，因而其温带成分和热带成分比例接近，反映了苔藓植物区系成分由温带向热带过渡的特点。岭南区的猫儿山和大围山比上述 4 个地区的热带成分偏高而北温带成分偏低，与鸡足山、麻阳河、阳际峰、印江在步长等于 3 处相聚。太白山由于温带成分比例较高而单为一组。位于岭南区的尖峰岭由于纬度位置较低和热带雨林的气候特征造成苔藓区系成分以热带成分为主而单为一组，与印江苔藓植物区系关系最为疏远。

表 3.54　印江洋溪自然保护区与其他 8 个地区苔藓植物 FER 统计

区系成分	北温带成分	旧世界温带成分	温带亚洲成分	东亚－北美成分	地中海区、西亚至中亚成分	中亚成分	东亚成分	热带成分	中国特有成分
广西猫儿山	14.75	1.15	0.46	3.92	0	0	40.55	33.41	5.76
云南鸡足山	24.17	3.57	0	3.57	0	0	31.19	23.63	13.7
江西阳际峰	19.03	2.24	2.24	4.48	1.12	0	34.7	29.1	7.09
贵州麻阳河	22.87	1.47	1.76	2.35	0.59	0	27.27	29.33	14.37
印江洋溪	21.25	1.1	3.3	2.56	0	0	37.73	23.81	10.62
云南大围山	9	0.82	0.41	4.09	0.41	0.41	36.81	36.81	11.25
秦岭太白山	52.41	2.25	6.75	1.61	0.32	0	22.51	5.14	9
陕西佛坪	28.82	2.18	0.44	4.37	0	0.66	39.52	11.35	12.66
海南尖峰岭	4.8	2.18	0.43	1.75	0	0	18.34	66.81	5.68

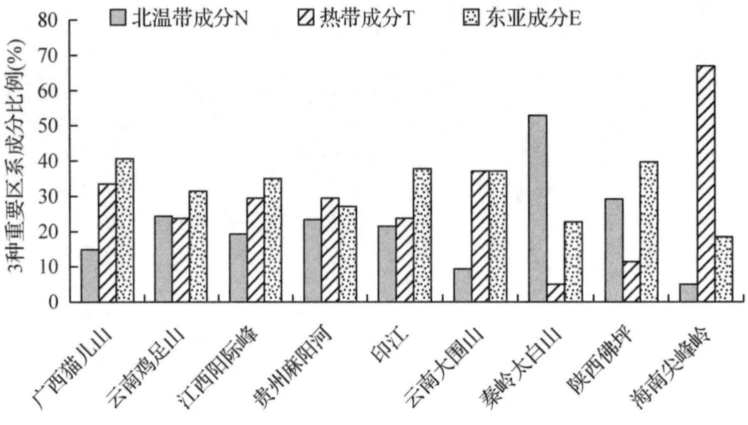

图 3.4 印江洋溪自然保护区与其他 8 个地区 3 种主要区系成分比较

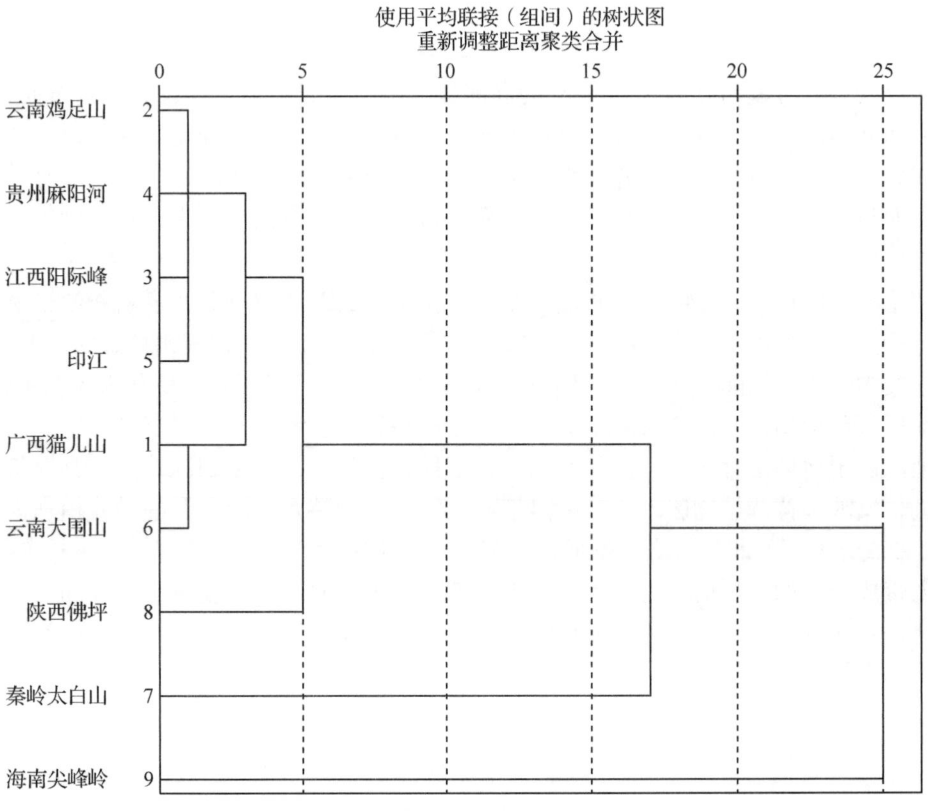

图 3.5 印江洋溪自然保护区与其他 8 个地区苔藓植物区系地理成分聚类分析

三、结论与讨论

(1)印江洋溪自然保护区共有苔藓植物 58 科 130 属 323 种(包括亚种、变种)，分别占贵州省苔藓植物总科数的 63.04%，总属数的 35.91%，总种数的 20.05%。优势科 7 科，分别是：丛藓科、青藓科、灰藓科、真藓科、提灯藓科、蔓藓科和凤尾藓科。优势属有凤尾藓属、真藓属、青藓属、美喙藓属、绢藓属和光萼苔属。

(2)该区苔藓植物区系成分可划分为 13 个类型，多种区系成分相互渗透，以东亚成分最为丰富，占总种数的 37.73%，其次是温带成分和热带成分，分别占总种数的 25.64% 和 23.81%。区系成分东亚色彩浓厚，温、热带成分相当，具有温带向热带过渡性质。

(3)中国苔藓植物地理分区分为10个区，云贵区由于其独特的地理位置和海拔高度存在明显差距而成为中国苔藓植物最丰富的地区之一。印江属云贵区，但丰富度相比其他地区较低，排列第七，这可能与该区海拔跨度小、生境异质性低、地理位置相对狭窄等因素相关。

(4)对9个地区的苔藓区系地理成分谱系分析得出，北温带成分在各区系中所占比例随纬度的降低而减少，热带成分比例随纬度升高而降低，而东亚成分并未与经度的变化趋势完全对应。区系成分并不是由经纬度简单决定，而与气候、地质地貌、海拔、人为干扰程度等因素综合交叉相关。

(5)聚类分析结果显示，印江洋溪自然保护区与云南鸡足山、贵州麻阳河和江西阳际峰苔藓植物区系关系密切，与尖峰岭区系关系疏远。洋溪、鸡足山、麻阳河、阳际峰这4个地区温带成分和热带成分比例相当，苔藓植物区系成分由温带向热带过渡。太白山苔藓植物区系具明显温带性质特征，而尖峰岭以明显热带性质区系成分与印江关系最为疏远。

（刘良淑　熊源新　钟世梅　崔再宁　王　蓉　颜丽蓉）

参考文献

胡人亮．1987．苔藓植物学[M]．北京：高等教育出版社．

高谦．1994．中国苔藓志(第一卷)[M]．北京：科学出版社．

高谦．1996．中国苔藓志(第二卷)[M]．北京：科学出版社．

黎兴江．2000．中国苔藓志(第三卷)[M]．北京：科学出版社．

黎兴江．2006．中国苔藓志(第四卷)[M]．北京：科学出版社．

吴鹏程，贾渝．2011．中国苔藓志(第五卷)[M]．北京：科学出版社．

吴鹏程．2002．中国苔藓志(第六卷)[M]．北京：科学出版社．

胡仁亮．王幼芳．2005．中国苔藓志(第七卷)[M]．北京：科学出版社．

吴鹏程，贾渝．2004．中国苔藓志(第八卷)[M]．北京：科学出版社．

高谦．2003．中国苔藓志(第九卷)[M]．北京：科学出版社．

高谦，吴玉环．2008．中国苔藓志(第十卷)[M]．北京：科学出版社．

中国科学院昆明植物研究所．2000．云南植物志(十七卷－十九卷)[M]．北京：科学出版社．

左家哺，傅德志，彭代文．1996．植物区系的数值分析[M]．北京：中国科学技术出版社．

马克平，高贤明，于顺利．1995．东灵山地区植物区系的基本特征与若干山区植物区系的关系[J]．植物研究，15(4)：501－515．

熊源新，阎晓丽．2008．贵州红水河谷地区苔藓植物区系研究[J]．广西植物，28(1)：37－46．

陈清，王玛丽，张满祥．2008．秦岭地区苔类植物区系的初步研究[J]．武汉植物学研究，26(4)：366－372．

吴征镒．1991．中国种子植物属的分布区类型[J]．云南植物研究，(增刊)：1－139．

王玲，郑荣周，何飞等．2009．四川西部地区苔藓植物区系研究[J]．四川林业科技，30(1)：18－22．

左勤，刘倩，王幼芳．2010．广西猫儿山自然保护区藓类植物区系研究[J]．广西植物，30(6)：850－858．

崔明昆，王跃华．1998．云南鸡足山苔藓植物区系的研究[J]．云南大学学报(自然科学版)，20(生物学专辑)535－539．

严雄梁，季梦成，吴璐璐．2010．江西省阳际峰自然保护区苔藓植物区系研究[J]．浙江大学学报(农业与生命科学版)，36(3)：348－354．

杨宁．2007．麻阳河黑叶猴自然保护区苔藓植物区系研究[D]．贵阳：贵州大学．

杨丽琼．2004．云南屏边大围山自然保护区藓类植物区系研究[D]．上海：华东师范大学．

翟德逞．2004．云南大围山苔类植物区系及其常绿阔叶林内苔藓植物生态分布的研究[D]．上海：华东师范大学．

宋鸣芳．2007．太白山自然保护区苔藓植物研究[D]．西安：西北大学．

李粉霞．2006．佛坪国家级自然保护区苔藓植物的物种及生态系统多样性[D]．上海：华东师范大学．

孙悦．2011．尖峰岭国家级自然保护区苔藓植物物种多样性研究[D]．海口：海南大学．

吴鹏程，贾瑜．2006．中国苔藓植物的地理分区及分布类型[J]．植物资源与环境学报，15(1)：1－8．

吴文英，左勤，王幼芳等．2012．国家戴云山国家级自然保护区藓类植物区系研究[J]．植物科学学报，30(2)：122－132．

第八节　大型真菌

一、研究方法

根据印江洋溪自然保护区的特点，以点与面相结合的采集方式，重点调查与一般调查相结合，对海拔高度、植被类型中的大型真菌进行调查，同时采取对不同季节性的物种和个别区域实行补点采集，详细记录大型真菌的采集地点、生态环境、海拔高度，植被类型等相关的数据。采用野外调查与室内测定相结合，宏观特征与微观特征相结合，按照10版真菌分类系统，在室内通过大量的真菌标本微观结构和宏观诸特征的分类鉴定，结合国内外参考文献对所获得的数据进行统计分析。

二、结果与分析

1. 种类与数量

经过野外系统调查研究，发现印江洋溪自然保护区大型真菌种类共有190种和变种，其中子囊菌5科11属15种；担子菌45科96属175种，并按照最新真菌分类系统（Kirk *et al.* 2008）进行分类。

2. 生态分布

影响大型真菌种类的分布除气候、海拔高度、坡度、坡向和土壤等因素外，植物种类的组成对大型真菌种类的分布影响更大，不同的地区性生境条件的特点分别反映着植物群落的结构、外貌和组成差异，从而引起植被类型的多样性。植被类型的不同反映出大型真菌种类的组成不同，保护区植物种类绝大多数属于北亚热带区系成分，总体森林植被为常绿落叶阔叶混交林，主要组成树种有石栎 *Lithocarpus*、大叶栲、甜槠栲、丝栗栲 *Castanopsis fargesii*、楠木 *Phoebe zhennan*、闽楠 *P. bournei*、樟树 *Cinnamomum camphora*、黑壳楠 *Lindera megaphylla*、山矾 *Symplocus sumuntia*、大叶桂樱、云贵鹅耳枥 *Carpinus pubescens*、水青冈、石灰花楸 *Sorbus folgneri*、美脉花楸 *S. caloneura*、猴欢喜 *Sloanea sinensis*、仿栗 *S. hemsleyana*、山杜英 *Elaeocarpus sylvestris*、四照花 *Dendrobenthamia melanotricha*、马尾松 *Pinus massoninana*、黄杉、柏木、南酸枣 *Choerospondias axillaries*、红豆杉 *Taxus chinensis*、南方红豆杉 *T. chinensis* var. *mairei*、山核桃等。根据本区植被类型的特点，可把保护区的大型真菌分为5个不同的生态类型区。

(1)常绿阔叶林的大型真菌。常绿阔叶林与该区地带性植被相吻合，也是保护区最主要的植被类型之一。但由于人为干扰，该类森林分布范围不大，在保护区内呈零星分布。主要树种有槭树科槭属、蔷薇科石楠属、壳斗科的青冈栎属等树种组成。常见大型真菌有下垂线虫草 *Ophiocordyceps nutans* 、黄小孢盘菌 *Bisporella citrina* 、毛木耳 *Auricularia polytricha.* 、皱木耳 *A. delicat*、小果蚁巢伞 *Termitomyces microcarpus*、根蚁巢伞、易碎白鬼伞 *Leucocoprinus fragilissimus*、密生假墨伞 *Coprinellus disseminatus*、鸡油菌 *Cantharellus cibarius*、黄盖小脆柄菇 *Psathyrella canadensis*、拟臭黄菇 *Russula laurocerasi*、云芝 *Trametes versicolor*、长根菇 *Hymenopellis radicata*、紫晶蜡蘑 *Laccaria amethystea*、红托鹅膏 *Amanita rubrovolvata*、黄裙竹荪 *Dictyophora multicolor*、网纹灰包 *Lycoperdon perlatum*、小灰包 *L. pusillum*、白微皮伞 *Marasmiellus candidus*、金顶侧耳 *Pleurotus citrinopileatus*、糙皮侧耳 *P. ostreatus*、鼠灰光柄菇 *Pluteus ephebeus*、漏斗多孔菌 *Polyporus arcularius*、雅致多孔菌 *P. leptocephalus*、黑柄多孔菌 *P. melanopus*、多孔菌 *P. varius*、丝光钹孔菌 *Coltricia cinnamomea*、大孔多孔菌 *Neofavolus alveolaris*、白斗韧伞 *Lentinus squarrosulus*、黄白小脆柄菇 *Psathyrella candolleana*、波纹假皱孔菌 *P. curtisii*、蜡伞 *Hygrophorus ceraceus*、黄疸

粉牛肝菌 *Pulveroboletus icterinus*、鲜红密孔菌 *Pycnoporus cinnabarinus*、血红密孔菌 *P. sanguineus*、毛伏褶菌、隆纹黑蛋巢菌 *Cyathus striatus* 等。

(2)常绿落叶阔叶混交林中的大型真菌。该植被类型也是保护区主要植被类型，是保护区常见植被类型，分布范围较广。常绿树种略占优势，伴生一定数量的落叶阔叶树种。主要常绿树种有樟科楠木属、山胡椒属，山茶科木荷属，壳斗科栲属等。落叶树种有金缕梅科的枫香属、蔷薇科花楸属等。常见种类有角状胶角菌 *Calocera cornea*、毛柄小火焰菇 *Flammulina velutipes*、灰树花菌 *Grifola frondosa*、红皮美口菌 *Calostoma cinnabarinum*、头状马勃 *Calvatia craniiformis*、鸡油菌 *Cantharellus cibarius*、小鸡油菌 *C. minor*、一色齿毛菌 *Cerrena unicolor*、盾状裸柄伞 *Gymnopus peronatus*、蝉棒束孢 *Isaria cicadae*、蜂窝菌 *Hexagonia tenuis*、香菇 *Lentinula edodes*、卷缘齿菌 *Hydnum repandum*、变黑蜡伞 *Hygrophorus conicus*、簇生沿丝伞 *Hypholoma fasciculare*、裂丝盖伞 *Inocybe rimosa*、鲑贝耙齿菌 *Irpex consors*、白囊耙齿菌 *I. lacteus*、紫晶蜡蘑 *Laccaria amethystea*、点柄臭红菇 *Russula senecis*、细质乳菇 *Lactarius aurantiacus*、香乳菇 *L. camphoratus*、松乳菇 *L. deliciosus* 等。本类型是本区发育最好的植被类型，种类丰富，种类多样性相当高，良好的生境条件有利于大型真菌生长繁殖。

(3)针阔混交林。针阔混交林在自然保护区的分布较广。该植被类型乔木层分为两个亚层，针叶树在第一层占绝对优势，亚层主要为阔叶树种。针叶树主要有黄杉、杉木、马尾松等树种，阔叶树种主要由甜槠栲、青冈栎、南酸枣等组成，树种组成较丰富。常见种类有茶褐丝盖伞 *Inocybe umbrinella*、烟色红菇 *Russula adusta*、白红菇 *R. albida*、蓝黄红菇 *R. cyanoxantha*、美味红菇 *R. delica*、密褶红菇 *R. densifolia*、臭红菇 *R. foetens*、稀褶黑菇 *R. nigricans*、红菇 *R. rosea*、绿红菇 *R. virescens*、乳牛肝菌 *Suillus bovinus*、网纹马勃 *Lycoperdon perlatum*、棱柱散尾菌 *Lysurus mokusin*、高大环柄菇 *Macrolepiota procera*、纯白微皮伞 *Marasmiellus candidus*、灰微皮伞 *M. cinereus*、树生微皮伞 *M. dendroegrus* 等。

(4)针叶林。该植被类型主要为纯林，主要树种为马尾松。林分上层为针叶树，下层伴生少量低矮的灌木。如山胡椒、菝葜 *Smilax china*、杜鹃、柃木等。常见种类有易碎白鬼伞 *Leucocoprinus fragilissimus*、红蜡蘑 *Laccaria laccata*、豆包马勃 *Pisolithus arhizus*、小灰球菌 *Bovista pusilla*、乳牛肝菌 *Suillus bovinus*、混杂松塔牛肝菌 *Strobilomyces confusus*、白红菇 *Russula albida*、蓝黄红菇 *R. cyanoxantha*、美味红菇 *R. delica*、密褶红菇 *R. densifolia*、拟臭黄菇 *R. laurocerasi*、红黄红菇 *R. luteolacta*、多根硬皮马勃 *Scleroderma polyrhizum*、辣乳菇 *Lactarius piperatus*、红汁乳菇 *L. hatsudake*、白乳菇、绒白乳菇 *L. vellereus*、多汁乳菇 *L. volemus*、小冠瑚菌 *Artomyces colensoi*、小托柄鹅膏 *Amanita farinosa*、格纹鹅膏 *A. fritillaria*、硬皮地星 *Astraeus hygrometricus*、耳匙菌 *Auriscalpium vulgare* 等。

(5)灌木林。主要呈镶嵌状小块分布，一般海拔600～800m，主要树种为金佛山荚蒾、马桑 *Coriaria sinica*、腊莲绣球 *Hydrangea strigosa*、菝葜、竹叶椒 *Zanthoxylum planispinum*、巴豆 *Croton tiglium*、球核荚蒾等。本范围常见种类有生于腐木上的长根小奥德蘑 *Oudemansiella radicata*、花褶菇 *Panaeolus papilionaceus* var. *papilionaceus*、鳞皮扇菇 *Panellus stipticus*、卷边网褶菌 *Paxillus involutus*、红盖小皮伞 *Marasmius haematocephalus*、大盖小皮伞 *M. maximus*、硬柄小皮伞 *M. oreades*、相邻小孔菌 *Microporus affinis*、毛木耳 *Auricularia polytricha*、辣乳菇 *Lactarius piperatus*、云芝 *Trametes versicolor*、紫晶蜡蘑 *Laccaria amethystea*、网纹灰包 *Lycoperdon perlatum*、小灰包 *L. pusillum*、黄小孢盘菌等。在保护区林区的灌木林随着林内的地形和水分变化大型真菌种类及数量明显下降，调查采集只获得几号个体较大的伞菌标本以及未发育成熟的多孔菌标本。可见大型真菌对缺水最为敏感，只要出现水分亏缺的干旱，大型真菌的生长发育就会受到影响，其种类和数量都会发生变化。

3. 印江洋溪自然保护区大型真菌的资源评价

(1)食用菌。食用菌是我国的重要生物资源，随着人们生活习惯的改变，食用菌消费日益增长，我国记载可食用的有900多种，商业化栽培的种类不到100种，其中多数属于担子菌亚门，少数属于子囊菌亚门。根据调查发现，保护区食用菌有80余种，常见的有蜜环菌 *Armillaria mellea*、杯冠瑚菌 *Artomyces pyxidatus*、冠锁瑚菌 *Clavulina cristata*、金黄喇叭菌 *Craterellus aureus*、紫晶蜡蘑 *Laccaria ame-*

thystea、双环林地蘑菇 *Agaricus placomyces*、林地蘑菇 *A. silvaticus*、长裙竹荪 *Dictyophora indusiata* f. *indusiata*、毛柄小火焰菇 *Flammulina velutipes*、灰树花菌 *Grifola frondosa*、香乳菇 *Lactarius camphoratus*、松乳菇 *L. deliciosus*、红汁乳菇 *L. hatsudake*、绿红菇 *Russula virescens*、盾形蚁巢伞 *Termitomyces clypeatus*、香菇 *Lentinula edodes*、侧耳 *Pleurotus ostreatus*、牛舌菌 *Fistulina hepatica*、木耳 *Auricularia auricula - judae*、皱木耳 *A. delicata*、银耳 *Tremella fuciformis*、鸡油菌 *Cantharellus cibarius*、紫褐牛肝菌 *Boletus violaceofuscus* 等；少数属于子囊菌门，有羊肚菌 *Morchella esculenta* 等。

(2)药用菌。药用真菌是食用后对人体的身体机能有修复和促进的大型真菌，近年来研究揭示，大型真菌中新的化合物种类比植物中多，活性成分和功能也优于植物资源，因此，药用大型真菌资源成为现在新药开发的热点材料来源。我国有药用菌 798 种，保护区有药用真菌资源近 100 种，常见的种类有亚黑管孔菌 *Bjerkandera fumosa*、硫磺菌 *Laetiporus sulphureus*、假蜜环菌 *Armillaria tabescens*、硬皮地星 *Astraeus hygrometricus*、银耳、木耳、皱木耳、蛹虫草 *Cordyceps militaris*、灰树花菌 *Grifola frondosa*、紫芝 *Ganoderma sinense*、灵芝 *G. sichuanense* 等种类。

(3)毒蘑菇。毒蘑菇分成胃肠中毒型、神经精神型、溶血型、肝脏损害型、呼吸与循环衰竭型和光过敏性皮炎型 6 种类型，许多毒蘑菇形态特征和生态习性与食用菌相似，甚至许多毒菌同样味道鲜美。中国的毒蘑菇种类已知有 400 多种，保护区有毒蘑菇资源 20 余种，最常见的毒蘑菇种类有格纹鹅膏 *Amanita fritillaria*、黄裙竹荪 *Dictyophora multicolor*、绿褐裸伞 *Gymnopilus aeruginosus*、变黑蜡伞 *Hygrophorus conicus*、花褶菇 *Panaeolus papilionaceus* var. *papilionaceus*、卷边网褶菌 *Paxillus involutus*、波纹假皱孔菌 *Pseudomerulius curtisii*、黄粉牛肝菌 *Pulveroboletus ravenelii*、密褶黑菇 *Russula densifolia*、稀褶黑菇 *R. nigricans*、马鞍菌 *Helvella elastica*、簇生沿丝伞 *Hypholoma fasciculare*、鳞皮扇菇 *Panellus stypticus*、绒白乳菇 *Lactarius vellereus* 等。在研究中要加强宣传避免毒蘑菇中毒事件的发生，又要开发利用这些毒蘑菇资源，为人们的生产生活服务。

（邓春英　吴兴亮　龚光绿）

参考文献

戴玉成，周丽伟，杨祝良等 . 2011. 中国食用菌名录[J]. 29(1)：1 ~ 21.

黄年来 . 1993. 中国食用菌百科[M]. 北京：中国农业出版社 .

黄年来 . 1998. 中国大型真菌原色图鉴[M]. 北京：中国农业出版社 .

卯晓岚 . 1987. 毒蘑菇识别[M]. 北京：科学普及出版社 .

卯晓岚 . 1998. 中国经济真菌[M]. 北京：科学出版社 .

邵力平，项存悌 . 1998. 中国森林蘑菇 . [M] . 哈尔滨：北林业大学出版社 .

图力古尔、包海鹰、李玉 . 2014. 中国毒蘑菇名录[J]. 菌物学报，33(3)：517 ~ 548.

应建浙，卯晓岚，马启明，等 . 1987. 中国药用真菌图鉴[M]. 北京：科学出版社 .

吴兴亮，臧穆，夏同珩，1997. 灵芝及其他真菌彩色图志[M]，贵阳：贵州科技出版社 .

吴兴亮，戴玉成 . 2005. 中国灵芝图鉴[M]. 北京：科学出版社 .

吴兴亮，戴玉成，李泰辉，等 . 2011. 中国热带真菌[M]. 北京：科学出版社 .

吴兴亮，卯晓岚，图力古尔等 . 2013. 中国药用真菌[M]. 北京：科学出版社，1 ~ 923.

吴兴亮，邓春英，张维勇等 . 2014. 中国梵净山大型真菌[M]. 北京：科学出版社 .

第九节　藻　类

藻类是水体中的初级生产者，是整个生态系统中物质循环和能力流动的基础。其种类组成、群落结构、数量分布和种群多样性等生态学特征，能较好地反映水质污染状况，是评价水环境质量的重要指标之一。

以往我国对自然保护区的资源调查多局限在高等植物方面，而水生生物调查则多局限为鱼类资源，往往忽视了藻类资源的调研，本次自然保护区考察增加了藻类资源调查，可谓是一大亮点。

一、调查地点与方法

1. 采样时间与地点

洋溪自然保护区地处亚热带季风湿润气候，年日照时数 1044.7～1266.2h，无霜期达 300 余天，年平均气温 13.5～17.6℃，年平均降水量 1110～1410mm，区内多水库，湖泊、河流，其得天独厚的自然环境为藻类生长繁殖提供了优越的条件。

本次科学考察于 2014 年 5 月 10～20 日对洋溪自然保护区进行为期 10 天的藻类定性采样，并拿回实验室进行种类鉴定。

2. 采样工具

采样工具包括显微镜、移液枪、显微图像采集系统、0.1ml 计数板、台纸、100ml 采集瓶、滴管、放大镜、小铁锤、镊子、小刀、标签、记录本、25#浮游生物网、4%的甲醛溶液、碘液。

3. 采样方法

(1)淡水附着藻采集方法。水生丝状种类可用镊子采集，对固着于石块、树皮或土壤表面等物体上的藻可用刮刀将藻从基部刮下或连同附着物一起采集。将采集到的样品放入采样瓶中并加入纯净水，但水不要加得太满，应留有一定的空间，标本瓶盖应注意密封，防止样品流失。标本瓶上贴上标签，标签上用铅笔注明该标本采集的地点、日期和采集者。

(2)淡水浮游藻类采集方法。用 25#浮游生物网于水平及垂直方向依“∞”字形缓慢拖网，之后置于 100ml 采样瓶，并立即用 4%甲醛溶液固定，盖好盖子并贴好标签密封。

4. 镜检

镜检步骤：

①将定量样品充分摇匀，用移液枪迅速吸出 0.1 mL 置于 0.1 mL 载玻片。

②沿盖玻片一端缓慢合上，注意不应有气泡。

③将盖玻片置于载物台。

④在 400 倍镜下镜检，并在记录本写明所看藻种。镜检次数应在 3 次以上，保证没有藻种遗漏。

二、结果与分析

1. 藻类群落结构

印江洋溪自然保护区淡水藻类共包括 7 门 10 纲 18 目 36 科 99(种/属)：绿藻门为 3 纲 7 目 14 科 37 种(属)，占总种数 48.5%；硅藻门为 2 纲 5 目 8 科 22 种(属)，占总种数 27.3%；蓝藻门为 1 纲 3 目 7 科 13 种(属)，占总种数 13.1%；甲藻门为 1 纲 1 目 3 科 3 种(属)，占总种数 3.03%；裸藻门为 1 纲 1 目 1 科 4 种(属)，占总种数 4.04%；隐藻门为 1 纲 1 科 1 属 1 种(属)，占总种数 2.02%；金藻门为 1 纲 1 目 1 科 1 种(属)，占总种数 2.02%(表 3.55)。此外，样品镜检中，硅藻密度极大，远超其他藻类。

表 3.55 印江洋溪自然保护区藻类群落结构

	纲	目	科	种(属)	占总种数(%)
绿藻门	3	7	15	48	48.5
硅藻门	2	5	8	27	27.3
蓝藻门	1	3	8	13	13.1
甲藻门	1	1	2	3	3.03
裸藻门	1	1	1	4	4.04
隐藻门	1	1	1	2	2.02
金藻门	1	1	1	2	2.02

2. *浮游植物功能群生境指示法*

(1)浮游植物功能群。Reynolds 依据浮游植物生理、生态、形态特点于 2002 年提出相对完整的浮游藻类功能群理论。该理论的一个主要内容就是属于同一功能群的藻类通常生长于相同的生境类型，且具有相似的敏感性和耐受性。相较于传统的林奈同源性分类法，功能群在描述生境特征以及判断物种发生上具有更好的准确性，极大地简化了传统生物分类系统的复杂性，为更合理地揭示生境变化对藻类集群的选择机制、预测藻类群落演替结果提供有力的工具。此外，功能群理论对于水体水质的判断比传统分类法更为准确。在 Padisák 等的进一步补充完善下，迄今共鉴定并描述了 39 种浮游藻类功能群。

(2)浮游植物功能群划分。根据 Renolds 等学者研究，该区域浮游植物功能群可划分为 B、C、D、E、F、H1、J、K、L_M、L_O、M、MP、N、N_A、P、S1、S2、T、X1、X2、X3、W1、W2、Y 共 24 个，其主要代表种类见表 3.56。其中绿藻门的功能群 J 种类最多，此外功能群 F、MP、L_O、P 种类也较多。

表 3.56 印江洋溪自然保护区藻类优势功能群及其主要代表种类

优势功能类群	主要代表种类
B	小环藻
C	模糊直链藻
D	针杆藻、菱形藻
E	锥囊藻
F	卵囊藻、蹄形藻、胶囊藻、网球藻、月牙藻
H1	念珠藻
J	栅藻，盘星藻、空星藻、多芒藻、微小四角藻、十字藻
K	粘杆藻
L_O	角甲藻、多甲藻、色球藻、平裂藻、双眉藻
L_M	蓝纤维藻
M	微囊藻
MP	舟形藻、桥弯藻、曲壳藻、异极藻、双菱藻、颤藻、丝藻
N	鼓藻、角星鼓藻
NA	凹顶鼓藻属

（续）

优势功能类群	主要代表种类
P	脆杆藻、颗粒直链藻、变异直链藻、颗粒直链藻最窄变种、颗粒直链藻极狭变种螺旋变形、等片藻
S1	假鱼腥藻、浮丝藻、鞘丝藻
S2	拟柱孢藻
T	水绵
W1	裸藻
W2	囊裸藻
X1	弓形藻、纤维藻
X2	衣藻
X3	波缘藻、肋缝藻
Y	隐藻

(3)应用功能群对水质进行评价。据 Judit Padisák 报道，功能群 B 适应生境为中营养的小型或中型湖泊；功能群 C 适应生境为富营养的小型或中型湖泊；功能群 D 适应生境为浅的浑浊水体，尤其是河流；功能群 E 适应生境为小型贫营养池塘；功能群 F 适应生境为清洁的混合的中营养水体；功能群 H1 适应生境为低氮的富营养水体；功能群 J 适应生境为浅的、混合的、高营养的水体，包括流速较慢的河流；功能群 K 适应生境为浅的富营养化水体；功能群 L_O生境范围较广，小型到大型，贫营养到富营养均能生长；功能群 L_M适应生境为富营养的小型或中型湖泊，功能群 M 适应生境为富营养的小型或中型水体；功能群 MP 适应生境为搅动的、无机的、浑浊的浅水水体；功能群 N 适应生境为 2－3 m 的混合水体；功能群 N_A适应生境为低营养到中营养的低海拔水体；功能群 P 适应生境为浅的富营养化水体；功能群 S1 适应生境为浑浊的混合水体；功能群 S2 适应生境为浅的碱度较高的水体；功能群 T 适应生境为持续性的混合水体；功能群 W1 适应生境为有机质丰富池塘或暂时性水体；功能群 W2 适应生境为中营养的池塘或暂时性水体；功能群 X1 适应生境为浅的富营养化水体；功能群 X2 适应生境为浅的中营养化水体；功能群 X3 适应生境为浅的、混合的贫营养水体；功能群 X3 适应生境为静水水体；功能群 Y 适应生境为牧食压力小的水体。

由以上功能群所指示生境可知，印江洋溪自然保护区生境多样性较高，贫营养到富营养水体，小型水体到大型水体，河流或池塘生境，甚至暂时性水体均有不同指数物种的出现。

（李秋华　李　磊　李　钥　邓　龙　肖　晶）

参考文献

胡鸿钧，魏印心．2006．中国淡水藻类——系统、分类及生态[M]．北京：科学出版社．

陈椽，龙胜兴，晏妮等．2011．贵阳市两湖一库浮游生物多样性及常见种图集[M]．贵州：贵州科技出版社．

郑洪萍，耿军灵，庄惠如等．2012．福建省大中型水库常见淡水藻类图集[M]．北京：中国环境科学出版社．

陈茜，吴斌，邵卫伟等．2010．浙江省主要常见淡水藻类图集[M]．北京：中国环境科学出版社．

Reynolds C S，Huszar V，Kruk C，et al. 2002，Towards a functional classification of the freshwater phytoplankton [J]. Journal of Plankton Research，24：417－428.

Padisak J，Crossetti L O，Naselli－Flores L. 2009. Use and misuse in the application of the phytoplankton functional classification：a critical review with updates[J]. Hydrobiologia，621：1－19.

第十节　珍稀濒危及特有植物资源调查

一、研究方法

（一）线路法

结合实际，对分布范围大而个体又零散分布的物种采用此法。根据访问和查阅现有资料，按照调查区域的地形、地貌，树种分布范围，从山脚到山顶选择有代表性的线路，按海拔每100m划分成段，详细记载该线路两侧各20m水平距离范围内出现的目的物种数量，再根据调查队员每天发现的株数来推算每平方千米株数。在不同海拔不同坡向设立样线，样线长度一般不短于2km，样线数目不少于3条。

（二）样方法

对于片状分布的树种，设置样方进行调查。样方分为主副样方，呈五点梅花状，主样方位于4个副样方对角线20m处。

（三）分布点定位及数据处理

1. 勾绘地图

统一采用1∶10 000地形图，对坡勾绘面积，并以GPS辅助定位。

2. 数据处理

资源量＝单位面积物种数量×出现度×分布面积

其中分布面积根据在地形图上勾绘物种的分布面积，采用AUTO CAD软件求出面积。

出现度公式为：$F=n/(N_1+N_2)$，式中：F表示目的物种在某种群落的出现度，n表示在该群落中出现目的物种的主、副样方总数，$N1$表示在该群落中所设主样方数，$N2$表示在该群落中所设副样方数。

单位面积物种数量计算：$D=N/S$ 即样方内目的物种密度＝样方内目的物种的数量/样方的合计面积。

（四）珍稀濒危及特有植物的依据

《国家重点保护植物名录（第一批）》1999.8；

《中国珍稀濒危保护植物名录》1987；

《中国植物红皮书》1991；

《濒危野生动植物种国际贸易公约》（CITES），1997.9.18；

《贵州省重点保护树种名录》1993.4.19；

《贵州维管束植物分类与代码》（DB52/T 820－2013）。

二、结果与分析

（一）珍稀濒危植物种类资源

经过多次考察及采集的标本资料统计，印江洋溪自然保护区内有天然分布的野生珍稀濒危植物14科28属36种（包括变种，下同）。其中国家Ⅰ级保护植物2科2属2种，国家Ⅱ级保护植物6科7属7种，贵州省重点保护树种7科9属9种，《濒危野生动植物种国际贸易公约》附录Ⅱ（简称CITES Ⅱ）兰科11属18种（表3.57）。

表 3.57 印江洋溪自然保护区珍稀濒危植物种类、习性、现状统计

序号	植物名称	科名	习性	保护级别	现状
1	南方红豆杉 *Taxus mairei*	红豆杉科 Taxaceae	常绿乔木	I	渐危
2	伯乐树 *Bretschneideraceae sinensis*	伯乐树科 Bretschneideraceae	落叶乔木	I	渐危
3	黄杉 *Pseudotsuga sinensis*	松科 Pinaceae	常绿乔木	II	渐危
4	楠木 *Phoebe zhennan*	樟科 Lauraceae	常绿乔木	II	渐危
5	伞花木 *Eurycorymbus cavaleriei*	无患子科 Sapindaceae	落叶乔木	II	渐危
6	榉木 *Zelkora schenidieriana*	榆科 Ulmaceae	落叶乔木	II	稀有
7	香果树 *Emmenopterys henryi*	茜草科 Rubiaceae	落叶大乔木	II	稀有
8	花榈木 *Ormosia henryi*	蝶形花科 Papilionaceae	常绿乔木	II	渐危
9	香樟 *Cinnamomum camphora*	樟科 Lauraceae	常绿乔木	II	渐危
10	三尖杉 *Cephalotaxus fortunei*	三尖杉科 Cephalotaxaceae	常绿乔木	省级	渐危
11	青檀 *Pteroceltis tatarinowic*	榆科 Ulmaceae	落叶乔木	省级	稀有
12	刺楸 *Kalopanax septemlobus*	五加科 Araliaceae	落叶乔木	省级	渐危
13	青钱柳 *Cyclocarya paliurus*	胡桃科 Juglandaceae	落叶乔木	省级	稀有
14	银鹊树 *Tapiscia sinensis.*	省沽油科 Staphyleaceae	落叶乔木	省级	稀有
15	檫木 *Sassafras tzumu*	樟科 Lauraceae	落叶乔木	省级	稀有
16	紫楠 *Phoebe sheareri*	木兰科 Magnoliaceae	常绿乔木	省级	稀有
17	穗花杉 *Amentotaxusargotaenia*	红豆杉科 Taxaceae	常绿小乔木	省级	渐危
18	川桂 *Cinnamomum wilsonii*	樟科 Lauraceae	常绿乔木	省级	稀有
19	白芨 *Bletilla stiata*	兰科 Orchidaceae	多年生草本	CITE	渐危
20	虾脊兰 *Calanthediscolor*	兰科 Orchidaceae	多年生草本	CITES	渐危
21	肾唇虾脊兰 *C. brevicornu*	兰科 Orchidaceae	多年生草本	CITES	渐危
22	剑叶虾脊兰 *C. davidii*	兰科 Orchidaceae	多年生草本	CITES	稀有
23	金兰 *Cephalanthera falcata*	兰科 Orchidaceae	多年生草本	CITES	稀有
24	杜鹃兰 *Cremastra appendiculata*	兰科 Orchidaceae	多年生草本	CITES	渐危
25	套叶兰 *Cymbidium cyperifolium*	兰科 Orchidaceae	多年生草本	CITES	渐危
26	蕙兰 *C. faberi*	兰科 Orchidaceae	多年生草本	CITES	渐危
27	多花兰 *C. floribundum*	兰科 Orchidaceae	多年生草本	CITES	渐危
28	春兰 *C. goeringii*	兰科 Orchidaceae	多年生草本	CITES	渐危
29	大斑叶兰 *Goodyera schlechtendaliana*	兰科 Orchidaceae	多年生草本	CITES	渐危
30	毛葶玉凤花 *Habenaria ciliolaris*	兰科 Orchidaceae	多年生草本	CITES	渐危
31	叉唇角盘兰 *Herminium lanceum*	兰科 Orchidaceae	多年生草本	CITES	稀有
32	羊耳蒜 *Liparis japonica*	兰科 Orchidaceae	多年生草本	CITES	稀有
33	见血青 *L. nervosa*	兰科 Orchidaceae	多年生草本	CITES	稀有
34	舌唇兰 *Platenthera japonica*	兰科 Orchidaceae	多年生草本	CITES	稀有
35	小舌唇兰 *P. minor*	兰科 Orchidaceae	多年生草本	CITES	稀有
36	绶草 *Spiranthes sinensis*	兰科 Orchidaceae	多年生草本	CITES	稀有

（二）珍稀濒危植物分布地点及资源数量

保护区内南方红豆杉、三尖杉、伯乐树、伞花木、榉木、青钱柳、香果树等种的种群规模相对较大，个体数量较多；而香樟、黄杉、青檀、穗花杉等个体数量稀少(表3.58)。

(1)南方红豆杉：多为零星混生、孤立，其中较大几株的胸径达12.8cm、27.8cm、35.8cm，树高超过7.5m、12.5m、10m。主要伴生树种乔木层树种有香果树 *Emmenopterys henryi*、蚊母树 *Distylium racemosum*、黄檀 *Dalbergia hupeana*、冬青 *Ilex chinensis*、中华槭 *Acer sinense*、青榨槭 *Acer davidii*、刺叶高山栎 *Quercus spinosa*、川滇木莲 *Manglietia duclouxii* 等；灌木层常见植物有壮刺小檗 *Berberis deinacantha*、方竹 *Chimonobambusa quadrangularis*、鞘柄木 *Toricellia tiliifolia*、楤木 *Aralia chinensis*、化香树 *Platycarya strobilacea*、猫儿屎 *Decaisnea insignis*、阿里山十大功劳 *Mahonia oiwakensis*、箭竹 *Fargesia spathacea*、马缨杜鹃 *Rhododendron delavayi*、云南含笑 *Michelia yunnanensis*、西南绣球 *Hydrangea davidii*；藤本植物常见有中华猕猴桃 *Actinidia chinensis*、游藤卫矛 *Euonymus vagans*；草本植物稀少。植被覆盖度80%，平均高度3m，平均胸径12cm，南方红豆杉在群落中受乔灌影响，属弱势种群。

(2)伯乐树：在保护区内保存有较大面积的伯乐树，主要以幼树为主，树干凸凹不平，分枝低矮，树冠庞大，这是一种对生态环境的适应，主要伴生树种有山茶 *Camellia japonica*、猫儿屎 *Decaisnea insignis*、冬青 *Ilex cornuta*、楤木 *Aralia chinensis*、青冈栎 *Cyclobalanopsis glauca*、野桐 *Mallotus japonicus* 等。灌木层主要有西南绣球 *Hydrangea davidii*、十大功劳 *Mahonia fortunei*、柃木 *Eurya japonica*、山矾 *Symplocos sumuntia* 等。草本主要有紫花凤仙花 *Impatiens purpurea*、蕨 *Pteridium aquilinum*、楼梯草 *Elatostema umbellatum*。

(3)黄杉：保护区主要分布在罗场乡石洞河，其他地方分布较少，具体生长状况一般。

(4)楠木：区内中部林中常呈零星或散生分布，长势一般，资源量较少。

(5)榉木：主要呈零星或成片分布，较大一株树高35m，胸径105cm，生长旺盛；主要伴生树种有细齿叶柃木 *Eurya japonica*、响叶杨 *Populus adenopoda*、云贵鹅耳枥 *Carpinuspubesceens*、青栲 *Cyclobalanopsis myrsinaefolia*、黄连木 *Pistacia chinensis*、盐肤木 *Rhus chinensis* 等。

(6)香果树：零星或散生分布于保护区内，整体长势较好。主要伴生树种有青冈栎、南方红豆杉、鹅耳枥、小果润楠、香叶树、直角荚蒾 *Viburnum foetidum* var. *rectangulatum*、盐肤木、朴树等。

(7)花榈木：保护区内分布在曾心村盐井沟一带林中，中下部沟谷，生长一般。

(8)香樟：保护区内常散生各种林分中，长势良好，主要伴生树种有青冈栎、红豆杉、鹅耳枥、小果润楠、香叶树、角叶槭、直角荚蒾、盐肤木、朴树等。

(9)三尖杉：保护区内各地均有分布，长势一般，以幼树为主。

(10)青檀：保护区内石灰岩山地常见种类，最大一株分布在曾心村徐家组，2分枝，胸径为82.8cm，树高分别是38m和35m，常与香叶树、青钱柳、川钓樟、女贞、小叶女贞、南酸枣混生，林间仅有少量鹅耳枥、化香伴生。

(11)刺楸：保护区各地均有分布，资源量较多；零星分布于青冈栎、香叶树、枇杷叶荚蒾、女贞、南酸枣、野漆树 *Toxicodendron succedaneum* 等树种组成的林分中，长势较好。

(12)银鹊树：区内曾心村盐井沟一带呈零星分布，平均树高8m，胸径6.3cm，长势良好。伴生树种有大叶青冈 *Cyclobalanopsis jenseniana*、青檀、紫弹朴 *Celtis biondii*、南酸枣、小果润楠、香叶树、盐肤木、野漆树、亮叶崖豆藤等。

(13)檫木：保护区内次生林中均有分布。平均树高12m，平均胸径18.3cm，平均冠幅7.5m。主要伴生树种为硬斗石栎 *Lithocarpus hancei*、白栎 *Quercus fabri* 等。

(14)紫楠：区内均有分布，长势一般，以幼树为主。伴生树种主要有青冈栎、化香、小果润楠、黄连木、鹅耳枥等。本种植物体有清香味，为有开发利用前景的观赏植物。

(15)穗花杉：在保护区主要以散生、混生为主，以丛状为主，分枝低矮，小树或幼树居多，主要

伴生树种有川桂 *Cinnamomum wilsonii*、青冈栎 *Cyclobalanopsis glauca*、野桐 *Mallotus japonicus*、野鸭椿 *Euscaphis japonica*、硬斗石栎、小果南烛 *Lyonia lovalifolia* var. *elliptica*、卫矛 *Euonymus alatus* 等。

(16)川桂：保护区内格所祭风坡，海拔 1 691m；川洞，海拔 1 905m；张家岩，海拔 1 655m；普古乡厂上村下寨，海拔 1744m 一带均有分布，平均树高 17m，平均胸径 23. 2cm。主要伴生树种有小果润楠、香叶树、女贞 *Ligustrum lucidum*、小叶女贞 *L. quihoui*、南酸枣 *Choerospondias axillaries*、枇杷叶荚蒾等。

(17)兰科植物：保护区内的兰科植物都是零星或散生，区内均有分布，资源量不多，天麻在考察期间未采集到。兰科植物是著名的观赏和药用植物，保护区内野生资源数量处于濒危状态，亟待保护。

表 3. 58　印江洋溪自然保护区珍稀濒危植物的分布地点及资源数量

序号	植物名称	自然分布及生境	资源量（株、丛）	分布格局
1	南方红豆杉	洋溪桅杆村石架山，洋溪新黔村，海拔 669m	9 800	零星、散生
2	伯乐树	罗场岭峰村三花山，海拔 982m	10 000	片状、散生
3	黄杉	罗场靛厂村石洞河，海拔 856m	2 300	散生、零星
4	楠木	洋溪，海拔 823	600	散生、零星
5	伞花木	洋溪新黔村，海拔 669m	3 300	零星
6	榉木	洋溪双龙村小溪河，海拔 740m	3 200	片状、散生
7	香果树	洋溪新黔村，海拔 814m	3 800	零星、散生
8	花榈木	洋溪曾心村大屋基，海拔 659m	1900	零星、散生
9	香樟	洋溪小河至大章山，海拔 828m	5	零星
10	三尖杉	洋溪桅杆村瑶寨沟白岩尖，海拔 763m，洋溪村小河，海拔 679m	4300	群聚、散生
11	青檀	洋溪曾心村曾心沟，海拔 652m	360	零星
12	刺楸	洋溪曾心村大屋基，海拔 670m	5 700	零星、散生
13	青钱柳	洋溪曾心村曾心沟，海拔 652m，洋溪蒋家坝村陈家沟，海拔 823m	500	散生
14	银鹊树	曾心村盐井沟，海拔 660m	210	零星
15	檫木	洋溪蒋家坝村，海拔 935m	8 700	零星、散生
16	紫楠	罗场靛厂村风洞沟，海拔 786m，洋溪蒋家坝村毛弯，海拔 959m	1 000	零星
17	穗花杉	洋溪桅杆村姚家寨半截田，海拔 758m	130	零星
18	川桂	洋溪蒋家坝村侯家堰，海拔 1005m，洋溪双龙村小溪河，海拔 1030m	5 600	零星、散生
19	白芨	杨柳茶山村五家沟，海拔 860m	200 丛	零星
20	虾脊兰	洋溪小河，海拔 670m，洋溪申家河沟，海拔 720m	400 丛	群聚、零星
21	肾唇虾脊兰	洋溪桅杆村申坳，海拔 1000m	310 丛	零星

（续）

序号	植物名称	自然分布及生境	资源量（株、丛）	分布格局
22	剑叶虾脊兰	洋溪小河风雨桥，海拔720m	370丛	零星
23	金兰	洋溪桅杆村大张山，海拔1000m；缠溪镇塘房岭村分水岭	100丛	零星
24	杜鹃兰	洋溪蒋家坝村格佑寨倒竹坑，海拔1030m；洋溪桅杆村黑湾	70丛	零星
25	套叶兰	罗场岭峰村三花山，海拔1020m	110丛	零星
26	蕙兰	洋溪谯家，海拔730m；洋溪小河风雨桥，海拔720m；洋溪桅杆村申坳，海拔1000m	170丛	零星
27	多花兰	洋溪灯盏山，海拔1040m	90丛	零星
28	春兰	洋溪桅杆村大张山，海拔1020m	230丛	零星
29	大斑叶兰	杨柳茶山村五家沟，海拔900m	100丛	零星
30	毛葶玉凤花	杨柳茶山村五家沟，海拔920m	170丛	零星
31	叉唇角盘兰	杨柳茶山村五家沟，海拔860m	150丛	零星
32	羊耳蒜	罗场岭峰村三花山，海拔1080m	450丛	零星
33	见血青	杨柳茶山村五家沟，海拔850m	230丛	零星
34	舌唇兰	罗场岭峰村三花山，海拔980m	550丛	群聚、零星
35	小舌唇兰	洋溪桅杆村黑湾	460丛	群聚、零星
36	绶草	杨柳茶山村王家坪，海拔1020m	500丛	群聚、零星

（三）特有植物资源概况

该保护区共有特有植物7科8属10种（包括变种），见表3.59和表3.60。

表3.59 印江洋溪自然保护区特有植物概况

序号	科名	种名	性状特征	分布地点	海拔(m)
1	桦木科 Betulaceae	岩生鹅耳枥 *Carpinus rupestris*	落叶乔木	贵州东南部	1100～1700
2	胡颓子科 Elaeagnaceae	贵州羊奶 *Elaeagnus guizhouensis*	落叶灌木	江口	400～600
	胡颓子科 Elaeagnaceae	卷柱胡颓子 *Elaeagnus retrostyla*	常绿灌木	贵州西部	1400～1500
3	鼠李科 Rhamnaceae	锐齿革叶鼠李 *Rhamnus coriophylla* var. *acutidens*	灌木	独山	800
	鼠李科 Rhamnaceae	石生鼠李 *Rhamnus saxitilis*	落叶小乔木	贵州西部	770～950
4	槭树科 Aceraceae	纳雍槭 *Acer nayongense*	落叶小乔木	纳雍	1700～1800
5	壳斗科 Fagaceae	贵州青冈 *Cyclobalanopsis argyrotricha*	常绿乔木	都匀、毕节、纳雍	1600
6	杜鹃花科 Ericaceae	贵定杜鹃 *Rhododendron fuchsiifolium*	散生竹	遵义	1140～1185
7	禾本科 Gramineae	黔竹 *Dendrocalamus tsiangii*	散生竹	遵义	1140～1185
	禾本科 Gramineae	梵净山玉山竹 *Yushania complanata*	散生竹	贵州东部	2100

表 3.60　印江洋溪自然保护区特有植物科属种统计表

序号	科　名	总属数	总种(变种)数
1	桦木科 Betulaceae	1	1
2	胡颓子科 Elaeagnaceae	1	2
3	鼠李科 Rhamnaceae	1	2
4	槭树科 Aceraceae	1	1
5	壳斗科 Fagaceae	1	1
6	杜鹃花科 Ericaceae	1	1
7	禾本科 Gramineae	2	2
	合计	8	10

三、野生珍稀濒危植物的保护价值

(一)国家级保护植物的保护价值

保护区内国家级野生珍稀植物的保护价值分为我国特有、科学研究、园林观赏、珍贵用材、药用、轻工原料等方面的价值(见表 3.61)。

(1)8 种为我国特有，著名的有楠木、南方红豆杉、伯乐树、伞花木、香果树等。

(2)在植物系统学研究价值显著的有：香果树、青檀等 4 种。

(3)可供园林观赏的有 27 种，如南方红豆杉、香果树等。

(4)可作珍贵用材的有 13 种，如伞花木、南方红豆杉、香果树等，其中南方红豆杉边材黄白色，心材赤红，质坚硬，纹理致密，形象美观，不翘不裂，耐腐力强，可供建筑、高级家具、室内装修、车辆、铅笔杆等用。

(5)作为轻工原料的有 5 种，如香樟、香果树等。香樟树的根、木材、枝、叶均可提取樟脑、樟脑油，油的主要成分为樟脑、松油二环烃、樟脑烯、柠檬烃、丁香油酚等。樟脑供医药、塑料、炸药、防腐、杀虫等用，樟油可作农药、选矿、制肥皂、假漆及香精等原料。

(6)药用的有 13 种，著名有白芨、见血青等。

(二) 省级保护植物的保护价值

9 种省级保护树种中具有重要药用价值的有：三尖杉、川桂、青钱柳；具有较高观赏价值的有银鹊树、檫木、三尖杉等；优良的用材树种有檫木、三尖杉等。

表 3.61　印江洋溪自然保护区珍稀植物价值

保护级别	植物名称	我国特有	科学研究	孑遗植物	园林观赏	珍贵用材	药用	轻工原料
I	南方红豆杉	+	+	+	+	+	+	+
I	伯乐树	+	+		+			+
II	黄杉		+			+		
II	楠木	+			+	+		+
II	伞花木	+				+		
II	榉木					+		
II	香果树	+	+		+	+		+
II	花榈木				+	+	+	

（续）

保护级别	植物名称	我国特有	科学研究	孑遗植物	园林观赏	珍贵用材	药用	轻工原料
II	香樟				+	+	+	+
省级	三尖杉	+				+	+	
省级	青檀		+			+		
省级	刺楸				+	+	+	
省级	青钱柳				+	+	+	
省级	银鹊树		+		+	+		
省级	檫木	+	+		+	+	+	+
省级	紫楠				+	+		+
省级	穗花杉	+	+		+			
省级	川桂	+			+		+	+
CITES	白芨				+		+	
CITES	虾脊兰				+		+	
CITES	肾唇虾脊兰				+			
CITES	剑叶虾脊兰				+			
CITES	金兰				+			
CITES	杜鹃兰				+			
CITES	套叶兰				+			
CITES	蕙兰				+		+	
CITES	多花兰				+			
CITES	春兰				+		+	
CITES	大斑叶兰				+			
CITES	毛葶玉凤花				+			
CITES	叉唇角盘兰				+			
CITES	羊耳蒜				+			
CITES	见血青				+			
CITES	舌唇兰				+		+	
CITES	小舌唇兰				+			
CITES	绶草				+		+	

四、珍稀濒危及特有植物的保护、利用与引种驯化

（一）珍稀濒危及特有植物的致濒原因

1. 自然因素

由于植物自身生物学特性及生态环境限制等原因，导致种群数量少，繁殖困难。如南方红豆杉种子需要一年休眠才能发芽，且种子多为鸟类取食传播。其次，某些珍稀植物种类生态适应幅度小，只能在特定的生境中才能生存。而过去对森林大面积的破坏，使现存生境破碎，形成分离小板块。珍稀植物具有稀有、扩散能力差等特性，破碎的生境导致其分布范围不断缩小。再加之，全球性气候变化巨大，使植物的生存受到极大威胁，贵州虽未受到太大的影响，但资源量也在不断地缩减，这也是珍

稀植物濒危的原因。

2. 人为因素

由于人口的剧增，工业的发展，城镇建设迅速扩大，人们向森林用材、药用植物、经济植物、观赏植物资源等自然植物资源索取越来越多。保护区周围老百姓为了燃料、用材及生产的需要，对区内边缘地带的森林进行破坏，从而导致以下2方面后果：①生境受到破坏：生物的生存都需要特定的生存环境，一旦生境受到破坏，生物的生存就受到相应的威胁，严重的就会灭绝。人为干扰是保护区珍稀植物的首要致濒原因。长期以来，区内及周边村民的生活、生产用材都依赖于该保护区森林植被，加之保护区建立之前对森林过度采伐，一些珍贵的用材树种如楠木、南方红豆树、香樟等较大个体很难见到；随着乔木种类的减少、环境的改变，一些喜阴湿的物种失去了原来的生存条件而消失。如川桂、兰花等。②过度采挖：很多珍稀植物具有极高的经济价值，如八角莲、黄连等的药用价值很高，被人类过度采挖，使其数量锐减。还有些种类如深山含笑、福建柏等，因其观赏价值高，也被过度地采挖或破坏而使其生存受到威胁。长期掠夺性的采挖，导致了这些物种的锐减。特别是该保护区的石灰岩地段，生态脆弱，植被恢复较慢，人为破坏加剧了生存环境的恶化，使得一些物种失去原来的生存条件而消亡。

（二）对区内珍稀濒危及特有植物的评价及建议

1. 评价

（1）保护区内的珍稀濒危植物种类资源丰富，尤其是南方红豆杉和香果树，就贵州其他自然保护区而言，印江县建立自然保护区有其必要性。

（2）区内珍稀植物各种的资源量差别很大，多者达几百近数万株，少的只有几株，也就是说，稍不注意，这些种类很快就会灭绝。

2. 建议

（1）依法强化管理、保护好现有资源。当地政府应当制定相关的法规和文件，使当地野生植物资源得到有效的保护，使野生珍稀植物资源的管理法制化。特别是对一些已经濒危的物种和生态脆弱的地段，乱挖滥采要坚决制止，将有限的个体及其生存环境保护下来，使这些珍稀物种不至于灭绝。

（2）加强宣传教育、提高人们的科学素质。保护区由于地处偏僻，交通不便，文化教育、科学教育十分落后，特别是区内的村民文化科学知识更加贫乏，远远落后于时代发展的要求。只有通过长期的宣传教育和科普活动来提高人们的素质，认识到人与自然、人与环境、人与各类生物不可分割的境界，才能将对自然资源的被动保护变为主动保护的行为。

（3）护林人员对保护区的发展、保护有实实在在的意义和不可或缺的作用。建议提高护林人员的待遇，同时加强管理，最大限度调动其积极性。

（4）有关部门在加大管理力度的同时，对保护区未来和发展进行必要的关注。要在保护区的发展上积极工作，争取上级财政的支持，从而达到保护各种珍稀濒危植物及其生态系统的最终目的。

（5）争取各方资金，拯救即将濒危的数量较少的珍稀濒危植物，将这些植物迁出异地保护，并对其进行繁殖、引种和驯化方面研究；保存物种基因，为将来重建提供种源和范本。

（6）处理好保护区建设、发展规划与保护区民众之间的利益关系，在保护的基础上，扶持、指导保护区村民进行合理的开发利用，只有保护区的村民生活幸福、和谐才有可能实现可持续发展。

（李从瑞　韦堂灵）

参考文献

李瑞平，孟君朝等. 2010. 小五台山区珍稀植物濒危成因及保护措施[J]，河北林业科技，第三期.

国家环境保护局，中国科学院植物研究所. 1992. 中国植物红皮书－稀有濒危植物. 北京：科学出版社.

国家环境保护局，中国科学院植物研究所. 1987. 中国珍稀濒危保护植物名录.（第一册），北京：科学出版社.

宋朝枢，等. 1989. 中国珍稀濒危保护植物. 北京：中国林业出版社.

中国科学院植物研究所. 1994. 中国高等植物图鉴［M].（1－5册），北京：科学出版社.

中国科学院植物研究所. 1999. 中国高等植物[M]. (3、4、5、6、7、8、9、10、11、13卷) 青岛：青岛出版社.
中国科学院植物研究所. 1994. 中国高等植物图鉴[M]. 补编1—2册，北京：科学出版社.
中国科学院中国植物志编委会. 1958 - 2005. 中国植物志[M]（有关各卷），北京：科学出版社.
张华海. 2000. 贵州野生珍贵植物资源. 北京：中国林业出版社.
张华海，周庆，张金国. 2006. 湄潭百面水自然保护区综合科学考察集. 贵阳：贵州科学出版社.
张华海，龙启德，廖德平. 2006. 兴义坡岗自然保护区综合科学考察集. 贵阳：贵州科学出版社.
张礼安. 1993. 贵州省野生动植物保护自然保护区管理工作手册. 贵阳：贵州教育出版社.

第十一节 新种发现——柔毛黄精

摘 要：本节介绍了发现于中国西南部贵州省印江县洋溪自然保护区的一个植物新种，即柔毛黄精(*Polygonatum sinopubescens* M. T. An, Yun Lin & J. G. Wang)。该新种与长梗黄精(*P. filipes* Merr. ex C. Jeffrey & McEwan)近缘，主要不同点在于前者茎、叶柄、叶背、花序梗、小花梗都密被白色柔毛；伞形花序具花2～3朵，苞片宿存至果期或在花熟后脱落；雄蕊长达1.8cm，密被白色长绵毛，雄蕊离生的花丝长达7～11mm。后者茎及花序梗、小花梗皆光滑无毛，仅叶背脉上具短毛；伞形花序具花2～7朵，苞片早落或缺；雄蕊具短绵毛，离生的花丝长仅4mm。新种分布于洋溪自然保护区杨柳乡片区老虎嘴海拔870～930m的山坡下部常绿阔叶林和针阔混交林下及林缘，目前仅发现5个居群约200余株，数量较为稀少。

Abstract: A new species *Polygonatum sinopubescens* from Yinjiang County, Guizhou Province, South - west China is described and illustrated. This species was found growing in evergreen broad - leaved forests or mixed needle - leaved and evergreen broad - leaved forests on slopes at altitudes of 870 - 930 m. It is related to *Polygonatum filipes* Merr. ex C. Jeffrey & Mc Ewan, but differs from the latter by pubescent stems, petiole, peduncle and pedicel, leaf blade shortly dense pubescent on abaxial surface, 2 - 3flowered inflorescences and filaments 7 - 11 mm long.

Introduction

*Polygonatum*Mill. (Asparagaceae) comprises of ca. 60 species and distributed in temperate regions of the North hemisphere, mainly from the Himalayas to Japan having 39 species in China (Chen and Tamura, 2000)
.

During our expeditions in Yinjiang County, northeast of Guizhou Province, southwest China in May 2014 and May 2015, we collected previously unknown specimens of*Polygonatum* from evergreen broad - leaved forests or mixed needle - leaved and evergreen broad - leaved forests on slopes at altitudes of 870 - 930 m above sea level, in latitude 27°36′50. 6″ - 27°57′28″ N, and longitude 108°26′15″ - 108°36′31. 9″ E. After critical examination of the specimens deposited at GZAC, HGAS, IBK, IBSC, KUN and PE, and carefully consulting relevant literature (Baker, 1875; Li, 1966; Tang, 1978; Chen and Liu, 1984; Tu, 1986; Liang, 1987; Wan and Gao, 1990; Zhu, 1992; Chen and Tamura, 2000; Fu et al., 2002), it was identified as a new species of Polygonatum. This paper describes and illustrates the new species as *Polygonatum sinopubescens* M. T. An, Yun Lin & J. G. Wang.

Polygonatum sinopubescens M. T. An, Yun Lin & J. G. Wang, sp. nov. (Figs 1).

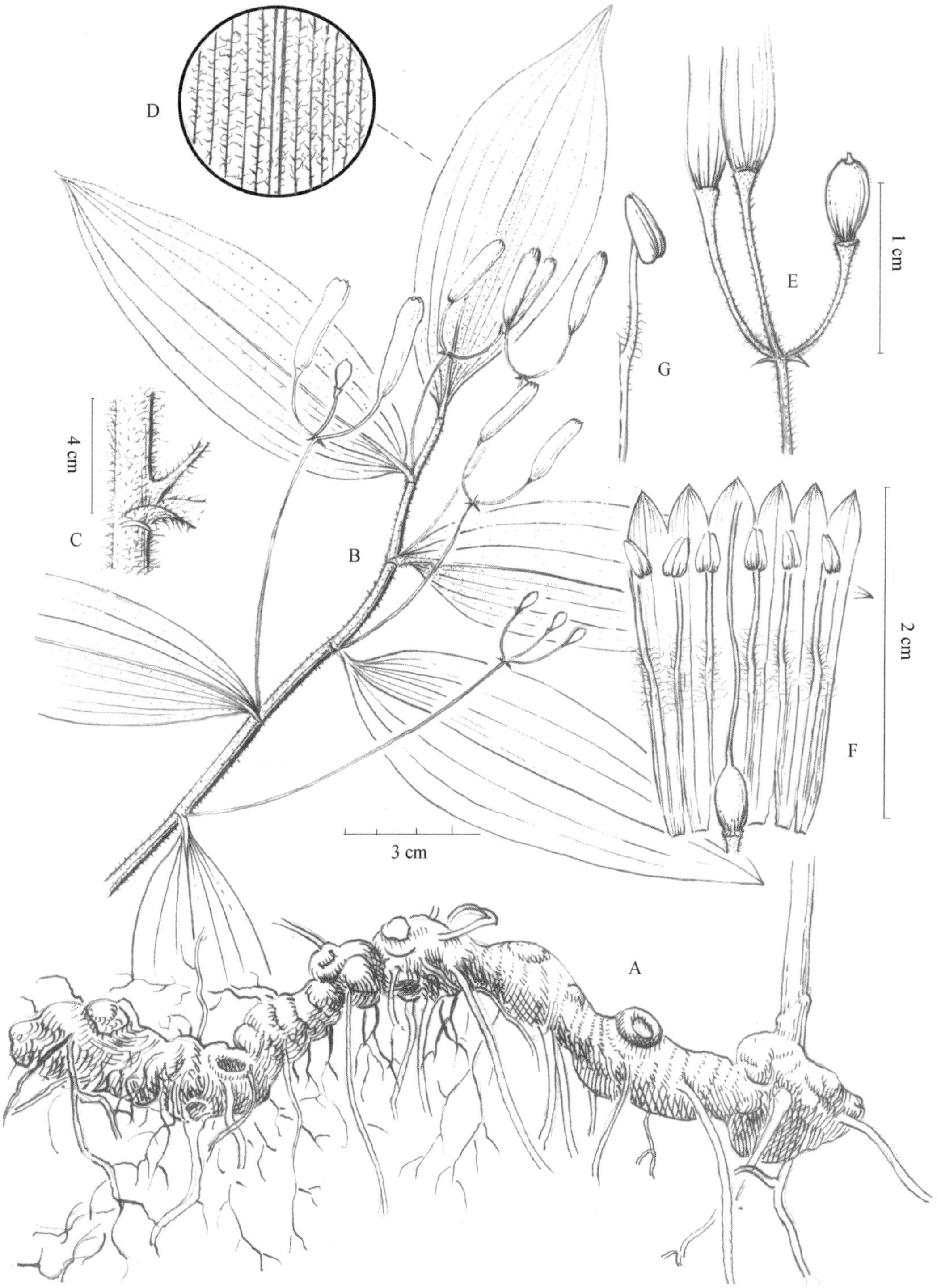

Fig. 1. ***Polygonatum sinopubescens*** **M. T. An, Yun Lin & J. G. Wang, sp. nov. A. Rhizome（根状茎）; B. Habitat of flowering plant（开花枝条）; C. Branch with node（分枝：示柔毛）; D. Leaf blade pubescence on abaxial surface（叶背：示柔毛）; E. Inflorescence（花序）; F. Dissected flower（花解剖）; G. Stamen（雄蕊）.（J. G. Wang & X. F. Li YJ－2014－0110）（由贵州省生物研究所谢华绘图）。**

Diagnosis: *Polygonatum sinopubescens* is morphologically similar to *Polygonatum filipes* Merr. ex C. Jeffrey & Mc Ewan based on moniliform or terete – moniliform rhizome, alternate leaves, oblong – lanceolate to elliptic leaf blade, very slender peduncle, 1.5 – 2.0 cm long perianth. However, it differs from the latter in stems pubescent, petiole pubescent, peduncle pubescent and pedicel pubescent (vs glabrous in *P. filipes*), leaf blade shortly dense pubescent on abaxial surface (vs shortly pubescent on abaxial veins in *P. filipes*), filaments 7 – 11 mm long (vs 4 mm long in *P. filipes*).

Type: China(中国). Guizhou Province(贵州省): Yinjiang County(印江县), Yangxi Nature Reserve (洋溪自然保护区), alt. 870 – 930 m in evergreen broad – leaved forests or mixed needle – leaved and evergreen broad – leaved forests on slopes(海拔 870 – 930m 的常绿阔叶林或针阔混交林斜坡地带), 16 May 2011(2011 年 5 月 16 日), J. G. Wang(王加国) & X. F. Li(李晓芳)YJ 2014 – 0110 (Holotype 模式标本: GZAC 贵州大学林学院树木标本室, GZAC Herb. Bar Code No. 0026320; Isotypes 同号模式: HUFD, PE 中国科学院植物研究所标本馆); same locality, 21 May 2015, M. T. An(安明态) & J. G. Wang(王加国) 2015 – 0627 (Paratypes 副模式: GZAC, HUFD).

Rhizome moniliform or terete – moniliform, 1.0 – 1.8 cm thick, up to 30 cm long. Stem erect or ascending, 30 – 60 cm long, pubescent. Leaves 5 – 9, alternate; petiole short or indistinct, pubescent; leaf blade ovate – elliptic, elliptic or oblong – lanceolate, 8.0 – 11.5 cm long, 2.5 – 4.0 cm wide, base broadly cuneate to rounded, margin entire, apex obtuse to shortly acuminate, shortly dense pubescent on abaxial surface. Inflorescence axillary, 2 – 3 – flowered; peduncle slender, 3.0 – 5.5 cm long, dense pubescent; bracts lanceolate, 2 – 4 mm long, greenish white, caducous. Flowers pendulous; pedicel 1 – 2 cm long, pubescent. Perianth yellowish green or greenish white, cylindric, 1.5 – 2.0 cm long; lobes 4 – 5 mm long. Stamens 6, 1.5 – 1.8 cm long; filaments 7 – 11 mm long, shortly cottony; anthers 3 mm long. Ovary obovoid, 4 mm long; style 1.3 – 1.5 cm long. Young berries obovoid, 4 – 5 mm long, 3 – 4 mm in diameter.

Phenology: Flowering from May to June, and fruiting from July to September.

Etymology: Polygonatum sinopubescens is named after shortly dense pubescent on abaxial surface of leaf blade, and this species is from China.

Vernacular name: Roumao Huangjing.

Habitat: This species grows in evergreen broad – leaved forests or mixed needle – leaved and evergreen broad – leaved forests on slopes at altitudes of 870 – 930 m above sea level. , latitude 27°36′50.6″ – 27°57′28″ N, longitude 108°26′15″ – 108°36′31.9″ E, comprises about 200 individuals growing in five populations within the nature reserve.

Distribution: Polygonatum sinopubescens is only known from its type locality, Yangxi Nature Reserve, Yinjiang County, northeast Guizhou Province, southwest China.

Pharmaceutical value: In traditional Chinese medicine the rhizome is used to moisten the lung, nourish the kidney and invigorate the spleen.

A comparison between the new species Polygonatum sinopubescens and its closely related is appended in Table 1.

Table 1. Comparison of morphological characteristics between *Polygonatum sinopubescens* sp. nov. and *P. filipes*.

Characters	*P. sinopubescens* sp. nov.	*P. filipes*
Stem	pubescent	glabrous
Leaf	petiole pubescent; leaf blade shortly dense pubescent on abaxial surface	petiole glabrous; leaf blade shortly pubescent on abaxial veins
Inflorescence	2 – 3 – flowered; peduncle 3.0 – 5.5 cm long, pubescent	2 – 7 – flowered; peduncle 3.0 – 8.0 cm long, glabrous
Pedicel	pubescent	glabrous
Filament	7 – 11 mm long	c. 4 mm long
Berry	obovoid	spherical

Conservation status: *Polygonatum sinopubescens* is known only from the type locality, comprises about 200 individuals growing in five populations within the nature reserve, and is therefore given the assessment of Data Deficient (DD) according to IUCN (2001) criteria.

Acknowledgements

Thanks are due to the curators of herbaria, namely GZAC, HGAS, IBK, IBSC, KUN and PE for permission to examine their specimens. This work was supported by Application Fundamentals Major Special Projects: Ecological restoration and its optimal regulation of ecoeconomic system in Karst Rocky Desert Area grant number Qian – Ke – He JZ – NO. [2014] 2002,, Plant Specimen Digitization and Chinese Virtual Herbarium Establishment (grant number 2005DKA21401), and the Second Investigation on National Key Protected Wild Plant Resources in Guizhou Province (grant number Lin – Hu – Fa – No. [2012] 87 and Qian – Lin – Hu – Tong – No. [2013] 251). We also thank Mr. Hua Xie for the drawing.

（安明态　林　云　王加国　吴江华　孟　敏）

参考文献

Baker, J. G. 1875. Revision of the genera and species of Asparagaceae. J. Linn. Soc. Bot. 14: 508 – 630.

Chen, S. C. and Liu, D. Q. 1984. Two new species of Liliaceae from China. Acta Phytotaxon. Sin. 22(5): 417 – 419.

Chen, X. Q. and Tamura, M. N. 2000. Polygonatum (Liliaceae). In: Wu, Z. Y. and Raven, P. H. (Eds), Flora of China. Vol. 24. Science Press, Beijing & Missouri Botanical Garden Press, St. Louis, pp. 223 – 232.

Fu, L. G., Chen, T. Q., Lang, K. Y., Hong, T., Lin, Q. and Li, R. 2002. Higher Plants of China. Vol. 13. Qingdao Publishing House, Qingdao, pp. 204 – 217.

IUCN. 2001. IUCN Red List Categories and Criteria, Version 3.1. Prepared by the IUCN Species Survival Commission. IUCN, Gland, Switzerland, and Cambridge, United Kingdom.

Li, P. Y. 1966. Some new plants of Liliaceae from Tsinling. Acta Phytotaxon. Sin. 11(3): 251 – 253.

Liang, S. Y. 1987. Two new species of Polygonatum Mill. (Liliaceae) from China. Acta Phytotaxon. Sin. 25(1): 64 – 66.

Tang, Y. C. 1978. Polygonatum (Liliaceae). In: Wang, F. T. and Tang, T. (Eds), Flora Reipublicae Popularis Sinicae. Vol. 15. Science Press, Beijing, pp. 52 – 80.

Tu, Y. L. 1986. Polygonatum (Liliaceae). In: Chang, S. S. (Ed), Flora Guizhouensis. Vol. 3. Guizhou People's Publishing House, Guiyang, pp. 384 – 390.

Wan, Y. and Gao, C. Z. 1990. A new species and two varieties from Guangxi. Guihaia 10(3): 177 – 180.

Zhu, Z. Y. 1992. A new species of Polygonatum from Emeishan. Bull. Bot. Res., Harbin 12(3): 267 – 269.

第四章　动物多样性

第一节　动物区系

一、兽类区系

印江洋溪自然保护区在中国动物地理区划上属东洋界－中印亚界－华中区(Ⅵ)－西部山地高原亚区(ⅥB)。43 种兽类中，东洋界物种 17 种，占总种数 39.53%，广布种 26 种，占总种数 60.47%，广布种占绝对优势，没有完全的古北界物种。

保护区兽类共有 6 种分布型，其中全北型 1 种(占总数 2.33%)，古北型 7 种(占总数 16.28%)，季风区型 2 种(占总数 4.65%)，南中国型 8 种(占总数 18.60%)，东洋型 23 种(占总数 53.49%)，不易归类分布的物种 2 种(占总数 4.65%)：水鼠耳蝠(*Myotis daubentoni*)、草兔(*Lepus capensis*)。水鼠耳蝠由我国东北部延伸至古北界广泛分布，洋溪分布的为华南亚种，分布于中国中部、南部、东南部延伸至印度等地，也有学者认为只是两个不同种，结论尚未统一；草兔的分布区跨界复杂，分布广泛。总体而言，东洋型物种最多，其中热带－温带物种 9 种，占东洋型物种总数 36%。由此可知，该保护区兽类区系组成是较为复杂的。

二、鸟类区系

在鸟类区系成分上，东洋界鸟类占大多数，共有 63 种，占调查到的鸟类种数的 50.81%；古北界鸟类仅 10 种，占 8.06%；广布种鸟类 34 种，占 27.42%；其他 17 种，占 13.71%。由此可见，保护区鸟类区系构成以东洋界成分为主。

三、爬行类区系

在爬行类区系成分上，华中华南区种最多，达 13 种，即铜蜓蜥、山溪后棱蛇、大眼斜鳞蛇中华亚种、王锦蛇、黑背白环蛇、乌华游蛇、翠青蛇、乌梢蛇、灰鼠蛇、绞花林蛇、银环蛇、原矛头蝮、福建竹叶青蛇等，古北界东洋界广布种其次，有 6 种，即中华鳖、黑脊蛇、黑眉锦蛇、赤链蛇、黑头剑蛇、虎斑颈槽蛇。华中区种次之，有 4 种，即平鳞钝头蛇、丽纹腹链蛇、玉斑锦蛇和尖吻蝮。华南区种最少，仅 1 种，即灰腹绿锦蛇。

四、两栖类区系

在两栖类区系成分上，峨眉髭蟾、小角蟾、峨眉林蛙、镇海林蛙、花臭蛙、龙胜臭蛙、绿臭蛙、棘腹蛙、棘侧蛙、华南湍蛙、合征姬蛙等11种华中区种占明显优势，其次是红点齿蟾、沼蛙、泽陆蛙、斑腿泛树蛙、粗皮姬蛙、小弧斑姬蛙、饰纹姬蛙等7种华中华南区种；再次是大鲵、中华蟾蜍指名亚种、无斑雨蛙、黑斑侧褶蛙等4种古北界和东洋界广布种，西南区种、华南区种和华中西南区种最少，均仅有1种即华西雨蛙武陵亚种、无声囊泛树蛙和峨山掌突蟾。

五、鱼类区系

保护区的鱼类，其区系组成为东亚类群，包括雅罗鱼亚科、鲌亚科、鲌亚科、鲢亚科、鮈亚科、鱊亚科、鲤亚科的种类共19种，占保护区鱼类总数的51.4%，其他均为南亚类群的种类共18种，占保护区鱼类总数的48.6%。

同贵州省的鱼类区系组成成分一样，保护区的鱼类仍以鲤科鱼类为主，该区鲤科鱼类24种，占保护区鱼类总数的64.9%，在保护区鱼类区系组成上占绝对优势。

保护区内的陡河在部分地段因修建电站形成了较为宽阔的水域，为江河平原区生活的鱼类创造了条件。但该区域内溪流较多，这些溪流多形成急流和险滩，故适应山区急流生活的小型鱼类也是组成该区鱼类的重要类群。

第二节　兽　类

兽类是自然生态系统的重要组分，是物种进化的最高级类群，在保护生物多样性和维护生态平衡方面具有不可替代的作用，其生态状况不仅可以作为评价生态环境质量高低的指标，也可以作为生态环境保护和管理的科学依据。多数野生兽类在工农业生产、医疗保健和科学研究等方面具有重要价值。近年来，由于人类经济活动的影响，生态环境遭到破坏，天然植被面积缩小，兽类栖息地生活条件日趋恶化，加之人类滥捕滥猎，种群数量大幅减少，不少物种已销声匿迹。兽类作为对环境变化非常敏感的物种之一，全面系统地了解其群落组成及资源分布可以有效评估保护区生态恢复，有助于更有针对性地制定合理的保护和管理措施。

一、调查方法

主要采用样带法、铗日法、网捕法和非诱导性访问调查法。分别以驻点洋溪和茶园为中心布设10条调查样带，样带尽量穿越不同植被类型和海拔段。在样带调查中，观察并记录样带两侧25m内的兽类实体、活动痕迹(粪便、足迹、食迹、卧迹、巢穴等)、生境类型及GPS信息等。该方法主要适用于大中型兽类(灵长类、食肉类、偶蹄类等)以及白天活动的小型兽类。同时，选择适宜的生境布设红外相机陷阱进行野生动物监测。

小型兽类(食虫类、鼠类、兔类)的调查采用铗日法，铗距5m，行距20m，以香气浓烈的豆干、花生或肉类作为诱饵。选择保护区内的岩洞，采用网捕法进行翼手目物种调查。走访当地护林员、老猎人和有狩猎经历的村民，根据被访问者描述的动物特征，参照原色图鉴及实体照片进行物种辨识，主要为大中型兽类及部分特征较明显的小型兽类，如野猪 *Sus scrofa*、毛冠鹿 *Elaphodus cephalophus*、豪猪 *Hystrix brachyura*、赤腹松鼠 *Callosciurus erythraeus*。查看居民家中保存的皮张、足爪、头骨等兽类标本，以确定保护区过去和现在可能存在的兽类种类及数量。采集到的标本用药品灭杀体表寄生虫，然后测量、记录其外形量度，将标本定形并保存于95%的酒精中。

群落相似性分析采用Jaccard相似性系数(C)，计算公式为：$C_j = j/(a+b-j)$。式中Cj为群落A与群落B的相似性系数，a、b分别为群落A、B的物种数，j为群落A、B共有的物种数，当$0.75 \leqslant Cj \leqslant 1.0$时，群落组成成分极其相似；当$0.5 \leqslant Cj \leqslant 0.75$时，群落组成成分中等相似；当$0.25 \leqslant Cj \leqslant 0.5$时，群落组成成分中等不相似；当$0 \leqslant Cj \leqslant 0.25$时，群落组成成分极不相似。

二、调查结果

本次调查期间布设大中型兽类调查样带10条，直接观察到动物实体活动及活动遗留痕迹(足迹、粪便等)共96处；共安装10台红外相机，约200小时(8天×24小时/天)，监测到可辨识兽类4种：野猪、花面狸、猪獾和白腹巨鼠。总计进行约300个铗日/夜，采集小型兽类标本10号4种。选择调查岩洞共计10处，捕获翼手目物种标本8号1种。访谈调查共计40人次，识别到物种26种。

1. 物种组成

通过实地样带调查、标本采集、访问调查和查阅相关文献资料，确认印江洋溪自然保护区现有兽类43种，隶属于8目19科(见表4.1)，占贵州省兽类记载总数的30.28%。食虫目Insectivora 1科1种，占保护区兽类总种数的2.33%；翼手目Chiroptera 2科2种，占保护区兽类总种数的4.65%；灵长目Primates 1科2种，占保护区兽类总种数的4.65%；鳞甲目Pholidota 1科1种，占保护区兽类总种数的2.33%；食肉目Carnivora 4科13种，占保护区兽类总种数的30.23%；偶蹄目Artiodactyla 4科7种，占保护区兽类总种数的16.28%；啮齿目Rodentia 5科16种，占保护区兽类总种数的37.21%；兔形目Lagomorpha 1科1种，占保护区兽类总种数的2.33%。啮齿目和食肉目物种种类较多。分类系统及顺序参照王应祥。

2. 生态类型

根据生境和兽类生态习性，将保护区兽类分为下列7种生态类型：①地下生活型(1种)：银星竹鼠*Rhizomys pruinosus*，长时间潜伏洞巢内，沿洞道啃食竹根、地下茎和竹笋等，地面活动多在晚上；②半地下生活型(13种)：灰麝鼩*Crocidura attenuat*、穿山甲、豪猪及大部分鼠类，该类动物多善于掘土穴居，也在地面觅食；③地面生活型(18种)：偶蹄目、食肉目中大型兽类及草兔、巢鼠*Micromys minutus*，巢鼠多栖息于丘陵坡地，尤以稻麦耕地周围的坡坎、林缘或草丛等地为佳，攀爬能力强，营巢喜以芒秆、麦秆或茶枝作支架，因此将其划定为地面生活型；④树栖型(3种)：松鼠科和鼯鼠科物种，营树栖生活，较少地面活动；⑤半树栖型(5种)：灵长目物种(猕猴、藏酋猴)及食肉目小型兽类(青鼬*Martes flavigula*、黄腹鼬*Mustela kathiah*及黄鼬*M. sibirica*)，多活动于树上，也常在地面觅食或栖息；⑥半水栖型(1种)：水獭，栖息于河流、湖泊，喜生活在水流急、有漩涡、浅滩、透明度大，水生植物少的河流中，居住在天然岩洞或自掘的洞中，洞的出入口隐蔽在水下面。⑦岩洞栖息型(2种)：翼手目物种，栖息于岩洞内，多夜间活动。由此可见，地面生活型和半地下生活型物种占较大比重，分别占物种总数的41.86%、30.23%。

3. 资源现状及垂直分布

保护区兽类资源较丰富，但与邻近的梵净山、佛顶山相比，稍显贫乏，其原因可能是保护区生境类型相对单一，破碎化较为严重，缺乏多样的食物资源及良好的趋避敌害的环境。尤其对于大中型兽类而言，当生境资源不足以维持其最小生存种群时，该物种在本地面临绝迹的危险。不同的物种对生境的需求是有所差异的，如林麝为针阔混交林的典型动物，毛冠鹿多生活在较偏僻的山区，小麂*Muntiacus reevesi*、赤麂*M. vaginalis*、野猪等则较能适应次生林灌环境。因此，保护生境的完整性和多样性显得尤为重要。

保护区尚存大中型兽类多为偶蹄目、食肉目物种，如野猪、鬣羚、猪獾等，但种群数量较少。因为大多数兽类具有食用、毛皮用或药用价值，导致其经常被非法捕猎，保护区内兽类生存压力较大，如豹猫、鬣羚、毛冠鹿、鼬獾*Melogale moschata*、花面狸等。调查期间访谈得知该区域曾有黑熊*Ursus* *thibetanus* 等大型食肉动物分布，但由于近年来人类活动干扰频繁，生境岛屿化严重，该类物种已多年未见，也导致部分物种因缺少天敌捕食，种群数量迅速上升，如野猪在部分地区已泛滥成灾，与地方居民之间的矛盾日趋恶化。

本次调查跨越的海拔段为650～1324m，垂直高度按每200m为一个海拔带对各个海拔带调查到的兽类进行统计。结果显示，在海拔650～850m间调查到水鼠耳蝠、猪獾、野猪、鬣羚、巢鼠、社鼠 *Niviventer confucianus*、针毛鼠 *N. fulvescens*、银星竹鼠8种兽类；在海拔851～1050m间调查到水鼠耳蝠、猪獾、野猪、小麂、赤腹松鼠、棕鼯鼠 *Petaurista petaurista*、黄胸鼠 *Rattus tanezumi*、社鼠、针毛鼠、青毛巨鼠 *Berylmys bowersi*、银星竹鼠、豪猪12种；在海拔1051～1250m间调查到穿山甲、鼬獾、狗獾 *Meles meles*、猪獾、野猪、小麂、巢鼠、褐家鼠 *Rattus norvegicus*、社鼠、白腹巨鼠、银星竹鼠11种；在海拔1251～1324m间调查到野猪、白腹巨鼠、银星竹鼠3种。

4. 兽类资源比较分析

从较大的地理区域尺度上看，保护区周边有梵净山国家级自然保护区和石阡佛顶山省级自然保护区，其生境构成和植被类型也较为相似。因此将保护区兽类群落与其他两地进行比较，分析其相似性。

表4.1　印江洋溪自然保护区、梵净山和佛顶山保护区兽类群落

目	洋溪			梵净山			佛顶山		
	科数	种数	占该区总数(%)	科数	种数	占该区总数(%)	科数	种数	占该区总数(%)
食虫目	1	1	2.33	2	7	10.29	2	4	7.55
翼手目	2	2	4.65	3	7	10.29	2	3	5.66
灵长目	1	2	4.65	1	3	4.41	1	1	1.89
鳞甲目	1	1	2.33	1	1	1.47	1	1	1.89
食肉目	4	13	30.23	5	24	35.29	5	17	32.08
偶蹄目	4	7	16.28	3	1	1.47	4	7	13.21
啮齿目	5	16	37.21	7	20	29.41	6	19	35.85
兔形目	1	1	2.33	1	5	7.35	1	1	1.89
合计	19	43	1	23	68	1	22	53	1

印江洋溪自然保护区与梵净山保护区共有兽类34种，与佛顶山保护区共有兽类37种，通过Jaccard相似性系数分析得出：印江洋溪自然保护区与佛顶山保护兽类群落相似性系数较高($C=0.62$)，中等相似；与梵净山保护区兽类群落相似性系数稍低($C=0.44$)，中等不相似。梵净山国家级保护区是武陵山系重点生物多样性保护区域，保护区面积广，生境植被保存完整，兽类物种十分丰富，印江洋溪自然保护区与其毗邻，但两者在物种组成及多样性组成方面相差较大。因此，加强印江洋溪自然保护区生境保护和修复，建立保护区之间生态廊道，对物种保育具有重要的现实意义。

三、讨论与建议

查清保护区的兽类物种组成、分布及区系特征是保护生物多样性、有效发挥其经济价值、实现经济社会健康可持续发展的前提，同时，对认识野生动物与人类的矛盾也具有积极意义。印江洋溪自然保护区现有兽类43种，其中广布种占绝对优势(占总数60.47%)，没有完全的广北界物种。在物种组成上，食肉目和啮齿目种类较多。食肉目物种均为中小型兽类，大食肉动物，作为食物链顶端生物，要求较大的活动区域，对生境质量的要求也比较严格，多选择远离人类活动的地方作为适宜的栖息地，随着生境的破坏，其生存空间逐渐变小直至消失，相应的物种也随之灭绝。相对于大中型兽类，啮齿类等小型兽类因活动范围较小而表现出对环境更强的依赖性，而小型兽类在食物链中是不可缺少的组成部分，对维持生态平衡起着重要的作用，保护生境的完整性及避免过多人为干扰不仅有利于大中型兽类的保护，也有利于小型兽类的生存。

印江洋溪自然保护区地理位置特殊，兽类资源相对较为丰富，具有重要的保护价值。随着保护区实施保护措施的力度加大和当地居民的保护意识增强，保护成效逐渐明显。同时也出现出一些问题：保护区内人工建设设施成为阻碍某些物种迁移扩散的障碍；生境破碎化和非法捕猎等因素导致大型有蹄类动物和食肉动物减少甚至本地灭绝，黑熊、豹 *Panthera pardus*、云豹 *Neofelis nebulosa* 等物种的实体已多年没有发现，林麝、穿山甲、水獭、大灵猫等物种数量极少、濒临灭绝，亟需加强保护；因缺乏天敌的捕食，同时具有较强的繁育力的野猪种群数量逐渐增多，与当地居民生产活动的冲突日趋加重。

基于本次调查对保护区兽类资源特点、保护管理现状和社区居民保护意识的了解，并结合当地政策方针，提出如下建议：

(1)加快保护区升级建设，制定并完善印江洋溪自然保护区野生动物保护管理制度；健全保护区管理职能，提高保护区管理水平，有效发挥保护区的综合效益。

(2)完善保护区基础设施建设，划定野生动物重点保护管理区域，并进行定期监测和巡护。

(3)积极开展保护区科学研究，引进相关专业技术人才，加强生境和物种保护，对珍稀濒危物种的种群动态实行长期监测。

(4)加大执法力度，遏制非法狩猎行为。

(5)积极开展自然保护宣传，加强社区参与共管，对野生动物造成的居民损失进行有效合理评估，完善补偿机制。通过政府、保护区、社区居民的共同参与实现保护区和谐发展的长效机制。

（张明明　张海波　冉景丞　粟海军　王元顶　黄　冰）

参考文献

韩宗先，胡锦矗. 2002. 重庆市兽类资源及其区系分析. 四川师范学院学报(自然科学版)，(02)：141～148.

韩宗先，胡锦矗. 2002. 重庆市珍稀兽类的生态地理分布与保护现状. 重庆师范学院学报(自然科学版)，(03)：49～54.

吴苑玲，黄汉泉，林海军，魏志诚，王勇军. 2005. 深圳笔架山公园兽类资源调查. 中山大学学报(自然科学版)，(S1)：61～64.

曾治高，巩会生，宋延龄，缪涛，马顺荣. 2006. 陕西马家山自然保护区大中型兽类的资源及区系与生态分布. 四川动物，(01)：87～91.

覃雪波，赵铁建，朱金宝. 2008. 天津八仙山自然保护区兽类资源调查. 天津农林科技，(04)：39～42.

王应祥. 2003. 中国哺乳动物种和亚种分类名录与分布大全. 北京：中国林业出版社，394.

张荣祖. 2011. 动物地理区划. 中国动物地理. 北京：科学出版社.

Andrew T，解焱. 2009. 中国兽类野外手册. 长沙：湖南教育出版社.

张荣祖. 动物地理区划. 2011. 中国动物地理. 北京：科学出版社，208.

辜永河，罗蓉. 1990. 梵净山自然保护区的兽类//周政贤主编. 梵净山研究. 贵阳：贵州人民出版社，525.

粟海军，蔡静芸，冉景丞，卢自勇，任艺. 2013. 贵州佛顶山自然保护区兽类资源及其特征分析. 四川动物，(01)：137～142.

邓可，张利周，李权，李学友，蒋学龙. 2013. 云南天池自然保护区兽类资源调查. 四川动物，(03)：458～463.

王加连. 2009. 江苏盐城自然保护区陆生兽类资源调查研究. 四川动物，(01)：140～144.

第三节　鸟类

一、调查方法

2014 年 5 月至 2015 年 4 月，在繁殖季和越冬季各进行 1 次调查。主要采用样线法进行调查，同时辅以鸣声辨别、摄影取证等调查方法。野外观察仪器为奥林帕斯 10×42 mm 和施华洛世奇 10×42 mm 双筒望远镜。样线的设计覆盖不同生境不同海拔。每日调查的时间为上午 7：00～11：00 和下午 15：00～18：30。步行调查时，平均速度控制在 1～2km/h。

在野外调查时，对于难以通过望远镜识别的鸟类，借助超远摄镜头辅助拍摄识别。鸟类种类鉴定依据《中国鸟类野外手册》；鸟类分类系统依据《中国鸟类分类与分布名录》(第二版)。

根据保护区的生境情况，将区内的生境分为 5 种类型：湿地(*W*)，森林(*F*)，草地及灌丛(G)，农田(C)，居民区(R)。

数据用 Microsoft Office Excel 2007 处理。物种科属多样性采用 *G*－*F* 指数进行统计，计算公式为 $D_{G-F}=1-\frac{D_c}{D_r}$，其中 $D_F=\sum_{k=1}^{m}D_{F_k}$，$m$ 为科数，$D_{F_k}=\sum_{i=1}^{n}p_i\ln p_i$，$p_i=s_{k_i}/s_k$，$s_k$ 为名录中 k 科中的物种数，s_{k_i}为名录中 k 科 i 属中的物种数，n 为 k 科中的属数；$D_G=-\sum_{j=1}^{p}q_j\ln q_j$，$q_j=s_j/S$，$S$ 为 j 属中的物种数，p 为属数。

二、结果与分析

1. 种类组成

印江洋溪自然保护区共记录到鸟类 14 目 40 科 124 种(详见表 4.2)，占贵州省鸟类 432 种的 28.70%，占全国鸟类 1371 种的 9.04%，其中非雀形目鸟类 44 种，占总种数的 35.48%，雀形目 80 种，占 64.52%。国家Ⅰ级重点保护鸟类 1 种：白颈长尾雉 *Syrmaticus ellioti*；国家Ⅱ级重点保护鸟类 12 种：鸳鸯 *Aix galericulata*、黑冠鹃隼 *Aviceda leuphotes*、蛇鵰 *Spilornis cheela*、凤头鹰 *Accipiter trivirgatus*、赤腹鹰 *A. soloensis*、松雀鹰 *A. virgatus*、红隼 *Falco tinnunculus*、燕隼 *F. subbuteo*、白冠长尾雉 *Syrmaticus reevesii*、红腹锦鸡 *Chrysolophus pictus*、黄脚鱼鸮 *Ketupa flavipes*、斑头鸺鹠 *Glaucidium cuculoides*。其中列入世界自然保护联盟(IUCN)红色名录的近危种(NT)3 种：鸳鸯、白颈长尾雉、白颈鸦 *Corvus torquatus*；易危种(VU)1 种：白冠长尾雉；列入濒危动植物国际贸易公约(CITES)附录Ⅰ有 1 种；列入附录Ⅱ有 11 种。

表 4.2　印江洋溪自然保护区鸟类目、科和种的组成

目	科数	种数	占总种数(%)
䴙䴘目	1	1	0.81
鹳形目	1	5	4.03
雁形目	1	2	1.61
隼形目	2	7	5.65

（续）

目	科数	种数	占总种数(%)
鸡形目	1	5	4.03
鹤形目	1	1	0.81
鸻形目	1	1	0.81
鸽形目	1	2	1.61
鹃形目	1	9	7.26
鸮形目	1	2	1.61
佛法僧目	1	3	2.42
戴胜目	1	1	0.81
䴕形目	2	5	4.03
雀形目	25	80	64.52

2. 鸟类的居留型

调查结果显示，在保护区所记录到的鸟类中，夏候鸟有26种，占20.97%；冬候鸟9种，占7.26%；留鸟86种，占69.35%；旅鸟2种，占1.61%；冬候鸟或留鸟1种，占0.81%。

3. 鸟类数量特征

根据调查时所见鸟类的频度、数量，以调查期间各种鸟的个体数占统计个体总数的百分比作为划分保护区鸟类种群数量等级的标准，大于10%为优势种(＋＋＋＋)，在10%与2%之间为常见种(＋＋＋)，在2%与1%之间为稀有种(＋＋)，小于1%为偶见种(＋)。

在保护区所调查到的鸟类数量来看，保护区以常见种和稀有种为主，分别为51种、43种，各占41.13%、34.68%；优势种18种，占14.52%；偶见种12种，占9.68%。

4. 鸟类栖息生境

调查发现，在记录到的鸟类中，森林鸟类42种，占33.87%；湿地鸟类14种，占11.29%；草地及灌丛鸟类10种，占8.06%；居民区鸟类1种，占0.81%。栖息于两个以上复合生境中的鸟类57种，占45.97%；其中森林＋草地、灌丛鸟种最多，有21种，占16.94%。

5. 鸟类多样性指数

野外调查共记录到鸟类124种，通过计算，其科属间多样性指数为：*G*指数4.30，*F*指数18.80，G－F指数0.77。其中，多样性指数贡献最大的是鹎科，其次是画眉科，其D_F指数分别为2.14和1.84。

三、讨论

1. 多样性评价

洋溪自然保护区共记录到14目40科124种鸟类，与邻接的梵净山国家级自然保护区鸟类17目50科236种相比较少。洋溪自然保护区面积219km^2，梵净山自然保护区面积419km^2，两个保护区面积差异接近2倍，可能是造成鸟类种类相差较大的原因。另外，洋溪自然保护区虽然在繁殖季节和越冬季节均进行鸟类调查，但每个季节只调查1次，而梵净山自然保护区的鸟类调查始于20世纪60年代，持续时间较长，调查密度和强度均远大于洋溪自然保护区。在一定的时空范围内，调查强度能影响调查到的物种多样性，这也可能是造成两个保护区鸟类种类相差较大的原因。但从G－F指数来看，洋溪自然保护区的鸟类多样性指数显示出较高的科属间多样性。

从鸟类区系从属上来看：洋溪自然保护区东洋界鸟类占50.81%，广布种鸟类占27.42%。根据动物地理区划，位居东洋界，因而鸟类以东洋种为主，但因保护区的地理位置临近东洋界北部，所以仍有一些典型的古北界鸟类如鸳鸯出现。

2. 监测物种

(1)监测物种的筛选标准：鉴于保护区的管理工作与物种监测关系密切，印江洋溪自然保护区的成立，有必要确定监测鸟种。从保护管理的角度考虑，监测鸟种的选择标准有以下几条：

①国家法律规定保护的濒危物种。

②位于生态链顶端的物种。

③生境要求严格，对环境变化相对敏感具有一定指示作用的物种。

④数量虽然不多，但须有一定数量。

⑤相对容易识别，叫声特别，繁殖期间鸣叫频繁。通过简单培训，保护区职员和护林员即可识别进行监测。

(2)监测物种：根据印江洋溪自然保护区现有鸟类资源状况，建议选择红腹锦鸡、白颈长尾雉、白冠长尾雉、鸳鸯、燕隼、红隼、黄脚鱼鸮等7种国家重点保护鸟类以及在森林林下灌丛栖息的鹟科及画眉科鸟类作为监测鸟种。根据保护区的分布情况，建议在洋溪镇和茶园两个点开展鸟类监测工作，每个点根据不同生境、不同海拔分别布设10～12条样线，每条样线长度为1～3km。

洋溪自然保护区丰富的鸟类多样性，复杂的地理条件和独特的地理区域是开展武陵山南部鸟类种群生态学和群落生态学研究的理想场所。

(匡中帆　李筑眉　江亚猛　陈东升　李　扬　李振吉)

参考文献

江望高，文贤继，杨晓君，杨岚.1998. 西双版纳部分地区鸟类多样性初步考察[J]. 动物学研究，19(4)：282～288.

蒋志刚，纪力强.1999. 鸟兽物种多样性测度G－F方法. 生物多样性，7(3)：220－225.

约翰·马敬能，卡伦·菲利普斯，何芬奇.2000. 中国鸟类野外手册[M]. 长沙：湖南教育出版社.

张荣祖.2004. 中国动物地理[M]. 北京：科学出版社.

郑光美，张正旺，宋杰等.1995. 鸟类学[M]. 北京：北京师范大学出版社.

郑光美.2011. 中国鸟类分类与分布名录[M]. 北京：科学出版社.

第四节　爬行动物

一、研究方法

1. 调查方法

主要通过野外标本采集和观察法，根据保护区内海拔、植被、生境、爬行动物生态习性等特点对爬行动物分白天和夜晚时间段分别调查。白天对森林及石山灌丛、草丛进行调查；夜间主要沿山涧溪流自下而上调查和农户村舍进行调查。并对一些稀有爬行动物作走访调查(如尖吻蝮)。采用徒手捕捉法或网捕法采集标本，《贵州爬行类志》、《中国蛇类》对物种种类进行鉴定。参照《中国动物地理》划分爬行动物区系。

2. 种群数量等级划分

根据整个调查期间野外观察到的爬行动物各物种的个体数量，同时参考访问调查的数据，将爬行动物种群数量在3条(只)以下、3～10条(只)、10条(只)以上，确定为资源量稀少(＋)，一般(＋

+)、丰富(+++)。

3. 相似系数比较

采用相似系数比较洋溪自然保护区同其相邻近的自然保护区爬行动物的相似性，相似系数计算公式如下：

$$C = 2c/(a+b)$$

式中：C 表示 A、B 两地的相似系数，a 和 b 分别表示 A 地和 B 地的物种数，c 为 A 地和 B 地的共有物种数。

二、结果与分析

1. 调查结果

通过野外实地调查与走访当地民众，确认洋溪自然保护区现有爬行动物共 24 种，隶属 3 目 5 科 19 属。其中，中国特有种 4 种，IUCN 易危物种 1 种。洋溪自然保护区爬行动物各科物种数统计显示：爬行纲中以游蛇科物种为多，计 14 属 18 种；其次依次是蝰科，计 3 属 3 种，鳖科、石龙子科、眼镜蛇科均为 1 属 1 种。

2. 种群数量及有毒蛇类

保护区内爬行动物种类丰富，除中华鳖种群数量较低外，其余物种种群数量均较丰富。铜蜓蜥、北草蜥、王锦蛇、黑眉锦蛇、赤链蛇、乌梢蛇、原矛头蝮等为优势种，黑背白环蛇、乌华游蛇、虎斑颈槽蛇、翠青蛇、银环蛇、尖吻蝮、福建竹叶青蛇等为常见种。保护区有毒蛇类有银环蛇、原矛头蝮、尖吻蝮、福建竹叶青蛇等 4 种。

三、讨论

洋溪自然保护区周边的保护区有梵净山国家级自然保护区和石阡佛顶山国家级自然保护区，其生境构成和植被类型也较为相似。查阅相关报道将印江洋溪自然保护区爬行动物资源与梵净山、佛顶山两地进行比较(表 4.3)。

表 4.3 梵净山、佛顶山、洋溪三个自然保护区爬行动物相似性比较

保护区名称	物种(亚种)数	梵净山	佛顶山	洋溪
梵净山	43		0.58	0.72
佛顶山	36	23		0.60
洋溪	24	24	18	

注：表左下方数值为 3 个保护区两两共有物种数，右上方数值为 3 个保护区两两相似性指数。

梵净山国家级保护区是武陵山系重点生物多样性保护区域，保护区面积广，生境植被保存完整，爬行类物种十分丰富。虽然印江洋溪自然保护区与梵净山自然保护区毗邻，且洋溪自然保护区与梵净山保护区爬行动物相似性系数较高($C=0.72$)，但洋溪自然保护区爬行动物却明显较少。佛顶山自然保护区虽然与梵净山保护区爬行动物相似性系数较低($C=0.58$)，但其爬行物种却有 36 种。因此，在加强印江洋溪自然保护区生境保护和修复的同时，应加强宣传教育。

四、建议

爬行动物是自然界重要的一类动物，对于保持生态平衡，维护生物链的完整，保护生物多样性具有重要意义。但在经济利益的驱使下，保护区内一些非法猎捕野生蛇类的活动时有发生，蛇类资源受到严重破坏，加之保护区内大部分群众认为蛇类严重威胁到他们的人身财产安全，所以蛇类被打死的情况时有发生。因此，对保护区爬行动物的保护建议如下：

1. 加大野生动物保护的科普教育宣传，提高公众保护意识。采取多种科普宣传教育的形式，大力宣传蛇类对控制鼠害，维护生态平衡的重要作用。

2. 加强生境保护，实施植被恢复措施，减少人为干扰，有效保护野生动物资源。

（李仕泽　吕敬才　李　灿　魏　刚　邹诗兵　欧　飞　徐　宁）

参考文献

伍律，李德俊，刘积琛．1985．贵州爬行类志[M]．贵阳：贵州人民出版社．

赵尔宓．2006．中国蛇类[M]．合肥：安徽科学技术出版社．

张荣祖．2011．动物地理区划．中国动物地理．北京：科学出版社．

杨道德，刘松，费东波，等．2008．江西齐云山自然保护区两栖爬行动物资源调查与区系分析[J]．动物学杂志，43(6)：68－76．

冉辉，梅杰，禹真，等．2012．贵州省佛顶山自然保护区蛇类新纪录及佛顶山与梵净山蛇类动物区系比较[J]．安徽农业科学，40(9)：5240－5242．

李筑眉，李永通．1994．梵净山自然保护区两栖爬行动物调查报告[A]．梵净山黑叶猴自然保护区科学考察集[M]．贵阳：贵州民族出版社，67－70．

郑建州，周江．2000．佛顶山自然保护区爬行动物调查报告[A]．佛顶山自然保护区科学考察集[M]．北京：中国林业出版社，248－251．

王培潮．环境决定爬行动物性别研究的进展[J]．1989．生态学报，9(1)：84－90．

张强，谢锋，江建平．2006．冷血脊椎动物冷适应研究[J]．四川动物，25(2)：433－438．

张建萍，侯天德，贾凌云，等．2007．温度对虎斑颈槽蛇3种组织SDH和LDH活性的影响[J]．四川动物，26(2)：287－290．

王雷，汪继超，贺斌，等．2009．龟类野外活动节律的研究进展[J]．四川动物，2009，28(2)：316－319．

Czekanowski. Zarys metod statystycznych w zastosowaniu do antropologii. An outline of statistical methods applied in anthropology[M]. Warszawa：Towarzystwo Naukowe Warszawskie. 1913

第五节　两栖动物

一、研究方法

1. 调查方法

根据保护区内海拔、植被、生境、两栖动物生态习性等特点对两栖动物分白天和夜晚时间段分别调查。白天对森林及石山灌丛、草丛进行调查；夜间主要沿山涧溪流自下而上调查。根据《中国两栖动物及其彩色图鉴》、《中国动物志·两栖纲(上、中、下卷)》、《贵州两栖类志》对物种种类进行鉴定。参照《中国动物地理》划分两栖爬行动物区系。

2. 种群数量等级划分

根据整个调查期间野外观察到的两栖动物各物种的个体数量，同时参考访问调查的数据，分别将两栖动物种群数量在近几年未见、5只以下、5～30只、30只以上，确定为资源量非常稀少(－)、稀少(＋)、一般(＋＋)、丰富(＋＋＋)。

3. 两栖动物生态类型划分

根据两栖动物成体的主要栖息地，综合考虑产卵、蝌蚪及其幼体生活的水域状态，将两栖动物的生态类型归为五类：静水型Q、陆栖－静水型TQ、流水型R、陆栖－流水型TR、树栖型A。

二、结果与分析

1. 调查结果

查阅相关资料并结合野外实地调查与走访，确认保护区有两栖动物25种，隶属2目7科16属。保护区两栖动物各科物种数及区系成分统计显示：两栖纲中蛙科物种最多，计7属11种；其次依次是角蟾科，计4属4种，姬蛙科，计1属4种，雨蛙科与树蛙科，均计1属2种，隐鳃鲵科、蟾蜍科均计1属1种。

2. 种群数量与生态类型

保护区两栖动物动物种群调查结果显示：除大鲵、红点齿蟾、峨眉髭蟾、峨眉树蛙、棘侧蛙等少数对栖息地环境有特殊要求的珍稀物种外，区内其余两栖动物种群数量均较丰富。保护区两栖动物生态类型共5种，即陆栖－静水型、树栖型、静水型、流水型，其中以流水型的9种和陆栖－静水型的8种两栖动物为主，树栖型的4种次之，陆栖－流水型和静水型的2种最少。保护区以流水型为主且种群数量较多的两栖动物格局，不仅反映了区内丰富的水资源，同时也反映了区内良好的生态环境。

三、建议

两栖动物是自然界重要的一类动物，对于保持生态平衡，维护生物链的完整，保护生物多样性具有重要意义。但由于经济利益的驱使，非法猎捕野生蛙类的活动时有发生，且在保护区内部分生境被道路分割，两栖动物被车辆“路杀”(Road kill)的现象屡见不鲜，特别是在繁殖季节。切实保护两栖动物是我们的重要任务。因此，对两栖类的保护建议如下：

(1)加强宣传教育，提高公众保护意识，改变民众喜食野生动物的习惯，严禁捕捉一切两栖动物，确保保护区内两栖动物的正常繁衍。

(2)采取有效措施，杜绝农田和林地施洒对两栖动物有害的农药。强化保护区的森林生态系统的自我调节，让人类与两栖动物和谐相处。

(3)在条件允许的情况下，逐步对体大肉多、肉质鲜嫩、具有很高营养价值和药用价值的珍贵物种如棘腹蛙进行人工养殖，合理开发利用一些有重要经济价值的两栖动物。

（李仕泽　吕敬才　李　灿　魏　刚　邹诗兵　欧　飞　徐　宁）

参考文献

费梁，叶昌媛，江建平．2012．中国两栖动物及其分布彩色图鉴［M］．成都：四川科学技术出版社．

费梁，胡淑琴，叶昌媛，等．2009．中国动物志·两栖纲：上卷［M］．北京：科学出版社．

费梁，胡淑琴，叶昌媛，等．2009．中国动物志·两栖纲：中卷［M］．北京：科学出版社．

费梁，胡淑琴，叶昌媛，等．2009．中国动物志·两栖纲：下卷［M］．北京：科学出版社．

伍律，董谦，须润华．1986．贵州两栖志［M］．贵阳：贵州人民出版社．

张荣祖．2011．动物地理区划．中国动物地理．北京：科学出版社．

杨道德，刘松，费东波，等．2008．江西齐云山自然保护区两栖爬行动物资源调查与区系分析［J］．动物学杂志，43(6)：68－76．

谷颖乐，杨道德，刘松，等．2007．广东昆山自然保护区两栖爬行动物资源调查［J］．四川动物，26(2)：340－343．

蒋志刚，纪力强．1999．鸟兽物种多样性测度的G－F指数方法［J］．生物多样性，7(3)：220－225．

胡淑琴，赵尔宓，刘承钊．1973．贵州两栖爬行动物调查及区系分析［J］．动物学报，29(2)：149－178

李德俊．1982．梵净山两栖爬行动物种类分布及其区系成分[A]．见：贵州环境保护局，梵净山科学考察集[C]，3～4，232～244

郑建州，李德俊．1990．梵净山的两栖动物[A]．见：贵州省林业厅，梵净山研究[M]；贵州人民出版社，415～423.

第六节　鱼　类

一、调查方法

2014年5月，考察团对保护区内的河流、水库、小溪、溶洞等进行了鱼类调查。调查采用走访、雇请渔民捕捞和自捕的方式采集鱼类标本，调查渔具包括电鱼机、小钩、定置刺网、拦河网4种。采集的鱼类标本现场鉴定种类，并进行体长、体重等生物学测量，拍摄照片，同时记录数量、采集地的生境描述以及GPS定位等相关数据。现场未能鉴定的种类，用10%福尔马林溶液固定，带回室内鉴定，标本鉴定及分类依据伍律的《贵州鱼类志》、陈宜瑜的《中国动物志硬骨鱼纲鲤形目》、褚新洛的《云南鱼类志》上下册、乐佩琦的《中国动物志硬骨鱼纲的鲤形目》、伍汉霖的《中国动物志硬骨鱼纲的鲈形目》等资料(表4.4)。

表4.4　印江洋溪自然保护区鱼类标本采集地主要位置

地名	地理位置	海拔(m)
陡河	N27°38′1.8″ E108°29′36.9″	641
吊家沟	N27°40′40.1″ E108°33′10″	735
小河	N27°38′25.6″ E108°29′18.7″	707
湄坨水库	N27°49′2.1″ E108°31′42.8″	1031
乐茂江	N27°54′9.1″ E108°25′33.4″	575
茶园河	N27°54′22.1″ E108°32′5.8″	784

二、调查结果

洋溪自然保护区的鱼类资源情况以前未见相关报道，本次调查以区内的大小溪流、水库、溶洞为主，共采集鱼类标本300余号，37种，隶属于4目12科32属，占贵州省鱼类种类总数202种的18.3%，其中主要经济鱼类有泥鳅、草鱼、黄颡鱼、月鳢等23种。

保护区鱼类均属于淡水鱼类，全属于硬骨鱼纲鱼类。其分类详见“洋溪自然保护区鱼类名录”。鱼类组成有以下特点：

保护区的鱼类以鲤形目、鲇形目、合鳃鱼目、鲈形目的种类组成。其中鲤形目种类最多，有3科24属28种，占保护区鱼类总数的75.7%；鲈形目次之，有4科4属5种，占保护区鱼类总数的13.5%；鲇形目排第三位，有2科3属3种，占保护区鱼类总数的8.1%；合鳃鱼目仅有黄鳝1个代表性种类(表4.5)。

保护区的鲤科鱼类采集到中国鲤科鱼类12个亚科中8个亚科的种类，其中鮈亚科的种类最多，为5属6种，占保护区鲤科鱼类24种的25%；其次为鲃亚科的种类，为4属5种，占保护区鲤科24种的20.8%；第三位的是鲌亚科的4属4种，占保护区鲤科鱼类16.7%；第四位为鲤亚科的2属3种，占保护区鲤科鱼类的12.5%；鿕亚科和鲢亚科均为2属2种，各占该区鲤科鱼类的8.3%；雅罗鱼亚科和鱊亚科仅各有1属1种，各占3.3%。该区鲤科鱼类未见鲴亚科、鳅鮀亚科、野鲮亚科、裂腹鱼亚科的种类。

表4.5 印江洋溪自然保护区鲤科鱼类组成统计表

亚科名称	属数	种数	占鲤科鱼类种数(%)	区系组成
雅罗鱼亚科	1	1	4.2	东亚类群
鿕亚科	2	2	8.3	东亚类群
鲌亚科	4	4	16.7	东亚类群
鲢亚科	2	2	8.3	东亚类群
鮈亚科	5	6	25	东亚类群
鱊亚科	1	1	4.2	东亚类群
鲃亚科	4	5	20.8	南亚类群
鲤亚科	2	3	12.5	东亚类群
合计	21	24	100	

三、资源评价

洋溪自然保护区的鱼类虽然有37种，但资源量不大，相对数量较多的种类有：泥鳅 *Misgurnus . anguillicaudatus*、草鱼 *Ctenopharyngodon idellus*、宽鳍鱲 *Zacco platypus*、马口鱼 *Opsariichthys bidens*、𩷒 *Hemiculter leucisculus*、大眼华鳊 *Hemiculterella sauvagei*、鲤 *Cyprinus* (*Cyprinus*) *carpio haematopterus*、鲫 *Carassius auratus* 等。而数量稀少的种类有：班带条鳅 *Nemacheilus fasciolatus*、红尾条鳅 *N. variegates*、黑鳍鳈 *Sarcocheilichthys nigripinnis nigripinnis*、云南光唇鱼 *Acrossocheilus* (*A.*) *yunnanensis*、厚唇鱼 *A.* (*Lissochilichthys*) *labiatus*、白甲鱼 *Varicorhinus* (*Onychostoma*) *simus*、泉水鱼 *Semilabeo procheilus*、云南盘鮈 *Discogobio yunnanensis*、大鳍鳠 *Mystus . macropterus*、大眼鳜 *Siniperca kneri*、沙塘鳢 *Odontobutis obscura*、月鳢 *Channa asiatica* 等。

平鳍鳅科、鲇科、合鳃鱼科、鮨科、塘鳢科、鳢科的种类为单科单属单型种，其共同特征是数量总量都非常少，分布范围受限，生活处境不安稳，一旦环境发生变化就很难适应，并处于受危状态。

保护区鱼类中属于广泛分布于我省各水系中的种类有，泥鳅、草鱼、宽鳍鱲、马口鱼、大眼华鳊、鳙、鲢、麦穗鱼、棒花鱼、鲤、鲫、黄颡鱼、鲇、黄鳝、普栉鰕虎鱼等共15种，占保护区鱼类总数的40.5%。

四、建议与讨论

洋溪自然保护区北面与贵州梵净山国家级自然保护区接壤，西南面有鸳鸯湖湿地公园和佛顶山自然保护区，是贵州省境内武陵山系自然保护区群的补充，形成了自然保护区之间的重要生物廊道。

建议各级政府及相关职能部门，加强渔业资源管理，特别是枯水期，加强河道管理，严禁电鱼、毒鱼现象的发生；采取有效措施，每年限定禁渔期，并限量捕捞以达到合理永续利用。

由于生活污水排放、生活垃圾向河内乱倒，使河道受污染，导致鱼类数量减少。大量的堤坝阻碍了许多鱼类的洄游，导致鱼类种类和数量减少。建议尽快建立健全自然保护区管理机构，切实保护鱼类及其他野生动植物资源。

（雷孝平　陈　靖　罗新娅　秦　进）

参考文献

伍律，等. 1989. 贵州鱼类志[M]. 贵阳：贵州人民出版社.

陈宜瑜，等. 1998. 中国动物志・硬骨鱼纲・鲤形目(中卷)[M]. 北京：科学出版社.

褚新洛，等. 1989. 云南鱼类志(上册)[M]. 北京：科学出版社.

褚新洛，等. 1990. 云南鱼类志(下册)[M]. 北京：科学出版社.

乐佩琦，等. 2000. 中国动物志・硬骨鱼纲・鲤形目(下卷)[M]. 北京：科学出版社.

伍汉霖，等. 2008. 中国动物志・硬骨鱼纲・鲈形目(五)・虾虎鱼亚目・上册[M]. 北京：科学出版社.

伍汉霖，等. 2008. 中国动物志・硬骨鱼纲・鲈形目(五)・虾虎鱼亚目・下册[M]. 北京：科学出版社.

第七节　珍稀濒危及特有动物

一、珍稀保护兽类

洋溪自然保护区43种兽类中，有国家重点保护动物9种，占总数20.93%，其中国家一级保护动物1种：林麝 *Moschus berezovskii*；国家二级保护动物9种：猕猴 *Macaca mulatta*、藏酋猴 *Macaca thibetana*、穿山甲 *Manis pentadactyla*、水獭 *Lutra lutra*、大灵猫 *Viverra zibetha*、斑灵狸 *Prionodon pardicolor*、斑羚 *Naemorhedus goral*、鬣羚 *N. sumatraensi*，青鼬 *Martes flavigula*。列入世界自然保护联盟(IUCN)濒危物种红色名录的物种43种，濒危(EN)等级2种(占总数4.65%)：穿山甲、林麝，易危(VU)等级1种(占总数2.33%)：鬣羚，近危(NT)等级6种(占总数13.95%)：藏酋猴、猪獾、水獭、大灵猫、毛冠鹿、斑羚，其余34种为无危(LC)等级，占总数79.07%；列入濒危野生动植物种国际贸易公约(CITES)的兽类9种，列入附录Ⅰ的4种：水獭、斑灵狸、斑羚、鬣羚，列入附录Ⅱ的5种：猕猴、藏酋猴、穿山甲、豹猫、林麝。列入国家保护的有益的或者有重要经济、科学研究价值的陆生野生动物名录(简称“三有名录”)20种，占总种数的46.51%。此外，藏酋猴和林麝为中国特有种，毛冠鹿为准特有种。

二、珍稀保护鸟类

洋溪自然保护区内记录到鸟类124种。其中列入濒危野生动植物国际贸易公约(CITES)(附录Ⅰ)物种1种，(附录Ⅱ)物种11种；列为国际自然与自然资源保护联盟(IUCN)“易危”等级的物种1种，

"近危"的物种3种；属中国野生动物保护法规定的国家Ⅰ级重点保护种类1种，Ⅱ级重点保护种类12种。由此可见，保护区内重点保护鸟类有较高的比例。其中，如红腹锦鸡、鸳鸯、白颈长尾雉在区内有一定的数量，这对开展这些物种的生态学研究和长期的种群数量监测提供了良好的条件。

三、珍稀濒危两栖动物

1. 大鲵 *Andrias davidianus*

【地方名】娃娃鱼。

【鉴别特征】体大，全长一般100cm左右；头躯扁平，尾侧扁。眼小，无眼睑，体侧有明显的与体轴平行的纵行厚肤褶；头部疣粒成对排列。

【形态描述】

成体：体大而扁平，一般全长100cm左右，最大个体全长可达200cm以上。头大而扁，头长略大于头宽，吻端钝圆，略突出于下颌，外鼻孔小，近吻端，眼很小，无眼睑，位于头的背侧方，口大。犁骨齿呈"︵"形与上颌齿平行。舌大而圆，固着于口腔底部，仅四周游离。尾长约为体长之半，尾高为尾长的1/3～1/4，尾的基部圆柱状，向后逐渐成为侧扁，尾端钝圆。四肢短粗而扁，后肢较前肢为长，指四，指长顺序2、1、3、4，趾五，顺序3、4、2、5、1。

体表皮肤光滑，能分泌大量黏液，头背、腹面、眼眶周围、口角后及颈褶等处有大小不等的疣粒。

体色以棕黑为主，随生境不同而有变化，背腹面有黑色或深褐色的不规则斑纹。

第二性征：雄鲵肛部隆起，椭圆形，肛孔较大，内壁有乳白色小颗粒。雌鲵肛部无隆起，泄殖肛孔较小，周围向内凹入，孔内壁平滑，无乳白色小颗粒。

卵：卵呈圆球形，卵径5～8mm，连同卵外胶膜直径15～17 mm；卵在卵带内形成念珠状，带内每两粒卵之间相隔约10～20mm。卵刚从母体产出时为乳白色；卵外胶膜吸水后膨胀，呈透明状。

幼体：受精卵在水温14～21℃条件下，约经38～40天孵化；水温升高时可在33～35天孵化，水温下降时可在68～84天孵化。刚孵出的幼体体长25～31.5mm，体重0.3g，无平衡肢，外鳃3对，呈桃红色，体背部及尾部褐色，体侧有黑色小斑点；腹面黄褐色，两眼深黑色。7～8天后体呈浅黑色，全长33～37mm；前肢芽棒状，开始有指的分化，后肢短棒状，尖端圆球形；14天左右，体呈暗褐色，但腹面仍为黄褐色，前肢已分化出4个指，后肢开始分叉；28天时全长43mm左右，此时卵黄消失，能游泳和摄食；全长170～220mm时外鳃消失。

【生态习性】大鲵多生活在海拔100～1200m的水流较急而清凉的溪河中，河床及岸边均为石灰质岸，洞穴较多，成鲵一般常栖息在海拔1000m以下的溪河深潭内的岩洞、石穴之中，以滩口上下的洞穴内较为常见，其洞口不大，进出一个口；洞的深浅不一，洞内宽敞平坦。白天常卧于洞穴内，很少外出活动，夏秋季节，也有白天上岸觅食或晒太阳的习性。大鲵一般夜出晨归，常住一个洞穴。捕食主要在夜间进行，常守候在滩口乱石间，发现可猎动物经过，突然张嘴捕食。它的食性很广，主要以蟹、蛙、鱼、虾以及水生昆虫，及其幼虫等为食。

【保护价值】大鲵是现存两栖动物中较为原始的种类，是中国特有种，我国将其列为Ⅱ级国家重点保护野生动物，世界自然保护联盟将其受威胁现状列为极危等级。大鲵分布于黄河、长江和珠江三大流域，20世纪80年代贵州省的长江和珠江流域上游区域二十余县曾广泛分布。但由于近三十年来随着工业、农业和城镇化建设的发展，大鲵的原生态栖息地环境不断遭到破坏，原始种群持续萎缩，栖息地破碎化严重，而且由于大鲵经济价值较高，人们过度捕捞作为食用日趋严重，致使大鲵数量锐减，许多地方资源枯竭，在河流中难寻踪迹，仅有部分洞穴发现大鲵幼体。

2. 棘腹蛙 *Paa boulengeri*(Gitnther, 1889)

【鉴别特征】体肥壮；雄蛙胸、腹部满布大小黑刺疣。

【形态描述】成体：雄蛙体长90mm，雌蛙体长80mm左右。头宽大于头长；吻端圆，略突出于下唇，吻棱略显；鼻孔位于吻眼之间，眼间距与鼻间距几乎等宽；鼓膜略显；犁骨齿短，呈“\ /”形，自内鼻孔内侧向中线倾斜，齿列后端间距窄；舌椭圆形，后端缺刻深。

前肢短，前臂及手长不到体长之半；雄蛙前臂极粗壮；指略扁，指端圆球状；第一指长于第二指，与第四指几乎等长；第二指两侧及第三指内侧具缘膜；原拇指发达，关节下瘤甚明显；内掌突大卵圆形，外掌突窄长。后肢肥壮，前伸贴体时胫跗关节达眼部，左、右跟部仅相遇；胫长超过体长之半；趾端圆球状；第一、第五趾游离侧缘膜发达，达蹠基部；趾间几乎全蹼，第四、第五蹠间蹼超过蹠长之半；关节下瘤明显；内蹠突窄长，无外蹠突；跗褶清晰，超过跗长之半。

皮肤粗糙。体背部长形疣排列成纵行，其间有许多小圆疣或细小痣粒，其上均有小黑刺，头部、体侧及四肢背面有分散的大小黑刺疣，后者有肤棱；枕部有横肤沟；颞褶甚粗厚。雄蛙胸、腹部满布大小肉质疣，每个疣上中央有1枚黑刺，有的个体股、胫腹面也有分散的小刺疣；雌蛙腹面皮肤光滑。

生活时体色随环境和年龄有深浅的变异。背面多为土棕色或棕黑色；上、下唇缘有深棕色或黑色纵纹；两眼间多有一黑色横纹；有的个体背部有不规则的黑斑；四肢背面黑色横纹较清晰。腹面紫肉色，咽喉部及股部有深色云斑。

第二性征：雄蛙胸、腹部满布大小刺疣，有的个体股、胫腹面亦有小刺疣；前臂极粗壮，内侧3指有黑色锥状刺；有单咽下内声囊，声囊孔大，长裂状；背面有两条紫色雄性线，腹面缺如。

变异：据中国科学院成都生物研究所收集的各地标本，其体型大小有一定差异，如印江雄蛙体长113～121.3mm，雷山雄蛙体长67.0～107.2mm；四川天全雄蛙体长为85.8～111.1rmm。据《贵州两栖类志》记载，贵州松桃雄蛙体长62.0～124.0mm。

卵：卵径4mm左右，动物极灰棕色，植物极乳黄色，卵胶膜3层，卵间以外层胶膜彼此贴连，以数十粒连成串状似葡萄，也有个别卵为单粒状。

蝌蚪：生活时背面黄棕色或棕褐色，有的个体有深色小斑点，尾部更清晰；体尾交界处有一个黑横斑，尾肌前上方有2～3个深色横斑；腹面色浅。跗足长4.6mm(第38期)时，头体长19mm，体高为头体长的34.4%；尾长几乎为头体长的179%，尾肌发达，尾鳍后部较高，尾末端钝尖。吻端圆，鼻孔位于吻眼之间，眼位于头背侧；出水孔位于体左侧；肛管宽，无游离管，肛孔大，斜开于下尾鳍基部右侧。口较小，下唇乳突两排，外排自口角至下唇缘，乳突小而密，参差排列，内排乳突大而疏，副突多；唇齿式一般为Ⅰ：4+4/1+1：Ⅱ，有为Ⅰ：3+3/1+1：Ⅱ；角质颌略强。身体全长约56mm(第42期)时，跗足长11mm左右，四肢已发育完好；尾长约33mm时，唇齿及角质颌消失，两眼间黑横纹及枕后横肤沟出现，背部纵肤棱极清晰，四肢背面深色横纹明显，指、趾关节下瘤和趾蹼与成蛙同。

【生态习性】该蛙生活在海拔400～1900m森林茂密的山溪瀑布下或山溪水塘边的石上，鸣声“梆(bang)、梆、梆……”俗称它为“梆梆鱼”或“石蛙”，“石吭(keng)”。所在环境溪内大小石块甚多，溪边乔木或灌木丛生。蝌蚪一般分散在小山溪水凼内，白昼多在水底或钻在石缝中；越冬蝌蚪潜伏在腐烂的水草叶下。卵产于小山溪瀑布下的石块下面或黏附在倒卧于水中的树枝上，偶尔在大山溪旁的石下或泉水凼内也可见到；卵大，最外层胶膜相连成串，一端附在石下或树枝上，另一端悬挂在水中。卵胶膜黏性强，大雨后的急流也不会将卵串冲走，但水位降落时，有的卵群可暴露于水外，在环境潮湿情况下，胚胎仍可正常发育；如果过分干燥，胚胎可能因缺水而死亡。5月30日曾在四川峨眉山采得(大量细胞分裂初期)卵串，该蛙的产卵期较长，一般在4～8月。

据袁凤霞和温小波(1990)报道，通过对湖北咸丰4～5月的93只棘腹蛙成蛙的食性分析，该蛙以捕食昆虫为主，共8目47科，此外还捕食鼠类、蛙类、蟹、螺、蜈蚣、马陆、蜘蛛以及植物种子、叶片、花瓣等，食物种类多达69种，93只成蛙共捕食动物总个体数为751只，其中有害动物数为583只，有益动物数为70只。可见棘腹蛙对森林和农田害虫有明显的防除作用。但是，不少地区开发利用棘腹蛙作为食用或用于治疗疳积病症，大量捕杀该蛙，使该蛙资源锐减，某些地区已经濒危或绝灭，破坏了当地生态环境的平衡。为了维护生态平衡，应提倡对该蛙进行保护，在保持自然环境中的资源量的前提下，开展人工养殖，进行合理利用。

第五章　资源状况

第一节　旅游资源

按《森林旅游学》分类法，调查统计印江洋溪自然保护区已知的旅游资源共涉及5大类26个资源类型60种旅游资源，即地质景观、水文景观、生物景观、天象气候景观、人文景观，其中地质景观11个，水文景观4个，生物景观4个，天象气候景观2个，人文景观12个，非物质文化类4个，旅游商品、特色小吃23个。此次调查还增加了负氧离子测定内容。总体来看保护区的旅游资源种类丰富，色彩斑斓，极具特色，但是都如散落的珍珠，不能发出耀眼的光彩，只有有效整合开发才有市场竞争力。

一、旅游资源类型及分布特征

(一)自然资源

据初步调查，印江洋溪自然保护区内及周边自然景观共4个类型21个景物景点，其中地质11个，水文4个，生物4个，天象景观2个，详见表5.1。

表5.1　印江洋溪自然保护区自然景观资源分布与现状评价表

资源类型	景物名称	地点	景物主要因子描述	威胁因子分析	现状评价	开发利用条件
林海、林网	生态茶海	蒋家坝村走马山坪	总面积4000亩，走马山坪集中连片达500余亩。	自然灾害侵扰、极端气候、生物病虫。	初建于20世纪70年代，系印江第一个茶场，现在正处于更新期，需三年后才能形成其特有的茶海景观。	常年云雾缭绕，道路交通便利，自然地理条件优越，茶叶质量好，具有打造茶文化旅游产品的基本条件，目前尚不具备观赏条件。
	湄坨生态茶园	缠溪镇湄坨村	海拔1092m，总面积1600亩，其中“国茶园”500亩。	自然灾害侵扰、极端气候、生物病虫。	茶场规模较大，茶园景色宜人，温总理曾考察此地，有亲笔问候信函。	全村有12家微型企业，2家茶叶公司，303省道穿园而过，可与湄坨水库一起开发乡村休闲旅游，构建人与自然和谐共荣的示范旅游区。开发利用条件初步具备。

（续）

资源类型	景物名称	地点	景物主要因子描述	威胁因子分析	现状评价	开发利用条件
古大珍稀树木	古银杏(四世同堂)	杨柳乡新屯村灯盏组				交通便利，每年已有不少香客朝拜
优美森林环境	桅杆阔叶林	桅杆村				
	小河沟谷阔叶林	洋溪小河				
	青钱柳 - 青檀混交林					
奇异地貌	舟寨石柱群	洋溪镇冷水村舟寨组	中间一石柱酷似土家妇女，高达20m；左边巨型石柱约30m；右边石柱高约40m。	地震或雷劈等自然灾害。	系喀斯特地区特有景观，为崩塌溶蚀形成，景观独特、现状保存完好，植被茂密。	该自然村寨环境优美、形如小船。自然现象与人文故事相结合，具有科普宣传与人文教育的价值，具有开发利用的基础条件。
	轿顶山	蒋家坝村旺田坝	外观酷似土家人迎新的轿子，海拔约1200m，多云雾。	地质灾害	系塔状山峰，形状奇特似轿子。	具有远观的基本条件，但是气候依赖性强。
	罗场岩奇观	罗场乡附近	砂页岩岩层内沉积物颜色与常态颜色截然不同，面积约$20m^2$。	风化、采砂	砂页岩风化出露，形成格状的多边形图案。	交通便利，宜科普考察。
	睡佛	洋溪	位于洋溪西南，连绵的山峰或凹或突，天然形成睡佛形态，远观见其面阔，鼻挺，慈眉善目，栩栩如生。			
洞穴	水洞	洋溪小河	洞口宽、高5m。	水源不明，无法判断。	灌溉用水源点。	水质良好，具有一定的观赏价值。
	风洞	洋溪小河	洞口宽3.5m，高3m。	无	吹出的冷风较大。	可供消暑，具有开发利用基础条件。
	大洞	洋溪小河	洞口宽120m高150m、属古地下河道，洞内崩塌严重，景观也为崩塌物形成，如白鲨、海豚、海龟等。	人为活动频繁、有丢弃物。	曾有土匪逃躲于此，有防御石墙两道，均有损毁，洞内景观保存完好。	具有一定的开发利用价值。

（续）

资源类型	景物名称	地点	景物主要因子描述	威胁因子分析	现状评价	开发利用条件
洞穴	白水洞	双龙村水车坝组	高宽约3m，系地下河出口，水源来源不明。	无	系洋溪镇饮用水水源，洞口外森林植被好，几年前洞内有较多的大鲵栖息。	水资源开发利用价值较大。洞口外环境优美，空气质量良好，可供消夏避暑。
	火洞	洋溪小河	洞口宽12m，高3m，向下纵深而内宽，四季出热风，保存良好。	人为活动。		可与大洞、风洞、水洞联合开发为休闲度假、科普旅游基地。
	关连洞	王家坡村下平林组老电站旁	洞口有古石墙，入口洞厅近1000m^2。	人为活动频繁、水源在水土流失。	入洞200m洞景沉积物破坏严重。	蝙蝠的栖息场所
地质活动遗迹	天生桥	罗场乡快场村	位于罗场乡北3里河谷内，高约40m、孔洞平均约20m，最窄处约8m。孔洞呈“8”字形。	自然崩塌与溶蚀。	气势雄伟，桥孔形状奇特，桥下流水潺潺，与崖底一天然温泉相组合，冬暖夏凉，是绝好的避暑消夏、越冬的圣地。	典型的峡谷景观，距梵净旅游公路约40min车程，外有在建休闲山庄，开发利用条件成熟。
	温泉	罗场乡快场村	位于天生桥下，系地下涌泉，水温比河谷内溪水高约5℃。		环境与天生桥一样。	利用条件与天生桥一样。
	罗场峡谷	罗场乡快场村			深邃、幽长，可探险。	利用条件与天生桥一样。
	高桥（杨家坡）峡谷。	洋溪镇杨家坡村。	与石阡接壤。		瀑布、森林、岩溶、漂流集成一体，是漂流的好地方。	开发利用条件一般。
水景	小河人工瀑布	洋溪小河	宽10m，高4.5m	自然灾害。	水流量量大，负氧离子含量达13900，水质好。	有一定的观赏价值。
	转塘	洋溪村姜家寨	自然形成的S形河道，系河漫滩长期被水流冲刷所致。	河水长期冲刷或自然灾害会导致其改变形状。	形状特殊，环境优美、水质良好。	自然现象与人文故事相结合，具有科普宣传与人文教育的价值，具有开发利用的基础条件。
	冷水塘人工瀑布	洋溪镇冷水村大屋基组	宽85m、高15m。系20世纪70年代修建电站所筑水坝形成。	自然灾害	水量大、水质良好，较为壮观。	具有开发利用的条件。

（续）

资源类型	景物名称	地点	景物主要因子描述	威胁因子分析	现状评价	开发利用条件
水景	湄坨水库	缠溪镇湄坨村	始建于1965年，海拔1040m，土质大坝，高25m，底宽146m，顶宽5m，坝底长42m，坝顶长224m，库容500万m^3。	无固定水源保障，地质结构复杂，常有山洪冲击。	蓄满水时蜿蜒形成多岛，与四周村庄、茶场、森林融为一体，加上多种水鸟、珍禽出没，构成极美的山青、水碧、天蓝、花俏、鸟鸣画图。	303省道沿水库而过，可与茶场、“国茶园”一起开发乡村休闲旅游，构建人与自然和谐共荣的示范旅游区。
气象景观	云海景观	广东坪、合群两村			高处观看地貌景观。	车览或设拍摄观景台。

表5.2　印江洋溪自然保护区各地负氧离子测定表(取当时最大值)

地 点	环境描述	海拔(m)	测定时间	O^-(个/m^3)
小河口	公路边、车辆行人多，森林植被差	650	2014年5月14日12时40分	2800
水洞口	小河下游、水质好，森林植被一般	664	2014年5月14日13时05分	4500
瀑布口	小河下游、水质好，森林茂密	665	2014年5月14日13时14分	13900
风洞口	小河下游、水质好，森林茂密	666	2014年5月14日13时18分	5200
小河中段	小河水边、水质好，森林茂密	670	2014年5月14日13时23分	3700
高桥桥面	洋溪河下游高桥峡谷内	631	2014年5月14日15时47分	1800

(二)人文资源

印江洋溪自然保护区内及周边人文景观共5大类型13个景物景点33种文化及土特产品，详见表5.3。

表5.3　印江洋溪自然保护区人文资源分布与现状评价表

资源类型	景物名称	地点	景物主要因子描述	威胁因子分析	现状评价	开发利用条件
历史时期文化活动遗迹	洋溪人民公社旧址	洋溪镇洋溪村官庄坳	建于1971年，砖木结构苏式建筑，占地面积2000m^2，建筑面积占地725m^2，共三层90个房间。		现为洋溪镇教办、洋溪村居民委员会、管理区宿舍，同时也是当地群众文化活动场所。	具有一定的历史价值，交通和参观条件成熟。
古建筑	万里桥	洋溪村	长28.8，宽5.2，高8m，三孔石桥，建于道光癸卯年(1843)。	过往重车，拱桥部分砌石有溶蚀现象。	县级文物保护单位、整体结构完好。	有重要的人文价值，有基础条件。可修缮恢复原貌，周边建筑作仿古处理，管线入地。挖掘整理其历史文化内涵，建议申报为省级文物保护单位。

（续）

资源类型	景物名称	地点	景物主要因子描述	威胁因子分析	现状评价	开发利用条件
	周氏祠堂	桅杆村甘溪沟	修建年代不详，建筑规模约300m^2。外墙有1949年以来各个历史时期的石灰迹标语。	传统的祠堂文化淡漠、宗族意识淡薄。	年久失修、无人居住，内部与部分外墙已毁。	作仿古修复，有一定的文物价值，交通条件较差。
	甘溪沟风雨桥	桅杆村甘溪沟	建于清光绪二十年（1894），纯木结构凉桥，长约10m、宽3.2m、桥面亭高3.9m。	火灾、洪水。	保存完好，系清末思南—大坎场—杨柳—白沙村—桅杆村—蒋家坝—茶寨—铜仁必经之桥。	与周氏祠堂相距约30m，可以与之一起作为土家风物观赏点，交通条件相对较差。
	蒋氏祠堂	桅杆村姚家寨	修建年代不详，规模约400m^2。	传统的祠堂文化淡漠、宗族意识淡薄。	年久失修、无人居住，内部与部分外墙已毁，外墙面上有不同年代的代表性标语。	环境条件好，交通便利，可与老寨一起打造土家民俗旅游。
	高桥	单拱石桥，位于海拔630m的杨家坡村河谷。	高60m、宽3m、长12m。	洪水、自然风化与溶蚀。	完整、牢固。	交通不便，可作漂流中途休憩观光与物资补给点。
	万安桥	洋溪曾心村	单孔跨梁式楼阁攒尖顶凉桥。始建于嘉庆初年，重新修缮于清光绪元年（1875）长13.2m，宽4.7m。	洪水、火灾、水灾、人为破坏。	县级文物保护单位，与周边建筑不谐调，环境较差，文物被损严重，缺乏维护维修。	每年六月十八朝山会，热闹非凡，可作节庆文化品牌打造。
	天台寺		挂榜山		始建于唐代，于五年前集资重新修建。	
民族村寨	蒋家坝村大院子	蒋家坝村蒋家坝	全组15户80人，住房一律为土家族木瓦结构。	年久失修或无人居住则易损毁。	民居疏落有致、总体保存完好，环境优美。	交通便利、宜开展农家乐旅游接待，但民居总体规模较小，有一定的视觉吸引力，但是缺乏视觉震撼力。
	桅杆村土家民居	老寨、姚寨沟	两个组分居于河两岸，共59户380人。	年久失修或无人居住则易损毁。	民居疏落有致、总体保存完好，寨内有风水林、环境优美。	交通便利、宜开展农家乐旅游接待，但是民居总体规模较小，有一定视觉震撼力。
	江家寨、舟寨等					
	曾心村				规模古大树木成片，环境整洁幽静。	

（续）

资源类型	景物名称	地点	景物主要因子描述	威胁因子分析	现状评价	开发利用条件
特色民风民俗（非物质文化）	舞狮、耍龙灯、朝山会、傩戏、花灯戏《情系万里桥》、土家神龛文化。					
地方特产	印江味道系列产品	腌麦麸、酢辣面、水盐菜、糟海椒、酸辣椒、手撕牛肉、香菇辣椒、富硒里皮花生、芋荷油辣椒酱、香椒芋荷油辣椒、红薯粉、绿茶蛋、各种菌类，酸芋荷。				
	绿茶系列	梵净山翠峰、梵净山翠芽、梵净山毛峰。				
	其他	洋溪贡米、洋溪腊肉、土蜂蜜、梵净山香菇、野生金银花、竹笋。				
风味小吃	土家三脆（干美辣椒、洋芋片、花生）、干香萝卜丝、蒸老腊肉、酢扣肉、小米蒸排骨、蕨粑炒回锅肉、菜豆腐。					

（三）旅游资源分布特征

1. 分布零散

保护区形状呈南北走向的长方形，南北最远相距达22.5km，而东西最窄处相距不到1km。以最具特色的土家村寨为例，除了因地理原因外，传统的相对独立的独门小院式的居住习惯是使村寨显得零散，缺乏视觉震撼力的重要原因。加上地形地势上沟谷纵横、丘陵起伏，也使得同一村寨间虽鸡犬相闻却只见炊烟不见家。其他的人文景观也是如此，散落于5个乡镇7个村中，如万里桥、万安桥、周家祠堂、天台寺彼此之间都相距较远。保护区的自然景观主要集中在小河、洋溪河、杨柳河等河谷地带，如杨柳天生桥、高桥峡谷、小河三洞等，相互受山峦河谷阻隔，交通极为不便。

2. 同质化明显

保护区的旅游资源主要以土家风物风情为主，特别是散落在各地的自然村寨，保存完整，各种古迹文物饱经沧桑，文化底蕴深厚，是贵州省少数民族中文化保留与传承较为完整的民族，但是与周边的县区相比，文化价值并不占有明显优势，如思南、江口等；与周边省市区相比，类似的人文资源也很丰富，如重庆市武隆、湖北的桑植、湖南的湘西等地土家族文化同样丰富多彩。因此保护区人文旅游资源与周边相比同质化十分明显。

3. 总量丰富体量小巧

无论是自然景观还是人文景观，保护区的景物在总量上还算丰富，具有代表性的景物景点达34个，但是这些景物景点在规模上体量上普遍存在精小单薄的特征，如天桥峡谷、小河三洞、万里桥、走马坪茶园、冷水塘瀑布等，总体上属于小巧玲珑型，都不具备独立成为旅游目的地的自然条件。

二、资源保护与开发利用条件分析

（一）资源利用条件分析

1. 地质地貌条件

印江洋溪自然保护区处于云贵高原向湘西丘陵和四川盆地过渡的斜坡地带的黔东低山丘陵区和黔东北中山峡谷之间，武陵山脉主峰梵净山位于其东部，形成东高西低，东南向北西倾斜地形地貌。区内主要以常态地貌为主，喀斯特地貌也十分发育，喀斯特形态多种多样，石柱、断崖、峡谷、溶洞、地下河等景观丰富。

2. 气候条件

保护区大部分属北亚热带湿润季风气候区，海拔500m以下低海拔河谷区属中亚热带湿润季风气候区。保护区年日照时数在1073.9~1331.4h之间，年日照百分率在26%~29%之间，年太阳总辐射在3593.9~3777.5MJ/m^2之间，光能资源低于省内中部，明显低于省内西部地区，是全国低值区之一。太阳总辐射73.8%~75.3%集中在动植物生长发育的4~10月。该区年均温在16.2~17.4℃之间，冬冷夏热，秋温略高于春温，年降水量1093.0~1430.1mm，虽有高温伏旱，但年降水量仍有夏季最多，冬季最少，秋略多于春的分布规律，4~10月降水量占年雨量的81.5%~87.8%，是该区动、植物生长发育的优越气候条件。

3. 土壤条件

保护区内的成土母岩有沉积岩、砂岩、紫色页岩和石灰岩，以及变质岩、板岩，发育的土壤类型主要有黄壤和小部分紫色土。保护区内各土壤剖面的pH值在4.34~7.01之间，平均值5.60，为酸性土壤。

4. 水文条件

保护区水文地质条件较良好，分布有河流水道507条，地表水资源较丰富，每平方公里产水量为71万m^3，在单位面积产水量上，比长江流域和乌江水系高，分别高28%和9.2%。具有完整的补给、径流和排泄条件。洋溪河是保护区最大的河流，发源于桅杆乡的李家山，有小河一条支流，主、支流共长37.7km，主干流长28km，天然落差470m。洋溪河从洋溪的木耳寨流入石阡县境，多年平均流量为5.82m^3/s。丰富的地表水资源为保护区提供了极好的生产生活条件，同时也为森林生长和人类生存发展创造了良好环境。

5. 动植物资源

保护区水文地质条件特殊，气候温暖湿润，森林保存较好，为野生动物提供了良好的生存和栖息环境，因此生物资源十分丰富。调查发现保护区内有鱼类37种，两栖动物25种，爬行动物共24种，鸟类106种，兽类43种。有国家重点保护动物9种，占总数20.93%，其中国家一级保护动物1种，国家二级保护动物9种，列入世界自然保护联盟(IUCN)濒危物种红色名录的物种43种。

保护区共有珍稀植物18种(含变种)，其中国家Ⅰ级保护植物有南方红豆杉、穗花杉，国家Ⅱ级保护植物有香樟、伞花木、香果树、榉木。

6. 森林植被

保护区地带性植被为贵州西部(偏干性)常绿阔叶林地带。但由于保护区海拔高差较大，是典型的喀斯特山地，其森林生态系统以喀斯特山地森林生态系统为主，也有常态地貌的森林生态系统。按照生态外貌，该保护区内的森林植被类型主要由针阔混交林、常绿+落叶阔叶林等组成。主要森林群落类型有飞蛾槭+云南穗花杉林、化香+青榨槭+红豆杉林、红豆杉+青榨槭+川桂林等21种群落类型。调查还发现，保护区保存着比较有特色的珍稀植物群落，如化香+青榨槭+红豆杉林、云南穗花杉林。

7. 社会经济条件

保护区涉及洋溪镇、缠溪镇、罗场乡、杨柳乡、永义乡共26个行政村80个自然村寨，土家族、苗族等少数民族占80%以上。区内其村寨分散，交通不便，无明显经济来源，社会经济发展滞后，生活水平低。主要农作物有水稻、玉米、黄豆、油菜，经济作物有茶叶、烤烟、葡萄、香菇、核桃等。习惯饲养牛、猪、鸡、鸭等牲畜和家禽，区内群众的生活能源，除了少数家庭用烧煤用电外，基本上仍以薪柴为主，每年均要消耗大量的森林资源。区内居民主要收入来源于种植业和加工业。近几年来，劳务输出成为地方主要经济收入之一。还没有开展森林生态旅游活动。

（二）旅游资源环境保护原则和目标

1. 旅游资源环境保护原则

（1）依法保护的原则：严格执行《中华人民共和国环境保护法》、《中华人民共和国森林法》、《中华人民共和国土地管理法》等有关法律及地方政府的有关法规、条例等，运用法律手段进行有效保护。

（2）可持续发展的原则：指导旅游资源、植被水体和其他生态环境的保护培育，实现旅游开发建设与生态环境的协调发展。加强旅游景区的生态保护工程建设，实行容量（游人）总量控制，做到在保护中开发，以开发促保护，促进经济、社会、环境效益的统一，把污染防治和生态环境保护纳入属地国民经济和社会发展计划当中去；走可持续发展之路。

（3）基础设施建设服从于生态环境保护的原则：景区内一切动植物资源、自然景观、历史人文、地质景观和地形地貌等都属保护对象。生态环境保护规划与基础设施规划应当相互协调，但在两者冲突时，基础设施规划必须服从于生态环境保护规划。

2. 自然资源环境保护目标

总体上旅游景区的森林植被应得到全面、完整的保护，裸露荒山和道路两侧立即绿化，采取措施使局部水土流失现象得到根本控制，村寨环境得到整治，保持水体清澈，无漂浮垃圾，生态环境质量步入良性循环。具体要求是空气质量达到 GB3095－1996《环境空气质量标准》中的一级标准；水环境质量按 GB3838－2002《地表水环境质量标准》中的 I 类水质控制；污水排放相应达到 GB8978－1996《污水综合排放标准》一级标准，污水处理率 100%。

3. 人文资源保护目标

通过发展民族文化旅游，规划保护好一批具有民族特色的民族村寨，保护和修复一批宗氏祠堂、古桥、廊桥、庙宇等文物，使保护区内少数民族村寨和历史遗址等人文景观得到完整的保护，民族传统文化和民族传统工艺得到传承和发扬。

三、保护区环境容量分析

（一）目的

保护区是以保护生物多样性为目的，在保护区适当的区域开展旅游，普及生态科普知识，增加区内民众收入也是为了促进资源的有效保护。但保护区同时也是生态敏感区，旅游实践和可持续发展旅游的理论研究表明，只有通过严格按照环境容量限制旅游人数的小规模旅游，才能更好地保护自然资源。合理计算环境容量，控制游人数量，为有效保护生态环境提供科学依据。

（二）旅游环境容量综合影响因素分析

1. 旅游发展影响环境生态的潜在因素

旅游业的发展可促进当地经济发展，经济实力的加强使得基础设施不断完善，环境得以整治，从而促进环境改善，这是正面影响。但二者关系若处理不当，旅游开发也会对环境造成负面影响，比如，游人的大量涌入、生活设施的增加使得生活污水量大为增加；建设工程、旅游区内人员数量的增加及生活方式的改变会产生大量的建筑、生活垃圾，使生态系统受到损害；机动车辆的增加，将导致尾气排放总量增多，生活服务设施的增建使燃烧废气的排放量增大，会对空气造成污染；旅游开发建设及游人的一些不良旅游行为（如折损花木、践踏草坪、在竹木上刻划等）也会对植被直接造成破坏。

2. 游客增长对生态物种的影响

由于旅游的开发，将来游客、当地居民或旅游开发者对鲜花、苗木和真菌的采集，会引起植物物种组成的变化。旅游活动的开展对动物的生存栖息环境产生一定的影响。另外由于游客品尝野味的愿望和本地部分居民急于赚钱的欲望，可能导致野生动物被猎杀，使野生动物的数量下降。

3. 基础设施对资源容量的影响

保护区内以及周边多条公路的修建，将使旅游区的外部交通得到极大的改善，旅游区内用电、用水、通讯等基础设施为旅游的发展提供了较为有力的保证，同时也会对野生动物栖息地和迁徙造成影响。如果把乡村旅舍、农家乐、自驾车营地等特色住宿、餐饮、旅游接待等基础设施条件进一步改善，基础设施对环境容量的制约基本不存在。

（三）环境容量测算

环境容量一般采用面积法、卡口法、游路法三种测算方法，可因地制宜加以选用或综合运用，根据印江洋溪自然保护区目前的现状，本次采用面积法测算环境容量：

$$C = \frac{A}{a} - D$$

式中：C 为日环境容量，单位为人次；A 为可游览面积（以规划的旅游区面积为依据），单位为 m^2；a 为每位游人应占有的合理面积（$12m^2$ 计），单位为 m^2；景点开放时间 D 为周转率，D 等于游完景点所需时间与开放时间的比值。

（四）游客容量

测算公式为：$Q(r) = LT/Pt$

其中，L 为山体游览线路长度（km），P 为游客占有合理游览长度（m），T 为游线每日开放时间（h），t 为游人平均游览时间（h）。

保护区旅游区游览线路长度为 20 km，每天平均开放时间 8h，旅游者游览整个景区需 8h（以 1 天全程游览计算，实际游览整个景区需 2 天时间），游客每人合理占有游线长度为 10m，则旅游空间环境容量为：

$$Q(r) = LT/Pt = 2000（人次）$$

显然，仅以 2000 人次作为容量是不符合现实的，因此，给予其一定的权重，综合考虑。

由于保护区生态旅游区旅游还未正式起步，基础设施不完备，数据不齐，因此测算的环境容量还有一定的不准确，加上旅游环境容量本身随诸多因素的变化而变化，是一个动态值，因此对生态旅游区的环境容量测算需要长期监测，并进行测算。

四、旅游资源评价与建议

（一）评价方法

采用层次分析法，按照冯书成先生《森林旅游资源评价标准》，将印江洋溪自然保护区森林旅游资源评价项目分为两大类 20 个项目，每项按 1、3、5 分三个级别计分。综合评价总分为百分制，以取得的总分反映森林旅游资源的质量、品位，并按所得总分确定森林旅游区的级别。

表 5.4　印江洋溪自然保护区森林旅游资源评价表

评价因子	权重(%)	级别	评价标准	实际得分
一、风景质量	70			
1. 林景	20			
		一级	风景林(含灌木林，下同)覆盖率在60%以下	1
森林覆盖率	5	二级	风景林覆盖率在60% ~85%	3√
		三级	风景林覆盖率在85%以上	5
		一级	林相单一，多为人工纯林，植物群落简单	1
林相	5	二级	林相较丰富，天然纯林或混交林，植物群落多样	3√
		三级	林相较丰富，异龄复层混交林，植物群落复杂	5√
		一级	季相变化少，景色单一，观赏期较短	1√
季相	5	二级	季相变化明显，景色较丰富，三季有景可赏	3
		三级	季相变化多样，景色丰富，四季各异，有景可赏	5
		一级	古树名木不足5株或者没有	1
古树名木	5	二级	古树名木较多，有5~20株，保护价值较高	3
		三级	古树名木众多，有20株以上，保护观赏价值较高	5√
2. 山景	10			
		一级	无山景，或属低山、丘陵、沙漠，相对高差200mm以下	1
山体	5			
		二级	以中山景为主，相对高差200~1000m	3√
		三级	有高山景观，雄伟险峻，相对高差1000m以上	5
		一级	造型一般，峰、石、崖、洞景观少	1√
特征	5	二级	造型较美，有奇峰、怪石、险崖、溶洞景	3
		三级	造型奇特，千姿百态，雄、奇、秀、险幽兼具	5
3. 水文	10			
		一级	无水景或少有水景，水面不足50hm^2	1
水体	5	二级	有天然湖泊或人工库塘，无水景或少有水景，水面50~300hm^2	3√
		三级	濒临湖海，水域辽阔，水面300hm^{2}以上	5
		一级	形态单调，水质一般，无或有常见动态水景	1
特征	5	二级	自然形态，水质清纯，瀑、泉动态水景优美	3√
		三级	动态水景流量大、落差大，景观奇特，远近闻名	5
4. 生物景	10			
		一级	植物400种以下，无珍稀植物	1
植物	5	二级	植物400~1000种，有珍稀濒危植物	3
		三级	植物1000种以上，珍稀濒危种多	5√

（续）

评价因子	权重(%)	级别	评价标准	实际得分
动物	5	一级	野生动物100以下，无珍贵动物	1
		二级	野生动物100~200种，珍贵动物10种以下	3
		三级	野生动物200种以上，珍贵动物10种以上	5√
5. 气象景观	5	一级	气象一般，无奇异景观	1
		二级	有美丽动人的气象景观，当地闻名	3√
		三级	有奇特美妙的气象景观，省内外闻名	5
6. 人文景观	5	一级	无或仅有一般文物古迹	1
		二级	文物古迹多，有市、县级重点文物保护单位	3√
		三级	文物古迹众多，有全国省级重点文物保护单位	5
7. 环境质量	10			
大气	5	一级	大气质量达到国家三级标准	1
		二级	大气质量达到国家二级标准	3
		三级	大气质量达到国家一级标准	5√
水质	5	一级	地表水质量达到国家三类水标准	1
		二级	地表水质量达到国家二类水标准	3√
		三级	地表水质量达到国家一类水标准	5
二、开发条件	30			
8. 地理位置	5	一级	距省会、地级城市100km以上	1
		二级	距省会、地级城市20~100km以内	3√
		三级	距省会、地级城市20km以内	5
9. 外部交通	5	一级	距铁路、国道、省道50km，有普通公路直达	1
		二级	距铁路、国道、省道10~50km，有三级公路直达	3√
		三级	距铁路、国道、省道10km以内，有二级专线直达	5
10. 旅游协作	5	一	周边50 km以内无或有一般旅游景点	1
		二级	周边50 km以内有省市级旅游景点	3
		三级	周边50 km以内有国家级旅游景点	5√
11. 服务设施	5	一级	有一般服务设施，仅能提供旅游食宿	1√
		二级	服务设施较全，可供多种大众化服务	3
		三级	基本形成旅游服务体系，可提供优质旅游服务	5
12. 游人规模	5	一级	年接待国内外游客5万人人次以下	1
		二级	年接待国内外游客5万~10万人次	3√
		三级	年接待国内外游客10万人次以上	5

（续）

评价因子	权重%	级别	评价标准	实际得分
13. 知名度	5	一级	有一定的知名度，在当地闻名	1√
		二级	知名度较高，省内外闻名	3
		三级	知名度高，国内外闻名	5

说明：1. 为减少人为主观因素影响，由多名专家或者有经验的人员分别评分；

2. 评价得分大于75分时，为国家级森林旅游区，51～75分为省级森林旅游区；小于或等于50分时为市、县级森林旅游区。

（二）评价结果

从表5.4评价和综合统计得森林旅游资源标准分为63分，处于区位值51～75分之间，达到省级森林旅游区标准。

（三）开发利用建议

1. 发展目标

通过科学的规划，合理的布局，高端的设计，打造人与自然和谐共荣的新型生态旅游区。

2. 制定规划，打好基础

规划是开发利用的前提。首先是做好保护建设发展总体规划，这是保护区建设发展长期全面的管理计划，是保护区建设发展的基础与依据。其次，在总体规划基础上，在保护区试验区的合适区域以适当的面积制定生态旅游总体规划，保护区发展总体规划与旅游发展总体规划应当同步，规划期限一般为10年。

3. 设计产品，科学布局

现有的资源都如散落的珍珠，不能集中发出耀眼的光彩。只有有效整合、合理嫁接、巧妙串联，才能具有市场竞争力。按照“依托梵净山，推进城景一体化，构建旅游大格局”思路，建议以“一个中心、三个主题”合理开发利用旅游资源。一个中心是以观赏和体验梵净山雄奇的地质地貌、丰富生物多样性、深厚的佛教文化等生态与自然奇观为目的地为中心。三个主题是：①以探秘土家民俗、特色民居为主要内容的乡村休闲度假游；②以自然风光与民族风情为背景的现代农业观光游；③以科普教育为主的森林徒步探险游。

4. 企业带动，农民参与，农旅结合

通过招商引资，引入专业的旅游投资企业成立生态旅游投资开发有限责任公司，或者直接成立乡村旅游农民专业合作社，采取政府引导+企业带动+农民参与的方式，实施农业产业化与旅游结合，园区建设与美丽乡村结合。将现代农业园区与美丽乡村同步推进；结合“四在农家・美丽乡村”建设，把保护区打造成农旅结合的新型乡旅游示范点区，既满足园区发展，又提升了群众生产生活水平，既支撑了乡村旅游发展，又繁荣了农商贸市场，取得多赢的效果。

（余登利　陈正仁）

参考文献

徐进主编.2000. 旅游开发规划景区景点管理务实全书. 北京：北京燕山出版社.

董智能主编.2002. 中国森林旅游学. 北京：石油工业出版社.

杨桂华著.2004. 生态旅游景区开发. 北京：科学出版社.

刘锐，陈京华等主编.2010. 自然保护区社区发展理论与实践. 北京：中国大地出版社.

罗时娟. 2011. 印江自治县洋溪镇森林资源特点及林业发展规划，中国园艺文摘，第6期.

第二节　森林资源

一、调查方法

本次保护区森林资源调查主要根据《贵州省第三次森林资源规划设计调查工作细则》(以下简称“细则”)的有关规定，结合保护区森林资源特点，提出相应的技术标准和调查研究方法。

1. 主要技术标准

(1)地类划分。根据森林资源调查的相关规定，将保护区土地类型分为林地和非林地两大类。林地划分为纯林、混交林、竹林、灌木林、疏林地、未成林地、无立木林地、宜林地和其他林地；非林地划分为25°以上坡耕地和其他非林地。

(2)森林类别划分。森林类别的划分以林地为区划对象，按照主导功能的不同将林地分为生态公益林和商品林两大类别。生态公益林地按照其区位、发挥作用的不同，又划分为重点公益林和一般公益林。

(3)林种划分。根据有林地主导功能的不同划分林种。

2. 调查及数据处理

根据细则规定，以地形图(比例尺 1:10000)和最新拍摄的 SPOT5 卫星影像图(比例尺 1:10000)为工作底图，小(细)班区划采用“对坡”勾绘法进行，采用自然区划或综合区划，在片区范围内，对地域相连、经营方向、措施相同的林地划为同一林班，在林班内进行区划。深入小(细)班进行调查因子的调查记录，最后采用地理信息系统软件以及相关统计软件进行数据处理。本次调查主要是以保护区已完成并通过验收评审的森林资源调查成果为基础和本底，以区划的保护区范围为调查研究对象，并对森林资源的质量和功能进行深入研究和分析。

二、调查结果

贵州洋溪省级自然保护区总面积21871.48hm^2，其中林业用地17899.59hm^2，占总面积的81.83%；非林地3971.89hm^2，占总面积的18.17%。森林覆盖率78.64%，活立木总蓄积量76.69万m^3。

(一) 各地类面积

在林业用地中按地类划分，有林地16386.56hm^2，其中乔木林16382.30hm^2，竹林4.26hm^2，有林地占林业用地的91.61%；灌木林地1052.75hm^2，占林业用地的5.89%；其他林地447.80hm^2，占林业用地的2.50%。保护区林业用地各地类分布情况见表5.5。

表5.5　印江洋溪自然保护区林业用地各地类面积统计表　　单位：hm^2、%

统计单位	汇总	乔木林	竹林	疏林地	国家特别规定灌木林	其他灌木林	未成林造林地	未成林封育地	森林覆盖率
汇总	17887.11	16382.30	4.26	51.46	752.09	300.66	340.44	55.90	78.64
洋溪镇	7658.81	7219.38			233.43	71.44	78.66	55.90	83.34
缠溪镇	4009.30	3475.92	3.87		288.37	193.16	47.98		68.24
罗场乡	2986.56	2733.56		51.46	168.10	14.93	18.51		82.28
杨柳乡	2506.75	2273.83	0.39		16.11	21.13	195.29		75.76
永义乡	725.69	679.61			46.08				92.80

从表5.5可以看出，保护区具有较高的森林覆盖率。其中，核心区所在的主要区域洋溪镇、罗场乡等森林覆盖率较高，且林地面积总量较大，森林资源分布集中连片，分布有南方红豆杉、伯乐树、香樟、伞花木、香果树、榉木等国家级保护树种；省级保护树种有三尖杉、青钱柳、青檀、刺楸、银鹊树，兰科植物有金兰、春兰、蕙兰、虾脊兰、套叶兰、舌唇兰、羊耳蒜等。设有专门的护林队，其核心区得天独厚的天然地形地貌形成独立隔离屏障，远离村寨，少有人畜活动，便于管理，是保护区森林原生性最好的片区。保护区外围具备发展旅游的特定条件，自然、人文资源得到地方政府高度重视，是发展区域特色旅游产业的宝贵财富。

（二）乔木林资源

1. 按林种划分

保护区乔木林总面积为16382.30hm^2，由防护林、特种用途林、用材林、经济林以及薪炭林组成。其中，防护林面积为6274.50hm^2，占乔木林总面积的38.30%；特用林面积为7146.23hm^2，占乔木林总面积的43.62%；用材林面积为2374.52hm^2，占乔木林总面积的14.49%；经济林地面积为72.48hm^2，占乔木林总面积的0.44%；薪炭林地面积为514.57hm^2，占乔木林总面积的3.14%。可以看出，保护区防护林和特种用途林数量较多，同时用材林面积为2374.52hm^2，超过乔木林面积的十分之一。经调查，用材林在各个乡镇皆有分布，占用材林总面积的14.49%。用材林的存在体现了当地对保护区乔木林资源依然有一定的依赖，将不利于未来保护区森林资源保护，应及时对林种结构作出规划调整。

2. 按龄组划分

保护区乔木林按龄组划分为幼龄林、中龄林、近熟林、成熟林以及过熟林。其中幼龄林9734.34hm^2，占乔木林总面积的59.42%；中龄林4662.79hm^2，占乔木林总面积的28.46%；近熟林1962.24hm^2，占乔木林总面积的11.98%；成熟林18.34hm^2，占乔木林总面积的0.11%；过熟林4.59hm^2，占乔木林总面积的0.03%。可以看出，保护区内乔木林以幼龄林、中龄林和近熟林为主，三者面积之和占乔木林总面积的99.83%，成熟林较少，林龄结构总体上存在不合理之处，需要根据保护区的长远发展做出调整。

3. 按优势树种组划分

保护区乔木林以马尾松为主，面积为6978.30hm^2，占乔木林总面积的42.60%。其他树种(组)分布面积和所占比例分别为：软阔类4124.19hm^2(25.17%)、硬阔类3774.78hm^2(23.04%)、杉木1010.85hm^2(6.17%)、栎类167.51hm^2(1.02%)、针阔混166.9hm^2(1.02%)、杨树91.18hm^2(0.56%)、柏木48.37hm^2(0.30%)、华山松8.29hm^2(0.05%)、枫香6.27hm^2(0.04%)、梨桃类5.31hm^2(0.03%)、漆树0.35hm^2(小于0.01%)。

4. 按起源分

保护区乔木林中天然林比重较大。其中人工乔木林3902.28hm^2，占乔木林总面积的23.82%；天然乔木林12480.02hm^2，占76.18%。保护区天然林占比较多，分布比较合理，保护区管理部门应当积极引导、做好宣传，把保护区自然天成的财富保护好。

5. 按郁闭度级分

森林郁闭程度调查显示，保护区乔木林中，密郁闭度(≥0.70)乔木林1607.77hm^2，占乔木林总面积的9.81%；中郁闭度(0.40～0.69)乔木林9842.00hm^2，占乔木林总面积的60.08%；疏郁闭度(0.20～0.39)乔木林4932.53hm^2，占30.11%。

(三)灌木林资源

保护区灌木林地总面积为1052.75hm^2，占保护区林地总面积的5.89%。其中，以缠溪镇灌木林地面积最大，为481.53hm^2，占灌木林地总面积的45.74%；洋溪镇灌木林地面积为304.87hm^2，占灌木林地总面积的28.96%；罗场乡灌木林地面积为183.03hm^2，占灌木林地总面积的17.39%；永义乡灌木林地面积为46.08hm^2，占灌木林地总面积的4.38%；杨柳乡灌木林地面积为37.24hm^2，占灌木林地总面积的3.53%。由以上数据可以看出，保护区内森林资源具有乔木林占绝大多数，灌木林相对较少的特点。

根据森林植被资源调查，保护区内灌木树种主要有火棘、野蔷薇、栎类等，构成了保护区灌木林地的主要群落类型。灌木林平均高度为1.0～1.5m，具备良好的正向演替趋势。

（四）活立木蓄积量

据调查，保护区活立木总蓄积量766889m^3（均为林地林木），林木权属均为集体所有。

按龄组分，幼龄林蓄积量为328252m^3（均为散生木蓄积），占总蓄积的42.80%；中龄林275533m^3，占总蓄积的35.93%；近熟林160216m^3，占总蓄积的20.89%；成熟林2576m^3，占总蓄积的0.34%；过熟林312m^3，占总蓄积的0.04%。

按起源分，人工林蓄积量235832m^3，占总蓄积的30.75%；天然林蓄积量531057m^3，占总蓄积的69.25%。

从优势树种（组）分布上看，马尾松所占比例最大，蓄积量达415684m^3，占总蓄积的54.21%。其他树种（组）蓄积和所占比例分别为：软阔类175624m^3（22.90%）、硬阔类112340m^3（14.65%）、杉木49174m^3（6.41%）、针阔混5055m^3（0.66%）、栎类3417m^3（0.45%）、杨树2260m^3（0.29%）、柏木2019m^3（0.26%）、华山松663m^3（0.09%）、枫香612m^3（0.08%）、漆树21m^3（小于0.01%）。同时在区内还有一定数量的国家、省级保护树种分布，如国家Ⅰ级保护树种有南方红豆杉、伯乐树，国家Ⅱ级保护树种有香樟、伞花木、香果树、榉木，省级保护树种有三尖杉、青钱柳、青檀、刺楸、银鹊树等，保护区的建立对珍稀树种的保护具有重要意义。

（五）森林生态系统功能分析

1. 自然度

自然度是反映森林类型演替过程或阶段的指标。按照现实森林类型与地带性顶极群落（或原生乡土植物群落）的差异程度，或次生群落位于演替中的阶段，按人为干扰强度、林分类型、树种组成、层次结构、年龄结构等把自然度划分为五级，从Ⅰ级到Ⅴ级反映森林原始群落向人工森林群落、灌丛草坡的逆向演替过程。

在保护区林业用地中，自然度分为5个级别（Ⅰ、Ⅱ、Ⅲ、Ⅳ、Ⅴ）。其中，Ⅰ级面积为3204.35hm^2，占保护区林地总面积的17.91%；Ⅱ级面积为6781.83hm^2，占林地总面积的37.91%；Ⅲ级面积为4072.45hm^2，占林地总面积的22.77%；Ⅳ级面积为3488.42hm^2，占总林地面积的19.50%；Ⅴ级面积为340.06hm^2，占林地总面积的1.90%。分析表明，保护区森林群落中原生性最强的Ⅰ级相对较少，仅占15.73%，原生性次强Ⅱ的比例较高，达到40.10%，人工森林或经人为干扰的群落依然偏高，需要对保护区内森林资源加强保护，促进森林群落正向演替。保护区林业用地自然度分布情况见表5.6。

表5.6 印江洋溪自然保护区林业用地自然度按等级面积、比例统计表 单位：hm^2、%

统计单位	汇总	Ⅰ		Ⅱ		Ⅲ		Ⅳ		Ⅴ	
		面积	比例	面积	比例	面积	比例	面积	比例	面积	比例
汇总	17887.11	3204.35	17.91%	6781.83	37.91%	4072.45	22.77%	3488.42	19.50%	340.06	1.90%
洋溪镇	7658.81	1385.57	18.09%	2756.46	35.99%	2381.33	31.09%	1056.79	13.80%	78.66	1.03%
缠溪镇	4009.30	425.82	10.62%	1554.06	38.76%	690.61	17.23%	1290.83	32.20%	47.98	1.20%
罗场乡	2986.56	883.00	29.57%	857.32	28.71%	502.03	16.81%	725.84	24.30%	18.37	0.62%
杨柳乡	2506.75	472.46	18.85%	1236.49	49.33%	409.51	16.34%	193.24	7.71%	195.05	7.78%
永义乡	725.69	37.50	5.17%	377.5	52.02%	88.97	12.26%	221.72	30.55%		0.00%

表5.6显示，从整体上看，保护区森林群落原生性较强，同时也有相当一部分森林群落以次生性为主，总体上，森林群落的演替趋势以原始群落向人工林群落的逆向演替为主。从各个片区来看，洋溪镇、罗场乡的群落原生性相对较强，这与该片区得天独厚的地理位置、保护力度、周边环境以及内在生态系统结构息息相关。永义乡由于人工林面积较大，经营活动频繁，交通四通八达，导致总体上自然度评价较差，但该地区作为保护区的缓冲地带，具备发展旅游业的区位优势，对发展特色经济具有得天独厚的条件，保护区需要加强对本地区的保护与管理，促进区内旅游与森林资源协调发展。

2. 森林健康度

森林健康度是指森林的健康状况。其通过森林(林地)受虫害、病害、火灾、自然灾害和空气污染五项因子的危害程度调查，分析林分受害立木株数百分率和影响生长程度，分别打分，综合评定。评价等级从好到差依次为Ⅰ、Ⅱ、Ⅲ、Ⅳ级。

经调查，在保护区林业用地中，健康度为Ⅰ级的林地面积为13508.44hm^2，占保护区林业用地的75.52%；健康度为Ⅱ级的林地面积为3849.44hm^2，占保护区林业用地的21.52%；健康度为Ⅲ级的林地面积为467.17hm^2，占保护区林业用地的2.61%；健康度为Ⅳ级的林地面积为62.06hm^2，占保护区林业用地的0.35%。可以看出，保护区森林总体状况健康良好。保护区森林健康度分布详情况见表5.7。

表5.7　印江洋溪自然保护区森林健康度等级面积、比例统计表　单位：hm^2、%

统计单位	汇总	Ⅰ		Ⅱ		Ⅲ		Ⅳ	
		面积	比例	面积	比例	面积	比例	面积	比例
汇总	17887.11	13508.44	75.52%	3849.44	21.52%	467.17	2.61%	62.06	0.35%
洋溪镇	7658.81	6301.11	82.27%	1275.39	16.65%	63.69	0.83%	18.62	0.24%
缠溪镇	4009.30	2593.70	64.69%	1290.01	32.18%	98.14	2.45%	27.45	0.68%
罗场乡	2986.56	2058.89	68.94%	835.54	27.98%	90.38	3.03%	1.75	0.06%
杨柳乡	2506.75	2054.70	81.97%	257.00	10.25%	180.81	7.21%	14.24	0.57%
永义乡	725.69	500.04	68.91%	191.50	26.39%	34.15	4.71%		0.00%

由表5.7可以看出，保护区森林健康状况大部分为健康，只有极小面积的病虫害。经调查，保护区内均发现了轻微的病虫害，经专家鉴定，多为森林鼠害。存在的病虫害虽然面积较小，但应该引起当地林业管护部门重视，及时采取有效措施，防止病虫害面积进一步扩大。森林健康度在一定程度上还反映着森林生物多样性状况，结合对保护区的植被调查情况，保护区的生物多样性良好，有利于保持森林健康。

3. 森林生态功能等级

本次调查通过对森林的物种多样性的丰富程度、郁闭度、林层结构的完整性、植被盖度和枯枝落叶层厚度进行评价分析，确定其森林生态功能等级。评价等级从好到差依次为Ⅰ、Ⅱ、Ⅲ、Ⅳ级。

据调查，保护区森林中生态功能等级为Ⅰ级的面积为11530.12hm^2，占林地总面积的64.46%；生态功能等级为Ⅱ级的面积为2575.38hm^2，占林地总面积的14.40%；生态功能等级为Ⅲ级的面积为2780.50hm^2，占林地总面积的15.54%；生态功能等级为Ⅳ级的面积为1001.11hm^2，占林地总面积的5.60%。保护区森林生态功能等级分布情况详见表5.8。

表 5.8 印江洋溪自然保护区森林生态功能等级面积、比例统计表 单位：hm^2、%

统计单位	汇总	Ⅰ		Ⅱ		Ⅲ		Ⅳ	
		面积	比例	面积	比例	面积	比例	面积	比例
汇总	17887.11	11530.12	64.46%	2575.38	14.40%	2780.50	15.54%	1001.11	5.60%
洋溪镇	7658.81	5259.87	68.68%	1036.19	13.53%	1018	13.29%	344.75	4.50%
缠溪镇	4009.30	2306.38	57.53%	506.34	12.63%	874.04	21.80%	322.54	8.04%
罗场乡	2986.56	1956.9	65.52%	361.76	12.11%	529.37	17.73%	138.53	4.64%
杨柳乡	2506.75	1701.58	67.88%	412.67	16.46%	197.21	7.87%	195.29	7.79%
永义乡	725.69	305.39	42.08%	258.42	35.61%	161.88	22.31%		0.00%

由表5.8可见，保护区森林物种多样性比较丰富，林层结构多数比较完整，不过也有相当数量的森林生物多样性、林层结构、枯枝落叶层受到了破坏。据调查，这种情况多数集中在人畜活动频繁的永义乡，而洋溪镇和罗场乡生态功能等级较高，保护较好。可以看出，人类活动将对未来自然保护区工作带来很大困难，所以，如何做好保护区内居民迁移和安置工作将是未来保护区建设工作的重中之重。

4. 森林景观等级

本次调查根据森林群落结构特征、层次、古树分布、林相及色彩等森林景观构成要素，评价森林景观等级。评价等级从好到差依次为Ⅰ、Ⅱ、Ⅲ、Ⅳ级。

经调查，在保护区中，森林景观等级为Ⅰ级的林地面积为7001.76hm^2，占林地总面积的39.14%；森林景观等级为Ⅱ级的林地面积为6383.62hm^2，占林地总面积的35.69%；森林景观等级为Ⅲ级的林地面积为4122.00hm^2，占林地总面积的23.04%；森林景观等级为Ⅳ级的林地面积为379.73hm^2，占林地总面积的2.12%。保护区森林景观等级分布详情况见表5.9。

表 5.9 印江洋溪自然保护区森林景观等级面积、比例统计表 单位：hm^2、%

统计单位	汇总	Ⅰ		Ⅱ		Ⅲ		Ⅳ	
		面积	比例	面积	比例	面积	比例	面积	比例
汇总	17887.11	7001.76	39.14%	6383.62	35.69%	4122.00	23.04%	379.73	2.12%
洋溪镇	7658.81	3277.21	42.79%	2768.82	36.15%	1493.33	19.50%	119.45	1.56%
缠溪镇	4009.30	1393.6	34.76%	1227.62	30.62%	1341.2	33.45%	46.88	1.17%
罗场乡	2986.56	1442.98	48.32%	725.52	24.29%	799.55	26.77%	18.51	0.62%
杨柳乡	2506.75	775.93	30.95%	1269.52	50.64%	266.41	10.63%	194.89	7.77%
永义乡	725.69	112.04	15.44%	392.14	54.04%	221.51	30.52%		0.00%

结合森林景观调查可知，整体上看保护区内植物资源较为丰富，境内有大量常绿阔叶林分布，乔木树种主要有马尾松、软阔类、硬阔类、杉木、针阔混、栎类、杨树、柏木、华山松、枫香、漆树等，灌木树种主要有杜鹃、火棘、野蔷薇、栎类等。林相和季相色彩较为丰富，有集中成片的古树、重点保护树种资源。

保护区位于梵净山、佛顶山、雷公山这三个国家级自然保护区之间，是连接黔东武陵山系与黔东南苗岭山系的重要结点。区内存有多处优美景观，是集山、水、动、洞、峡谷、溪泉、民俗文化等一体，典型的地容地貌决定了保护区内景点的独特性，奇形怪石遍布其中。保护区内拥有数量众多的珍稀树种、保护动物，在保护区的外围形成了独特的风景线，地方政府可以借助建立保护区的有利契机，适当打造当地旅游，形成资源保护和旅游开发相协调的有利局面，区内各个乡镇的景观资源数量不一，景观等级也不一样，总体上说，区内具备发展旅游的有利条件，自然环境得天独厚，浑然天成。如今科学技术日新月异，社会竞争越来越激烈，人们都渴望寻找一片净土，印江洋溪自然保护区会是众多渴望零距离接触大自然的人们理想目的地，自然、人文、民俗将带给人们新的体验。

（六）核心区重点保护动植物资源

核心区内国家Ⅰ、Ⅱ级保护野生珍稀树种有十几种，并且分布较多，其中国家Ⅰ级保护树种有南方红豆杉、伯乐树，国家Ⅱ级保护树种有香樟、伞花木、香果树、榉木，省级保护树种有三尖杉、青钱柳、青檀、刺楸、银鹊树，兰科植物有金兰、春兰、蕙兰、虾脊兰、套叶兰、舌唇兰、羊耳蒜等，灌木树种主要有杜鹃、火棘、野蔷薇、栎类等。经调查和专家鉴定，洋溪自然保护区 43 种兽类中，有国家重点保护动物 9 种，其中国家一级保护动物 1 种，国家二级保护动物 8 种，列入世界自然保护联盟濒危物种红色名录的物种 43 种，濒危等级 2 种，包括穿山甲、林麝，易危等级有鬣羚 1 种，近危等级 6 种，包括藏酋猴、猪獾、水獭、大灵猫、毛冠鹿、斑羚，列入濒危野生动植物物种国际贸易公约的兽类 9 种，同时保护区内还分布有水獭、斑灵狸、斑羚、鬣羚、猕猴、藏酋猴、穿山甲、豹猫、林麝等，列入国家保护的有益的或者有重要经济、科学研究价值的陆生野生动物名录（简称“三有名录”）20 种。

三、森林资源特点及存在问题

1. 森林覆盖率较高，乔木林比重大

根据大量的外业调查和内业统计，保护区总面积为 21871.48hm^2，其中森林面积 17190.11hm^2，森林覆盖率 78.64%。在森林面积中，乔木林面积所占比例较大，面积为 16382.30hm^2，占森林总面积的 95.30%；竹林地面积为 4.26hm^2，占森林总面积的 0.02%；疏林地面积为 17.49hm^2，占森林总面积的 0.30%；灌木林面积为 1052.75hm^2，占森林总面积的 6.12%。保护区应该加强对境内森林资源保护力度，保护现有森林资源，促进保护区森林植被的正向演替，努力实现乔、灌结构平衡。

2. 生物多样性丰富，树种起源相对合理，零星分布残次林

据调查，保护区内生物多样性非常丰富，有丰富的野生动树种资源。区内有国家Ⅰ、Ⅱ级保护野生珍稀树种十几种，在保护区内有多点分布。乔木林资源中，天然林占绝大多数，人工林占乔木林总面积的 30.75%，天然林为 69.25%。另外，受人为活动影响，多处森林植被已遭到破坏，出现了一定数量的萌生林和残次林。所以，急需对境内宝贵的乔木林资源加强保护并合理利用。

3. 保护树种资源分布面积较大，数量较多，人为干扰威胁较大

在保护区内，有较多的国家一级、二级保护树种，其中不乏集中连片的分布，在区内各个乡镇都有分布，且数量较多，在不少地方还发现历史悠久的古树。这些树种资源是当地群众祖祖辈辈保护下来的，是难得的自然精华。但在当地经济不断发展的今天，这些珍稀保护树种的生存面临巨大的挑战。在一些地方，这些树种伐作各种用途，昔日保存完好的森林植被已经显现出次生的迹象，保护形势不容乐观。为保护区内的国家、省级及稀有树种，保护区主管部门需协调好当地群众生产生活与生态环境的关系，做好宣传、积极引导、奖惩有度、有礼有节，形成保护区人与自然和谐相处的美好景象。

4. 森林资源保护力度不够，分布不平衡

调查结果显示，保护区内森林资源受人为干扰较大。根据社区调查，造成此结果的原因主要有：一是管护力度不够，管护条件艰苦，管护人员待遇较低，没有管护的积极性。二是没有解决周围居民

的利益问题以及其他的生活根本保障问题。三是森林资源保护的宣传力度不够，居民没有形成较强的森林保护意识。另外，森林资源分布不平衡也是保护区森林资源的显著特点。包括乔木林资源分布的不平衡、森林起源状况不平衡和林种结构的不平衡。

四、森林资源保护利用建议

1. 建立自然保护区

贵州印江洋溪自然保护区位于印江县东部，距印江县城30km，距铜仁市市政府所在地150km，距铜仁机场100km，杭(州)—瑞(丽)高速、303省道贯穿保护区，交通方便。保护区内群山连绵、山脊明显，山脉走向大体呈南北向，最高海拔1360m，最低海拔650m，平均海拔在800~1000m之间，部分属北亚热带湿润季风气候区，四季分明，雨量充沛，冬无严寒，夏无酷暑，500m以下低海拔河谷区属中亚热带湿润季风气候区，光热水资源丰富，适合林木生长，野生动植物资源十分丰富。保护区生物多样性较为丰富。国家Ⅰ、Ⅱ级保护野生珍稀树种有十几种，在保护区核心区内有大量分布，其中国家Ⅰ级保护树种有南方红豆杉、伯乐树，国家Ⅱ级保护树种有香樟、伞花木、香果树、榉木，省级保护树种有三尖杉、青钱柳、青檀、刺楸、银鹊树，兰科植物有金兰、春兰、蕙兰、虾脊兰、套叶兰、舌唇兰、羊耳蒜等。灌木树种主要有杜鹃、火棘、野蔷薇、栎类等。经调查和专家鉴定，保护区43种兽类中，有国家重点保护动物9种，其中国家一级保护动物1种，国家二级保护动物8种，列入世界自然保护联盟濒危物种红色名录的物种43种，濒危等级2种，包括穿山甲、林麝，易危等级有鬣羚1种，近危等级6种，列入濒危野生动植物物种国际贸易公约的兽类9种，同时保护区内还分布有大量已列入国家保护的有益的或者有重要经济、科学研究价值的陆生野生动物名录(简称“三有名录”)20种。由于调查区域人为活动频繁，不利于这些珍贵野生动植物的保护，突出了建立自然保护区的必要。根据多学科专家研究和讨论，建议建立省级自然保护区，以加强对该地区珍稀野生动植物资源的保护。

2. 加强资源保护

保护是自然保护区的核心工作。保护的目标是最大限度地保护生物多样性、原生性和特有性，保护生态系统平衡与和谐，减少环境恶化与资源破坏，探索合理利用自然资源和自然环境的途径，促进生物圈进入良性循环与自然演替，达到人与自然共生、和谐。保护区地块较为分散，由于地形的限制，总体上分割为几个片区，因此也将是保护难度最大的保护区之一。

本次调查发现，保护区森林主体上还处于正向演替的关键阶段，森林生态系统自然度、生态功能等级、健康度等指标尚有待提高，森林动植物资源急需得到有效的保护，提高森林生态环境质量的贡献率还有较大的潜力可挖，保护与培育仍是一项艰巨而长期的常规性工作。因此，要严格按照国家、省有关自然保护区管理、环境保护等相关法律法规，建立完善的保护管理体系，进一步加强森林各种资源的保护工作。

首先，解决农民依赖森林资源生存的问题，一是要积极争取国家财政资金，对集体林和自留山进行整体购买，依靠地方政府解决林区群众易地搬迁，实现区内的良好森林环境状态；二是要积极争取生态公益林补偿资金，解决林区群众的基本生活；三是要积极建立社区共管，缓解自然保护区与社区之间在自然资源利用上的矛盾，鼓励林区群众参与自然保护区生物多样性保护，寻求改进社区生产、生活条件，通过以煤代柴、以沼气代柴等技术和资金扶持，提高林区群众的生活水平。

其次，强化森林管护、增强森林防火和病虫害防治意识，建立健全防火责任制度，病虫害防治措施，巡山护林制度，在主要路段设立护林防火标牌，所有入口设立入山须知告示牌，主要路口设卡守护，对主要路段实行巡山护林制度，切实保护好森林资源。

第三，建立健全森林生态系统多样性和野生动植物的监测体系，实行监测手段现代化。

3. 积极开展科学研究工作

保护区所在区域是贵州地区国家级、省级保护植物集中分布的区域之一，具有十分重要的科学研究价值。从目前情况来看，还有很多东西值得研究，潜力巨大。要以本次科学考察为基础，以保护区主要保护对象和特色资源为对象，有计划、有组织地开展野生动植物和森林生态学的科学研究工作，进行重点攻关，进一步探究中亚热带常绿阔叶林森林生态系统的内在机理和发展规律。积极拯救濒危物种，保护生物多样性，促进野生动物资源的增加，扩大珍稀动植物种群数量。探索自然资源发展、消退的演替规律及合理利用自然资源的途径，以提高森林资源质量，促进自然生态系统良性循环，实现生物物种和自然的持续发展和永续利用。

4. 适度开展森林生态旅游

旅游在自然保护区的建立当中具有一定的意义，在保护的同时发展旅游可以使资源发挥最大功效。保护区位于梵净山、佛顶山、雷公山这三个国家级自然保护区之间，是连接黔东武陵山系与黔东南苗岭山系的重要结点，是串连贵州生态功能区划中的“黔东北梵净山森林生态系统生物多样性关键区域”及“黔东苗岭东段雷公山常绿阔叶林生物多样性关键区域”的重要结点和生物通道驿站，具有天然的区位优势，发展旅游的条件得天独厚。保护区内有多处优美景观，是集山、水、动、洞、峡谷、溪泉、民俗文化等一体，典型的地容、地貌决定了保护区内景点的独特性，奇形怪石遍布其中。保护区内拥有数量众多的珍惜植物、保护动物，在保护区的外围形成了独特的风景线，地方政府可以借助建立保护区的有利契机，适当打造当地旅游，形成资源保护和旅游开发相协调的有利局面，区内各个乡镇的景观资源数量不一，景观等级也不一样，总体上说，区内具备发展旅游的有利条件，自然环境得天独厚，浑然天成。

通过生态旅游开发，充分利用保护区独特的自然环境和森林景观资源，迎合人们“回归大自然”的需求，激发人们认识大自然、热爱大自然的生态环境意识，同时可增加就业机会，促进自然保护区与周边地区产业结构调整，加速二、三产业的发展，促进区域社会经济的可持续发展，从而保障保护区总体目标的实现。

（罗　扬　姚世雄）

第三节　遗传资源

按照《生物多样性公约(1992)》的规定，遗传资源是指来自植物、动物、微生物或其他来源的任何含有遗传功能单位的、有实际或潜在利用价值的遗传材料。遗传资源所包含的丰富生命遗传信息，是生物多样性保护的核心内容，也是自然保护区的保护内容之一。保护遗传资源，在于保护环境和维护生物多样性，保护遗传资源的巨大的经济效益，对生物制药、动植物育种、生命科学研究等有重要意义。

一、研究方法

在查阅印江自治县县志、印江自治县农业区划等相关资料并与县农业局、畜牧局、林业局等有关领导、专家座谈的基础上，对保护区内各乡镇进行了实地调查。调查时，与乡镇有关领导和农技站等部门相关人员座谈，了解该乡镇的基本情况，农业、畜牧业、经果林生产现状，确定进行系统调查的村寨。由乡镇主管农业生产的人员负责联系村干部及熟悉生产的年龄较大的村民，进行座谈，了解该村的基本情况、生物资源等，同时填写村级调查表与村小组调查表。选择本地品种保留较完整的农户，入户调查当地与遗传资源相关的民族知识及资源样本采集，进行 GPS 定位，对收集的样本进行编号、拍照，填写记载表和入户调查表。

根据实地调查、资料检索与专家咨询结果，对保护区内的畜禽特色乡土品种资源、果树、农作物的品种组成、品系特征、资源存量进行评价描述。其中遗传资源存量的评价，由于保护区面积大，村寨、农田分布分散，无法进行精确统计，主要以大规模种(养)殖、小规模种(养)殖、零星种(养)殖、偶见种(养)殖 4 个指标进行评价。

二、研究结果

(一)农作物

1. 粮食作物

(1)水稻。水稻是保护区内主要粮食作物，种植面积、单产、总产都居粮食作物首位，约占粮食作物总产的 50%。

本地水稻传统品种籼型有沙黏、云南黏、金黏、湖广黏、大麻谷、小麻谷、乌脚黏、大白黏、红嘴黏、岩黏、梅谷、贵五黏、团谷、长沙黏、邓脚黏、三换早、迟贵阳、毛毛谷、沱黏、磨子黏、烟泡早、川谷、马尾黏、八十早；粳型有红须谷、大晚谷、小晚谷、露谷、干田播、半边糯；糯型有桠桠糯、拆子糯、稻田糯、阳尘糯、黄壳糯、麻丝糯、红壳糯、丁糯、古糯、才颗、白杨糯、寸糯。

新中国成立后，印江自治县的水稻栽培经历了高秆改矮秆、单季改双季，尤其是 1978 年开始大力推广杂交水稻后，保护区范围内种植的水稻基本是外来杂交水稻，只有小部分农民才保留种植极少的糯型水稻供自己食用。

(2)麦类。本地小麦传统品种有鱼鳅麦、方麦、红花麦；大麦有三月黄、光头老麦、长芒老麦；印麦有荞类、甜荞、苦荞。麦类在保护区近年种植面积不多，品种也以外来杂交品种为主。

在保护区内的洋溪镇，发现有小麦的野生近缘种：鹅观草 *Roegneria kamoji*、钙生鹅观草 *R. calcicola*。

(3)玉米。玉米在保护区内种植较多，但基本以外来杂交品种为主。本地玉米传统品种有大黄早、爆谷、白包谷、白皮早、青壳早、金壳早、七皮早、红包谷、川包谷、百天包、中迟早、黄糯包谷、白糯包谷，其中只有黄糯包谷和白糯包谷还有零星种植。

(4)薯类。薯类在印江地区被视为粗粮，作牲畜的精饲料。薯类中种植面积最多的是红薯，常年种植面积仅低于水稻和玉米。近几年，马铃薯种植面积也逐年增加。本地马铃薯传统品种有洋苕、白皮土苕、黄皮土苕、广苕，本地马铃薯传统品种有白花洋芋、脚板洋芋。由于传统薯类品种含水量高不耐储藏，目前保护区内薯类种植基本为外来品种。

(5)豆类。本地豆类传统品种中，黄豆有六月爆皮豆、细米豆、大黑豆、状元豆、赤白豆；杂豆有爬山豆、笑眯眯豆、红饭豆、犁打脚豆、白花菜豌豆、红花菜豌豆、米胡豆、绿豆。在保护区内，传统豆类品种种植较少，部分品种如绿豆，因为是印江特产"绿豆粉"的主要原料，还有小规模种植。

2. 经济作物

保护区内传统经济作物中，油菜品种有白油菜、苦油菜，花生有本地匍匐花生、米花生，棉花有退化洋棉、黄中棉、白中棉，芝麻有本地芝麻、黑芝麻。但由于种植模式的改变，外来品种的引入在保护区内已很难见到传统品种。

保护区内最重要的经济作物是茶叶。印江县的“梵净山翠峰茶”、“梵净山绿茶”于2005年列为贵州省地方标准，主导产品“梵净山翠峰茶”2005年获国家地理标志产品保护，并注册登记成印江县茶叶公用品牌。农业部茶叶质量监督检测中心鉴评：“梵净翠峰”茶，色绿、扁平显芽，形态似矛，嫩香持久，味鲜醇，汤色、叶底嫩绿，外形肥嫩，品质良好，具有名茶特色；“梵净毛峰”茶，茸毫披露、形卷似螺，栗香，味醇，汤色、叶底黄绿明亮，似碧螺春茶的品质水平。在保护区内，茶园面积约1万亩，但种植的基本是福鼎大白茶、浙农113、浙农117、白茶一号等外来品种，本地传统品种几乎绝迹。

3. 蔬菜作物

保护区内的蔬菜作物，根菜类有本地萝卜、胡萝卜、兰菜、芋头、洋芋、地瓜、旱芋头等。叶菜类有芹菜、苋菜、白菜、青菜、羊角菜、紫菜、茼蒿菜、木耳菜、窄叶青菜、天星米、菠菜、兰州白、裹心白、莴苣菜、牛皮菜、四季小白菜、宽叶青菜、飘根菜、黄花等。瓜类有冬瓜、南瓜、抓瓜、丝瓜、苦瓜、青黄瓜、白黄瓜、葫芦、花香瓜。茎菜类有竹笋、洋合、茭笋、莴笋、竹节莴笋、芋荷、蕨菜等，豆类有早四季豆、例接豆、长蔓四季豆、梢梢豆、大刀豆、小刀豆、蚕豆、菜豌豆、长豇豆、白豌豆、白豆豇。茄菜类有线茄、荷包茄、西红柿、匀椒、灯笼椒、线椒、柿饼椒、一撮椒。佐料类有分葱、火葱、藠头葱、百合蒜、红蒜、独瓣蒜、姜、芫荽、花椒、草葛、木姜子、狗椒子、山茶、小茴香等。

在保护区内，较大规模以上蔬菜生产基本采用外来品种，只有在偏远农村或农户房前屋后供自己食用的菜圃，才零星保留有部分传统蔬菜品种。

（二）果树

保护区内水果传统品种有：黄果、红橘、梳子橙、白橙、红橙、稀饭橙、泡柑、糖梨、台合梨、峨梨、花红、野梨、石榴 、林檎、柿饼、柿子、枇杷、白水桃、接桃、白桃、毛桃、接梨、鸡血李、玉皇李、桐壳李、栽秧李、杏子、桃子、米枣、大白枣、樱桃、葡萄、泡核桃、铁核桃、栽秧泡、锥嘴泡、龙盘泡、牛奶奶、荔枝等。

保护区内，比较有特色的印江红香柚，是公认的“印江第一好吃橙子”，因果肉为淡玫瑰色得名“红橙”。1984年10月中国农科院柑橘研究所邓祖耀研究员、前中国柑橘研究所所长沈兆敏来印江县考察时鉴定命名为“印江红香柚”。该品种具有皮薄、肉脆、多汁、化渣、酸甜适口、芳香味浓等诸多优良性状，果实略扁圆形，果皮橙黄色，单果重1300g以上，成熟期11月中、下旬，树势中庸，抗寒性强，抗脚腐病、流胶病。易成花，花量中等，坐果率较高，丰产性强，品质极佳，耐贮，能周年应市。种植6年达到盛产期，年平均亩产1600kg，产值5760元。2005年依托中国柑橘研究所对印江红香柚进行了果实理化性状测定，鉴定结果在可溶性固形物含量、含糖量、含酸量、维C含量四项主要理化指标中，有三项指标均优于部优品种四川长寿沙田柚、福建平和琯溪蜜柚。由于保护区地势较高，只有零星种植。

（三）畜禽特色乡土品种

1. 家畜

（1）猪。印江猪：属脂肉兼用型，被毛有黑白、杂色。四肢结实有力，背腰平直，后躯丰满，母猪乳头6～8对排列匀称，产仔8～10头，耐粗饲，适应性强，抗病力强，公猪8月龄体重28kg，母猪8月龄体重达35kg，屠宰率75.58%。保护区内农户分散零星养殖。

(2)牛。本地黄牛属思南牛型，为役肉兼用型，被毛有黄色、褐黄色、黑色、杂色。公牛前躯较后躯发达，成年体重约350kg，雄性强，行动灵敏，每天可耕田2~2.5亩。母牛后躯较前躯发达，成年体重约259kg，母性好，3~4岁开产，每天可耕田1.5~2亩。阉牛体重约316kg，每天可耕田3~4亩。保护区内有小规模养殖。

本地水牛为役用，被毛有深灰色、黑色、白色，背腰平直，雄壮力大。体躯较细长，性情温和，后躯较前躯发达，成年母牛体重约353kg，母牛4岁开产，妊娠315~330天，一般一年产一胎或三年产二胎，每天可耕田3至3.5亩。成年公牛体重约406kg，每天可耕田3~4亩。阉牛体重约469kg，每天耕田4~5亩。保护区内农户分散养殖。

(3)马。保护区内的马匹基本为本地马，被毛有黄色、黑色、白色、杂色，拉车运输。从明洪武元年(公元1368年)至永乐二十二年(公元1424年)，曾26次作为方物贡献朝廷。洪武十一年(公元1379年)，思南宣慰使田大雅以袭职奉表谢恩并献方物优良马，足以说明印江马其品质是优良的。保护区内农户零星养殖。

(4)羊。本地山羊为印江山羊，属贵州白山羊，为板皮肉用型，被毛有白色、黑色、麻色(花羊)。体质坚实，四肢端正结实，行动灵敏，善攀，背接平直，后躯较前躯发达。公羊6月龄开配，成年体重25kg；母羊6月龄开配，多二年产三羔、一窝多产双羔，成年母羊体重24kg。阉羊体重31.8kg。屠宰率为56.6%，净肉率40.1%，板皮为0.79m^2。保护区内农户零星养殖。

(5)兔。本地兔，皮毛有黄色、灰色、麻色。保护区内偶见养殖。

(6)猫。本地猫，皮毛黄色(金猫)、黑色、麻色。保护区内农户分散养殖。

(7)犬。本地犬，皮毛有黄色(黄狗)、黑色(黑狗)、白色(白狗)、杂色(花狗)。保护区内农户分散养殖。

2. 家禽

(1)鸡。本地品种鸡，蛋肉兼用型，被羽分红黄色、黑色、白色、梅花色。保护区内农户零星养殖。

(2)鸭。本地鸭即印江鸭为蛋用型，毛色以褐黄、浅麻为主，羽毛紧凑，嘴扁平黄褐色，嘴豆褐黑色，虹彩茶色，蹼为黄色，体形似船，善跋涉。成年公鸭体重1.26kg，全净膛率58.6%，半净膛率73.7%，初生重0.036~0.039kg；成年母鸭体重1.36kg，初生重0.037~0.038kg，三月龄体重达0.1kg，130至150日龄开产，年产蛋量206枚，蛋重0.068kg，受精率74%，孵化率89%，全净膛率59.7%，半净膛率74.5%。明嘉靖天一阁藏《思南府志》“土产羽属”记载，印江民间流传“家有几只水船，一年不愁油盐钱”的养鸭佳语。1982年贵州农学院畜牧兽医系、地区品改站、县品改站、城关区畜牧兽医站，对印江鸭作地方品种的专题普查。1993年印江鸭被列为地方良种编入《贵州省畜禽品种志》。1988年，地区品改站、标准计量局、县品改站、标准计量局将“印江鸭”定为“贵州省铜仁地区地方标准鸭种”。保护区农户零星养殖。

(3)鹅。本地鹅羽为全白色或全灰色。保护区内农户零星养殖。

(4)蜂。保护区内主要养中蜂，分散在农村各地零星养殖。蜜源植物以乌桕、油菜、紫云英、刺槐为主。

三、结论与讨论

(1)保护区内土壤肥沃，气候适宜，森林植被丰富，居住农户较多，因此遗传资源较为丰富。如保护区内的传统水稻品种品种经过农民世代栽种，反复实践，才筛选保留下来，本地人认为是佳种。

如大麻谷、沙黏、梅谷等，具有抗寒、抗旱、耐贫瘠、需肥少和产量稳定等特点，具有地方特色。栽培多年的大糯谷，在土壤气候、光照条件适宜的情况下，米质更佳。大小麻谷不仅能适应不同海拔高度种植，且米质好，深受农民欢迎。印江鸭、本地猪、本地黄牛、印江红香柚更是作为本地特产，独具特色。特别是保护区内缠溪镇的湄沱村和洋溪镇的蒋家坝村，是久负盛名的“梵净山翠峰茶”、“梵净山绿茶”的主要产地，成为了当地的重要产业。

(2)长期以来，有关部门一直忽略了遗传资源独特的资源特性和生态意义，对地方品种遗传资源重要性的认识不够。有的传统品种存在一定的缺陷，如传统农作物品种一般亩产较低；传统家畜、家禽生长速度较慢，生产周期长，生产性能不能适应当前市场的需求。因此，产量较高的外来品种逐渐取代了当地传统品种，使当地遗传资源日趋贫乏，类群趋于单一化，遗传变异性越来越窄。目前，保护区内农作物品种中的水稻、小麦、玉米，畜禽品种中猪、鸡、羊等品种灭绝速度最快。一些育种素材、现实生产用途不良的品种类群正面临锐减或灭绝；一些经多年培育的优良品种因选育重视度不够，性能发生退化，加之杂交改良而遭到破坏，纯种已很少，优良品种数量更少。同时，还存在对地方遗传资源的普查不及时，加之地域辽阔，地方品种分布分散，造成对某些品种濒危的严重程度了解不清楚；市场经济使遗传资源的研究和开发水平有待提高；收集、保护力度不够，资源流失严重等问题。加之对一些地方资源的特性认识不足，采用引入品种简单代替或盲目杂交改良，普遍存在重引进、轻培育、重杂交、轻保护的现象。

(3) 遗传资源是重要的生物资源，它是生物多样性的重要组成部分，也是生态系统的有机组成，遗传资源保护是关系到农业生产可持续发展和生物多样性的重要问题。遗传资源具有不可再生性，一旦丧失，就无可挽回。遗传资源的枯竭，将使农业生产面对自然条件的变化丧失自我调节和抗衡的能力。遗传资源保护是关系到农业生产持续发展和生物多样性的重大问题。农业生产的持续发展不仅仅意味着产量的持续提高，也包括了未来市场对质量和品种的需求，更重要的是储备更多的遗传潜力以适应未来环境的变化。

(4)为保护印江洋溪自然保护区内的遗传资源，提出以下建议：一是进行区域内遗传资源的调查工作，全面掌握遗传资源的本底资料；二是建立遗传资源保种场与基因库，采用常规的活体保种和现代科技的生物技术进行遗传资源保护，有力维护遗传资源的稳定性；三是加强遗传资源特性研究，充分利用某些品种资源的优良特性，开发利用，使之商品化并走向市场，为当地农民增收和社会经济发展做出贡献。

(李　茂　孟　敏)

第四节　观赏植物资源

(一)观赏种子植物资源

印江洋溪自然保护区观赏种子植物有121科355属577种(表5.10)，有木本植物93科254属541种，其中主要木本观赏植物79科204属361种，分别占该区木本植物科、属、种的84.94%、80.31%、66.73%。其优势科依次为樟科有10属24种、蔷薇科有15属37种、豆科有13属18种、山茱萸科有5属13种、槭树科有1属12种、山茶科有5属11种、壳斗科有5属11种；保护区有草本植物77科304属547种，其中主要草本观赏植物62科152属216种，分别占该区木本植物科、属、种的

80.52%、50.0%、39.49%。其优势科依次为百合科有13属19种、菊科有13属16种、兰科有9属14种、禾本科有7属9种、唇形科有8属9种、苦苣苔科有4属8种、天南星科有4属8种、豆科有6属8种、毛茛科有5属7种。

表5.10 印江洋溪自然保护区观赏种子植物科、属、种统计

序号	科名	属数	种数	序号	科名	属数	种数
1	银杏科 Ginkgoaceae	1	1	62	瑞香科 Thymelaeaceae	3	3
2	松科 Pinaceae	1	2	63	桃金娘科 Myrtaceae	1	1
3	杉科 Taxodiaceae	2	2	64	柳叶菜科 Onagraceae	1	1
4	柏科 Cupressaceae	2	2	65	野牡丹科 Melastomataceae	1	1
5	三尖杉科 Cephalotaxaceae	1	1	66	八角枫科 Alangiaceae	1	1
6	红豆杉科 Taxaceae	2	2	67	蓝果树科 Nyssaceae	2	2
7	木兰科 Magnoliaceae	3	4	68	山茱萸科 Cornaceae	5	13
8	蜡梅科 Calycanthaceae	1	1	69	卫矛科 Celastraceae	2	5
9	樟科 Lauraceae	10	24	70	冬青科 Aquifoliaceae	1	6
10	金粟兰科 Chloranthaceae	2	2	71	黄杨科 Buxaceae	2	3
11	三百草科 Saururaceae	1	1	72	大戟科 Euphorbiaceae	6	8
12	胡椒科 Piperaceae	1	1	73	鼠李科 Rhamnaceae	3	3
13	马兜铃科 Aristolochiaceae	1	1	74	葡萄科 Vitaceae	6	6
14	八角科 Illiciaceae	1	4	75	远志科 Polygalaceae	1	2
15	毛茛科 Ranunculaceae	6	11	76	省沽油科 Staphyleaceae	1	1
16	小檗科 Berberidaceae	3	8	77	伯乐树科 Bretschneideraceae	1	1
17	大血藤科 Sargentodoxaceae	1	1	78	槭树科 Aceraceae	1	12
18	木通科 Lardizabalaceae	2	2	79	漆树科 Anacardiaceae	3	4
19	防己科 Menispermaceae	3	3	80	楝科 Meliaceae	1	1
20	清风藤科 Sabiaceae	1	2	81	芸香科 Rutaceae	4	4
21	罂粟科 Papaveraceae	3	3	82	酢浆草科 Oxalidaceae	1	2
22	金缕梅科 Hamamelidaceae	3	3	83	凤仙花科 Balsaminaceae	1	3
23	虎皮楠科 Daphniphyllaceae	1	2	84	五加科 Araliaceae	7	7
24	杜仲科 Eucommiaceae	1	1	85	伞形科 Umbelliferae	4	4
25	榆科 Ulmaceae	5	9	86	龙胆科 Gentianaceae	3	5
26	桑科 Moraceae	5	7	87	夹竹桃科 Apocynaceae	1	1
27	荨麻科 Urticaceae	4	6	88	萝藦科 Asclepiadaceae	1	1
28	胡桃科 Juglandaceae	3	3	89	茄科 Solanaceae	2	3
29	壳斗科 Fagaceae	5	11	90	旋花科 Convolvulaceae	3	3
30	桦木科 Betulaceae	3	3	91	紫草科 Boraginaceae	2	2

（续）

序号	科名	属数	种数	序号	科名	属数	种数
31	紫茉莉科 Nyctaginaceae	1	1	92	马鞭草科 Verbenaceae	3	5
32	蓼科 Polygonaceae	2	2	93	唇形科 Lamiaceae(Labiatae)	8	9
33	芍药科 Paeoniaceae	1	1	94	木犀科 Oleacaea	4	9
34	山茶科 Theaceae	5	11	95	玄参科 Scrophulariaceae	4	4
35	猕猴桃科 Actinidiaceae	1	5	96	苦苣苔科 Gcsncriaccac	5	9
36	藤黄科 Guttiferae	1	1	97	桔梗科 Campanulaceae	4	4
37	杜英科 Elaeocarpaceae	2	2	98	茜草科 Rubiaceae	8	8
38	梧桐科 Sterculiaceae	1	1	99	忍冬科 Caprifoliaceae	5	17
39	锦葵科 Malvaceae	3	4	100	败酱草科 Valerianaceae	1	3
40	大风子科 Flacourtiaceae	3	3	101	川续断科 Dipsacaceae	1	1
41	旌节花科 Stachyuraceae	1	1	102	菊科 Compositae	13	16
42	堇菜科 Violaceae	1	6	103	泽泻科 Alismataceae	1	1
43	葫芦科 Cucurbitaceae	1	2	104	眼子菜科 Dipsacaceae	1	1
44	秋海棠科 Begoniaceae	1	3	105	茨藻科 Najadaceae	1	1
45	杨柳科 Salicaceae	2	5	106	棕榈科 Palmae	1	1
46	十字花科 Brassicaceae	1	1	107	天南星科 Araceae	4	8
47	桤叶树科(山柳科)Clethraceae	1	2	108	鸭趾草科 Commelinaceae	2	2
48	杜鹃花科 Ericaceae	3	9	109	灯心草科 Juncaceae	1	1
49	柿树科 Ebenaceae	1	2	110	莎草科 Cyperaceae	2	3
50	安息香科(野茉莉科)Styracaceae	3	4	111	禾本科 Gramineae	12	16
51	山矾科 Symplocaceae	1	7	112	香蒲科 Typhaceae	1	1
52	紫金牛科 Myrsinaceae	2	4	113	芭蕉科 Musaceae	1	1
53	报春花科 Primulaceae	2	6	114	姜科 Zingiberaceae	1	1
54	海桐花科 Pittosporaceae	1	5	115	美人蕉科 Cannaceae	1	1
55	景天科 Crassulaceae	1	4	116	菝葜科 Smilacaceae	1	3
56	绣球科 Hydrangeaceae	2	5	117	百合科 Liliaceae	14	20
57	虎耳草科 Saxifragaceae	7	7	118	石蒜科 Amaryllidaceae	1	2
58	蔷薇科 Rosaceae	18	40	119	鸢尾科 Iridaceae	2	3
59	豆科 Leguminosae	19	26	120	薯蓣科 Dioscoreaceae	1	3
60	胡颓子科 Elaeagnaceae	1	2	121	兰科 Orchidaceae	9	14
61	千屈菜科	4	5	合计	121	355	577

（二）木本观赏植物资源

1. 木本观赏植物观赏特性分类统计

保护区的木本观赏植物共计79科204属361种，其中常绿种类有183种、落叶种类有178种，分别占该区木本观赏植物种类的50.69%、49.31%；乔木种类有151种、灌木种类有210种，分别占该区木本观赏植物种类的41.83%、58.17%；从观赏类型分析，林木类79种、花木类69种、叶木类66种、果木类51种、荫木类50种、蔓木类46种，分别占该区木本观赏植物种类的21.9%、19.1%、18.3%、14.1%、13.9%、12.7%（表5.11）。

表5.11 印江洋溪自然保护区主要木本观赏植物观赏类型及性状特征统计表

	科	属	种	常绿种类（种）		落叶种类（种）	
				乔木类	灌木类	乔木类	灌木类
林木类	31	51	79	21	21	31	6
花木类	22	43	69	4	14	9	42
叶木类	24	42	66	7	34	14	11
果木类	22	29	51	9	26	6	10
荫木类	21	35	50	28	0	22	0
蔓木类	19	33	46	0	19	0	27

2. 木本观赏植物类型

（1）林木类　树形姿态具有风姿野趣、种植后构成观赏林相的种类。林木类树种共计31科51属79种，其中常绿乔木树种21种，落叶乔木树种31种，常绿灌木树种21种，落叶灌木树种6种；乔木与灌木树种分别占林木类种类的65.8%、34.2%，常绿与落叶树种分别占林木类种类的53.2%、46.8%，总体表现为常绿种类较多，乔木类占优势。

常绿乔木优势科为：松科（1属1种）、杉科（2属2种）、柏科（2属2种）、樟科（1属4种）、清风藤科（1属1种）、壳斗科（1属1种）、杜英科（1属1种）、山矾科（1属1种）、山茱萸科（1属1种）、木犀科（1属1种）、禾本科（3属4种），主要种类有：马尾松 *Pinus massoniana*、华山松 *P. armandii*、杉木 *Cunninghamia lanceolata*、柳杉 *Cryptomeria fortunei*、柏木 *Cupressus funebris*、刺柏 *Juniperus formosana*、黄丹木姜子 *Litsea elongata*、薄叶润楠 *Machilus leptophylla*、凤凰润楠 *M. phoenicis*、黔桂润楠 *M. chienkweiensis*、宜昌润楠 *M. ichangensis*、笔罗子 *Meliosma rigida*、贵州青冈 *Cyclobalanopsis argyrotricha*、日本杜英 *Elaeocarpus japonicus*、山矾 *Symplocos sumuntia*、尖叶四照花 *Cornus elliptica*、女贞 *Ligustrum lucidum*、慈竹 *Neosinocalamus affinis*、毛竹（楠竹）*Phyllostachys Heterocycla*、桂竹 *P. reticulata*、黔竹 *Dendrocalamus tsiangii* 等。

常绿灌木优势科为：三尖杉科（1属1种）、红豆杉科（1属1种）、樟科（2属2种）、山茶科（1属4种）、大风子科（1属1种）、山矾科（1属6种）、黄杨科（1属1种）、鼠李科（1属1种）、木犀科（1属1种）、禾本科（3属3种），主要种类有：香叶树 *Lindera communis*、光枝楠 *Phoebe neuranthoides*、贵州毛柃 *Eurya kueichowensis*、矩圆叶柃 *E. oblonga*、细齿叶柃 *E. nitida*、柞木 *Xylosma congestum*、薄叶山矾 *Sympmcas anomala*、黄牛奶树 *Symplocos laurina*、老鼠矢 *S. stellaris*、腺柄山矾 *S. adenopus*、多花山矾 *S. ramosissima*、光叶山矾 *S. lancifolia*、黄杨 *Buxus sinica*、贵州鼠李 *Rhamnus esquirolii*、粗壮女贞 *Ligustrum robustum*、阔叶箬竹 *Indocalamus latifolius*、狭叶方竹 *Chimonobambusa angustifolia*、梵净山玉山竹 *Yushania complanata* 等。

落叶乔木优势科为：樟科（1属1种）、清风藤科（1属1种）、金缕梅科（1属1种）、杜仲科（1属1种）、榆科（2属3种）、桑科（2属2种）、胡桃科（2属2种）、壳斗科（3属5种）、桦木科（2属2种）、杨柳科(2属4种)、安息香科(1属1种)、豆科(1属1种)、蓝果树科(1属1种)、冬青科(1属1种)、大戟科(2属2种)、伯乐树科(1属1种)、漆树科(1属1种)、玄参科(1属1种)，主要种类有：红叶木姜子 *Litsea rubescens*、垂枝泡花树 *Meliosma flexuosa*、枫香树 *Liquidambar formosana*、杜仲 *Eucommia ulmoides*、大叶榉树 *Zelkova schneideriana*、光叶榉 *Z. serrata*、榔榆 *Ulmus parvifolia*、构树 *Broussonetia papyrifera*、华桑 *Morus cathayana*、青钱柳 *Cyclocarya paliurus*、化香树 *Platycarya strobilacea*、白栎 *Quercus fabri*、栗 *Castanea mollissima*、刺栲 *Castanopsis fargesii*、米槠 *C. carlesii*、麻栎 *Quercus acutissima*、亮叶桦 *Betula luminifera*、华榛 *Corylus chinensis*、响叶杨 *Populus adenopoda*、毛白杨 *P. tomentosa*、紫柳 *Salix wilsonii*、川柳 *S. hylonoma*、白辛树 *Pterostyrax psilophyllus*、黄檀 *Dalbergia hupeana*、喜树 *Camptotheca acuminata*、大果冬青 *Ilex macrocarpa*、粗糠柴 *Mallotus philippinensis*、油桐 *Vernicia fordii*、伯乐树 *Bretschneidera sinensis*、黄连木 *Pistacia chinensis*、川泡桐 *Paulownia fargesii* 等。

落叶灌木优势科为：樟科(1属1种)、杨柳科(1属1种)、山茱萸科(1属1种)、大戟科(1属1种)、五加科(1属1种)、茜草科(1属1种)，主要种类有：山胡椒 *Lindera glauca*、中华柳 *Salix cathayana*、宝兴梾木 *Cornus schindleri*、毛桐 *Mallotus barbatus*、楤木 *Aralia elata*、风箱树 *Cephalanthus tetrandrus* 等。

(2)花木类　花的各部分具有妖艳夺目的色彩或赏心悦目的形态的种类。花木类树种共计22科43属69种，花木类占观赏木本植物总数的19.1%，其中常绿乔木树种4种，落叶乔木树种9种，常绿灌木树种14种，落叶灌木树种42种；乔木与灌木树种分别占花木类种类的18.8%、81.2%，常绿与落叶树种分别占花木类种类的26.1%、73.9%，总体表现为落叶的种类占优势，以灌木树种较多。

常绿乔木优势科为：木兰科(1属，1种)、山茱萸科(1属1种)、木犀科(1属2种)，主要种类有：平伐含笑 *Michelia cavaleriei*、香港四照花 *Dendrobenthamia hongkongensis*、蒙自桂花 *Osmanthus henryi*、木犀 *O. fragrans* 等。

落叶乔木优势科为：木兰科(1属1种)、安息香科(1属2种)、蔷薇科(1属1种)、豆科(1属2种)、千屈菜科(1属1种)、八角枫科(1属1种)、茜草科(1属1种)，主要树种有：武当玉兰 *Yulania sprengerii*、大花野茉莉 *Styrax grandiflorus*、野茉莉 *S. japonicus*、花红 *Malus asiatica*、紫荆 *Cercis chinensis*、湖北紫荆 *C. glabra*、紫薇 *Lagerstroemia indica*、八角枫 *Alangium chinense*、香果树 *Emmeno pterys* 等。

常绿灌木优势科为：山茶科(1属2种)、杜鹃花科(1属5种)、蔷薇科(1属1种)、青荚叶科(1属1种)、玄参科(1属1种)、苦苣苔科(1属1种)、茜草科(1属1种)、忍冬科(1属1种)，主要种类有：贵州连蕊茶 *Camellia costei*、尖连蕊茶 *C. cuspidata*、贵定杜鹃 *Rhododendron fuchsiifolium*、杜鹃 *Rh. simsii*、多花杜鹃 *Rh. cavaleriei*、长蕊杜鹃 *Rh. stamineum*、鹿角杜鹃 *Rh. latoucheae*、亮叶月季 *Rosa lucidissima*、西域青荚叶 *Helwingia himalaica*、来江藤 *Brandisia hancei*、吊石苣苔 *Lysionotus pauciflorus*、栀子 *Gardenia jasminoides*、忍冬 *Lonicera japonica* 等。

落叶灌木优势科为：木兰科(1属1种)、蜡梅科(1属1种)、金缕梅科(1属1种)、锦葵科(1属2种)、旌节花科(1属1种)、杜鹃花科(1属2种)、绣球科(2属5种)、虎耳草科(2属2种)、蔷薇科(8属16种)、豆科(3属3种)、瑞香科(1属1种)、山茱萸科(1属1种)、马鞭草科(1属2种)、忍冬科(3属5种)，主要种类有：紫玉兰 *Magnolia liliflora*、蜡梅 *Chimonanthus praecox*、秃蜡瓣花 *Corylopsis sinensis*、木槿 *Hibiscus syriacus*、木芙蓉 *H. mutabilis*、中国旌节花 *Stachyurus chinensis*、灯笼花 *Agapetes lacei*、满山红 *Rhododendron mariesii*、常山 *Dichroa febrifuga*、挂苦绣球 *Hydrangea xanthoneura*、蜡莲绣球 *H. strigosa*、柔毛绣球 *H. villosa*、西南绣球 *H. davidii*、四川溲疏 *Deutzia setchuenensis*、绢毛山梅花 *Philadelphus sericanthus*、翠蓝绣线菊 *Spiraea henryi*、大乌泡 *Rubus multibracteatus*、多毛樱桃 *Cerasus polytricha*、华中樱 *C. conradinae*、李 *Prunus salicina*、梅 *Armeniaca mume*、软条七蔷薇 *Rosa henryi*、野蔷薇 *R. multiflora*、单瓣缫丝花 *R. roxburghii*、粉团蔷薇 *R. multiflora*、小果蔷薇 *R. cymosa*、绣线菊 *Spiraea japonica*、中华绣线菊 *S. chinensis*、毛叶绣线菊 *S. mollifolia*、榆叶梅 *Amygdalus triloba*、重瓣棣棠花 *Kerria japonica*、大叶胡枝子 *Lespedeza davidii*、杭子梢 *Campylotropis macrocarpa*、小槐花 *Ohwia caudata*、结香

Edgeworthia chrysantha、小梾木 *Cornus quinquenervis*、臭牡丹 *Clerodendrum bungei*、海州常山 *Clerodendrum trichotomum*、半边月 *Weigela japonica*、二翅六道木 *Abelia macrotera*、小叶六道木 *A. parvifolia*、糯米条 *A. chinensis*、云南双盾木 *Dipelta yunnanensis* 等。

(3)叶木类　叶的色泽鲜艳或形态秀美的种类。叶木类树种共计 24 科 42 属 66 种，其中常绿乔木树种 7 种，落叶乔木树种 14 种，常绿灌木树种 34 种，落叶灌木树种 11 种；乔木与灌木树种分别占叶木类种类的 31.8%、68.2%，常绿与落叶树种分别占果木类种类的 62.1%、37.9%。

常绿乔木优势科为：樟科(1 属 1 种)、八角科(1 属 2 种)、山茶科(1 属 1 种)、蔷薇科(1 属 1 种)、山茱萸科(1 属 1 种)、冬青科(1 属 1 种)，主要种类有：毛果黄肉楠 *Actinodaphne trichocarpa*、大八角 *Illicium majus*、八角 *I. verum*、齿叶红淡比 *Cleyera lipingensis*、枇杷 *Eriobotrya japonica*、凹脉桃叶珊瑚 *Aucuba cavinervis*、大叶冬青 *Ilex latifolia* 等。

落叶乔木优势科为：榆科(1 属 1 种)、壳斗科(1 属 1 种)、桦木科(1 属 1 种)、梧桐科(1 属 1 种)、蔷薇科(1 属 1 种)、蓝果树科(1 属 1 种)、大戟科(1 属 1 种)、槭树科(1 属 5 种)、芸香科(1 属 1 种)、五加科(1 属 1 种)，主要种类有：榉树 *Zelkova serrata*、槲栎 *Quercus aliena*、千金榆 *Carpinus cordata*、梧桐 *Firmiana simplex*、石灰花楸 *Sorbus folgneri*、蓝果树 *Nyssa sinensis*、乌桕 *Sapium sebiferum*、阔叶槭 *Acer amplum*、角叶槭 *A. sycopseoides*、青榨槭 *A. davidii*、五裂槭 *A. oliverianum*、建始槭 *A. henryi*、刺异叶花椒 *Zanthoxylum ovalifolium*、刺楸 *Kalopanax septemlobus* 等。

常绿灌木优势科为：樟科(1 属 1 种)、金粟兰科(1 属 1 种)、八角科(1 属 2 种)、小檗科(2 属 5 种)、壳斗科(1 属 1 种)、山茶科(2 属 2 种)、海桐花科(1 属 5 种)、蔷薇科(2 属 4 种)、瑞香科(2 属 2 种)、桃金娘科(1 属 1 种)、山茱萸科(1 属 2 种)、卫矛科(1 属 1 种)、黄杨科(2 属 2 种)、远志科(1 属 1 种)、五加科(2 属 2 种)、茜草科(1 属 1 种)、忍冬科(3 属 5 种)，主要种类有：红果黄肉楠 *Actinodaphne cupularis*、草珊瑚 *Sarcandra glabra*、红茴香 *Illicium henryi*、红毒茴 *I. lanceolatum*、阔叶十大功劳 *Mahonia bealei*、小果十大功劳 *M. bodinieri*、亮叶十大功劳 *M. nitens*、细柄十大功劳 *M. gracilipes*、壮刺小檗 *Berberis deinacantha*、光叶高山栎 *Quercus pseudosemecarpifolia*、茶 *Camellia sinensis*、柃木 *Eurya japonica*、光叶海桐 *Pittosporum glabratum*、海金子 *P. illicioides*、柄果海桐 *P. podocarpum*、缝线海桐 *P. perryanum*、线叶柄果海桐 *P. podocarpum*、矮生栒子 *Cotoneaster dammeri*、平枝栒子 *C. horizontalis*、小叶平枝栒子 *C. horizontalis*、倒卵叶石楠 *Photinia lasiogyna*、白瑞香 *Daphne papyracea*、头序荛花 *Wikstroemia capitata*、赤楠 *Syzygium buxifoliu*、倒心叶珊瑚 *Aucuba obcordata*、长叶珊瑚 *A. himalaica*、冬青卫矛 *Euonymus japonicus*、雀舌黄杨 *Buxus bodinieri*、野扇花 *Sarcococca ruscifolia*、尾叶远志 *Polygala caudate*、穗序鹅掌柴 *Schefflera delavayi*、通脱木 *Tetrapanax papyrifer*、六月雪 *Serissa japonica*、女贞叶忍冬 *Lonicera ligustrina* 等。

落叶灌木优势科为：荨麻科(1 属 1 种)、杜鹃花科(1 属 1 种)、蔷薇科(2 属 2 种)、卫矛科(1 属 1 种)、大戟科(2 属 2 种)、鼠李科(1 属 1 种)、漆树科(1 属 1 种)、木犀科(1 属 2 种)，主要种类有：水麻 *Debregeasia orientalis*、吊钟花 *Enkianthus quinqueflorus*、毛背花楸 *Sorbus aronioides*、小叶石楠 *Photinia parvifolia*、卫矛 *Euonymus alatus*、湖北算盘子 *Glochidion wilsonii*、雀儿舌头 *Leptopus chinensis*、多脉猫乳 *Rhamnella martinii*、盐肤木 *Rhus chinensis*、多毛小蜡 *Ligustrum sinense*、小蜡 *L. sinense* 等。

(4) 果木类　果(含附属物)的色泽美丽或形态奇特的种类。果木类树种共计 22 科 29 属 51 种，其中常绿乔木树种 9 种，落叶乔木树种 6 种，常绿灌木树种 26 种，落叶灌木树种 10 种；乔木与灌木树种分别占果木类种类的 29.4%、70.6%，常绿与落叶树种分别占花木类种类的 68.6%、31.4%，总体表现为常绿的种类占优势，以灌木树种较多。

常绿乔木优势科为：金缕梅科(1 属 1 种)、柿树科(1 属 1 种)、蔷薇科(1 属 1 种)、冬青科(1 属 2 种)、省沽油科(1 属 1 种)、槭树科(1 属 3 种)，主要种类有：水丝梨 *Sycopsis sinensis*、乌柿 *Diospyros cathayensis*、光叶石楠 *Photinia glabra*、冬青 *Ilex purpurea* Hassk.、四川冬青 *I. szechwanensis*、野鸦椿 *Euscaphis japonica*、罗浮槭 *Acer fabri*、紫果槭 *A. cordatum*、光叶槭 *A. laevigatum* 等。

常绿灌木优势科为：榆科(1属1种)、杜鹃花科(1属1种)、紫金牛科(2属4种)、蔷薇科(2属4种)、胡颓子科(1属1种)、卫矛科(1属1种)、冬青科(1属2种)、芸香科(2属2种)、茄科(1属1种)、茜草科(1属2种)、忍冬科(2属7种)，主要种类有：光叶山黄麻 *Trema cannabina*、滇白珠 *Gaultheria leucocarpa*、紫金牛 *Ardisia japonica*、百两金 *A. crispa*、铁仔 *Myrsine africana*、火棘 *Pyracantha fortuneana*、全缘火棘 *P. atalantioides*、细圆齿火棘 *P. crenulata*、插田泡 *Rubus coreanus*、宜昌胡颓子 *Elaeagnus henryi*、大果卫矛 *Euonymus myrianthus*、河滩冬青 *Ilex metabaptista*、刺叶珊瑚冬青 *I. corallina*、齿叶黄皮 *Clausena dunniana*、宜昌橙 *Citrus ichangensis*、珊瑚豆 *Solanum pseudocapsicum*、九节 *Psychotria rubra*、云广粗叶木 *Lasianthus japonicus*、蕊帽忍冬 *Lonicera pileata*、巴东荚蒾 *Viburnum henryi*、短序荚蒾 *V. brachybotryum*、金佛山荚蒾 *V. chinshanense*、珊瑚树 *V. odoratissimum*、水红木 *V. cylindricum*、球核荚蒾 *V. propinquum* 等。

落叶乔木优势科为：大风子科(2属2种)、柿树科(1属1种)、千屈菜科(1属1种)、槭树科(1属1种)、紫草科(1属1种)，主要种类有：山桐子 *Idesia polycarpa*、贵州嘉丽树 *Carrierea dunniana*、君迁子 *Diospyros lotus*、石榴 *Punica granatum*、中华槭 *Acer sinense*、粗糠树 *Ehretia macrophylla* 等。

落叶灌木优势科为：豆科(1属1种)、胡颓子科(1属1种)、山茱萸科(1属2种)、青荚叶科(1属1种)、五加科(1属1种)、马鞭草科(1属2种)、忍冬科(1属2种)，主要种类有：老虎刺 *Pterolobium punctatum*、星毛胡颓子 *Elaeagnus stellipila*、中华青荚叶 *Helwingia chinensis*、白粉青荚叶 *H. japonica*、青荚叶 *H. japonica*、五加 *Acanthopanax gracilistylus*、红紫珠 *Callicarpa rubella*、窄叶紫珠 *C. membranacea*、茶荚蒾 *Viburnum setigerum*、三叶荚蒾 *V. ternatum* 等。

(5)荫木类　冠幅强大、枝叶浓密、树干整洁美观的树木和适于遮荫使用的种类。荫木类树种共计21科35属50种，其中常绿乔木树种28种，落叶乔木树种22种，常绿与落叶树种分别占荫木类种类的56%、44%，总体表现为常绿的种类占优势，全部为乔木树种。

常绿乔木优势科为：红豆杉科(1属1种)、木兰科(1属1种)、樟科(4属12种)、虎皮楠科(1属2种)、壳斗科(3属3种)、山茶科(2属2种)、杜英科(1属1种)、蔷薇科(2属2种)、豆科(1属1种)、槭树科(1属2种)、棕榈科(1属1种)，主要种类有：南方红豆杉 *Taxus chinensis*、黄心夜合 *Michelia martini*、川钓樟 *Lindera pulcherima*、峨眉钓樟 *L. prattii* Gamble、黑壳楠 *L. megaphylla*、毛黑壳楠 *L. megaphylla*、簇叶新木姜子 *Neolitsea confertifolia*、黄樟 *Cinnamomum porrectum*、少花桂 *C. pauciflorum*、云南樟 *C. glanduliferum*、川桂 *C. wilsonii*、阴香 *C. burmannii*、楠木 *Phoebe Zhennan*、紫楠 *Ph. Sheareri*、虎皮楠 *Daphniphyllum oldhami*、交让木 *D. macropodum*、钩锥 *Castanopsis tibetana*、短刺米槠 *C. carlesii*、多脉青冈 *Cyclobalanopsis multinervis*、木荷 *Schima superba*、四川大头茶 *Polyspora speciosa*、猴欢喜 *Sloanea sinensis*、大叶桂樱 *Laurocerasus zippeliana*、椤木石楠 *Photinia davidsoniae*、花榈木 *Ormosia henryi*、滨海槭 *Acer sino – oblongum*、樟叶槭 *A. cinnamomifolium*、棕榈 *Trachycarpus fortunei* 等。

落叶乔木优势科为：银杏科(1属1种)、樟科(1属1种)、榆科(2属4种)、桑科(1属1种)、桤叶树科(1属2种)、安息香科(1属1种)、蔷薇科(1属1种)、豆科(2属2种)、千屈菜科(1属1种)、山茱萸科(2属2种)、槭树科(1属1种)、漆树科(1属2种)、楝科(1属1种)、木犀科(1属2种)，主要种类有：银杏 *Ginkgo biloba*、檫木 *Sassafras tzumu*、朴树 *Celtis sinensis*、珊瑚朴 *C. julianae*、黑弹树 *C. bungeana*、青檀 *Pteroceltis tatarinowii*、鸡桑 *Morus australis*、贵定桤叶树 *Clethra cavaleriei*、贵州桤叶树 *C. kaipoensis*、赤杨叶 *Alniphyllum fortunei*、楸树 *Sorbus pohuashanensis*、皂荚 *Gleditsia sinensis*、翅荚香槐 *Cladrastis platycarpa*、川黔紫薇 *Lagerstroemia excelsa*、灯台树 *Cornus controversa*、光皮梾木 *Swida wilsoniana*、纳雍槭 *Acer nayongense*、南酸枣 *Choerospondias axillaris*、毛脉南酸枣 *C. axillaris* var. pubinervis、香椿 *Toona sinensis*、白蜡树 *Fraxinus chinensis*、苦枥木 *F. insularis* 等。

(6)蔓木类　干部不能直立生长的种类。蔓木类树种共计19科33属46种，其中常绿蔓木类植物19种、落叶蔓木植物27种，分别占蔓木类种类的41.3%、58.7%。

常绿蔓木类优势科为：毛茛科(1属4种)、木通科(1属1种)、桑科(2属3种)、胡桃科(1属1

种)、蔷薇科(1属1种)、豆科(2属2种)、葡萄科(1属1种)、芸香科(1属1种)、五加科(1属1种)、夹竹桃科(1属1种)、木犀科(1属1种)、忍冬科(1属1种)、菝葜科(1属1种)，主要种类有：山木通 *Clematis finetiana*、小木通 *C. armandii*、威灵仙 *C. chinensis*、扬子铁线莲 *C. ganpiniana* 八月瓜 *Holboellia latifolia*、地果 *Ficus tikoua*、珍珠莲 *F. sarmentosa*、薜荔 *F. pumila*、黄杞 *Engelhardtia roxburghiana*、周毛悬钩子 *Rubus amphidasys*、常春油麻藤 *Mucuna sempervirens*、亮叶崖豆藤 *Callerya nitida*、崖爬藤 *Tetrastigma obtectum*、飞龙掌血 *Toddalia asiatica*、常春藤 *Hedera sinensis*、络石 *Trachelospermum jasminoides*、清香藤 *Jasminum lanceolarium*、短柄忍冬 *Lonicera pampaninii*、菝葜 *Smilax china* 等。

落叶蔓木类优势科为：胡椒科(1属1种)、大血藤科(1属1种)、木通科(1属1种)、防己科(1属1种)、桑科(1属1种)、猕猴桃科(1属5种)、蔷薇科(2属2种)、豆科(3属4种)、卫矛科(1属2种)、鼠李科(1属1种)，葡萄科(5属5种)、五加科(1属1种)、菝葜科(1属2种)，主要种类有：华山蒌 *Piper sinense*、大血藤 *Sargentodoxa cuneata*、白木通 *Akebia trifoliata*、风龙 *Sinomenium acutum*、构棘 *Maclura cochinchinensis*、中华猕猴桃 *Actinidia chinensis*、华南猕猴桃 *A. glaucophylla*、硬齿猕猴桃 *A. callosa*、薄叶猕猴桃 *A. leptophylla*、革叶猕猴桃 *A. rubricaulis*、悬钩子蔷薇 *Rosa rubus*、粉枝莓 *R. biflorus*、粉背羊蹄甲 *Bauhinia glauca*、藤黄檀 *Dalbergia hancei*、云实 *Caesalpinia decapetala*、华南云实 *C. crista*、短梗南蛇藤 *Celastrus rosthornianus*、苦皮藤 *C. angulatus*、皱叶雀梅藤 *Sageretia rugosa*、刺葡萄 *Vitis davidii*、三叶地锦 *Parthenocissus semicordata*、异叶地锦 *P. dalzielii*、羽叶蛇葡萄 *Ampelopsis chaffanjoni*、华中乌蔹莓 *Cayratia oligocarpa*、白簕 *Eleutherococcus trifoliatus*、短梗菝葜 *Smilax scobinicaulis*、黑果菝葜 *S. glauco-china* 等。

(三)草本观赏植物资源

1. 草本观赏植物观赏特性分类统计

保护区的草本观赏植物共计64科152属261种，按照观赏特性分为观叶、观花、观果、观形、其他5大类，观叶植物有37科77属107种，观花植物有49科109属162种，观果植物有13科22属30种，观型植物有5科8属11种，其他类的有7科10属12种，总体表现为观花的植物较多，其次是观叶的植物较多(表5.12)。

表5.12　印江洋溪自然保护区主要草本观赏植物观赏类型统计表

类型	科	属	种
观叶	37	77	107
观花	49	109	162
观果	13	22	30
观形	5	8	11
其他	7	10	12

2. 草本观赏植物观赏特性类型

(1)观叶类。观叶价值量化分为叶色、叶形、叶面积和质地4项，从叶色来看，以花叶、紫色、蓝色等较好，叶形以奇特较好，叶光亮的较好，从叶的大小来看，如叶较大则观赏价值较高，叶质地以厚重、肉质、被绒毛、手感好为宜。保护区草本观叶植物有37科77属107种，优势科为：金粟兰科(1属1种)、马兜铃科(1属1种)、小檗科(1属3种)、防己科(2属2种)、罂粟科(2属2种)、荨麻科(3属5种)、蓼科(2属2种)、秋海棠科(1属3种)、十字花科(1属1种)、报春花科(1属3种)、景天科(1属1种)、虎耳草科(4属4种)、蔷薇科(2属2种)、豆科(1属1种)、蝶形花科(2属3种)、野牡丹科(1属1种)、大戟科(1属1种)、酢浆草科(1属1种)、伞形科(3属3种)、旋花科(1属1种)、唇形科(5属6种)、苦苣苔科(4属7种)、茜草科(1属1种)、菊科(2属2种)、泽泻科(1

属1种）、眼子菜科（1属1种）、茨藻科（1属1种）、天南星科（4属8种）、莎草科（2属3种）、禾本科（4属6种）、芭蕉科（1属1种）、姜科（1属1种）、美人蕉科（1属1种）、百合科（9属11种）、石蒜科（1属2种）、鸢尾科（2属2种）、薯蓣科（1属2种）、兰科（4属7种），主要种类见表5.13。

表5.13　观叶植物种类统计

中文名	拉丁名	中文名	拉丁名
宽叶金粟兰	*Chloranthus henryi*	华南半蒴苣苔	*Hemiboea follicularis*
尾花细辛	*Asarum caudigerum*	毛果半蒴苣苔	*Hemiboea flaccida*
粗毛淫羊藿	*Epimedium acuminatum*	日本蛇根草	*Ophiorrhiza japonica*
黔岭淫羊藿	*Epimedium leptorrhizum*	珠光香青	*Anaphalis margaritacea*
柔毛淫羊藿	*Epimedium pubescens*	天名精	*Carpesium abrotanoides*
金线吊乌龟	*Stephania cephalantha*	慈姑	*Sagittaria trifolia*
青牛胆	*Tinospora sagittata*	抱茎眼子菜	*Potamogeton perfoliatus*
博落回	*Macleaya cordata*	茨藻	*Najas japonica*
血水草	*Eomecon chionantha*	灯台莲	*Arisaema bockii*
波缘冷水花	*Pilea cavaleriei*	雷公连	*Amydrium sinense*
粗齿冷水花	*Pilea sinofasiata*	全缘灯台莲	*Arisaema sikokianum*
冷水花	*Pilea notata*	石菖蒲	*Acorus tatarinowii*
序叶苎麻	*Boehmeria clidemioides*	天南星	*Arisaema heterophyllum*
骤尖楼梯草	*Elatostema cuspidatum*	野芋	*Colocasia antiquorum*
火炭母	*Polygonum chinense*	一把伞南星	*Arisaema erubescens*
金线草	*Antenoron filiforme*	花南星	*Arisaema lobatum*
裂叶秋海棠	*Begonia palmata*	披针苔草	*Carex lanceolata*
秋海棠	*Begonia grandis*	香附子	*Cyperus rotundus*
歪叶秋海棠	*Begonia augustinei*	花葶薹草	*Carex scaposa*
豆瓣菜	*Nasturtium officinale*	草地早熟禾	*Poa pratensis*
过路黄	*Lysimachia chrisfinae*	淡竹叶	*Lophatherum gracile*
落地梅	*Lysimachia paridiformis*	多花翦股颖	*Agrostisstolonifera myriandth*
叶头过路黄	*Lysimachia phyllocephala*	翦股颖	*Agrostisstolonifera matsumurae*
凹叶景天	*Sedum emarginatum*	雀稗	*Paspalum thunbergii*
垂盆草	*Sedum sarmentosum*	硬质早熟禾	*Poa sphondylodes*
佛甲草	*Sedum lineare*	芭蕉	*Musa basjoo*
大叶金腰	*Chrysosplenium macrophyllum*	山姜	*Alpinia japonica*
虎耳草	*Saxifraga stolonifera*	美人蕉	*Canna indica*
鸡眼梅花草	*Parnassia wightiana*	多花黄精	*Polygonatum cyrtonema*
黄水枝	*Tiarella polyphylla*	华重楼	*Paris polyphylla*

（续）

中文名	拉丁名	中文名	拉丁名
黄毛草莓	*Fragaria nilgerrensis*	黄精	*Polygonatum sibiricum*
西南委陵菜	*Potentilla fulgens*	吉祥草	*Reineckia carnea*
白车轴草	*Trifolium repens*	卷叶黄精	*Polygonatum cirrhifolium*
鸡眼草	*Kummerowia striata*	弯蕊开口箭	*Tupistra wattii*
救荒野豌豆	*Vicia sativa*	万年青	*Rohdea japonica*
野豌豆	*Vicia sepium*	紫萼	*Teucrium tsinlingense*
锦香草	*Phyllagathis cavaleriei*	四川蜘蛛抱蛋	*Aspidistra sichuanensis*
地锦	*Euphorbia humifusa*	天门冬	*Asparagus cochinchinensis*
山酢浆草	*Oxalis acetosella*	西南沿阶草	*Ophiopogon mairei*
茴香	*Foeniculum vulgare*	狭叶沿阶草	*Ophiopogon stenophyllus*
积雪草	*Centella asiatica*	忽地笑	*Lycoris aurea*
天胡荽	*Hydrocotyle sibthorpioides*	石蒜	*Lycoris radiata*
马蹄金	*Dichondra micrantha*	唐菖蒲	*Gladiolus gandavensis*
寸金草	*Clinopodium megalanthum*	鸢尾	*Iris tectorum*
活血丹	*Glechoma longituba*	黄山药	*Dioscorea panthaica*
香薷	*Elsholtzia ciliata*	薯蓣	*Dioscorea opposita*
血盆草	*Salvia cavaleriei*	春兰	*Cymbidium goeringii*
野生紫苏	*Perilla frutescens*	大花斑叶兰	*Goodyera bifiora*
贵州鼠尾草	*Salvia cavaleriei*	多花兰	*Cymbidium floribundum*
川鄂粗筒苣苔	*Briggsia rosthornii*	剑叶虾脊兰	*Calanthe davidii*
革叶粗筒苣苔	*Briggsia mihieri*	肾唇虾脊兰	*Calanthe brevicornu*
厚叶蛛毛苣苔	*Briggsia crassifolia*	莎叶兰	*Cymbidium cyperifolium*
降龙草	*Hemiboea subcapitata*	羊耳蒜	*Liparis japonica*
隆林唇柱苣苔	*Chirita lunglinensis*	合计	107 种

(2)观花类。花的观赏特性以大型、奇特、鲜艳而稀有的色彩为佳。保护区草本观花植物有 49 科 109 属 162 种，优势科为：金粟兰科(1 属 1 种)、三百草科(1 属 1 种)、毛茛科(5 属 7 种)、小檗科(1 属 3 种)、罂粟科(3 属 5 种)、紫茉莉科(1 属 1 种)、蓼科(2 属 2 种)、芍药科(1 属 1 种)、藤黄科(1 属 1 种)、锦葵科(2 属 2 种)、堇菜科(1 属 5 种)、葫芦科(1 属 2 种)、秋海棠科(1 属 3 种)、报春花科(2 属 6 种)、景天科(1 属 4 种)、虎耳草科(5 属 5 种)、蔷薇科(2 属 2 种)、蝶形花科(1 属 3 种)、豆科(1 属 1 种)、千屈菜科(2 属 2 种)、柳叶菜科(1 属 1 种)、大戟科(1 属 1 种)、远志科(1 属 1 种)、酢浆草科(1 属 2 种)、凤仙花科(1 属 3 种)、伞形科(2 属 2 种)、龙胆科(3 属 5 种)、萝藦科(1 属 1 种)、旋花科(2 属 2 种)、紫草科(1 属 1 种)、马鞭草科(1 属 1 种)、唇形科(7 属 7 种)、玄参科(2 属 2 种)、苦苣苔科(4 属 8 种)、桔梗科(4 属 4 种)、茜草科(1 属 1 种)、败酱草科(1 属 3 种)、川续断科(1 属 1 种)、菊科(11 属 14 种)、天南星科(1 属 4 种)、鸭趾草科(2 属 2 种)、禾本科(2 属 3 种)、姜科(1 属 1 种)、美人蕉科(1 属 1 种)、百合科(8 属 13 种)、石蒜科(1 属 2 种)、鸢尾科(2 属 3 种)、兰科(9 属 14 种)，主要种类见表 5.14。

表 5.14　观花植物种类统计

中文名	拉丁名	中文名	拉丁名
宽叶金粟兰	*Chloranthus henryi*	铁轴草	*Teucrium quadrifarium*
蕺菜	*Houttuynia cordata*	夏枯草	*Prunella vulgaris*
草玉梅	*Anemone rivularis*	香薷	*Elsholtzia ciliata*
打破碗花花	*Anemone hupehensis*	贵州鼠尾草	*Salvia cavaleriei*
东亚唐松草	*Thalictrum minus*	韩信草	*Scutellaria indica*
还亮草	*Delphinium anthriscifolium*	鞭打绣球	*Hemiphragma heterophyllum*
茴茴蒜	*Ranunculus chinensis*	江南马先蒿	*Pedicularis henryi*
乌头	*Aconitum carmichaeli*	川鄂粗筒苣苔	*Briggsia rosthornii*
聚叶花葶乌头	*Aconitum scaposum*	革叶粗筒苣苔	*B. mihieri*
粗毛淫羊藿	*Epimedium acuminatum*	厚叶蛛毛苣苔	*Paraboea crassifolia*
黔岭淫羊藿	*Epimedium leptorrhizum*	降龙草	*Hemiboea subcapitata*
柔毛淫羊藿	*Epimedium pubescens*	隆林唇柱苣苔	*Chirita lunglinensis*
博落回	*Macleaya cordata*	纤细半蒴苣苔	*Hemiboea gracilis*
尖距紫堇	*corydalis sheareri*	华南半蒴苣苔	*H. follicularis*
小花黄堇	*Corydalis racemosa*	毛果半蒴苣苔	*H. flaccida*
血水草	*Eomecon chionantha*	大花金钱豹	*Campanumoea javanica*
紫堇	*Corydalis edulis*	铜锤玉带草	*Pratia nummularia*
紫茉莉	*Mirabilis jalapa*	无柄沙参	*Adenophora stricta*
火炭母	*Polygonum chinense*	西南山梗菜	*Lobelia sequinii*
金线草	*Antenoron filiforme*	日本蛇根草	*Ophiorrhiza japonica*
芍药	*Paeonia lactiflora*	宽叶缬草	*Valeriana officinalis*
小连翘	*Hypericum erectum*	缬草	*V. officinalis*
黄蜀葵	*Abelmoschus manihot*	蜘蛛香	*V. jatamansi*
蜀葵	*Alcea rosea*	川续断	*Dipsacus asper*
堇菜	*Viola verecunda*	齿叶橐吾	*Ligularia dentata*
毛堇菜	*V. thomsonii*	多须公	*Eupatorium chinense*
长萼堇菜	*V. inconspicua*	蓟	*Cirsium japonicum*
紫花堇菜	*V. Grypoceras*	骆骑	*Cirsium handelii*
光瓣堇菜	*V. yedoensis*	马兰	*Kalimeris indica*
阔萼堇菜	*Viola grandisepala*	蒲儿根	*Sinosenecio oldhamianus*
鄂赤瓟	*Thladiantha oliveri*	蒲公英	*Taraxacum mongolicum*
南赤瓟	*T. nudiflora*	千里光	*Senecio scandens*
裂叶秋海棠	*Begonia palmata*	缺裂千里光	*Senecio scandens* var. *incisus*
秋海棠	*B. grandis*	三脉紫菀	*Aster ageratoides*

（续）

中文名	拉丁名	中文名	拉丁名
歪叶秋海棠	*B. augustinei*	野菊	*Dendranthema indicum*
报春花	*Primula malacoides*	一枝黄花	*Solidago decurrens*
鄂报春	*P. obconica*	珠光香青	*Anaphalis margaritacea*
过路黄	*Lysimachia chrisfinae*	菊状千里光	*Senecio laetus*
落地梅	*L. paridiformis*	灯台莲	*Arisaema bockii*
叶头过路黄	*L. phyllocephala*	全缘灯台莲	*A. sikokianum*
珍珠菜	*L. clethroides*	一把伞南星	*A. erubescens*
凹叶景天	*Sedum emarginatum*	花南星	*A. lobatum*
垂盆草	*S. sarmentosum*	蓝耳草	*Cyanotis vaga*
佛甲草	*S. lineare*	鸭趾草	*Commelina communis*
细叶景天	*S. elatinoides*	大狗尾草	*Setaria faberii*
大落新妇	*Astilbe grandis*	狼尾草	*Pennisetum alopecuroides*
大叶金腰	*Chrysosplenium macrophyllum*	芒	*Miscanthus sinensis*
虎耳草	*Saxifraga stolonifera*	山姜	*Alpinia japonica*
鸡眼梅花草	*Parnassia wightiana*	美人蕉	*Canna indica*
黄水枝	*Tiarella polyphylla*	宝铎草	*Disporum sessile*
黄毛草莓	*Fragaria nilgerrensis*	大百合	*Cardiocrinum giganteum*
西南委陵菜	*Potentilla fulgens*	多花黄精	*Polygonatum cyrtonema*
百脉根	*Lotus corniculatus*	湖北百合	*Lilium henryi*
葛(野葛)	*Pueraria lobata*	黄精	*Polygonatum sibiricum*
广布野豌豆	*Vicia cracca*	卷叶黄精	*P. cirrhifolium*
救荒野豌豆	*V. sativa*	南川百合	*Lilium rosthornii*
野豌豆	*V. sepium*	七叶一枝花	*Paris polyphylla*
紫云英	*Astragalus sinicus*	万寿竹	*Disporum cantoniense*
千屈菜	*Lythrum salicaria*	萱草	*Hemerocallis fulva*
圆叶节节菜	*Rotala rotundifolia*	野百合	*Crotalaria sessiliflora*
柳叶菜	*Epilobium hirsutum*	紫萼	*Teucrium tsinlingense*
水黄花	*Euphorbia chrysocoma*	狭叶沿阶草	*Ophiopogon stenophyllus*
瓜子金	*Polygala japonica*	忽地笑	*Lycoris aurea*
山酢浆草	*Oxalis acetosella*	石蒜	*L. radiata*
酢浆草	*O. corniculata*	蝴蝶花	*Iris japonica*
黄金凤	*Impatiens siculifer*	唐菖蒲	*Gladiolus gandavensis*
睫萼凤仙花	*I. blepharosephala*	鸢尾	*Iris tectorum*
细柄凤仙花	*I. leptocaulon*	白及	*Bletilla striata*
茴香	*Foeniculum vulgare*	春兰	*Cymbidium goeringii*
野胡萝卜	*Daucus carota*	大花斑叶兰	*Goodyera bifiora*
贵州龙胆	*Gentiana esquirolii*	杜鹃兰	*Cremastra appendiculata*
红花龙胆	*G. rhodantha*	多花兰	*Cymbidium floribundum*
椭圆叶花锚	*Halenia elliptica*	蕙兰	*C. faberi*

（续）

中文名	拉丁名	中文名	拉丁名
獐牙菜	*Swertia bimaculata*	剑叶虾脊兰	*Calanthe davidii*
西南獐牙菜	*Swertia cincta*	金兰	*Cephalanthera falcata*
华萝藦	*Metaplexis hemsleyana*	毛葶玉凤花	*Habenaria ciliolaris*
飞蛾藤	*Porana racemosa*	肾唇虾脊兰	*Calanthe brevicornu*
旋花	*Calystegia sepium*	绶草	*Spiranthes sinensis*
琉璃草	*Cynoglossum furcatum*	虾脊兰	*Calanthe discolor*
马鞭草	*Verbena officinalis*	莎叶兰	*Cymbidium cyperifolium*
寸金草	*Clinopodium megalanthum*	羊耳蒜	*Liparis japonica*
活血丹	*Glechoma longituba*	合计	162 种

（3）观果类。果的观赏特性主要是颜色、大小、形状。果的颜色有黑色、紫色、黄色、红色、蓝色、白色等。果的大小，果实越大、果实密度越大，观赏效果越佳。保护区草本观果植物有 13 科 22 属 30 种，优势科为：防己科（1 属 1 种）、葫芦科（1 属 2 种）、秋海棠科（1 属 3 种）、蔷薇科（2 属 2 种）、凤仙花科（1 属 2 种）、茄科（2 属 2 种）、桔梗科（2 属 2 种）、茜草科（1 属 1 种）、菊科（1 属 1 种）、天南星科（2 属 3 种）、香蒲科（1 属 1 种）、姜科（1 属 1 种）、百合科（5 属 7 种）、薯蓣科（1 属 2 种），主要种类有：青牛胆 *Tinospora sagittata*、鄂赤爬 *Thladiantha oliveri*、南赤爬 *T. nudiflora*、裂叶秋海棠 *Begonia palmata*、秋海棠 *B. grandis*、歪叶秋海棠 *B. augustinei*、地榆 *Sanguisorba officinalis*、黄毛草莓 *Fragaria nilgerrensis*、黄金凤 *Impatiens siculifer*、睫萼凤仙花 *I. blepharosephala*、挂金灯 *Physalis alkekengi*、千年不烂心 *Solanum cathayanum*、大花金钱豹 *Campanumoea javanica*、铜锤玉带草 *Pratia nummularia*、茜草 *Rubia cordifolia*、苍耳 *Xanthium sibiricum*、天南星 *Arisaema heterophyllum*、雷公连 *A. sinense*、一把伞南星 *A. erubescens*、香蒲 *Typha orientalis*、山姜 *Alpinia japonica*、宝铎草 *Disporum sessile*、黄精 *Polygonatum sibiricum*、卷叶黄精 *P. cirrhifolium*、吉祥草 *Reineckia carnea*、弯蕊开口箭 *Tupistra wattii*、万年青 *Rohdea japonica*、万寿竹 *Disporum cantoniense*、黑珠芽薯蓣 *Dioscorea melanophyma*、薯蓣 *D. opposita*。

（4）观形类。花卉植物的形态有匍匐生长于地面的种类、直立的种类、攀援的种类。形态的观赏价值是指其本身固有的形态的观赏性。对于匍匐的种类，叶密集平整最具有观赏价值，对于直立的种类，疏密有致、层次清楚、形态清秀而优美的种最具有观赏价值，对于攀援的种类，形态蜿蜒、柔而有刚、上下匀称、层次好的最具有观赏价值。保护区草本观型植物有 5 科 8 属 11 种，优势科依次为：荨麻科（2 属 3 种）、茜草科（1 属 1 种）、灯心草科（1 属 1 种）、百合科（3 属 5 种）、薯蓣科（1 属 1 种），主要种类有：粗齿冷水花 *Pilea sinofasiata*、冷水花 *P. notata*、骤尖楼梯草 *Elatostema cuspidatum*、茜草 *Rubia cordifolia*、野灯心草 *Juncus setchuensis*、宝铎草 *Disporum sessile*、黄精 *Polygonatum sibiricum*、卷叶黄精 *P. cirrhifolium*、七叶一枝花 *Paris polyphylla*、万寿竹 *Disporum cantoniense*、黄山药 *Dioscorea panthaica* 等。

（5）其他。一些花卉的叶、花、果可以散发使人心旷神怡或不愉快的气味，或者具有毒性等特性。保护区具有其他特性的植物有 7 科 10 属 12 种，其中具有芳香气味的植物有 5 科 6 属 7 种，优势科依次为：伞形科（2 属 2 种）、菊科（1 属 1 种）、天南星科（1 属 1 种）、百合科（1 属 1 种）、兰科（1 属 2 种），主要种类有：茴香 *Foeniculum vulgare*、野胡萝卜 *Daucus carota*、珠光香青 *Anaphalis margaritacea*、石菖蒲 *Acorus tatarinowii*、野百合 *Crotalaria sessiliflora*、春兰 *Cymbidium goeringii*、蕙兰 *C. faberi*，具有毒性的植物有3科4属5种，优势科依次为：毛茛科(1属1种)、罂粟科(1属1种)、天南星科(2属3种)，主要种类有：乌头 *Aconitum carmichaeli*、博落回 *Macleaya cordata*、天南星 *Arisaema heterophyllum*、一把伞南星 *A. erubescens*、野芋 *Colocasia antiquorum* 等。

2. 草本观赏植物观赏应用类型

保护区的草本观赏植物共计64科152属261种，按照应用类型分为地栽观赏、盆栽观赏、切花类、其他4大类，地栽观赏类又可以分为：地被(26科43属59种)、地栽(26科46属59种)、草坪(11科18属21种)、花坪(8科10属12种)、花坛(8科9属9种)等5类，盆栽观赏可以分为：盆栽(26科43属59种)、袋栽摆花(4科6属6种)等2类，切花类可以分为：切花(15科24属29种)、插花(8科11属12种)、干花类(7科8属11种)，其他类可以分为：科普(12科15属29种)、原生境栽植(3科10属14种)2类(表5.15)。

表5.15 印江洋溪自然保护区主要草本观赏植物应用类型分类

应用类型	用途	科	属	种
地栽观赏	地被	26	43	59
	地栽	26	46	59
	草坪	11	18	21
	花坪	8	10	12
	花坛	8	9	9
盆栽观赏	盆栽	26	43	59
	袋栽摆花	4	6	6
切花类	切花	15	24	29
	插花	8	11	12
	干花	7	8	11
其他	科普	12	15	29
	原生境	3	10	14

(1)地栽类型

a. 地被用途：保护区可以用于地被植物栽植的有26科43属59种，优势科为：三百草科(1属1种)、马兜铃科(1属1种)、毛茛科(2属2种)、罂粟科(1属1种)、紫堇科(1属2种)、荨麻科(3属5种)、蓼科(2属2种)、藤黄科(1属1种)、堇菜科(1属3种)、报春花科(1属2种)、景天科(1属3种)、虎耳草科(1属1种)、蔷薇科(3属3种)、蝶形花科(1属3种)、千屈菜科(2属2种)、野牡丹科(1属1种)、龙胆科(2属3种)、紫草科(1属1种)、马鞭草科(1属1种)、玄参科(1属1种)、苦苣苔科(1属1种)、茜草科(1属1种)、菊科(1属1种)、天南星科(2属5种)、莎草科(1属1种)、姜科(1属1种)、百合科(7属8种)、鸢尾科(1属1种)、兰科(1属1种)，主要种类见表5.16。

表 5.16　印江洋溪自然保护区地被类型种类统计

中文名	拉丁名	中文名	拉丁名
蕺菜	*Houttuynia cordata*	千屈菜	*Lythrum salicaria*
尾花细辛	*Asarum caudigerum*	圆叶节节菜	*Rotala rotundifolia*
草玉梅	*Anemone rivularis*	锦香草	*Phyllagathis cavaleriei*
还亮草	*Delphinium anthriscifolium*	贵州龙胆	*Gentiana esquirolii*
尖距紫堇	*Corydalis sheareri*	獐牙菜	*Swertia bimaculata*
小花黄堇	*C. racemosa*	西南獐牙菜	*S. cincta*
紫堇	*C. edulis*	琉璃草	*Cynoglossum furcatum*
波缘冷水花	*Pilea cavaleriei*	马鞭草	*Verbena officinalis*
粗齿冷水花	*P. sinofasiata*	鞭打绣球	*Hemiphragma heterophyllum*
冷水花	*P. notata*	降龙草	*Hemiboea subcapitata*
序叶苎麻	*Boehmeria clidemioides*	日本蛇根草	*Ophiorrhiza japonica*
骤尖楼梯草	*Elatostema cuspidatum*	天名精	*Carpesium abrotanoides*
火炭母	*Polygonum chinense*	灯台莲	*Arisaema bockii*
金线草	*Antenoron filiforme*	全缘灯台莲	*A. sikokianum*
小连翘	*Hypericum erectum*	野芋	*Colocasia antiquorum*
紫花堇菜	*Viola grypoceras*	一把伞南星	*Arisaema erubescens*
光瓣堇菜	*V. yedoensis*	花南星	*A. lobatum*
阔萼堇菜	*Viola grandisepala*	披针苔草	*Carex lanceolata*
叶头过路黄	*Lysimachia phyllocephala*	山姜	*Alpinia japonica*
珍珠菜	*Pogostemon auricularius*	吉祥草	*Reineckia carnea*
垂盆草	*Sedum sarmentosum*	弯蕊开口箭	*Tupistra wattii*
佛甲草	*S. lineare*	万年青	*Rohdea japonica*
细叶景天	*S. elatinoides*	萱草	*Hemerocallis fulva*
虎耳草	*Saxifraga stolonifera*	紫萼	*H. vertricosa*
地榆	*Sanguisorba officinalis*	四川蜘蛛抱蛋	*Aspidistra sichuanensis*
黄毛草莓	*Fragaria nilgerrensis*	西南沿阶草	*Ophiopogon mairei*
西南委陵菜	*Potentilla fulgens*	狭叶沿阶草	*O. stenophyllus*
广布野豌豆	*Vicia cracca*	蝴蝶花	*Iris japonica*
救荒野豌豆	*V. sativa*	羊耳蒜	*Liparis japonica*
野豌豆	*V. sepium*	合计	59 种

b. 地栽用途：保护区可以用于地被植物栽植的有 26 科 46 属 59 种，优势科为：金粟兰科(1 属 1 种)、毛茛科(3 属 4 种)、小檗科(1 属 1 种)、锦葵科(2 属 2 种)、堇菜科(1 属 2 种)、葫芦科(1 属 2 种)、景天科(1 属 1 种)、虎耳草科(3 属 3 种)、豆科(1 属 1 种)、大戟科(1 属 1 种)、酢浆草科(1 属 1 种)、凤仙花科(1 属 2 种)、萝藦科(1 属 1 种)、唇形科(4 属 4 种)、玄参科(1 属 1 种)、桔梗科(1 属 1 种)、败酱草科(1 属 1 种)、菊科(4 属 6 种)、莎草科(2 属 2 种)、禾本科(1 属 1 种)、芭蕉科(1 属 1 种)、美人蕉科(1 属 1 种)、百合科(7 属 11 种)、鸢尾科(1 属 1 种)、薯蓣科(1 属 3 种)、兰科(3 属 4 种)，主要种类见表 5.17。

表 5.17　印江洋溪自然保护区地栽类型种类统计

中文名	拉丁名	中文名	拉丁名
宽叶金粟兰	*Chloranthus henryi*	齿叶橐吾	*Ligularia dentata*
打破碗花花	*Anemone hupehensis*	蒲公英	*Taraxacum mongolicum*
茴茴蒜	*Ranunculus chinensis*	千里光	*Senecio scandens*
乌头	*Aconitum carmichaeli*	缺裂千里光	*S. scandens*
聚叶花葶乌头	*A. scaposum*	菊状千里光	*Senecio laetus*
粗毛淫羊藿	*Epimedium acuminatum*	香附子	*Cyperus rotundus*
黄蜀葵	*Abelmoschus manihot*	花葶薹草	*Carex scaposa*
蜀葵	*Alcea rosea*	芒	*Miscanthus sinensis*
毛堇菜	*Viola thomsonii*	芭蕉	*Musa basjoo*
长萼堇菜	*V. inconspicua*	美人蕉	Canna indica
鄂赤爬	*Thladiantha oliveri*	大百合	*Cardiocrinum giganteum*
南赤爬	*T. nudiflora*	湖北百合	*Lilium henryi*
凹叶景天	*Sedum emarginatum*	华重楼	*Paris polyphylla*
大落新妇	*Astilbe grandis*	黄精	*Polygonatum sibiricum*
鸡眼梅花草	*Parnassia wightiana*	卷叶黄精	*P. cirrhifolium*
黄水枝	*Tiarella polyphylla*	南川百合	*Lilium rosthornii*
紫云英	*Astragalus sinicus*	七叶一枝花	*Paris polyphylla*
水黄花	*Euphorbia chrysocoma*	野百合	*Crotalaria brownii*
酢浆草	*Oxalis corniculata*	紫萼	*Teucrium vertricosa*
睫萼凤仙花	*Impatiens blepharosephala*	四川蜘蛛抱蛋	*Aspidistra sichuanensis*
细柄凤仙花	*I. leptocaulon*	天门冬	*Asparagus cochinchinensis*
华萝藦	*Metaplexis hemsleyana*	唐菖蒲	*Gladiolus gandavensis*
铁轴草	*Teucrium quadrifarium*	黑珠芽薯蓣	*Dioscorea melanophyma*
野生紫苏	*Perilla frutescens*	黄山药	*D. panthaica*
贵州鼠尾草	*Salvia cavaleriei*	薯蓣	*D. opposita*
韩信草	*Scutellaria indica*	剑叶虾脊兰	*Calanthe davidii*
江南马先蒿	*Pedicularis henryi*	肾唇虾脊兰	*C. brevicornu*
西南山梗菜	*Lobelia sequinii*	绶草	*Spiranthes sinensis*
蜘蛛香	*Valeriana jatamansi*	莎叶兰	*Cymbidium cyperifolium*
苍耳	*Xanthium sibiricum*	合计	59 种

c. 草坪用途：保护区可以用于草坪栽植的有 11 科 18 属 21 种，优势科为：报春花科(1 属 1 种)、蔷薇科(1 属 1 种)、豆科(1 属 1 种)、蝶形花科(2 属 2 种)、伞形科(2 属 2 种)、旋花科(1 属 1 种)、唇形科(2 属 2 种)、桔梗科(2 属 2 种)、莎草科(1 属 1 种)、禾本科(5 属 6 种)。主要种类有：过路黄 *Lysimachia chrisfinae*、黄毛草莓 *Fragaria nilgerrensis*、白车轴草 *Trifolium repens*、百脉根 *Lotus corniculatus*、鸡眼草 *Kummerowia striata*、山酢浆草 *Oxalis acetosella*、酢浆草 *O. corniculata*、积雪草 *Centella asiatica*、天胡荽 *Hydrocotyle sibthorpioides*、马蹄金 *Dichondra micrantha*、活血丹 *Glechoma longituba*、夏枯草 *Prunella vulgaris*、铜锤玉带草 *Pratia nummularia*、无柄沙参 *Adenophora stricta*、香附子 *Cyperus rotundus*、草地早熟禾 *Poa pratensis*、淡竹叶 *Lophatherum gracile*、多花蓢股颖 *Agrostis myriandth*、蓢股颖 *A. matsumurae*、雀稗 *Paspalum thunbergii*、硬质早熟禾 *Poa sphondylodes* 等。

d. 花坪用途：保护区可以用于花坪栽植的有8科10属12种，优势科为：报春花科（1属2种）、蝶形花科（2属2种）、远志科（1属1种）、唇形科（2属2种）、桔梗科（1属1种）、菊科（1属1种）、石蒜科（1属2种）、鸢尾科（1属1种）。主要种类有：报春花 *Primula malacoides*、鄂报春 *P. obconica*、百脉根 *Lotus corniculatus*、救荒野豌豆 *Vicia sativa*、瓜子金 *Polygala japonica*、活血丹 *Glechoma longituba*、夏枯草 *Prunella vulgaris*、铜锤玉带草 *Pratia nummularia*、马兰 *Kalimeris indica*、忽地笑 *Lycoris aurea*、石蒜 *L. radiata*、鸢尾 *Iris tectorum* 等。

e. 花坛用途：保护区可以用于草坪栽植的有8科9属9种，优势科为：罂粟科（1属1种）、芍药科（1属1种）、堇菜科（1属1种）、茄科（1属1种）、唇形科（1属1种）、桔梗科（1属1种）、美人蕉科（1属1种）、鸢尾科（2属2种）。主要种类有：博落回 *Macleaya cordata*、芍药 *Paeonia lactiflora*、堇菜 *Viola verecunda*、挂金灯 *Physalis alkekengi*、韩信草 *Scutellaria indica*、无柄沙参 *Adenophora stricta*、美人蕉 *Canna indica*、唐菖蒲 *Gladiolus gandavensis*、鸢尾 *Iris tectorum* 等。

（2）盆栽类型

a. 盆栽用途：保护区可以用于草坪栽植的有26科43属59种，优势科为：罂粟科（1属1种）、芍药科（1属1种）、堇菜科（1属1种）、茄科（1属1种）、唇形科（1属1种）、桔梗科（1属1种）、美人蕉科（1属1种）、鸢尾科（2属2种）。主要种类见表5.18。

表5.18　印江洋溪自然保护区盆栽类型种类统计

中文名	拉丁名	中文名	拉丁名
尾花细辛	*Asarum caudigerum*	缬草	*V. officinalis*
还亮草	*Delphinium anthriscifolium*	蜘蛛香	*V. jatamansi*
小花黄堇	*Corydalis racemosa*	慈姑	*Sagittaria trifolia*
血水草	*Eomecon chionantha*	雷公连	*Amydrium sinense*
紫堇	*Corydalis edulis*	山姜	*Alpinia japonica*
粗齿冷水花	*Pilea sinofasiata*	美人蕉	*Canna indica*
序叶苎麻	*Boehmeria clidemioides*	宝铎草	*Disporum sessile*
骤尖楼梯草	*Elatostema cuspidatum*	大百合	*Cardiocrinum giganteum*
紫茉莉	*Mirabilis jalapa*	万寿竹	*Disporum cantoniense*
芍药	*Paeonia lactiflora*	萱草	*Hemerocallis fulva*
黄蜀葵	*Abelmoschus manihot*	紫萼	*Teucrium tsinlingense*
蜀葵	*Alcea rosea*	四川蜘蛛抱蛋	*Aspidistra sichuanensis*
堇菜	*Viola verecunda*	西南沿阶草	*Ophiopogon mairei*
裂叶秋海棠	*Begonia palmata*	狭叶沿阶草	*Ophiopogon stenophyllus*
歪叶秋海棠	*B. augustinei*	忽地笑	*Lycoris aurea*
豆瓣菜	*Nasturtium officinale*	石蒜	*L. radiata*
报春花	*Primula malacoides*	白及	*Bletilla striata*
鄂报春	*P. obconica*	春兰	*Cymbidium goeringii*
落地梅	*Lysimachia paridiformis*	大花斑叶兰	*Goodyera biflora*
凹叶景天	*Sedum emarginatum*	杜鹃兰	*Cremastra appendiculata*
垂盆草	*S. sarmentosum*	多花兰	*Cymbidium floribundum*
佛甲草	*S. lineare*	蕙兰	*C. faberi*
细叶景天	*S. elatinoides*	剑叶虾脊兰	*Calanthe davidii*
鸡眼梅花草	*Parnassia wightiana*	金兰	*Cephalanthera falcata*

（续）

中文名	拉丁名	中文名	拉丁名
山酢浆草	*Oxalis acetosella*	毛葶玉凤花	*Habenaria ciliolaris*
贵州龙胆	*Gentiana esquirolii*	肾唇虾脊兰	*Calanthe brevicornu*
香薷	*Elsholtzia ciliata*	虾脊兰	*Calanthe discolor*
韩信草	*Scutellaria indica*	莎叶兰	*Cymbidium cyperifolium*
纤细半蒴苣苔	*Hemiboea gracilis*	羊耳蒜	*Liparis japonica*
宽叶缬草	*Valeriana officinalis*	合计	59

b. 袋栽摆花用途：保护区可以用于袋栽摆花的有 4 科 6 属 6 种，优势科为：秋海棠科(1 属 1 种)、龙胆科(2 属 2 种)、唇形科(2 属 2 种)、鸭跖草科(1 属 1 种)。主要种类有：秋海棠 *Begonia grandis*、红花龙胆 *Gentiana rhodantha*、椭圆叶花锚 *Halenia elliptica*、寸金草 *Clinopodium megalanthum*、血盆草 *Salvia cavaleriei*、鸭跖草 *Commelina communis* 等。

(3)切花类

a. 切花用途：保护区可以用于切花的植物有 15 科 22 属 27 种，优势科依次为：毛茛科(2 属 3 种)、锦葵科(1 属 1 种)、虎耳草科(1 属 1 种)、柳叶菜科(1 属 1 种)、伞形科(1 属 1 种)、龙胆科(2 属 3 种)、茄科(1 属 1 种)、紫草科(1 属 1 种)、唇形科(1 属 1 种)、桔梗科(1 属 1 种)、川续断科(1 属 1 种)、菊科(4 属 5 种)、美人蕉科(1 属 1 种)、百合科(3 属 5 种)、鸢尾科(1 属 1 种)。主要种类有：东亚唐松草 *Thalictrum minus*、乌头 *Aconitum carmichaeli*、聚叶花葶乌头 *A. scaposum*、蜀葵 *Alcea rosea*、大落新妇 *Astilbe grandis*、柳叶菜 *Epilobium hirsutum*、野胡萝卜 *Daucus carota*、椭圆叶花锚 *Halenia elliptica*、獐牙菜 *Swertia bimaculata*、西南獐牙菜 *S. cincta*、挂金灯 *Physalis alkekengi*、琉璃草 *Cynoglossum furcatum*、铁轴草 *Teucrium quadrifarium*、无柄沙参 *Adenophora stricta*、川续断 *Dipsacus asper*、齿叶橐吾 *Ligularia dentata*、蓟 *Cirsium japonicum*、骆骑 *C. handelii*、蒲儿根 *Sinosenecio oldhamianus*、一枝黄花 *Solidago decurrens*、美人蕉 *Canna indica*、大百合 *Cardiocrinum giganteum*、湖北百合 *Lilium henryi*、南川百合 *L. rosthornii*、萱草 *Hemerocallis fulva*、野百合 *Crotalaria sessiliflora*、唐菖蒲 *Gladiolus gandavensis* 等。

b. 切叶用途：保护区可以用于切叶的植物有 1 科 2 属 2 种，为百合科植物，分别是：弯蕊开口箭 *Tupistra wattii*、万年青 *Rohdea japonica* 等。

c. 插花用途：保护区可以用于插花的植物有 8 科 11 属 12 种，优势科为：蔷薇科(1 属 1 种)、伞形科(1 属 1 种)、菊科(2 属 2 种)、鸭跖草科(2 属 2 种)、灯心草科(1 属 1 种)、禾本科(2 属 3 种)、香蒲科(1 属 1 种)、百合科(1 属 1 种)。主要种类有：地榆 *Sanguisorba officinalis*、茴香 *Foeniculum vulgare*、野菊 *Dendranthema indicum*、珠光香青 *Anaphalis margaritacea*、蓝耳草 *Cyanotis vaga*、鸭跖草 *Commelina communis*、野灯心草 *Juncus setchuensis*、大狗尾草 *Setaria faberii*、狼尾草 *Pennisetum alopecuroides*、芒 *Miscanthus sinensis*、香蒲 *Typha orientalis*、紫萼 *Teucrium vertricosa* 等。

d. 干花用途：保护区可以用于做干花的植物有 7 科 8 属 11 种，优势科为：毛茛科(1 属 1 种)、蔷薇科(1 属 1 种)、千屈菜科(1 属 1 种)、伞形科(1 属 1 种)、败酱草科(1 属 3 种)、菊科(2 属 2 种)、禾本科(1 属 3 种)。主要种类有：东亚唐松草 *Thalictrum minus*、地榆 *Sanguisorba officinalis*、千屈菜 *Lythrum salicaria*、茴香 *Foeniculum vulgare*、宽叶缬草 *Valeriana officinalis*、缬草 *V. officinalis*、蜘蛛香 *V. jatamansi*、野菊 *Dendranthema indicum*、珠光香青 *Anaphalis margaritacea*、大狗尾草 *Setaria faberii*、狼尾草 *Pennisetum alopecuroides* 等。

(4)其他

a. 科普用途：一些花卉的形态特征具有科学趣味的内容，如茅膏菜 *Drosera peltata* 叶被腺毛有捕食昆虫的功能，马兜铃的叶下端特化为捕食昆虫的器官，蒲公英种子的上端被长毛利于风的传播，凤仙花属的一些种果实在成熟时会瞬间将种子弹出，使种子能最有效传播，等等。这些种虽然没有鲜艳的色彩，但其科学意义和趣味性具有重要的科普价值，特别是对于中小学生。保护区可以用于做科普的植物有12科15属29种，优势科为：毛茛科(2属2种)、小檗科(1属3种)、罂粟科(1属1种)、紫堇科(1属2种)、凤仙花科(1属2种)、龙胆科(1属1种)、紫草科(1属1种)、茜草科(1属1种)、天南星科(3属7种)、百合科(2属4种)、鸢尾科(1属2种)、薯蓣科(1属3种)。主要种类有：还亮草 *Delphinium anthriscifolium*、乌头 *Aconitum carmichaeli*、粗毛淫羊藿 *Epimedium acuminatum*、黔岭淫羊藿 *E. leptorrhizum*、柔毛淫羊藿 *E. pubescens*、尖距紫堇 *Corydalis sheareri*、小花黄堇 *C. racemosa*、紫堇 *C. edulis*、黄金凤 *Impatiens siculifer*、睫萼凤仙花 *I. blepharosephala*、椭圆叶花锚 *Halenia elliptica*、琉璃草 *Cynoglossum furcatum*、茜草 *Rubia cordifolia*、灯台莲 *Arisaema bockii*、雷公连 *A. sinense*、野芋 *Colocasia antiquorum*、全缘灯台莲 *Arisaema sikokianum*、天南星 *A. heterophyllum*、一把伞南星 *A. erubescens*、花南星 *A. lobatum*、华重楼 *Paris polyphylla*、黄精 *Polygonatum sibiricum*、卷叶黄精 *P. cirrhifolium*、七叶一枝花 *Paris polyphylla*、蝴蝶花 *Iris japonica*、鸢尾 *I. tectorum*、黑珠芽薯蓣 *Dioscorea melanophyma*、黄山药 *D. panthaica*、薯蓣 *D. opposita* 等。

b. 原生境栽植：保护区可以用于原生境栽植的植物有3科10属14种，优势科为：小檗科(1属3种)、菊科(7属9种)、兰科(2属2种)。主要种类有：粗毛淫羊藿 *Epimedium acuminatum*、黔岭淫羊藿 *E. leptorrhizum*、柔毛淫羊藿 *E. pubescens*、多须公 *Eupatorium chinense*、蓟 *Cirsium japonicum*、骆骑 *C. handelii*、马兰 *Kalimeris indica*、蒲儿根 *Sinosenecio oldhamianus*、千里光 *Senecio scandens*、缺裂千里光 *S. scandens* var. *incisus*、三脉紫菀 *Aster ageratoides*、野菊 *Dendranthema indicum*、白及 *Bletilla striata*、杜鹃兰 *Cremastra appendiculata* 等。

（邓伦秀　陈菊艳）

第五节　药用植物

一、药用植物的组成及丰富性

（一）药用植物的组成

保护区目前初步统计已知有药用植物共1062种(含变种)(见表5.19)，由菌类植物、苔藓植物、蕨类植物、裸子植物、双子叶植物、单子叶植物六大类群组成，隶属于207科568属。主要集中在真菌、蕨类植物、双子叶植物、单子叶植物四大类，其次是苔藓类。在1062种药用植物中属于草本类的植物有571种，占总数的54.%，比木本类药用植物略占优势，草本类植物主要集中在蕨类88种、菊科46种、百合科29种、兰科20种、禾本科24种、唇形科25种、伞形花科20种、荨麻科16种、天南星科11种，报春花科8种、堇菜科7种、十字花科7种、蓼科18种等。木本类药用植物主要集中在蔷薇科36种，樟科23种，云香科20种、忍冬科16种、桑科11种、芸香科12种、壳斗科10种、山茶科8种、杜鹃花科8种、卫矛科8种、鼠李科7种、五加科7种等。

表 5.19 印江洋溪自然保护区药用植物组成统计

类别	科	属	种
真菌类植物	8	47	106
苔藓植物	12	13	15
蕨类植物	26	41	88
裸子植物	6	9	10
双了叶植物	116	380	722
单子叶植物	18	78	126
合计:	207	568	1062

(二)药用植物科、属、种的组成结构分析

1. 药用植物科的统计分析

保护区药用植物涉及207个科，其中真菌28科、苔藓12科、蕨类植物26科、裸子植物7科、双子叶植物116科、单子叶植物18科。

保护区有含20种以上植物的特大型科10个，共计166属286种，占科总数的4.8%，占总属的29%和总种数的27%。分别为菊科31属46种，蔷薇科18属47种，百合科18属29种，蝶形花科20属29种，禾本科19属24种，兰科13属20种，樟科8属23种，唇形科18属25种，芸香科8属23种，伞形科13属20种。

保护区有含10至20种的大型科20个，共计129属278种，占总科数的9.7%，占总129属的23%和种总数的26%。分别是多孔菌科7属15种，红菇科2属15种，鳞毛蕨科5属12种，水龙骨科6属13种，铁角蕨科1属10种，毛茛科8属18种，蓼科4属18种，茜草科11属14种，忍冬科6属16种，桑科4属11种，荨麻科10属19种，葡萄科5属15种，虎耳草科11属14种，大戟科9属17种，玄参科11属16种，山茱萸科6属10种，马鞭草科5属10种，壳斗科5属10种，天南星科6属11种，莎草科7属14种植。

保护区有含4至9种的中型科47个，药用植物294种，占总科数的22.7%，占药用植物总数的28%：山茶科3属8种、十字花科5属7种、杜鹃花科5属8种、紫金牛科4属7种、山矾科1属6种、报春花科2属8种、含羞草科5属8种、柳叶菜科2属5种、鼠李科5属7种、榆科5属7种、胡桃科5属6种、漆树科4属6种、五加科7属7种、龙胆科3属4种、夹竹桃科1属4种、茄科2属6种、紫草科3属4种、木犀科4属8种、败酱草科2属6种、柿树科1属4种、爵床科3属4种、桔梗科5属6种、菝葜科1属4种、薯蓣科1属4种、木兰科2属5种、五味子科2属4种、小檗科4属6种，防己科5属6种、清风藤科2属5种、金缕梅科4属4种、石竹科6属6种、锦葵科3属4种、堇菜科1属7种、葫芦科4属5种、景天科1属5种、瑞香科3属4种、柳叶菜科2属5种、卫矛科2属8种、冬青科1属4种、苦苣苔科4属4种、冬青科1属4种、槭树科1属6种、炭角菌科2属5种、灵芝科2属5种、伞菌科6属6种、牛肝菌科2属4种、硬皮马勃科2属4种、卷柏科1属7种、凤尾蕨科1属7种、中国蕨科3属4种、金星其科5属8种、水龙骨科6属8种。

含有2至3种的少型科有67个，占总科数的32.4%，药用植物156种，占种总数的15%。分别是松科2属3种、柏科2属2种、红豆杉科2属2种、金粟兰科2属3种、八角科1属3种、木通科2属2种、罂粟科2属2种、桦木科2属2种、苋科2属3种、马齿苋科2属2种、猕猴桃科1属3种、藤黄科1属3种、大风子科3属3种、秋海棠科1属2种、杨柳科2属3种、安息香科3属3种、海桐花科1属2种、茶藨子科2属4种、胡秃子科1属3种、紫堇科1属3种、千屈菜科2属2种、野牡丹科3属3种、八角枫科1属2种、蓝果树科2属2种、远志科1属3种、苦木科2属2种、楝科1属2种、败酱草科1属2种、藜科1属3种、牻牛儿苗科1属3种、凤仙花科1属3种、萝藦科2属3种、车前科1属2种、醉鱼草科1属3种、紫草科1属2种植、姜科3属3种、眼子菜科1属3种、鸭跖草科3属3种、灯心草科1属2种、石蒜科1属2种、鸢尾科1属2种、黄杨科2属2种、鸡油菌科2属3种、木耳科1属3种、拟层孔菌科3属3种、小皮伞科1属2种、小菇科1属2种、膨瑚菌科2属3种、侧耳科2属3种、银耳科1属3种、鬼笔科1属2种、真藓科2属种、羽藓科2属2种、金发藓科1属2种、石松科2属3种、木贼科1属2种、里白科2属3种、碗蕨科2属3种、蕨科1属2种、铁线蕨科1属2种、蹄盖蕨科2属3种、乌毛蕨科2属3种。

含1种药用植物的单型科63个，占总科数的30.4%，占药用植物总数的5.5%。分别是：真菌类12科：虫草科、羊肚菌科、皱孔菌科、齿耳菌科、花耳科、小脆柄菇科、鹅膏科、韧革菌科、丝盖伞科、地星科、硬皮地星科、丽口包科、牛舌菌科；苔藓9科：蛇苔科、地钱科、泥炭藓科、牛毛藓科、丛藓科、葫芦藓科、提灯藓科、柳叶藓科、灰藓科；蕨类11科：石杉科、阴地蕨科、瓶尔小草科、紫萁科、膜蕨科、海金沙科、苹科、槐叶苹科、稀子蕨科、鳞始蕨科、肾蕨科；裸子植物3科：银杏科、杉科、三尖杉；被子植物23科：蜡梅科、三百草科、马桑科、大血藤科、大麻科、商陆科、梧桐科、旌节花科、小二仙草科、桃金娘科、铁青树科、桑寄生科、省沽油科、伯乐树科、透骨草科、水马齿科、川续断科、泽泻科、浮萍科、香蒲科、棕榈科、芭蕉科、仙茅科。

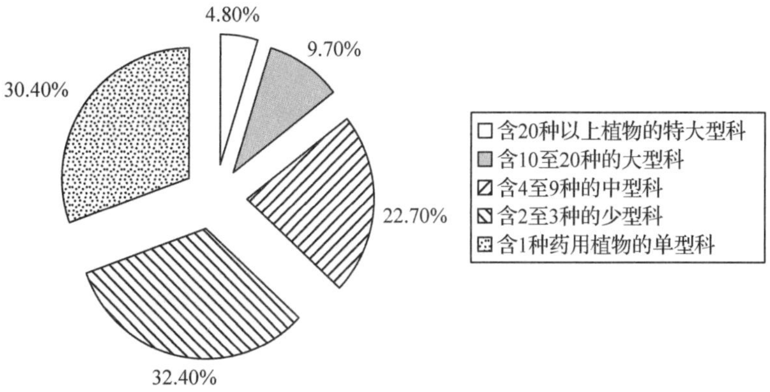

图5.1　印江洋溪自然保护区药用植物科的组成统计

含有10种以上的大科有30个，药用植物种类564种(变种)，占保护区药用植物种的总数的53%，占科的15%。含10种药用植物以下的科有176个，占保护区药用植物总科数的85%，176个科中有药用植物498种，占药用植物总种数的47%；含3种以下的单型科、少型科有120个，植物214种，占总科数的58%，占总种数的20%。

2. 药用植物属组成统计分析

药用植物有568个属，其中真菌类47属、苔藓类13属、蕨类植物41属、裸子植物9属、双子叶植物380属、单子叶植物78属。

保护区含有1种的单型属有345属，占总属数的61%；分别是：真菌类植物28属(虫草菌属、层炭菌属、羊肚菌属、齿孔菌属、齿菌属、齿毛菌属、麻盖菌属、附毛菌属、拟层孔菌属、硫磺菌属、木层孔菌属、假花耳属、灰球菌属、马勃属、散尾菌属、黑蛋巢属、大环柄菇属、小脆柄菇属、鹅膏属、韧革菌属、亚侧耳属、香蘑属、牛肝菌属、地星属、埂皮地星属、豆包菌属、美口菌属、牛舌菌属)；苔藓类植物12属(地钱属、蛇苔属、泥炭藓属、牛毛藓属、葫芦藓、真藓、大叶藓、提灯藓、羽藓、大羽藓属、牛角藓、鳞叶藓属)；蕨类植物25属(石杉属、小石松属、瓶尔小草属、阴地蕨属、紫萁属、瓶蕨属、芒萁属、海金沙属、苹蕨属、黔蕨属、耳蕨属、槐叶苹属、稀子蕨属、乌蕨属、粉背蕨属、碎米蕨属、新月蕨属、卵果蕨属、苏铁蕨属、柳叶蕨属、肾蕨属、盾蕨属、瓦韦属、星蕨属、水龙骨属)；裸子类植物8属(银杏属、黄杉属、杉木属、柏木属、刺柏属、三尖杉属、穗花杉属、红豆杉属)；双子叶植物238属(木莲属、含笑属、蜡梅属、黄肉楠属、草珊瑚属、蕺菜属、石南藤属、细辛属、南五味子属、翠雀花属、天葵属、南天竹属、八角莲属、大血藤属、木通属、野木瓜属、牛姆瓜属、球果藤属、防己属、轮环藤属、青牛胆属、马桑属、血水草属、博落回属、水麻属、糯米团属、紫麻属、赤车属、蝎子草属、枫香树属、檵木属、水丝梨属、杜仲属、榆属、山黄麻属、青檀属、葎草属、桑属、黄杞属、青钱柳属、枫杨属、化香属、青冈属、水青冈属、桦木属、榛属、商陆属、牛膝属、莲子草属、苋属、青葙属、马齿苋、土人参属、蚤缀属、狗筋蔓属、繁缕属、雀舌草属、卷耳属、漆姑草属、金线草属、木荷属、荞麦属、芍药属、梧桐属、山桐子属、柞木属、山羊角树属、绞股蓝属、雪胆属、栝楼属、杨属、独行菜属、豆瓣菜属、荠菜属、白珠树属、野茉莉属、赤杨叶属、白辛树属、报春属、梅花草属、黄水枝属、虎耳草属、金腰属、钻地风属、冠盖藤属、溲疏属、山梅花属、龙芽草属、蛇莓属、草莓属、绣线梅属、小米空心木属、委陵菜属、枇杷属、羊蹄甲属上、紫荆属、老虎刺属、车轴草属、苜蓿属、黄芪属、鸡眼草属、鹿藿草属、杭子梢属、花榈木属、香槐属、崖豆属、槐属、皂角属、紫葳属、节节菜属、结香属、荛花属、赤楠属、锦香草属、肉穗草属、金锦香属、喜树属、蓝果树属、灯台树属、梾木属、山茱萸属、四照花属、鞘柄木属、青皮木属、桑寄生属、黄杨属、野扇花属、铁苋菜属、油桐属、勾儿茶属、枳椇属、枣属、乌蔹莓属、苦朗藤属、崖爬藤属、野鸦春属、伯乐树属、南酸枣属、黄连木属、石椒草属、黄皮属、飞龙掌血属、臭常山属、黄檗属、五加属、楤木属、常春藤属、刺楸属、梁王茶属、鹅掌柴属、通脱木属、积雪草属、胡萝卜属、鸭儿芹属、茴香属、芫荽属、茴芹属、藁本属、獐牙菜属、花锚属、萝藦属、打碗花属、飞蛾藤属、马蹄金属、菟丝子属、斑种草属、琉璃草属、附地菜属、豆腐柴属、马鞭草属、夏枯草属、活血丹属、益母草属、牛至属、野芝麻属、水苏属、香薷属、香茶菜属、透骨草属、水马齿属、茉莉属、木犀属、来江藤属、石龙尾属、鞭打绣球属、泡桐属、马先蒿属、阴行草属、蝴蝶草属、白接骨属、爵床属、吊石苣苔属、粗筒苣苔属、半蒴苣苔属、蛛毛苣苔属、桔梗属、铜锤玉带草属、沙参属、金钱豹属、香果树属、栀子属、粗叶木属、玉叶金花属、蛇根草属、茜草属、六月雪属、鸡仔木属、钩藤属、双盾木属、水马桑属、川续断属、下田菊属、香青属、牛蒡属、白酒花属、野茼蒿属、鱼眼草属、菊属、鳢肠属、飞蓬属、泽兰属、牛膝菊属、旋覆花属、马兰属、火绒草属、橐吾属、千里光属、豨莶属、蒲儿根、一支黄花属、苦苣菜属、蒲公英属、苍耳属)；单子叶植物：56 属(慈姑属、雷公连属、魔芋属、芋属、浮萍属、鸭跖草属、杜若属、竹叶吉祥草属、沙草属、飘拂草属、水蜈蚣属、扁莎属、水葱属、看麦娘属、芦竹属、薏苡属、荩草属、稗属、马唐属、白茅属、淡竹叶属、芒属、求米草属、狼尾草属、草熟禾属、棒头草属、鹅观草属、鼠尾粟属、香蒲属、山姜属、姜花属、襄荷属、棕榈属、芭蕉属、粉条儿菜属、葱属、天门冬属、蜘蛛抱蛋属、大百合属、萱草属、玉簪属、山麦冬属、吉祥草、万年青属、开口箭属、仙茅属、藜芦属、杜鹃兰属、杓兰属、珊瑚兰属、天麻属、斑叶兰属、玉凤花属、角盘兰属、绶草属、舌唇兰属等)。

含 2 ~ 3 种的少属共计 179 属，占总属数的 32%：菌类植物 13 属(木耳属、鸡油菌属、黑管孔菌属、假芝属、灵芝属、小皮伞属、小菇属、蜜环菌属、侧耳属、牛肝菌属、银耳属、硬皮马勃属、竹荪属)；苔藓类植物 1 属(金发藓属)；蕨类植物 14 属(石松属、问荆属、里白属、碗蕨属、蕨属、金粉蕨属、介蕨属、毛蕨属、金星蕨属、假毛蕨属、狗脊蕨属、水龙骨属、瓦韦属、石韦属)裸子类植物 1 属(松属)；双子叶植物 129 属(玉兰属、樟属、楠木属、润楠属、新木姜子属、金粟兰属、八角属、五味子属、乌头属、银莲花属、唐松草属、淫阳藿属、十大功劳属、泡花树属、清风藤属、紫堇属、苎麻属、楼梯草属、艾麻属、冷水花属、朴树属、榉树属、柘属、构属、核桃属、栲属、栎属、栗属、藜属、茶属、猕猴桃属、金丝桃属、木槿属、赤爬属、秋海棠属、柳属、碎米荠属、蔊菜属、越桔属、杜茎山属、紫金牛属、海桐花属、茶藨子属、鼠刺属、落新妇属、绣球属、李属、花楸属、绣线菊属、棣棠花属、樱属、水杨梅属、火棘属、合欢属、云实属、山蚂蟥属、长柄山蚂蟥属、胡枝子属、黄檀属、木蓝属、葛属、瑞香属、露珠草属、柳叶菜属、八角枫属、桃叶珊瑚属、青荚叶属、大戟属、算盘子属、雀儿舌头属、叶下珠属、乌桕属、鼠李属、雀梅藤属、爬山虎属、远志属、盐肤木属、漆树属、香椿属、柚属、酢浆草属、老鹳草属、凤仙花属、天胡荽属、变豆菜属、窃衣属、水芹属、囊瓣芹属、前胡属、龙胆属、鹅绒藤属、酸浆属、附地菜属、紫珠属、牡荆属、大青属、筋骨草属、黄芩属、紫苏属、薄荷属、风轮草属、鼠尾草属、车前属、醉鱼草属、白蜡树属、通泉草属、腹水草属、马蓝属、半边莲属、楸树属、拉拉藤属、鸡矢藤属、六道木属、忍冬属、接骨木属、败酱草属、兔儿风属、紫菀属、鬼针草属、天名精属、蓟属、鼠麴草属、苦荬菜属、黄鹌菜属)；单子叶植物16属(菖蒲属、眼子菜属、半夏属、灯心草属、莎草属、狗尾草属、石蒜属、万寿竹属、百合属、竹根七属、重楼属、黄精属、鸢尾属、头蕊兰属、虾脊兰、羊儿蒜属)。

含4~5种的小型属共计29属145种，占总属数的5.1%，占总种数的13.6%。炭角菌属4种、乳菇属5种、多孔菌属4种、栓菌属5种，蕨类植物2属(贯众属4种、鳞毛蕨属5种)，双子叶植物22属(木姜子属5种、铁线莲属5种、毛茛属5种、酸模属4种、柃木属4种、杜鹃属4种、柿树属4种、景天属5种、石楠属4种、野豌豆属5种、卫矛属4种、南蛇藤属4种、冬青属4种、毛桐属4种、蛇葡萄属5种、葡萄属5种、花椒属5种、络石属4种、茄属4种、女贞属4种、婆婆纳属4种、缬草属4种)，单子叶植物：(天南星属5种、沿阶草属5种、菝葜属4种、薯蓣属4种、兰属4种)。

含6~10种的多型属共计15属，含有药用植物121种，占药用植物属总的2.6%，占药用植物种总数的11%：红菇属10种、蕨类植物3属(卷柏属7种、凤尾蕨7种、铁角蕨10种)，双子叶植物11属(山胡椒属7种、榕属6种、山矾属6种、过路黄属7种、蓼属12种，悬钩子属9种，蔷薇属6种、堇菜属7种，槭树属6种、荚蒾属7种、蒿属6种)，单子叶植物1属(苔草属8种)。

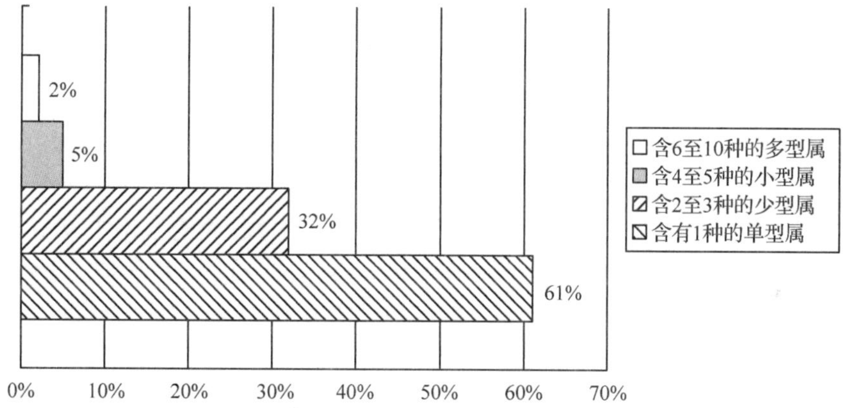

图5.2　印江洋溪自然保护区药用植物属的组成统计

保护区药用植物中单型属、少型属524个，占总属数的92%，缺少含10种以上的大型属，小型属与多型属44个，仅占总属数的7.8%，表明保护区药用植物在属的构成上非常丰富。

中型以下的科与含有10种以上的大科比较，15%的科包含了该区域53%的药用植物种类，85%的科只占该区域47%的药用植物种类，表现出单型、少型科占的比例大，占总科数的58%，种类仅占总种数的20%；同时单型属、小型属占的比例更大，含6~10种的大型属仅为15个，占总属数的2.6%，所包含的种数为121，占药用植物总数的11%，与大科比较，属的构成更加分散，属包含的种类数量更少。

(三)药用植物种类的丰富性

药用植物资源的丰富度主要受人为活动和自然环境两个方面因素的影响。保护区自然条件优越、气温较高、热量充沛、雨量充足；同时海拔差异明显，又多为喀斯特岩溶地貌与常态地貌的相互交错，地形复杂多变，造就了众多的小环境，为不同种类的生物提供了理想的栖息繁衍环境。另一方面，保护区虽然为县级保护区，但成立的时间早，地方各级政府十分重视、社区广大群众积极地参与，特别是退耕还林、天保工程的实施，森林植被及森林环境得到有效恢复，表现出了该区域药用植物丰富性的特征(表5.20)，约占全省已知药用植物种类总数的四分之一，是已知贵州目前药用植物种类十分丰富的地区之一。虽然保护区药用植物种类丰富，但多数药材种类的资源量少，相当多的种类在调查期间只是偶见，如七叶一支花、红凉伞、八角莲、天麻、白及等。同时，地带性常绿阔叶林类型的成熟林或过熟林面积少，多数地带处于次生林阶段，从而一些附生类植物如兰科的石斛、石仙桃等，在热量、水分充沛的低海拔河谷的树干、崖壁上也没有见到。

表 5.20 印江洋溪自然保护区药用植物与其他区域药用植物丰富性比较

	真菌植物			苔藓植物			蕨类植物			裸子植物			被子植物		
	科	属	种	科	属	种	科	属	种	科	属	种	科	属	种
麻阳河保护区	9	13	19	8	8	9	27	46	91	7	11	13	116	433	947
八大山保护区	11	18	24	8	10	13	29	51	91	7	13	16	130	561	1084
纳雍保护区	9	11	17				29		73	6		11	120		724
望谟保护区							26		74	8	10	15	153		955
习水保护区	6		19	5		5	38		120	5		9	126		530
宽阔水保护区				12	16	21	9	12	20	5	6	7	95	361	535
梵净山保护区	42	78	172	15	18	22	41	95	251	8	16	24	149	698	1624
印江洋溪自然保护区	28	47	106	12	13	15	26	41	88	6	9	10	134	482	722
贵州全省	32		144	18		35	47		359	10		46	170		3819

二、珍稀濒危、特有药用植物资源

印江洋溪自然保护区药用植物中属国家一级保护的珍稀濒危植物有：南方红豆杉 *Taxus chinensis* var. *mairei*、银杏 *Ginkgo biloba*、钟萼木 *Bretschneidera sinensis*3 种；国家二级保护的珍稀濒危植物有：连香树 *Cercidiphyllum japonicum*、黄杉 *Pseudotsrga sinensis*、穗花杉 *Amentotaxus argotaenia*、篦齿三尖杉 *Cephalotaxus oliueri*、闽楠 *Phoebe bourner*、桢楠 *Phoebe zhennan*、喜树 *Camptotheca acuminate*、香果树 *Emmenopterys henryi*、天麻 *Gastrodia elata*、榉木等 10 种。属于国家二级重点保护野生药材物种的有：杜仲 *Eucommia ulmoides*、天麻、厚朴 *Magnolia officinalis*；属于国家三级重点保护野生药材物种的有：天门冬 *Asparagus cochinchinensis*、华中五味子 *Schisandra sphenanthera* 等。

保护区有中国药用种子植物特有属 15 个：银杏属、青钱柳属、血水草属、钟萼木属、杜仲属、枳属、喜树属、香果树属、裸蒴属、大血藤属、蜡梅属、通脱木属、云南双盾木属、八角莲属、半蒴苣苔属，占中国种子植物特有属已知药用植物 67 属的 22%，分别隶属于 15 个科，其中银杏科 Ginkgoaceae、杜仲科 Eucommiaceae、伯乐树科 Bretschneideraceae、蓝果树科为中国特有科。

三、《中华人民共和国药典》收载的种类

在印江洋溪自然保护区药用植物中，初步统计有 138 种(表 5.21)药用植物被《中国药典》(2010 年(第九版))收载，占《中国药典》收载的 491 种药用植物种类的 28%。

表 5.21　印江洋溪自然保护区药用植物中《中国药典》收载的种类

物种名	物种名
牛 膝 *Achyranthes bidentata* Bl.	凤仙花 *Impatiens balsanina* L.
川乌头 *Aconitum carmichaeli* Debx.	白茅根 *Imperata cylindrica* Beauv. var. *major*(Nees) C. E. Hubb.
石菖蒲 *Acorus tatarinowii* Schott.	鸢尾 *Iris tectorum* Maxim.
龙芽草 *Agrimonia pilosa* Ledeb.	胡桃 *Juglans regia* L.
艾蒿 *Artemisia argyi* Lévl. et Van.	地肤 *Kochia scoparia* (L.) Schrad.
天南星 *Arisaema erubescens* (Wall.) Schott	益母草 *Leonurus japonicus* Houtt
异叶天南星 *Arisaema heterophyllum* Blume	枫香树 *Liquidambar formosana* Hance
朱砂根 *Ardisia crenata* Sims	山鸡椒 *Litsea cubeba* (Lour.) Pers.
紫金牛 *Ardisia japonica* (Hornsted) Blume、	川芎 *Ligusticum chuanxiong* Hort.
天门冬 *Asparagus cochinchinensis* (Lour.) Merr.	女贞 *Liustrum lucidum* Ait.
合欢 *Albizia julibrissin* Durzz.	香果树 *Lindera communis* Hemsl.
泽泻 *Alisma orientale* (Sam. 0 Juzep.	山鸡椒 *Litdea cubeba* (Lour.) Pers.
白木通 *Akebia trifoliata* (Thunb.) Koidz. var. *australis* (Diels) Rehd.	半边莲 *Lobelia. chinensis* Lour.
构树 *Broussonetia papyrifera*	忍冬 *Lonicera japonica* Thunb.
密蒙花 *Buddleja officinalis* Maxim.	淡竹叶 *Lophatherum gracile* Brongn.
白及 *Bletilla striata* (Thunb.) Reichb. f.	石松 *Lycopodium japonicum* Thunb.
苎麻 *Boehmeria nivea* (L.) Gaud.	海金沙 *Lygodium japonicum*
天名精 *Carpesium abrotanoides* L.	过路黄 *Lysimachia christinae* Hance
青葙 *Celosia argentea* Linn.	吊石苣苔 *Lysionotus pauciflorus* Maxim.
积雪草 *Centella asiatica* (L.) Urban	阔叶大功劳 *Mahonia bealei* (Fort.) Carr.
野菊 *Chrysanthemum* indicum L.	武当玉兰 *Magnolia sprengeri* Pamp.
大蓟 *Cirsium japonicum* Fisch. ex DC.	麦冬 *Ophiopogon japonicus*(L. f.) Ker – Gawl.
刺儿菜 *Cirium setosum* (Willd.) Kitam.	紫萁 *Osmunda japonica* Thunb.
鸭跖草 *Commelina communis* L.	酢浆草 *Oxalis corniculata* L.
仙茅 *Curculigo orchioides* Gaertn.	白花前胡 *Peucedanum praeruptorum* Dunn
构棘 *Cudrania cochinchensis* (Lour.) Kudo. et Masam.	华重楼 *Paris polyphylla* Smith. var. *chinensis* (Franch.) Hara
柘树 *Cudrania tricuspidata* (Carr.) Bur.	苦木 *Picrasma quassioides* (D. Don) Benn.
菟丝子 *Cuscuta chinensis* Lam.	马尾松 *Pinus massoniana* Lamb.
绣球藤 *Clematis montana* Buch. – Ham.	车前 *Plantago asiatica* L.
薏苡 *Coix lacryma jodi* var. *ma yuen* (Roman.) Stapf	桔梗 *Platycodon grandiflorum* (Jacq.) A. DC.
杜鹃兰 *Cremastra appendiculata* (D. Don) Makino	商陆 *Phytolacca acinosa* Roxb.
莎草 *Cyperus rotundus* L.	半夏 *Pinellia ternata* (Thunb.) Breit.
野胡萝卜 *Daucus carota* L.	委陵菜 *Potentilla chinensis* Ser.
黄常山 *Dichroa febrifuga* Lour.	瓜子金 *Polygala japonica* Houtt.
柿树 *Diospyros kaki* Thunb.	何首乌 *Polygonum multiflorum* Thunb.
川续断 *Dipsacus asperoides*	虎杖 *Polygonum cuspidatum* Sieb. et Zucc.
槲蕨 *Drynaria fortunei* (Kunze.) J. Sm.	萹蓄 *Polygonum aviculare* L
蛇莓 *Duchesnea indica* (Andr.) Focke	杠板归 *Polygonum perloliatum* L.
鳢肠 *Eclipta prostrata* L.	多花黄精 *Polygonatum cyrtonema* Hua.
枇杷 *Eriobotrya japonica* (Thunb.) Lindl.	马齿苋 *Portulaca oleracea* L.
地锦 *Euphorbia humifusa* Willd.	石榴 *Punica granatum* L.
淫阳藿 *Epimesium grandiflorum* Morr.	夏枯草 *Prunella vulgaris* L.
杜仲 *Eucommia ulmoides* Oliv.	野葛藤 *Pueraria lobata* (Willd.) Ohwi.
泽漆 *Euphorbia helioscopia* L.	井栏边草 *Pteris multifida* Poir. *ex* Lam.
吴茱萸 *Euodia rutaecarpa* (juss.) Benth.	庐山石韦 *Pyrrosia sheareri* (Bak.) Ching.
金荞麦 *Fagopyrum dibotrys*(D. Don) Hare.	盐肤木 *Rhus chinensis* Mill.
白蜡树 *Fraxinus chinensis* Roxb.	小果蔷薇 *Roda cymosa* Tratt.

（续）

物种名	物种名
灵芝 *Ganoderma lucidum*（M. A. Curtis）P. Karst.	金樱子 *Rosa laeuigata* Mickx.
紫芝 *Ganoderma sinense* Zhao，Xu et Zhang	茜草 *Rubia cordifolia* L
老鹳草 *Geranium wilfordii* Maxim.	接骨木 *Sambucus racemoda* L.
天麻 *Gastrodia elata* Bl.	草珊瑚 *Sarcandra glabra*(Thunb.)Nakai
柔毛水杨梅 *Geum japonicum* var. *chinense* F. Bolle.	大血藤 *Sargentodoxa cuneata*（Oliv. ）Rehd. et Wils.
银杏 *Ginkgo biloba* L.	虎耳草 *Saxifraga stolonifera* Curt.
活血丹 *Glechoma longituba*（Nakai）Kupr.	华中五味子 *Schisandra sphenanthera* Rehd. et Wils.
皂荚 *Gleditsia sinensis* Lam.	青皮木 *Schoepfia jasminodora* Sieb. et Zucc.
蕺菜 *Houttuynia cordata* Thunb.	半枝莲 *Scutellaria barbata* D. Don。
地耳草 *Hypericum japonicum* Thunb.	垂盆草 *Sedum sarmentosum* Bunge.
千里光 *Senecio scandens* Buch. －Ham. ex D. Don	深绿卷柏 *Selaginella doedeleinii* Hieron
天葵 *Semiaquilegia adoxoides*（DC. ）Makino.	蒲公英 *Taraxacum mongolicum* Hand.
豨莶 *Siegesbeckia orientalis* L.	青牛胆 *Tinospora sagitata*（Oliv. ）Gagnep.
菝葜 *Smilax china* L.	棕榈 *Trachycarpus fortunei*（Hook. f. ）H. Wendl.
紫萍 *Spirodela polyrrhiza*（L. ）Schleid.	栝楼 *Trichosanthes kirilowii* Maxim.
一枝黄花 *Solidago decurrens* Lour. 。	香蒲 *Typha orientalis* Presl.
中国旌节花 *Stachyurus chinensis* Franch.	华钩藤 *Uncaria sinensis*（Oliv. ）Havil.
喜马拉雅旌节花 *Stachyurus himalaicus* Hook. f. et Thoms. ex Benth.	蜘蛛香 *Valeriana jatamansi* Jones.
	缬草 *Valeriana officinalis* L
三白草 *Saururus chinensis*（Lour. ）Baill.	藜芦 *Veratrum nigrum* L.
牡荆 *Vitex negundo* L. var. *cannabifolia*（Sieb. et Zucc. ）Hand. －Mazz.	马鞭草 *Verbena officinalis* L.
	紫花地丁 *Viola philippica* Cav.
花椒 *Zanthoxylum bungeanum* Maxim.	苍耳 *Xanthium sibiricum* Patrin ex Widd.

四、结论

1. 保护与开发利用

洋溪自然保护区初步调查统计有药用植物种类1062种(含变种)，约占全省已知药用植物种数的四分之一，隶属于206科568属，其中属国家珍稀植物13种，国家重点保护野生药材物种4种，中国药用植物特有属15个；有138种是《中国药典》收载的种类，占《中国药典》收载种类的28%，是我省乃至我国药用植物种类十分丰富的地区之一。

保护区药用植物中有相当多的是我国历史悠久的传统中药，如银杏 *Ginkgo biloba*、杜仲 *Eucomia ulmoides*、川续段 *Dipsacus asper*、白及 *Bletilla striata*、忍冬 *Lonicera japonica*、海金沙 *Lygodium japonicum*、天麻 *Gastrodia elata*、杜仲 *Eucommia ulmoides*、天南星 *Arisaema erubescens*、鱼腥草 *Houttuynia cordata*、黄精 *Polygonatum cyrtonema*、何首乌 *Polygonum multiflorum*、续断 *Dipsacus asperoides* 等，以及贵州著名的地道药材吴茱萸 *Evodia rutaecarpa*、半夏 *Pinellia ternate*、毛慈姑 *Pleione bulbocodioides*、黄柏 *Phellodendron chinense*、淫羊藿 *Epimedium brevicornu* 等，和南方红豆杉 *Taxus chinensis* var. *mairei*、穗花杉 *Amentotaxus argotaenia*、篦齿三尖杉 *Cephalotaxus oliueri*、闽楠 *Phoebe bourner*、桢楠 *P. zhennan*、香果树 *Emmenopterys henryi* 等国家珍稀植物资源，有的种类已经被人们充分地认识和应用，如喜树树皮所含生物碱的抗癌作用，银杏叶中黄酮类化合物抗心血管病，南方红豆杉皮提取紫杉醇抗癌，青钱柳的叶主要成分为三萜苷，具有降压、降血脂、降血糖的作用等等，但是众多的还是民间草药资源，开发利用的空间大，要吸取以往掠夺式采挖导致资源被破坏和某些药材品种濒于灭绝的教训，切实做到保护资源、用抚结合、合理开发，确保保护区野生中草药资源永续利用。

2. 建议

当地政府及保护区管理单位在围绕如何解决好保护区与周边社区群众保护与利用资源的矛盾，如何促进周边社区社会经济的持续稳步快速发展上，结合保护区的环境优势，资源优势，开展林下中药材种植技术探索，首先针对在本地适宜、市场前景广阔的青钱柳、何首乌、金银花、七叶一枝花、续断、淫羊藿等，在保护区的科学试验区考虑开展中药材规范化基地建设，同时积极传授现代中药材种植技术，引导当地群众开展中药材的种植，逐步形成当地农民的增收支柱产业和传统优势产业，从而减少社区群众对野生资源的依赖，促进农民的增收，实现资源的有效保护。同时，开展珍稀濒危中草药野生抚育研究。野生抚育是保护、扩大、再生利用中草药植物资源的最直接、最有效的手段。野生抚育是在生物的原生环境中，实行围栏保护封育和采收控制，以增加生物个体数量和生长量为目标，促进中草药的自然更新或人工辅助更新。野生抚育尤其适合于目前对其生长发育特性和生态条件认识尚不深入、生长条件比较苛刻、种植成本相对比较高或者种植药材与野生类型质量差别较大的中药材。野生抚育具有较少的投入、药材质量较少改变、病虫害较少等优点。通过深入研究，繁育良种，规范的种植、采收与加工，可以达到质量稳定可控的目的，因而是值得提倡的实现资源可持续利用的中草药生产措施，可首先在试验区选择青钱柳、白芨、淫阳藿等中草药开展野生抚育研究方面的试探，从而进一步推进当地政府在寻求解决资源利用与保护矛盾上的途径，进一步提高林业部门在生态建设中的科学管理水平。

（杨传东　张　泓　王时霞）

第六节　森林蔬菜

森林蔬菜就是人们常说的“野菜”、“野生蔬菜”、“山野菜”，是指天然生长于森林中的食用植物，是指那些非人工栽培的、完全处于自然生长、繁殖状态下的可作为蔬菜的野生植物。森林蔬菜因其独特的营养价值而日益受到人们的重视。有时人们亦把源于森林、近自然栽培的野菜称为森林蔬菜，例如在森林中人工模仿自然生境种植的竹荪 *Dictyophora indusiata*、木耳 *Auricularia auricular-judae* 等。与常规性的农业蔬菜相比，森林蔬菜因其具有无污染、营养丰富、药食兼用、风味独特等特性，在我国受到了普遍的关注，具有较高的经济价值和广泛的开发前景。

随着森林旅游的日益兴起，旅游区原生态的森林野菜亦成为众多游客的首选。印江洋溪自然保护区作为黔东北“梵净山—佛顶山—洋溪—四野屯—麻阳河”等几个重要的森林游憩地与景观节点之一，在梵净山旅游的带动下，其游客也逐年增多。为了弄清该保护区主要和重要野菜资源的种类与丰富情况，本研究专门针对洋溪自然保护区维管束植物进行调查研究，以期为该保护区森林蔬菜科学保护与合理利用提供一定参考。

一、结果与分析

1. 优势种类组成

通过调查记录与访谈结合，调查表明，除大型真菌类外，保护区共有森林蔬菜 67 科 185 种。以 5 种(含 5 种)以上的科为优势科，其中菊科 Compositae15 种、百合科 Liliaceae14 种、豆科 Leguminosae10 种、禾本科 Gramineae5 种、壳斗科 Fagaceae9 种、堇菜科 Violaceae6 种、蓼科 Polygonaceae8 种、十字花科 Brassicaceae9 种、伞形科 Umbelliferae9 种、五加科 Araliaceae5 种、蔷薇科 Rosaceae5 种、唇形科 Labiatae7 种等科的种类较多，为优势科。该保护区内多数森林蔬菜均可鲜用，干制、炒、烩亦不在少数。根据其喜食程度，区内仅 10 余种被广泛利用，即蕺菜 *Houttuynia cordata*、何首乌 *Fallopia multiflora*、

香椿 *Toona sinensis*、三脉紫菀 *Aster ageratoides*、钻形紫菀 *A. subulatus*、鼠麹草 *Gnaphalium affine*、垂盆草 *Sedum sarmentosum*、凹叶景天 *Sedum emarginatum*、毛竹 *Phyllostachys edulis*、蕨 *Pteridium aquilinum.* var. *latiusculum*、紫萁 *Osmunda japonica* 等多数种类未被充分利用。

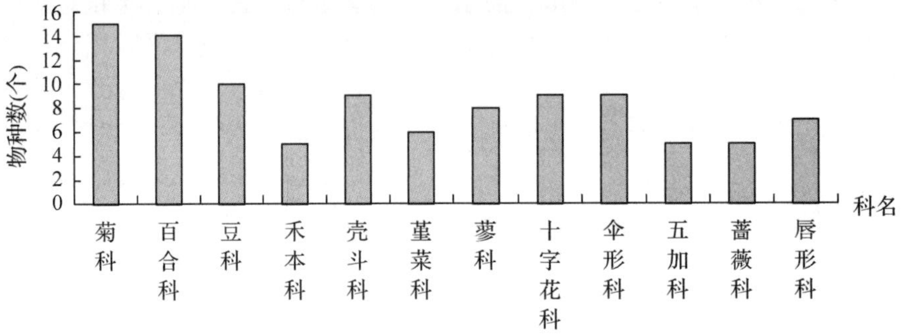

图 5.3 印江洋溪自然保护区森林蔬菜优势科组成

2. 丰富度分析

保护区内森林蔬菜以一般分布种居多，共 98 种，占总种数 52.97%；其次是广布种，53 种，占 28.65%；偶见种最少仅 5 种。从整个保护区的水平分布来看，保护区野菜资源最多的是东南部、南部，其次是东部，而西部及北部相对较少；在水平分布上，种类组成的差异不突出。从保护区垂直分布来看，森林蔬菜主要集中分布在海拔 800 ~ 1200m 地段，该段也是保护区面积最大的区域，而海拔 650 ~ 800m 及 1200 ~ 1360m 段的种类相对较少。在垂直分布上，种类组成有一定差异，高海拔段偏向温带区系种类，低海拔段则偏向热带区系，但由于垂直高差不突出，这种种类组成分异亦不甚明显。从分布的小生境看，保护区野菜资源以水热充足地段种类分布较多，林分较好区域分布丰富，天然林区域分布的种类明显多于人工林，以沟谷潮湿地段分布较为集中。

3. 森林蔬菜分类

保护区森林蔬菜以草本植物为主，占 70.81%；其次为灌木，占 12.43%；乔木占 11.89%；藤本较少仅 9 种，仅占 4.86%。由此可见，草本蔬菜优势性明显，这是因为草本植物生长时间短，其幼嫩的茎叶口感更符合人们对森林蔬菜的要求。

(1)根菜类　根菜类是食用植物的根、根状茎、鳞茎、球茎、块根块茎等。保护区有 13 种，占全部种类的 7.03%。主要有野百合 *Lilium brownii*、蕨、薤白 *Allium macrostemon*、大百合 *Cardiocrinum giganteum*、天门冬 *Asparagus cochinchinensis*、野葛 *Pueraria lobata*、何首乌 *Fallopia multiflora* 和蕺菜等。以百合科、薯蓣科较多。其中，魔芋、蕨根粉、蕺菜(俗称“折耳根”)在贵州已得到广泛开发，是贵州的特色蔬菜之一。

(2)茎菜类　茎菜类是植物茎的幼芽、嫩茎、叶柄、茎干髓心等。保护区有 93 种，占全部种类的 50.27%。数量最多的是竹亚科的竹笋，如毛竹 *Phyllostachys edulis*、桂竹 *P. bambusoides*、水竹 *P. heteroclada*、狭叶方竹 *Chimonobambusa angustifolia* 等，深受当地群众喜爱。此外，还有虎杖 *Polygonum cuspidatum*(俗称“酸汤杆”)及菝葜 *Smilax* spp. 等。

(3)叶菜类　叶菜类是植物的幼苗、嫩叶、带叶的嫩枝梢简称嫩茎叶等。保护区有 127 种，是种类最多的一类森林蔬菜，占全部种类的 68.65%。以菊科、十字花科、唇形科、伞形科等占优势。主要有蒲公英 *Taraxacum mongolicum*、马齿苋 *Portulaca oleracea*、香椿、马兰 *Kalimeris indica*、三脉紫菀(俗称“柴胡”)、荠菜 *Capsella bursapastoris*、豆腐柴(用叶制作的凉粉俗称“神仙豆腐”) *Premna microphylla*、紫萁(俗称“薇菜”)、鼠麹草(俗称“清明菜”)、白勒(俗称“苦刺头”) *Acanthopanax trifoliatus*、垂盆草、藜(俗称“灰灰菜”) *Chenopodium alba*、鸭儿芹 *Cryptotaenia japonica*、水芹 *Oenanthe javanica* 等，这类森林蔬菜不但种类繁多，而且分布广泛，逐渐成为很多农家乐和乡村餐馆的主要蔬菜之一。

(4)花菜类　花菜类是植物的花蕾、花瓣、花粉等。保护区有 15 种，占全部种类的 8.11%。花菜类以兰科、杜鹃花科、忍冬科较多。主要有刺槐 *Robinia pseudoacacia*、杜鹃 *Rhododendron simsii*、蕙兰 *Cymbidium faberi*、春兰 *C. goeringii*、秋海棠 *Begonia grandis*、金银花 *Lonicera japonica*、忍冬 *L. japonica* 等。

(5)果菜类　果菜是植物的果实、种子、嫩果荚等，主要是用幼果、种子作蔬菜，或用果实、种子的淀粉制豆腐、粉条等食品或作蔬菜佐料。保护区有 15 种，占全部种类的 8.11%。有华山松 *Pinus armandii*、锥栗 *Castanea henryi*、茅栗 *C. seguinii*、水青冈 *Fagus longipetiolata*、白栎 *Quercus fabri*、毛葡萄 *Vitis heyneana*、珍珠莲 *Ficus sarmentosa* var. *henryi*、竹叶花椒 *Zanthoxylum armatum*、山鸡椒 *Litsea cubeba* 等。

二、结论与讨论

(1)印江洋溪自然保护区有森林蔬菜(除真菌外)共 67 科 185 种，以草本植物为主体，占 70.81%；其次为灌木，占 12.43%；乔木和蕨类都较少，分别仅占 11.89% 和 4.86%。贵州省共有森林蔬菜 840 种，保护区就占了 1/5，由此可见，优越的自然生态环境为类型多样的森林蔬菜提供了生长繁殖条件。

(2)保护区内野菜资源以一般分布种居多，超过整个保护区森林蔬菜的一半。其最多的是东南部、南部，森林蔬菜主要分布在海拔 800 ~ 1200m 地段，这与保护区的地理位置密切相关，导致该海拔段物种集中分布。

(3)在保护区所有森林蔬菜中，根菜类 13 种，占全部种类的 7.03%；茎菜类 93 种，占全部种类的 50.27%；叶菜类 127 种，占全部种类的 68.65%；花菜类和果菜类均为 15 种，各占全部种类的 8.11%。一种森林蔬菜多个部位可以食用，可同时属于几个菜类。经分析，叶菜类是构成保护区森林蔬菜的主体，由于叶菜具有鲜嫩、易于消化等特点，深受人们的喜爱。

(4)印江县现在对森林蔬菜的利用主要有蕨、蕺菜、藜、垂盆草、鸭儿芹和几种竹笋等，其他如三脉紫菀(俗称“柴胡”)、紫萁(俗称“薇菜”)、马齿苋、钻形紫菀、白勒(俗称“苦刺头”)和何首乌 *fallopia multiflora* 等兼具药用价值和食用价值的森林蔬菜利用少，具有很大的开发利用前景。

(宋泽芬　范云美　林　虹　王加国)

参考文献

李秀. 2008. 云南普洱市森林野菜植物资源研究[J]. 思茅师范高等专科学校学报, 24(06): 1 – 3.

唐丽, 王国勋. 2004. 湖南野菜资源现状及开发利用探讨[J]. 湖南林业科技, 31(06): 81 – 83.

李莲芳, 孟梦, 温琼文, 等. 2005. 云南热区的 5 种木本森林蔬菜及其培育技术[J]. 西部林业科学, 34(01): 9 – 14.

李永康主编. 1982. 贵州植物志(1 – 3)[M]. 贵州人民出版社.

李永康主编. 1989. 贵州植物志(4 – 9)[M]. 成都: 四川民族出版社.

苟光前主编. 2009. 野菜图谱[M]. 贵阳: 贵州科技出版社.

田关森, 王嫩仙, 陈煜初, 等. 2009. 中国森林蔬菜[M]. 北京: 中国林业出版社.

石丽敏, 楼肖成, 赵军华, 等. 2008. 我国野生蔬菜资源的概况及研究现状 J]. 安徽农学通报, 14(1): 152 – 153.

第七节　主要经济植物资源

经济植物是植物与生产实际、市场经济及人民生活最密切联系的重要属性，研究与人类经济生活密切相关的各种植物，在植物科学发展史中占有重要位置。对保护区经济植物的调查与研究，是实现保护区经济植物可持续利用与开发的基础。

一、研究方法

此次印江洋溪自然保护区经济植物调查以路线调查与重点调查相结合，在调查过程中通过询问等方式，详细记录其在当地的主要应用。

为对经济植物科学合理而系统的分类汇总，达到科学性与实用性的统一。根据1961年科学出版社出版《中国经济植物志》(上、下册)及吴征镒和董世林对植物经济价值分析与分类，结合保护区植物实际和此次综合科学考察相关专题研究情况，此次印江洋溪植物的经济特性作如下分类：根据对植物利用方式分为成分功能和株体功能两大类型；成分功能按其应用范围又分为饮食用植物资源、药用植物资源、工业用植物资源、农业用植物资源4大类，再根据其利用营养器官及功用的不同进行下一级分类；株体功能按其作用分为寄主、环境指示、蜜源植物资源3类。其经济植物分类结构如表5.22。

表5.22 印江洋溪自然保护区经济植物分类结构表

I级分类		II级分类		III级分类		备注
编号	名称	编号	名称	编号	名称	
1	成分功能植物资源	1.1	食用植物资源	1.1.1	野果植物资源	
				1.1.2	野菜植物资源	
				1.1.3	油脂植物资源	
				1.1.4	淀粉植物资源	
				1.1.5	香料植物资源	
				1.1.6	饮料植物资源	
		1.2	工业用植物资源	1.2.1	树胶植物资源	
				1.2.2	树脂植物资源	
				1.2.3	栲胶植物资源	
				1.2.4	染料植物资源	
				1.2.5	纤维植物资源	除木材以外的纤维应用
				1.2.6	香料植物资源	
				1.2.7	淀粉植物资源	
				1.2.8	油脂植物资源	
		1.3	农业用植物资源	1.3.1	绿肥植物资源	
				1.3.2	土农药植物资源	
				1.3.3	饲料用植物资源	
2	株体功能植物资源			2.1	寄主植物资源	
				2.2	指示植物资源	
				2.3	蜜源植物资源	

二、结果与分析

(一)种类组成

根据研究方法，经统计与汇总，印江洋溪自然区共有主要经济植物78科171属274种，其中裸子植物4科5属7种，被子植物75科166属267种。各类经济植物统计如表5.23。

表5.23 印江洋溪自然保护区经济植物统计汇总表

编号	名称	科	属	种
1.1.1	野果植物资源	20	34	47
1.1.2	野菜植物资源	29	41	49
1.1.3	油脂植物资源	6	6	7
1.1.4	淀粉植物资源	3	6	10
1.1.5	香料植物资源	5	5	6
1.1.6	饮料植物资源	9	12	12
1.2.1	树胶植物资源	5	5	6
1.2.2	树脂植物资源	9	9	11
1.2.3	栲胶植物资源	23	36	43
1.2.4	染料植物资源	8	10	11
1.2.5	纤维植物资源	27	48	53
1.2.6	香料植物资源	22	32	42
1.2.7	淀粉植物资源	6	6	7
1.2.8	油脂植物资源	35	58	72
1.3.1	饲料用植物资源	30	53	62
1.3.2	绿肥植物资源	5	7	7
1.3.3	土农药植物资源	18	22	27
2.1	寄主植物资源	5	5	5
2.2	指示植物资源	2	2	2
2.3	蜜源植物资源	6	10	10

从表5.23表明，保护区主要经济植物应用类型多样，种类较为丰富。

三、经济植物的可持续开发利用

经济植物是生态系统的重要组成部分，实现其可持续开发利用，是保护区加强种质资源保护的宗旨，同时也是加强保护区及周边地区社区发展的需要。因此，对经济植物的可持续开发利用具有极为重要的现实意义。

（一）加强对野生经济植物种质资源的保护性开发利用

保护区是以保护植物种质资源为核心，同时为其合理利用和可持续开发提供种质资源基础。因此，对经济植物种类的利用应在保护的前提下进行，必须实行保护性开发利用。例如：方竹虽然在保护分布较广，且资源量大，但对其利用应经过详尽的调查，弄清其资源及更新能力大小，利用程度应小于其更新程度。另外，在保护区实验区开展方竹的人工促进更新，以提高其更新能力，提高利用水平，以实现方竹的可持续开发利用。

（二）开展对优良经济植物优良类型选育及繁育技术研究

保护区经济植物种类丰富，不同种类资源现状且各异，因此，对保护区经济植物开发利用应根据不同植物的市场需求和应用程度情况，结合保护区的实际情况，进行选择性开发利用。同时，加强对不同经济植物优良类型进行选择，选择性状优良、品质较好且稳定的类型，作为开发利用的对象，建立种质资源圃，为可持续开发利用提供优良种质资源基础。如：在保护格所大冲沟，发现有1株香椿在7月才开始发新芽，并未有人采摘过的现象，香椿是中国传统的植物蔬菜种类，此植株可为香椿森林蔬菜的晚食优良类型，通过无性繁殖技术扩大其资源，为其开发利用储备优良种质资源。

（三）建立经济植物培育基地

在保护区的实验区，根据经济植物的不同特性及环境条件，结合培育目标，选择适宜的地段，建立相应的培育基地，以培育成品和苗木为主要方向，以辐射带动发展为思路，采取成片与零星（指四旁种植）相结合，建立经济植物培育基地。

（四）开展野生经济植物的林下经济发展技术及模式应用与推广

根据保护区的森林及植物现状，结合保护区人口结构情况，从生态结构、资源利用特点、操作便利性、副效应等方面，科学地选择林下经济的发展方向，合理的选择林药、林草、林禽、林菌、林虫等林下经济模式，通过引进并消化应用的策略，选择适宜的种类及相应的模式，并加大社区发展宣传与技术推广，促进保护事业的开展与社区发展。

（田　凡　颜凤霞　姜运力）

参考文献

傅立国等.2000.《中国高等植物》1-13卷. 青岛出版社.

李永康.《贵州植物志》1-9卷. 贵州人民出版社，四川民族出版社.

王培善.1985. 贵州荔波蕨类植物，贵州科学，2：3-54.

邱德方，杜江等.2006.《中华本草苗药卷彩色图谱》. 北京：中医古籍出版社.

王培善.1989.《雷公山自然保护区的蕨类植物、雷公山自然保护区科学考察集》. 贵阳：贵州人民出版社，302-341.

王培善等.2001.《贵州蕨类植物志》，贵阳：贵州科技出版社.

王荷生.1992.《植物区系地理》，北京：科学出版社.

吴兆洪.1999.《中国植物志》，第四卷第二分册，北京：科学出版社.

吴兆洪.1999.《中国植物志》，第六卷第一分册，北京：科学出版社.

吴征镒.1983.《西藏植物志》，第一卷，北京：科学出版社.

武素功.2000.《中国植物志》，第五卷第一分册，北京：科学出版社.

刑公侠.1999.《中国植物志》，第四卷第一分册，北京：科学出版社.

陈家瑞.1994. 中国分类学史[A]. 中国植物学会. 中国植物学史[M]. 北京：科学出版社.

颜素珠. 1995. 新经济植物学[M]. 广州：暨南大学出版社.

中国科学院植物研究所等，1974，秦岭植物志，第二卷，北京：科学出版社.

朱维明，1999，国植物志，第三卷第二分册，北京：科学出版社.

中国科学院植物研究所.1994.《中国高等植物图鉴》1-5册，补编1-2册，北京：科学出版社.

郑万钧.《中国树木志》1-3卷. 北京：中国林业出版社

中国科学院中国植物志编委会《中国植物志》有关各卷.

中国经济植物志（上、下册），北京：科学出版社，1961.

许霖庆.2003. 论动态经济植物学[A]. 中国植物学会. 中国植物学会七十周年年会论文摘要汇编[C]. 北京：高等教育出版社，526-527.

朱秀敏.2010. 丛藓科植物重金属含量对环境的指示作用[J]，安徽农业科学，38(33)：18935-18937.

王爱霞，方炎明.2011. 苔藓监测空气重金属污染技术的研究进展[J]. 西南林业大学学报，(10)：87-93.

彭纪鹏，卢龙.2008. 苔藓植物在环境中的的监测指示作用[J]. 江西科学，26(3)：479-483.

崔明昆.2001. 附生苔藓植物对城市大气环境的生态监测[J]. 云南师范大学学报，21(3)：54-57.

曹同，路勇，吴玉环等，1998. 苔藓植物对鞍山市环境污染生物指示的研究[J]. 应用生态学报，9(6)：635-639.

孙守琴，王定勇. 2004. 苔藓植物对大气污染指示作用的研究进展[J]. 四川环境，23(5)：31-35.

马德J B，科兹洛夫斯基T T. 1984. 植物对空气污染的反应[M]. 刘富林译. 北京：科学出版社，1-334.

陈龙，吴玉环，李微等.2009. 苔藓植物对沈阳市大气质量的指示作用[J]，生态学杂志，28(12)：2460-2465.

第六章　社区状况

第一节　社会经济状况

在国际上，建立自然保护区被认为是保护生物多样性最有效的途径之一，但是如何辩证地处理资源保护与社区和谐发展之间的关系，是当今生物多样性保护的一个新热点，同时也是一个难点。保护区与当地社区密不可分，它们共同组成一个具有多种功能的自然—社会—经济的复合体，保护区社区的社会经济发展对自然资源保护工作具有重要影响。根据《中华人民共和国自然保护区管理条例》规定，保护区的核心区域不允许有任何人为活动，缓冲区也不允许开展生产性活动，在实验区可以在不影响保护对象的前提下开展一定的生产活动。然而这一法律规定与南方集体林区的自然保护区实际情况存在冲突，因为当地居民在保护区建立前就已经在那里生产生活了，拥有自然资源的传统使用权利，我们不能因为保护区的建立而剥夺了当地人的合法权利，也无法完全消除人类活动的干扰。印江洋溪自然保护区(以下简称“保护区”)属于在集体林区建立的保护区，92.7%是集体林，因此，保护区在建立规划时不可避免地将一些村寨人口及生产生活的区域纳入了保护区范围。为了探索和完善保护区的管理模式，我们以区内居民为主要调查对象，展开对社区的社会经济状况、社区产业结构以及居民对保护区认知情况、保护区社区发展中存在的问题等的调查，并对所得资料进行统计、分析、归纳、总结，希望调查分析结果能为保护区管理模式选择及其与社区关系的良性发展提供依据和指导。

一、研究方法

调查过程中除了采用访谈法、问卷法、观察法和二手资料收集等方法收集资料外，还采用 PRA 调查方法。PRA(Participatory Rural Appraisal)是指参与式乡村评估，它是一种快速收集农村信息资料，资源状况与优势，农民愿望和发展途径的新方法，是一个可促使当地人民不断加强对自身和社区以及环境条件的理解，与发展工作者共同参与、提高和分析他们生活状况并一同制订计划的步骤和方法，这是个不断发展的方法体系。通过采用参与式乡村评估(PRA)收集信息的方法，可了解当地群众在活动过程中参与的真实性，以及对待调查结果的相应态度。该调查方式也可用来确定分析、计划和随后引发的活动。

二、调查结果

(一)人口数量及组成

保护区涉及洋溪、缠溪 2 个镇，杨柳、罗场、永义 3 个乡，包括 26 个行政村 80 个自然村寨 208 个村民组，共有 6438 户 23283 人，其中男性 12149 人，女性 11134 人，男女比例约 1.09：1。户均 3.67 人，基本上都是农业人口。土家族是社区的主要民族，占总人口的 55.0%，而汉族仅占 28.7%。受经济条件、贫困等影响，初中以下文化水平的人群较多，文盲人群主要分布在 50 岁以上的年龄段(表 6.1)。

表 6.1 印江洋溪自然保护区内人口统计表

乡镇	村名称	人口				民族成分		
		人数	户数	其中：男	女	汉	土家	其他民族
洋溪镇	合心村	665	182	360	305	440	225	
	蒋家坝村	1563	439	852	711	1009	554	
	双龙村	703	178	378	325	124	579	
	桅杆村	1346	382	723	623	691	655	
	新黔村	1232	310	655	577	268	964	
	新阳村	1271	281	667	604	762	509	
	银坳村	1045	279	564	481	429	616	
杨柳乡	白虎咀村	1159	282	646	513	350	809	
	茶山村	771	173	431	340	101	670	
	崔山村	1278	362	601	677	106	1172	
	新屯村	848	234	410	438	75	773	
罗场乡	岭峰村	563	182	317	246	113	248	89
	广东坪村	649	185	350	299	117	310	
	靛厂村	336	98	176	160	51	182	52
	茶园坨村	552	173	310	242	89	310	64
缠溪镇	方家岭村	987	294	516	471	353	376	258
	楠木坪村	840	230	427	413	151	277	412
	客店沟村	1203	337	609	594	410	389	404
	塘房岭村	787	220	404	383	106	345	336
	湄坨村	356	118	178	178	52	136	168
	冷水溪村	902	249	450	452	113	364	425
	楠星村	954	277	484	470	261	372	321
	土坪村	920	262	466	454	219	443	258
	周家坳村	717	212	361	356	39	279	399
	柳塘村	798	229	404	394	27	357	414
永义乡	竹元村	838	270	410	428	89	634	115
	合计	23283	6438	12149	11134	6545	12548	3715

（二）保护区各功能分区涉及社区分布情况

在保护区核心区分布有 9 个行政村，26 个自然村寨，68 个村民组 2111 户 2227 人；缓冲区分布有 6 个行政村，19 个自然村寨，50 个村民组 1539 户 7153 人；实验区分布有 11 个行政村，35 个自然村寨，90 个村民组 2788 户，13903 人。

保护区内村民大多择地而居，只要地势相对平缓，有可耕种的土地，便就近建房而居。村庄分布呈分散状况，有些高居山梁，有些居于群山中央，有些驻于台地中央，有些则傍水而居。

（三）保护区各功能分区的林地所有权及使用权

保护区总面积21871.48 hm^2（表6.2），林地面积为17886.36hm^2，森林覆盖率78.34%，其中核心区面积为7432.87hm^2，集体林为6951.99hm^2，缓冲区面积为4237.44hm^2，集体林为4019.5hm^2，实验区面积为6216.05hm^2，集体林为5320.43hm^2。

表6.2　印江洋溪自然保护区林地所有权、使用权统计表　（hm^2）

	核心区	缓冲区	实验区	保护区
总面积	8247.66	5055.46	8568.36	21871.48
按林地所有权分				
国有				
集体	8247.66	5055.46	8568.36	21871.48
按林地使有用分				
国有	480.88	217.94	895.62	1594.44
集体	29.41	79.8	260.88	370.09
个人	6922.58	3939.7	5059.55	15921.83

（四）保护区社会经济状况

1. 基础设施建设情况

保护区社区的基础设施落后。目前，区内通乡油路改造完成，各行政村已实现了村村通，但只有少部分村组水泥路硬化到家门口，村社道路有待进一步完善，路面质量有待进一步提高，社区较为封闭，难以与外界形成发展上的互动。各村寨都有集中供水点，但各供水点呈零星分布且水量不大，饮水设施严重不足，尚有部分村寨未解决人畜饮水。污水处理率低，无集中处理设施，对环境有一定污染。医疗条件一般，有乡卫生院1所，各村均有村级医疗站，已实行了农村新型合作医疗保险，但村卫生所环境差，条件简陋。保护区所处5乡镇28村教育条件较好，有初级中学1所，中心小学1所，村小16所，实现了9年制义务教育，能满足各年龄段学生的就学，但村小师资力量还是相对不足，师资也以民办教师为主。5个乡镇有文化站，各村建有地面卫星接收站或有闭路电视线，电视已经普及到每户，村民能及时知晓国家的政策方针，但通信设施和网络有待进一步完善，宽带网仅辐射到小部分行政村。多数村民参加了新农保，生活有了最低保障（详见表6.3）。

保护区内村民居住条件较好，交通便利的村寨基本以砖瓦房为主，部分分布山中的村寨则是木制房屋。部分家庭有电视，摩托车、脱粒机、电磁炉、电饭锅等。能源结构呈多元化，部分家庭使用了沼气池，大部分社区群众生活能源仍以秸秆、薪柴等低效燃料为主，薪柴主要种类为栎类等阔叶树种，室内外环境污染严重，能源利用效率低。

因地质结构复杂，不可预见因素多，难度系数大，基础工程投入大，概算投资难以满足项目建设的实际需要，存在不同程度的资金缺口。区内村组基础设施除电力外，其余的存在配套不完善和不能满足发展需求等问题，尤其是交通设施、排水设施和环保设施较落后。在固定资产方面，农民个体户已取代集体，成为固定资产投资的主体。固定资产虽然增长较快，但是层次低，功能差。从调查结果发现，生产性固定资产比重小于生活性固定资产，而住房成为生活性固定资产增长的主要方面。

表6.3 印江洋溪自然保护区内社区基础设施统计表

乡镇	村名	学校分布及数量	道路分布及路况	输电线路分布及数量 km	通讯线路分布及数量	饮水设施分布状况及数量	卫生院分布及数量
洋溪镇	合心村	无	已通路、路况差	2条；18	均通、1条	零星分布、7个	定点分布、1个
	蒋家坝村	完小1所	已通路、正在改善	5条；28	均通、1条	零星分布、9个	定点分布、1个
	双龙村	完小1所	已通路、正在改善	2条；28	均通、1条	零星分布、8个	定点分布、1个
	桅杆村	完小1所	已通路、正在改善	1条；15	均通、1条	零星分布、18个	定点分布、1个
	新黔村	无	已通路、路况差	2条；8	均通、1条	零星分布、12个	定点分布、1个
	新阳村	完小1所	已通路、路况差	1条；21	均通、1条	零星分布、10个	定点分布、1个
	银坳村	无	已通路、路况差	1条；28	均通、1条	零星分布、8个	定点分布、1个
杨柳乡	白虎咀村	完小1所	已通到组、正在改善	2条，16	均通；2条	零星分布、12个	定点分布，1所
	茶山村	完小1所	已通到村、路况差	3条，36	均通；1条	零星分布、15个	定点分布，1所
	崔山村	完小1所	已通到组、正在改善	2条，15	均通；2条	零星分布、12个	定点分布，1所
	新屯村	完小1所	已通到村、路况差	2条，15	均通；1条	零星分布、10个	定点分布，1所
罗场乡	岭峰村	无	未通路	1条；18	均通、1条	零星分布、5个	零星分布、1所
	广东坪村	定点分布、完小1所	已通到组、路况差	1条，12	均通、1条	零星分布、6个	定点分布、1所
	靛厂村	无	已通路、路况差	1条；12	均通、1条	零星分布、4个	零星分布、1所
	茶园坨村	完小1所	已通路、路况差	1条；16	均通、1条	零星分布、8个	零星分布、1所
缠溪镇	方家岭村	无	已通路、路况差	1条；5.7	均通、1条	零星分布、8个	定点分布、1所
	楠木坪村	完小1所	已通路、路况差	1条；11.2	均通、1条	零星分布、28个	定点分布、1所
	客店沟村	完小1所	已通路、路况差	1条；15.7	均通、1条	零星分布、17个	定点分布、1所
	塘房岭村	无	已通路、正在改善	1条；12.7	均通、1条	零星分布、16个	定点分布、1所
	湄坨村	完小1所	已通路、路况较好	1条；7.9	均通、1条	零星分布、9个	定点分布、1所
	冷水溪村	无	已通路、路况差	1条；24.1	均通、1条	零星分布、14个	定点分布、1所
	楠星村	完小1所	已通路、路况差	1条；11.9	均通、1条	零星分布、18个	无
	土坪村	无	已通路、路况差	1条；18.6	均通、1条	零星分布、16个	无
	周家坳村	完小1所	已通路、正在改善	1条；19.8	均通、1条	零星分布、14个	定点分布、1所
	柳塘村	完小1所	已通路、正在改善	1条；16.5	均通、1条	零星分布、6个	定点分布、1所
永义乡	竹元村	完小1所	已通路、路况差	1条；24.1	均通、1条	零星分布、14个	定点分布、1所

2. 土地

保护区面积21871.48hm^2，其中水域面积520.97hm^2，耕地面积2225.88hm^2。在保护区内，耕地面积2225.88hm^2，仅占保护区总面积的7.8%，主要利用方式为水稻、茶叶、核桃、烤烟等农作物种植。保护区内存在土地利用结构、布局不合理，土地流转不畅，资源浪费严重，耕地季节性抛荒，耕地资源隐性流失，土地经营规模效益不能发挥，农业生产效益不高等现象(表6.4)。

表 6.4　印江洋溪自然保护区土地情况统计表

乡镇	村名称	国土面积（hm^2）	耕地面积（hm^2）			水域面积（hm^2）	弃耕土地面积（hm^2）
			计	田	土		
洋溪镇	合心村	938	53	33	20	10	3
	蒋家坝村	3523.8	210	87	123	20	10
	双龙村	890.7	57	37	20	8	7
	桅杆村	2210	137	78	59	20	30
	新黔村	1101.9	98	52	46	20	13
	新阳村	990.9	83	45	38	15	10
	银坳村	1540.7	85	46	39	20	13
杨柳乡	白虎咀村	1451.4	169.9	54	115.9	54.1	23
	茶山村	1428.7	231.3	51.4	179.9	51.4	25
	崔山村	738.4	89.9	41.0	48.9	12	15
	新屯村	729.7	68.5	30.0	38.5	15	8
罗场乡	岭峰村	1402.8	29.4	23.3	6.1	6	3
	广东坪村	661.3	45.1	32.7	12.4	12	5.5
	靛厂村	943.6	29.4	23.3	6.1	10	10
	茶园坨村	589.8	41	31	10	12	15
缠溪镇	方家岭村	688	72	38	34	17.667	4.667
	楠木坪村	441.2	41	23	18	11.5	5
	客店沟村	936.4	94	50	44	34.333	1
	塘房岭村	509	45	24	21	8.667	1.667
	湄坨村	374.4	374.4	10	364.4	26	1
	冷水溪村	1386.1	71	37	34	19.667	11.2
	楠星村	487.6	62	28	34	16.2	5.6
	土坪村	597.7	55	28	27	11.6	8.333
	周家坳村	754	71	36	35	20.1	11.2
	柳塘村	578.4	43	23	20	11.8	2.5
永义乡	竹元村	1533.3	46.5	2.0	44.5	10	3
	合计	27427.8	2402.4	963.7	1438.7	473.034	245.667

3. 社区产业结构状况

保护区各村寨产业结构以第一产业为主导（见表 6.5），主要经济作物有烤烟、茶叶、油茶、经果林等，与保护区相关的产业主要包括烤烟、茶叶、核桃。此外，还有食用菌和大棚蔬菜种植。以洋溪镇为例，目前位于保护区内的 10 个村寨种植烤烟 480hm^2，其中蒋家坝村是印江县的"烤烟第一村"，烤烟种植面积达 200hm^2，该村种植 2hm^2 以上的烤烟大户有 25 户，预计产值将达到 700 万元。茶叶也是洋溪镇的主导产业，具有悠久的发展历史。早在 20 世纪 80 年代就开始兴办茶场，近年来，洋溪镇把茶叶产业作为群众增收致富的主导产业，不断扩大茶叶种植面积，并将茶叶产业与生态、旅游、经济等相结合，以期达到绿山、富民、强镇的目的。近年来，该镇已打造了桅杆、曾心、新黔等一批茶叶专业村。但是，由于在茶叶生产、加工、销售等过程存在一定的困难，茶农获取收入只是靠卖茶青。

为此，洋溪镇积极探索茶叶产业发展新路子，鼓励和扶持懂技术的茶农和干部带头组建茶叶专业合作社。2010 年，洋溪茶叶专业合作社注册成立，2011 年 3 月合作社正式运行。合作社成立至今，始终坚持以茶农为主体，以服务茶农为宗旨，以谋求全体社员共同利益为目标。合作社通过与茶农合作，解决了一家一户的茶叶生产经营过程中资金、加工技术、信息服务等问题，助力分散小农户实现与大市场的对接，解决了茶农卖茶难的问题。合作社采取统一包装，统一销售的模式，达到了增加茶叶产量，促进销售，提高种茶效益，增加了农民收入，增强了茶农种茶的信心和决心。截至 2013 年 7 月，洋溪镇已建成茶园面积 900hm^2，其中投产茶园 520hm^2，幼龄茶园 400hm^2；有茶叶加工企业 14 家，其中市级龙头企业 2 家，获得 QS 认证的 1 家；有茶叶专业合作社 6 个。2013 年 7 月，省农委、省旅游局主办，贵州省绿茶品牌发展促进会承办的第二届“贵州十大最美茶乡”评选活动中，全省 26 个乡镇(村)参与角逐，洋溪镇获此荣誉称号。近年来，洋溪镇大力发展核桃产业，截至 2014 年 5 月，共发展了 900hm^2 核桃基地。此外，洋溪镇本着政府引导、市场运作、农民自愿的原则，引导能人、大户积极发展食用菌种植，生产香菇、黑木耳、竹荪、平菇等食用菌。该镇进一步强化组织协调和政策帮扶工作，扩大食用菌栽种覆盖范围，探索出“集中生产，分散管理，灵活销售”的发展模式，目前，全镇食用菌产业发展到 150 万棒，共有 6 个村 22 户农户参与发展，带动就业 120 人，标准化、规范化、规模化的食用菌发展产业已形成雏形。保护区内社区产业结构及与保护区相关产业信息详见表 6.5。

表 6.5 印江洋溪自然保护区内社区产业结构及与保护区相关产业统计表

乡镇	村名	第一产业总产值(万元)	第二产业总产值(万元)	第三产业总产值(万元)	与保护区相关的产业
洋溪镇	合心村	385.19	192.6	64.2	烤烟 400 亩、茶叶 100 亩、核桃 200 亩
	蒋家坝村	1018.17	509.08	169.69	烤烟 3000 亩、茶叶 1000 亩、核桃 500 亩
	三岔村	508.14	254，07	84.69	烤烟 200 亩、茶叶 100 亩、核桃 100 亩
	双龙村	412.34	206.27	68.72	茶叶 200 亩、核桃 400 亩
	桅杆村	831.2	415.6	138，53	茶叶 1000 亩、核桃 500 亩
	小溪村	324.87	162.44	54.15	茶叶 200 亩、核桃 200 亩
	新黔村	716.24	358.12	119.37	烤烟 300 亩、茶叶 200 亩、核桃 400 亩、大棚西瓜 80 亩
	新阳村	705.47	352，73	117，58	茶叶 800 亩、核桃 1000 亩
	银坳村	494.74	247，37	82.46	烤烟 600 亩、茶叶 200 亩、核桃 400 亩
	曾心村	749.46	374.73	124.91	烤烟 500 亩、茶叶 300 亩、核桃 400 亩
杨柳乡	白虎咀村	633.22	316.61	105.54	食用菌 100 亩、大棚蔬菜 100 亩、茶叶 200 亩、核桃 500 亩
	茶山村	421.64	210.82	70.27	茶叶 500 亩、烤烟 800 亩、核桃 500 亩
	崔山村	354.98	177.49	59.16	核桃 500 亩、烤烟 200 亩、茶叶 200 亩
	新屯村	375.87	187.93	62.64	
罗场乡	岭峰村	341.41	170.71	56.90	核桃 200 亩、茶叶 200 亩
	广东坪村	389.85	194.93	64.98	茶叶 200 亩、核桃 500 亩、烤烟 400 亩、中药材 600 亩
	靛厂村	178.50	89.25	29.75	核桃 500 亩、烤烟 300 亩、茶叶 200 亩
	茶园坨村	301.49	150.74	50.25	茶叶 300、烤烟 300 亩、核桃 400 亩
缠溪镇	方家岭村	504.16	252.08	84.03	
	许家寨村	427.98	213.99	71.33	核桃 2000 亩
	楠木坪村	406.19	203.09	67.7	茶叶 320 亩、油茶 80 亩
	客店沟村	645.15	322.58	107.53	茶叶 256 亩

（续）

乡镇	村名	第一产业总产值（万元）	第二产业总产值（万元）	第三产业总产值（万元）	与保护区相关的产业
	塘房岭村	375.87	187.93	62.64	茶叶 320 亩
	湄坨村	226，26	113.13	37.71	茶叶 3047 亩
	冷水溪村	504.42	252.21	84.07	茶叶 224 亩
	楠星村	541.36	270.68	90.23	
	土坪村	483.95	241.97	80.66	茶叶 460 亩
	周家坳村	380.29	190.14	63.38	茶叶 520 亩
	柳塘村	422.03	211.02	70.34	茶叶 120 亩
永义乡	竹元村	500.16	250.08	82.03	烤烟 500 亩、茶叶 300 亩
	合计	14334.34	6426.22	2169.33	

从总体上看，保护区社区是以第一产业为主导，占63%；第二产业次之，占28%，第三产业极不发达，占9%（图6.1）。

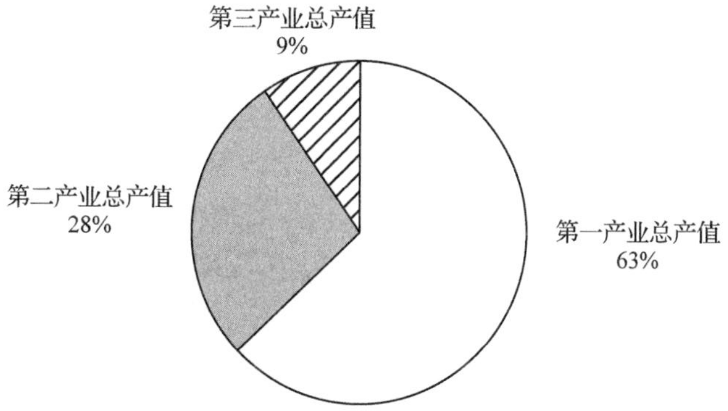

图6.1　印江洋溪自然保护区产业结构比重图

4. *社区家庭经济收益状况*

社区家庭经济来源主要有农业和外出务工两方面。传统种植业包括种植稻谷、马铃薯、红薯、玉米等，近些年烤烟、茶叶、核桃的种植在社区家庭经济收入中占了极大比例。洋溪大米、洋溪腊肉在当地享有很高声誉，养殖以猪、牛、羊、禽为主，基本以家庭为单位自产自销，特色养殖发展不成熟，只有少数家庭养殖竹鼠、兔、豪猪等。居民大部分在当地拥有一套及以上房产，今后打算进城发展的占80%以上。人均口粮200～380kg，年人均纯收入4189～6135元之间（表6.6）。

表6.6　印江洋溪自然保护区内社区粮食与经济收入情况统计表

乡镇	村名称	年均粮食产量（kg）	人均口粮（kg）	年人均纯收入（元）	外出打工人数	外出打工纯收入（万元）
洋溪镇	合心村	252700	380	4729	197	197
	蒋家坝村	562680	360	4799	528	528
	双龙村	256650	365	6135	227	227
	桅杆村	511480	378	4665	424	424
	新黔村	468160	380	4731	366	366
	新阳村	476625	375	4793	440	440

（续）

乡镇	村名称	年均粮食产量(kg)	人均口粮(kg)	年人均纯收入(元)	外出打工人数	外出打工纯收入（万元）
	银坳村	384560	370	5398	354	354
杨柳乡	白虎咀村	231800	200	5014	450	675
	茶山村	161910	210	5015	348	556. 8
	崔山村	150920	220	5014	168	252
	新屯村	178880	330	5340	284	426
罗场乡	岭峰村	11289	200	5436	385	577. 5
	广东坪村	213097. 5	328	5137	258	387
	靛厂村	126126	375	5212	165	247. 5
	茶园坨村	191880	347	5346	284	426
缠溪镇	方家岭村	429840	321	4271	558	1060
	楠木坪村	261877	326	4305	461	737. 6
	客店沟村	615522	329	4189	598	1076. 4
	塘房岭村	271352	311	4306	437	1005. 1
	湄坨村	73500	201	5688	128	204. 8
	冷水溪村	450891	313	4316	495	891
	楠星村	410520	361	4216	352	774. 4
	土坪村	358915	337	4218	491	834. 7
	周家坳村	456862	322	4309	366	549
	柳塘村	287631	345	4302	357	571. 2
永义乡	竹元村	271300	310	7342	550	1050
	合计	8066968	8294	128226	9671	14838

近年来，外出务工是当地另一大经济来源，外出务工人数占总人数的41. 5%。在调查的村寨中，90%的年轻人都已经外出务工，因为没有专门的技能，主要从事的都是建筑行业的泥水工等苦力活，或生产技能要求不高的手工加工业，有部分初中以上毕业生能在工厂工作，工资待遇能达到当地工作人员的平均工资水平(图6. 2)。

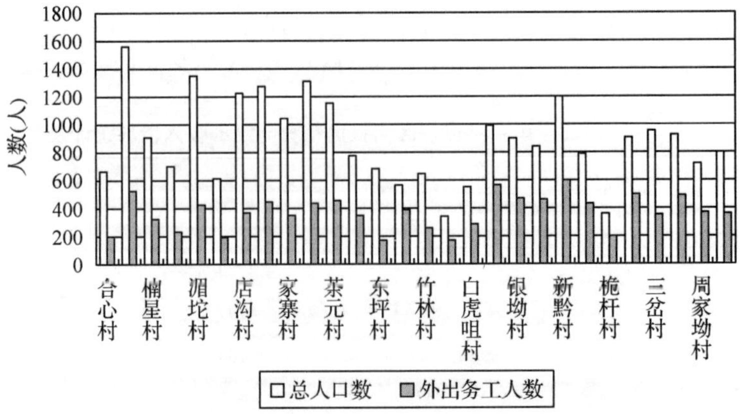

图6. 2 印江洋溪自然保护区社区外出务工人口比重图

(五)政府和民意对保护区建设的预期

总体而言，无论是政府还是居民对保护区建设都采取支持态度，并且大都愿意为维护自身权益而主动参与到保护与发展的协调管理中来。就当地乡镇政府而言，对保护区的建设更关注于其对当地经济建设的促进作用而非自然保护事业。居民调查显示，从保护区建立意愿来看，区内大多数居民对保护区的建立和自然保护工作持积极态度，但这样的态度来源于对国家投入增加和带来巨大商机的憧憬。

三、保护区社区发展中存在的主要问题

1. 社区基础设施落后

虽然近几年当地政府花了不少资金用于保护区内农村基础设施建设，但国家投资毕竟有限，农村的基础设施总体上还很差，目前还有部分村庄的道路、排灌设施、防洪设施、水土保护设施等还未得到根本改善。农业生产在很大程度上还依赖于自然条件，抗御干旱、洪涝等各种自然灾害的能力比较脆弱，这些问题都严重制约着农村产业的发展。

2. 社区劳动力素质低

近几年，农村外出流动人口剧增，具有初、高中文化和有一技之长的农村青壮年劳动力大量外出务工，造成农村留守人口年龄结构畸形，留守在家的绝大多数是老人、妇女、儿童，这些人文化素质低，思想观念落后，小农经济意识浓，科学文化知识欠缺，接受科技能力不强，劳动技能低下，直接影响社区发展和农业科技的推广应用。同时，外出务工人员缺乏专业劳动技能的培训，特别是缺乏高技术含量技能的获取，从而限制了外出打工就业机会的获取和工资的提高。

3. 农业科技信息落后

保护区内部分农民处于“无组织”状态，缺乏专业的农业经营组织和农业服务组织，再加上文化素质低、山区地理位置偏僻、科技投入少等诸多因素，导致社区缺乏科技信息，农业科技的推广应用率不高，还有部分农民至今没有掌握已经推广多年的常规农业生产技术。落后的农业生产方式和技术，造成农业生产效率低下，抗风险能力弱，农业规模化、集约化程度不高，规模效益低，农民增收渠道和手段太少，缺乏长效机制，应对市场能力偏弱，市场体系建设不健全。

4. 社会经济对生态系统的利用不合理

社区内以现有的农业生产和外出务工创汇为主，基本能维持一个相对稳定的社区生活环境。居民生存发展对生态资源的依赖程度不大，区内生态系统较为稳定。但作为一个健康的社区经济，合理地利用自然资源，不仅对促进经济发展有利，也对生态保护的可持续性有利。实践证明，在保护区开展生态旅游，就是合理利用生态资源，将保护区建设与当地群众的经济发展紧密结合起来，实现共赢共生的有效途径，也是实现保护区宣教功能、社区发展功能的最佳途径。

5. 部分边远社区农业产业结构不合理，农业生产成本上涨，产出效益低

近年，农业收入对农民人均纯收入的贡献率明显缩小。但在边远村寨低收入户中，农业收入仍是家庭收入的主要来源。在保护区内，种植业仍然占农业生产的第一位，村民仍以传统农业为主，基本上没有进行机械化耕作，采用以家庭为单位的小生产模式进行农业生产。推进规模化、集约化、标准化的现代农业生产难度大，农业结构调整和农业产业化发展缓慢。同时，随着国家惠农政策的实施，农产品价格虽然稳中有升，但由于化肥、农药、种子等价格上升，生产成本持续上涨，严重制约了农民收入的持续增加。

6. 食用菌栽培产业给森林资源带来了破坏隐患

目前政府正在积极推广的食用菌栽培产业，给社区产业发展带来了新机遇，但同时也给森林资源带来了破坏隐患。以香菇、松菌等栽培为例，制作菌棒主要原料之一是阔叶树木屑，虽然政府要求种植户要到外地购买木屑并给予了经费补贴，但事实上一些种植户为图省事和节约成本而在本地获取木屑。

四、建议

1. 采用社区共管模式进行保护区管理，缓解资源保护与社区发展间的冲突

由于保护区绝大多数为集体林，如若把社区排斥在保护区管理之处，就等于将其所属的自然资源从一个完整的生态环境系统中割裂出去，必然造成生态系统完整性的破坏。因此，要实现自然资源有效管理，实行社区共管是必要的。建议保护区成立后采取小机构大社区的格局，建立新型的保护管理体系。可设立一个编制人数较少的保护区管理机构处理日常事务，组建由印江县政府、县林业局、县农业局等相关单位共同组成的保护区共管委员会，形成"共管委员会—乡(镇)共管领导组—村级领导小组"三级管理网络体系，建立开放的保护区管理体制，依靠政府与社区的力量开展保护区管护工作。只有让社区成为保护区的管理者和主人，才能缓解资源保护与利用的冲突，使自然资源和环境得到有效保护。

2. 健全保护区制度，建设和谐保护区

保护区在强调资源保护的同时，也应该重视当地社区生存和发展的客观需要，把两者放在同等重要位置，制定出相关政策或制度对其进行行之有效的管理。尽量将发展与保护统一起来。把社区自然资源作为保护资源的有机组成部分纳入保护区管理的同时，也要帮助社区合理和持续地利用好这些资源，切实加强社区发展工作的领导，把社区发展纳入自然保护区的重要议事日程，帮助社区发展经济和提高生活水平，减小由于生物多样性保护给社区发展带来的限制和约束，使社区能将经济发展与生物多样性保护相协调，并积极参与保护区的保护和管理工作。

3. 积极发展非资源消耗性项目，改善社区基础设施建设

建立保护区后，要进一步扩大对外交流与合作，加强与科研机构、高等院校和国际保护组织的沟通与联系，争取项目基金援助，调整产业结构，转变发展方式，积极帮助社区制定符合实际的示范项目，涉及特色养殖、改建节能柴灶、援助荒山造林和竹林改造等非资源消耗性项目，减少对森林资源的依赖和利用，逐步建立和推行一种与社区和谐发展共同促进的新模式，拉近保护区与社区的和睦关系，最终实现推动社区经济良性循环的目标。同时，应多方筹集资金，加快保护区社区基础设施建设，扫除社区发展的障碍。

4. 加大科技推广，积极发展混农林业产业

改变传统林业的经营方式，搭建农业科技推广和转化的平台，引进以资源高效利用为主的生态农业科技，建立粮食(经济)作物—饲料—养殖—树木一体化高效持续混农林业生态系统，把农、林和土地利用有机结合起来，因地制宜，建立生产力高、综合效益大、稳定持续的混农林业生产体系，既可生产粮食和农林产品以满足社会需要，取得近期效益，又可解决农林争地的矛盾，促进森林资源的发展。从传统的单一生产转向多种经营、综合利用，以短养长，主副结合。实现农林产品优质、无公害和农业生产废物的资源化，实现农业得发展、自然得保护的双赢目标。

5. 科学规划，挖掘传统产业，推进其产业化发展

保护区社区发展要有科学的、长期的规划，并应坚持因地制宜的原则。全面规划、合理布局是促进农林业生态良性循环的关键。要善于发现自己的传统特色产品，如对洋溪大米、洋溪腊肉等传统产品进行认真挖掘、赋予其文化内涵，做精做好。近年来，当地政府为促发展和创收，引导村民发展食用菌产业，引种茶树菇、香菇、松菌等。鉴于洋溪林区野生菌资源十分丰富，野生香菇、木耳等分布广、数量多，可考虑培育栽培本地品种，并适当控制规模，确保创收且不对森林资源造成破坏。同时，可大力发展野生蔬菜栽培种植，如蕨菜、薇菜的种植，并加以包装和进行市场推广。要积极推进产业化发展进程，打破以家庭经营体制为主的形式，形成区域性特色产业，推进标准化生产，建立健全深加工体系，形成产业链，增加附加值。通过申请品牌商标，进行产品生产基地认定，提高知名度和市场竞争力。

6. 加大对农村教育的投资力度，加强外出务工人员技能培训

保护区内农、林、牧业要向结构合理化、产业效率化方向发展离不开科学技术，因此必须帮助青年劳动力掌握更多的文化知识。要对村民进行农业、林业、畜牧业技术服务指导，组织科技人员送科技下乡，为其提供科技培训、咨询，解决生产中出现的实际问题，及时为村民更新信息资源，为农村培养懂科学的新型农民。同时，针对当前打工热持续高涨的情况，组织开展务工技能培训，如进行电工、财务知识等培训，帮助其提高生存能力和个人素质。

7. 适度开展生态旅游，让当地社区受益，增进社区保护自然的主动性

生态旅游是保护区资源合理利用的最佳方式之一。保护区具有气候条件优越，自然资源丰富，自然历史遗迹和人文风俗独特等条件，生态旅游发展潜力巨大。在开展生态旅游的同时必须保证生态系统不受破坏，要精心设计旅游产品，保证当地群众是最大的利益获得者，让群众充分参与到生态旅游服务的各个环节，让当地人有自豪感和责任感。如鼓励和支持村民开展农家乐，为游客提供食宿、娱乐、体验农事和简朴农家生活、品尝新鲜瓜果蔬菜等服务，展示保护区人与自然互惠互利、和谐共处的自然生态和极富特色的乡土文化，促进农村的生态效益转化为经济效益，使村民体会到生态效益与经济效益的联系，从而增强其对生态建设和生态保护的自觉性和积极性。

（朱惊毅　杨婷婷　熊应鸿　田朝阳　安黔宁）

参考文献

王智，蒋明康，朱广庆，等. 2004. IUCN保护区分类系统与中国自然保护区分类标准的比较[J]. 农村生态环境，20(2)：72～76.

喻泓，肖曙光，杨晓晖，等. 2006. 我国部分自然保护区建设管理现状分析[J]. 生态学杂志，5(9)：1061～1067.

解焱，汪松. 2004. 中国的保护地[M]. 北京：清华大学林业出版社.

冉景丞. 2010. 茂兰保护区生态旅游发展与自然资源保护[J].《世界林业研究》，23(特)：216－220.

国家林业局世界银行贷款项目管理中心. 自然保护区管理手册. 北京：中国环境科学出版社.

国家林业局野生动植物保护司. 自然保护区现代管理概论. 北京：中国林业出版社.

李建友，何丕坤. 中国林业转型期的社会林业. 昆明：云南民族出版社.

陈家宽，雷光春，王学雷. 长江中下游湿地自然保护区有效管理十佳案例分析. 上海：复旦大学出版社.

国家林业局世界银行贷款项目管理中心. 自然保护区参与式社区管理手册. 北京：中国环境科学出版社.

Dudley N. 2008. Guidelines for Applying Protected Area Management Categories [M]. Gland, Switzerland: IUCN

第二节　外来威胁

一、调查范围及指标

调查范围包括印江洋溪自然保护区内生境退化、外来物种入侵、生态旅游活动、资源利用状况等。

调查指标主要包括基础设施建设(公路、铁路、水利等)、村镇建设、环境污染、土壤沙化、土壤盐碱化；外来入侵物种的种类组成、传入途径、种群数量、危害程度；旅游规模、开展方式、旅游影响；土地开垦、木材采伐、过度放牧、采集、滥捕乱猎等。

二、调查方法

保护区受威胁因素专项调查采用实地调查和资料收集相结合的方法。

三、威胁因素

(一)生境退化

1. 基础设施建设

(1)水利建设　在建的印江清渡河水库，坝高69m，蓄水高程800m，库区回水至保护区北面茶园的干河坝一带，淹没河沟两侧部分林地。

洋溪河下游的白杨坝有1小型电站，于20世纪70年代修建，坝高50m，回水至陡河。现电站已停用，洋溪河上游有两个低蓄水坝，坝高1～2m。对洋溪河环境影响不大。

(2)公路建设　已通行的杭瑞高速公路穿越保护区北部的茶园，有仙鹤坪隧道和凉风坳隧道两个隧道，两隧道之间有近1000m长的外露公路，通行的车辆对附近需穿越公路的野生动物，特别是兽类、走禽类、两栖爬行类等有较大的威胁。

在仙鹤坪大桥下留有较大面积的原高速公路弃渣场、搅拌站和生活区，未作植被恢复处理，对环境造成破坏。

洋溪镇经桅杆至蒋家坝的通村油路正在改造建设，沿途因拓宽、采石和弃渣对两旁的植被有一定程度的破坏。

2. 环境污染

(1)生活垃圾和生活污水　保护区内的村寨都没有垃圾处理设施，生活垃圾和生活污水大多往洋溪河倾倒和排放，对洋溪河有一定的污染，特别是一些不易分解的塑料袋、包装袋、尿不湿、卫生巾等。此外，也会造成野生动物误食而导致死亡。

(2)农药和化肥的使用　保护区内因农业生产而大量使用的农药和化肥，对洋溪河水体造成一定程度的污染，对野生动物特别是鸟类和两栖爬行类也有影响，还会导致土壤板结。

(二)外来入侵物种

在洋溪镇附近池塘中发现有少量的凤眼莲，在茶园发现有几株颠茄。对环境影响极微。

(三)生态旅游

保护区距印江县城70km，交通偏僻，虽然植被较好，但目前尚未开发旅游，只在陡河一带有几家农家饭庄，周末有县城居民到洋溪来休闲垂钓和农家乐。对环境影响很小。

(四)资源利用

1. 土地开垦

保护区最高峰挂榜山，森林植被较好，是保护区的核心地带。但在山顶一带海拔1500m的平缓地带，杨柳乡于2009～2010年进行了土地整治项目，开垦了500多亩的灌木林区，过后又丢弃不用，严重破坏了植被和环境。

2. 食用菌生产

洋溪镇周边有一个大型食用菌生产基地和三个小型基地，菌棒200万根。其生产原料以公路沿线的杨树为主，但远远不够。对保护区的阔叶树将是极大的威胁。

3. 烤烟生产

洋溪镇有烤烟基地4000～5000亩，年产烤烟45～50万kg。其中有地膜覆盖的占60%。生产中产生了大量的废弃地膜。目前地膜的处理方式是集中收集和就地焚烧。但集中收集率较低，大量地膜丢弃野外，对环境影响很大。

4. 茶叶生产

洋溪镇有茶叶基地14000亩，大型茶场2个，梵净山茶场和镇茶场，专业合作社两个，微企18个。茶地主要是原来的旱地和稻田，不占林地。茶叶生产不准用农药和化肥，肥料均用有机肥。对环境基本没有影响。

5. 木材生产

保护区内有木材加工厂三家，主要为当地群众生产马尾松锯材作自用。洋溪镇有林地10万亩，自用材指标每年5000m^3，木材加工实际仅为700m^3，对森林资源影响不大。

6. 放牧和养殖

保护区内有养牛专业户5户，规模30～50头，养羊专业户1户，规模100只，其他群众养殖的牛羊较少，野外放牧对植被影响不大。其他养殖业中，有养猪场两个，规模仅200头。有养鸡场两个，林下养殖，规模3万羽。另有特种养殖三家，分别是大鲵养殖，规模400尾；豪猪养殖，规模60只；竹鼠养殖，规模80只。养殖业的规模都较小，对环境影响不大。

7. 采集

在高桥坡一带有当地群众采挖金弹子、山柳的树桩作盆景。

8. 滥捕乱猎

洋溪河沿线仍有猎捕野生动物的行为发生。考察期间，在陡河就有村民猎捕有国家二级保护动物鸳鸯及黄脚渔鸮、斑鸠、画眉、燕隼等野生鸟类，被林业公安查获。在水车坝小河发现有国家二级保护动物苏门羚的残骸。在上挂榜山的林中发现用于捕捉野猪等野生动物的电网。

9. 矿产开发

洋溪河下游保护区边缘的王家坡寨，建有一个铅锌矿厂，已建成但尚未投产，原因是开采的三个矿井未打到矿脉。如工厂正式生产，产生的弃渣和废水将对洋溪河有较大的影响。

（魏鲁明）

第三节　保护区区划

一、保护区性质与类型

1. 保护区性质

根据贵州印江洋溪自然保护区自然环境与动植物资源特点，确定其性质为：以保护中亚热带常绿阔叶林、常绿落叶阔叶林森林生态系统和珍稀濒危野生动植物及其栖息地为宗旨，集生物多样性保护、生物廊道、水源地保护、生态旅游、科学研究、科普宣教、教学实习等功能于一体的省级自然保护区。贵州印江洋溪自然保护区管理局为全额拨款的公益性事业单位，机构级别为副处级。

2. 主要保护对象

（1）中亚热带常绿阔叶林、常绿落叶阔叶林森林生态系统；

（2）以南方红豆杉、伯乐树、伞花木、香果树、榉木、黄杉、楠木、三尖杉、青钱柳、青檀、刺楸、银鹊树、金兰、春兰、蕙兰、虾脊兰、套叶兰、舌唇兰、羊耳蒜等为代表的国家重点保护珍稀濒危野生植物及其生境；

（3）以黔金丝猴、林麝、鬣羚、斑羚、斑灵狸、白颈长尾雉、白冠长尾雉、红腹角雉、黑冠鹃隼、蛇雕、黄腿鱼鸮、大鲵等为代表的国家重点保护珍稀濒危野生动物及其栖息地。

3. 保护区类型

根据贵州印江洋溪自然保护区的主要保护对象、保护面积，依据中华人民共和国国家标准《自然保护区类型与级别划分原则》（GB/T14529－93），确定贵州印江洋溪自然保护区的类型为“自然生态系统类别”中的“森林生态系统类型”自然保护区，规模等级为中型。

二、依据与原则

1. 区划依据

(1)《中华人民共和国自然保护区条例》；

(2)《中华人民共和国陆生野生动物保护实施条例》；

(3)《中华人民共和国野生植物保护条例》；

(4)《贵州省野生动植物资源保护条例》；

(5)《森林和野生动物类型自然保护区管理办法》；

(6)《自然保护区工程项目建设标准(试行)》；

(7)《自然保护区工程设计规范》(LY/T5126－04)；

(8)《自然保护区总体规划技术规程》(GB/T20399－2006)；

(9)《自然保护区功能区划技术规程》(LY/T1746－2008)；

(10)《贵州印江洋溪自然保护区综合科学考察报告》(初稿)；

(11)贵州印江洋溪自然保护区山界林权证书。

2. 区划原则

(1)在有利于保护自然资源和自然环境的前提下，根据保护区的地貌、交通条件、保护对象、社区群众生产、生活需求等自然属性、社会属性及其空间分布特点进行保护区功能区划。

(2)有利于保护区多功能作用的充分发挥。

(3)遵循国家自然保护区条例在功能区划方面的原则要求。

(4)尽可能考虑区内群众生产生活的需要，并有利于社区经济协调，可持续发展，维护人与自然的和谐。

(5)有利于促进保护区管护工作的开展。

三、功能区划

按照功能区区划原则和依据，在实地考察、广泛调研和科学分析的基础上，根据保护区的资源分布情况，保护区功能区主要采用自然区划方法进行区划，即以明显山脊、溪河、沟谷、道路等地形地貌以及行政区界作为核心区、缓冲区和实验区的区划界线，地形不明显的地方用界碑、界桩进行标记。保护区总面积 21871.48 hm^2，其中：核心区 7980.26hm^2，占 36.49%；缓冲区 4896.97hm^2，占 22.49%；实验区 8994.25 hm^2，占 41.12%。详见表 6.7。

表 6.7 印江洋溪自然保护区各功能区面积表 (hm^2)

合计		核心区		缓冲区		实验区	
面积	%	面积	%	面积	%	面积	%
21871.48	100	7980.26	36.49	4896.97	22.49	8994.25	41.12

1. 核心区

根据保护区划定范围、地理条件、植被现状、生态系统以及主要保护对象、其生境的分布状况、空间位置等条件，印江洋溪自然保护区核心区划分为罗场片区和洋溪片区，由缓冲区形成的走廊带连接。

罗场核心片区位于保护区北部，紧挨梵净山保护区，地理位置为东经 108°30′35.081″～108°34′17.394″，北纬 27°50′42.584″～27°56′32.861″，面积 2755.79hm^2，北抵永义乡竹元，西抵广东坪村、茶园坨村、缠溪镇柳塘村，南抵缠溪镇冷水村，东抵梵净山自然保护区。

洋溪核心片区位于保护区南部，地理位置为东经 108°26′39.506″～108°34′38.023″，北纬 27°39′9.947″～27°45′4.732″，面积 5224.47 hm^2，北抵洋溪镇桅杆村、蒋家坝村，南抵洋溪镇新阳村、新黔村，西抵杨柳乡白虎咀村、崔山村，东抵洋溪镇蒋家坝村、银坳村。

核心区总面积 7980.26hm^2，占保护区总面积的 26.49%，森林覆盖率为 89.03%。由于历史原因，核心区内还有农耕地 394.32 hm^2，居住人口 2227 人，主要从事种植业和外出打工。

2. 缓冲区

根据保护区的自然地理、社会条件及保护对象的分布及特点，为了缓解核心区的外来干扰或影响，在核心区外围，以山脊、林班、小班界地物地标为界，集中连片，设立缓冲区，并且在两个核心区之间用缓冲区相连接。

保护区的缓冲区面积有 4896.97 hm^2，占保护区总面积的 22.49%，森林覆盖率 84.25%。由于历史原因，缓冲区内还有农耕地 604.77 hm^2，居住人口 7153 人，主要从事种植业和外出打工。

3. 实验区

除核心区、缓冲区外，保护区剩余范围都划为实验区，面积 8701.04hm^2，占保护区总面积的 41.12%，森林覆盖率 69.48%。实验区内有 1915.08 hm^2 农耕地，居住人口 13903 人，主要从事种植业、茶产业和外出打工。

四、区划说明

(1)保护区洋溪核心片区内，已建设有洋溪镇—桅杆村—蒋家坝村—江口县德旺镇的公路，规划公路两边为实验区和缓冲区。并在公路两边山谷狭窄，无房屋、农田处，人为活动稀少的地段修建用于野生动物通行的涵洞式生物廊道。

(2)罗场核心片区内已建设有茶园—三花山—环梵净山旅游公路—团龙民俗文化村的旅游公路和靛厂—湄坨村的高速公路施工通道，规划以公路中心为起点，两侧 100m 为实验区范围。

(3)挂榜山徒步旅游道路大部分位于缓冲区内，规划以道路中心为起点，两侧 50m 为实验区范围。

(4)保护区罗场核心片区东部边界紧挨梵净山国家级自然保护区的实验区，所以此处不规划实验区。

(5)保护区内的两个核心区虽然分隔较远，但规划通过缓冲区、实验区连接，整个保护区形成完整的保护范围。保护区内的连接区域是山脉的一侧，另一侧为江口县管辖范围，森林植被也保存较完好，可通过与江口县相关单位联合保护，扩大生物交流通道。

五、总体布局

根据保护区的类型、性质、保护对象、功能区划分以及保护区总体发展战略与目标的要求，保护区管理实行管理局—保护管理站—保护管理点的三级管理机制。在区域划分上，为了便于保护和管理，做到重点突出，目标明确，充分发挥各功能区的作用，将保护区分成三个管理区域，即重点保护区域、一般保护区域和联合保护区域。

1. 重点保护区域

重点保护区域包括核心区和缓冲区两个功能区，面积 12877.23 hm^2，以拯救濒危物种，保护、研究野生动植物资源为主要目的。

核心区实行绝对保护，除在 2 处建有瞭望塔和必要的生态修复、生物通道、巡护道路工程外，无建设项目。未经批准，严禁任何外部单位和个人进入。

缓冲区的建设项目主要安排科研项目，主要进行中亚热带常绿阔叶林、中亚热带常绿落叶混交林生态系统的定位研究，同时进行生态环境动态监测。

2. 一般保护区域

一般保护区域只限定在实验区，不安排可能破坏生物资源及生态环境的建设项目。实验区的建设项目立足于科研与生产经营相结合，以有利于保护科研工作的开展和社区经济发展，主要安排科学试验、宣传教育、参观考察、环境保护设施、管理站点和生产经营等项目建设。

为改变保护区内居民的生产生活方式，提高居民经济收入，减轻保护区的生态压力，在实验区内旅游资源丰富的区域规划为生态旅游小区，5 个旅游小区面积 2777 hm^2，旅游线路 5000m，占保护区总面积的 12.69%。实际开放游览面积 15 hm^2，比重极小，对保护区生物多样性与自然环境影响很小。旅游小区面积本着严格控制旅游范围、规模，合理确定游客容量的原则，开展土家民族风情表演、观赏生态田园风光、感受国茶茗香等旅游活动。

3. 联合保护区域

联合保护区域范围为保护区连接通道东面的江口县范围，实行与江口县当地政府、相关部门联合保护。联合保护区域要控制人为活动，保护森林植被和珍稀动植物，防止森林火灾。

（江亚猛　李　茂　吴　华）

第七章　保护区评价

第一节　历史沿革和法律地位

一、历史沿革

根据《印江土家族苗族自治县人民政府关于同意成立洋溪野生动植物县级自然保护区的批复》（印府(2000)5）文件，印江自治县洋溪野生动植物自然保护区于2000年成立。保护区辖洋溪、杨柳两个乡镇7个村，距县城120km，总面积10670hm^2，森林面积7786hm^2，森林覆盖率为73%。洋溪野生动植物县级自然保护区业务由县林业局负责，日常管理工作由洋溪镇林业站、杨柳乡林业站负责。

为进一步加强印江自治县生态文明建设，经印江自治县委、政府研究决定将原县级自然保护区升级为洋溪省级自然保护区。为此，印江自治县委、县政府于2014年5月委托贵州省林业厅组织，由贵州省林业科学研究院牵头，邀请了贵州省内大专院校、科研院所的专家学者，开展深入的多学科综合科学考察工作，并据此提供自然保护区建设、发展的决策依据，以及制订切实可行的总体规划和详细的内部区划方案。

二、法律地位

本次规划，保护区面积为21871.48hm^2。保护区范围内的集体土地分别属于洋溪镇、缠溪镇、杨柳乡、罗场乡、永义乡的26个行政村，在不改变所有权的前提下，由自然保护区管理局与各有关行政村村民委员会签订了集体土地委托管理协议书，将集体林地、林木划归自然保护区统一管理。因此，印江洋溪自然保护区界线清楚，土地权属明确，无山林权属争议，受国家法律保护。保护区内无风景名胜区、森林公园和国家重大基础建设项目，中远期也无风景区、森林公园和重大工程项目规划。除社区农户外，无其他生产建设单位。

第二节　管理现状有效性评价

1. 社会影响力

保护区有多种森林植被类型，物种多样性丰富，贵州科学院、贵州大学、贵州师范大学、贵州省林业科学研究院、贵阳学院、梵净山自然保护区等科研单位、院校的专家学者、科研人员都多次来保护区进行科学考察，对学生实习培训。由此可见，保护区在省内外具有一定知名度。

保护区的森林生态系统是乌江和印江自治县母亲河“印江河”重要流域，当地政府和群众对该地生态环境相当重视，于2010年1月1日起施行的《印江土家族苗族自治县印江河保护条例》，进一步规范了管理和保护印江河流域的生态环境，防治印江河污染，有利于合理开发利用印江河流域的资源，促进印江经济社会可持续发展。共青团印江县委还多次组织志愿者开展了文明劝导和清理印江河活动。

2. 管理有效性

保护区内大部分林地权属为集体林，由于地形破碎，土层瘠薄，耕作困难，种植业效益低下。由于该区域人口密度低，林粮争地矛盾不明显，实施集体林权制度改革和国家重点生态公益林补偿制度后，森林资源保护管理顺畅。建立省级自然保护区后，在县乡政府的宣传引导和支持下，保护区管理局可以通过与集体农户签署林地林木托管协议，并建立社区共管制度等方式，在依法维护集体林农合法权益的同时，实现对保护区范围森林和野生动植物的有效管理和保护。

3. 社区协调性

近年来，保护区社区工作主要是在地方政府统一领导下，积极协调有关项目资金，帮助区内群众发展生产，扶持社区群众种植核桃、油茶、茶叶等项目，保护区管理工作与当地社区群众关系融洽。

今后，保护区在生态修复建设项目和生态旅游发展项目运作管理设计上，应积极体现社区共建共管的理念，合理兼顾社区群众的整体利益，带动保护区内及周边社区发展，提高社区居民参与保护区资源保护管理的积极性。

4. 基础设施

由于保护区资金来源有限，基本建设资金极少，造成保护区界桩、界牌、办公用房、巡护道路、交通通讯、科研监测等基础设施设备缺乏，严重影响了保护工作的正常开展。鉴于该保护区的基础设施建设现状，规划期首先要解决的问题就是尽快实施保护区基础设施建设。

5. 法规体系

印江洋溪县级自然保护区建立以来，主要根据《中华人民共和国自然保护区管理条例》、《中华人民共和国野生动物保护法》、《中华人民共和国野生植物保护条例》等法律、法规行使保护区管护权。

6. 管理体系

印江土家族苗族自治县人民政府于2000年2月23日成立了印江洋溪县级自然保护区，由印江县林业局及所在乡镇林业站代为管护，无固定编制。印江县林业局为加强对保护区管理，明确由分管副局长负责，林政资源站业务指导，洋溪镇林业站、杨柳乡林业站完成日常保护工作，并每年从县林业局办公经费中下发部分费用用于保护区日常管理支出。由于保护区是依托各乡镇林业站进行管理，面积较大，且居民点多且分散，管护责任不明确和存在管理盲区的情况，因此，管理体系有待调整和加强。

7. 管理队伍

目前保护区编制人员与林业局是一班人马，建立保护区后，与林业局分开，这将为保护区今后引进高层次的管理人员和技术人员创造了条件。保护区管理、技术人才引进后，保护区管理队伍将得到壮大，管理水平将会进一步提高。

8. 管理措施及成效

(1)保护管理方面　在具体的管护工作中，保护区把管护区域以片为单位划分到林业站，最大限度地保护了保护区内的各种资源。

(2)社区参与管理　保护区除了正式编制的管理人员之外，还根据巡视管护需要聘请乡村居民担任管护人员，密切了区群关系，增强了社区居民的主人翁意识。

由于保护区基础薄弱，人员缺乏，保护区在帮助社区发展经济、能源交通、人畜饮水和种植养殖业方面心有余而力不足。因此，社区共管工作仍有许多工作要做，社区群众的自然保护意识有待加强，参与热情有待提高。

9. 科研宣教能力

(1)科研能力　保护区工作一直由林业局工作人员管理，工作量比较大，故对保护区的科研基础较弱，主要是协助省内外科研单位、院校进行科研工作。

(2)宣教能力　保护区一直以来都比较注重宣传教育方面的工作。如在防火季节加强森林防火宣传，召开森林防火工作电视电话会，在移动、电信发布防火短信3万余条，印江电视台宣传《森林防火通告》、《县人民政府防火令》。

但是，保护区目前科研宣传教育还存在很多问题。例如，由于经费不足，相关的科研宣教设施、设备很欠缺，影响了科研和宣教工作的广度和深度。另外，目前针对保护区科研方面工作人员和管护人员的科研培训相对较少，对社区居民、对旅游者的宣教工作都还是空白。

第三节　综合评价

一、社会效益评价

1. 为人们的生产、生活提供丰富的水源

保护区年均降水量为1500mm，保护区内森林总涵养水源能力每年可达到3400万m^3，是一座名副其实的天然“绿色水库”。建立省级保护区后，保护区内的森林涵养水源的能力将进一步提高，可为印江自治县及周边地区的工农业生产和人民生活提供丰富的优质水源。

2. 带动周边社区发展，提供就业机会

在规划实施过程中，通过政策、技术、资金扶助，可以帮助和引导周边居民发展经济，提高生活水平，带动周边社区产业发展，为周边居民创造更多的就业机会。

3. 科普宣教效益

自然保护区是自然博物馆。通过标本、图片、画册、影视和实物等手段进行科普宣传教育，可使人们不断地认识自然、热爱自然，有利于提高人们保护自然环境、保护珍稀濒危动植物资源的自觉性。

4. 为科研教学提供了良好的基地

保护区独特的地质地貌和水文条件，丰富的野生动植物资源，类型多样的自然景观，典型的中亚热带常绿阔叶林、常绿落叶混交林森林生态系统，是研究生物多样性及森林生态系统的理想场所，为人们研究自然、认识自然、探索自然奥秘提供了良好的科研与教学实习基地。

二、经济效益评价

保护区是社会公益性的事业单位，因此其事业费投入和非经营性的基础设施、仪器设备等经费投入所产生的效益主要是社会效益和生态效益，保护区的经济效益来自于生态旅游业和多种经营业。

在生态旅游方面，预计2020年能达到收入435万元，扣除营业成本348万元，毛利润为87万元；2024年收入1578万元，扣除营业成本1238万元，毛利润为340万元。

在自然资源经营利用方面，通过林木种苗生产、森林蔬菜以及林下经济等项目，估计每年可创造产值300万元，实现利润约100万元。

三、总体评价与展望

综上所述，保护区的建设和发展，在保护自然生态系统和生物物种资源，调节改善区域气候、涵养水源、保持水土、净化空气以及人类健康和社区经济发展等方面，发挥着重要作用。通过建立省级保护区后，保护区在保护、科研、教育培训、开发利用、构建和谐社会等方面的功能将得以充分发挥，从根本上改变保护区的保护管理手段，提高其保护、管理、科研水平，加速周边地区生产力的发展，促进当地群众观念、意识和思维方式的转变，社区居民更加积极参与保护，使自然资源和自然环境的保护更有成效，各项事业上新水平、新台阶，进一步推动整个社区的发展、繁荣和进步，为建设省级自然保护区打下坚实基础。

（李　茂　江亚猛　吴　华）

附件一　印江洋溪自然保护区植物名录

淡水藻类

蓝藻门 Cyanophyta
蓝藻纲 Cyanophyceae
色球藻目 Chroococcales

一、色球藻科 Chroococcaceae

（一）色球藻属 *Chroococcus*

二、平裂藻科 Merismopediaceae

（一）平裂藻属 *Merismopedia*

三、微囊藻科 Microcystaceae

（一）微囊藻属 *Microcystis*

1. 史密斯微囊藻 *M. smithii*

四、聚球藻科 Synechococcaceae

四 a、聚球藻亚科 Synechococcoideae

（一）蓝纤维藻属 *Dactylococcopsis*

1. 针晶蓝纤维藻 *D. rhaphidioides*

四 b、隐杆藻亚科 Aphanothecoideae

（二）粘杆藻属 *Gloeothece*

颤藻目 Osillatoriales

五、颤藻科 Oscillatoriaceae

（一）颤藻属 *Oscillatoria*

（二）鞘丝藻属 *Lyngbya*

六、席藻科 Phormidiaceae

（一）浮丝藻属 *Planktothrix*

七、伪鱼腥藻科 Pseudanabaenaceae

（一）假鱼腥藻属 *Pseudanabaena*

1. 假鱼腥藻 *P.* sp.
2. 洋假鱼腥藻 *P. galeata*

（二）浮鞘丝藻属 *Planktolyngbya*

念珠藻目 Nostocales

八、念珠藻科 Nostocaceae

（一）拟柱胞藻属 *Cylindrospermopsis*

（二）念珠藻属 *Nostoc*

金藻门 Chrysophyta
金藻纲 Chrysophyceae
色金藻目 Chromulinales

九、锥囊藻科 Dinobryonaceae

(一)锥囊藻属 *Dinobryon*

1. 分歧锥囊藻 *D. divergens*
2. 密集锥囊藻 *D. sertularia*

甲藻门 Pyrrophyta
甲藻纲 Dinophyceae
多甲藻目 Peridi – niales

十、角甲藻科 Ceratiaceae

(一)角甲藻属 *Ceratium*

1. 飞燕角甲藻 *C. hirundinella*

十一、多甲藻科 Peridineaceae

(一)多甲藻属 *Peridiniopsis*

十二、裸甲藻科 Gymnodiniaaceae

(一)薄甲藻属 *Glenodinium*

裸藻门 Euglenophyta
裸藻纲 Euglenophyceae
裸藻目 Euglenales

十三、裸藻科 Euglenaceae

(一)裸藻属 *Euglena*

1. 三棱裸藻 *E. tripteris*
2. 梭形裸藻 *E. acus*
3. 裸藻 *E.* sp.

(一)囊裸藻属 *Trachelomonas*

隐藻门 Cryptophyta
隐藻纲 Cryptophyceae

十四、隐鞭藻科 Cryptomonadaceae

(一)隐藻属 *Cryptomonas*

1. 啮蚀隐藻 *C. erosa*
2. 卵形隐藻 *C. ovata*

硅藻门 Bacillariophyta
中心纲 Centricae
圆筛藻目 Coscinodiscales

十五、圆筛藻科 Coscinodiscaceae

(一)小环藻属 *Cyclotella*

1. 梅尼小环藻 *C. meneghiniana*
2. 具星小环藻 *C. stelligera*
3. 湖北小环藻 *C. hubeiana*

(二)直链藻属 *Melosira*

1. 颗粒直链藻极狭变种 *M. granulatavar* var. *angustissima*
2. 变异直链藻 *M. varians*
3. 颗粒直链藻极狭变种螺旋变形 *M. granulata* var. *angustissima* f. *spiralis*
4. 颗粒直链藻 *M. granulate*

羽纹纲 Pennatae

无壳缝目 Araphidiales

十六、脆杆藻科 Fragilariaceae

(一)等片藻属 *Diatomavulgare*

1. 普通等片藻 *D. vulgare*

(二)脆杆藻属 *Fragilaria*

(三)针杆藻属 *Synedra*

1. 尖针杆藻 *S. acusvar*
2. 肘状针杆藻 *S. ulna*

管壳缝目 Aulonoraphidinales

十七、菱形藻科 Nitzschiaceae

(一)菱形藻属 *Nitzschia*

十八、双菱藻科 Surirellaceae

(一)波缘藻属 *Cymatopleura*

(二)双菱藻属 *Surirella*

1. 粗壮双菱藻 *S. robusta*

双壳缝目 Biraphidinales

十九、桥弯藻科 Cymbellaceae

(一)双眉藻属 *Amphora*

(二)桥弯藻属 *Cymbella*

1. 新月形桥弯藻 *C. cymbiformis*
2. 尖头桥弯藻 *C. cuspidate*

二十、异极藻科 Gomphonemaceae

(一)异极藻属 *Gomphonema*

1. 尖异极藻花冠变种 *G. acuminatun* var. *coronata*
2. 异极藻 *G.* sp.
3. 纤细异极藻 *G. gracile*

二十一、舟形藻科 Naviculaceae

(一)舟形藻属 *Navicula*

(二)羽纹藻属 *Pinnularia*

(三)肋缝藻属 *Frustulia*

(四)辐节藻属 *Stauroneis*

(五)布纹藻属 *Gyrosigma*

单壳缝目 Monoraphidinales

二十二、曲壳藻科 Achnanthaceae

(一)卵形藻属 *Cocconeis*

(二)曲壳藻属 *Achnanthes*

绿藻门 Chlorophyta

绿藻纲 Chlorophyceae

绿球藻目 Chlorococcale

二十三、绿球藻科 Chlorococcaceae

(一)多芒藻属 *Golenkinia*

二十四、小桩藻科 Characiaceae

(二)小桩藻属 *Characium*

二十五、小球藻科 Chlorellaceae

(一)纤维藻属 *Ankistrodesmus*

1. 针形纤维藻 *A. acicularis*
2. 镰形纤维藻 *A. s falcatus*

(二)顶棘藻属 *Chodatella*

1. 四刺顶棘藻 *C. quedriseta*
2. 长刺顶棘藻 *C. longiseta*

(三)四角藻属 *Tetraedron*

1. 微小四角藻 *T. minimum*
2. 三角四角藻 *T. trigonum*

(四)蹄形藻属 *Kirchneriella*

(五)小球藻属 *Chlorella*

(六)月牙藻属 *Selenastrum*

二十六、卵囊藻科 Oocystaceae

(一)卵囊藻属 *Oocystis*

1. 湖生卵囊藻 *O. lacustris*
2. 单生卵囊藻 *O. solitaria*

(二)胶囊藻属 *Gloeocystis*

二十七、盘星藻科 Pediastraceae

(一)盘星藻属 *Pediastrum*

1. 单角盘星藻 *P. simplex*
2. 二角盘星藻 *P. boryanum*
3. 短棘盘星藻 *P. braunii*
4. 二角盘星藻大孔变种 *P. dupler* var. *clathratum*
5. 二角盘星藻纤细变种 *P. duplex*
6. 四角盘星藻四齿变种 *P. duplex* var. *gracillimum*

二十八、栅藻科 Scenedesmaceae

(一)十字藻属 *Crucigenia*

1. 铜钱十字藻 *C. fenestrate*
2. 四足十字藻 *C. tetrapedia*

(二)空星藻属 *Ngeli*

1. 网状空星藻 *C. reticulatum*

2. 小空星藻 *C. microporum*

(三)栅藻属 *Scenedesmus*

1. 四尾栅藻 *S. quadricauda*
2. 丰富栅藻 *S. abundans*
3. 二形栅藻 *S. dimorphus*
4. 二尾栅藻 *S. bicaudatus*
5. 弯曲栅藻 *S. arcuatus*
6. 多棘栅藻 *S. spinosus*
7. 双对栅藻 *S. bijugatus*

二十九、网球藻科 Dictyosphaeraceae

(一)网球藻属 *Dictyosphaeria*

四胞藻目 Tetrasporales

三十、四集藻科 Palmellaceae

(一)绿星球藻属 *Asterococcus*

团藻目 Volvocales

三十一、衣藻科 Chlamydomonadaceae

(一)衣藻属 *Chlamydomonas*

三十二、团藻科 Volvocaceae

(一)空球藻属 *Eudorina*

(二)实球藻属 *Pandorina*

丝藻目 Ulotrichales

三十三、丝藻科 Ulotrichaceae

(一)丝藻属 *Ulothrix*

双星藻纲 Zygnematophyceae

鼓藻目 Desmidiales

三十四、鼓藻科 Desmidiaceae

(一)新月藻属 *Closterium*

1. 锐新月藻 *C. dianae*
2. 项圈新月藻 *C. moniliferum*
3. 纤细新月藻 *C. gracile*

(二)鼓藻属 *Staurastrum*

1. 具齿角星鼓藻 *S. indentaium*
2. 纤细角星鼓藻 *S. gracile*
3. 珍珠角星鼓藻 *S. margaritaceum*

(三)凹顶鼓藻属 *Euastrum*

1. 小刺凹顶鼓藻 *E. spinulosum*

双星藻目 Zygnematales

三十五、双星藻科 Zygnemataceae

(一)转板藻属 *Mougeotia*

(二)双星藻属 *Zygnema*

(三)水绵属 *Spirogyra*

轮藻纲 Charophyceae

轮藻目 Charales

三十六、轮藻科 Characeae

(一)轮藻属 *Chara*

(李秋华 李 磊 李 钥 邓 龙 肖 晶)

大型真菌类

1. 双环林地蘑菇

Agaricus placomyces Peck, Ann. Rep. N. Y. St. Mus. nat. Hist. 29: 40, 1878.

2. 林地蘑菇(别名:林地蘑)

Agaricus silvaticus Schaeff., Fung. Bavar. Palat. 1: 62, 176

3. 深色田头菇

Agrocybe erebia (Fr.) Singer, Schweiz. Z. Pilzk. 17(7): 97, 1939.

4. 小托柄鹅膏(别名:小托柄菇)

Amanita farinosa Schwein., Schr. naturf. Ges. Leipzig 1: 79, 182

5. 格纹鹅膏(别名:角鳞鹅膏、块鳞灰鹅膏)

Amanita fritillaria(Berk.)Sacc., Syll. Fung 9: 2, 1891.

6. 残托鹅膏有环变型(别名:残托斑鹅膏菌)

Amanita sychnopyramis f. *subannulata* Hongo, Memoirs of Shiga University 21: 63, 1971.

【药用】有抗癌活性。

7. 灰鹅膏

Amanita vaginata(Bull.) Fr., Encyclop. Méthod. Botan. (Paris) 1: 109, 1783.

8. 皱盖假芝(别名:假芝、假灵芝)

Amauroderma rude(Berk.) Torrend, Brotéria, Sér. Bot. 75: 240, 1950.

【药用】具有抗肿瘤和神经保护的活性。

9. 假芝(别名:假灵芝)

Amauroderma rugosum(Blume et T. Nees) Torrend, Brotéria, Sér. Bot. 18: 127, 1920.

【药用】具有消炎,利尿,益胃,抗肿瘤等作用。

10. 蜜环菌

Armillaria mellea (Vahl) P. Kumm., Führ. Pilzk. (Zwickau): 134, 1871.

【药用】具有增强免疫力、治疗失眠和抑制肿瘤等功效。

11. 假蜜环菌(别名:易逝杯伞)

Armillaria tabescens (Scop.) Emel, Le Genre Armillaria Fr. Sa Suppression de la Systèmatiquê Botanique. Thèse, Faculté de Pharmacie, Université de Strasbourg (Thesis) (Strasbourg): 50, 1921.

【药用】对治疗慢性肝炎、胆囊炎有一定效果,有抗肿瘤的作用。

12. 小冠瑚菌

Artomyces colensoi (Berk.) Jülich, Biblthca Mycol. 85: 399, 198

13. 硬皮地星

Astraeus hygrometricus (Pers.) Morgan, J. Cincinnati Soc. Nat. Hist. 12: 20, 1889.

【药用】孢子粉止血,可治疗冻疮。

14. 耳匙菌

Auriscalpium vulgare Gray, Nat. Arr. Brit. Pl. (London) 1: 650, 1821.

15. 木耳(别名：黑木耳、细木耳)

Auricularia auricula-judae (Bull.) Wettst., in Patouillard, Cat. pl. Cell. Tunisie (Paris): 75, 1897.

【药用】具有抗肿瘤、抗溃疡、抗氧化、抗疲劳、降血糖和免疫抑制等活性。

16. 皱木耳(别名：粗木耳)

Auricularia delicata (Fr.) Henn., Bot. Jb. 17: 492, 1893.

【药用】具有提高机体免疫机能的作用；对冠心病和动脉粥样硬化有良好的防治作用。

17. 毛木耳(别名：粗木耳)

Auricularia polytricha (Mont.) Sacc., Atti Inst. Veneto Sci. Lett., ed Arti, Série 6 3: 722, 1885.

【药用】具有抗肿瘤、降血脂、抗炎症、抗凝血、抗肝炎、降血糖、抗白细胞降低、抗辐射、抗氧化等作用。

18. 黄小孢盘菌

Bisporella citrina (Batsch) Korf et S. E. Carp., Mycotaxon 1(1): 58, 1974.

19. 黑管孔菌(别名：黑管菌)

Bjerkandera adusta (Willd.) P. Karst., Meddn Soc. Faun. Fl. Fenn. 5: 38, 1880.

【药用】有抗肿瘤作用。

20. 亚黑管菌

Bjerkandera fumosa (Pers.) P. Karst., Meddn Soc. Fauna Flora fenn. 5: 38, 1879.

【药用】可治疗子宫癌。

21. 松林小牛肝菌

Boletinus punctatipes Snell, Mycologia 33(1): 36, 1941.

22. 褐孔牛肝菌

Boletus umbriniporus Hongo, Journ. Jap. Bot. 44: 235, 1969.

23. 紫褐牛肝菌（别名：裘氏紫褐牛肝菌、紫牛肝菌）

Boletus violaceofuscus W. F. Chiu, Mycologia 40: 210, 1948.

【药用】具有对艾氏癌的抑制作用。

24. 小灰球菌(别名：铅色灰球、小马勃、小灰包)

Bovista pusilla (Batsch) Pers., Syn. Meth. Fung. (Göttingen) 1: 138, 1801.

【药用】有止血、消肿、解毒、清肺、利喉的作用。

25. 角状胶角菌

Calocera cornea (Batsch) Fr., Stirp. Agri. Femison. 5: 67, 1827.

26. 红皮美口菌（别名：红皮丽口菌）

Calostoma cinnabarinum Desv., J. Bot. (Desvaux) 2: 94, 1809.

【药用】具有消炎止血的作用。

27. 头状马勃（别名：头状秃马勃、灰包）

Calvatia craniiformis (Schw.) Fr., Summa Veg. Scand. 442, 1849.

【药用】具有清热解毒，止血生肌，消肿止痛的功效。

28. 鸡油菌

Cantharellus cibarius Fr., Syst. Mycol. (Lundae) 1: 318, 1821.

【药用】清目，利肺，益肠胃，治维生素 A 缺乏症。

29. 小鸡油菌（别名：黄丝菌）

Cantharellus minor Peck, Ann. Rep. Reg. St. N. Y. 23: 122, 1871.

【药用】清目，益肠胃，用于治疗维生素 A 缺乏症。

30. 一色齿毛菌（别名：齿毛芝、单色云芝）

Cerrena unicolor(Bull.) Murrill, J. Mycol. 9: 91, 1903.

【药用】对小白鼠肉瘤和艾氏癌有抑制作用。

31. 网状蜡孔菌

Ceriporia reticulata (Hoffm.) Domański, Acta Soc. Bot. Pol. 32: 732, 1963.

32. 虫形珊瑚菌

Clavaria fragilis Holmsk., Beata Ruris Ot Fung. Dan. imp. 1: 7, 1790.

33. 冠锁瑚菌

Clavulina cristata (Fr.) Schroet, Krypt. F1. Schles. Plize, 442, 1888.

34. 怡人拟锁瑚菌

Clavulinopsis amoena(Zoll. Et Mor.) Corner, Ann. Bot. Mem. 1: 352, 1950.

35. 肉桂色集毛菌

Coltricia cinnamomea (Jacq.) Murrill, Bull. Torrey bot. Club 31(6): 343, 1904.

36. 假小鬼伞

Coprinellus disseminatus(Pers.) J. E. Lange, Dansk Bot. Ark. 9(6): 93, 1938.

37. 晶粒小鬼伞（别名：晶粒鬼伞）

Coprinellus micaceus (Bull.) Vilgalys, Hopple & Jacq. Johnson, in Redhead, Vilgalys, Moncalvo, Johnson & Hopple, Taxon 50(1): 234, 2001.

38. 灰盖拟鬼伞（别名：灰鬼伞、灰盖鬼伞、长根鬼伞）

Coprinopsis cinerea(Schaeff.) Redhead, Vilgalys & Moncalvo, in Redhead, Vilgalys, Moncalvo, Johnson & Hopple, Taxon50(1): 227, 2001.

39. 白绒拟鬼伞（别名：白绒鬼伞）

Coprinopsis lagopus (Fr.) Redhead, Vilgalys & Moncalvo, in Redhead, Vilgalys, Moncalvo, Johnson & Hopple, Taxon 50(1): 229, 2001.

40. 蛹虫草

Cordyceps militaris (L.: Fr.) Fr., Obs. Mycol. 2: 317. 1818.

【药用】具有抗肿瘤，消炎，抗氧化，降血糖，抗凝作用；临床上用于心血管疾病治疗和增强免疫作用。

41. 金黄喇叭菌（别名：黄喇叭菌）

Craterellus aureus Berk. et M. A. Curtis, Proc. Amer. Acad. Arts & Sci. 4: 123, 1860.

【药用】对大肠杆菌、金黄色葡萄球菌、沙门氏菌和链球菌等均有抑制作用。

42. 软靴耳(粘锈耳)

Crepidotus mollis (Schaeff.) Staude, Schwämme Mitteldeutschl. 25: 71, 1857.

43. 柄毛皮伞

Crinipellis scabella (Alb. et Schwein.) Murrill, N. Amer. Fl. (New York) 4: 287, 1915.

44. 白蛋巢菌

Crucibulum laeve (Huds.) Kambly, Gast. Iowa: 167, 1936.

45. 白被黑蛋巢菌

Cyathus pallidus Berk. et M. A. Curtis, in Berkeley, J. Linn. Soc., Bot. 10 (no. 46): 346 [no. 517], 1868.

46. 隆纹黑蛋巢菌

Cyathus striatus (Huds.) Willd., Fl. Berol. Prodr.: 399, 1787.

【药用】治疗胃病。

47. 金黄鳞盖菇

Cyptotrama chrysopeplum (Berk. et M. A. Curtis) Singer, Beih. Sydowia 7: 34, 1973.

48. 匙盖假花耳

Dacryopinax spathularia (Schwein.) G. W. Martin, Lloydia 11: 116, 1948.

【药用】能降低致癌物质的致癌作用。

49. 黑轮层炭壳

Daldinia concentrica (Bolton) Ces. et De Not., Comm. Soc. crittog. Ital. 1: 197, 1863.

【药用】具有抗肿瘤和抗 HIV 活性的作用。

50. 长裙竹荪

Dictyophora indusiata f. *indusiata* (Vent.: Pers.) Fisch., Ann. Myc. 25: 472, 1927.

【药用】具有抗氧化活性、降血脂、抑菌作用。

51. 黄裙竹荪

Dictyophora multicolor Berk. et Broome, Trans. Linn. Soc. Lond. Ser. Bot. 2: 3, 1883.

【药用】治脚气。

52. 蓝黑粉褶菌

Entoloma cyanonigrum (Hongo) Hongo, in Katumoto, List of Fungi Recorded in Japan: 307, 2010.

53. 牛舌菌

Fistulina hepatica (Schaeff.) With., Bot. Arr. Brit. pl. Edn 2 (London) 2: 405, 179

【药用】具有抗肿瘤活性、抗菌作用。

54. 黄齿孔菌(别名：黄耙齿菌、浅黄囊孔菌、黄囊耙齿菌)

Flavodon flavus (Klotzsch) Ryvarden, Norw. Jl Bot. 20(1): 3, 1973.

【药用】对小白鼠肉瘤 S-180 有显著抑制作用。

55. 毛柄小火焰菇(别名：金针菇、毛柄金钱菌、冬菇)

Flammulina velutipes (Curtis) Singer, Lilloa 22: 307, 1951.

56. 木蹄层孔菌

Fomes fomentarius (L.) J. Kickx f., Fl. Crypt. Flandres (Paris) 2: 237, 1867.

【药用】具有抗肿瘤活性、增强免疫功能、抗氧化和抑菌作用。

57. 红缘拟层孔(别名：红缘多孔菌、红缘层孔、松生拟层孔菌)

Fomitopsis pinicola (Sw.) P. Karst., Meddn Soc. Fauna Flora fenn. 6: 9, 1881.

【药用】具有较强的抗肿瘤活性。

58. 苔藓盔孢菌

Galerina hypnorum (Schrank) Kühner, Encyclop. Mycol. Genre Galera 7: 194, 1935.

59. 爪哇盖尔盘菌

Galiella javanica (Rehm) Nannf. et Korf, Mycologia 49(1): 108, 1957.

60. 树舌灵芝

Ganoderma applanatum (Pers.) Pat., Hyménomyc. Eur. (Paris): 143, 1887.

【药用】具有抗氧化、杀菌、免疫抑制和抗肿瘤等活性。治带状疱疹等。

61. 灵芝

Ganoderma sichuanense J. D. Zhao et X. Q. Zhang, in Zhao, Xu& Zhang, Acta Mycol. Sin. 2(3): 159, 1983.

【药用】具有抗肿瘤、免疫抑制、抗氧化、抗病毒性、抗炎性和抗溶血性等活性。

62. 紫芝

Ganoderma sinense J. D. Zhao, L. W. Hsu & X. Q. Zhang, Acta microbiol. sin. 19: 272, 1979.

【药用】具有免疫调节、抗炎、杀菌、抗肿瘤等活性。

63. 袋形地星

Geastrum saccatum Fr., Syst. Mycol. (Lundae) 3(1): 16, 1829.

【药用】具有消炎、抗氧化和抗肿瘤的活性。

64. 灰树花菌(别名：灰树花、贝叶多孔菌)

Grifola frondosa(Dicks.) Gray, Nat. Arr. Brit. Pl. (London)1: 643, 1821.

65. 栎裸柄伞(别名：栎裸伞、栎金钱菌)

Gymnopus dryophilus (Bull.) Murrill, N. Amer. Fl. (New York) 9(5): 362, 1916.

【药用】具有良好的抗氧化作用，可延缓衰老。

66. 盾状裸柄伞

Gymnopus peronatus (Bolton) Gray, Nat. Arr. Brit. Pl. (London) 1: 606, 1821.

67. 铅色短孢牛肝菌

Gyrodon lividus (Bull.) Sacc., Syll. fung. (Abellini) 6: 52, 1888.

68. 蝉棒束孢

Isaria cicadae Miq., Bull. Scienc. Phys. et Nat. Neerl., 86, 1838.

69. 黑马鞍菌

*Helvella atra*J. König, Fl. Isl. 20, 1770.

70. 蜂窝菌

Hexagonia tenuis (Hook) Fr., Epicrisis Systematis Mycologici, p. 498, 1838.

71. 勺状亚侧耳

Hohenbuchelia petaloides (Bull. Fr.) Schulz, Verh. Zool. Bot. Ges. Wein. 16: 45, 1866.

【药用】具有抑制肿瘤作用。

72. 卷缘齿菌

Hydnum repandum L.: Fr., Syst. Mycol. 1: 400, 1821.

【药用】具有抗细菌和抗肿瘤作用。

73. 蜡伞

Hygrophorus ceraceus (Wulf.) Fr., Epicr. Myc. 330, 1838.

74. 变黑蜡伞

Hygrophorus conicus (Scop.) Fr., Epicr. Syst. Myc. p. 331, 1838.

75. 簇生沿丝伞

Hypholoma fasciculare (Huds.) P. Kumm., Führ. Pilzk. (Zwickau): 72, 1871.

76. 裂丝盖伞

Inocybe rimosa (Bull.) P. Kumm., Führ. Pilzk. (Zwickau): 78, 1871.

【药用】抗肿瘤。

77. 茶褐丝盖伞

Inocybe umbrinella Bres., Ann. Myc. 3: 161, 1905.

78. 鲑贝耙齿菌(别名：鲑贝革盖菌、鲑贝芝)

Irpex consors Berk., J. Linn. Soc., Bot. 16(no. 89): 51, 1878.

79. 白囊耙齿菌

Irpex lacteus (Fr.) Fr., Elench. Fung. 1: 142, 1828.

80. 紫晶蜡蘑

Laccaria amethystea(Bull. Gray) Murr. , N. Am. Fl. 10: 1, 1914

81. 雷丸(别名: 竹铃芝、雷实、竹苓、竹兜)

Laccocephalum mylittae (Cooke et Massee) Núñez et & Ryvarden, Syn. Fung. (Oslo) 10: 31, 1995.

【药用】具有消积、杀虫、除热等功能，治疗蛔虫、蛲虫、绦虫，脑囊虫、囊虫和血吸虫病等。

82. 细质乳菇

Lactarius aurantiacus (Pers.) Gray, Nat. Arr. Brit. Pl. (London)1: 624, 1821.

83. 香乳菇

Lactarius camphoratus (Bull.) Fr. , Epicr. Syst. Mycol. (Upsaliae): 346, 1838.

【药用】对小白鼠肉瘤及艾氏癌有较好的抑制作用。

84. 黄汁乳菇

Lactarius chrysorrheus Fr. , Epicr. Syst. Mycol. (Upsaliae): 342, 1838.

85. 松乳菇

Lactarius deliciosus (L.) Gray, Nat. Arr. Brit. Pl. (London) 1: 624, 1821.

86. 詹氏乳菇(格拉氏乳菇、宽褶褐乳菇)

Lactarius gerardii Peck, Bull. Buffalo Soc. Nat. 1: 57, 1873.

87. 红汁乳菇

Lactarius hatsudake Nobuj. Tanaka, Bot. Mag. , Tokyo, 4: 393, 1890.

【药用】对小白鼠肉瘤和艾氏癌有很好的抑制作用。

88. 白乳菇

Lactarius piperatus (L.) Pers. , Tent. Disp. Meth. Fung. : 64, 1797.

【药用】对小白鼠肺癌，及肉瘤和艾氏癌有较好的抑制作用。

89. 绒白乳菇

Lactarius vellereus(Fr.) Fr. , Epicr. Syst. Mycol. (Uppsala): 340, 1838.

【药用】治疗腰腿疼痛、手足麻木、颈骨不适、四肢抽搐等。

90. 多汁乳菇

Lactarius volemus (Fr.) Fr. , Epicr. Syst. Mycol. (Uppsala): 344, 1838.

【药用】对小白鼠肉瘤、艾氏癌有较好的抑制作用。

91. 硫磺菌

Laetiporus sulphureus (Bull.) Murrill, Annls Mycol. 18(1/3): 51, 1920.

【药用】补益气血，抑制肿瘤和抗菌。

92. 香菇

Lentinula edodes (Berk.) Pegler, Kavaka 3: 20, 1975.

【药用】对小白鼠肉瘤 S-180、艾氏癌有良好的抑制作用；有降压、降低胆固醇的作用。

93. 翘鳞韧伞(翘鳞香菇)

Lentinus squarrosulus Mont. , Ann. Sci. Nat. Bot. Ser. 2, 18: 21, 184

94. 粗毛韧伞

Lentinus strigosus (Schw.) Fr. , Syst. Orb. Veg. 77. 1825.

【药用】具有杀寄生虫的活性作用，治疗疮痂，抑制肿瘤。

95. 虎皮韧伞(虎皮香菇)

Lentinus tigrinus (Bull.) Fr. , Syst. orb. veg. (Lundae) 1: 78, 1825.

96. 桦革裥菌

Lenzites betulina (L.) Fr. , Epicr. Syst. Mycol. (Upsaliae): 405, 1838.

97. 盾形环柄菇

Lepiota clypeolaria (Bull. : Fr.) Quel. , Champ. Jura Vosg. 1: 72, 187

98. 冠状环柄菇

Lepiota cristata (Bolton) P. Kumm. , Führ. Pilzk. (Zwickau): 137, 1871.

99. 花脸香蘑

Lepista sordida (Fr.) Singer, Lilloa 22: 193, 1951.

【药用】具有抗肿瘤活性、抗氧化活性。

100. 脆黄白鬼伞

Leucocoprinus fragilissimus (Berk. et M. A. Curtis) Pat. , Essai Tax. Hyménomyc. (Lons – le – Saunier): 171, 1900.

101. 网纹马勃(别名：网纹灰包)

Lycoperdon perlatum Pers. , Observ. Mycol. (Lipsiae) 1: 145, 1796.

【药用】有消肿，止血，清肺，利喉，解毒，抗菌作用。

102. 棱柱散尾菌(别名：五棱散尾鬼笔)

Lysurus mokusin (L.) Fr. , Syst. Mycol. (Lundae) 2(2): 288, 1823.

【药用】对小白鼠肉瘤 S – 180、艾氏癌有良好的抑制作用。

103. 高大环柄菇(别名：高环柄菇、高柄环菇)

Macrolepiota procera (Scop.) Singer, Pap. Mich. Acad. Sci. 32: 141, 1948.

【药用】所含化学成分具有拮抗作用。

104. 纯白微皮伞

Marasmiellus candidus (Bolton) Singer, Pap. Mich. Acad. Sci. 32: 129, 1946.

105. 灰微皮伞

Marasmiellus cinereus Singer, Nova Hedwigia 44: 325, 1973.

106. 树生微皮伞

Marasmiellus dendroegrus Singer, Beih. Nova Hedwigia 44: 326, 1973.

107. 伯特落小皮伞

Marasmius berteroi (Lév.) Murrill, N. Amer. Fl. (New York) 9(4): 267, 1915.

108. 红盖小皮伞

Marasmius haematocephalus (Mont.) Fr. , Epicr. Syst. Mycol. (Upsaliae): 382, 1838.

109. 大盖小皮伞

Marasmius maximus Hongo, Memoirs of the Faculty of Education, Shiga University 12: 39, 196

【药用】提取物对雄性果蝇寿命有延长作用。

110. 硬柄小皮伞

Marasmius oreades (Bolt. : Fr.) Fr. , Epicr. 375, 1838.

【药用】追风散寒、舒筋活络，主治腰腿疼痛，手足麻木，经络不通。

111. 斯托氏小皮伞

Marasmius staudtii Henn. , Bot. Jb. 22: 97, 1895.

112. 相邻小孔菌

Microporus affinis (Blume et T. Nees) Kuntze, Revis. Gen. Pl. (Leipzig) 3(2): 494, 1898.

113. 褐扇小孔菌

Microporus vernicipes (Berk.) Kuntze, Revis. Gen. pl. (Leipzig) 3(2): 497, 1898.

114. 黄柄小孔菌

Microporus xanthopus (Fr.) Kuntze, Revis. Gen. pl. (Leipzig) 3(2): 494, 1898.

115. 羊肚菌

Morchella esculenta（L.）Pers.，Syn. meth. fung.（Göttingen）2：618，1801.

116. 盔盖小菇

Mycena galericulata（Scop.）Gray，Nat. Arr. Brit. Pl.（London）1：619，1821.

【药用】具有抗癌活性，对小白鼠肉瘤 S-180、艾氏癌有良好的抑制作用。

117. 洁小菇

Mycena pura（Pers.）P. Kumm.，Führ. Pilzk.（Zwickau）：110，1871.

【药用】具有抗癌活性，对小白鼠肉瘤 S-180、艾氏癌有很好的抑制作用。

118. 白绒红蛋巢菌

Nidula niuea-tomentosa（P. Henn.）Lolyd Myc. Writ. 3：455，1910.

119. 蚁虫草

Ophiocordyceps formicarum（Kobayasi）G. H. Sung，J. M. Sung，Hywel-Jones & Spatafora，in Sung，Hywel-Jones，Sung，Luangsa-ard，Shrestha & Spatafora，Stud. Mycol. 57：43，2007.

120. 椿象虫草(下垂虫草)

Ophiocordyceps nutans（Pat.）G. H. Sung，J. M. Sung，Hywel-Jones &Spatafora，in Sung，Hywel-Jones，Sung，Luangsa-ard，Shrestha & Spatafora，Stud. Mycol. 57：45，2007.

121. 长根小奥德蘑(别名：长根菇)

Oudemansiella radicata（Relhan）Singer，Annls Mycol. 34(4/5)：333，1936.

【药用】具有降低血压和抑制肿瘤的作用。

122. 花褶菇

Panaeolus papilionaceus var. *papilionaceus*（Bull.）Quél.，Mém. Soc. Émul. Montbéliard Sér. 2 5：152，1871.

123. 鳞皮扇菇(别名：止血扇菇、鳞皮扇菌)

Panellus stipticus（Bull.）P. Karst.，Bidr. Känn. Finl. Nat. Folk 1：96，1879.

124. 卷边网褶菌(别名：卷边桩菇菌)

Paxillus involutus（Batsch）Fr.，Epicr. Syst. Mycol.（Upsaliae）：317，1838.

125. 淡黄木层孔菌

Phellinus gilvus（Schwein.）Pat.，Essai Tax Hymen.：p. 97，1900.

【药用】具有抗炎和抗氧化作用；可用于治疗心脏病。

126. 多脂鳞伞(别名：黄伞)

Pholiota adiposa（Batsch）P. Kumm.，Führ. Pilzk.（Zwickau）：83，1871.

127. 黄鳞伞(别名：黄鳞环锈伞)

Pholiota flammans（Batsch）P. Kumm.，Führ. Pilzk.（Zwickau）：84，1871.

128. 褶孔菌

Phylloporus rhodoxanthus（Schw.）Bres.，Fungi Tridentini 2：95，1900.

129. 豆包马勃(别名：豆包菌)

Pisolithus arhizus（Scop.）Rauschert，Z. Pilzk. 25：51，1959.

【药用】具有杀菌和抗肿瘤活性。

130. 金顶侧耳

Pleurotus citrinopileatus Singer，Annls mycol. 40：149，1943.

【药用】具有抗氧化、抗肿瘤活性。

131. 糙皮侧耳(别名：平菇、白平菇、侧耳、北风菌、蚝菌)

Pleurotus ostreatus（Jacq.）P. Kumm.，Führ. Pilzk.（Zwickau）：24，104，1871.

【药用】具有追风散寒，疏经活络，补肾壮阳的功能。主治腰腿疼痛，手足麻木，经络不疏。

132. 鼠灰光柄菇

Pluteus ephebeus (Fr.) Gillet, Hyménomycètes (Alençon): 392, 1876.

133. 漏斗多孔菌(别名：漏斗棱孔菌)

Polyporus arcularius(Batsch) Fr., Syst. Mycol. (Lundae) 1: 342, 1821.

【药用】对小白鼠肉瘤 S-180、艾氏癌有很好的抑制作用。

134. 雅致多孔菌(别名：黄多孔菌、多孔菌)

Polyporus leptocephalus (Jacq.) Fr., Syst. Mycol. (Lundae) 1: 349, 1821.

【药用】用于治疗肾虚、肢体麻木、心律不齐及神经性呕吐等。

135. 黑柄多孔菌(别名：黑柄仙盏)

Polyporus melanopus(Pers.) Fr., Syst. Mycol. (Lundae) 1: 347, 1821.

【药用】对小白鼠肉瘤 S-180、艾氏癌有很好的抑制作用。

136. 多孔菌(别名：变形多孔菌)

Polyporus varius(Pers.) Fr., Syst. Mycol. (Lundae) 1: 352, 1821.

【药用】提取物有显著抑制金黄色葡萄球菌、枯草杆菌和大肠杆菌的作用。

137. 黄白小脆柄菇(别名：薄花边伞)

Psathyrella candolleana(Fr.) G. Bertrand, Bull. Soc. Mycol. Fr. 29: 185, 1913.

【药用】具有抗肿瘤的活性。

138. 波纹假皱孔菌(别名：覆瓦网褶菌、波纹网褶菌、波纹卷伞菌、波纹桩菇)

Pseudomerulius curtisii(Berk.) Redhead & Ginns, Trans. Mycol. Soc. Japan 26(3): 372, 1985.

139. 黄疸粉牛肝菌(别名：黄疸粉末牛肝菌)

Pulveroboletus icterinus(Pat. et Bak.) Watl., Not. Roy. Bot. Gdn. Edinb. 46(3): 413, 1990.

140. 鲜红密孔菌(别名：红栓菌、朱红栓菌、鲜红密孔菌)

Pycnoporus cinnabarinus(Jacq.) P. Karst., Revue Mycol., Toulouse 3(no. 9): 18, 1881.

141. 血红密孔菌(别名：血红栓菌、血朱栓菌、血红密孔菌、枫菌)

Pycnoporus sanguineus(L.) Murrill, Bull. Torrey Bot. Club 31(8): 421, 1904.

142. 毛伏褶菌

Resupinatus trichotis (Pers.) Singer, Persoonia 2(1): 48, 1961

143. 平丝硬孔菌

Rigidoporus lineatus (Pers.) Ryvarden, Norw. Jl Bot. 19: 236, 197

144. 烟色红菇

Russula adusta (Pers.) Fr., Epicr. Syst. Mycol. (Upsaliae): 350, 1838,

【药用】对小白鼠肉瘤 S-180、艾氏癌有很好的抑制作用。

145. 铜绿红菇(别名：青脸菌、紫菌、铜绿菇)

Russula aeruginea Fr., Monogr. Hymenomyc. Suec. (Upsaliae) 2(2): 198, 1863.

【药用】具有抗菌作用。

146. 白红菇

Russula albida Peck, Bull. N. Y. Mus. 2: 10, 1905.

147. 蓝黄红菇(别名：花盖菇)

Russula cyanoxantha(Schaeff.) Fr., Monogr. Hymenomyc. Suec. 2(2): 194, 1863.

【药用】提取物具有抗肿瘤的活性，对小白鼠肉瘤 S-180、艾氏癌有较好的抑制作用。

148. 美味红菇(别名：大白菇)

Russula delica Fr., Epicr. Syst. Mycol. (Uppsala): 350, 1838.

【药用】对小白鼠肉瘤 S－180、艾氏癌有很好的抑制作用。

149. 密褶红菇(别名：火炭菌)

Russula densifolia Secr. ex Gillet, Hyménomycètes (Alençon): 231, 1876.

【药用】治腰腿疼痛，手足麻木，筋骨不适，四肢抽搐。

150. 毒红菇

Russula emetica(Schaeff.)Pers., Obs. Myc. 1: 100, 1796.

【药用】对小白鼠肉瘤 S－180、艾氏癌有很好的抑制作用。

151. 臭红菇(别名：油辣菇)

Russula foetens(Pers.) Pers., Observ. Mycol. (Lipsiae) 1: 102, 1796.

【药用】对小白鼠肉瘤 S－180、艾氏癌有很好的抑制作用。

152. 稀褶黑菇(别名：黑红菇)

Russula nigricans(Bull.) Fr., Epicr. Syst. Mycol. (Uppsala): 350, 1838.

153. 玫瑰红菇

Russula rosacea(Bull.)S. F. Gray: Fr., Nat. Arr. Brit. P1. 1 1: 618, 1821.

154. 红菇(别名：鳞盖红菇、红色红菇)

Russula rosea Pers., Observ. Mycol. (Lipsiae) 1: 100, 1796.

【药用】对小白鼠肉瘤 S－180、艾氏癌有很好的抑制作用。

155. 点柄臭红菇(别名：油辣菇)

Russula senecis Imai, J. Coll. Agric., Hokkaido Imp. Univ. 43: 344, 1938.

【药用】对小白鼠肉瘤 S－180、艾氏癌有较好的抑制作用。

156. 绿红菇(别名：绿菇、变绿红菇)

Russula virescens(Schaeff.) Fr., Anteckn. Sver. Ätl. Svamp.: 50, 1836.

【药用】治疗眼目不明；对小白鼠肉瘤 S－180、艾氏癌有较好的抑制作用。

157. 红毛杯(绯红肉杯菌)

Sarcoscypha coccinea (Gray) Boud., Bull. Soc. Mycol. Fr. 1: 103, 1885.

158. 小红毛杯

Sarcoscypha occidentalis(Schwein.) Sacc., Syll. fung. (Abellini) 8: 154, 1889.

159. 裂褶菌

Schizophyllum commune Fr., Observ. Mycol. (Havniae) 1: 103, 1815.

160. 橙黄硬皮马勃(别名：橙黄灰包、橙黄马勃)

Scleroderma citrinum Pers., Syn. Meth. Fung. (Göttingen) 1: 153, 1801.

【药用】具有消炎作用。

161. 黄硬皮马勃(别名：黄皮马勃、黄灰包)

Scleroderma flavidum Ellis et Everh., J. Mycol. 1(7): 88, 1885.

【药用】具有消炎作用。

162. 多根硬皮马勃(别名：星裂破皮马勃)

Scleroderma polyrhizum (J. F. Gmel.) Pers., Syn. Meth. Fung. (Göttingen) 1: 156, 1801.

【药用】消肿止血，治疗外伤出血，冻疮流水。

163. 红毛盾盘菌

Scutellinia scutellata(L.) Lambotte, Mém. Soc. roy. Sci. Liège, Série 2 1: 299, 1888.

164. 烟色血韧革菌

Stereum gausapatum(Fr.) Fr., Hymenomyc. Eur. (Upsaliae): 638, 1874.

【药用】对小白鼠肉瘤 S－180、艾氏癌有很好的抑制作用。

165. 扁韧革菌

Stereum ostrea (Blume et T. Nees) Fr., Epic. Syst. Mycol. (Uppsala), p. 547, 1838

166. 绒柄松塔牛肝菌(别名：松塔牛肝菌)

Strobilomyces strobilaceus(Scop.) Berk., Hooker's J. Bot. Kew Gard. Misc. 3: 78, 1851.

167. 乳牛肝菌(别名：粘盖牛肝菌)

Suillus bovinus(L.) Roussel, Fl. Calvados Edn 2: 34, 1796.

【药用】对小白鼠肉瘤 S－180、艾氏癌有很好的抑制作用。

168. 点柄乳牛肝菌(别名：点柄粘盖牛肝菌)

Suillus granulatus(L.) Roussel, in Sipp. & Snell, Fl. Calvados Edn 2: 34, 1796.

【药用】对小白鼠肉瘤 S－180、艾氏癌有很好的抑制作用。

169. 黄乳牛肝菌(别名：褐环粘盖牛肝菌、褐环乳牛肝菌)

Suillus luteus(L.) Roussel, Fl. Calvados Edn 2: 34, 1796.

【药用】对小白鼠肉瘤 S－180、艾氏癌有很好的抑制作用。治疗大骨节病。

170. 盾形蚁巢伞(别名：鸡枞)

Termitomyces clypeatus R. Heim, Bull. Jard. Bot. État 21: 207, 1951.

171. 小果蚁巢伞(别名：小果鸡枞)

Termitomyces microcarpus (Berk. & Broome) R. Heim, Arch. Mus. Hist. Nat. Paris, ser. 6 18: 128, 194

172. 浅囊状栓菌(别名：迷宫栓孔菌、偏肿栓菌)

Trametes gibbosa (Pers.) Fr., Epicr. Syst. Mycol. (Uppsala): 492, 1838.

【药用】具有消炎和血管保护活性。

173. 毛栓菌(别名：毛栓孔菌)

Trametes hirsuta (Wulfen) Lloyd, Mycol. Writ. 7: 1319, 1924.

【药用】治疗风湿，止咳，化脓，抑肿瘤。

174. 大白栓菌(别名：乳栓菌)

Trametes lactinea(Berk.) Sacc., Syll. fung. (Abellini) 6: 343, 1888.

【药用】具有抗肿瘤的作用。

175. 绒毛栓菌(别名：绒毛栓孔菌)

Trametes pubescens(Schumach.) Pilát, in Kavina & Pilát, Atlas des Champignons de l'Europe, Ser. B 3: 268, 1939.

【药用】具有抗菌和抑制肿瘤的作用。

176. 云芝(别名：云芝栓孔菌)

Trametes versicolor (L.) Pilát, Atlas des Champignons de l'Europe3: 261, 1939.

【药用】具有镇痛，治疗慢性乙型肝炎，降血脂和抗动脉粥样硬化，抗氧化，益气解毒等作用。

177. 橙黄银耳(金耳)

Tremellaaurantia Schwein., Schr. naturf. Ges. Leipzig 1: 114, 182

【药用】具有抑制血糖的增加，降低血脂，增加机体免疫功能，保肝，抗炎，抗辐射，抗氧化等作用。

178. 银耳

Tremella fuciformis Berk., Jour. Bot. 8: 277, 1856.

【药用】具有镇咳，祛痰，平喘等作用。治热咳嗽，肺燥干咳，咳痰带血，久咳络伤，胁部痛，产后虚弱，月经不调，大便秘结，大便下血，新久痢疾等。

179. 茶色银耳

Tremella foliacea Pers. : Fr. , Obs. Myc. 2: 98. 1799.

【药用】具有抗真菌、抗炎症和抗糖尿病的活性。

180. 冷杉附毛菌

Trichaptum abietinum(Dicks.) Ryvarden, Norw. Jl Bot. 19: 237, 197

【药用】具有抗肿瘤的作用。

181. 喇叭菌陀螺菌

Turbinellus floccosus (Schwein.) Earle ex Giachini & Castellano, Mycotaxon 115: 196, 2011.

182. 新苦粉孢牛肝菌

Tylopilus neofelleus Hongo, Journ. Jap. Bot. 42(5): 154. 1967.

183. 鹿角炭角菌(别名: 团炭角菌、鹿角菌)

Xylaria hypoxylon(L.) Grev. , Fl. Edin. : 355, 1824.

【药用】改善免疫力，具有抗生素和抗肿瘤活性。

184. 枫香果生炭角菌

Xylaria liquidambaris J. D. Rogers, Y. M. Ju & F. San Martín, in Rogers, San Martín & Ju, Sydowia 54 (1): 92, 200

【药用】具有抗肿瘤的活性。

185. 黑柄炭角菌

Xylaria nigripes (Klotzsch) Sacc. , Syll. Fung. 9: 527, 1891.

【药用】具有抗氧化、调节中枢神经系统、改善免疫力、抗前列腺增生、提升造血功能、抗衰老和抗肿瘤等活性。

186. 多形炭角菌

Xylaria polymorpha (Pers.) Grev. , Fl. Edin. : 355, 1824.

【药用】治疗尿频、尿失禁、排尿困难、前列腺肥大等。

(邓春英　吴兴亮　龚光禄)

苔藓类

一、金发藓科 Polytrichaceae

(一)仙鹤藓属 *Atrichum*

1. 小胞仙鹤藓 *A. rhystophyllum* (C. . Muell.) Par.　YJ20140516013

(二)小金发藓属 *Pogonatum*

1. 东亚小金发藓 *P. inflexum* (Lindb.) Sande Lac.　YJ20140516005a; YJ20140516021; J20140513010b; YJ20140516062(NK2052 – 2053); YJ20140514029c

【药用】镇静安神，散瘀，止血。主治心悸怔忡，失眠多梦，跌打损伤，吐血。

2. 小金发藓（高山小金发藓）*P. aloides* (Hedw.) P. Beauv.　YJ20140516056(NK2120 – 2122)

【药用】滋阴清热，凉血止血。主治阴虚骨蒸，潮热盗汗，肺痨咳嗽，血热吐血，衄血，咯血，便血，崩漏，二便不通。

3. 硬叶小金发藓(爪哇小金发藓、小叶小金发藓) *P. neesii* (Müll. Hal.) Dozy YJ20140516057; YJ20140516044

4. 苞叶小金发藓 *P. spinulosum* Mitt.　YJ20140516003(NK2076 – 2078)

5. 刺边小金发藓原亚种 *P. cirratum* subsp. *cirratum* Broth.　YJ20140513009

6. 双珠小金发藓 *P. pergranulatum* P. C. Chen YJ20140516043

(三)金发藓属 *P. Hedw.* Sp. Musc. Frond.

1. 金发藓 *P. commune* Hedw. YJ20140516070

二、葫芦藓科 Funariaceae

(一)葫芦藓属 *Funaria* Hedw.

1. 狭叶葫芦藓 *F. attenuata* (Dicks.) Lindb. J20140512004；YJ20140515062 (SP1674 - 1675)；YJ20140514019b

(二)立碗藓属 *Physcomitrium* (Brid.) Brid.

1. 立碗藓 *P. sphaericum* (Ludw.) Fuernr. YJ20140513049 (NK1896 - 1901)；J20140514027a；YJ20140514029a；YJ20140513076；YJ20140516001；YJ20140516014

(三)梨蒴藓属 *Entosthodon Schwäegr.* Sp. Musc. Frond. Suppl.

1. 钝叶梨蒴藓 *E. buseanus* Dozy et Molk. YJ20140514026(NK1960 - 1965)；YJ20140516002

2. 纤细梨蒴藓(纤细葫芦藓) *E. gracilis* Hook. f. et Wilson YJ20140512105；YJ20140512105 (SP1582 - 1583)

三、缩叶藓科 Ptychomitriaceae

(一)缩叶藓属 *Ptychomitrium*

1. 狭叶缩叶藓 *P. linearifolium* Reimers Sakurai YJ20140511037c

2. 台湾缩叶藓 *P. formosicum* Broth. YJ20140513061

3. 多枝缩叶藓 *P. gardneri* Lesq. YJ20140512155；YJ20140512011；YJ20140512159

四、紫萼藓科 Grimmiaceae

(一)紫萼藓属 *Grimmia* Hedw. Sp. Musc. Frond.

1. 卷叶紫萼藓 *G. incurva* Schwägr. YJ20140514043；YJ20140511037a

(二)连轴藓属 *Schistidium* Bruch et Schimp.

1. 圆蒴连轴藓 *S. apocarpum* (Hedw.) Bruch et Schimp. YJ20140515012

2. 长齿连轴藓 *S. trichodon* (Brid.) Poelt YJ20140512193

五、牛毛藓科 Ditrichaceae

(一)牛毛藓属 *Ditrichum* Hampe.

1. 黄牛毛藓 *D. pallidum* (Hedw.) Hamp. YJ20140516005b；YJ20140511050(SP1501 - 1503)

【药用】熄风镇惊，主治小儿惊风。

六、白发藓科 Leucobryaceae

(一)曲柄藓属 *Campylopus*

1. 中华曲柄藓(湿生曲柄藓) *C. sinensis* (Müll. Hal.) J. - P. Frahm YJ20140514085

(二)青毛藓属 *Dicranodontium* Bruch et Schimp.

1. 长叶青毛藓(拟青毛藓) *D. attenuatum* (Mitt.) Wils. YJ20140516068

(三)白发藓属 *Leucobryum*

1. 狭叶白发藓 *L. bowringii* Mitt. YJ20140513056b

2. 绿叶(色)白发藓 *L. chlorophyllosum* C. Muell. YJ20140516006

3. 桧叶白发藓 *L. juniperoideum* (Brid.) C. Muell. YJ20140514039b

4. 南亚白发藓 *L. neilgherrense* C. Muell. YJ20140512017

七、凤尾藓科 Fissidentiacea

(一)凤尾藓属 *Fissidens*

1. 南京凤尾藓 *F. adelphinus* Besch. YJ20140514029b；YJ20140512099

2. 网孔凤尾藓 *F. areolatus* Griff. YJ20140512020；YJ20140514036；YJ20140516028；YJ20140512007a

3. 二形凤尾藓 *F. geminiflorns* Doz. et Molk. YJ20140513036c；YJ20140512204(NK1710－1717)

4. 鳞叶凤尾藓 *F. taxifolius* Hedw. YJ20140514064a；YJ20140512041a；YJ20140512001

5. 拟小凤尾藓 *F. tosaensis* Broth. YJ20140515017；YJ20140515026

6. 小凤尾藓原变种 *F. bryoides* var. *bryoides* YJ20140514004

7. 异形凤尾藓 *F. anomalus* YJ20140512068a；YJ20140515009

8. 羽叶凤尾藓 *F. plagiochloides* Besch. YJ20140513051b；YJ20140513025

9. 暖地凤尾藓 *F. flaccidus* Mitt. YJ20140513016

10. 卷叶凤尾藓 *F. dubius* YJ20140515024；YJ20140512032a；YJ20140513029b；YJ20140512162

11. 爪哇凤尾藓 *F. javanicus* Dozy et Molk. YJ20140512156

12. 垂叶凤尾藓 *F. obscurus* Mitt. YJ20140512086

13. 黄叶凤尾藓 *F. crispulus* Brid. YJ20140512049

14. 粗肋凤尾藓 *F. pellucidus* Hornsch. YJ20140515025

15. 大叶凤尾藓(云南凤尾藓) *F. grandifrons* Brid. YJ20140512203

八、丛藓科 Pottiaceae

(一)扭口藓属 *Barbula*

1. 剑叶扭口藓 *B. rufidula* C. Muell. YJ20140515004；YJ20140516039；YJ20140512064a；YJ20140512192

2. 扭口藓(扁叶石灰藓)*B. ehrenbergii* (Lorentz) M. Fleisch. YJ20140512082

3. 爪哇扭口藓(南亚石灰藓)*B. javanica* YJ20140512096

(二)毛口藓属 *Trichostomum*

1. 卷叶毛口藓 *T. hattorianum* Tan. et Iwats. YJ20140514048；YJ20140514028

2. 毛口藓 *T. brachydontium* Bruch in F. A. Müll. YJ20140512174；YJ20140512091(SP1571－1573)；YJ20140512056；YJ20140514030(NK1957－1959)；YJ20140512067；YJ20140512070；YJ20140514084；YJ20140512071；YJ20140514056；YJ20140513018；YJ20140512039

3. 波边毛口藓(小酸土藓)*T. tenuirostre* (Hook. f. et Taylor) Lindb. YJ20140515018

(三)反纽藓属 *Timmiella* (De Not.) Limpr.

1. 反纽藓 *T. anomala* (Bruch et Schimp.) Limpr. YJ20140512051；YJ20140512066；YJ20140514040

(四)小石藓属 *Weisia*

1. 阔叶小石藓 *W. planifolia* Dix. YJ20140514065；YJ20140514073；YJ20140511042

2. 皱叶小石藓 *W. crispa* (Hedw.) Mitt. YJ20140515002；YJ20140512114

3. 小石藓 *W. controversa* Hedw. YJ20140512169；YJ20140512106；YJ20140511020；YJ20140513015
【药用】清热解毒。主治急慢性鼻炎。

4. 东亚小石藓 *W. exserta* (Broth.) P. C. Chen YJ20140512118；YJ20140512167；YJ20140516048

5. 缺齿小石藓(拟阔叶小石藓)*W. edentula* Mitt. YJ20140514053；YJ20140512139；YJ20140511033

6. 小口小石藓(膜口藓) *W. brachycarpa* (Nees et Hornsch.) Jur. YJ20140513042

(五)拟合睫藓属 *Pseudosymblepharis* Broth. Nat. Pflanzenfam.

1. 细拟合睫藓 *P. duriuscula* (Mitt.) YJ20140513062

2. 狭叶拟合睫藓(硬叶拟合睫藓;拟合睫藓)*P. angustata* (Mitt.) Hilp. YJ20140512130b; YJ20140512115

(六)湿地藓属 *Hyophila* Brid. Bryol. Univ.

1. 湿地藓(爪哇湿地藓) *H. javanica* (Nees et Blume) Brid. YJ20140511037b

2. 卷叶湿地藓(欧洲湿地藓) *H. involuta* (Hook.) YJ20140515008; YJ20140512093; YJ20140511036(SP1507 –1508)

(七)净口藓属 *Gymnostomum* Nees et & Hornsch. Bryol. Germ.

1. 铜绿净口藓(石生净口藓) *G. aeruginosum* Smith. YJ20140512072

2. 净口藓(钙土净口鲜,灰岩净口鲜) *G. calcareum* Nees et Hornsch. YJ20140512045

(八)红叶藓属 *Bryoerythrophyllum* P. C. ChenHedwigia

1. 钝头红叶藓 *B. brachystegium* (Besch.) Saito YJ20140514010

(九)立膜藓属 *Hymenostylium* Brid. Bryol. Univ.

1. 立膜藓橙色变种(橙色净口藓)*H. recurvirostrum* var. *cylindricum* YJ20140513040

(十)对齿藓属 *Didymodon Hedw*. Sp. Musc. Frond.

1. 土生对齿藓原变种(狭叶扭口藓)*D. vinealis* (Brid.) R. H. Zander var. *vinealis* YJ20140511053; YJ20140512073; YJ20140513052(SP1607 –1610)

2. 尖叶对齿藓原变种(尖叶扭口藓)*D. constrictus* var. *constrictus* YJ20140516059; YJ20140512064b

3. 长尖对齿藓(长尖扭口藓)*D. ditrichoides* (Broth.) X. J. Li & S. He YJ20140512060; YJ20140512016

4. 红对齿藓(红对齿藓)*D. asperifolius* (Mitt.) H. A. Crum YJ20140512092; YJ20140514020; YJ20140514009b

(十一)纽藓属 *Tortella* (Lindb.) Limpr.

1. 长叶纽藓(纽藓) *T. tortuosa* (Hedw.) Limpr. YJ20140512116; YJ20140514034

九、珠藓科 Bartramiaceae

(一)泽藓属 *Philonotis*

1. 东亚泽藓 *P. turneriana* (Schwaegr.) Mitt. YJ20140515001; YJ20140511048

2. 斜叶泽藓 *P. secunda* YJ20140512005

3. 偏叶泽藓 (毛尖泽藓)*P. falcata* (Hook.) Mitt. YJ20140512038

(二)珠藓属 *Bartramia* Hedw. Sp. Musc. Frond. 164. 1801.

1. 直叶珠藓 *B. ithyphylla* YJ20140511022

2. 梨蒴珠藓 *B. pomiformis* Hedw. YJ20140511002 (SP1534 – 1537); YJ20140511028; YJ20140514051

十、真藓科 Bryaceae

(一)短月藓属 *Brachymenium*

1. 宽叶短月藓 *B. capitulatum* (Mitt.) Kindb. YJ20140511016

(二)真藓属 *Bryum*

1. 比拉真藓 *B. billardieri* Schwaegr. YJ20140514022 (NK1939 – 1942); YJ20140512166; J20140513010a; YJ20140512053; YJ20140514049; YJ20140512069

2. 垂蒴真藓 *B. uliginosum* (Brid.) B. S. G. YJ20140513045(SP1615 –1617)

3. 丛生真藓 *B. caespiticium* YJ201405120151

4. 瘤根真藓 *B. bornholmense* Winkelm. et Ruthe　YJ20140513007

5. 真藓(银叶真藓) *B. argenteum* Hedw.　YJ20140516069；YJ20140516023；YJ20140514003

【药用】清热解毒，止血。主治细菌性痢疾，黄疸，鼻窦炎，痈疮肿毒，烫火伤，衄血，咳血。

6. 狭网真藓(钙土真藓) *B. algovicum* Sendt. ex Müll. Hal. Syn. Musc. Frond. YJ20140511005；YJ20140513039(SP04－1606)；YJ20140511013；YJ20140514080(NK1972－1982)

7. 红蒴真藓 *B. atrovirens* Brid.　YJ20140512003；YJ20140512178；YJ20140514072(NK1966－1967)；YJ20140511029

8. 卵蒴真藓　*B. blindii* Bruch et Schimp.　YJ20140512063

9. 双色真藓(多色真藓) *B. dichotomum* Hedw.　YJ20140514046

10. 拟大叶真藓 *B. salakense* Cardot　YJ20140511017a

11. 细叶真藓 *B. capillare*　YJ20140512054；YJ20140511049；YJ20140516065

12. 柔叶真藓 *B. cellulare* Hook. in Schwägr.　YJ20140513035

13. 圆叶真藓 *B. cyclophyllum* (Schwägr.) Bruch et Schimp.　YJ20140516045

(三)大叶藓属 *Rhodobryum*

1. 暖地大叶藓 *R. giganteum* (Schwaegr.) Par.　YJ20140513008

【药用】全草入药，养心安神，清肝明目；主治心悸怔忡，神经衰弱，目赤肿痛，冠心病，高血压等症。

(四)平蒴藓属 *Plagiob* Lindb.

1. 尖叶平蒴藓 *P. demissum* (Heok.)Lindb.　YJ20140514072

2. 平蒴藓 *P. zierii* (Hedw.) Lindb.　YJ20140512158(SP1594－1597)；YJ20140511014a；YJ20140511045

(五)银藓属 *Anomob* Schimp. Syn. Musc. Eur.

1. 芽胞银藓 *A. gemmigerum* Broth.　YJ20140511041

2. 金黄银藓 *A. auratum*　YJ20140515007

十一、提灯藓科 Minaceae

(一)匐灯藓属 *Plagiomnium*

1. 匐灯藓 *P. cuspidatum* (Hedw.) T. Kop.　YJ20140513064

【药用】凉血止血。主治鼻衄，便血，崩漏。

2. 侧枝匐灯藓 *P. maximoviczii* (Lindb.) T. Kop.　YJ20140512089

3. 具喙匐灯藓 *P. rhynchophorum* (Hook.) T. Kop.　YJ20140513074b；YJ20140512048(NK1772－1775)；YJ20140515051a；YJ20140512068b；YJ20140516033

4. 大叶匐灯藓 *P. succulentnm* (Mitt) T. Kop.　YJ20140514073；YJ20140513071；YJ20140512211a；YJ20140512080

5. 圆叶匐灯藓 *P. vesicatum* (Besch.) T. Kop.　YJ20140513014；YJ20140512076

6. 尖叶匐灯藓(湿地匐灯藓、缘边走灯藓) *P. acutum*　YJ20140511040；YJ20140513046b；YJ20140511034；YJ20140511010；YJ20140513033；YJ20140511009a

(二)丝瓜藓属 *Pohlia*

1. 丝瓜藓 *P. elongata* Hedw.　YJ20140512008；YJ20140513004

2. 疣齿丝瓜藓 *P. flexuosa* Harv. in Hook　YJ20140516020b；YJ20140516025a

3. 南亚丝瓜藓 *P. gedeana* (Bosch. et Sande Lac.) Gangulee　YJ20140512098a；YJ20140511039

(三)毛灯藓属 *Rhizomnium*

1. 扇叶毛灯藓 *Rh. hattorii* T. J. Kop.　YJ20140512042

(四)疣灯藓属 *Trachycystis*

1. 疣灯藓(疣胞提灯藓) *T. microphylla* (Dozy et Molk.) Lindb. YJ20140516063

(五)提灯藓属 *Mnium* Hedw. Sp. Musc. Frond.

1. 刺叶提灯藓 *M. spinosum* (Voit.) Schwägr. YJ20140512023; YJ20140512185
2. 偏叶提灯藓(直喙提灯藓) *M. thomsonii* YJ20140512026
3. 长叶提灯藓 *Mninm lycopodioiodes* Schwägr. YJ20140513002; YJ20140513023
4. 具缘提灯藓(大网提灯藓) *M. marginatum* (With.) P. Beauv. YJ20140513062; YJ20140515054
5. 平肋提灯藓 *M. laevinerve* Cardot, Bull. Soc. Bot. YJ20140513022
6. 异叶提灯藓 *M. heterophyllum* (Hook.) Schwägr. YJ20140516066; YJ20140514081

十二、木灵藓科 Orthotrichaceae

(一)蓑藓属 *Macromitrium* Brid.

1. 钝叶衰藓 *M. japonicum* Doz. et Molk. YJ20140512050
2. 缺齿蓑藓 *M. gymnostomum* Sull. et Lesq. YJ20140516015

(二)木灵藓属 *Orthotrichum* Hedw. Sp. Musc. Frond.

1. 球蒴木灵藓东亚变种(北美木灵藓日本变种) *O. laevigatum* Zett. var. *japonicum* YJ20140516036 (NK2089 - 2092)
2. 毛帽木灵藓 *O. dasymitrium* Lewinsky YJ20140516026a

十三、卷柏藓科 Racopilaceae

(一)卷柏藓属 *Racopilum*

1. 薄壁卷柏藓 *R. cuspidigerum* (Schwaegr.) Aongstr. YJ20140512179; YJ20140513011a; YJ20140514069a; YJ20140512012

十四、白藓科 Leucomiaceae

(一)白藓属 *Leucomium* Mitt.

1. 白藓 *L. strumosum* (Hornsch.) Mitt. YJ20140512205

十五、孔雀藓科 Hypopterygiaceae

(一)雉尾藓属 *Cyathophorum* P. Beauv.

1. 短肋雉尾藓(九州雉尾藓) *C. hookerianum* (Griff.) Mitt. YJ20140513013(NK1850 - 1854)

(二)孔雀藓属 *Hypopterygium* Brid

1. 黄边孔雀藓(拟东亚孔雀藓;台湾孔雀藓;毛尖孔雀藓;东亚孔雀藓) *H. flavo imbatum* Müll. Hal. YJ20140512010 (NK1664 - 1665); YJ20140512051; YJ20140514037; YJ20140512024a; YJ20140512018; YJ20140515058; YJ20140513021; YJ20140512138; YJ20140514076

十六、小黄藓科 Daltoniaceae

(一)黄藓属 *Distichophyllum* Dozy et Molk.

1. 东亚黄藓 *D. maibarae* Besch. YJ20140515038; YJ20140512111
2. 匙叶黄藓贵州变种(梵净变种) *D. oblongum* var. *fanjingensis* YJ20140512183(NK1681 - 1685)
3. 厚角黄藓原变种 *D. collenchymatosum* var. *collenchymatosum* YJ20140512183(NK1686 - 1688)

十七、棉藓科 Plagiotheciaceae

(一)棉藓属 *Plagiothecium*

1. 棉藓 *P. denticulatum* (Hedw.) Schimp. YJ20140513006
2. 直叶棉藓原变种 *P. euryphyllum* var. *euryphyllum* YJ20140513043b
3. 直叶棉藓短尖变种 *P. eurphyllum* var. *brevirameum* (Card.) YJ20140513041

4. 扁平棉藓锡金变种 *P. neckeroideum* var. *sikkimense*　YJ20140514068a

十八、薄罗藓科 Leskeaceae

（一）麻羽藓属 *Claopodium*

1. 皱叶麻羽藓 *C. rugulosifolium* S. Y. Zhen.　YJ20140513027；YJ20140511018
2. 狭叶麻羽藓 *C. aciculum*（Broth.）Broth.　YJ20140512117
3. 细麻羽藓 *C. gracillimum*（Cardot & Thér.）Nog.　YJ20140516018b

十九、羽藓科 Thuidiaceae

（一）细羽藓属 *Cyrtohypnum*

1. 密毛细羽藓 *C. gratum*（P. Beauv.）Buck et Crum　YJ20140511015
2. 尖毛细羽藓 *C. fuscatum*（Besch.）Wu.　YJ20140511021；YJ20140511014b；YJ20140511030b
3. 纤枝细羽藓 *C. bonianum*（Besch.）Buck et Crum　YJ20140514075b
4. 多疣细羽藓 *C. pygmaeum*（Schimp.）Buck et Crum　YJ20140512015

（二）小羽藓属 *Haplocladium*

1. 狭叶小羽藓 *H. angustifolium*（Hampe et C. Muell.）Broth.　YJ20140513051a；YJ20140514019（NK1859 – 1863）；YJ20140512201（NK1721 – 1723）；YJ20140513037a；YJ20140513056a；YJ20140516020b；YJ20140513067；YJ20140514068b

2. 细叶小羽藓 *H. microphyllum*（Hedw.）Broth.　YJ20140511044（SP1504 – 1507）；YJ20140513053；J20140514082

【药用】清热解毒。主治急性扁桃体炎、乳腺炎、疖肿、肺炎、中耳炎、尿道炎、附件炎、产后感染等急性炎症。

（三）羽藓属 *Thuidium*

1. 大羽藓 *T. cymbifolium*（Dozy. et Molk.）Dozy. et Molk.　YJ20140512190；YJ20140512036；YJ20140512025；YJ20140512108；YJ20140512035；YJ20140512136；YJ20140512084；YJ20140515019

【药用】清热，拔毒，生肌。主治水火烫伤。

2. 细枝羽藓 *T. delicatulum*（Hedw.）Mitt　YJ20140512024b；YJ20140514060；YJ20140513028b

3. 短肋羽藓 *T. kanedae* Sak.　YJ20140512164；YJ20140515051b；YJ20140514033；YJ20140511017b；YJ20140515003；YJ20140513046a；YJ20140513001b；YJ20140512211b；YJ20140514038a；YJ20140512177b

4. 羽藓 *T. tamariscinum*　YJ20140512187
5. 拟灰羽藓 *T. glaucinoides* Broth.　YJ20140512057
6. 毛尖羽藓 *T. plumulosum*（Dozy et Molk.）　YJ20140511011（SP1516 – 1517）

二十、青藓科 Brachytheciaceae

（一）青藓属 *Brachythecium*

1. 野口青藓 *B. noguchii Takaki.*　YJ20140514047；YJ20140513030
2. 卵叶青藓 *B. rutabulum*（Hedw.）B. S. G.　YJ20140512074
3. 密枝青藓 *B. amnicolum* C. Muell.　YJ20140513012b；YJ2014051047；YJ20140511043
4. 小青藓 *B. perminusculum* C. Muell.　YJ20140516060
5. 灰白青藓 *B. albicans*（Hedw.）B. S. G.　YJ20140516055
6. 毛尖青藓 *B. piligerum* Cardot　YJ20140516053；YJ20140516053（NK2082 – 2084）
7. 羽枝青藓 *B. plumosum*（Hedw.）Bruch et Schimp.　YJ20140511052　YJ20140511056a；YJ20140512068c；YJ20140514063
8. 尖叶青藓 *B. coreanum* Cardot　YJ20140516004

9. 扁枝青藓 *B. planiusculum* Müll. Hal. YJ20140512052

10. 长叶青藓 *B. rotaeanum* De Not. YJ20140514031

11. 圆枝青藓 *B. garovaglioides* Müll. Hal. YJ20140513036a

12. 褶叶青藓（亚灰白青藓）*B. salebrosum*（F. Weber et D. Mohr）Bruch et Schimp YJ20140512065；YJ20140511003；YJ20140512191；YJ20140512113

（二）美喙藓属 *Eurhynchium*

1. 尖叶美喙藓 *E. eustegium*（Besch）Dix. YJ20140513056c；YJ20140512173

2. 疏网美喙藓 *E. laxirete* Broth. YJ20140514064b；YJ20140514070；YJ20140512188；YJ20140512199；YJ20140512041b；YJ20140514032；YJ20140511031；YJ20140512112；YJ20140512022a；YJ20140515027

3. 宽叶美喙藓 *E. hians*（*Hedw.*）Sande Lac. YJ20140514059

4. 密叶美喙藓 *E. savatieri* Schimp. ex Besch. YJ20140515052

5. 小叶美喙藓 *E. filiforme* YJ20140512075；YJ20140513066（NK1836 - 1837）；YJ20140513032（NK1864 - 1865）

6. 扭尖美喙藓 *E. kirishimense* YJ20140513017；YJ20140512194；YJ20140514078

7. 糙叶美喙藓 *E. squarrifolium* Broth. ex Iisiba, Bot. Mag. YJ20140514069c

8. 狭叶美喙藓 *E. coarctum* Müll. Hal. YJ20140514055

（三）褶叶藓属 *Palamocladium*

1. 深绿褶叶藓 *P. euchloron*（C. Muell.）Wijk. et Marg. YJ20140512013

2. 褶叶藓 *P. nilgheriense*（Mont.）C. Muell. YJ20140512046；YJ20140512059

（四）长喙藓属 *Rhynchostegium*

1. 水生长喙藓 *R. riparioides*（Hesw.）Card. YJ20140512062；YJ20140513048；YJ20140512061

2. 卵叶长喙藓 *R. ovalifolium* S. Okamura YJ20140511012

3. 缩叶长喙藓 *R. confertum*（Dicks.）Schimp. YJ20140513045

（五）细喙藓属 *Rhynchostegiella*（Bruch et Schimp.）

1. 光柄细喙藓 *R. laeviseta* Broth. YJ20140514020

二十一、蔓藓科 Meteoriaceae

（一）灰气藓属 *Aerobryopsis* M. Fleisch. Hedwigia

1. 大灰气藓 *A. subdivergens*（Broth.）Broth. YJ20140511001（SP1543 - 1544）

2. 大灰气藓长尖亚种（长尖灰气藓）*A. subdivergens* subsp. *scariosa*（E. B. Bartram）Nog. YJ20140512094；YJ20140512130a

3. 灰气藓 *A. wallichii*（Brid.）M. Fleisch. YJ20140515005；YJ20140515045（SP1660 - 1662）；YJ20140511009b

（二）悬藓属 *Barbella* Fleisch.

1. 悬藓 *B. compressiramea*（Renauld et Cardot）M. Fleisch. YJ20140512090

（三）绿锯藓属 *Duthiella*

1. 软枝绿锯藓 *D. flaccida*（Card.）Broth. YJ20140513058

2. 美绿锯藓 *D. speciosissima* Broth. ex Cardot YJ20140515035

3. 台湾绿锯藓 *D. formosana* Nog. YJ20140514038b

（四）丝带藓属 *Floribundaria*

1. 四川丝带藓 *F. setschwanica* Broth. YJ20140512030；YJ20140512136；YJ20140515061；YJ20140514071；YJ20140516038

2. 假丝带藓 *F. pseudofloribunda* M. Fleisch. YJ20140512175；YJ20140512186；YJ20140513018；YJ20140513024(NK1840－1849)

3. 丝带藓 *F. intermedia* Thér. YJ20140512088

(五)新丝藓属 *Neodicladiella* (Nog.) W. R. BuckJ. Hattori Bot. Lab.

1. 新丝藓(多疣悬藓) *N. pendula* (Sull.) W. R. Buck YJ20140513016(NK1889－1892)；YJ20140516040a

(六)蔓藓属 *Meteorium* Dozy et Molk. Musci Frond. Ined. Archip. Ind.

1. 粗枝蔓藓(台湾蔓藓，毛叶蔓藓) *M. subpolytrichum* YJ20140512161

2. 蔓藓(尖叶蔓藓) *M. polytrichum* Dozy et Molk. YJ20140514057

(七)扭叶藓属 *Trachypus Reinw.* et Hornsch.

1. 扭叶藓 *T. bicolor* YJ20140511004(SP1545－1547)；YJ20140512168

2. 长叶扭叶藓 *T. longifolius* Nog. YJ20140512095

二十二、灰藓科 Hypnaceae

(一)偏蒴藓属 *Ectropothecium*

1. 卷叶偏蒴藓 *E. ohsimese* Card. et Thér YJ20140512078；YJ20140512081

2. 淡叶偏蒴藓 *E. dealbatum* YJ20140516025b

(二)粗枝藓属 *Gollania*

1. 皱叶粗枝藓 *G. ruginosa* (Mitt.) Broth. YJ20140516034

2. 中华粗枝藓 *G. sinensis* Broth. et Paris YJ20140512177a

3. 粗枝藓 *G. clarescens* (Mitt.) Broth. YJ20140512195

(三)灰藓属 *Hypnum*

1. 东亚灰藓 *H. fauriei* Card. YJ20140516011(NK2049－2051)；YJ20140512197；YJ20140512055；YJ20140514009a

2. 弯叶灰藓 *H. hamulosum* Schimp. YJ20140512083a

3. 大灰藓(多形灰藓、羽枝灰藓) *H. plumaeforme* YJ20140513037b

4. 直叶灰藓 *H. vaucheri* Lesq. YJ20140511024

5. 美灰藓 *H. leptothallum* (Müll. Hal.) Paris YJ20140516009a；YJ20140514001

6. 长喙灰藓 *H. fujiyamae* (Broth.) Paris YJ20140513011

(四)长灰藓属 *Herzogiella* Broth.

1. 齿边长灰藓 *H. perrobusta* (Broth. ex. Card.) Iwats. YJ20140512189

2. 沼生长灰藓 *H. turfacea* (Lindb.) Z. Iwats. YJ20140515039

(五)同叶藓属 *Isopterygium* Mitt.

1. 齿边同叶藓 *I. serrulatum* M. Fleisch. YJ20140512007b

(六)拟鳞叶藓属 *Pseudotaxiphyllum*

1. 东亚拟鳞叶藓 *P. pohliaecarpum* (Sull. Et Lesq.) Iwats. YJ20140515015；YJ20140516007

(七)鳞叶藓属 *Taxiphyllum*

1. 鳞叶藓 *T. taxirameum*(Mitt.) Fleisch. YJ20140514077；YJ20140513074

【药用】敛疮止血。主治外伤出血。

2. 陕西鳞叶藓 *T. giraldii* (C. Muell.) Fleisch. YJ20140514086；YJ20140514058

3. 凸尖鳞叶藓 *T. cuspidifolium* (Cardot) Z. Iwats. YJ20140514067

(八)明叶藓属 *Vesicularia* (Müll. Hal.) Müll. Hal.

1. 暖地明叶藓 *V. ferriei* (Cardot et Thér.) Broth. YJ20140515041

2. 明叶藓 *V. montagnei* (Schimp.) Broth. YJ20140515020

二十三、毛锦藓科 Pylaisiadelphaceae

(一)小锦藓属 *Brotherella*

1. 南方小锦藓 *B. henonii* (Duby) Fleisch. YJ20140512176；YJ20140512206
2. 赤茎小锦藓 *B. erythrocaulis* (Mitt.) M. Fleisch. YJ20140516019

(二)毛锦藓属 *Pylaisiadelpha* CardotRev. Bryol.

1. 暗绿毛锦藓（暗绿灰藓）*P. tristoviridis* (Broth.) O. M. Afonina YJ20140514041

(三)刺枝藓属 *Wijkia*

1. 角状刺枝藓 *W. hornschuchii* (Dozy et Molk.) Crum YJ20140512006(NK1644 - 1648)

二十四、锦藓科 Sematophyllaceae

(一)锦藓属 *Sematophyllum*

1. 橙色锦藓 *S. phoeniceum* (Müll. Hal.) YJ20140512165；YJ20140514005；YJ20140511019
2. 羽叶锦藓 *S. subpinnatum* (Brid.) Britt. YJ20140516016

(二)刺疣藓属 *Trichosteleum* Mitt. J. Linn. Soc.

1. 全缘刺疣藓 *T. lutschianum* (Broth. et Paris) Broth. YJ20140512163a；YJ20140514012；YJ20140516031；YJ20140516050；YJ20140516071；YJ20140516032

二十五、塔藓科 Hylocomiaceae

(一)梳藓属 *Ctenidium*

1. 羽枝梳藓 *C. pinnatum* (Broth. et Par.) Broth. YJ20140512029
2. 毛叶梳藓 *C. capilifolium* (Mitt.) Broth. YJ20140512009；YJ20140515050
3. 梳藓 *C. molluscum* (Hedw.) Mitt. YJ20140512198a
4. 齿叶梳藓 *C. serratifolium* YJ20140514035a

(二)新船叶藓属 *Neodolichomitra* Nog. J. Jap. Bot.

1. 新船叶藓(兜叶南木藓) *N. yunnanensis* (Besch.) T. J. Kop. YJ20140512140；YJ20140512083c

二十六、绢藓科 Entodontaceae

(一)绢藓属 *Entodon*

1. 皱叶绢藓 *E. plicatus* Müll. Hal. YJ20140512032b
2. 长柄绢藓(狭叶绢藓) *E. macropodus* (Hedw.) C. Muell. YJ20140512182(NK1718 - 1720)
3. 长帽绢藓 *E. dolichocucullatus* S. Okamura YJ20140513074b
4. 绢藓 *E. cladorrhizans* (Hedw.) Müll. Hal. YJ20140516012
5. 长叶绢藓 *E. longifolius* (Müll. Hal.) A. Jaeger YJ20140516049
6. 宝岛绢藓 *E. taiwanensis* C. K. Wang et S. H. Lin YJ20140513063；YJ20140515047；YJ20140512102
7. 娇美绢藓 *E. pulchellus* (Griff.) A. Jaeger, Ber. YJ20140511025
8. 玉山绢藓 *E. morrisonensis* Nog. YJ20140513015

二十七、白齿藓科 Leucodontaceae

(一)单齿藓属 *Dozya* Sande Lac.

1. 单齿藓 *D. japonica* Sande Lac. YJ20140516051(NK2079 - 2081)；YJ20140514023(NK1991 - 1996)

二十八、平藓科 Neckeraceae

(一)树平藓属 *Homaliodendron*

1. 刀叶树平藓 *H. scalpellifolium* (Mitt.) Fleisch. YJ20140515006

（二）羽枝藓属 *Pinnatella*

1. 东亚羽枝藓 *P. makinoi*（Broth.）Broth.　YJ20140514066；YJ20140513055a；YJ20140513047；YJ20140513060a；YJ20140512153；YJ20140514074；YJ20140514083；YJ20140514039a

（三）木藓属 *Thamnobryum*

1. 南亚木藓 *T. subserratum*（Hook.）Nog. et Iwats.　YJ20140514075a；YJ20140514061

2. 木藓 *T. alopecurum*（Hedw.）Nieuwl. ex Gangulee　YJ20140513060b；YJ20140513011b；YJ20140513043a

（四）平藓属 *Neckera* Hedw. Sp. Musc. Frond.

1. 短肋平藓 *N. goughiana* Mitt.　YJ20140511027

2. 四川平藓 *N. setschwanica* Broth.　YJ20140511023b

3. 延叶平藓 *N. decurrens* Broth.　YJ20140512163

（五）拟平藓属 *Neckeropsis* Reichardt

1. 东亚拟平藓 *N. calcicola* Nog.　YJ20140514054；YJ20140512196；YJ20140511023a

2. 截叶拟平藓 *N. lepineana*（Mont.）M. Fleisch.　YJ20140512103

（六）残齿藓属 *Forsstroemia* Lindb. Öfvers. Förh. Kongl. Svenska Vetensk. －Akad.

1. 匍枝残齿藓（中华残齿藓、中华残齿藓小叶变种、陕西残齿藓）*F. producta*（Hornsch.）Paris　YJ20140514021b

二十九、船叶藓科 Lembophyllaceae

（一）船叶藓属 *Dolichomitra* Broth. Nat. Pflanzenfam.

1. 船叶藓 *D. cymbifolia*　YJ20140512002a

三十、牛舌藓科 Anomodontaceae

（一）牛舌藓属 *Anomodon*

1. 小牛舌藓（原亚种，全缘亚种）*A. minor*（Hedw.）Fuernr. subsp. *minor*　YJ20140512028

2. 牛舌藓 *A. viticulosus*（Hedw.）Hook. et Taylor　YJ20140511026；YJ20140512170；YJ20140511035

3. 皱叶牛舌藓 *A. rugelii*（Müll. Hal.）Keissl.　YJ20140512157；YJ20140516009b；YJ20140511030a；YJ20140514087

（二）多枝藓属 *Haplohymenium* Dozy. et Molk.

1. 暗绿多枝藓 *H. triste*（Ces.）Kindb.　YJ20140516037

2. 台湾多枝藓 *H. formosanum* Nog.　YJ20140516030b；YJ20140516040b

3. 鞭枝多枝藓 *H. flagelliforme* L. I. Savicz　YJ20140516052；

三十一、柳叶藓科 Amblystegiaceae

（一）细湿藓属 *Campylium*（Sull.）Mitt. J. Linn. Soc.

1. 细湿藓原变种 *C. hispidulum* var. *hispidulum*　YJ20140512077

2. 细湿藓稀齿变种 *C. hispidulum* var. *sommerfeltii*（Myrin）Lindb.　YJ20140513050

3. 黄叶细湿藓（拟细湿藓）*C. chrysophyllum*（Brid.）J. Lange　YJ20140512208；YJ20140513008

（二）拟细湿藓属 *Campyliadelphus*（Kindb.）R. S. Chopra.

1. 阔叶拟细湿藓 *C. polygamum*（Bruch et Schimp.）Kanda　YJ20140512135b

2. 多态拟细湿藓 *C. protensus*（Brid.）Kanda　YJ20140515022

3. 仰叶拟细湿藓 *C. stellatus*（Hedw.）Kanda　YJ20140512058

（三）牛角藓属 *Cratoneuron*（Sull.）SpruceCat. Musc.

1. 牛角藓 *C. filicinum*（Hedw.）Spruce　YJ20140512100；YJ20140513014；YJ20140514002；YJ20140514024；YJ20140515009a；YJ20140512171；YJ20140514013

【药用】宁心安神。主治心神不安，惊悸怔忡。

(四)镰刀藓属 *Drepanocladus* (Müll. Hal.) G. RothHedwigia 38 (Beibl.)

1. 镰刀藓直叶变种 *D. aduncus* var. *kneiffii* (Bruch et Schimp.) Mönk. YJ20140511032

三十二、刺果藓科 Symphyodontaceae

(一)刺果藓属 *Symphyodon* Mont. Ann. Sci. Nat.

1. 长刺刺果藓 *S. echinatus* (Mitt.) A. Jaeger YJ20140512087

三十三、金灰藓科 Pylaisiaceae

(一)毛灰藓属 *Homomallium* (Schimp.) Loeske Hedwigia

1. 墨西哥毛灰藓 *H. mexicanum* Cardot, Rev. Bryol. YJ20140516061

(二)金灰藓属 *Pylaisia* Bruck et Schimp.

1. 丝金灰藓(丝灰藓) *P. levieri* (Müll. Hal.) T. Arikawa YJ20140516017; YJ20140516026; YJ20140511001(SP1548－1549)

三十四、异齿藓科 Regmatodontaceae

(一)异齿藓属 *Regmatodon* Brid. Bryol. Univ.

1. 异齿藓 *R. declinatus* (Hook.) Brid. YJ20140514025(NK1983－1990; SP1653－1655)

三十五、粗柄藓科 Trachylomataceae

(一)粗柄藓属 *Trachyloma* Brid. Bryol. Univ. 2: 277. 1827

1. 南亚粗柄藓 *T. indicum* Mitt., J. Proc. Linn. Soc. YJ20140512198b

三十六、疣冠苔科 Aytoniaceae

(一)紫背苔属 *Plagiochasma*

1. 紫背苔 *P. rupestre* (Forst.) Steph. [H] YJ20140512064a; YJ20140515037b; YJ20140512154

(二)石地钱属 *Reboulia* Raddi pusc. Sci.

1. 石地钱 *R. hemisphaerica* (L.) Raddi, Opusco YJ20140512014

(三)疣冠苔属 *Mannia* OpizNaturalientausch 12(Beitr. Naturg..

1. 无隔疣冠苔(瘤冠苔) *M. fragrans* (Balb.) Frye et Clark YJ20140515016

三十七、蛇苔科 Conocephalaceae

(一)蛇苔属 *Conocephalum*

1. 蛇苔 *C. conicum* (L.) Dum YJ20140513012a; YJ20140512032c; YJ20140512110

【药用】清热解毒，消肿止痛。主治痈疮肿毒，烧烫伤，毒蛇咬伤，骨折损伤。

三十八、地钱科 Marchantiaceae

(一)地钱属 *Marchantia*

1. 楔瓣地钱 *M. emarginata* Reinw. YJ20140514019a

2. 粗裂地钱原亚种 *M. paleacea* subsp. *paleacea* YJ20140511056b

3. 地钱原亚种 *M. polymorpha* L. subsp. *polymorpha*, Sp. Pl. 1137. 1753. YJ20140512202; YJ20140512002b; YJ20140514069(NK1866－1871); YJ20140512134; YJ20140512021(NK1660－1663; SP1554－1557; SP1561－1562); YJ20140511008(SP1528－1530); YJ20140512107

【药用】清热利湿，拔毒生肌。主治痈疽肿毒，烧烫伤，毒蛇咬伤，骨折。

4. 拟地钱 *M. stoloniscyphula* (C. Gao et G. C. Zhang) Piippo YJ20140512043

三十九、毛地钱科 Dumortieraceae

(一)毛地钱属 *Dumortiera*

1. 毛地钱 *D. hirsute*（Sw.）Reinw et al　YJ20140513038a

四十、带叶苔科 Pallaviciniaceae

(一)带叶苔属 *Pallavicinia*

1. 多形带叶苔 *P. ambigua*（Mitt.）Steph.　YJ20140512200

四十一、溪苔科 Pelliaceae

(一)溪苔属 *Pellie*

1. 花叶溪苔 *P. endiviaefolia*（Dicks.）Dum.　YJ20140512022b
2. 溪苔 *P. epiphylla*（L.）Cord.　YJ20140515064；J20140512097；YJ20140512027

四十二、叶苔科 Jungermanniaceae

(一)管口苔属 *Solenostoma* Mitt.

1. 截叶管口苔（截叶叶苔）*S. truncatum*（Nees）Váňa et D. G. Long　YJ20140515028；YJ20140515037a

(二)叶苔属 *Jungermannia* L. Sp. Pl.

1. 深绿叶苔 *J. atrovirens*　YJ20140515046；YJ20140516058
2. 疏叶叶苔 *J. sparsofolia* C. Gao et J. Sun, Bull.　YJ20140513007；YJ20140515044；YJ20140512085

四十三、护蒴苔科 Calypogiaceae

(一)护蒴苔属 *Calypogia*

1. 钝叶护蒴苔 *C. neesiana*　YJ20140514027b；YJ20140515013

四十四、大萼苔科 Cephaloziaceae

(一)大萼苔属 *Cephalozia*（Dumort）DumortRecueil Observ. Jungerm.

1. 毛口大萼苔 *C. lacinulata*（J. B. Jack）Spruce　YJ20140516035(NK2054 – 2056)

四十五、绒苔科 Trichocoleaceae

(一)绒苔属 *Trichocolea* Dumort. Comment. Bot.

1. 绒苔 *T. tomentella*（Ehrh.）Dumort.　YJ20140513012c

四十六、指叶苔科 Lepidoziaceae

(一)鞭苔属 *Bazzania*

1. 白叶鞭苔 *B. albifolia* Horik.　YJ20140513029a
2. 白边鞭苔 *B. oshimensis*（Steph.）Horik.　YJ20140516041

四十七、羽苔科 Plagiochilacea

(一)羽苔属 *Plagiochila*

1. 尖齿羽苔 *P. pseudorenitens* Schiffn.　YJ20140512137b；YJ20140513006
2. 刺叶羽苔 *P. sciophila* Nees ex Lindenb　YJ20140513059；YJ20140514069b
3. 中华羽苔 *P. chinensis* Steph.　YJ20140513005
4. 多齿羽苔 *P. perserrata* Herzog in Handel – Mazzetti　YJ20140513034
5. 落叶羽苔 *P. defolians* Grolle et M. L. So　YJ20140514052b

四十八、齿萼苔科 Lophocoleaceae

(一)裂萼苔属 *Chiloscyphus*

1. 芽胞裂萼苔 *C. minor* (Nees.) Engel et Schust YJ20140515010；YJ20140516024；YJ20140516064；YJ20140513017；YJ20140515048

2. 中华裂萼 *C. sinensis* J. J. Engel et R. M. Schust. YJ20140516067

(二)异萼苔属 *Heteroscyphus*

1. 四齿异萼苔 *H. argustus* (Reinw. Bl. et Nees.) Schiffn YJ20140514069；J20140514045；YJ20140513028a

2. 双齿异萼苔 *H. coalitus* (Hook.) Schiffn [E], LB. YJ20140512137a；YJ20140514050；YJ20140516027

3. 平叶异萼苔 *H. planus* (Mitt.) Schiffn YJ20140516046

4. 南亚异萼苔 *H. zollingeri* (Gottsche) Schiffn. YJ20140514035b；YJ20140516020a；YJ20140513001a

5. 叉齿异萼苔 *H. lophocoleoides* S. Hatt. YJ20140512132(NK1726－1729)

四十九、光萼苔科 Porellaceae

(一)光萼苔属 *Porella*

1. 钝叶光萼苔鳞叶变种 *P. obtusata* var. *macroloba* (Steph.) Hatt. YJ20140515059；YJ20140516010；YJ20140511038；YJ20140512207；YJ20140513044

2. 长叶光萼苔 *P. longifolia* (Steph.) S. Hatt. YJ20140512034(NK1793－1799)；YJ20140514052a；YJ20140513057

3. 亮叶光萼苔 *P. nitens* (Steph.) S. Hatt. in Hara (ed.) YJ20140512160

4. 毛边光萼苔原变种 *P. perrottetiana* var. *perrottetiana* YJ20140512172

5. 毛边光萼苔齿叶变种 *P. perrottetiana* var. *ciliatodentata* YJ20140512101

6. 密叶光萼苔原亚种 *P. densifolia* subsp. densifolia YJ20140512040

7. 中华光萼苔原变种 *P. chinensis* var. *chinensis* YJ20140511046

8. 卷叶光萼苔陕西变种 *P. revoluta* var. *propingua* YJ20140512152

五十、扁萼苔科 Radulaceae

(一)扁萼苔属 *Radula*

1. 扁萼苔 *R. complanata* (L.) Dumort. YJ20140515029

2. 尖瓣扁萼苔 *R. apiculata* Sande Lac. ex Steph., Hedwigia YJ20140514068；YJ20140512119

3. 芽胞扁萼苔(林氏扁萼苔) *R. lindenbergiana* YJ20140515023；YJ20140513077a；YJ20140512135a

4. 尖叶扁萼苔 *R. kojana* Steph. YJ20140515021；YJ20140515034

5. 耳瓣扁萼苔 *R. auriculata* Steph. YJ20140513026

6. 钝瓣扁萼苔 *R. aquiligia* (Hook. f. et Taylor) Gottsche YJ20140515014a；YJ20140514021a

五十一、耳叶苔科 Frullaniaceae

(一)耳叶苔属 *Frullania*

1. 列胞耳叶苔 *F. moniliata* (Reinw. et al.) Mont. YJ20140515053；YJ20140512133

2. 塔拉大克耳叶苔 *F. taradakensis* Steph. YJ20140516030a

3. 盔瓣耳叶苔 *F. muscicola* Steph. YJ20140516054

4. 中华耳叶苔 *F. sinensis* Steph. YJ20140512037

五十二、细鳞苔科 Lejeuneaceae

(一)细鳞苔属 *Lejeunea*

1. 暗绿细鳞苔 *L. obscura* Mitt. YJ20140515060
2. 小叶细鳞苔 *L. parva*（Hatt.）Mizut. YJ20140513055b
3. 中华细鳞苔 *L. chinensis*（Herzog）R. L. J20140512131（NK1724－1727）
4. 异叶细鳞苔（狭瓣细鳞苔）*L. anisophylla* Mont. YJ20140516018a
5. 疏叶细鳞苔（长叶细鳞苔）*L. discreta* Lindenb. YJ20140512047

(二)疣鳞苔属 *Cololejeunea*（Spruce）Schiffn.

1. 长叶疣鳞苔（鳞叶疣鳞苔）*C. longifolia*（Mitt.）Benedix ex Mizut YJ20140513051c

(三)薄鳞苔属 *Leptolejeunea*（Spruce）Schiffn. Nat. Pflanzenfam.

1. 巴氏薄鳞苔 *L. balansae* Steph. YJ20140515056

(四)皱萼苔属 *Ptychanthus* NeesNaturgesch. Eur. Leberm.

1. 皱萼苔 *P. striatus* YJ20140515040

(五)原鳞苔属 *Archilejeunea*（Spruce）Schiffn. Nat. Pflanzenfam.

1. 平叶原鳞苔 *A. planiuscula*（Mitt.）Steph. YJ20140512044

(六)异鳞苔属 *Tuzibeanthus* S. Hatt. Biosphaera

1. 异鳞苔 *T. chinensis*（Steph.）Mizut. YJ20140513003

五十三、绿片苔科 Aneuraceae

(一)片叶苔属 *Riccardia*

1. 中华片叶苔 *R. chinensis* C. Gao YJ20140515032；J20140512019
2. 宽片叶苔 *R. latifrons*（Lindb.）Lindb. YJ20140512181；YJ20140514079；YJ20140515031
3. 波叶片叶苔 *R. chamaedryfolia* YJ20140515030

(二)绿片苔属 *Aneura* Dumort.

1. 绿片苔 *A. pinguis*（L.）Dumort. YJ20140515036

五十四、叉苔科 Metzgeriaceae

(一)叉苔属 *Metzgeria*

1. 平叉苔 *M. conjugata Lindb.* YJ20140515063；YJ20140513077b；YJ20140513036b
2. 狭尖叉苔 *M. consanguinea* Schiff. YJ20140513038b；YJ20140512233
3. 背胞叉苔 *M. novicrassipilis* Kuwah YJ20140516029；YJ20140515033；YJ20140515014b
4. 长叉苔 *M. mauina* YJ20140515011
5. 背胞叉苔 *M. novicrassipilis* Kuwah. YJ20140513017a
6. 大叉苔 *M. fruticulosa*（Dicks.）A. Evans，Ann. Bot. YJ20140512109（NK1734－1737）
7. 叉苔（疏毛叉苔）*M. furcata* YJ20140514070

五十五、角苔科 Anthocerotaceae

(一)黄角苔属 *Phaeoceros* Prosk. Bull. Torrey Bot. Club

1. 黄角苔 *Ph. laevis*（L.）Prosk. YJ20140516022（NK2042－2044）

(二)角苔属 *Anthoceros* L. Sp. Pl.

1. 角苔（卷叶角苔）*A. punctatus* L. YJ20140516072

五十六、光苔科 Cyathodiaceae

(一)光苔属 *Cyathodium* Kunze Nov. Stirp. Pug.

1. 光苔 *C. cavernarum* Kunze，Nov. Stirp. Pug YJ20140515043；YJ20140515049

五十七、圆叶苔科 Jamesoniellaceae

(一)对耳苔属 *Syzygiella* Spruce J. Bot. 14：234. 1876.

1. 对耳苔(筒萼对耳苔；圆叶苔)*S. autumnalis* (DC.) K. Feldberg YJ20140515044

五十八、裸蒴苔科 Haplomitriaceae

(一)裸蒴苔属 *Haplomitrium* NeesNaturgesch. Eur. Leberm.

1. 圆叶裸蒴苔 *H. mnioides* (Lindb.) R. M. Schust. YJ20140516042(NK2035－2041)

(刘良淑 熊源新 钟世梅 崔再宁 王 蓉 颜丽蓉)

石松类 Lycophytes

一、石松科 Lycopodiaceae

(一)石杉属 *Huperzia* Bernhardi

1)蛇足石杉 *H. serratum* (Thunb.)Trev. YX－114

【药用】全草入药。散瘀消肿，止血生肌，镇痛，消肿，杀虱。主治淤血肿痛，跌打损伤，坐骨神经痛，神经性头痛，烧、烫伤。民间用以灭虱，灭臭虫，治疗蛇咬伤等。

(二)小石松属 *Lycopodiella* Holb

1. 灯笼草 *L. cernua* (L.) Pic. Serm YX－119

【药用】全草入药。祛风除湿，舒筋活络，消肿解毒，收敛止血。主治风湿骨痛，四肢麻木，跌打损伤，小儿麻痹后遗症，小儿疳积，吐血，血崩，瘰疬，痈肿疮毒。

(三)石松属 *Lycopodium* L.

1. 藤石松 *L. casuarinoides* Spring YX－118

【药用】全草入药。祛风除湿，舒筋活络。治风寒咳嗽，风湿疼痛。

2. 石松 *L. japonicum* Thunb. YX－131

【药用】全草、孢子入药。祛风活络，镇痛消肿，调经。主治风寒湿痹，四肢麻木，跌打损伤，月经不调，外伤出血。主治小儿湿疹。

二、卷柏科 Selaginellaceae

(一)卷柏属 *Selaginella* P. Beauv

1. 大叶卷柏 *S. bodinieri* Hieron ex Christ YX－065

【药用】全草入药。清热利湿，舒筋活络，抗癌。主治风热咳嗽，水肿，跌打损伤，癌肿。

2. 薄叶卷柏 *S. delicatula* (Desv.) Alston YX－022

【药用】全草入药。清热解毒，驱风退热，活血调经。主治小儿惊风，麻疹，跌打损伤，月经不调，烧、烫伤。

3. 深绿卷柏 *S. doederleinii* Hieron YX－069

【药用】全草入药。清热解毒，利尿通淋，活血消肿，止血退热。主治急性黄疸，肝硬化腹水，淋症，跌打损伤，咯血，便血，刀伤出血，疮毒，烧、烫伤，毒蛇咬伤。

4. 兖州卷柏 *S. involvens* (Sw.) Spring YX－154

【药用】全草入药。清热凉血，利水消肿，清肝利胆，化痰定喘，止血。主治急性黄疸，肝硬化腹水，咳嗽痰喘，风热咳喘，崩漏，烧、烫伤，外伤出血。

5. 江南卷柏 *S. moellendorffii* Hieton YX－007

【药用】全草入药。清热解毒，利尿通淋，活血消肿，止血退热。主治急性黄疸，肝硬化腹水，淋症，跌打损伤，咯血，便血，刀伤出血，疮毒，烧、烫伤，毒蛇咬伤。

6. 伏地卷柏 *S. nipponica* Franch. et Sav YX－001

【药用】全草入药。清热解毒，润肺止咳，舒筋活血，止血生肌。主治痰喘咳嗽，淋症，吐血，痔疮出血，外伤出血，扭伤，烧、烫伤。

7. 翠云草 *S. uncinata* (Desv.) Spring　YX-024

【药用】全草入药。清热解毒，利湿通络，化痰止咳，止血。主治黄疸，痢疾，高热惊厥，胆囊炎，水肿，泄泻，吐血，便血，风湿关节痛，乳痈，烧、烫伤。

8. 剑叶卷柏 *S. xipholepis* Bak.　YX-061

（吴菲菲　苟光前　孙巧玲　王美娟　严丽蓉）

蕨类 Ferns

一、木贼科 Equisetaceae

（一）木贼属 *Equisetum* L.

1. 节节草 *E. ramosissimum* Desf.　YX-019

【药用】全草入药。清热明目，祛风除湿，止咳平喘，利尿，退翳。主治目赤肿痛，感冒咳喘，水肿，淋症，肝炎，骨折。

2. 笔管草 *E. ramosissimum* subsp. *debile* (Roxb. ex Vauch.) Hauke　YX-046

【药用】全草入药。清肝明目。治风热感冒，眼翳，肾炎，咳嗽，血尿。

二、瓶尔小草科 Ophioglossaceae

（一）瓶尔小草属 *Ophioglossum* L.

1. 瓶尔小草 *O. vulgatum* Linnaeus　YX-144

【药用】全草入药。清热凉血，解毒镇痛。主治肺热咳嗽，肺痈，肺痨吐血，小儿高热惊风，目赤肿痛，胃痛，疔疮痈肿，蛇虫咬伤，跌打肿痛。

三、紫萁科 Osmundaceae

（一）紫萁属 *Osmunda* L.

1. 紫萁 *O. japonica* Thunb.　YX-042

【药用】根茎、叶柄残基入药。清热解毒，利湿散瘀，止血，杀虫。主治痄腮，痘疹，风湿痛，跌打损伤，衄血，便血，血崩，肠道寄生虫。

【森林蔬菜】食用部位：幼叶。食用、烹调方法：①鲜用；②干制；③腌制。凉拌、炒、爆、烩。喜食度：较喜欢。

四、膜蕨科 Hymenophyllaceae

（一）假脉蕨属 *Crepidomanes* C. Presl.

1. 长柄假脉蕨 *C. latealatum* (Bosch) Copel.　YX-077

（二）瓶蕨属 *Vandenboschia* Copel.

1. 管苞瓶蕨 *V. birmamica* Bedd　YX-099

【药用】全草入药。清热解毒，健脾消食，止血生肌。主治肺热咳嗽，消化不良，外伤出血，疮疖肿毒。

五、里白科 Gleicheniaceae

（一）里白属 Diplopterygium (Diels) Nakai

1. 里白 *D. glaucum* (Thunb. ex Houtt.) Nakai　YX-041

【药用】根茎入药。行气止血。主治胃痛，衄血，接骨。

2. 光里白 *D. laevissimum* (Christ) Nakai　YX-136

【药用】全草入药。行气止血。主治胃痛，鼻衄，接骨。

3. 中华里白 *D. chinense*（Rosenst.）De Vol　　YX－079

【药用】全草入药。止血，接骨。主治鼻衄，骨折。

(二)芒萁属 *Dicranopteris* Bernh

1. 芒萁 *D. dichotoma*（Thunb.）Bernh.　　YX－110

【药用】全草、根茎入药。清热解毒，化瘀止血，止咳利尿。主治肺热咳嗽，衄血，崩漏，小便涩痛，淋症，跌打损伤，烧、烫伤，外伤出血，狂犬及蛇虫咬伤。

六、海金沙科 Lygodiaceae

(一)海金沙属 *Lygodium* Sw.

1. 海金沙 *L. japonicum*（Thunb.）Sw.　　YX－040

【药用】孢子、地上部分入药。清热利湿，通淋止痛。主治热淋、砂淋、石淋、血淋、膏淋，尿道涩痛。

七、苹科 Marsileaceae

(一)苹属 *Marsilea* L.

1. 苹 *M. quadrifolia* L.　　YX－127

【药用】全草入药。清热解毒，消肿利湿，止血，安神。主治风热目赤，肾虚，湿热水肿，淋巴结炎，水肿，疟疾，吐血，热淋，热疖疮毒，毒蛇咬伤。

八、槐叶苹科 Salvinaceae

(一)满江红属 *Azolla* Lam.

1. 满江红 *A. imbricata*（Roxb.）Nakai　　YX－158

九、瘤足蕨科 Plagiogyriaceae

(一)瘤足蕨属 *Plagiogyria*（Kunze）Mett.

1. 华中瘤足蕨 *P. euphlebia*（Kzc.）Mett　　YX－103

2. 耳形瘤足蕨 *P. stenoptera*（Hance）Diels　　YX－107

十、鳞始蕨科 Lindsaeaceae

(一)乌蕨属 *Odontosoria* Fee

1. 乌蕨 *O. chinensis*（L.）J. Sm.　　YX－036

【药用】全草或根茎入药。清热解毒，利湿，止血。主治感冒发热，咳嗽，咽喉肿痛，肠炎，痢疾，肝炎，湿热带下，痈疮肿毒，痄腮，口疮，烫火伤，毒蛇咬伤，皮肤湿疹，吐血，尿血，便血，外伤出血。

十一、碗蕨科 Dennstaedtiaceae

(一)稀子蕨属 *Monachosorum* Kunze

1. 尾叶稀子蕨 *M. flagellare*（Maximowicz ex Makino）Hayata　　YX－097

(二)碗蕨属 *Dennstaedtia* Bernh.

1. 细毛碗蕨 *D. hirsuta*（Swartz）Mettenius ex Miquel　　YX－093

【药用】全草入药。祛风除湿，通经活血。

2. 碗蕨 *D. scabra*（Wallich ex Hooker）T. Moore　　YX－143

【药用】根状茎入药。清热解表。主治感冒头痛。

3. 光叶碗蕨 *D. scabra* var. *glabrescens*（Ching）C. Christensen　　YX－155

(三)鳞盖蕨属 *Microlepia* C. Presl

1. 边缘鳞盖蕨 *M. marginata*（Panzer）C. Chr.　　YX－056

【药用】地上部分入药。清热解毒，祛风活络。主治痈疮疖，风湿痹痛，跌打损伤。

(四)蕨属 *Pteridium* Gleditsch ex Scopoli

1. 蕨 *P. aquilinum* var. *latiusculum* (Desv.) Underw. ex Heller YX－011

【药用】嫩苗、根状茎入药。清热解毒，祛风除湿，降气化痰，利水安神。主治感冒发热，痢疾，黄疸，肠风便血，风湿痹痛。

【森林蔬菜】食用部位：嫩叶、根状茎。食用、烹调方法：幼叶鲜用、干制、腌制，凉拌、炒、爆、烩、炖；根状茎提取淀粉，开水冲食或做粑粑、粉皮等。喜食度：较喜欢。

2. 毛轴蕨 *P. revolutum* (Bl.) Nakai YX－021

【药用】根状茎入药。祛风除湿，解热利尿，驱虫。主治风湿关节痛，淋症，脱肛，疮毒，蛔虫病。

【森林蔬菜】食用部位：幼叶、根状茎。食用、烹调方法：幼叶鲜用、干制、腌制，凉拌、炒、爆、烩、炖；根状茎提取淀粉，开水冲食或做粑粑、粉皮等。喜食度：喜欢。

十二、凤尾蕨科 Pteridaceae

十二 a、珠蕨亚科 Cryptogrammoideae

(一)凤了蕨属 *Coniogramme* Fee

1. 凤了蕨 *C. japonica* (Thunb) Diels YX－052

十二 b、凤尾蕨亚科 Pteridoidae

(二)金粉蕨属 *Onychium* Kaulfuss

1. 野雉尾金粉蕨 *O. japonicum* (Thunb.) Kunze YX－016

【药用】叶入药。清热解毒，止血，利湿。主治跌打损伤，烧、烫伤，泄泻，黄疸，痢疾，咳血，狂犬咬伤，食物、农药、药物中毒；根状茎入药。清热，凉血，止血。主治外感风热，咽喉痛，吐血，便血，尿血。

2. 栗柄金粉蕨 *O. japonicum* var. *lucidum* (D. Don) H. Christ YX－025

【药用】全草入药。清热解毒，祛风除湿，消炎。主治感冒，胃痛，风湿痛，跌打肿痛，外伤出血，木薯、砷等中毒。

(三)凤尾蕨属 *Pteris* L.

1. 凤尾蕨 *P. cretica* Linn. YX－010

【药用】全草入药。清热利湿，活血止痛。主治跌打损伤，淤血腹痛，黄疸，乳蛾，痢疾，淋症，水肿，烧、烫伤，犬、蛇咬伤。

2. 岩凤尾蕨 *P. deltodon* Bak. YX－030

【药用】全草入药。清热解毒，消炎止泻。主治泄泻，痢疾，久咳不止，淋症。

3. 溪边凤尾蕨 *P. excelsa* Gaud. YX－115

【药用】全草入药。清热解毒。主治淋症，烧、烫伤，狂犬咬伤。

4. 傅氏凤尾蕨 *P. auriei* Hieron. YX－120

【药用】叶入药。清热利湿，祛风定惊，敛疮止血。主治痢疾，泄泻，黄疸，小儿惊风，外伤出血，烫火伤。

5. 鸡爪凤尾蕨 *P. gallinopes* Ching YX－153

6. 狭叶凤尾蕨 *P. henryi* Christ YX－029

【药用】全草入药。清热解毒，利尿，生肌。主治烧、烫伤，刀伤，狂犬咬伤，淋症，带下病。

7. 井栏边草 *P. multifida* Poir YX－003

【药用】全草、根茎入药。清热解毒，消炎止血。主治痢疾，黄疸，泄泻，乳痈，带下病，崩漏，烧、烫伤，外伤出血。

8. 蜈蚣草 *P. vittata* L. YX－002

【药用】全草、根茎入药。祛风除湿，清热解毒。主治流行感冒，痢疾，风湿疼痛，跌打损伤，虫、蛇咬伤，疥疮。

十二 c、碎米蕨亚科 Cheilanthoideae

(四)粉背蕨属 *Aleuritopteris* Fée

1. 银粉背蕨 *A. argentea*（S. G. Gmelin）Fée　YX－012

【药用】全草入药。补虚止咳，调经活血，消肿解毒，止血。主治月经不调，肝炎，肺痨咳嗽，吐血，跌打损伤。

(五)碎米蕨属 *Cheilanthes* Sw.

1. 毛轴碎米蕨 *C. chusana* Hooker　YX－043

【药用】全草入药。清热解毒，收敛止血。主治蛇咬伤，痢疾，咽喉痛，各种出血。

十二 d、书带蕨亚科 Vittarioideae

(六)铁线蕨属 *Adiantum* L.

1. 铁线蕨 *A. capillus－veneris* L.　YX－023

【药用】全草入药。清热解毒，利湿消肿，利尿通淋。主治痢疾，瘰疬，肺热咳嗽，肝炎，淋症，毒蛇咬伤，跌打损伤。

2. 粤铁线蕨 *A. lianxianense* Ching et Y. X. Lin　YX－059

3. 灰背铁线蕨 *A. myriosorum* Bak.　YX－122

【药用】全草入药。清热，利水，活血。主治小便癃闭，跌打损伤，烫伤，冻疮。

十三、铁角蕨科 Aspleniaceae

(一)铁角蕨属 *Asplenium* L.

1. 大盖铁角蕨 *A. bullatum* Wallich ex Mettenius　YX－100

2. 线裂铁角蕨 *A. coenobiale* Hance　YX－033

【药用】全草入药。祛风除湿，调经。主治风湿痹痛，小儿麻痹症，月经不调。

3. 虎尾铁角蕨 *A. incisum* Thunb.　YX－096

【药用】全草入药。清热解毒，平肝镇惊，祛湿止痛。治小儿惊风，肝炎，肺热咳嗽，胃痛，小便淋痛，毒蛇咬伤。

4. 北京铁角蕨 *A. pekinense* Hance　YX－130

【药用】全草入药，化痰止咳，利膈，止血。治感冒咳嗽，肺结核，外伤出血。

5. 镰叶铁角蕨 *A. polyodon* G. Forster　YX－035

【药用】全草入药。清热消炎，利尿。主治黄疸，高热，淋症，淋浊，烧、烫伤。

6. 长叶铁角蕨 *A. prolongatum* Hook.　YX－101

【药用】全草、叶入药。清热解毒，除湿止血，止咳化痰。主治咳嗽，多痰，肺痨吐血，痢疾，淋症，肝炎，小便涩痛，乳痈，咽喉痛，崩漏，跌打骨折，烧、烫伤，外伤出血。

7. 华中铁角蕨 *A. sarelii* Hooker　YX－008

【药用】根茎或全草入药。清热解毒，利湿，止血，生肌。主治流行性感冒，目赤肿痛，扁桃体炎，咳嗽，黄疸，肠炎，痢疾，肠胃出血，跌打损伤，疮肿疔毒，烧烫伤。

8. 铁角蕨 *A. trichomanes* L.　YX－048

【药用】全草入药，清热利湿，舒筋活络。治水肿，疔疮热疖，肝炎，咳嗽，蛇咬伤。

9. 三翅铁角蕨 *A. tripteropus* Nakai　YX－070

【药用】全草入药。舒筋活络。主治腰痛，跌打损伤。

10. 狭翅铁角蕨 *A. wrightii* Eaton ex Hook.　YX－083

【药用】全草入药。清热解毒。主治疮疡肿毒。

（二）膜叶铁角蕨属 *Hymenasplenium* Hayata

1. 阴湿膜叶铁角蕨 *H. obliquissimum*（Hayata）Sugimoto　　YX－095

十四、金星蕨科 Thelypteridaceae Pic. Serm

（一）金星蕨属 *Parathelypteris*（H. Itô）Ching

1. 长根金星蕨 *P. beddomei*（Bak.）Chin　　YX－072

【药用】全草入药。消炎止血。主治外伤出血。

2. 中华金星蕨 *P. chinensis*（Ching）Ching　　YX－034

3. 金星蕨 *P. glanduligera*（Kze.）Ching　　YX－160

【药用】叶入药。清热，止血，止痢。主治烧、烫伤，吐血，痢疾。

（二）凸轴蕨属 *Metathelypteris*（H. Itô）Ching

1. 疏羽凸轴蕨 *M. laxa*（Franch. et Sav.）Ching　　YX－

（三）卵果蕨属 *Phegopteris*（C. Presl）Fée

1. 延羽卵果蕨 *P. decursive－pinnata*（H. C. Hall）Fée，Mém. Foug　　YX－054

【药用】根状茎入药。利湿消肿，收敛解毒。主治水湿胀满，痈毒溃烂久不收口。

（四）方杆蕨属 *Glaphyropteridopsis* Ching

1. 粉红方秆蕨 *G. rufostraminea*（Christ）Ching　　YX－045

（五）假毛蕨属 *Pseudocyclosorus* Ching

1. 西南假毛蕨 *P. esquirolii*（Christ）Ching　　YX－098

【药用】全草入药。清热解毒。

2. 镰片假毛蕨 *P. falcilobus*（Hooker）Ching　　YX－157

【药用】叶、根茎入药。叶：清热解毒，抗菌消炎。主治痢疾，烧、烫伤。根茎：主治杀虫。

（六）毛蕨属 *Cyclosorus* Link

1. 渐尖毛蕨 *C. acuminatus*（Houtt.）Nakai　　YX－005

【药用】全草、根茎入药。泻火解毒，健脾，镇惊。主治消化不良，烧、烫伤，狂犬咬伤。

2. 干旱毛蕨 *C. aridus*（Don）Tagawa　　YX－143

【药用】全草入药。止痢，清热解毒。主治细菌性痢疾，乳蛾，狂犬咬伤，扁桃体炎，枪弹伤。

（七）新月蕨属 *Pronephrium* C. Presl

1. 披针新月蕨 *P. penangianum*（Hook.）Holtt.　　YX－018

【药用】根状茎、叶入药。活血散瘀，利湿。主治风湿麻痹，痢疾，跌打腰痛。

十五、蹄盖蕨科 Athyriaceae

（一）对囊蕨属 *Deparia* Hooker et Greville

1. 假蹄盖蕨 *D. japonica*（Thunberg）M. Kato　　YX－161

【药用】全草入药。清热消肿。主治肿毒，乳痈，目赤肿痛。

2. 单叶双盖蕨 *D. lancea*（Thunberg）Fraser－Jenkins　　YX－149

3. 华中介蕨 *D. okuboana*（Makino）M. Kato　　YX－039

【药用】全草入药。清热消肿。主治疮疖，肿毒。

4. 毛轴假蹄盖蕨 *D. petersenii*（Kunze）M. Kato　　YX－087

5. 峨眉介蕨 *D. unifurcata*（Baker）M. Kato　　YX－082

【药用】全草入药。清热利湿。

（二）安蕨属 *Anisocampium* C. Presl

1. 日本蹄盖蕨 *A. niponicum*（Mettenius）Y. C. Liu　　YX－128

(三)蹄盖蕨属 *Athyrium* Roth

1. 薄叶蹄盖蕨 *A. delicatulum* Ching et S. K. Wu　　YX-109
2. 贵州蹄盖蕨 *A. pubicostatum* Ching et Z. Y. Liu　　YX-137
3. 华中蹄盖蕨 *A. wardii*（Hook.）Makino　　YX-094

十六、乌毛蕨科 Blechnaceae Nerman

(一)荚囊蕨属 *Struthiopteris* Scopoli

1. 荚囊蕨 *S. eburnea*（Christ）Ching　　YX-017

【药用】全草入药。清热解毒，散瘀消肿。主治淋症，跌打损伤，疔疮痈肿。

(二)狗脊属 *Woodwardia* J. E. Sm.

1. 狗脊 *W. japonica*（L.）Sm.　　YX-080

【药用】根状茎入药。清热解毒，散瘀，杀虫。主治虫积腹痛，湿热便血，血崩，痢疾，疔疮痈肿。

2. 顶芽狗脊 *W. unigemmata*（Makino）Nakai　　YX-020

【药用】根状茎入药。清热解毒，散瘀，杀虫。主治虫积腹痛，感冒，便血，血崩，痈疮肿毒。

十七、鳞毛蕨科 Dryopteridaceae

十七 a、鳞毛蕨亚科 Dryopteridoideae

(一)复叶耳蕨属 *Arachniodes* Blume

1. 斜方复叶耳蕨 *A. amabilis*（Blume）Tindale　　YX-163
2. 中华复叶耳蕨 *A. chinensis*（Rosenst.）Ching　　YX-162
3. 长尾复叶耳蕨 *A. simplicior*（Makino）Ohwi　　YX-053
4. 美观复叶耳蕨 *A. speciosa*（D. Don.）Ching　　YX-074

(二)肋毛蕨属 *Ctenitis*（C. Chr.）C. Chr.

1. 亮鳞肋毛蕨 *C. subglandulosa*（Hance）Ching　　YX-026

(三)柳叶蕨属 *Cyrtogonellum* Ching

1. 离脉柳叶蕨 *C. caducum* Ching　　YX-151
2. 柳叶蕨 *C. fraxinellum*（Christ）Ching　　YX-055

【药用】根茎入药。清热解毒。主治内热腹痛。

3. 斜基柳叶蕨 *C. inaequale* Ching　　YX-031
4. 相似柳叶蕨 *C. simile* Ching　　YX-164

(四)贯众属 *Cyrtomium* C. Presl

1. 刺齿贯众 *C. caryotideum*（Wall. ex Hook. et Grev.）Presl　　YX-028

【药用】根状茎入药。清热解毒，活血散瘀，利水。主治瘰疬，疔毒疖痛，感冒，崩漏，跌打损伤，水肿。

2. 贯众 *C. fortunei* J. Sm.　　YX-004

【药用】根状茎入药。清热平肝，止血，消炎，解毒，杀虫。主治感冒，温病斑疹，痧秽中毒，疟疾，痢疾，肝炎，血崩，带下病，乳痈，瘰疬，跌打损伤。

3. 低头贯众 *C. nephrolepioides*（Christ）Copel.　　YX-044
4. 小羽贯众 *C. lonchitoides*（Christ）Christ　　YX-013

(五)鳞毛蕨属 *Dryopteris* Adonson

1. 两色鳞毛蕨 *D. bissetiana*（Bak.）C. Chr.　　YX-165

【药用】根状茎入药。清热解毒。主治流行感冒。

2. 阔鳞鳞毛蕨 *D. championii*（Benth.）C. Chr.　　YX-132

【药用】根状茎入药。清热解毒，止咳平喘。主治感冒，气喘，便血，痛经，钩虫病，烧、烫伤。

3. 桫椤鳞毛蕨 *D. cycadina*（Fr. et Sav.）C. Chr.　　YX－089

【药用】根茎入药。凉血止血，驱虫。主治功能性子宫出血，蛔虫病。

4. 奇数鳞毛蕨 *D. sieboldii*（van Houtte ex Mett.）O. Ktze.　　YX－081

【药用】根状茎入药。消炎。主治烫伤。

5. 变异鳞毛蕨 *D. varia*（L.）O. Ktze.　　YX－129

【药用】根茎入药。清热，止痛。主治内热腹痛。

(六) 黔蕨属 *Phanerophlebiopsis* Ching

1. 粗齿黔蕨 *P. blinii*（Levl）Ching　　YX－106

【药用】根茎入药。主治腰痛，瘰疬。

(七) 耳蕨属 *Polystichum* Roth.

1. 尖齿耳蕨 *P. acutidens* Christ　　YX－050
2. 杰出耳蕨 *P. excelsius* Ching et Z. Y. Liu　　YX－124
3. 大叶耳蕨 *P. grandifrons* C. Christensen　　YX－090
4. 草叶耳蕨 *P. herbaceum* Ching　　YX－067
5. 正宇耳蕨 *P. liui*（Bak.）Diels　　YX－064
6. 黑鳞耳蕨 *P. makinoi*（Tagawa）Tagawa　　YX－088
7. 对马耳蕨 *P. tsus-simense*（Hook.）J. Sm.　　YX－006

【药用】根状茎、嫩叶入药。清热解毒。主治目赤肿痛，痢疾，痈疮肿毒。

十八、水龙骨科 Polypodiaceae

十八 a、槲蕨亚科 Drynarioideae

(一) 修蕨属 *Selliguea* Bory

1. 金鸡脚假瘤蕨 *S. hastata*（Thunberg）Fraser－Jenkins　　YX－135

十八 b、鹿角蕨亚科 Platycerioideae

(二) 石韦属 *Pyrrosia* Mirbel

1. 相近石韦 *P. assimilis*（Bak.）Ching　　YX－121

【药用】全草入药。清热，镇惊，利尿，止血。主治癫痫，小儿惊风，淋症，外伤出血，肺热咳嗽。

2. 石韦 *P. Lingua*（Thunb.）Farw.　　YX－133
3. 庐山石韦 *P. sheareri*（Baker）Ching　　YX－049

【药用】叶入药。利尿通淋，清热止血。主治热淋，血淋，石淋，小便涩痛，吐血，衄血，尿血，崩漏，肺热咳嗽。

十八 c、星蕨亚科 Microsoroiaeae

(三) 水龙骨属 *Polypodiodes* Ching

1. 友水龙骨 *P. amoena*（Wall. ex Mett.）Ching　　YX－071

【药用】根状茎入药。舒筋活络，消肿止痛。主治风湿关节痛，齿痛，跌打损伤。

2. 水龙骨 *P. niponica*（Mett.）Ching　　YX－032

(四) 盾蕨属 *Neolepisorus* Ching

1. 卵叶盾蕨 *N. ovatus*（Bedd.）Ching　　YX－051

【药用】全草入药。清热利湿，散瘀活血。主治劳伤吐血，血淋，跌打损伤，烧、烫伤，疔毒痈肿。

2. 三角叶盾蕨 *N. ovatus* f. *deltoideum* (Baker ex Ching) Ching YX－066

(五)瓦韦属 *Lepisorus* (J. Sm.) Ching

1. 扭瓦韦 *L. contortus* (Christ) Ching YX－126

(六)伏石蕨属 *Lemmaphyllum* C. Presl

1. 披针骨牌蕨 *L. diversum* (Rosenstock) Tagawa YX－117

【药用】全草入药。清热利湿，止血止痛。主治肺热，咳嗽，风湿关节痛，小儿高热，跌打损伤，外伤出血。

2. 抱树莲 *L. drymoglossoides* (Baker) Ching YX－047

(七)鳞果星蕨属 *Lepidomicrosorium* Ching et K. H. Shing

1. 鳞果星蕨 *L. buergerianum* (Miquel) Ching et K. H. Shing ex S. X. Xu YX－073

(八)星蕨属 *Microsorum* Link

1. 江南星蕨 *M. fortunei* (T. Moore) Ching YX－009

【药用】全草。根状茎入药。清热解毒，祛风利湿，活血，止血。主治风湿关节痛，热淋，带下病，吐血，衄血，痔疮出血。肺痈，跌打损伤，疔毒痈肿，蛇咬伤。

(九)薄唇蕨属 *Leptochilus* Kaulfuss

1. 曲边线蕨 *L. ellipticus* var. *flexilobus* (Christ) Authors, comb. nov. YX－092

2. 矩圆线蕨 *L. henryi* (Baker) Authors YX－146

(吴菲菲 苟光前 孙巧玲 王美娟 严丽蓉)

裸子植物 GYMNOSPERMAE

一、银杏科 Ginkgoaceae

(一)银杏属 *Ginkgo* L.

1. 银杏 *G. biloba* L. 洋溪镇曾心村大屋基，海拔668m，YJ－70。

【药用】种子、根皮、叶入药。种子：敛肺气，定喘嗽。治哮喘，遗精，小便频数；叶：治冠状动脉硬化性心脏病；根皮：治白带，遗精。

【观赏特性】落叶阔叶高大乔木，荫木类，10～11月观黄叶、观根，作为独赏树、行道树、防护使用，国家Ⅰ级保护植物。

二、松科 Pinaceae

(一)黄杉属 *Pseudotsuga* Carr.

1. 黄杉 *P. sinensis* Dode 罗场乡靛厂村石洞河，海拔856m，YJ－722。

【药用】根入药。祛风除湿。主治湿疹，风湿痛。

(二)松属 *Pinus* Linn.

1. 华山松 *P. armandii* Franch. 缠溪镇塘房岭村竹洋坪岭上，海拔1093m，YJ－499。

【药用】针叶入药。祛风燥湿，杀虫止痒，活血安神。主治风湿痹痛，脚气，风疹瘙痒，跌打损伤，神经衰弱，慢性肾炎。

【观赏特性】常绿针叶乔木，林木类，作为防护、林丛使用。

【经济用途】工业用香料、树脂、食用油脂。

2. 马尾松 *P. massoniana* Lamb. 洋溪镇桅杆村石架山，海拔1018m，YJ－267；洋溪镇洋溪村小河，海拔692m，YJ－155。

【药用】松节、针叶、皮、松脂入药。松节、针叶：舒筋通络，祛风燥湿；治关节疼痛，跌打损伤；松脂、松皮：祛风燥湿，生肌止痛；治烧伤，痈疖疮疡。

【观赏特性】常绿针叶乔木，林木类，作为防护、林丛使用。

三、杉科 Taxodiaceae

（一）柳杉属 *Cryptomeria* D. Don

1. 柳杉 *C. japonica*（Thunb. ex L. f.）D. Don　洋溪镇桅杆村石架山，海拔1018m，YJ－266。

【观赏特性】常绿针叶乔木，林木类，作为防护、林丛使用。

（二）杉木属 *Cunninghamia* R. Brown

1. 杉木 *C. lanceolata*（Lamb.）Hook.　洋溪镇洋溪村小河，海拔744m，YJ－148。

【药用】叶、树皮、根入药。叶：祛风，化痰活血，解毒；主治风疹，咳嗽，牙痛，脓疱疮，毒虫咬伤。树皮：利湿，消肿解毒；主治水肿，脚气，烫伤等。根：祛风利湿，行气止痛；治风湿痹痛，胃痛，白带，痔疮，骨折等。

【经济用途】栲胶。

四、柏科 Cupressaceae

（一）柏木属 *Cupressus* Linn.

1. 柏木 *C. funebris* Endl.　洋溪镇曾心村大屋基，海拔670m，YJ－20。

【药用】枝叶入药。清热利湿，消食除积，祛痰止咳。痔疮、烫伤、治血痢、吐血、感冒发热。

【观赏特性】常绿针叶乔木，林木类，作为防护、林丛使用。香料用途。

【经济用途】工业用香料。

（二）刺柏属 *Juniperus* Linn.

1. 刺柏 *J. formosana* Hayata　洋溪镇桅杆村深坳，海拔1021m，YJ－242。

【药用】根皮入药。清热解毒，燥湿止痒。主治麻疹高热，湿疹，癣疮。

【观赏特性】常绿针叶乔木，林木类，作为林丛使用。

五、三尖杉科 Cephalotaxaceae

（一）三尖杉属 *Cephalotaxus* Sieb. et Zucc. ex Endl.

1. 三尖杉 *C. fortunei* Hook. 洋溪镇桅杆村瑶寨沟白岩尖，海拔763m，YJ－351；洋溪镇洋溪村小河，海拔679m，YJ－173。

【药用】枝叶、根皮、种子入药。枝叶：抗癌；治恶性淋巴癌，白血病，肺癌，胃癌，食道癌，直肠癌等。根皮：抗癌，活血，止痛；治直肠癌，跌打损伤。种子：消积驱虫，润肺止咳；治食积腹胀，肺燥咳嗽等。

【观赏特性】常绿针叶灌木或小乔木，林木类，9～10月观暗红色果，作为林丛使用。

六、红豆杉科 Taxaceae

（一）红豆杉属 *Taxus* Linn.

1. 南方红豆杉 *T. wallichiana* var. mairei（Lemée et H. Lév.）L. K. Fu et Nan Li　洋溪镇桅杆村石架山，YJ－276；洋溪镇新黔村，海拔669m，YJ－207。

【药用】种子、根皮入药。种子：滋阴润燥，消积杀虫。治久咳、肠道寄生虫。根皮、嫩叶提取紫杉醇：化瘀止痛；窒碍症。

【观赏特性】常绿针叶乔木，荫木类，9～10月观红果，作为独赏树使用。

【经济用途】工业油脂。

（二）穗花杉属 *Amentotaxus* Pilger

1. 穗花杉 *A. argotaenia*（Hance）Pilg. 洋溪镇桅杆村姚家寨半截田，海拔758m，YJ－301。

【药用】根、根皮入药。止痛，生肌。主治跌打损伤，骨折。

【观赏特性】常绿针叶灌木或小乔木，林木类，作为林丛使用。

被子植物 ANGIOSPERMAE

双子叶纲 DICTLEDNEAE

一、木兰科 Magnoliaceae

(一)含笑属 *Michelia* Linn.

1. 黄心夜合 *M. martinii*（H. Lév.）Lév. 洋溪镇新界村，海拔 659m，YJ－180；洋溪镇新黔村，海拔 669m，YJ－205。

【观赏特性】常绿乔木，荫木类，3～5 月观黄花、芳香，作为行道树、独赏树使用。模式产地在贵州。

【经济用途】工业用香料。

2. 平伐含笑 *M. cavaleriei* Finet et Gagnep. 罗场乡岭峰村枫香坪，海拔 1210m，YJ－781；罗场乡岭峰村三花山，海拔 982m，YJ－758。

【观赏特性】常绿乔木，花木类，11 月观黄花、芳香，作为花木使用。模式产地在贵定的云雾山。

(二)玉兰属 *Yulania* Spach

1. 武当玉兰 *Y. sprengerii*（Pamp.）D. L. Fu　缠溪镇塘房岭村竹洋坪岭上，海拔 1112m，YJ－493。

【药用】花蕾入药。祛风散寒，通窍。主治风寒感冒，鼻塞不通，头痛，牙痛。

2. 紫玉兰 *Y. liliiflora*（Desr.）D. C. Fu　杨柳乡白虎咀村田家寨组，海拔 839m，YJ－486。

【药用】祛风散寒，通窍。主治鼻塞不通，头痛，牙痛，急、慢性鼻炎。

【观赏特性】落叶灌木，花木类，3～4 月观紫花、芳香，作为花木使用。

二、蜡梅科 Calycanthaceae

(一)蜡梅属 *Chimonanthus* Lindl. nom. cons.

1. 蜡梅 *C. praecox*（L.）Link　罗场乡岭峰村三花山，海拔 982m，YJ－727。

【药用】花入药。解暑生津，顺气止咳。用于暑热心烦、口渴、百日咳、肝胃气痛、水火烫伤。

【经济用途】工业用香料。

三、樟科 Lauraceae

(一)檫木属 *Sassafras* Trew

1. 檫木 *S. tzumu*（Hemsl.）Hemsl.　洋溪镇蒋家坝村，海拔 935m，YJ－434。

【药用】根、茎叶入药。祛风除湿，活血散瘀，止血。治风湿痹痛，跌打损伤，腰肌劳伤，半身不遂，外伤出血。

【观赏特性】落叶乔木，荫木类，10～11 月观红叶、2～3 月观黄花，作为独赏树使用。

【经济用途】工业用香料。

(二)黄肉楠属 *Actinodaphne* Nees

1. 红果黄肉楠 *A. cupularis*（Hemsl.）Gamble　罗场乡靛厂村风洞沟，海拔 775m，YJ－702；洋溪镇洋溪村小河，海拔 669m，YJ－117。

【药用】根、叶入药：解毒消肿，降逆止呕；主治水火烫伤，脚癣，痔疮，恶心呕吐。种子：敛肺气，定喘嗽，治哮喘，遗精，小便频数。

【观赏特性】常绿灌木或小乔木，叶木类，10～11 月观红果，作为独赏树使用。

【经济用途】工业油脂。

2. 毛果黄肉楠 *A. trichocarpa* C. K. Allen　洋溪镇曾心村曾心沟，海拔 652m，YJ－616；洋溪镇蒋家坝村陈家沟，海拔 823m，YJ－449。

(三)木姜子属 *Litsea* Lam.

1. 钝叶木姜子 *L. veitchiana* Gamble　洋溪镇银坳村银坳组，海拔 974m，YJ－648。

【药用】果实入药。行气，健脾消食。主治消化不良，脘腹胀痛。

2. 红叶木姜子 *L. rubescens* Lecomte 洋溪镇蒋家坝村格优寨组，海拔 984m，YJ－560；洋溪镇桅杆村姚家寨半截田，海拔 880m，YJ－335；洋溪镇洋溪村小河，海拔 744m，YJ－144。

【药用】果实入药：祛风散寒，消食化滞；治肠胃炎、胃寒腹痛、食滞、腹胀。根：治跌打损伤、感冒头痛。

【观赏特性】落叶小乔木，林木类，3～4 月观黄花和红色幼枝，9～10 月观黄叶，作为林丛使用。

3. 黄丹木姜子　*L. elongata*（Wall. ex Ness）Benth. et Hook. f. 洋溪镇蒋家坝村陈家沟，海拔 885m，YJ－443；洋溪镇桅杆村瑶寨沟白岩尖，海拔 763m，YJ－359。

【药用】根入药：祛风除湿；治风湿关节痛。

【观赏特性】常绿乔木，林木类，作为防护树使用。

【经济用途】工业油脂。

4. 近轮叶木姜子 *L. elongata*（Nees）Benth. et Hook. f. var. *subverticillata*（Y. C. Yang）Yen C. Yang et P. H. Huang　洋溪镇桅杆村石架山，YJ－278。

5. 毛叶木姜子 *L. mollis* Hemsl.　杨柳乡白虎咀村田家寨组，海拔 839m，YJ－481。

【药用】果实入药：理气健脾，解表燥湿；主治消化不良，胸腹胀满，水泻，发痧气痛。

【经济用途】工业油脂、工业用香料。

6. 山鸡椒　*L. cubeba*（Lour.）Per. 洋溪镇桅杆村姚家寨半截田，海拔 775m，YJ－295。

【药用】果实入药：温暖脾肾，健胃消食；治食积气胀、脘腹冷痛、反胃呕吐、肠鸣泄泻、痢疾、痰壁。

【森林蔬菜】食用部位：果。食用、烹调方法：①鲜用；②干制；③提取木姜子油。调料。喜食度：喜欢。

【经济用途】工业油脂。

7. 石木姜子 *L. elongata*（Nees）Benth. et Hook. f. var. *faberi*（Hemsl.）Yen C. Yang et P. H. Huang　罗场乡岭峰村三花山，海拔 982m，YJ－750；洋溪镇新黔村，海拔 717m，YJ－216；洋溪镇洋溪村小河，海拔 744m，YJ－140；洋溪镇银坳村水田沟，海拔 848m，YJ－661。

【经济用途】工业用香料。

（四）楠属 *Phoebe* Nees

1. 光枝楠 *Ph. neuranthoides* S. K. Lee et F. N. Wei　洋溪镇新黔村，海拔 717m，YJ－215。

2. 楠木 *Ph. zhennan* S. K. Lee et F. N. Wei　洋溪镇，海拔 823m，YJ－457。

【药用】木材、枝叶入药。和中降逆，止吐止泻，利水消肿。主治暑湿霍乱，腹痛，吐泻转筋，水肿，聍耳出脓。

【观赏特性】常绿乔木，荫木类，作为独赏树使用。国家Ⅱ级保护植物。

3. 湘楠 *Ph. hunanensis* Hand.－Mazz.　罗场乡靛厂村仙鹤坪打劫沟，海拔 821m，YJ－712。

4. 紫楠 *Ph. sheareri*（Hemsl.）Gamble 罗场乡靛厂村风洞沟，海拔 786m，YJ－684；洋溪镇蒋家坝村毛湾，海拔 959m，YJ－631。

【药用】树皮、枝叶入药。暖胃顺气。治水湿脚气浮肿，气逆腹胀。

【观赏特性】常绿乔木，荫木类，作为独赏树使用。

（五）润楠属 *Machilus* Nees

1. 薄叶润楠 *M. leptophylla* Hand.－Mazz.　洋溪镇曾心村曾心沟，海拔 652m，YJ－618。

【药用】树皮入药。活血止痢。主治跌打损伤，细菌性痢疾。

【经济用途】工业油脂、栲胶。

2. 凤凰润楠 *M. phoenicis* Dunn　罗场乡靛厂村风洞沟，海拔 786m，YJ－686；罗场乡岭峰村三花山，海拔 982m，YJ－731；洋溪镇桅杆村姚家寨半截田，海拔 880m，YJ－332。

3. 黔桂润楠 *M. chienkweiensis* S. K. Lee 洋溪镇洋溪村小河，海拔679m，YJ－174。

4. 宜昌润楠 *M. ichangensis* Rehder et Wilson 罗场乡岭峰村三花山，海拔982m，YJ－759；洋溪镇蒋家坝村陈家沟，海拔885m，YJ－442；洋溪镇蒋家坝村毛湾，海拔959m，YJ－635；洋溪镇洋溪村小河，海拔692m，YJ－170。

【药用】根、枝入药。健脾胃。治风湿麻木，咽喉炎，风寒咳嗽。

（六）山胡椒属 *Lindera* Thunb.

1. 川钓樟 *L. pulcherrima*（Nees）Hook. f. var. *hemsleyana*（Diels）H. P. Tsui 洋溪镇洋溪村小河，海拔744m，YJ－139。

【药用】树皮、叶入药。止血生肌，理气止痛。治胃痛，腹痛，生肌，外伤出血。

【观赏特性】常绿小乔木，荫木类，4月观黄花，芳香，作为独赏树、行道树使用。

2. 峨眉钓樟 *L. prattii* Gamble 洋溪镇双龙村小溪河，海拔847m，YJ－415；洋溪镇双龙村小溪河，海拔880m，YJ－421；洋溪镇桅杆村姚家寨半截田，海拔758m，YJ－306；洋溪镇洋溪村小河，海拔692m，YJ－157。

【药用】理气止痛，杀虫，除湿。主治风寒头痛，胃痛，血吸虫病，尿结石。

3. 黑壳楠 *L. megaphylla* Hemsl. 洋溪镇洋溪村小河，海拔692m，YJ－166。

【药用】根、树皮、枝入药。祛风除湿，温中行气消肿止痛。治风湿痹痛，肢体麻木，脘腹冷痛，咽喉肿痛等。

【观赏特性】常绿乔木，荫木类，作为独赏树、行道树使用。

【经济用途】工业油脂、工业用香料。

4. 绿叶甘橿 *L. neesiana*（Wall. ex Nees）Kurz 罗场乡岭峰村三花山，海拔982m，YJ－760。

5. 毛黑壳楠 *L. megaphylla* Hemsl. f. *touyunensis*（Lévl.）Rehd. 洋溪镇桅杆村石架山，YJ－275。

6. 绒毛钓樟 *L. floribunda*（C. K. Allen）H. P. Tsui 洋溪镇曾心村大屋基，海拔659m，YJ－62。

7. 山胡椒 *L. glauca*（Sieb. et Zucc.）Blume 洋溪镇曾心村大屋基，海拔670m，YJ－3；洋溪镇桅杆村深坳，海拔1054m，YJ－241；洋溪镇桅杆村瑶寨沟白岩尖，海拔763m，YJ－363。

【药用】叶、根、果实入药。叶：祛风解毒，散寒，止血；治感冒、筋骨疼痛、跌打损伤。根：祛风湿，散瘀血，通经脉；治风湿麻木、脘腹冷痛、跌打损伤。果实：治心腹痛、气喘。

【森林蔬菜】食用部位：果。食用、烹调方法：①鲜用；②干制；③提木姜子油。肉汤调味。喜食度：一般。

【观赏特性】落叶灌木或小乔木，林木类，10～11观黄叶，作为防护树使用。

【经济用途】工业用香料。

8. 山橿 *L. reflexa* Hemsl. 洋溪镇银坳村银坳组，海拔974m，YJ－646。

【药用】根或根皮入药。止血，消肿，行气止痛。治疥癣、风疹、胃痛、刀伤出血。

9. 香叶树 *L. communis* Hemsl. 洋溪镇桅杆村瑶寨沟白岩尖，海拔763m，YJ－352；洋溪镇洋溪村小河，海拔744m，YJ－133。

【药用】叶、树皮入药。祛风，散寒，杀虫止血。治跌打损伤、骨折、疥疮。

【观赏特性】常绿灌木或小乔木，林木类，10～11月观红果，作为林丛使用。

【经济用途】饲料、工业用香料、工业油脂。

10. 香叶子 *Lindera fragrans* Oliv. 洋溪镇蒋家坝村格优寨组，海拔1028m，YJ－581；洋溪镇双龙村小溪河，海拔847m，YJ－406；洋溪镇桅杆村深坳，海拔1021m，YJ－249；洋溪镇桅杆村姚家寨半截田，海拔775m，YJ－287。

【药用】枝叶、树皮入药。舒经通脉，行气散结。治胃痛、胃溃疡、消化不良。

（七）新木姜子属 *Neolitsea* Merr.

1. 簇叶新木姜子 *N. confertifolia*（Hemsl.）Merr. 洋溪镇蒋家坝村格优寨组，海拔1069m，

YJ－591。

【药用】全株入药。祛风除湿。主治关节疼痛。

【观赏特性】常绿乔木，荫木类，9～10月观黑果，作为遮阴树使用。

(八)樟属 *Cinnamomum* Trew

1. 川桂 *C. wilsonii* Gamble 洋溪镇蒋家坝村侯家堰，海拔1005m，YJ－598；洋溪镇双龙村小溪河，海拔1030m，YJ－431。

【药用】树皮入药。暖脾胃，散风寒，通血脉。治腹冷胸满、呕吐噎膈、风湿痹痛、跌损淤血。

【经济用途】工业用香料、食用香料。

2. 黄樟 *C. parthenoxylon*（Jack.）Meissn 罗场乡岭峰村三花山，海拔982m，YJ－743。

【观赏特性】常绿乔木，荫木类，作为遮阴树、行道树使用。

【经济用途】饲料、工业油脂。

3. 少花桂 *C. pauciflorum* Nees 洋溪镇桅杆村姚家寨半截田，海拔803m，YJ－323。

【药用】树皮、根入药。开胃健脾，散寒。主治胃肠疼痛，食欲不振，胃寒等。

【观赏特性】常绿灌木或小乔木，荫木类，作为遮阴树使用。

【经济用途】工业用香料。

4. 阴香 *C. burmannii*（Nees et T. Nees）Blume 缠溪镇塘房岭村分水岭，海拔1193m，YJ－506。

【经济用途】食用香料、工业油脂、工业用香料。

5. 云南樟 *C. glanduliferum*（Wall.）Meisner 洋溪镇曾心村大屋基，海拔670m，YJ－18；洋溪镇蒋家坝村毛湾，海拔959m，YJ－632。

【药用】果实、木材入药。祛风散寒，行气止痛。主治风寒感冒，咳嗽，风湿痹痛，脘腹胀痛，腹泻。

【观赏特性】常绿乔木，荫木类，作为遮阴树、行道树、防护树使用。

【经济用途】工业油脂。

四、金粟兰科 Chloranthaceae

(一)金粟兰属 *Chloranthus* Hemsl.

1. 宽叶金粟兰 *C. henryi* Hemsl. 洋溪镇小河，海拔670m，YJ－0139；洋溪镇银坳村银坳，海拔970m，YJ－0384。

【药用】全草入药。祛风理气，活血散瘀。治风湿疼痛，痢疾，胃痛，腹泻，跌打损伤。

【观赏特性】4－5月观白花，观叶，作地栽。

2. 及已 *C. serratus* Roem. et Schulte. 洋溪镇银坳村银坳，海拔970m，YJ－0406；罗场乡靛厂村打掘沟，海拔780m，YJ－0453。

【药用】根状茎、茎叶。活血散瘀，祛风止痛，解毒杀虫。主治跌打损伤，骨折，经闭，风湿痹痛，疔疮疖肿，疥癣，皮肤瘙痒，毒蛇咬伤。

(二)草珊瑚属 *Sarcandra* Gardn.

1. 草珊瑚 *Sarcandra glabra*（Thunb.）Nakai 罗场乡靛厂村风洞沟，海拔786m，YJ－683。

【药用】枝叶入药。抗菌消炎，祛风除湿，活血止痛。治肺炎、阑尾炎、痢疾、风湿疼痛、跌打损伤、骨折。

【观赏特性】常绿半灌木，叶木类，5～7月观黄绿花、花芳香、10～12月观红果，作为室内绿化装饰、花木使用。

【经济用途】工业用香料。

五、三白草科 Saururaceae

(一)蕺菜属 *Houttuynia* Thunb.

1. 蕺菜(鱼腥草)*H. cordata* Thunb.　洋溪镇曾心村大屋基海拔650m，YJ－0011；洋溪镇银坳村银坳，海拔970m，YJ－0407。

【药用】全草入药。清热解毒，利水消肿。治扁桃体炎、肺脓疡、肺炎、气管炎、肾炎水肿、毒蛇咬伤。

【森林蔬菜】食用部位：根状茎、嫩茎叶。食用、烹调方法：①鲜用；②腌制。凉拌、炒。喜食度：较喜欢。

【观赏特性】全株有强烈鱼腥味，幼叶紫红色，4～9月观白花，作地被。

六、胡椒科 Piperaceae

(一)胡椒属 *Piper* Linn.

1. 华山蒌 *P. cathayanum* M. G. Gilbert et N. H. Xia　洋溪镇银坳村水田沟，海拔848m，YJ－658。

【观赏特性】蔓木类，作为藤木、室内绿化及装饰使用。

2. 山蒟 *P. hancei* Maxim.　洋溪镇桅杆村姚家寨半截田，海拔803m，YJ－314；洋溪镇银坳村水田沟，海拔848m，YJ－668。

3. 石南藤 *P. wallichii* (Miq.) Hand. －Mazz. 缠溪镇冷水溪，海拔850m；罗场乡靛厂村风洞沟，海拔775m，YJ－707。

【药用】茎叶、全株。祛风湿，强腰膝，补肾壮阳，止咳平喘，活血止痛。主治风寒湿痹，腰膝酸痛，痛经，阳痿，咳嗽气喘，跌打肿痛。

七、马兜铃科 Aristolochiaceae

(一)细辛属 *Asarum* L.

1. 尾花细辛 *A. caudigerum* Hance　洋溪镇小河风雨桥，海拔720m，YJ－0190；罗场乡岭峰村三花山，海拔980m，YJ－0469。

【药用】带根全草入药。祛风，散寒，行水，开窍。治风冷头痛，鼻炎，齿痛，痰饮咳逆，风湿痹痛。

【观赏特性】叶光亮，观叶，作盆栽或地被。

八、八角科 Illiciaceae

(一)八角属 *Illicium* Linn.

1. 八角 *I. verum* Hook. f.　洋溪镇洋溪村小河，海拔744m，YJ－150。

【观赏特性】叶木类，6月观红花，作为花木使用。

【经济用途】食用香料、饮料、工业用香料。

2. 大八角 *I. majus* Hook. f. et Thomson　罗场乡靛厂村风洞沟，海拔786m，YJ－681。

【药用】树皮。祛风散寒。主治寒湿痹痛。

【经济用途】土农药。

3. 红毒茴 *I. lanceolatum* A. C. Sm.　罗场乡岭峰村三花山，海拔982m，YJ－762。

【药用】根、根皮入药。祛风止痛，消肿散结，杀虫止痒。治头痛，皮肤麻痹，痈肿，瘰疬，喉痹，癣疥，风虫牙痛，狐臭等。

4. 红茴香 *I. henryi* Diels　杨柳乡白虎咀村田家寨组，海拔839m，YJ－488。

【药用】根、树皮入药。祛风止痛，散瘀消肿。治风湿骨痛，跌打损伤，骨折。

【观赏特性】常绿灌木，叶木类，4～5月观红花、9～11月观褐黄果，作为花木使用。

【经济用途】工业用香料。

九、五味子科 Schisandraceae

(一)五味子属 *Schisandra* Michx.

1. 铁箍散 *S. propinqua* (Wall.) Baill. subsp. *sinensis* (Oliv.) R. M. K. Saunders　洋溪镇桅杆村深坳，海拔1021m，YJ－247。

【药用】根、藤。祛风活血，解毒消肿。主治风湿麻木，筋骨疼痛，跌打损伤，月经不调，胃痛，腹胀，痈肿疮毒，劳伤吐血。

2. 翼梗五味子　*S. henryi* C. B. Clarke 缠溪镇塘房岭村分水岭，海拔1223m，YJ－521；洋溪镇蒋家坝村格优寨组，海拔984m，YJ－573；洋溪镇桅杆村瑶寨沟白岩尖，海拔763m，YJ－360。

【药用】种子：敛肺气，定喘嗽，治哮喘，遗精，小便频数。叶：用于治冠状动脉硬化性心脏病。根皮：用于治白带，遗精。

十、毛茛科 Ranunculaceae

(一)乌头属 *Aconitum* L.

1. 乌头 *A. carmichaeli* Debx. 洋溪镇小河，海拔670m，YJ－0123；洋溪镇蒋家坝村格佑寨倒竹坑，海拔1030m，YJ－0357。

【药用】母根入药：祛风除湿，温经，散寒止痛；主治风寒湿痹，关节疼痛，半身不遂，肢体麻木，心腹冷痛，跌打瘀痛等。子根入药：回阳救逆，补火助阳，散寒除湿；主治亡阳欲脱，肢冷脉微，阳痿宫冷，阳虚外感，风寒湿痹等。

【观赏特性】5～6月观蓝紫色花，花形奇特，作地栽、切花、科普趣味观赏。

2. 聚叶花葶乌头 *A. scaposum* var. *vaginatum* (Priz.) Rapaics　罗场乡靛厂村打掘沟，海拔780m，YJ－0455。

【观赏特性】8～9月观蓝紫色花，花冠像盔帽，圆锥花序。可作地栽、切花、插花观赏。

(二)银莲花属 *Anemone* L.

1. 打破碗花花(野棉花)*A. hupehensis* Lem.　洋溪镇曾心村大屋基海拔650m，YJ－0008；罗场乡岭峰村三花山，海拔980m，YJ－0506；区内广布。

【药用】根入药。杀虫，化积，消肿，散瘀。治秃疮，疟疾，小儿疳积，跌打损伤。

【观赏特性】7～10月观紫红色或粉红色花，作地栽观赏。

【经济用途】土农药。

2. 草玉梅 *A. rivularis* Buch.－Ham. ex DC.　缠溪镇冷水溪，海拔950m。

【药用】根入药。清热解毒，活血舒筋，消肿止痛。治咽喉肿痛，痈疽肿毒，风湿疼痛，跌打损伤。

【观赏特性】5月观白色花，作地被观赏。

【经济用途】土农药。

(三)铁线莲属 *Clematis* Linn.

1. 山木通 *C. finetiana* H. Lév. et Vaniot　洋溪镇桅杆村姚家寨半截田，海拔775m，YJ－296。

【观赏特性】常绿藤本，蔓木类，4～6月观白花，作为藤木使用。

2. 威灵仙 *C. chinensis* Osbeck　洋溪镇蒋家坝村毛湾，海拔959m，YJ－644。

【药用】根，根茎入药。祛风除湿，通络止痛。主治风湿痹痛，肢体麻木，筋脉拘挛，脚气肿痛，疟疾等。

【经济用途】土农药。

3. 小木通 *C. armandii* Franch.　洋溪镇，YJ－342；洋溪镇桅杆村姚家寨半截田，海拔803m，YJ－320。

【药用】藤茎入药。利尿消肿，通经下乳。主治小便不利，水肿，闭经，乳汁不下等。

【观赏特性】常绿攀援藤本，蔓木类，3 月观白花，作为藤木使用。

【经济用途】土农药。

4. 扬子铁线莲 *C. ganpiniana*（Lévl. et Vant.）Tamura 罗场乡靛厂村仙鹤坪打劫沟，海拔 821m，YJ－711。

(四)翠雀花属 *Delphinium* Linn.

1. 还亮草 *D. anthriscifolium* Hance 洋溪镇小河，海拔 670m，YJ－0120。

【药用】全草。祛风除湿，通络止痛，化食，解毒。主治风湿痹痛，半身不遂，食积腹胀，荨麻疹，痈疮癣癞。

【观赏特性】4～5 月观紫色花，花奇特，作地被、盆栽、科普趣味。

(五)毛茛属 *Ranunculus* L.

1. 禺毛茛 *R. cantoniensis* DC.

【药用】全草入药。清热，活血，解毒。治咽喉痛，跌打损伤，风湿腰腿疼痛，疖肿。

2. 茴茴蒜 *R. chinensis* Bunge 洋溪镇曾心村徐家，海拔 870m，YJ－0578。

【药用】全草入药。有毒。消炎退肿，截疟，杀虫。治肝炎，肝硬化腹水，疟疾，疮癞，牛皮癣。

【观赏特性】5～7 月观黄色花，作地栽。

3. 毛茛 *R. japonicus* Thunb. 洋溪镇曾心村大屋基，海拔 650m，YJ－0009；罗场乡岭峰村三花山，海拔 980m，YJ－0492。

【药用】全草入药。有毒。利尿，消肿，止痛，抗疟，杀虫。治胃痛，黄疸肝炎，疟疾，淋巴结核，风火牙痛。

4. 石龙芮 *R. sceleratus* L. 洋溪镇曾心村大屋基，海拔 650m，YJ－0053。

【药用】全草、果实入药。清热解毒，消肿散结，止痛，截疟。治痈疖肿毒，风湿关节痛，牙痛，疟疾，毒蛇咬伤。

5. 扬子毛茛 *R. sieboldii* Miq. 洋溪镇蒋家坝村格佑寨上坝，海拔 980m，YJ－0305；罗场乡岭峰村三花山，海拔 980m，YJ－0499；洋溪镇桅杆村雷公塘。

【药用】全草入药。有毒。利尿，消肿，止痛，抗疟。治毒疮，疟疾，跌打损伤。

(六)天葵属 *Semiaquilegia* Makino

1. 天葵 *S. adoxoides*（DC.）Makino 洋溪镇桅杆村深坳，海拔 1000m，YJ－0265；洋溪镇曾心村徐家，海拔 870m，YJ－0556。

【药用】全草入药。解毒，散结。主治乳痈肿痛，瘰疬，疮毒，血崩，带下，小儿惊风。

【经济用途】土农药。

(七)唐松草属 *Thalictrum* L.

1. 爪哇唐松草 *T. javanicum* Bl. 罗场乡广东坪村茂林，海拔 920m，YJ－0643。

【药用】根、根茎入药。清热解毒，燥湿。主治痢疾，关节炎，跌打损伤。

2. 东亚唐松草 *T. minus* Linn. var. *hypoleucum*（Sieb. et Zucc）Miq. 洋溪镇蒋家坝村格佑寨鸡爬坎，海拔 980m，YJ－0315。

【药用】根茎入药。清热解毒，燥湿。治百日咳，痈疮肿毒，牙痛，湿疹。

【观赏特性】6～7 月观淡黄色花，作切花、干花。

十一、小檗科 Berberidaceae

(一)小檗属 *Berberis*

1. 壮刺小檗 *B. deinacantha* Schneid. 洋溪镇双龙村小溪河，海拔 1042m，YJ－427。

【观赏特性】常绿灌木，叶木类，4 月观黄花，9～10 月观黑果，作为植篱及绿雕塑、花木、地被植物使用。

(二)淫羊藿属 *Epimedium* L.

1. 粗毛淫羊藿 *E. acuminatum* Franch.　缠溪镇冷水溪木根坡，海拔940m。

【药用】根、茎叶入药。补肾壮阳，祛风镇痛，止咳。治阳痿，肾虚劳咳，腰痛，风湿痹痛，头晕目胀。

【观赏特性】观叶，4~5月观黄色、白色、紫红色、玫瑰红色花，作原生境、地栽、科普趣味。模式产地在贵阳。

2. 黔岭淫羊藿 *E. leptorrhizum* Stearn　洋溪镇小河，海拔670m，YJ-0152。

【药用】带根全草入药。补肾壮阳，祛风镇痛，止咳。主治阳痿，肾虚劳咳，腰痛，风湿痹痛，头晕目眩。

【观赏特性】观叶，3~4月观紫红色花，作原生境、科普趣味。模式产地在贵阳。

3. 柔毛淫羊藿 *E. pubescens* Maxim. 罗场乡岭峰村三花山，海拔980m，YJ-0514。

【观赏特性】观叶，4~5月观紫红色花，作原生境、科普趣味。

(三)十大功劳属 *Mahonia* Nuttall

1. 阔叶十大功劳 *M. bealei*（Fortune）Carrière　洋溪镇双龙村小溪河，海拔1030m，YJ-430。

【药用】茎、茎皮入药。清热，燥湿，解毒。主治肺热咳嗽，黄疸，泄泻痢疾，目赤，肿痛，疮疡，湿疹，烫伤。

【观赏特性】常绿灌木，叶木类，1月观黄色花，4~5月观深蓝色果，作为桩景、植篱及绿雕塑使用。

2. 亮叶十大功劳 *M. nitens* C. K. Schneid.　洋溪镇新界村，海拔659m，YJ-184。

3. 细柄十大功劳 *M. gracilipes*（Oliv.）Fedde　洋溪镇蒋家坝村毛湾，海拔959m，YJ-634。

4. 小果十大功劳 *M. bodinieri* Gagnep.　洋溪镇蒋家坝村陈家沟，海拔823m，YJ-452；洋溪镇洋溪村小河，海拔669m，YJ-129。

【药用】根入药。清热解毒，活血消肿，治肠炎，痢疾，跌打损伤。

【观赏特性】常绿灌木，叶木类，4~5月观黄花，9~12观紫黑色果，作为桩景、植篱及绿雕塑使用。

十二、木通科 Lardizabalaceae

(一)大血藤属 *Sargentodoxa* Rehd. et Wils.

1. 大血藤 *S. cuneata*（Oliv.）Rehd. et E. H. Wilson　洋溪镇桅杆村深坳，海拔1021m，YJ-244。

【药用】藤茎入药。活血通经，祛风除湿，驱虫。治阑尾炎、经闭腹痛、风湿筋骨酸痛、四肢麻木拘挛、钩虫病、蛔虫病。

【观赏特性】落叶木质缠绕藤本，蔓木类，7~9月观红叶，作为藤木使用。

【经济用途】土农药、栲胶、纤维。

(二)木通属 *Akebia* Decne.

1. 白木通 *A. trifoliata*（Thunb.）Koidz. subsp. *australis*（Diels）T. Shimizu　杨柳乡白虎咀村田家寨组，海拔839m，YJ-482；洋溪镇曾心村大屋基，海拔670m，YJ-13；洋溪镇桅杆村深坳，海拔1053m，YJ-257。

【药用】根、藤入药。益气补肾，行气活血。治缩阴症、阴寒腹痛、劳伤咳嗽、腹内气痞。

【经济用途】工业油脂。

(三)牛姆瓜属 *Holboellia* Wall.

1. 八月瓜 *H. latifolia* Wall.　罗场乡靛厂村风洞沟，海拔775m，YJ-697。

【经济用途】纤维。

2. 棱茎八月瓜 *H. pterocaulis* T. Chen et Q. H. Chen　洋溪镇银坳村银坳组，海拔974m，YJ-649。

(四)野木瓜属 *Stauntonia* DC.

1. 西南野木瓜 *S. cavalerieana* Gagnep.　YJ－788。

【药用】根、藤茎、果实入药。祛风除湿，行气活血，补虚，镇咳。主治风湿痹痛，疝气疼痛，跌打伤痛，肾虚腰痛，痢疾，劳伤咳嗽。

十三、防己科 Menispermaceae

(一)球果藤属 *Aspidocarya* Hook. f. et Thoms.

1. 球果藤 *A. uvifera* Hook. f. et Thomson　YJ－554。

【药用】根入药。调理气血，止血，通淋利水。主治风湿疼痛，劳伤疼痛，水肿。

(二)轮环藤属 *Cyclea* Arnott ex Wight

1. 轮环藤 *C. racemosa* Oliv.　洋溪镇新阳村汤包沟，海拔892m，YJ－544。

【药用】根入药。理气止痛，除湿解毒。主治胸脘胀痛，腹痛吐泻，风湿疼痛，咽喉肿痛，痈疽肿毒。

十四、马桑科 Coriariaceae

(一)马桑属 *Coriaria* Linn.

1. 马桑 *C. nepalensis* Wall.　洋溪镇曾心村大屋基，海拔670m，YJ－12。

【药用】根、叶入药。祛风除湿，清热解毒；主治风湿麻木，痈疮肿毒，风火牙痛，痞块，痔疮。叶：清热解毒，消肿止痛，杀虫；主治疥癣，黄水疮，烫火伤，跌打损伤。

【经济用途】栲胶、饮料、树脂、土农药。

(二)防己属 *Sinomenium* Diels

1. 风龙 *S. acutum*（Thunb.）Rehder et E. H. Wilson　洋溪镇桅杆村雷家沟，海拔835m，YJ－454；洋溪镇桅杆村瑶寨沟白岩尖，海拔763mm，YJ－353；洋溪镇新黔村，海拔669m，YJ－213；洋溪镇双龙村小溪河，海拔740m，YJ－374。

【药用】藤茎入药。祛风通络，除湿止痛。主治风湿痹痛，鹤膝风，脚气肿痛。

【观赏特性】落叶藤本，蔓木类，作为藤木使用。

(三)千金藤属 *Stephania* Lour.

1. 金线吊乌龟 *S. cepharantha* Hayata　缠溪镇冷水溪，海拔890m。

【药用】块根入药。清热解毒，祛风止痛，凉血止血。主治咽喉肿痛，热毒痈肿，风湿痹痛，腹泻，衄血，外伤出血等。

【观赏特性】多年生缠绕性落叶藤本；是极好的垂直绿化材料，适宜在公园、庭院中作矮篱，也可盆栽作室内装饰。

2. 桐叶千斤藤 *S. hernandifolia*（Willd.）Walp.　洋溪镇小河，海拔680m，YJ－0601。

【药用】根入药。清热解毒，祛风湿，止痛。主治痈疖疮毒，咽喉肿痛，痄腮，风湿痹痛，痢疾，头痛，胃痛。

(四)青牛胆属 *Tinospora Miers* ex Hook. f. et Thoms.

1. 青牛胆 *T. sagittata*（Oliv.）Gagnep. 洋溪镇小河至张家，海拔670m，YJ－0167；洋溪镇小河，海拔680m，YJ－0606。

【药用】块根入药。清热解毒，消肿止痛。主治咽喉肿痛，口舌糜烂，白喉，脘腹疼痛，泻痢，痈疽疔毒，毒蛇咬伤。

【观赏特性】常绿缠绕藤本植物；观叶，9～11月观红色球形核果。

十五、清风藤科 Sabiaceae

(一)泡花树属 *Meliosma* Bl.

1. 笔罗子 *M.* Siebold et Zucc. 罗场乡岭峰村三花山，海拔982m，YJ－734。

【药用】根皮入药。利水，解毒，消肿。主治感冒咳嗽，水肿，臌胀，无名肿毒，毒蛇咬伤。

【经济用途】工业油脂、栲胶。

2. 垂枝泡花树 *M. flexuosa* Pamp. 缠溪镇塘房岭村分水岭，海拔1223m，YJ－522；杨柳乡白虎咀村田家寨组，海拔825m，YJ－473；洋溪镇曾心村大屋基，海拔668m，YJ－63；洋溪镇曾心村上竹园组岩上，海拔848m，YJ－625；洋溪镇蒋家坝村陈家沟，海拔885m，YJ－441；洋溪镇蒋家坝村毛湾，海拔959m，YJ－637。

【药用】枝叶入药。止血，活血，止痛，清热，解毒。主治热毒肿痛，瘀血疼痛，出血。

3. 红枝柴 *M. oldhamii* Miq. et Maxim. 洋溪镇桅杆村深坳，海拔1021m，YJ－248。

【药用】根皮入药。利水解毒。主治水肿，小便淋痛，热毒肿痛。

（二）清风藤属 *Sabia* Colebr.

1. 清风藤 *S. japonica* Maxim. 洋溪镇蒋家坝村格优寨组，海拔984m，YJ－562；洋溪镇桅杆村梨坪，海拔1099m，YJ－239；洋溪镇桅杆村姚家寨半截田，海拔758m，YJ－304；YJ－553；洋溪镇新阳村汤包沟，海拔892m，YJ－550。

【药用】茎藤、根、叶入药。活血解毒，祛风利湿。主治风湿痹痛，鹤膝风，水肿，脚气，跌打肿痛，骨折，深部脓肿，骨髓炎，化脓性关节炎，脊椎炎，疮疡肿毒，皮肤瘙痒。

2. 川清风藤 *S. schumanniana* Diels 洋溪镇蒋家坝村格优寨组，海拔984m，YJ－561。

【药用】根入药。祛风活血，化痰止咳。主治风湿痹痛，跌打损伤，腰痛，慢性咳嗽。

十六、罂粟科 Papaveraceae

（一）血水草属 *Eomecon* Hance

1. 血水草 *E. chionantha* Hance 洋溪镇桅杆村大张山，海拔1000m，YJ－0221；洋溪镇蒋家坝村陈家沟。

【药用】全草入药。清热解毒，活血止痛，止血。主治目赤肿痛，咽喉肿痛，口腔溃疡，疔疮肿毒，毒蛇咬伤，癣疮，湿疹，跌打损伤，腰痛，咳血。

【观赏特性】观叶，叶背灰白，4～5月观白色花，作盆栽。

（二）博落回属 *Macleaya* R. Br.

1. 博落回 *M. cordata*（Willd.）R. Br. 洋溪镇蒋家坝村侯家堰，海拔980m，YJ－0358；罗场乡岭峰村三花山，海拔980m，YJ－0475。

【药用】全草入药。散瘀，祛风，解毒，止痛，杀虫。主治痈疮疔肿，痔疮，湿疹，蛇虫咬伤，顽癣，滴虫性阴道炎，酒糟鼻等。

【观赏特性】多年生直立草本植物；观叶、观花，适于花坛、花境或野生花卉园种植，茎汁有剧毒，误食可致命。

（三）紫堇属 *Corydalis* Vent.

1. 尖距紫堇 *C. sheareri* S. Moore 洋溪镇曾心村徐家，海拔870m，YJ－0541。

【药用】全草、块茎入药。活血止痛，清热解毒。主治胃痛，腹痛，泄泻，跌打损伤，痈疮肿毒，目赤肿痛。

【观赏特性】多年生草本植物；作地被覆盖植物，效果良好。宜于疏林下配置，株形柔软，花色明快、艳丽，效果良好。

2. 小花黄堇 *C. racemosa*（Thunb.）Pers 洋溪镇盐井沟，海拔680m，YJ－0071。

【药用】全草入药。清热利湿，解毒杀虫。治湿热泄泻，痢疾，黄疸，目赤肿痛，疮毒。

【观赏特性】4～5月观黄花，作地被、盆栽、科普趣味。

3. 紫堇 *C. edulis* Maxim. 洋溪镇银坳村银坳，海拔970m，YJ－0394；洋溪镇桅杆村雷公塘；区内沟谷林缘习见。

【药用】全草入药。清热解毒，杀虫止痒。主治疮疡肿毒，耳流脓水，咽喉疼痛，顽癣，秃疮，毒蛇咬伤。

【观赏特性】花期4月，花蓝紫色，作地被观花、盆栽、科普趣味。

十七、金缕梅科 Hamamelidaceae

(一)枫香树属 *Liquidambar* Linn.

1. 枫香树 *L. formosana* Hance　缠溪镇塘房岭村竹洋坪岭上，海拔1093m，YJ－496。

【药用】果实、树皮、根、叶入药。祛风除湿，疏肝通络，利水。主治风湿痹痛，肢体麻木，手足拘挛，脘腹疼痛，经闭，乳汁不通，水肿胀满，湿疹等。

【观赏特性】落叶乔木，林木类，10～12月观红叶、4～5观紫红幼叶，作为防护、林丛使用。

【经济用途】树脂、饲料、工业用香料。

2. 缺萼枫香树 *L. acalycina* H. T. Chang　杨柳乡白虎咀村田家寨组，海拔839m，YJ－479。

(二)蜡瓣花属 *Corylopsis* Sieb. et Zucc.

1. 秃蜡瓣花 *C. sinensis* Hemsl. var. *calvescens* Rehder et E. H. Wilson　罗场乡岭峰村枫香坪，海拔1210m，YJ－776。

【药用】根入药。宁心健胃，清热祛风。主治恶心呕吐，心悸不安。

(三)水丝梨属 *Sycopsis* Oliver.

1. 水丝梨 *S. sinensis* Oliv.　罗场乡岭峰村三花山，海拔982m，YJ－738；洋溪镇桅杆村姚家寨半截田，海拔803m，YJ－322。

【药用】树脂入药。用于祛风通窍。

十八、交让木科 Daphniphyllaceae

(一)虎皮楠属 *Daphniphyllum* Bl.

1. 虎皮楠 *D. oldhami* (Hemsl.) Rosenthal　罗场乡岭峰村枫香坪，海拔1210m，YJ－765。

【观赏特性】常绿小乔木至大乔木，荫木类，作为独赏树使用。

【经济用途】工业油脂。

2. 交让木 *D. macropodum* Miq.　洋溪镇双龙村小溪河，海拔880m，YJ－419。

【观赏特性】常绿乔木，荫木类，作为独赏树使用。

十九、杜仲科 Eucommiaceae

(一)杜仲属 *Eucommia* Oliv.

1. 杜仲 *E. ulmoides* Oliv.　杨柳乡白虎咀村田家寨组，海拔839m，YJ－487；洋溪镇曾心村乔家，海拔730m，YJ－77。

【药用】树皮、叶入药。补肝肾，强筋骨，安胎。主治腰膝酸痛，高血压，胎动不安，阳痿，尿频等。

二十、榆科 Ulmaceae

(一)榉树属 *Zelkova* Spach

1. 大叶榉树 *Z. schneideriana* Hand.－Mazz.　罗场乡岭峰村三花山，海拔982m，YJ－736；洋溪镇曾心村乔家，海拔764m，YJ－86；洋溪镇桅杆村姚家寨半截田，海拔803m，YJ－311。

【药用】树皮、叶入药。清热解毒，止血，利水，安胎。主治感冒发热，血痢，水肿，妊娠腹痛，目赤肿痛。

2. 光叶榉 *Z. serrata* 缠溪镇塘房岭村竹洋坪岭上，海拔1093m，YJ－500；洋溪镇曾心村徐家组小河冲，海拔835m，YJ－620。

3. 榉树 *Z. serrata* (Thunb.) Makino　洋溪镇双龙村小溪河，海拔740m，YJ－371。

【经济用途】纤维。

【药用】树皮、叶入药。树皮：清热，利水；治头痛，血痢，水肿。叶：治肿烂恶疮。

(二)朴属 Celtis L.

1. 黑弹树 *C. bungeana* Blume　杨柳乡白虎咀村田家寨组，海拔839m，YJ-483；洋溪镇蒋家坝村格优寨组，海拔984m，YJ-558。

2. 朴树 *C. sinensis* Pers.　杨柳乡竹林村，海拔1010m，YJ-530；洋溪镇桅杆村瑶寨沟白岩尖，海拔763m，YJ-357。

【药用】树皮、叶、果实入药。树皮：祛风透疹，消食化滞；治麻疹透发不畅，消化不良。叶：清热，凉血，解毒；治漆疮，荨麻疹。果实：清热利咽；治感冒咳嗽音哑。

【观赏特性】落叶乔木，荫木类，10~11月观黄叶，作为独赏树类、桩景类使用。

3. 珊瑚朴 *C. julianae* C. K. Schneid.　洋溪镇银坳村水田沟，海拔848m，YJ-672；洋溪镇曾心村大屋基，海拔670m，YJ-39。

【药用】茎叶入药。用于咳喘。

【观赏特性】落叶乔木，荫木类，8~9月观黄果，作为遮阴树、防护树使用。

(三)青檀属 *Pteroceltis* Maxim.

1. 青檀 *P. tatarinowii* Maxim.　洋溪镇曾心村曾心沟，海拔652m，YJ-619。

【药用】根皮入药。解毒。治疔疮。

【观赏特性】落叶乔木，荫木类，作为独赏树、防护使用。

【经济用途】纤维、工业油脂。

(四)山黄麻属 *Trema*Lour.

1. 光叶山黄麻 *T. cannabina* Lour. 杨柳乡白虎咀村田家寨组，海拔839m，YJ-475。

【观赏特性】果木类，10~12月观黄果，作为花木使用。

【经济用途】工业油脂、纤维。

(五)榆属 *Ulmus* L.

1. 榔榆 *U. parvifolia* Jacquem.　洋溪镇曾心村大屋基，海拔670m，YJ-43。

【经济用途】纤维。

二十一、桑科 Moraceae

(一)构树属 *Broussonetia* L'Herit. ex Vent

1. 葡蟠 *B. kaempferi* Siebold　洋溪镇曾心村大屋基，海拔670m，YJ-17。

2. 楮 *B. kazinoki* Siebold et Zucc.　洋溪镇曾心村田坝，海拔751m，YJ-111。

3. 构树 *B. papyrifera*（Linn）L'Her. ex Vent.　洋溪镇曾心村大屋基，海拔670m，YJ-19。

【经济用途】饲料。

【药用】根、果实入药。镇咳平喘，补肾强筋骨，利尿消肿。治急、慢性支气管炎，水肿，筋骨酸痛，阳痿，跌打损伤。

【森林蔬菜】食用部位：嫩叶、雄花序。食用、烹调方法：鲜用。蒸或做渣豆腐。喜食度：一般。

(二)桑属 *Morus* L.

1. 华桑 *M. cathayana* Hemsl.　洋溪镇曾心村曾心沟，海拔652m，YJ-609；洋溪镇蒋家坝村格优寨组，海拔1069m，YJ-590；洋溪镇新黔村，海拔669m，YJ-209。

2. 鸡桑 *M. australis* Poir.　洋溪镇蒋家坝村侯家堰，海拔988m，YJ-626；洋溪镇双龙村小溪河，海拔740m，YJ-385；洋溪镇桅杆村瑶寨沟白岩尖，海拔763m，YJ-356；洋溪镇新黔村，海拔669m，YJ-212。

【药用】根皮入药。泻肺平喘，利水消肿。治肺热咳嗽，水肿，面目浮肿。

【经济用途】饲料、纤维。

(三)无花果属 *Ficus* L.

1. 薜荔 *F. pumila* Linn. 洋溪镇银坳村水田沟，海拔848m，YJ－674。

【经济用途】工业淀粉。

2. 地果 *F. tikoua* Bureau. 洋溪镇曾心村大屋基，海拔670m，YJ－7。

【观赏特性】常绿爬行藤本，蔓木类，作为地被植物、藤木使用。

3. 冠毛榕 *F. gasparriniana* Miq. 罗场乡靛厂村风洞沟，海拔786m，YJ－679。

4. 菱叶冠毛榕 *F. gasparriniana* Miq. var. *laceratifolia* (Lév. et Vaniot) Corner 洋溪镇双龙村小溪河，海拔740m，YJ－376。

5. 绿叶冠毛榕 *F. gasparriniana* Miq. var. *viridescens* (Lévl. et Vant.) Corner 洋溪镇新黔村，海拔669m，YJ－195。

【药用】果实入药。祛风，利湿，健脾。主治风湿痹痛，急惊风，劳倦乏力，消化不良，脾虚带下。

6. 尾尖爬藤榕 *F. sarmentosa* Buch.－Ham. ex Sm. var. *lacrymans* (Lév.) Corner 洋溪镇洋溪村小河，海拔669m，YJ－121。

【药用】根、茎入药。祛风除湿，行气活血，消肿止痛。治风湿痹痛，神经头痛，小儿惊风，胃痛，跌打损伤。

7. 异叶榕 *F. heteromorpha* Hemsl. 洋溪镇桅杆村梨坪，海拔1099m，YJ－231，洋溪镇新黔村，海拔669m，YJ－198；洋溪镇新黔村，海拔669m，YJ－203。

【药用】根、叶入药。祛风除湿，化痰止咳，活血，解毒。治风湿痹痛，咳嗽，跌打损伤，毒蛇咬伤。

【经济用途】饲料、纤维。

8. 珍珠莲 *F. sarmentosa* Buch.－Ham. ex Sm. var. *henryi* (King ex Oliv.) Corner 罗场乡靛厂村风洞沟，海拔775m，YJ－695；罗场乡岭峰村三花山，海拔982m，YJ－729。

【药用】根、花序托入药。祛风除湿，消肿止痛，解毒杀虫。主治风湿关节痛，脱臼，乳痈，疮疖，癣症。

【森林蔬菜】食用部位：果。喜食度：差。

【观赏特性】常绿附生藤本，蔓木类，作为藤木使用。

(四)柘属 *Maclura* Nutt.

1. 构棘 *M. cochinchinensis* (Lour.) Corner 洋溪镇蒋家坝村格优寨组，海拔1028m，YJ－575；洋溪镇洋溪村小河，海拔744m，YJ－138。

【药用】根入药。祛风通络，清热除湿，解毒消肿。治风湿痹痛，跌打损伤，黄疸，腮腺炎，肺结核，胃、十二指肠溃疡，劳伤咳血，疔疮痈肿。

【观赏特性】落叶直立或攀蔓木类，作为藤木使用。

2. 柘 *M. tricuspidata* Carrière 洋溪镇蒋家坝村格优寨组，海拔984m，YJ－564；洋溪镇桅杆村瑶寨沟白岩尖，海拔763m，YJ－354。

【经济用途】饲料、纤维、染料。

二十二、荨麻科 Urticaceae

(一)苎麻属 *Boehmeria* Jacq.

1. 序叶苎麻 *B. clidemioides* Miq. var. *diffusa* (Wedd.) Hand.－Mazz. 罗场乡三花山。

【经济用途】饲料。

2. 细野麻 *B. gracilis* Wright 洋溪镇曾心村大屋基，海拔650m，YJ－0041。

【药用】根入药。解毒利湿，祛风止痒。主治皮肤瘙痒，湿毒疮疹。

3. 苎麻 *B. nivea*（L.）Gaud. 洋溪镇谯家，海拔730m，YJ－0111。

【经济用途】纤维、食用油脂、饲料、工业油脂。

【药用】根入药。凉血止血，清热安胎，利尿，解毒。治咯血、吐血、衄血、尿血、崩漏、紫癜，热毒疮痈，蛇虫咬伤。

4. 悬铃木叶苎麻 *B. platanifolia* Franch. et Sav. 洋溪镇蒋家坝村侯家堰，海拔980m，YJ－0364。

【经济用途】工业油脂、纤维、饲料。

5. 水苎麻 *B. platyphylla* D. Don 洋溪镇谯家，海拔730m，YJ－0085。

（二）水麻属 *Debregeasia* Gaudich.

1. 水麻 *D. orientalis* C. J. Chen 洋溪镇桅杆村瑶寨沟白岩尖，海拔763m，YJ－349；洋溪镇桅杆村雷家沟，海拔823m，YJ－459。

【药用】枝叶、根入药。枝叶：疏风止咳，清热透疹，化瘀止血；主治外感咳嗽咳血，小儿急惊风，麻疹，跌打伤肿，妇女腹中包块，外伤出血。根：祛风除湿，活血止痛，解毒消肿；主治风湿痹痛，跌打伤肿，骨折，外伤出血，疮痈肿痛。

【森林蔬菜】食用部位：嫩茎叶。食用、烹调方法：鲜用。炒、做汤。喜食度：差。

【观赏特性】落叶灌木，叶木类，观白色叶背，8～9月观黄色果，作为花木、防护使用。

【经济用途】饲料、纤维。

（三）楼梯草属 *Elatostema* Forst.

1. 华南楼梯草 *E. balansae* Gagnep. 洋溪镇申家河沟，海拔720m，YJ－0203。

2. 短齿楼梯草 *E. brachyodontum*（Hand. － Mazz.）W. T. Wang 罗场乡靛厂村打掘沟，海拔780m，YJ－0445B；洋溪镇小河，海拔680m，YJ－0605。

3. 骤尖楼梯草 *E. cuspidatum* Wight. 罗场三花山。

【药用】全草入药。祛风除湿，散瘀消肿。治风湿痹痛，目赤肿痛，跌打损伤。

【观赏特性】观叶、茎、形态，作地被或盆栽。

4. 楼梯草 *E. involucratum Franch.* et Savat. 罗场三花山，海拔940m。

【药用】全株入药。清热解毒，祛风除湿，利水消肿，活血止痛。主治赤白痢疾，高热惊风，黄疸，风湿痹痛，水肿，淋症，经闭，痄腮，带状疱疹，毒蛇咬伤，跌打损伤，骨折。

5. 托叶楼梯草 *E. nasutum Hook.* f 洋溪镇小河，海拔670m，YJ－0134。

【药用】全草入药。清热解毒，接骨。主治骨髓炎。

（四）蝎子草属 *Girardinia* Gaud.

1. 大蝎子草 *G. palmate* Gaud. 洋溪镇蒋家坝村毛湾，海拔980m，YJ－0373。

【药用】根入药。祛风解表，利气化痰，清热解毒。治伤风咳嗽，胸闷痰多，水肿，皮肤瘙痒。

（五）糯米团属 *Gonostegia* Turcz.

1. 糯米团 *G. hirta*（Bl.）Miq. 洋溪镇曾心村大屋基，海拔650m，YJ－0039；洋溪镇蒋家坝村格佑寨倒竹坑，海拔1030m，YJ－0335；罗场乡岭峰村三花山，海拔980m，YJ－0491。

【药用】全株入药。祛风除湿，活血止痛。治风湿痹痛，四肢麻木，跌打损伤，骨折疼痛，肾炎水肿。

【森林蔬菜】食用部位：嫩茎叶。食用、烹调方法：①鲜用；②干制。炒、做汤、蒸。喜食度：一般。

【经济用途】纤维、饲料。

（六）艾麻属 *Laportea* Gaud.

1. 珠芽艾麻 *L. bulbifera*（Sieb. et Zucc.）Wedd 洋溪镇桅杆，海拔820m。

【药用】根入药。祛风除湿，活血止痛。主治风湿痹痛，肢体麻木，跌打损伤，骨折疼痛，月经不调，劳伤乏力，肾炎水肿。

【经济用途】纤维。

(七)花点草属 *Nanocnide* Bl.

1. 花点草 *N. japonica* Bl.　罗场乡靛厂村打掘沟，海拔780m，YJ-0463；杨柳乡白虎咀村田家寨马家岩，海拔870m。

【药用】全株入药。清热解毒，止咳，止血。主治黄疸，肺结核，咳血，潮热，痔疮，痱子。

2. 毛花点草 *N. lobata* Wedd. 洋溪镇桅杆村深坳，海拔1000m，YJ-0255。

【药用】全株入药。清热解毒，止血，消肿散结。主治肺热咳嗽，瘰疬，咯血，烧烫伤，痈肿，跌打损伤，蛇咬伤，外伤出血。

(八)紫麻属 *Oreocnide* Miq.

1. 紫麻 *O. frutescens*（Thunb.）Miq.　洋溪镇曾心村大屋基，海拔670m，YJ-9；洋溪镇洋溪村小河，海拔679m，YJ-178。

【药用】全株入药。清热解毒，行气活血，透疹。治感冒发热，跌打损伤，牙痛，小儿麻疹不透。

【经济用途】纤维、饲料。

(九)赤车属 *Pellionia* Gaud.

1. 赤车 *P. radicans*(Sieb. et Zucc.)Wedd.　洋溪镇小河至张家，海拔670m，YJ-0170。

【药用】全草、根。祛风除湿，活血行瘀，解毒止痛。主治风湿骨痛，跌打肿痛，骨折，疮疖，牙痛，肝炎，支气管炎，毒蛇咬伤，烧烫伤。

2. 吐烟花 *P. repens*（Lour.）Merr. 罗场乡岭峰村三花山，海拔1020m，YJ-00520。

(十)冷水花属 *Pilea* Lindl.

1. 波缘冷水花 *P. cavaleriei* Lévl. 洋溪镇曾心村大屋基，海拔650m，YJ-0005B；洋溪镇小河，海拔670m，YJ-0136。

【药用】全草入药。清肺止咳，利水消肿，解毒止痛。主治肺热咳嗽，肾炎水肿，烧烫伤，跌打损伤，疮疖肿毒。

【观赏特性】观叶，作地被。

2. 心托冷水花 *P. cordistipulata* C. J. Chen.　罗场乡靛厂村打掘沟，海拔780m，YJ-0443。

3. 翠茎冷水花 *P. hilliana* Hand. -Mazz. 洋溪镇小河，海拔680m，YJ-0590。

4. 小叶冷水花 *P. microphylla*（L.）Liebm. 洋溪镇谯家，海拔730m，YJ-0116；归化植物。

5. 冷水花 *P. notata* C. H. Wright.　洋溪镇小河，海拔670m，YJ-0133；洋溪镇蒋家坝村格佑寨倒竹坑，海拔1030m，YJ-0353。

【观赏特性】观肉质叶、茎、形态，作地被和点缀。

【经济用途】饲料。

6. 粗齿冷水花 *P. sinofasiata* C. T. Chen

【药用】全株入药。清热解毒，活血祛风，理气止痛。主治高热，喉蛾肿痛，鹅口疮，跌打损伤；骨折，风湿痹痛。

【观赏特性】观肉质叶、茎、形态，作地被和盆栽。

7. 镰叶冷水花 *P. semisessilis* Hand. -Mazz. 洋溪镇小河风雨桥，海拔720m，YJ-0194；洋溪镇曾心村徐家，海拔870m，YJ-0558。

8. 三角形冷水花 *P. swinglei* Merr.　洋溪镇小河至张家，海拔670m，YJ-0172。

【药用】全株入药。清热解毒，祛瘀止痛，治疗疮肿毒，毒蛇咬伤，跌打损伤。

9. 疣果冷水花 *P. verrucosa* Hand. - Mazz.　罗场乡靛厂村打掘沟，海拔780m，YJ-0459。

【药用】全草入药。清热解毒，消肿。主治疖痈肿，水肿。

【经济用途】饲料。

(十一)荨麻属 *Urtica* L.

1. 荨麻 *U. fissa* E. Pritz. 洋溪镇蒋家坝村，海拔935m，YJ－433。

2. 裂叶荨麻 *U. lobatifolia* S. S. Ying 洋溪镇桅杆村大张山，海拔1000m，YJ－0223；洋溪镇曾心村徐家，海拔870m，YJ－0559。

二十三、胡桃科 Juglandaceae

(一)胡桃属 *Juglans* Linn.

1. 泡核桃 *J. sigillata* Dode 洋溪镇桅杆村姚家沟，海拔880m，YJ－337；杨柳乡白虎咀村田家寨组，海拔839m，YJ－485。

(二)化香树属 *Platycarya* Sieb. et Zucc.

1. 化香树 *P. strobilacea* Siebold et Zucc. 洋溪镇曾心村大屋基，海拔670m，YJ－28。

【药用】叶、果入药。外用治疮疖肿毒、阴囊湿疹疮、顽癣；内治伤胸。

【经济用途】土农药、树脂、工业用香料、纤维、工业油脂。

(三)黄杞属 *Engelhardtia* Lesch. ex Bl.

1. 黄杞 *E. roxburghiana* Wall. 洋溪镇桅杆村姚家寨半截田，海拔803m，YJ－315；洋溪镇新黔村，海拔669m，YJ－189。

【药用】树皮、叶入药。树皮：行气化湿，导滞；主治脾胃湿滞，脘腹胀闷，泄泻。叶：清热止痛；感冒发热，疝气腹痛。

【经济用途】土农药、纤维、树脂。

(四)青钱柳属 *Cyclocarya* Iljinsk.

1. 青钱柳 *C. paliurus*（Batalin）Iljinsk. 洋溪镇曾心村曾心沟，海拔652m，YJ－610；洋溪镇蒋家坝村陈家沟，海拔823m，YJ－451。

【药用】树皮、叶、根入药。杀虫止痒，消炎，止痛，祛风。治湿疹、过敏性皮炎、膝关节痛、脚癣。

【观赏特性】落叶乔木，林木类，6～10月观果，作为林丛使用。

【经济用途】树脂、纤维。

二十四、壳斗科 Fagaceae

(一)柯属 *Lithocarpus* Blume

1. 灰柯 *L. henryi*（Seem.）Rehd. et Wils. 洋溪镇桅杆村梨坪，海拔1002m，YJ－223。

2. 烟斗柯 *L. corneus*（Lour.）Rehder 罗场乡岭峰村枫香坪，海拔1210m，YJ－778。

(二)栎属 *Quercus* L.

1. 白栎 *Q. fabri* Hance 洋溪镇曾心村大屋基，海拔670m，YJ－40。

【药用】带虫瘿总苞入药。健脾、消积、理气、清火明目。治疝气、疳积、火眼赤痛。

【森林蔬菜】食用部位：果。食用、烹调方法：提取淀粉。蒸或做豆腐、粉丝等。喜食度：一般。

【观赏特性】落叶乔木，林木类，10～11月观黄叶，作为林丛、防护使用。

【经济用途】工业淀粉。

2. 光叶高山栎 *Q. rehderiana* Hand. －Mazz. 洋溪镇双龙村小溪河，海拔847m，YJ－399。

【观赏特性】常绿灌木或小乔木，叶木类，作为桩景、植篱及绿雕塑类使用。

3. 槲栎 *Q. aliena* Blume 洋溪镇曾心村乔家，海拔764m，YJ－88。

【经济用途】工业淀粉、树脂。

4. 麻栎 *Q. acutissima* Carruth 洋溪镇曾心村大屋基，海拔670m，YJ－21。

【经济用途】树脂、饲料。

【药用】果实入药。收敛固涩，止血，解毒。主治泄泻，痢疾，便血，痔血，脱肛，小儿疝气，疮痈久溃不敛等。

5. 乌冈栎 *Q. phillyreoides* A. Gray 罗场乡靛厂村石洞河，海拔856m，YJ－713。

【经济用途】饲料。

(三)栗属 *Castanea* Mill..

1. 栗 *C. mollissima* Blume 洋溪镇曾心村大屋基，海拔670m，YJ－5。

【药用】种仁入药：益气健脾，补肾强筋，活血消肿，止血；主治脾虚泄泻，反胃呕吐，腰脚软弱，筋骨折伤肿痛，瘰疬，吐血，便血。树皮入药：解毒消肿，收敛止血；主治癞疮，丹毒，口疳，漆疮，便血，创伤出血，跌打伤痛；根入药。行气止痛，活血调经。主治疝气偏坠，牙痛，风湿关节痛，月经不调。

【观赏特性】落叶乔木，林木类，9～10月观黄果，作为防护使用。

【经济用途】树脂。

2. 茅栗 *C. seguinii* Dode 洋溪镇曾心村曾心沟，海拔652m，YJ－605；洋溪镇银坳村银坳组，海拔974m，YJ－647。

【药用】树皮、根、种仁入药。树皮、根：治肺炎、肺结核、丹毒、疮毒；种仁：治失眠。

【森林蔬菜】食用部位：果。食用、烹调方法：①干制；②提取淀粉。炒、蒸、炖、生食、做糕点等。喜食度：喜欢。

【经济用途】树脂、食用淀粉。

3. 锥栗 *C. henryi*（Skan）Rehder et E. H. Wilson 洋溪镇曾心村大屋基，海拔670m，YJ－27；洋溪镇桅杆村梨坪，海拔1099m，YJ－234；洋溪镇银坳村水田沟，海拔848m，YJ－653。

【药用】根入药；清热解毒，消食；主治肺炎，肺结核，消化不良。种仁入药；安神；主治失眠。

【森林蔬菜】食用部位：果。食用、烹调方法：①干制；②提取淀粉。炒、蒸、炖等。喜食度：一般。

【经济用途】树脂。

(四)青冈属 *Cyclobalanopsis* Oerst.

1. 多脉青冈 *C. multinervis* W. C. Cheng et T. Hong 罗场乡靛厂村风洞沟，海拔775m，YJ－706。

2. 贵州青冈 *C. argyrotricha*（A. Camus）Chun et Y. T. Chang ex Y. C. Hsu ct H. W. Jen 罗场乡靛厂村石洞河，海拔856m，YJ－718；罗场乡岭峰村三花山，海拔982m，YJ－741；洋溪镇曾心村大屋基，海拔659m，YJ－52；洋溪镇双龙村小溪河，海拔734m，YJ－393。

3. 栎子青冈 *C. blakei*（Skan）Schottky 缠溪镇塘房岭村竹洋坪岭上，海拔1093m，YJ－498。

4. 云山青冈 *C. sessilifolia*（Blume）Schottky 罗场乡岭峰村三花山，海拔982m，YJ－725；洋溪镇曾心村曾心沟，海拔652m，YJ－614。

【经济用途】饲料。

5. 窄叶青冈 *C. augustinii*（Skan）Schottky 洋溪镇桅杆村梨坪，海拔1099m，YJ－227；罗场乡靛厂村风洞沟，海拔786m，YJ－687。

(五)水青冈属 *Fagus* A. L. Juss.

1. 水青冈 *F. longipetiolata* Seemen 杨柳乡白虎咀村田家寨组，海拔825m，YJ－468；洋溪镇桅杆村梨坪，海拔1099m，YJ－229。

【药用】壳斗入药。健胃，消炎，理气。主治食欲不振，消化不良。

【森林蔬菜】食用部位：果。食用、烹调方法：提取淀粉。蒸或做豆腐、粉丝等。喜食度：一般。

【经济用途】食用油脂。

(六)锥栗属 *Castanopsis* Spach

1. 刺栲 *C. fargesii* Franch 罗场乡靛厂村石洞河，海拔856m，YJ－721。

【经济用途】树脂、食用淀粉。

2. 短刺米槠 *C. carlesii* (Hemsl.) Hayata var. *spinulosa* W. C. Cheng et C. S. Chao　罗场乡岭峰村三花山，海拔982m，YJ－735；洋溪镇桅杆村姚家寨半截田，海拔880m，YJ－325。

3. 钩锥 *C. tibetana* Hance　杨柳乡白虎咀村田家寨组，海拔825m，YJ－467。

【观赏特性】常绿乔木，荫木类，作为遮阴树使用。

4. 米槠 *C. carlesii* (Hemsl.) Hayata 洋溪镇双龙村小溪河，海拔847m，YJ－417。

5. 甜槠 *C. eyrei* (Champ. ex Benth.) Tutcher　罗场乡岭峰村枫香坪，海拔1210m，YJ－775；洋溪镇桅杆村石架山，YJ－274。

二十五、桦木科 Betulaceae

(一)鹅耳枥属 *Carpinus* L.

1. 贵州鹅耳枥 *C. kweichowensis* Hu　罗场乡岭峰村三花山，海拔982m，YJ－728；洋溪镇蒋家坝村毛湾，海拔959m，YJ－633；洋溪镇桅杆村梨坪，海拔1002m，YJ－222。

2. 雷公鹅耳枥 *C. viminea* Lindl.　洋溪镇新黔村，海拔669m，YJ－192。

3. 千金榆 *C. cordata* Blume 洋溪镇新界村，海拔659m，YJ－181。

4. 岩生鹅耳枥 *C. rupestris* A. Camus　洋溪镇双龙村小溪河，海拔847m，YJ－401；洋溪镇洋溪村小河，海拔692m，YJ－168。

(二)桦木属 *Betula* L.

1. 亮叶桦 *B. luminifera* H. J. P. Winkl.　洋溪镇双龙村小溪河，海拔880m，YJ－422；洋溪镇桅杆村深坳，海拔1053m，YJ－256。

【药用】根入药：清热利尿；主治小便不利，水肿。树皮入药：祛湿散寒，消滞和中，解毒；主治感冒，风湿痹痛，食积饱胀，小便短赤，乳痈，疮毒，风疹。叶入药：清热利尿，解毒；主治水肿，疖毒。

【观赏特性】落叶乔木，林木类，作为防护、林丛使用。

【经济用途】工业用香料、树脂。

(三)榛属 *Corylus* Linn.

1. 华榛 *C. chinensis* Franch.　杨柳乡白虎咀村田家寨组，海拔839m，YJ－489；洋溪镇桅杆村梨坪，海拔1099m，YJ－232。

【经济用途】食用油脂、树脂。

二十六、商陆科 Phytolaccaceae

(一)商陆属 *Phytolacca* L.

1. 商陆 *P. acinosa* Roxb.　洋溪镇曾心村大屋基海拔650m，YJ－0040。

【森林蔬菜】食用部位：嫩茎叶。食用、烹调方法：鲜用。炒或做菜豆腐。喜食度：差。

【经济用途】栲胶、土农药。

二十七、紫茉莉科 *Nyctaginaceae*

(一)紫茉莉属 *Mirabilis* Linn.

1. 紫茉莉 *M. jalapa* Linn. 罗场、缠溪等地村寨有栽培。

【观赏特性】多年生草本花卉，6～11月观紫红色、黄色、白色或杂色花，可在房前屋后、篱旁、路边丛植，或于林缘周围成片栽培，也可利用其块根多年生特性，作树桩状露根式盆栽。

二十八、藜科 Chenopodiaceae

(一)藜属 *Chenopodium* L.

1. 藜 *C. alba* L.　洋溪镇曾心村大屋基，海拔650m，YJ－0018；区内路边广布。

【药用】幼嫩全草、果实入药。清热祛风湿，解毒消肿，杀虫止痒。主治发热，咳嗽，痢疾，腹痛，疝气，小便不利，水肿，皮肤湿疹，头疮，耳聋，疮疡肿痛，毒虫咬伤。

【森林蔬菜】食用部位：嫩茎叶。食用、烹调方法：①鲜用；②干制。拌、炒、做汤、做馅。喜食度：喜欢。

【经济用途】饲料。

2. 小藜 *C. serotinum* L.　洋溪镇蒋家坝村格佑寨倒竹坑，海拔1030m，YJ－0342。

【药用】全草、种子入药。全草：疏风清热，解毒去湿，杀虫；主治风热感冒，腹泻，痢疾，荨麻疹，疮疡肿毒，疥癣，白癜风，虫咬伤。种子：主治蛔虫病，绦虫，蛲虫。

【森林蔬菜】食用部位：嫩茎叶。食用、烹调方法：①鲜用；②干制。拌、炒、做汤、做馅。喜食度：喜欢。

（二）刺藜属 Dysphania Moq.

1. 土荆芥 *C. ambrosioides* L.　区内路边、荒地偶见。外来种。

【药用】带果穗全草入药。祛风除湿，杀虫止痒，活血消肿。主治钩虫病，蛔虫病，蛲虫病，头虱，皮肤湿疹，疥，风湿痹痛，经闭，痛经，口舌生疮等。

【经济用途】工业用香料、土农药。

二十九、苋科 Amaranthaceae

（一）牛膝属 *Achyranthes* L.

1. 牛膝 *A. bidentata* Bl.　洋溪镇盐井沟海拔680m，YJ－0063；洋溪镇蒋家坝村格佑寨上坝，海拔980m，YJ－0302；洋溪镇曾心村徐家，海拔870m，YJ－0562。

（二）莲子草属 *Alternanthera* Forsk.

1. 空心莲子草 *A. pliloxerides*（Matt）Griseb　洋溪、杨柳等地水田、沟边湿地。外来种。

（三）苋属 *Amaranthus* L.

1. 野苋 *A. ascendens* Loisel.　洋溪镇蒋家坝村走马山坪，海拔1150m。

2. 绿苋 *A. viridis* Linn. 洋溪镇桅杆村深坳。

【药用】全草入药。清热，利湿，解毒。主治痢疾，泄泻，小便赤涩，疮肿，蛇虫咬伤，牙疳。

【森林蔬菜】食用部位：嫩茎叶。食用、烹调方法：①鲜用；②干制。拌、炒或做汤。喜食度：一般。

三十、马齿苋科 Portulacaceae

（一）马齿苋属 *Portulaca* L.

1. 马齿苋 *P. oleracea* Linn.　缠溪镇冷水溪，海拔860m。

【药用】全草入药。清热利湿，凉血解毒。治细菌性痢疾，急性阑尾炎、乳腺炎、痔疮出血、白带；外用治疗疮肿毒、湿疹、带状疱疹。

【森林蔬菜】食用部位：嫩茎叶。食用、烹调方法：①鲜用；②干制；③腌制。凉拌、炒、煮粥、做汤。喜食度：喜欢。

【经济用途】土农药、饲料。

三十一、石竹科 Caryophyllaceae

（一）蚤缀属 *Arenaria* L.

1. 蚤缀 *A. serpyllifoila* L.　洋溪镇蒋家坝村格佑寨上坝，海拔980m，YJ－0312。

【药用】全草入药。清热，明目，止咳。治急性结膜炎，咽喉炎，肺痨，咳嗽。

（二）卷耳属 *Cerastium* L.

1. 簇生卷耳 *C. caespitosum* Gilib.　洋溪镇桅杆村深坳，海拔1000m，YJ－0263。

【药用】全草入药。清热，解毒，消肿。主治感冒发热，小儿高热惊风，痢疾，疔疮肿毒，乳痈。

（三）狗筋蔓属 *Cucubalus* L.

1. 狗筋蔓 *C. baccifer* L. 洋溪镇蒋家坝村走马山坪，海拔1140m。

【药用】全草入药。活血止痛，接骨生肌。治跌打损伤，骨折，月经不调，风湿骨痛，痈疽。

【经济用途】工业油脂。

（四）鹅肠菜属 *Myosoton* Moench

1. 牛繁缕 *M. aquaticum*（L.）Moench 洋溪镇蒋家坝村格佑寨倒竹坑，海拔1030m，YJ－0354。

（五）漆姑草属 *Sagina* L.

1. 漆姑草 *S. japonica*（Sw.）Ohwi. 洋溪镇蒋家坝村格佑寨上坝，海拔980m，YJ－0308。

【药用】全草入药。治漆疮、秃疮、痈肿、小儿乳积、跌打损伤。

【经济用途】饲料。

（六）繁缕属 *Stellaria* L.

1. 繁缕 *S. media*（L.）Cyr. 洋溪镇曾心村大屋基，海拔650m，YJ－0017；洋溪镇桅杆村雷公塘；区内荒地广布。

【药用】全草入药。清热解毒，化瘀止痛，催乳。治肠炎、痢疾、肝炎、产后瘀滞腹痛、乳汁不下、乳腺炎、恶疮肿毒、跌打损伤。

【森林蔬菜】食用部位：嫩苗。食用、烹调方法：①鲜用；②腌制。凉拌、炒。喜食度：喜欢。

2. 石生繁缕 *S. saxatilis* Buch.－Ham. 洋溪镇蒋家坝村格佑寨倒竹坑，海拔1030m，YJ－0355。

三十二、蓼科 Polygonaceae

（一）金线草属 *Antenoron* Raf.

1. 金线草 *A. filiforme*（Thunb.）Roberty et Vautier 洋溪镇小河至张家，海拔670m，YJ－0173；杨柳乡白虎咀。

【药用】全草入药。祛风除湿，理气止痛，止血，散瘀。治风湿骨痛，胃痛，咳血，吐血，便血，血崩，经期腹痛，产后血瘀腹痛。

【观赏特性】多年生草本，半湿生植物。观叶。7～8月观红色总状花序呈穗状的花。作地被。

（二）蓼属 *Polygonum* L.

1. 萹蓄 *P. aviculare* L. 洋溪镇曾心村大屋基，海拔650m，YJ－0054。

【森林蔬菜】食用部位：嫩叶。食用、烹调方法：①鲜用；②干制。炒食、凉拌、或与面粉蒸食。喜食度：差。

【经济用途】饲料。

2. 丛枝蓼 *P. caespitosum* Bl. 洋溪镇谯家，海拔730m，YJ－0105。

3. 酸模叶蓼 *P. capathifolium* Linn. 洋溪镇曾心村大屋基海拔650m，YJ－0052。

4. 虎杖 *P. cuspidatum* Sieb. et Zucc. 洋溪镇曾心村大屋基海拔650m，YJ－0057。

【药用】根茎入药。活血止痛，清热利湿，止咳化痰。治关节疼痛，经闭，湿热黄疸，慢性支气管炎，高脂血症，烫火伤，跌打损伤。

【森林蔬菜】食用部位：嫩茎叶。食用、烹调方法：鲜用。生食、凉拌、泡酸。喜食度：喜欢。

5. 金荞麦（苦荞头）*P. cymosum* Trew 洋溪镇桅杆村大张山，海拔1000m，YJ－0212。

【药用】根入药。清热解毒，活血化瘀，祛风除湿。主治肺痈，肺热咳嗽，咽喉肿痛，痢疾，风湿痹症，跌打损伤。

6. 毛血藤 *P. cynanchoides* Hemsl. 洋溪镇蒋家坝村格佑寨倒竹坑，海拔1030m，YJ－0351。

【药用】根入药。敛肺止咳，行气健胃，祛风除湿。主治肺痨咳嗽，痰中带血，百日咳，胃脘胀闷，痢疾，风湿痹痛。

7. 细梗荞麦（野荞头）*P. gracilipes* Hemsl. 缠溪镇冷水溪。

8. 水蓼 *P. hydropiper* Linn. 洋溪镇曾心村大屋基，海拔650m，YJ－0047；洋溪镇曾心村徐家，海拔870m，YJ－0538。

【药用】茎叶、根入药。行滞化湿，散瘀止血，祛风止痒，解毒。治痢疾小儿疳积，痛经，跌打损伤，皮肤瘙痒，风湿痹痛。

9. 何首乌 *P. multiflorum* Thunb. 洋溪镇曾心村大屋基，海拔650m，YJ－0010；罗场乡广东坪村茂林，海拔900m，YJ－0633；区内广布。

【药用】块茎入药。补肝，益肾，养血，祛风。治发须早白，血虚头晕，腰膝软弱，筋骨酸痛，遗精，崩带，久疟，久痢，慢性肝炎，痈肿。

【森林蔬菜】食用部位：块根、嫩茎叶。食用、烹调方法：①干制；②鲜用。炒、炖；嫩茎叶鲜用。炒、做汤。喜食度：较喜欢。

10. 尼泊尔蓼 *P. nepalense* Meism. 洋溪镇曾心村大屋基，海拔650m，YJ－0006。

【药用】全草入药。清热解毒，涩肠止痢。主治咽喉肿痛，目赤，牙龈肿痛，赤白痢疾，风湿痹痛，关节疼痛。

11. 杠板归 *P. perfoliatum* L. 洋溪镇曾心村大屋基，海拔650m，YJ－0051。

【药用】全草入药。利水消肿，清热，活血，解毒。治水肿，黄疸，泄泻，疟疾，痢疾，百日咳，淋浊，丹毒，湿疹，疥癣。

12. 习见蓼 *P. plebeium* R. Br. 缠溪镇冷水溪。

【药用】全草入药。利尿通淋，清热解毒，化湿驱虫。主治热淋，石淋，黄疸，痢疾，恶疮疥癣，外阴湿痒，蛔虫病。

13. 赤胫散 *P. runcinatum* Buch. －Ham. ex D. Don. 洋溪镇桅杆村石家山，海拔1020m，YJ－0277；罗场乡岭峰村三花山，海拔980m，YJ－0496。

【药用】全草入药。清热解毒，活血舒筋。治痢疾，泄泻，乳痈，疮疖，无名肿毒，毒蛇咬伤，跌打损伤。

14. 戟叶蓼 *P. thunbergii* Sieb. et Zucc. 缠溪镇塘房岭村竹洋坪，海拔1080m。

【药用】全草入药。祛风清热，活血止痛。治风热头痛，咳嗽，痧疹，痢疾，跌打伤痛。

（三）酸模属 *Rumex* L.

1. 酸模 *R. acetosa* Linn. 洋溪镇谯家，海拔730m，YJ－0078。

【药用】根、根茎入药。清热解毒，止血，通便，杀虫。治便血、尿血、便秘、月经不调、肝炎、痢疾、跌打损伤、乳腺炎、烫火伤。

【森林蔬菜】食用部位：嫩茎叶。食用、烹调方法：鲜用。凉拌、炒或做汤。喜食度：一般。

【经济用途】饲料。

2. 羊蹄（皱叶酸模）*R. crispus* Linn. 洋溪镇蒋家坝村格佑寨倒竹坑，海拔1030m，YJ－0339；洋溪镇曾心村徐家，海拔870m，YJ－0546。

【药用】根、叶入药。根：清热解毒，凉血止血，通便杀虫；主治急慢性肝炎，肠炎，痢疾，慢性气管炎，吐血，衄血，便血，崩漏，热结便秘，痈疽肿毒等。叶：清热通便，止咳；主治便秘，咳嗽等。

3. 齿果酸膜 *R. dentatus* Linn. 洋溪镇小河，海拔670m，YJ－0128。

【药用】叶入药。捣烂外敷治乳房红肿。

4. 尼泊尔酸模 *R. nepalensis* Spreng. 洋溪镇蒋家坝村格佑寨倒竹坑，海拔1030m，YJ－0330。

【药用】根、根茎入药。清热解毒，凉血止血，通便，杀虫。治肺结核出血、急性肝炎、痢疾、便秘、功能性子宫出血、痔疮出血、烧伤。

三十三、芍药科 Paeoniaceae

(一)芍药属 *Paeonia* Linn.

1. 芍药 *P. lactiflora* Pall. 洋溪镇桅杆村大张山，海拔1000m，YJ－0230；洋溪镇桅杆村石家山，海拔1020m，YJ－0273。栽培。

【观赏特性】5－6月观白、粉、红、紫、黄、绿、黑和复色花，作盆栽、花坛。

【经济用途】工业油脂、栲胶、工业淀粉、土农药。

三十四、山茶科 Theaceae

(一)大头茶属 *Polyspora* Ellis.

1. 四川大头茶 *P. speciosa*（Kochs）Bartholo et T. L. Ming　洋溪镇桅杆村姚家寨半截田，海拔803m，YJ－312；洋溪镇新黔村，海拔669m，YJ－200。

(二)红淡比属 *Cleyera* Thunb.

1. 齿叶红淡比 *C. lipingensis*（Hand. －Mazz.）Ming　洋溪镇双龙村小溪河，海拔847m，YJ－408；罗场乡岭峰村三花山，海拔982m，YJ－748。

(三)柃属 *Eurya* Thunb.

1. 二列叶柃 *E. distichophylla* Hemsl.　洋溪镇蒋家坝村，海拔935m，YJ－440。

2. 贵州毛柃 *E. kueichowensis* Hu et L. K. Ling ex P. T. Li，J. S. China　罗场乡岭峰村枫香坪，海拔1210m，YJ－771。

【药用】枝、叶入药。清热解毒。消肿止血，祛风除湿。

【观赏特性】常绿灌木或小乔木，林木类，作为林丛使用。贵州是模式产地。

3. 矩圆叶柃 *E. oblonga* Yang　杨柳乡竹林村，海拔1010m，YJ－539。

【观赏特性】常绿灌木或小乔木，林木类，11～12月观白花，作为林丛使用。

4. 柃木 *E. japonica* Thunb. 洋溪镇蒋家坝村格优寨组，海拔1028m，YJ－579。

5. 细齿叶柃 *E. nitida* Korth.　洋溪镇桅杆村深坳，海拔1053m，YJ－253；洋溪镇桅杆村姚家寨半截田，海拔803m，YJ－316；洋溪镇桅杆村姚家寨半截田，海拔880m，YJ－329；缠溪镇塘房岭村分水岭，海拔1223m，YJ－510。

【药用】全株入药。祛风除湿，解毒敛疮，止血。主治风湿痹痛，泄泻，疮疡溃烂，外伤出血。

【观赏特性】常绿灌木或小乔木，林木类，作为林丛使用。

【经济用途】蜜源、染料。

6. 细枝柃 *E. loquaiana* Dunn 洋溪镇曾心村田坝，海拔751m，YJ－109。

【药用】茎、叶入药。祛风通络，活血止痛。主治风湿痹痛，跌打损伤。

【观赏特性】灌木或小乔木，林木类，10～12月观白花，7～9月观黑果，作为林丛使用。

(四)木荷属 *Schima* Reinw.

1. 木荷 *S. superba* Gardner et Champ.　洋溪镇双龙村小溪河，海拔847m，YJ－407。

【药用】根皮入药。利水消肿，催吐。主治痈疮肿毒。有大毒。

(五)山茶属 *Camellia* L.

1. 茶 *C. sinensis*（L.）O. Ktze. 洋溪镇曾心黄大土，海拔775m，YJ－98。

【药用】芽、叶入药。清头目，除烦渴，化痰，消食，利尿，解毒。治头痛、目昏、多睡善寐、心烦口渴、食积痰滞、痢疾。

【经济用途】饮料。

2. 贵州连蕊茶 *C. costei* H. Lév.　洋溪镇新黔村，海拔729m，YJ－217。

【观赏特性】常绿灌木或小乔木，花木类，10月至翌年3月观红、白花，作为花木使用。

3. 尖连蕊茶 *C. cuspidata*（Kochs）Wright ex Gard. 罗场乡岭峰村三花山，海拔982m，YJ－755；罗

场乡岭峰村三花山，海拔982m，YJ－756。

【药用】根入药。健脾消食，补虚。主治脾虚食少，病后体弱。

4. 油茶 *C. oleifera* Abel 洋溪镇曾心村大屋基，海拔670m，YJ－38；洋溪镇蒋家坝村陈家沟，海拔885m，YJ－447；洋溪镇蒋家坝村格优寨组，海拔1069m，YJ－584。

【药用】种子、根入药。种子：行气疏滞；治气滞腹痛泄泻。根：治心脏病，高血压性及肺原性心脏病，口疮，牛皮癣。

【经济用途】饮料、工业油脂。

5. 长尾毛蕊茶 *C. caudata* Wall. 洋溪镇曾心村曾心沟，海拔652m，YJ－617。

三十四、猕猴桃科 Actinidiaceae

(一) 猕猴桃属 *Actinidia* Lindl.

1. 薄叶猕猴桃 *A. leptophylla* C. Y. Wu 洋溪镇蒋家坝村格优寨组，海拔1069m，YJ－583。

2. 革叶猕猴桃 *A. rubricaulis* var. *coriacea* (Finet et Gagnep.) C. F. Liang 罗场乡靛厂村风洞沟，海拔786m，YJ－678；洋溪镇双龙村小溪河，海拔740m，YJ－391。

【药用】根、茎、果实入药。清热化瘀，消肿；主治跌打损伤，腰痛，内伤出血。果实主治肿瘤。

3. 华南猕猴桃 *A. fortunatii* Finet et Gagnep. 罗场乡岭峰村三花山，海拔982m，YJ－742；杨柳乡白虎咀村田家寨组，海拔825m，YJ－472；洋溪镇桅杆村瑶寨沟白岩尖，海拔763m，YJ－346。

【观赏特性】落叶缠绕藤本，蔓木类，5～6月观紫红色花，作为藤木使用。

4. 硬齿猕猴桃 *A. callosa* Lindl. 洋溪镇蒋家坝村格优寨组，海拔1069m，YJ－585；洋溪镇桅杆村姚家寨半截田，海拔880m，YJ－327；洋溪镇新阳村汤包沟，海拔892m，YJ－546；洋溪镇洋溪村小河，海拔692m，YJ－156。

【药用】茎、叶入药。清热，消肿。治周身浮肿、肠绞痛。

【观赏特性】大型落叶藤本，蔓木类，4～5月观白色花，6～8月观墨绿色果，作为藤木使用。

5. 中华猕猴桃 *A. chinensis* Planch. 洋溪镇曾心村大屋基，海拔670m，YJ－14；杨柳乡白虎咀村田家寨组，海拔825m，YJ－474。

【药用】根、果、叶入药。果实：清热，止渴，通淋；治烦热，消渴，黄疸，石淋，痔疮。根：清热，利尿，活血，消肿；治肝炎、水肿、跌打损伤、风湿关节痛、淋浊、带下、疮疖。叶：杀虫；治妇女乳痈、烫伤。

【观赏特性】落叶缠绕藤本，蔓木类，观叶，5～6月观白、黄花，8～11月观黄果，作为藤木使用。

【经济用途】土农药、纤维、食用香料、蜜源。

三十六、藤黄科 Clusiaceae

(一) 金丝桃属 *Hypericum* L.

1. 栽秧花 *H. beanii* N. Robson 洋溪镇双龙村小溪河，海拔1030m，YJ－432；洋溪镇桅杆村石架山，海拔1018m，YJ－263。

2. 小连翘 *H. erectum* Thunb. ex Murray 洋溪镇桅杆村大张山，海拔1000m，YJ－0226；罗场乡岭峰村三花山，海拔990m，YJ－0512。

3. 地耳草 *H. japonicum* Thunb. ex Murray 缠溪镇冷水溪，海拔940m。

【药用】全草入药。清热解毒，利湿，散瘀消肿，止痛，治风热黄疸，泄泻，痈疖肿毒，目赤肿痛。

三十七、杜英科 Elaeocarpaceae

(一) 杜英属 *Elaeocarpus* L.

1. 日本杜英 *E. japonicus* Siebold et Zucc. 洋溪镇双龙村小溪河，海拔734m，YJ－394。

2. 长柄杜英 *E. petiolatus* (Jack) Wall. 洋溪镇双龙村小溪河，海拔740m，YJ－390。

(二)猴欢喜属 *Sloanea* L.

1. 猴欢喜 *S. sinensis* (Hance) Hemsl.　罗场乡靛厂村风洞沟，海拔775m，YJ－700；洋溪镇洋溪村小河，海拔679m，YJ－171。

【观赏特性】常绿乔木，荫木类，8～11月观红果、观叶，作为独赏树使用。

三十八、椴树科 Tiliaceae

(一)椴树属 *Tilia* Linn.

1. 黔椴 *T. kueichouensis* Hu　罗场乡靛厂村风洞沟，海拔775m，YJ－689。

三十九、梧桐科 Sterculiaceae

(一)梧桐属 *Firmiana* Marsili

1. 梧桐 *F. simplex* (L.) W. Wight　洋溪镇桅杆村姚家寨半截田，海拔758m，YJ－308。

【药用】种子、叶、根入药。种子：顺气和胃，健脾消食，止血，主治胃脘疼痛，伤食腹泻，疝气，须发早白等。叶：祛风除湿，解毒消肿，降血压，主治风湿痹痛，跌打损伤，痈疮肿毒，泻痢，高血压。

【经济用途】树脂、纤维、工业油脂。

四十、锦葵科 Malvaceae

(一)蜀葵属 *Alcea* L.

1. 蜀葵 *A. rosea* (L.) Cav. 洋溪镇桅杆村大张山，海拔1000m，YJ－0235；洋溪镇桅杆村深坳，海拔1021m，YJ－243。栽培。

【药用】花、根、茎叶入药。花：活血止血，解毒散结；主治吐血，衄血，月经过多，疟疾，痈疽疖肿等。根清热利湿，凉血止血，解毒排脓；主治带下，淋症，痢疾，血崩，疮疡肿毒，烫伤烧伤等。

【观赏特性】二年生直立草本，6月至8月观紫、粉、红、白等色花，宜于种植在建筑物旁、假山旁或点缀花坛、草坪，成列或成丛种植。作地栽、盆栽、切花、插花。

【经济用途】纤维。

(二)木槿属 *Hibiscus* L.

1. 木芙蓉 *H. mutabilis* L.　洋溪镇曾心村乔家，海拔730m，YJ－83。

【药用】花入药。清热，凉血，消肿，解毒。治痈肿、疔疮、烫伤、肺热咳嗽、吐血、崩漏、白带。

2. 木槿 *H. syriacus* L. 洋溪镇曾心村乔家，海拔730m，YJ－78；洋溪镇新黔村，海拔669m，YJ－208。

【药用】根皮、花入药。根皮：清热，利湿，解毒，止痒，治肠风泻血、痢疾、脱肛、白带、疥癣、痔疮。花：清热，利湿，凉血，治肠风泻血，细菌性痢疾、白带、吐血、反胃、疔疮疖肿。

【观赏特性】落叶灌木，花木类，7～8月观蓝花，作为花木使用。

【经济用途】纤维。

(三)锦葵属 *Malva* L.

1. 锦葵 *M. cathayensis* M. G. Gilbert, Y. Tang et Dorr　罗场乡岭峰村三花山，海拔982m，YJ－744。

【药用】花、叶、茎入药。利尿通便，清热解毒。主治大小便不畅，带下，淋巴结核，咽喉肿痛。

2. 野葵 *M. verticillata* L.　洋溪镇银坳村吊家沟，海拔750m，YJ－0421；罗场乡岭峰村三花山，海拔980m，YJ－0474。

【药用】果实、嫩苗、叶、根入药。清热利尿，消肿。主治尿闭，水肿，口渴，尿路感染。

四十一、大风子科 Flacourtiaceae

(一)山拐枣属 *Poliothyrsis* Oliv.

1. 山拐枣 *P. sinensis* Oliv.　缠溪镇塘房岭村竹洋坪岭上，海拔1093m，YJ－501。

【经济用途】蜜源。

(二)山桐子属 *Idesia* Maxim.

1. 山桐子 *I. polycarpa* Maxim. 杨柳乡白虎咀村田家寨组，海拔839m，YJ－476；洋溪镇新黔村，海拔717m，YJ－214。

【药用】叶、种子入药。叶：清热凉血，散瘀消肿；主治骨折，烧烫伤，吐血，外伤出血。种子油：杀虫；主治疥癣。

【观赏特性】落叶乔木，果木类，8～10月观红果，作为花木使用。

【经济用途】工业油脂、蜜源。

(三)山羊角树属 *Carrierea* Franch.

1. 贵州嘉丽树 *C. dunniana* H. Lév. 洋溪镇曾心村乔家，海拔730m，YJ－79。

(四)柞木属 *Xylosma* G. Forst.

1. 柞木 *X. congestum* (Lour.) Merr. 洋溪镇，YJ－284。

【经济用途】工业油脂、蜜源。

四十二、旌节花科 Stachyuraceae

(一)旌节花属 *Stachyurus* Sieb. et Zucc.

1. 中国旌节花 *S. chinensis* Franch. 缠溪镇塘房岭村分水岭，海拔1223m，YJ－518；洋溪镇桅杆村姚家寨半截田，海拔758m，YJ－303。

【药用】茎髓入药。清热利水，活血。治乳汁不下、泌尿系统感染、尿结石、小便不利、关节痛。

【观赏特性】落叶灌木，花木类，3～4月观黄花，作为花木使用。

四十三、堇菜科 Violaceae

(一)堇菜属 *Viola* L.

1. 鸡腿堇菜 *V. acuminate* Ledeb. 洋溪镇蒋家坝村格佑寨上坝，海拔980m，YJ－0304。

【药用】叶入药。清热解毒，消肿止痛。治肺热咳嗽、跌打肿痛、疮疖肿毒。

【森林蔬菜】食用部位：嫩茎叶、嫩苗。食用、烹调方法：鲜用。炒或做汤。喜食度：一般。

2. 戟叶堇菜 *V. betonicifolia* W. W. Sm. 洋溪镇蒋家坝村走马山坪，海拔1220m。

【药用】全草入药。清热解毒，散瘀消肿。治肠痈、疔疮、红肿疮毒、黄疸、淋浊、目赤生翳。

3. 毛堇菜 *V. confusa* Champ. 罗场乡岭峰村三花山，海拔980m，YJ－0510。

【观赏特性】3月开花，蓝色，作地栽。

4. 深圆齿堇菜 *V. davidii* Franch. 罗场乡三花山，海拔950m。

【药用】全草入药。清热解毒，散瘀消肿。主治风火眼肿，跌打损伤，无名肿毒，刀伤，蛇虫咬伤

5. 蔓茎堇菜 *V. diffusa* Ging. 洋溪镇银坳村银坳，海拔970m，YJ－0386。

【药用】全草入药。祛风，清热，利尿，解毒。治风热咳嗽，痢疾，淋浊，痈肿疮毒，眼睑炎，烫伤。

6. 阔萼堇菜 *V. grandisepala* W. Becker 洋溪镇蒋家坝村走马山坪，海拔1160m。

【观赏特性】观花，花白色，中等大，作地被使用。

7. 紫花堇菜 *V. grypoceras* A. Gray 洋溪镇谯家，海拔730m，YJ－0088。

【药用】全草入药。清热解毒，止血，化瘀，消肿。治慢性喉痛红肿、无名肿毒、黄水疮、刀伤、疝气、跌打肿痛。

【观赏特性】4月观淡紫色花，作地被。

8. 长萼堇菜 *V. inconspica* Bl. 洋溪镇桅杆村大张山，海拔1000m，YJ－0216。

【观赏特性】3～4月观紫色花，作地栽。

9. 柔毛堇菜 *V. principis* H. de Boiss 洋溪镇桅杆村大张山，海拔1000m，YJ－0213；洋溪镇小河，

海拔680m，YJ－0623。

10. 萱 *V. vaginata* Maxim.　洋溪镇蒋家坝村格佑寨鸡爬坎，海拔980m，YJ－0321；罗场乡岭峰村三花山，海拔980m，YJ－0487。

【药用】全草、根茎入药。清热解毒，活血止痛，止血。主治乳房硬肿，头痛，牙痛，跌打损伤，开放性骨折，咳血，外伤出血等。

11. 堇菜 *V. verecunda* A. Gray　洋溪镇桅杆村大张山，海拔1000m，YJ－0211；杨柳乡白虎咀。

【药用】全草入药。清热解毒，止咳，止血。主治肺热咯血，扁桃体炎，结膜炎，腹泻，疮疖肿毒，外伤出血等。

【森林蔬菜】食用部位：嫩茎叶、嫩苗。食用、烹调方法：鲜用。凉拌、炒、做汤或做馅。喜食度：一般。

【观赏特性】常生于灌丛、田野、山坡草丛、杂木林林缘、湿草地及宅旁。作盆栽、花坛使用。

12. 光瓣堇菜 *V. yedoensis* Markio　罗场乡三花山，海拔950m。

【观赏特性】观花，花果期4月中下旬至9月，花中等大，紫堇色或淡紫色。作地被使用。

四十四、葫芦科 Cucurbitaceae

(一)绞股蓝属 *Gynostemma* Bl.

1. 绞股蓝 *G. pentaphyllum* (Thunb.) Mak.　洋溪镇小河至张家，海拔670m，YJ－0179；洋溪镇银坳村银坳，海拔970m，YJ－0402；洋溪镇小河，海拔680m，YJ－0602。

【药用】全草入药。清热，补虚，解毒。主治体虚乏力，虚劳失精，白细胞减少症，高脂血症，慢性肠胃炎等。

【森林蔬菜】食用部位：嫩茎叶。食用、烹调方法：鲜用。凉拌、炒食、做汤或做馅。喜食度：差。

(二)雪胆属 *Hemsleya* Cogn.

1. 蛇莲 *H. sphaerocarpa* Kuang ex A. M. Lu　罗场乡靛厂村打掘沟，海拔780m，YJ－0462。

【药用】块根入药。清热解毒，消肿止痛，利湿。主治痢疾，泄泻，咽喉肿痛，牙痛，黄疸，小便淋痛等。

(三)赤飑属 *Thladiantha* Bunge

1. 南赤飑 *T. nudiflora* Hemsl. ex Forbes et Hemsl. 洋溪镇桅杆村大张山，海拔1000m，YJ－0220；洋溪镇曾心村徐家，海拔870m，YJ－0553。

【药用】根、果实入药。清热解毒，消食化滞。主治肠炎，痢疾，蛇虫咬伤，脘腹胀痛，消化不良。

【观赏特性】6～7月观黄色花，8～9月观红色果，作地栽攀援。

2. 鄂赤飑 *T. oliveri* Cogn. ex Mottet　杨柳乡茶山村五家沟，海拔890m。

【药用】根、果实入药。清热，利胆，通乳，消肿。主治痢疾，黄疸，胆囊炎，乳汁不下，烧、烫伤，跌打损伤等。

【观赏特性】6～7月观黄色花，8～9月观红色果，作地栽攀援。

(四)栝楼属 *Trichosanthes* L.

1. 大苞栝楼 *T. bracteata* Voigt　罗场乡岭峰村三花山，海拔980m，YJ－0468。

2. 栝楼 *T. kirilowii* Maxim.　洋溪镇小溪河，海拔850m。

【药用】果实、种子、根入药。果实、种子：清热化痰，润肠通便，宽胸散结，主治肺热咳嗽，肺虚燥咳，肠燥便秘，胸痹。根：清热生津，润肺化痰，消肿排脓；主治热病口渴，消渴多饮，痰热咳嗽，疮疡肿毒等。

四十五、秋海棠科 Begoniaceae

(一)秋海棠属 *Begonia* Linn.

1. 截裂秋海棠 *B. miranda* Irmsch. 罗场乡岭峰村三花山，海拔982m，YJ－751。

2. 歪叶秋海棠 *B. augustinei* Hemsl. 洋溪镇桅杆村雷公塘。

【观赏特性】观叶，6～7月观粉红色花，7～9月观粉红色果，可盆栽、袋栽、点缀盆景。

3. 秋海棠 *B. evansiana* Andr. 罗场乡靛厂村打掘沟，海拔780m，YJ－0440。

【药用】全株入药。活血化瘀，止血，清热。治跌打损伤、吐血、咯血、痢疾、喉痛。

【观赏特性】观叶、观果，8～9月观粉红色花，作袋栽装饰或点缀山石盆景。

4. 裂叶秋海棠 *B. laciniata* Roxb.，海拔450m，A－0838。

【观赏特性】观叶、观茎，6～8月观粉红色花，7～10月观粉红色果，作盆栽、袋栽。

四十六、杨柳科 Salicaceae

(一)柳属 *Salix* L.

1. 川柳 *S. hylonoma* C. K. Schneid. 洋溪镇曾心村乔家，海拔730m，YJ－76。

2. 中华柳 *S. cathayana* Diels 洋溪镇桅杆村石架山，海拔852m，YJ－271。

【药用】根入药。治感冒发热。

【观赏特性】落叶灌木，林木类，3～4月观白花、5～6月观白色果，作为防护使用。

3. 紫柳 *S. wilsonii* Seemenex Diels 杨柳乡竹林村，海拔1010m，YJ－534；洋溪镇洋溪村小河，海拔669m，YJ－114。

【药用】根皮入药。祛风除湿，活血化瘀。主治风湿性关节炎。

【观赏特性】落叶乔木，林木类，作为防护使用。

(二)杨属 *Populus* L.

1. 毛白杨 *P. tomentosa* Carrière 洋溪镇洋溪村小河，海拔744m，YJ－147。

2. 响叶杨 *P. adenopoda* Maxim. 缠溪镇塘房岭村分水岭，海拔1307m，YJ－525；洋溪镇桅杆村石架山，海拔1018m，YJ－268；洋溪镇桅杆村瑶寨沟白岩尖，海拔763m，YJ－350。

【药用】树皮、叶入药。治风痹、四肢不遂、跌打瘀血肿痛。

【观赏特性】落叶乔木，林木类，4月观红幼叶、10～11月观黄叶，作为林丛、防护使用。

【经济用途】工业用香料、饲料。

四十七、十字花科 Cruciferae

(一)荠属 *Capsella* Medic.

1. 荠菜 *C. bursapastoris* (Linn.) Medic. 洋溪镇曾心村大屋基，海拔650m，YJ－0007；洋溪镇蒋家坝村格佑寨倒竹坑，海拔1030m，YJ－0340。

【药用】全草入药。凉肝止血，平肝明目，清热利湿。主治吐血衄血，尿血，崩漏，目赤肿痛，高血压，赤白痢疾。

【森林蔬菜】食用部位：幼苗、嫩叶。食用、烹调方法：鲜用。凉拌、炒、做馅、做汤。喜食度：喜欢。

【经济用途】工业油脂。

(二)碎米荠属 *Cardamine* L.

1. 弯曲碎米荠 *C. flexuosa* With. 洋溪镇盐井沟，海拔680m，YJ－0069。

【药用】全草入药。清热利湿，安神，止血。主治湿热泻痢，热淋，白带，心悸，失眠，虚火牙痛，小儿疳积，吐血，便血等。

2. 碎米荠 *C. hirsuta* Linn. 洋溪镇曾心村大屋基，海拔650m，YJ－0016；缠溪镇塘房岭村竹洋坪。

【药用】全草入药。清热利湿，安神，止血。主治湿热泻痢，热淋，白带，心悸，失眠，虚火牙痛，小儿疳积，吐血，便血，疔疮。

3. 弹裂碎米荠 *C. impatiens* Linn. 洋溪镇桅杆村大张山，海拔 1000m，YJ－0222

【经济用途】工业油脂。

4. 三小叶碎米荠 *C. trifoliolata* Hook. f. et Thoms　罗场乡岭峰村三花山，海拔 1100m，YJ－0518。贵州分布首次记录。

（三）独行菜属 *Lepidium* L.

1. 独行菜 *L. apetalum* Willd　杨柳乡白虎咀村田家寨马家岩，海拔 870m。

【药用】种子入药。泻肺降气，祛痰平喘，利水消肿，泄热逐邪。主治痰涎壅肺，喘咳痰多，肺痈，水肿，胸腹积水，小便不利，肺源性心脏病，心力衰竭之喘肿，痈疽恶疮，瘰疬结核等。

【经济用途】工业油脂。

（四）豆瓣菜属 *Nasturtium* R. Br.

1. 豆瓣菜 *N. officinale* R. Br. 洋溪镇蒋家坝，海拔 880m。

【药用】全草入药。清肺，凉血，利尿，解毒。主治肺热咳嗽，坏血病，泌尿系统炎症，疔毒痈肿，皮肤瘙痒。

【森林蔬菜】食用部位：嫩茎叶。食用、烹调方法：①鲜用；②腌制。凉拌、炒、做馅、做汤。喜食度：喜欢。

【观赏特性】适合露地栽培，为池畔、溪边的造景植物，亦可盆栽观赏。主要用于园林水景边缘和浅水区绿化或覆盖。

【经济用途】工业油脂。

（五）蔊菜属 *Rorippa* Scop.

1. 蔊菜 *R. dubia*（Pers.）Hara　洋溪镇桅杆村大张山，海拔 1000m，YJ－0232；洋溪镇蒋家坝村格佑寨倒竹坑，海拔 1030m，YJ－0341。

【药用】全草入药。止咳化痰，清热解毒，消炎止痛，通经活血。治慢性支气管炎、咽喉肿痛、感冒发热、透发麻疹、闭经、风湿性关节炎、糖尿病。

【森林蔬菜】食用部位：幼苗。食用、烹调方法：鲜用。炒、做汤、煮粥。喜食度：喜欢。

2. 印度蔊菜 *R. indica*（Linn.）Hern

【药用】全草入药。止咳化痰，清热解毒，消炎止痛，通经活血。治慢性支气管炎、咽喉肿痛、感冒发热、透发麻疹、闭经、风湿性关节炎、糖尿病。

四十八、桤叶树科 Clethraceae

（一）桤叶树属 *Clethra*（Gronov.）Linn.

1. 贵定桤叶树 *C. delavayi* Franch.　罗场乡岭峰村三花山，海拔 982m，YJ－753。

【观赏特性】落叶乔木，荫木类，9～11 月观红叶，作为林丛使用。模式产地在贵定。

2. 贵州桤叶树 *C. kaipoensis* H. Lév.　洋溪镇曾心黄大土，海拔 775m，YJ－104。

【观赏特性】落叶乔木，荫木类，作为独赏树使用。

四十九、杜鹃花科 Ericaceae

（一）白珠树属 *Gaultheria* Klam ex L.

1. 滇白珠 *G. leucocarpa* var. *yunnanensis*（Franch.）T. Z. Hsu et R. C. Fang　缠溪镇塘房岭村分水岭，海拔 1193m，YJ－508。

【观赏特性】常绿灌木，果木类，5～6 月观白花、8～9 月观紫果，作为地被使用。果树用途。

【经济用途】工业用香料。

(二)吊钟花属 *Enkianthus* Lour.

1. 灯笼花 *E. chinensis* Franch. 罗场乡岭峰村三花山，海拔982m，YJ－754。

【药用】花入药。清热，止血，利湿。调经。主治跌打损伤，风湿骨痛，胃痛，肝炎，无名肿毒。

【观赏特性】落叶灌木或小乔木，花木类，5～6月观肉红花，作为花木使用。

2. 吊钟花 *E. quinqueflorus* Lour. 罗场乡岭峰村枫香坪，海拔1210m，YJ－770。

(三)杜鹃花属 *Rhododendron* L.

1. 杜鹃 *Rh. simsii* Planch. 缠溪镇塘房岭村分水岭，海拔1223m，YJ－513；罗场乡岭峰村枫香坪，海拔1210m，YJ－784；洋溪镇曾心村曾心沟，海拔652m，YJ－611；洋溪镇洋溪村小河，海拔744m，YJ－142。

【药用】花、果实、叶、根入药。花、果实：活血，调经，祛风湿；治月经不调、闭经、崩漏、跌打损伤、风湿痛、吐血、衄血。叶：清热解毒，止血。治肿疔疮、外伤出血、荨麻疹。根：活血，止血，祛风，止痛；治吐血、衄血、月经不调、崩漏、肠风下血、痢疾、风湿疼痛、跌打损伤。

【森林蔬菜】食用部位：花。食用、烹调方法：鲜用。炒食或做汤。喜食度：差。

【观赏特性】常绿灌木，花木类，5～6月观红花，作为花木使用。

2. 多花杜鹃 *Rh. cavaleriei* H. Lév. 洋溪镇桅杆村深坳，海拔1021m，YJ－250。

【观赏特性】常绿灌木，花木类，4～5月观粉红色至白色花，作为花木使用。

3. 贵定杜鹃 *Rh. fuchsiifolium* H. Lév. 罗场乡岭峰村枫香坪，海拔1210m，YJ－774；杨柳乡白虎咀村田家寨组，海拔825m，YJ－470；洋溪镇桅杆村深坳，海拔1053m，YJ－254。

4. 鹿角杜鹃 *Rh. latoucheae* Franch. 洋溪镇蒋家坝村格优寨组，海拔1028m，YJ－577。

【药用】花、叶入药。疏风行气，止咳祛痰，活血化瘀，除湿止痛。

5. 满山红 *Rh. mariesii* Hemsl. et E. H. Wilson 洋溪镇曾心村大屋基，海拔670m，YJ－35；洋溪镇曾心村乔家，海拔764m，YJ－87。

【药用】叶入药。止咳，祛痰。主治咳嗽痰多，急、慢性支气管炎。

6. 长蕊杜鹃 *Rh. stamineum* Franch. 罗场乡岭峰村枫香坪，海拔1210m，YJ－768；缠溪镇塘房岭村分水岭，海拔1307m，YJ－528；罗场乡岭峰村三花山，海拔982m，YJ－763。

【药用】枝、叶、花入药。主治狂犬病。

【观赏特性】常绿灌木或小乔木，花木类，5～6月观白色或淡紫色花，作为花木使用。

(四)越橘属 *Vaccinium* L.

1. 黄背越橘 *V. iteophyllum* Hance 洋溪镇曾心黄大土，海拔775m，YJ－105。

【药用】根入药：散瘀止痛，利尿消肿；主治肝炎，病后体虚，跌打，风湿，胃痛，无名肿毒，外伤出血。枝、叶入药；主治疮毒。

2. 江南越橘 *V. mandarinorum* Diels 洋溪镇曾心黄大土，海拔775m，YJ－97。

【药用】果实、全株入药。果实：消肿，拔弹去砂；主治全身浮肿，跌打损伤，枪伤。全株：祛风除湿，舒筋活络；主治风湿关节痛。

(五)珍珠花属 *Lyonia* Nutt.

1. 小果珍珠花 *L. ovalifolia* (Wall.) Drude var. *elliptica* (Siebold et Zucc.) Hand. －Mazz. 洋溪镇曾心黄大土，海拔775m，YJ－100；洋溪镇双龙村小溪河，海拔847m，YJ－418；洋溪镇桅杆村深坳，海拔1053m，YJ－258。

五十、柿树科 Ebenaceae

(一)柿树属 *Diospyros* L.

1. 君迁子 *D. lotus* L. 洋溪镇曾心村大屋基，海拔670m，YJ－30；洋溪镇蒋家坝村侯家堰，海拔669m，YJ－627。

【药用】果实入药。清热，止渴。主治烦热，消渴。

【观赏特性】落叶乔木，果木类，10~11 月观黄果，作为花木使用。

2. 老鸦柿 *D. rhombifolia* Hemsl.　洋溪镇曾心村曾心沟，海拔 652m，YJ-606。

【经济用途】树脂、纤维。

3. 乌柿 *D. cathayensis* Steward　洋溪镇蒋家坝村毛湾，海拔 959m，YJ-641。

【药用】根、叶入药。清热除湿。治肠出血、痔疮、风火牙痛、肺热咳嗽、烧伤。

4. 野柿 *D. kaki* var. *silvestris* Makino　洋溪镇曾心村肖家，海拔 661m，YJ-603；洋溪镇银坳村水田沟，海拔 848m，YJ-654。

【药用】宿存花萼入药。清肠，生津，镇咳。主治热痰，咳嗽，消渴。

【经济用途】树脂、栲胶。

5. 油柿 *D. oleifera* Cheng　洋溪镇曾心村大屋基，海拔 659m，YJ-53。

【经济用途】树脂。

五十一、野茉莉科 Styracaceae

（一）安息香属 *Styrax* Linn.

1. 大花野茉莉 *S. grandiflorus* Griff.　洋溪镇双龙村小溪河，海拔 740m，YJ-378。

【观赏特性】落叶小乔木，花木类，5~6 月观白花，8~9 月观黄果，作为花木使用。

2. 野茉莉 *S. japonicus* Siebold et Zucc. 洋溪镇洋溪村小河，海拔 669m，YJ-125。

【药用】花、叶、果实入药。清热，止痛。治胃气痛，风湿关节痛。

【观赏特性】落叶小乔木，花木类，5 月观白花、芳香，作为花木使用。

【经济用途】饲料、工业油脂。

（二）白辛树属 *Pterostyrax* Sieb. et Zucc.

1. 白辛树 *P. psilophyllus* Diels ex Perkins　洋溪镇银坳村水田沟，海拔 848m，YJ-662。

【药用】根皮入药。散瘀消肿。主治跌打肿痛。

【观赏特性】落叶乔木，林木类，5~6 月观白花，作为防护树、林丛使用。

（三）赤杨叶属 *Alniphyllum* Matsum

1. 赤杨叶 *A. fortunei*（Hemsl.）Makino　杨柳乡白虎咀村田家寨组，海拔 839m，YJ-477。

【药用】根、心材入药。根：祛风除湿，利水消肿；风湿关节痛，水肿。心材：理气和胃。

【经济用途】寄主 。

五十二、山矾科 Symplocaceae

（一）山矾属 *Symplocos* Jacq.

1. 薄叶山矾 *S. anomala* Brand　缠溪镇塘房岭村分水岭，海拔 1223m，YJ-509。

【药用】果实入药。清热解毒，平肝泻火。

【观赏特性】常绿灌木或小乔木，林木类，作为林丛使用。

【经济用途】工业油脂。

2. 多花山矾 *S. ramosissima* Wall. ex G. Don　罗场乡岭峰村三花山，海拔 982m，YJ-747。

【药用】根入药。收敛，生肌。治跌打肿痛。

3. 光叶山矾 *S. lancifolia* Siebold et Zucc.　洋溪镇桅杆村梨坪，海拔 1002m，YJ-224。

【药用】根、叶入药。和肝健脾，止血生肌。主治疳积，外伤出血，吐血，咯血，眼结膜炎等。

【经济用途】饮料。

4. 黄牛奶树 *S. cochinchinensis*（Lour.）S. Moore var. *laurina*（Retz.）Noot. 罗场乡岭峰村枫香坪，海拔 1210m，YJ-769。

【药用】树皮入药。清热，解表。主治感冒发热，口燥头昏等。

【观赏特性】常绿灌木或小乔木，林木类，作为室内绿化及装饰、林丛使用。

【经济用途】工业油脂。

5. 老鼠矢 *S. stellaris* Brand 洋溪镇蒋家坝村格优寨组，海拔 1028m，YJ-578；洋溪镇双龙村小溪河，海拔 847m，YJ-410。

【药用】叶、根入药。活血，止血。主治跌打损伤，内出血等.

【观赏特性】常绿灌木，林木类，作为室内绿化及装饰、林丛使用。

6. 山矾 *S. sumuntia* Buch. -Ham. ex D. Don 罗场乡岭峰村三花山，海拔 982m，YJ-749。

【药用】花、叶、果入药。清热解毒。治跌打损伤。

【观赏特性】常绿乔木，林木类，3~4 月观白花，作为林丛使用。

【经济用途】染料。

7. 腺柄山矾 *S. adenopus* Hance 罗场乡岭峰村枫香坪，海拔 1210m，YJ-772。

【观赏特性】常绿灌木或小乔木，林木类，作为林丛使用。

五十三、紫金牛科 Myrsinaceae

(一)杜茎山属 *Maesa* Forsk.

1. 杜茎山 *M. japonica* Moritzi et Zoll. YJ-786。

【药用】根、叶入药。祛风，解疫毒，消肿胀。治感冒头痛眩晕、寒热躁渴、水肿、腰痛。

2. 金珠柳 *M. montana* A. DC. 洋溪镇新黔村，海拔 669m，YJ-193。

3. 毛穗杜茎山 *M. insignis* Chun 洋溪镇双龙村小溪河，海拔 740m，YJ-377；洋溪镇银坳村水田沟，海拔 848m，YJ-664。

【药用】根茎。祛风除湿，消肿止痛。主治风湿肿痛，跌打损伤，浮肿等。

(二)铁仔属 *Myrsine* Linn.

1. 铁仔 *M. africana* L. 洋溪镇曾心村大屋基，海拔 719m，YJ-73。

【经济用途】树脂、工业油脂。

2. 针齿铁仔 *M. semiserrata* Wall. 洋溪镇双龙村小溪河，海拔 740m，YJ-372。

【药用】根、枝叶入药。清热利湿，收敛止血，祛风止痛。主治痢疾，肠炎，咯血，血崩，便血，风湿痹痛。

【经济用途】树脂、工业油脂。

(三)紫金牛属 *Ardisia* Sw.

1. 百两金 *A. crispa* (Thunb.) A. DC. 洋溪镇蒋家坝村毛湾，海拔 959m，YJ-639。

【药用】根及根茎入药。清热，祛痰，利湿。治咽喉肿痛、肺病咳嗽、咳痰不畅、湿热黄疸、肾炎水肿、痢疾、白浊、风湿骨痛、牙痛、睾丸肿痛。

【观赏特性】常绿灌木，果木类，10~12 月观鲜红果，作为室内绿化装饰、桩景使用。

【经济用途】工业油脂。

2. 九节龙 *A. pusilla* A. DC. 罗场乡靛厂村风洞沟，海拔 775m，YJ-696；洋溪镇新黔村，海拔 669m，YJ-194。

【药用】全株入药。活血通络。治跌打损伤、风湿筋骨疼痛、腰痛。

3. 细柄百两金 *A. crispa* (Thunb.) A. DC. var. *dielsii* (Levl.) Walker 洋溪镇桅杆村姚家寨半截田，海拔 758m，YJ-305。

【经济用途】工业油脂。

4. 紫金牛 *A. japonica* (Thunb.) Blume 洋溪镇曾心村黄大屋基，海拔 751m，YJ-107。

【药用】全株入药。化痰止咳，清热利湿，活血止血。主治咳嗽，肿痛，跌打损伤，淋病，白带等。

五十四、报春花科 Primulaceae

(一)珍珠菜属 *Lysimachia* L.

1. 过路黄 *L. christinae* Hance 洋溪镇谯家，海拔 730m，YJ－0102；洋溪镇桅杆村大张山，海拔 1000m，YJ－0229。

【药用】全草入药。清热解毒，利尿排石，活血化瘀。治肝、胆结石，胆囊炎，黄疸型肝炎，泌尿系统结石，水肿，跌打损伤，毒蛇咬伤。

【观赏特性】观叶，6 月观黄色花，作草坪观赏。

2. 露珠珍珠菜 *L. circaeoides* Hemsl. 罗场乡岭峰村三花山，海拔 940m。

【药用】全草入药。活血散瘀，利尿通经，消炎生肌，止血，止痛。主治跌打损伤，外伤出血，骨折，烫伤，疮疖，咽喉痛，蛇咬伤。

3. 珍珠菜 *L. clethroides* Duby　洋溪镇谯家，海拔 730m，YJ－0090。

【药用】全草、根入药。活血调经，利水消肿。治妇女月经不调，白带，小儿疳积，水肿，痢疾，跌打损伤，喉痛，乳痈。

【森林蔬菜】食用部位：嫩叶。食用方法：①鲜用；②干制；③腌制。烹调方法：凉拌、炒、爆、烩。喜食度：较喜欢。

【观赏特性】4－7 月观白色花，作林下地被。

【经济用途】饲料。

4. 星宿菜 *L. fortunei* Maxim. 洋溪镇蒋家坝，海拔 850m。

【药用】全草入药。散瘀，活血，利水，化湿，调经。主治跌打损伤，目赤肿痛，关节痛，痛经，闭经，乳痈，肠炎，痢疾，疟疾，水肿，黄疸。

5. 落地梅(重楼排草)*L. paridiformis* Franch.　洋溪镇小河，海拔 670m，YJ－0147；YJ－0615。

【药用】全草入药。活血止痛，祛风通络。主治跌打损伤，骨折，风湿痹痛，半身不遂，小儿惊风等。

【观赏特性】观叶，8 月观黄色花，作盆栽。

6. 叶头过路黄 *L. phyllocephala* Hand. －Mazz.　罗场乡岭峰村三花山，海拔 940m。

【药用】全草入药。清热解毒，散风。主治热毒疮疥，咽喉疼痛，风湿咳嗽等。

【观赏特性】观叶，7 月观黄花，作林下地被。

7. 假排草 *L. sikokiana* Miq. 洋溪镇双龙村小溪河，海拔 730m。

8. 腺药珍珠菜 *L. stenosepala* Hemsl.　洋溪镇谯家，海拔 730m，YJ－0097。

【药用】全草入药。清热解毒，止血，接骨。主治骨折，刀伤出血，烫伤，疮疡，蛇虫咬伤等。

9. 五岭过路黄 *L. wulingensis* Chen et C. M. Hu　罗场乡靛厂村打掘沟，海拔 780m，YJ－0437。

10. 香草 *L.* sp. 洋溪镇银坳村银坳，海拔 970m，YJ－0404。

(二)报春花属 *Primula* L.

1. 报春花 *P. malacoides* Franch. 洋溪镇桅杆村姚寨沟组半截田，海拔 750m。

【观赏特性】9～10 月观紫红色、红色花，作盆栽或花坪观赏。

2. 鄂报春 *P. obconica* Hance　罗场乡靛厂村打掘沟，海拔 780m，YJ－0456。

【药用】根入药。清热解毒，消肿止痛。主治酒毒伤脾，腹痛便泄等

【观赏特性】4 月观淡红色花，作盆栽或花坪。

五十五、海桐花科 Pittosporaceae

(一)海桐花属 *Pittosporum* Banks

1. 柄果海桐 *P. podocarpum* Gagnep. 洋溪镇银坳村水田沟，海拔 848m，YJ－655。

2. 缝线海桐 *P. perryanum* Gowda 洋溪镇桅杆村姚家寨半截田，海拔 880m，YJ－331。

3. 光叶海桐 *P. glabratum* Lindl. 洋溪镇桅杆村姚家寨半截田，海拔880m，YJ－334。

【药用】果实、全株入药：治热心烦、口渴咽痛、泻痢后重、倦怠乏力。根：补肺肾，祛风湿，活血通络；治虚劳喘咳、遗精早泄、失眠、头晕、高血压病、风湿性关节疼痛、小儿瘫痪。

【观赏特性】常绿灌木，叶木类，8～9月观黄果，作为花木、植篱及绿雕塑使用。

4. 海金子 *P. illicioides* Makino 洋溪镇双龙村小溪河，海拔740m，YJ－366；洋溪镇洋溪村小河，海拔669m，YJ－113。

【药用】根、根皮入药。活络止痛，宁心益肾，解毒。主治风湿痹痛，骨折，胃痛，失眠，遗精，毒蛇咬伤。

【观赏特性】常绿灌木，叶木类，5～6月观白花、芳香，作为花木、植篱及绿雕塑使用。

【经济用途】工业油脂、纤维。

5. 线叶柄果海桐 *P. podocarpum* Gagnep. var. *angustatum* Gowda 洋溪镇桅杆村梨坪，海拔1099m，YJ－226。

五十六、景天科 Crassulaceae

（一）景天属 *Sedum* L.

1. 珠芽景天 *S. bulbiferum* Makino 洋溪镇桅杆村大张山，海拔1000m，YJ－0223

2. 细叶景天 *S. elatinoides* Franch. 洋溪镇银坳村银坳，海拔970m，YJ－0385；洋溪镇银坳村吊家沟，海拔750m，YJ－0417。

【观赏特性】4～5月观白色或淡绿色花，作地被和盆栽。

3. 凹叶景天 *S. emarginatum* Migo 洋溪镇桅杆村石家山，海拔1020m，YJ－0276；洋溪镇蒋家坝村格佑寨上坝，海拔980m，YJ－0303；洋溪镇蒋家坝村毛湾，海拔980m，YJ－0378；罗场乡广东坪村茂林，海拔900m，YJ－0632。

【药用】全草入药。清热解毒，止血，利湿。治痈肿，疔疮，吐血，衄血，血崩，带下，黄疸，跌扛损伤。

【观赏特性】观叶，5～6月观金黄色花，作地栽、盆栽。

4. 佛甲草 *S. lineare* Thunb. 洋溪镇桅杆村石家山，海拔1020m，YJ－0271；洋溪镇桅杆村雷公塘。

【药用】全草入药。清热，消肿，解毒。治咽喉肿痛，痈肿，疔疮，丹毒，烫伤，蛇咬伤，黄疸，痢疾。

【观赏特性】4～5月观黄花，观叶，作地被和盆栽。

5. 天黄七 *S. odontophyllum* Frod. 洋溪镇桅杆村石家山，海拔1020m，YJ－0272。

6. 垂盆草 *S. sarmentosum* Bunge 洋溪镇谯家，海拔730m，YJ－0084；洋溪镇桅杆村黑湾。

【药用】全草入药。清热解毒，消肿排毒。治咽喉肿痛、痢疾、肝炎；外用治烧烫伤。

【森林蔬菜】食用部位：嫩茎叶。食用、烹调方法：鲜用。凉拌、炒、炖。喜食度：较喜欢。

【观赏特性】观叶，5～6月观黄色花，作地被和盆栽。

五十七、虎耳草科 Saxifragaceae

（一）扯根菜属 *Penthorum* Linn.

1. 扯根菜 *P. chinense* Pursh. 洋溪镇小河，海拔680m，YJ－0599。

（二）冠盖藤属 *Pileostegia* Hook. f. et Thoms.

1. 冠盖藤 *P. viburnoides* Hook. f. et Thomson 罗场乡岭峰村三花山，海拔982m，YJ－730；洋溪镇桅杆村姚家寨半截田，海拔803m，YJ－313。

【药用】根入药。治腰腿酸痛，风气、两腿抽痛、产后潮热。

（三）虎耳草属 *Saxifraga* L.

1. 虎耳草 *S. stolonifera* Meerb. 洋溪镇蒋家坝村格佑寨倒竹坑，海拔1030m，YJ－0338。

【药用】全草入药。清热解毒。治小儿发热，咳嗽气喘；外用治中耳炎，疔疮，疖肿，湿疹。

【森林蔬菜】食用部位：嫩叶。食用、烹调方法：鲜用。炒、炖、煮甜酒。喜食度：差。

【观赏特性】观叶，叶面有白色斑，叶背紫红色，5～8 月观白色或粉红色花，作林下地被、点缀山石。

（四）黄常山属 *Dichroa* Lour.

1. 常山 *D. febrifuga* Lour.　洋溪镇桅杆村梨坪，海拔 1099m，YJ－237；洋溪镇银坳村水田沟，海拔 848m，YJ－656。

【药用】根、叶入药。截疟，解热。治恶性疟疾。

【观赏特性】落叶灌木，花木类，5～6 月观蓝花、10～11 月观蓝果，作为花木使用。

（五）黄水枝属 *Tiarella* L.

1. 黄水枝 *T. polyphylla* D. Don　杨柳乡茶山村五家沟，海拔 880m。

【药用】全株入药。润肺止咳，补虚。治肺虚咳嗽，肝炎，无名肿毒。

【观赏特性】观叶、6～7 月观白色花，总状花序顶生。作地栽使用。

（六）金腰属 *Chrysosplenium* L.

1. 大叶金腰 *Ch. macrophyllum* Oliv.　缠溪镇冷水溪，海拔 820m。

【药用】全草入药。清热解毒，止咳，止带，收敛生肌。主治小儿惊风，无名肿毒，咳嗽，带下，臁疮，烫火伤。

【观赏特性】观叶，观花，5～6 月观黄色、粉红色或白色。

（七）落新妇属 *Astilbe* Buch. －Ham.

1. 大落新妇 *A. grandis* Stapf. ex Wils.　洋溪镇桅杆村干梁屋基，海拔 750m；洋溪镇桅杆村雷公塘；缠溪镇塘房岭村分水岭。

【药用】全草入药。祛风，清热，止咳。主治风热感冒，全身痛，咳嗽。

【观赏特性】多年生草本；观白色或紫色花，花果期 6～9 月。

（八）梅花草属 *Parnassia* L.

1. 鸡眼梅花草 *P. wightiana* Wall. ex Wight et Arn.　洋溪镇小河，海拔 670m，YJ－0149。

【药用】全草入药。清肺止咳，止血，利湿。主治肺热咳嗽，咯血，吐血，肾结石，胆结石，白带，湿热疮毒。

【观赏特性】观叶，7－8 月观白色花，作盆栽、湿地栽植。

（九）山梅花属 *Philadelphus* Linn.

1. 绢毛山梅花 *Ph. sericanthus* Koehne　洋溪镇双龙村小溪河，海拔 740m，YJ－384。

【药用】根皮入药。治疟疾，头痛，挫伤，腰胁痛，胃气痛。

（十）溲疏属 *Deutzia* Thunb.

1. 四川溲疏 *D. setchuenensis* Franch.　杨柳乡竹林村，海拔 1010m，YJ－537；洋溪镇曾心村大屋基，海拔 659m，YJ－56；洋溪镇双龙村小溪河，海拔 740m，YJ－379；洋溪镇桅杆村姚家寨半截田，海拔 758m，YJ－300；洋溪镇桅杆村瑶寨沟白岩尖，海拔 763m，YJ－358。

【药用】枝叶、果实入药。清热除湿，利尿消积。主治外感暑热，身热烦渴，热淋涩痛，小儿疳积，风湿痹症，湿热疮毒，毒蛇咬伤。

（十一）绣球属 *Hydrangea* Linn.

1. 挂苦绣球 *H. xanthoneura* Diels　洋溪镇蒋家坝村格优寨组，海拔 1069m，YJ－595。

【观赏特性】落叶灌木，花木类，6～7 月观白花，作为花木使用。

2. 蜡莲绣球 *H. strigosa* Rehder　杨柳乡白虎咀村田家寨组，海拔 825m，YJ－469。

【药用】茎、叶入药。清热解毒，消暑止渴。治疟疾、肠中热结、胸腹胀满、外治皮癣。

【观赏特性】落叶灌木，花木类，7～8 月观紫红花，作为花木使用。

3. 柔毛绣球 *H. aspera* D. Don 缠溪镇塘房岭村分水岭，海拔1193m，YJ－503；洋溪镇双龙村小溪河，海拔1042m，YJ－426。

【药用】全株入药。止血，解毒，祛风除湿。主治外伤出血，疝气，乳痈，烧伤，烫伤，风湿疼痛，带下。

【观赏特性】落叶灌木，花木类，7～8月观紫红花，作为花木使用。

4. 西南绣球 *H. davidii* Franch. 洋溪镇桅杆村深坳，海拔1053m，YJ－255。

【药用】叶及茎的髓心入药。根、叶：治疟疾；茎的髓心治麻疹、小便不通。

【观赏特性】落叶灌木，花木类，4～6月观白花，作为花木使用。

（十二）钻地风属 *Schizophragma* Sieb. et Zucc.

1. 柔毛钻地风 *S. molle*（Rehder）Chun 缠溪镇塘房岭村分水岭，海拔1307m，YJ－526。

2. 钻地风 *S. integrifolium* Oliv. 罗场乡靛厂村风洞沟，海拔775m，YJ－691。

【药用】根、茎藤入药。舒筋活络，祛风活血。主治风湿痹痛，四肢关节酸痛。

五十八、蔷薇科 Rosaceae

（一）龙牙草属 *Agrimonia* L.

1. 龙牙草 *A. pilosa* Ledeb. var. *pilosa* 洋溪镇曾心村大屋基，海拔650m，YJ－0036；区内林缘、疏林广布。

【药用】全草入药。收敛止血，消炎止痢，驱虫。治呕血、咯血、衄血、尿血、胃肠炎、肠道滴虫。

【森林蔬菜】食用部位：种子及嫩茎叶。食用、烹调方法：鲜用。炒食、做汤。喜食度：差。

（二）蛇莓属 *Duchesnea* J. E. Smith

1. 蛇莓 *D. indica*（Andr.）Focke 洋溪镇曾心村大屋基，海拔650m，YJ－0020；洋溪镇蒋家坝村侯家堰，海拔980m，YJ－0367；缠溪镇塘房岭村分水岭；区内路边草地习见。

【药用】全草入药。清热解毒，散瘀消肿。治感冒发热、咳嗽、小儿高烧惊风、黄疸型肝炎。

（三）草莓属 *Fragaria* L.

1. 黄毛草莓 *F. nilgerrensis* Schlecht. ex Gay var. *nilgerrensis* 洋溪镇桅杆村大张山，海拔1000m，YJ－0218B；缠溪镇塘房岭村分水岭。

【药用】全草入药。清肺止咳，解毒消肿。主治肺热咳喘，百日咳，口舌生疮，痢疾，小便淋痛，疮疡肿痛，毒蛇咬伤等。

【观赏特性】观叶，5～7月观白色花，6～8月观白色或红色果，作地被、草坪。

（四）水杨梅属 *Geum* L.

1. 水杨梅 *G. aleppicum* Jacq. 洋溪镇蒋家坝村格佑寨倒竹坑，海拔1030m，YJ－0334。

【药用】全草入药。清热解毒，活血止痛，调经止带。主治疮痈肿痛，口疮咽痛，跌打损伤，风湿痹痛，泻痢腹痛，月经不调，崩漏带下，脚气水肿，小儿惊风。

【经济用途】树脂、工业油脂。

2. 柔毛水杨梅 *G. japonicum* Thunb. var. *chinense* Bolle. 罗场乡广东坪村茂林，海拔900m，YJ－0650。

【药用】全草。补肾补肝，活血消肿。主治头晕目眩，小儿惊风，阳痿，遗精，虚劳咳嗽，风湿痹痛，月经不调，疮疡肿痛，跌打损伤。

【森林蔬菜】食用部位：嫩茎叶。食用、烹调方法：鲜用。炒食、做汤。喜食度：差。

（五）委陵菜属 *Potentilla* L.

1. 西南委陵菜 *P. fulgens* Wall. ex Hook. 洋溪镇蒋家坝村走马山坪，海拔1220m。

【观赏特性】观叶，叶背白色，6～9月观黄色花，作地被。

2. 蛇含委陵菜 *P. kleiniana* Wight et Arn.　洋溪镇桅杆村大张山，海拔1000m，YJ－0217B；洋溪镇桅杆村半沟，海拔780m，YJ－0298；洋溪镇曾心村徐家，海拔870m，YJ－0568。

【药用】全草入药。祛风止咳，清热解毒，收敛镇静，止血。主治狂犬咬伤，小儿惊风，肺热 咳嗽，乳腺炎，百日咳 ，流感，肺痨，风湿关节炎。

（六）地榆属 *Sanguisorba* L.

1. 地榆 *S. officinalis* L.　缠溪镇冷水溪，海拔900m。

【观赏特性】6～10 月观紫红色果，作地被、插花、干花。

【经济用途】饮料、树脂

（七）稠李属 *Padus* Mill. .

1. 灰叶稠李 *P. grayana*（Maxim.）C. K. Schneid.　罗场乡靛厂村风洞沟，海拔775m，YJ－704；洋溪镇双龙村小溪河，海拔740m，YJ－387；洋溪镇桅杆村深坳，海拔1053m，YJ－252；洋溪镇新黔村，海拔669m，YJ－187。

2. 橉木 *P. buergeriana*（Miq.）T. T. Yu et T. C. Ku　缠溪镇塘房岭村分水岭，海拔1193m，YJ－504；洋溪镇桅杆村深坳，海拔1053m，YJ－251。

（八）棣棠花属 *Kerria* DC.

1. 重瓣棣棠花 *K. japonica* f.（L.）DC. f. *pleniflora*（Witte）REHD.　洋溪镇桅杆村石架山，海拔852m，YJ－272。

【药用】花入药。化痰止咳，利湿消肿，解毒。主治咳嗽，风湿痹痛，产后劳伤痛，水肿，小便不利，消化不良，痈疽肿毒，湿疹，荨麻疹。

（九）桂樱属 *Laurocerasus* Torn. ex Duh.

1. 大叶桂樱 *L. zippeliana*（Miq.）T. T. Yu et L. T. Lu　洋溪镇曾心村大屋基，海拔659m，YJ－54。

【药用】叶入药。祛风止痒，通络止痛。主治全身瘙痒，鹤膝风，跌打损伤。

【观赏特性】常绿乔木，荫木类，9 月观白花、芳香，作为遮阴树使用。

（十）花楸属 *Sorbus* L.

1. 毛背花楸 *S. aronioides* Rehder　洋溪镇蒋家坝村毛湾，海拔959m，YJ－640。

2. 花楸树 *S. pohuashanensis*（Hance）Hedl.　罗场乡岭峰村枫香坪，海拔1136m，YJ－785。

3. 石灰花楸 *S. folgneri*（C. K. Schneid.）Rehder　罗场乡岭峰村三花山，海拔982m，YJ－757；洋溪镇曾心村上竹园组岩上，海拔848m，YJ－623。

【药用】茎枝入药。祛风除湿，舒筋活络。主治风湿痹痛，全身麻木。

【观赏特性】落叶乔木，叶木类，4～5 月观白花、8～10 月观红果，作为花木使用。

（十一）火棘属 *Pyracantha* Roem.

1. 火棘 *P. fortuneana*（Maxim.）H. L. Li　洋溪镇曾心黄大土，海拔775m，YJ－96。

【药用】果实入药。健脾消积，活血，止血。治痞块、食积、泄泻、痢疾、崩漏、产后瘀血、劳伤腰痛、疔疮、火眼。

【观赏特性】常绿灌木，果木类，10 月至次年 2 月观红果，4～5 月观白花，作为桩景、植篱及绿雕塑、地被使用。

2. 全缘火棘 *P. atalantioides*（Hance）Stapf　杨柳乡竹林村，海拔1010m，YJ－538；洋溪镇桅杆村姚家寨半截田，海拔775m，YJ－292。

【药用】果实、叶、根入药。叶：清热，活血，止痛；主治关节痛，劳伤腰痛，风湿，肠风下血。根主治火眼、疔疮。

【观赏特性】常绿灌木或小乔木，果木类，9～11 观红果、4～5 月观白花，作为桩景、植篱及绿雕塑、地被使用。

3. 细圆齿火棘 *P. crenulata*（D. Don）M. Roem. 洋溪镇桅杆村姚家寨半截田，海拔775m，YJ－294。

(十二)李属 *Prunus* L.

1. 李 *P. salicina* Lindl. 洋溪镇曾心村大屋基，海拔670m，YJ-23。

【药用】果、根、皮、叶、树胶入药。清肝祛热，生津利水，镇痛解毒。治跌打损伤、瘀血、痰饮、咳嗽、水气肿满、大便秘结、虫蝎螫伤。

【观赏特性】落叶灌木，花木类，3月观白花，作为花木使用。

(十三)枇杷属 *Eriobotrya* Lindl.

1. 枇杷 *E. japonica*（Thunb.）Lindl. 洋溪镇洋溪村小河，海拔744m，YJ-149。

【药用】花、叶入药。润肺，止咳，下气。治肺痿、咳嗽吐血、衄血、燥渴、呕逆。

(十四)苹果属 *Malus* Mill.

1. 花红 *M. asiatica* Nakai 洋溪镇桅杆村姚家沟，海拔880m，YJ-339。

【经济用途】饮料。

(十五)蔷薇属 *Rosa* L.

1. 单瓣缫丝花 *R. roxburghii* Tratt. f. *normalis* Rehder et E. H. Wilson 洋溪镇曾心村大屋基，海拔670m，YJ-42。

2. 粉团蔷薇 *R. multiflora* Thunb. var. *cathayensis* Rehder et E. H. Wilson 洋溪镇蒋家坝村格优寨组，海拔984m，YJ-559。

【药用】花入药。清暑，和胃，活血止血，解毒。主治暑热烦渴，胃脘胀闷，吐血，衄血，口疮，痈疖，月经不调。

3. 亮叶月季 *R. lucidissima* H. Lév. 罗场乡靛厂村风洞沟，海拔786m，YJ-680。

4. 软条七蔷薇 *R. henryi* Boulenger 洋溪镇洋溪村小河，海拔744m，YJ-146。

【药用】根入药。活血调经，化瘀止血。主治月经不调，妇女不孕，外伤出血。

【观赏特性】落叶灌木，花木类，5~6月观白花、9~10月观红果，作为地被、花木使用。

5. 小果蔷薇 *R. cymosa* Tratt. 洋溪镇曾心村大屋基，海拔670m，YJ-41。

【药用】根、叶入药。祛风除湿，收敛固精，解毒消肿。治风湿关节痛、跌打损伤、腹泻脱肛。

6. 悬钩子蔷薇 *R. rubus* H. Lév. et Vaniot 洋溪镇曾心村大屋基，海拔659m，YJ-45；洋溪镇蒋家坝村格优寨组，海拔1069m，YJ-588。

【药用】叶入药。清热解毒。主治痔疮。

【森林蔬菜】食用部位：嫩茎叶。食用、烹调方法：鲜用。凉拌、炒。喜食度：差。

【观赏特性】落叶攀援状灌木，蔓木类，4月观白花，作为藤木使用。

【经济用途】工业用香料、树脂、食用油脂。

7. 野蔷薇 *R. multiflora* Thunb. 洋溪镇曾心村大屋基，海拔670m，YJ-4；洋溪镇洋溪村小河，海拔669m，YJ-115。

【森林蔬菜】食用部位：嫩茎叶、花。食用、烹调方法：鲜用。凉拌、炒。喜食度：差。

【观赏特性】落叶灌木，花木类，4月观白色或粉红色花，作为地被、花木使用。

(十六)石斑木属 *Rhaphiolepis* Lindl.

1. 石斑木 *Rh. indica*（L.）Lindl. 洋溪镇双龙村小溪河，海拔847m，YJ-416。

(十七)石楠属 *Photinia* Lindl.

1. 倒卵叶石楠 *Ph. lasiogyna*（Franch.）C. K. Schneid. 洋溪镇曾心村大屋基，海拔670m，YJ-44。

2. 光叶石楠 *Ph. glabra*（Thunb.）Maxim. 杨柳乡白虎咀村田家寨组，海拔839m，YJ-480。

【药用】叶入药。补肾，强腰膝，除风湿。治肾虚腰软、风湿痹痛。

【经济用途】工业油脂。

3. 椤木石楠 *Ph. bodinieri* H. Lév. 洋溪镇曾心村徐家组小河冲，海拔835m，YJ-621。

【药用】根、叶入药。养阴补肾，利筋骨。主治风湿痹痛。

【观赏特性】常绿乔木，荫木类，5 月观白花、9～10 月观红果，作为独赏树使用。

4. 小叶石楠 *Ph. parvifolia*（E. Pritz.）C. K. Schneid. 洋溪镇曾心村大屋基，海拔 670m，YJ－31。

【药用】根入药。活血，行血。治牙痛、黄疸、乳痈。

5. 中华石楠 *Ph. beauverdiana* C. K. Schneid. 杨柳乡竹林村，海拔 1010m，YJ－536；洋溪镇蒋家坝村格优寨组，海拔 984m，YJ－571；洋溪镇双龙村小溪河，海拔 734m，YJ－398。

【药用】根、叶入药。行气活血，祛风止痛。主治风湿痹痛，肾虚脚膝酸软，头风头痛，跌打损伤。

（十八）桃属 *Amygdalus* L.

1. 桃 *A. persica* L. 洋溪镇曾心村大屋基，海拔 670m，YJ－24，洋溪镇双龙村小溪河，海拔 1042m，YJ－425。

【经济用途】树胶。

2. 榆叶梅 *A. triloba*（Lindl.）Ricker 杨柳乡白虎咀村田家寨组，海拔 839m，YJ－490。

（十九）杏属 *Armeniaca* Mill.

1. 梅 *A. mume* Siebold 洋溪镇曾心村肖家，海拔 661m，YJ－602。

【药用】果实入药。敛肺涩肠，生津止泻，驱虫，止痢。主治肺虚久咳，口干烦渴，胆道蛔虫，胆囊炎，菌痢，慢性腹泻。

【观赏特性】落叶灌木或小乔木，花木类，3 月观白或红花、7～8 月观黄果，作为花木使用。

2. 杏 *A. vulgaris* Lam. 洋溪镇曾心村乔家，海拔 730m，YJ－84。

【药用】种子入药。祛痰止咳，平喘，润肠。治外感咳嗽、喘满、喉痹、肠燥便秘。

（二十）绣线菊属 *Spiraea* L.

1. 翠蓝绣线菊 *S. henryi* Hemsl. 缠溪镇塘房岭村分水岭，海拔 1223m，YJ－520；罗场乡岭峰村三花山，海拔 982m，YJ－724。

【药用】根入药。清热利湿，祛瘀止痛。主治跌打损伤，胸胀气痛，白带，湿疹。

【观赏特性】落叶灌木，花木类，4～5 月观白花，作为地被使用。

2. 毛叶绣线菊 *S. mollifolia* Rehder 洋溪镇桅杆村瑶寨沟白岩尖，海拔 763m，YJ－362；YJ－557。

3. 绣线菊 *S. japonica* L. f. 洋溪镇曾心黄大土，海拔 775m，YJ－103；洋溪镇双龙村小溪河，海拔 847m，YJ－400。

4. 中华绣线菊 *S. chinensis* Maxim. 洋溪镇桅杆村雷家沟，海拔 823m，YJ－460；洋溪镇曾心村大屋基，海拔 670m，YJ－32；洋溪镇曾心村乔家，海拔 764m，YJ－89；洋溪镇蒋家坝村格优寨组，海拔 984m，YJ－568。

【药用】根入药。清热解毒。主治咽喉肿痛。

【观赏特性】落叶灌木，花木类，3～6 月观白花，作为地被使用。

（二十一）悬钩子属 *Rubus* L.

1. 插田泡 *R. coreanus* Miq. 杨柳乡竹林村，海拔 1010m，YJ－540。

【药用】根入药。活血，止血。治劳伤出血、鼻衄、月经不调、跌打损伤。

2. 大乌泡 *R. pluribracteatus* L. T. Lu et Boufford 洋溪镇曾心黄大土，海拔 775m，YJ－102。

【观赏特性】落叶灌木，花木类，7～8 月观黑果，作为植篱及绿雕塑使用。

3. 粉枝莓 *R. biflorus* Buch. －Ham. ex Sm. 洋溪镇洋溪村小河，海拔 744m，YJ－145。

4. 红毛悬钩子 *R. wallichianus* Wight et Arn. 罗场乡靛厂村风洞沟，海拔 775m，YJ－701；洋溪镇双龙村小溪河，海拔 740m，YJ－386。

【药用】根、叶入药。祛风，除湿，散瘰疬。根：治风湿关节痛、刀伤、吐血、目中流泪。叶：治黄水疮、狗咬伤。

5. 黄脉莓 *R. xanthoneurus* Focke 洋溪镇洋溪村小河，海拔 669m，YJ－131；杨柳乡竹林村，海拔 1010m，YJ－541；洋溪镇桅杆村姚家寨半截田，海拔 775m，YJ－293。

6. 毛叶插田泡 *R. coreanus* Miq. var. *tomentosus* Cardot 洋溪镇桅杆村瑶寨沟白岩尖，海拔 763m，YJ－355。

7. 山莓 *R. corchorifolius* L. f. 洋溪镇曾心村大屋基，海拔 668m，YJ－69。

【经济用途】树脂。

8. 尾叶悬钩子 *R. caudifolius* Wuzhi 洋溪镇双龙村小溪河，海拔 847m，YJ－411。

9. 无腺白叶莓 *R. innominatus* S. Moore var. *kuntzeanus*（Hemsl.）L. H. Bailey 缠溪镇塘房岭村分水岭，海拔 1223m，YJ－517。

10. 宜昌悬钩子 *R. ichangensis* Hemsl. et Kuntze 洋溪镇双龙村小溪河，海拔 734m，YJ－396；洋溪镇新黔村，海拔 669m，YJ－196。

【药用】根、叶入药。收敛止血，通经利尿，解毒敛疮。主治吐血，衄血，痔血，尿血，便血，血崩，血滞痛经，黄水疮，湿热疮毒。

【经济用途】工业油脂、树脂。

11. 周毛悬钩子 *R. amphidasys* Focke 缠溪镇塘房岭村分水岭，海拔 1193m，YJ－505。

【药用】全草入药。治妇女产后受风，月经不调，四肢酸麻。

【观赏特性】常绿蔓生灌木，蔓木类，6～7 月观红果，作为室内绿化装饰、地被使用。

12. 竹叶鸡爪茶 *R. bambusarum* Focke 洋溪镇双龙村小溪河，海拔 880m，YJ－424。

13. 棕红悬钩子 *R. rufus* Focke 罗场乡岭峰村三花山，海拔 982m，YJ－764。

（二十二）栒子属 *Cotoneaster* B. Ehrhart

1. 矮生栒子 *C. dammeri* C. K. Schneid. 罗场乡岭峰村枫香坪，海拔 1210m，YJ－783。

【药用】根入药。清热解毒，消肿除湿。主治风湿，脚气，红肿恶疮。

2. 平枝栒子 *C. horizontalis* Decne. 罗场乡靛厂村石洞河，海拔 856m，YJ－715，罗场乡靛厂村石洞河，海拔 856，YJ－719。

【药用】根入药。清热解毒，消肿除湿。治妇女月经不调、风湿、恶疮。

【观赏特性】常绿灌木，叶木类，8～10 月观红果，作为地被、桩景使用。

3. 小叶平枝栒子 *C. horizontalis* Decne. var. *perpusillus* C. K. Schneid. 缠溪镇塘房岭村分水岭，海拔 1223m，YJ－516。

【观赏特性】常绿灌木，叶木类，5～6 月观粉红花、8～10 月观红果，作为地被、桩景使用。

（二十三）樱属 *Cerasus* Mill.

1. 多毛樱桃 *C. polytricha*（Koehne）T. T. Yu et C. L. Li 缠溪镇塘房岭村分水岭，海拔 1223m，YJ－523；洋溪镇双龙村小溪河，海拔 847m，YJ－413。

【观赏特性】落叶灌木或小乔木，花木类，3 月观红花，作为花木类使用。

2. 华中樱桃 *C. conradinae*（Koehne）T. T. Yu et C. L. Li 洋溪镇桅杆村石架山，海拔 1081m，YJ－259；洋溪镇曾心黄大土，海拔 775m，YJ－94；洋溪镇蒋家坝村陈家沟，海拔 885m，YJ－448。

【观赏特性】落叶灌木或小乔木，花木类，2～4 月观红花、4～5 月观红果，作为花木使用。

五十九、豆科 *Fabaceae*

（一）两型豆属 *Amphicarpaea* Elliot

1. 两型豆 *A. edgeworthii* Benth. 洋溪镇桅杆村大张山，海拔 1000m，YJ－0225。

（二）黄芪属 *Astragalus* L.

1. 紫云英 *A. sinicus* L. 洋溪镇曾心村大屋基海拔 650m，YJ－0014；洋溪镇桅杆村大张山，海拔 1000m，YJ－0222B。

【药用】全草入药。祛风明目，解毒利尿。治淋病、疥癣、疮疡、风痰咳嗽、外伤出血

【森林蔬菜】食用部位：嫩茎叶。食用、烹调方法：鲜用。凉拌、炒食、做汤。喜食度：一般。

【观赏特性】2 ~6 月观紫红色或橙黄色花，作地栽使用。

（三）山蚂蝗属 *Desmodium* Desv.

1. 小叶三点金草 *D. microphyllum*（Thunb.）DC.　洋溪镇蒋家坝村走马山坪，海拔 1220m。

（四）鸡眼草属 *Kummerowia* Schindl.

1. 鸡眼草 *K. striata*（Thunb.）Schindl. 洋溪镇桅杆村大张山，海拔 1000m，YJ－0217；洋溪镇桅杆村半沟，海拔 780m，YJ－0300；缠溪镇塘房岭村分水岭。

【药用】全草入药。清热解毒，健脾利湿，活血止血。主治感冒，发热，暑湿吐泻，黄疸，痈疖疔疮，痢疾，血淋，咯血，跌打损伤，赤白带下等。

【观赏特性】观叶，作草坪观赏。

【经济用途】绿肥、饲料。

2. 短萼鸡眼草 *K. stipulacea*（Mixim.）Makino　缠溪镇冷水溪，海拔 850m。

（五）百脉根属 *Lotus* L.

1. 百脉根 *L. corniculatus* L.　杨柳乡白虎咀，海拔 890m；洋溪镇蒋家坝村走马山坪，海拔 1170m。

【观赏特性】5 ~7 月观黄色、红黄色花，作草坪、花坪。

（六）苜蓿属 *Medicago* L.

1. 天蓝苜蓿 *M. lupulina* L.　罗场乡岭峰村三花山，海拔 980m，YJ－0473。

【药用】全草入药。清热利湿，舒筋活络，止咳平喘，凉血解毒。治湿热黄疸，热淋，风湿痹痛，咳喘，毒蛇咬伤。

（七）葛属 *Pueraria* DC.

1. 葛 *P. montana*（Lour.）Merr. var. *lobata*（Willd.）Maesen et S. M. Almeida ex Sanjappa et Predeep　洋溪镇桅杆村姚家沟，海拔 880m，YJ－340。

【观赏特性】7－9 月观紫色花，作公路边坡、工程废弃地、石山地种植。

2. 三裂叶野葛 *P. phaseoloides*（Roxb.）Benth.　洋溪镇蒋家坝村毛湾，海拔 959m，YJ－642。

3. 野葛 *P. lobata*（Willd.）Ohwin　洋溪镇蒋家坝村毛湾，海拔 980m，YJ－0372。

【药用】块根、花入药。花蕾：解酒醒脾；治伤酒发热烦渴、不思饮食、呕逆吐酸、吐血、便血。根：透疹止泻，除烦止渴；治伤寒、烦热消渴、泄泻、痢疾、瘢疹不透、高血压、心绞痛。

【森林蔬菜】食用部位：块根。食用、烹调方法：①鲜用；生食、烧食。②提取淀粉，煮粥、制成粉丝、面条、糕点等。喜食度：一般。

【经济用途】纤维。

4. 越南葛藤 *P. montana*（Lour.）Merr.　洋溪镇蒋家坝村毛湾，海拔 980m，YJ－0377。

【药用】根入药。清热，透疹，生津，止咳。主治麻疹不透，肺热咳嗽，消渴，口腔溃疡。

（八）鹿藿属 *Rhynchosia* Lour.

1. 鹿藿 *Rh. Volubilis* Lour.　罗场乡岭峰村三花山，海拔 980m，YJ－0471；洋溪镇小河，海拔 680m，YJ－0585。

【药用】茎叶入药。祛风除湿，活血，解毒。主治风湿痹痛，头痛，牙痛，腰脊疼痛，瘀血腹痛，瘰疬，痈肿疮毒，跌打损伤，烫火伤等。

（九）车轴草属 *Trifolium* L.

1. 白车轴草（白三叶草）*T. repen* L. 洋溪镇桅杆村石家山，海拔 1020m，YJ－0278。

【药用】全草入药。清热凉血。治癫病、抗肿瘤。

【森林蔬菜】食用部位：嫩茎叶。食用、烹调方法：鲜用。做汤。喜食度：差。

【经济用途】饲料、蜜源。

(十)野豌豆属 *Vicia* L.

1. 广布野豌豆 *V. cracca* Linn. 洋溪桅杆。

【药用】全草入药。祛风除湿，活血消肿，解毒止痒。主治风湿痹痛，肢体痿软，跌打肿痛，湿疹，疮毒。

【观赏特性】5 ~9 月观紫花，作地被。

【经济用途】工业油脂、饲料。

2. 硬毛果野豌豆 *V. hirsute*（L.）S. F. Gray. 洋溪镇、杨柳乡。

【药用】全草入药。清热利湿，调经止血。主治黄疸，疟疾，月经不调，白带，鼻衄。

3. 救荒野豌豆 *V. sativa* Linn.

【药用】全草入药。益肾，利水，止血，止咳。主治肾虚腰痛，遗精，黄疸，水肿，疟疾，鼻衄，心悸，咳嗽痰多，月经不调，疮疡肿毒。

【观赏特性】观叶，6 ~8 月观紫色或红色花，作地被、花坪。

4. 野豌豆 *V. sepium* L. 洋溪镇蒋家坝村走马山坪，海拔 1160m。

【观赏特性】观叶，5 ~8 月观红色或紫色花，作地被。

5. 四籽野豌豆 *V. terarsperma*（Linn.）Moench. 洋溪镇曾心村大屋基，海拔 650m，YJ -0019。

【药用】全草入药。解毒疗疮，活血调经、明目定眩。主治疔疮，痈疽，痔疮，月经不调，眼目昏花，眩晕，耳鸣等。

(十一)杭子梢属 *Campylotropis* Bunge

1. 杭子梢 *C. macrocarpa*（Bunge）Rehder 洋溪镇曾心村乔家，海拔 764m，YJ -91。

【药用】根、枝叶入药。疏风解表，活血通络。主治风寒感冒，痧症，肾炎水肿，肢体麻木，半身不遂。

【经济用途】绿肥、蜜源、饲料。

(十二)合欢属 *Albizia* Durazz.

1. 蒙自合欢 *A. bracteata* Dunn 洋溪镇桅杆村姚家寨半截田，海拔 775m，YJ -297。

(十三)红豆树属 *Ormosia* Jacks.

1. 花榈木 *O. henryi* Prain 洋溪镇曾心村大屋基，海拔 659m，YJ -47。

【药用】根入药。活血破瘀。治赤白带下、产后瘀血腹痛、跌打损伤、白喉。

【观赏特性】常绿乔木，荫木类，10 ~11 月观红果，作为独赏树、遮阴树使用。国家Ⅱ级保护植物。

(十四)胡枝子属 *Lespedeza* Michx.

1. 大叶胡枝子 *L. davidii* Franch. 洋溪镇蒋家坝村侯家堰，海拔 988m，YJ -628；洋溪镇曾心村大屋基，海拔 650m，YJ -0038。

【药用】全株入药。清热解毒，止咳止血，通经活络。主治外感头痛，发热，痧疹不透，痢疾，咳嗽咯血，尿血，便血，腰痛，崩漏。

【观赏特性】落叶灌木，花木类，7 ~9 月观紫花，作为防护、花木使用。

2. 截叶胡枝子 *L. cuneata*（Dum. Cours.）C. Don 洋溪镇曾心村大屋基，海拔 650m，YJ 0038。

【药用】全株入药。清热消积，健脾益肾。主治小儿疳积，阳痿，脱肛，遗精，小儿夜尿，遗尿等。

(十五)槐属 *Sophora* Linn.

1. 柔枝槐 *S. tonkinensis* Gagnep. 洋溪镇曾心村乔家，海拔 764m，YJ -92。

【药用】根入药。泻火解毒，利咽消肿，止痛杀虫。主治咽喉肿痛，齿龈肿痛，肺热咳嗽，烦渴，黄疸，热结便秘，热肿秃疮，痔疮，癣疹，毒虫咬伤。

（十六）黄檀属 *Dalbergia* Linn. f.

1. 黄檀 *D. hupeana* Hance　洋溪镇曾心村大屋基，海拔 670m，YJ－34。

【药用】根、根皮入药。清热解毒，止血消肿。主治疮疖疔毒，毒蛇咬伤，细菌性痢疾，跌打损伤。

2. 藤黄檀 *D. hancei* Benth.　缠溪镇塘房岭村竹洋坪岭上，海拔 1093m，YJ－494。

【药用】根、茎入药。舒筋活络，强筋骨，消积止痛。治风湿关节痛、跌打损伤、胸痹刺痛、外伤出血。

【观赏特性】落叶攀援藤本，蔓木类，作为藤木使用。

【经济用途】栲胶、纤维。

3. 象鼻藤 *D. mimosoides* Franch.　洋溪镇蒋家坝村格优寨组，海拔 984m，YJ－572。

（十七）昆明鸡血藤属 *Callerya* Endlicher

1. 亮叶崖豆藤 *C. nitida*（Benth.）R. Geesink 洋溪镇蒋家坝村格优寨组，海拔 1069m，YJ－589。

【药用】藤茎入药。活血，舒筋，治腰膝酸痛、麻。

（十八）老虎刺属 *Pterolobium* R. Br. ex Wight et Arn.

1. 老虎刺 *P. punctatum* Hemsl.　洋溪镇桅杆村姚家寨半截田，海拔 758m，YJ－298。

【药用】根、叶入药。清热解毒，祛风除湿，消肿止痛。

【观赏特性】落叶灌木，果木类，7 月观白花、10～11 观红果，作为植篱及绿雕塑、花木使用。

（十九）木蓝属 *Indigofera* Linn.

1. 马棘 *I. pseudotinctoria* Matsum.　洋溪镇洋溪村小河，海拔 669m，YJ－120。

【药用】全草入药。清热解毒，活血化瘀。治扁桃体炎、疔疮、毒蛇咬伤、跌打损伤、小儿食积饱胀、虚寒咳嗽。

2. 木蓝 *I. tinctoria* L.　洋溪镇桅杆村雷家沟，海拔 823m，YJ－456。

【经济用途】染料。

【药用】茎叶入药。清热解毒，凉血止血。主治乙型脑炎，腮腺炎，急性咽喉炎，淋巴结炎，目赤，口疮，痈肿疮疖，疥癣，蛇虫咬伤，吐血，丹毒。

（二十）水姑里属 *Hylodesmum* H. Ohashi et R. R. Mill.

1. 尖叶长柄山蚂蝗 *H. podocarpum*（DC.）Yang et Huang var. *oxyphyllum*（DC.）Yang et 洋溪镇桅杆村石架山，海拔 1018m，YJ－262。

2. 四川长柄山蚂蝗 *H. podocarpum*（DC.）Yang et Huang var. *szechuenense*（Craib）Yang et Huang 洋溪镇桅杆村瑶寨沟白岩尖，海拔 763m，YJ－345。

【药用】全株入药。清热截疟。主治潮热，疟疾。

（二十一）香槐属 *Cladrastis* Raf.

1. 翅荚香槐 *C. platycarpa*（Maxim.）Makino　洋溪镇蒋家坝村陈家沟，海拔 885m，YJ－446。

【药用】根、果实入药。祛风止痛。主治关节疼痛。

【经济用途】染料。

（二十二）小槐花属 *Ohwia*（Benth.）Baker

1. 小槐花 *O. caudata*（Thunb.）Ohashi　洋溪镇曾心村曾心沟，海拔 652m，YJ－613。

【药用】花入药。清热，利湿，消积，散瘀。治咳嗽吐血、水肿、小儿疳积、痈疮溃疡、跌打损伤。

【经济用途】饲料。

（二十三）羊蹄甲属 *Bauhinia* Linn.

1. 粉叶羊蹄甲　*B. glauca*（Wall. ex Benth.）Benth. 洋溪镇桅杆村瑶寨沟白岩尖，海拔 763m，YJ－347。

【药用】根、茎叶入药。收敛固涩，解毒除湿。主治咳嗽咯血，吐血，便血，遗尿，子宫脱垂，疝气等。

【观赏特性】落叶攀援状灌木，蔓木类，5~7 月观紫红幼叶，作为藤木使用。

(二十四)洋槐属 *Robinia* Linn.

1. 刺槐 *R. pseudoacacia* L. 洋溪镇桅杆村雷家沟，海拔 823m，YJ-458。

【药用】花入药。主治大肠下血，咯血。

(二十五)油麻藤属 *Mucuna* Adans.

1. 常春油麻藤 *M. sempervirens* Hemsl. 洋溪镇新黔村，海拔 669m，YJ-197。

【经济用途】工业油脂、工业淀粉。

(二十六)云实属 *Caesalpinia* Linn.

1. 华南云实 *C. crista* Linn. 洋溪镇洋溪村小河，海拔 669m，YJ-118。

【药用】根、茎叶入药。清热解毒，利尿通淋。主治疮疡疔肿，小便不利，热淋，砂淋。

2. 云实 *C. decapetala* (Roth) Alston 洋溪镇洋溪村小河，海拔 692m，YJ-169。

【药用】种子入药。解毒除湿，止咳化痰，杀虫。主治痢疾，疟疾，慢性气管炎，小儿疳积，虫积等；根入药。祛风除湿，解毒消肿。主治感冒发热，咳嗽，咽喉肿痛，风湿痹痛，肝炎等。

【观赏特性】落叶攀援灌木，蔓木类，4~5 月观黄花，作为植篱及绿雕塑、藤木使用。

【经济用途】工业油脂、栲胶。

(二十七)皂荚属 *Gleditsia* Linn.

1. 皂荚 *G. sinensis* Lam. 洋溪镇桅杆村石架山，海拔 852m，YJ-273。

【药用】果实、不育果实、棘刺入药。祛痰止咳，开窍通闭，杀虫散结。主治痰咳喘满，中风口噤，痰涎壅盛，神昏不语，癫痫，二便不通，痈肿，疥癣等。

【观赏特性】落叶乔木，荫木类，4~5 月观白花、10~12 月观黑果，作为独赏树、遮阴树使用。

【经济用途】食用油脂、工业油脂。

(二十八)紫荆属 *Cercis* Linn.

1. 湖北紫荆 *C. glabra* Pamp. 洋溪镇蒋家坝村毛湾，海拔 959m，YJ-643。

【观赏特性】落叶乔木，花木类，4 月观红花，作为独赏树、花木使用。

2. 紫荆 *C. chinensis* Bunge 洋溪镇曾心村乔家，海拔 730m，YJ-80。

【药用】树皮入药。活血，通淋，解毒。主治月经不调，瘀滞腹痛，风湿痹痛，小便淋痛，喉痹，疥癣，跌打损伤等。

六十、胡颓子科 Elaeagnaceae

(一)胡颓子属 *Elaeagnus* Linn.

1. 贵州羊奶子 *E. guizhouensis* C. Y. Chang 洋溪镇洋溪村小河，海拔 669m，YJ-130。

2. 卷柱胡颓子 *E. retrostyla* C. Y. Chang 洋溪镇曾心村大屋基，海拔 670m，YJ-33。

3. 蔓胡颓子 *E. glabra* Thunb. 缠溪镇塘房岭村分水岭，海拔 1223m，YJ-512 洋溪镇曾心村大屋基，海拔 719m，YJ-75。

【药用】根、果实入药。止泻，平喘，健脾开胃。治支气管炎、肝炎、风湿关节痛、各种出血、跌打损伤。

【经济用途】纤维。

4. 披针叶胡颓子 *E. lanceolata* Warb. 洋溪镇蒋家坝村格优寨组，海拔 984m，YJ-563。

5. 星毛胡颓子 *E. stellipila* Rehd. 洋溪镇银坳村水田沟，海拔 848m，YJ-669。

6. 宜昌胡颓子 *E. henryi* Warb. ex Diels 洋溪镇曾心村大屋基，海拔 719m，YJ-72。

【药用】全株入药。止痛止咳。治风湿腰痛、哮喘、损伤损伤、吐血；外用洗恶疮。

六十一、小二仙草科 Haloragidaceae

(一)狐尾藻属 *Myriophyllum* L.

1. 轮叶狐尾藻 *M. verticillatum* L.　洋溪镇小河，海拔680m，YJ－0594。

【药用】全草入药。清热。主治痢疾。

六十二、千屈菜科 Lythraceae

(一)石榴属 *Punica* Linn.

1. 石榴 *P. granatum* L.　杨柳乡白虎咀村田家寨组，海拔839m，YJ－492。

(二)千屈菜属 *Lythrum* Linn.

1. 千屈菜 *L. salicaria* Linn.　缠溪镇冷水溪，海拔840m。

【森林蔬菜】食用部位：嫩叶。食用、烹调方法：鲜用。凉拌。喜食度：差。

【观赏特性】7－9月观紫红色花，作地被栽培和干花。

(三)紫薇属 *Lagerstroemia* Linn.

1. 川黔紫薇 *L. excelsa*（Dode）Chun ex S. Lee et L. F. Lau　洋溪镇曾心村大屋基，海拔659m，YJ－60。

2. 紫薇 *L. indica* L.　洋溪镇曾心村大屋基，海拔670m，YJ－29。

【药用】根、根皮、茎皮、花、叶入药。清热解毒，利湿祛风，活血止血。主治痔疖痈疽，痢疾，跌打损伤，血崩，内外伤出血等。

【观赏特性】落叶乔木，花木类，6~9月观紫花，作为花木、桩景使用。

(四)节节菜属 *Rotala* L.

1. 圆叶节节菜 *R. rotundifolia*（Roxb.）Koehne　洋溪镇蒋家坝，海拔850m。

【药用】全草入药。清热利湿，消肿解毒。主治痢疾，淋症，急性肝炎，痈肿疮毒。

【观赏特性】4~6月观紫红色花，作沼泽地被。

【经济用途】饲料。

六十三、瑞香科 Thymelaeaceae

(一)结香属 *Edgeworthia* Meisn.

1. 结香 *E. chrysantha* Lindl. 杨柳乡白虎咀村田家寨组，海拔825m，YJ－462。

【经济用途】纤维。

(二)荛花属 *Wikstroemia* Endl.

1. 头序荛花 *W. capitata* Rehder et E. H. Wilson　洋溪镇蒋家坝村侯家堰，海拔988m，YJ－630。

【药用】根入药。主治便秘。

(三)瑞香属 *Daphne* Linn.

1. 毛瑞香 *D. kiusiana* Miq. 洋溪镇洋溪村小河，海拔669m，YJ－128。

【药用】花、叶、根入药。花：活血止痛，解毒散结；主治咽喉肿痛，风湿痹痛。根：解毒，活血止痛；主治胃脘痛，跌打损伤。

2. 白瑞香 *D. papyracea* Wall. ex Steud. 洋溪镇蒋家坝村侯家堰，海拔988m，YJ－791。

【药用】根皮、茎皮入药。祛风止痛，活血调经。主治风湿痹痛，跌打损伤，月经不调等。

【观赏特性】常绿灌木，叶木类，11月观白花、芳香，作为花木使用。

【经济用途】纤维。

六十四、桃金娘科 Myrtaceae

(一)蒲桃属 *Syzygium* Gaertn.

1. 赤楠　*S. buxifolium* Hook. et Arn. 罗场乡靛厂村石洞河，海拔856m，YJ－720。

【药用】根、根皮、叶入药。益肾定喘，健脾利湿，祛风活血，解毒。主治喘咳，尿路结石，痢疾，肝炎，风湿痛，浮肿，跌打肿痛。

【观赏特性】常绿灌木，叶木类，6~8月观白花，9月观紫黑果，作为地被使用。

六十五、柳叶菜科 Onagraceae

(一)露珠草属 *Circaea* L.

1. 谷蓼 *C. erubescens* Franch. et Savat. 罗场乡三花山，海拔890m。

【药用】全草入药。清热解毒，化瘀止血。主治无名毒疮，刀伤出血，疥疮。

2. 南方露珠草 *C. mollis* Sieb. et Zucc. 洋溪镇桅杆村深坳，海拔1000m，YJ-0258。

【药用】全草、根入药。祛风除湿，活血消肿，清热解毒。主治风湿痹痛，跌打瘀肿，乳痈，瘰疬，疮肿等。

(二)柳叶菜属 *Epilobium* L.

1. 毛脉柳叶菜 *E. amurense* Hausskn. 罗场乡三花山，海拔1020m。

【药用】全草入药。疏风清热，凉血止血。主治风热声嘶，咽痛，水肿，多种出血等。

2. 柳叶菜 *E. hirsutum* L. 洋溪镇小河，海拔680m，YJ-0595；罗场乡三花山，海拔920m。

【药用】全草入药。清热解毒，利湿止泻，消食理气，活血接骨。主治湿热泻痢，食积，脘腹胀痛，月经不调，跌打骨折，疮肿等。

【观赏特性】5~11月花紫红色，作湿地种植或切花。

3. 锐齿柳叶菜(片马柳叶菜) *E. kermodei* Raven 洋溪镇桅杆村大张山，海拔1000m，YJ-0231。

4. 小花柳叶菜 *E. parviflorum* Schreb. 洋溪镇小河至张家，海拔670m，YJ-0172B。

【药用】全草、根入药。散风止咳，清热止泻。主治感冒发热，咳嗽，暑热水泻，疔疮肿毒。

六十六、野牡丹科 Melastomataceae

(一)锦香草属 *Phyllagathis* Blume

1. 锦香草 *Ph. cavaleriei* (Lévl. et Van.) Guillaum 罗场乡岭峰村三花山，海拔980m，YJ-0516。

【药用】全草、根入药。清热凉血，利湿解毒。主治热毒血痢，湿热带下，月经不调，血热崩漏，肠热痔血，小儿阴囊肿大。

【观赏特性】观叶，背面紫红色，被长毛，作林下地被。模式产地在平坝。

【经济用途】饲料。

六十七、八角枫科 Alangiaceae

(一)八角枫属 *Alangium* Lam.

1. 八角枫 *A. chinense* (Lour.) Harms 洋溪镇蒋家坝村格优寨组，海拔1069m，YJ-593；洋溪镇洋溪村小河，海拔679m，YJ-175。

【药用】根、茎叶入药。祛风除湿，散瘀止血。治风湿瘫痪、风湿性关节炎、跌打损伤。

【经济用途】纤维。

2. 瓜木 *A. platanifolium* (Siebold et Zucc.) Harms 洋溪镇桅杆村姚家寨半截田，海拔880m，YJ-326。

【药用】根、茎入药。功用同八角枫。

【经济用途】土农药、树脂、纤维。

3. 深裂八角枫 *A. chinense* (Loureiro) Harms subsp. *triangulare* (Wangerin) W. P. Fang 洋溪镇曾心村曾心沟，海拔652m，YJ-607。

六十七、蓝果树科 Nyssaceae

(一)蓝果树属 *Nyssa* Gronov. ex Linn.

1. 蓝果树 *N. sinensis* Oliver 洋溪镇桅杆村梨坪，海拔1099m，YJ-240。

【药用】根入药。抗癌。

【观赏特性】落叶乔木，叶木类，4 月观红幼叶、9~11 月观红叶，作为林丛使用。

(二) 喜树属 *Camptotheca* Decne.

1. 喜树 *C. acuminata* Decne.　洋溪镇双龙村小溪河，海拔 1030m，YJ-429。

【药用】果实、根、根皮入药。清热解毒，散结消肿。主治食道癌，贲门癌，肝癌，白血病，疮肿。

【观赏特性】落叶乔木，林木类，作为林丛、防护使用。

六十九、山茱萸科 Cornaceae

(一) 山茱萸属 *Cornus* Linn.

1. 宝兴梾木 *C. schindleri* Wangerin 杨柳乡竹林村，海拔 1010m，YJ-533。

2. 灯台树 *C. controversa* Hemsl.　洋溪镇新界村，海拔 659m，YJ-182。

【药用】叶入药。消肿止痛。治跌打损伤。

【观赏特性】落叶乔木，荫木类，作为独赏树、遮阴树使用。

【经济用途】工业油脂。

3. 光皮梾木 *C. wilsoniana* Wangerin　洋溪镇曾心村大屋基，海拔 659m，YJ-58。

【观赏特性】落叶乔木，荫木类，5 月观白花、9 月观黑果，作为行道树、遮阴树使用。

【经济用途】食用油脂。

4. 尖叶四照花 *C. elliptica* (Pojarkova) Q. Y. Xiang et Bofford　洋溪镇新黔村，海拔 669m，YJ-199；洋溪镇桅杆村梨坪，海拔 1099m，YJ-236。

【药用】花、叶入药。收敛止血。治外伤出血、痢疾、骨折。

5. 香港四照花 *C. hongkongensis* Hemsl. 杨柳乡白虎咀村田家寨组，海拔 825m，YJ-463。

【经济用途】饮料。

6. 小梾木 *C. quinquenervis* Franch.　罗场乡靛厂村风洞沟，海拔 775m，YJ-705。

【经济用途】工业油脂。

【药用】根、枝叶入药。清热解毒，散瘀止痛。主治感冒头痛，风湿热痹，热毒疮肿，烧烫伤。

七十、青荚叶科 Helwingiaceae

(一) 青荚叶属 *Helwingia* Willd.

1. 白粉青荚叶 *H. japonica* (Thunb. ex Murray) F. Dietr. var. *hypoleuca* Hemsl. ex Rehder　缠溪镇塘房岭村分水岭，海拔 1223m，YJ-515。

【药用】茎髓、叶、果实、根入药。清热，利尿，通乳。主治小便不利，乳少，乳汁不畅。

2. 青荚叶 *H. japonica* (Thunb. ex Murray) F. Dietr. 洋溪镇桅杆村姚家寨半截田，海拔 803m，YJ-318。

【药用】叶、果实入药。功用同上。

3. 西域青荚叶 *H. himalaica* Hook. f. et Thomson ex C. B. Clarke　洋溪镇蒋家坝村格优寨组，海拔 984m，YJ-567。

4. 中华青荚叶 *H. chinensis* Batalin 洋溪镇桅杆村深坳，海拔 1021m，YJ-246。

【观赏特性】落叶灌木，果木类，8~9 月观黑果，作为室内绿化装饰使用。

【经济用途】饮料、工业油脂。

七十一、桃叶珊瑚科 Aucubaceae

(一) 桃叶珊瑚属 *Aucuba* Thunb.

1. 凹脉桃叶珊瑚 *A. cavinervis* C. Y. Wu et Song 罗场乡靛厂村风洞沟，海拔 775m，YJ-694。

2. 倒心叶珊瑚 *A. obcordata* (Rehder) Fu ex W. K. Hu et Soong　洋溪镇双龙村小溪河，海拔 740m，

YJ－381。

【药用】叶入药。活血调经，解毒消肿。主治痛经，月经不调，跌打损伤，水火烫伤。

【观赏特性】常绿灌木，9～10 月观红果，叶木类，作为室内绿化装饰、地被使用。

3. 长叶珊瑚 *A. himalaica* Hook. f. et Thomson var. *dolichophylla* W. P. Fang et Z. P. Song　洋溪镇蒋家坝村陈家沟，海拔 885m，YJ－445。

【药用】叶入药。活血调经，解毒消肿。主治痛经，月经不调，跌打损伤，水火烫伤。

【观赏特性】常绿灌木，叶木类，花紫红色，7～8 月观果，作为作为室内绿化装饰、地被使用。

七十二、铁青树科 Olacaceae

(一) 青皮木属 *Schoepfia* Schreb.

1. 青皮木 *S. Siebold* et Zucc.　洋溪镇曾心村大屋基，海拔 659m，YJ－46。

【药用】全株入药。祛风除湿，散瘀止痛。主治风湿痹痛，腰痛，产后腹痛，跌打损伤 。

七十三、桑寄生科 Loranthaceae

(一) 钝果寄生属 *Taxillus Van*Tiegh.

1. 桑寄生 *T. sutchuenensis*（Lecomte）Danser 缠溪镇塘房岭村竹洋坪岭上，海拔 1093m，YJ－497。

【药用】枝叶入药。补肝肾，祛风湿，降血压，养血安胎。主治腰膝酸痛，风湿性关节炎，坐骨神经痛，高血压，四肢麻木，胎动不安，先兆流产。

七十四、槲寄生科 Viscaceae

(一) 槲寄生属 *Viscum* Linn.

1. 槲寄生 *V. coloratum*（Kom.）Nakai　洋溪镇蒋家坝村格优寨组，海拔 984m，YJ－570。

七十五、卫矛科 Celastraceae

(一) 南蛇藤属 *Celastrus* L.

1. 短梗南蛇藤 *C. rosthornianus* Loes. 杨柳乡竹林村，海拔 1010m，YJ－531。

【药用】全株入药。散瘀，消肿。

【观赏特性】落叶藤状灌木，蔓木类，8～9 月观黄、红果，作为藤木使用。

【经济用途】土农药、纤维。

2. 苦皮藤 *C. angulatus* Maxim.　洋溪镇新阳村汤包沟，海拔 892m，YJ－549。

【药用】根、根皮入药。祛风除湿，活血通经，解毒杀虫。主治风湿痹痛，骨折伤痛，闭经，疮疡溃烂，头痛，阴痒等。

【观赏特性】落叶藤状灌木，蔓木类，6～8 月观黄果，作为藤木使用。

【经济用途】工业油脂、土农药、纤维。

3. 宽叶短梗南蛇藤 *C. rosthornianus* Loes. var. *loeseneri*（Rehder et E. H. Wilson）C. Y. Wu　杨柳乡竹林村，海拔 1010m，YJ－532。

4. 显柱南蛇藤 *C. stylosus* Wall.　洋溪镇洋溪村小河，海拔 744m，YJ－137。

【药用】茎入药。祛风消肿，舒筋活络。治脉管炎，肾盂肾炎，跌打损伤。

(二) 卫矛属 *Euonymus* Linn.

1. 大果卫矛 *E. myrianthus* Hemsl.　罗场乡岭峰村枫香坪，海拔 1210m，YJ－780。

【药用】根、茎入药。益肾壮腰，化瘀，利湿。主治肾虚腰痛，胎动不安，慢性肾炎，产后恶露不尽，跌打骨折，风湿痹痛，带下。

【观赏特性】常绿灌木，果木类，9～11 月观黄果，作为花木使用。

2. 冬青卫矛 *E. japonicus* Thunb.　洋溪镇桅杆村石架山，海拔 1018m，YJ－265。

【药用】根、茎皮、叶入药。活血调经，祛风湿。主治月经不调，痛经，风湿痹痛。

3. 角翅卫矛 *E. cornutus* Hemsl.　洋溪镇双龙村小溪河，海拔740m，YJ－380；洋溪镇银坳村水田沟，海拔848m，YJ－660。

【药用】枝条、根入药。枝条：祛风解毒；主治皮肤痒疮，漆疮。根：舒筋活血；主治跌打损伤，劳伤腰痛等。

4. 卫矛 *E. alatus*（Thunb.）Sieber　洋溪镇曾心村曾心沟，海拔652m，YJ－612。

【药用】具翅状枝条入药。破血通经，解毒消肿，杀虫。主治癥瘕结块，闭经，痛经，崩中漏下，产后瘀滞腹痛，恶露不净，疝气，跌打伤痛，虫积腹痛，蛇虫咬伤等。

【观赏特性】落叶灌木或小乔木，叶木类，作为桩景使用。

5. 长刺卫矛 *E. wilsonii* Sprague　洋溪镇蒋家坝村陈家沟，海拔823m，YJ－450。

6. 中华卫矛 *E. nitidus* Benth.　洋溪镇新阳村汤包沟，海拔892m，YJ－545。

七十六、冬青科 Aquifoliaceae

(一)冬青属 *Ilex* Linn.

1. 刺叶珊瑚冬青 *I. corallina* Franch. var. *aberrans* Hand.－Mazz.　洋溪镇洋溪村小河，海拔692m，YJ－158。

【药用】根皮、叶入药。滋阴，补肾，清热，止血，活血。主治腰膝痿软，头风，牙痛。

2. 大果冬青 *I. macrocarpa* Oliv. 洋溪镇桅杆村姚家寨半截田，海拔880m，YJ－336。

【药用】叶、根入药。清热解毒，消肿止痒。主治感冒发热，咽喉肿痛等。

3. 大叶冬青 *I. latifolia* Thunb.　罗场乡靛厂村风洞沟，海拔775m，YJ－699。

【观赏特性】常绿乔木，叶木类，9～11月观红果，作为花木使用。

【经济用途】栲胶。

4. 冬青 *I. chinensis* Sims　杨柳乡白虎咀村田家寨组，海拔839m，YJ－491。

【观赏特性】常绿乔木，果木类，9～次年1月观红果，作为花木使用。

5. 河滩冬青　*I. metabaptista* Loes. 洋溪镇新黔村，海拔669m，YJ－206。

【观赏特性】常绿灌木，果木类，10～11月观红果，作为桩景、防护使用。

6. 四川冬青 *I. szechwanensis* Loes.　洋溪镇双龙村小溪河，海拔847m，YJ－405。

【药用】根、茎叶入药。开胸顺气，清热解毒，活血止痛。主治吐泻，胃痛，中暑腹痛，痢疾，无名肿毒，跌打损伤等。

【观赏特性】常绿乔木，果木类，10～11月观紫果，作为花木使用。

七十七、黄杨科 Buxaceae

(一)黄杨属 *Buxus* L.

1. 黄杨 *B. sinica*（Rehder & E. H. Wilson）M. Cheng 洋溪镇桅杆村姚家寨半截田，海拔880m，YJ－324。

【药用】茎枝、叶入药。祛风除湿，理气，止痛。主治风湿痹痛，胸腹气胀，疝气疼痛，牙痛，跌打伤痛。

2. 雀舌黄杨 *B. harlandii* Hanelt　杨柳乡白虎咀村田家寨组，海拔839m，YJ－484。

【观赏特性】常绿灌木，叶木类，作为植篱及绿雕塑、桩景使用。

(二)野扇花属 *Sarcococca* Lindl.

1. 野扇花 *S. ruscifolia* Stapf　洋溪镇洋溪村小河，海拔669m，YJ－124。

【药用】根、果实入药。根：行气活血，祛风止痛；主治胃脘疼痛，风寒湿痹，跌打损伤。果实：养心安神；主治头晕目花，心悸，夜眠不安。

【观赏特性】常绿灌木，叶木类，9～10月观红果，作为地被、植篱及绿雕塑使用。

七十八、大戟科 Euphorbiaceae

(一)铁苋菜属 *Acalypna* L.

1. 铁苋菜 *A. autralis* L.　洋溪镇蒋家坝，海拔920m。

【药用】全草入药。清热，利水，杀虫，止血。主治痢疾，腹泻，咳嗽吐血，便血，子宫出血，瓶积，腹胀，皮炎，湿疹创伤出血。

(二)大戟属 *Euphorbia* Linn.

1. 水黄花 *E. chrysocoma* Lévl. et. Vant.　缠溪镇冷水溪，海拔860m。

2. 泽漆 *E. helioscopia* Linn. 罗场、杨柳等地的荒地、退耕地。

【药用】全草入药。行水，消痰，杀虫，解毒。治水气肿满，痰饮喘咳，疟疾，菌痢，癣疮，结核性瘘管，骨髓炎。

3. 飞扬草 *E. hirta* Linn.

4. 地锦 *E. humifusa* Willd. 罗场乡岭峰村三花山，海拔982m，YJ－726；杨柳乡茶山村王家坪，海拔950m。

【药用】全草入药。清热解毒，活血，止血，利湿，通乳。治菌痢，肠炎，咳血，吐血，便血，崩漏，外伤出血，湿热黄疸，乳汁不通，痈肿疔疮，跌打肿痛。

(三)白饭树属 *Flueggea* Willd.

1. 一叶萩 *F. suffruticosa*（Pall.）Baill.　罗场乡靛厂村风洞沟，海拔775m，YJ－693。

(四)算盘子属 *Glochidion* J. R. et G. Forst.

1. 湖北算盘子 *G. wilsonii* Hutch.　洋溪镇桅杆村姚家寨半截田，海拔775m，YJ－289。

【药用】根、枝叶入药。清热利湿，解毒消肿。主治湿热泻痢，咽喉肿疼痛，疮疖，肿痛，毒蛇咬伤，跌打损伤。

【观赏特性】落叶灌木，叶木类，9～11月观红叶，作为花木使用。

【经济用途】树脂、纤维。

2. 算盘子 *G. puberum*（L.）Hutch.　洋溪镇洋溪村小河，海拔744m，YJ－143。

【药用】果实、叶、根入药。果实：治疟疾、疝气、淋浊、腰痛。叶：清热利湿，解毒消肿；治痢疾、黄疸、淋浊、带下、感冒、咽喉肿痛、痈疖、漆疮、皮疹瘙痒。根：清热利湿，活血解毒；治痢疾、疟疾、黄疸、劳伤咳嗽、风湿痹痛、牙痛、痈肿、跌打损伤。

【经济用途】绿肥、土农药、树脂、指示植物、工业油脂。

(五)雀儿舌头属 *Leptopus* Decne.

1. 雀儿舌头 *L. chinensis*（Bunge）Pojark.　罗场乡靛厂村风洞沟，海拔775m，YJ－690。

【药用】嫩苗、叶入药。治腹痛，虫积。

2. 尾叶雀舌木 *L. esquirolii*（Lévl.）P. T. Li　洋溪镇洋溪村小河，海拔669m，YJ－122。

【药用】叶入药。止血，固脱。主治外伤出血，子宫脱垂。

(六)山靛属 *Mercurialis* Linn.

1. 山靛 *M. leiocarpa* Sieb. et Zucc.　罗场乡靛厂村打掘沟，海拔780m，YJ－0441；YJ－0444。

(七)野桐属 *Mallotus* Lour.

1. 粗糠柴 *M. philippinensis*（Lam.）Müll. －Arg.　洋溪镇新黔村，海拔669m，YJ－190。

【药用】根、叶入药。驱虫缓泻。治绦虫，蛔虫，蛲虫。

【观赏特性】落叶小乔木，林木类，7～9月观红果，作为防护使用。

【经济用途】工业油脂、树脂。

2. 毛桐 *M. barbatus*（Wall.）Müll. －Arg. 杨柳乡白虎咀村田家寨组，海拔825m，YJ－466。

【药用】根入药。治肺热吐血，肺痨咳血。

【观赏特性】落叶灌木或小乔木，林木类，4～5月观红幼叶，作为防护、林丛使用。

【经济用途】纤维、工业油脂。

3. 石岩枫 *M. repandus*（Willd.）Müll. -Arg. 洋溪镇桅杆村瑶寨沟白岩尖，海拔763m，YJ-348。

【药用】根、茎叶入药。祛风。治毒蛇咬伤、风湿痹痛、慢性溃疡。

【经济用途】纤维。

4. 小果野桐 *M. microcarpus* Pax et Hoffm. 杨柳乡竹林村，海拔1010m，YJ-535。

5. 野桐 *M. tenuifolius* Pax 洋溪镇桅杆村石架山，海拔1018m，YJ-270。

【药用】树皮入药。调整消化功能，治胃溃疡，十二指肠溃疡。

（八）叶下珠属 *Phyllanthus* Linn.

1. 青灰叶下珠 *Ph. glaucus* Wall. ex Müll. -Arg. 洋溪镇蒋家坝村侯家堰，海拔1005m，YJ-596。

【药用】根入药。祛风除湿，健脾消积。主治风湿痹痛，小儿疳积。

2. 叶下珠 *Ph. urinaria* L. 洋溪镇双龙村小溪河，海拔1042mm，YJ-428。

【药用】带根全草入药。清热解毒，利水消肿，明目，消积。主治痢疾，泄泻，黄疸，水肿，热淋，石淋，目赤，夜盲，疳积，痈肿，毒蛇咬伤。

（九）乌桕属 *Sapium* P. Br.

1. 乌桕 *S. sebiferum*（L.）Roxb. 洋溪镇蒋家坝村，海拔935m，YJ-439。

【药用】根皮、树皮、叶入药。杀虫，解毒，利尿。治血吸虫，肝硬化腹水，大小便不利，毒蛇咬伤。

【观赏特性】落叶乔木，叶木类，9～10月观红叶，9～11月观白果，作为花木。

【经济用途】工业油脂、染料。

（十）油桐属 *Vernicia* Lour.

1. 油桐 *V. fordii*（Hemsl.）Airy-Shaw 洋溪镇新阳村汤包沟，海拔892m，YJ-551。

【药用】根、叶、花入药。根：消积杀虫，祛风利湿；治蛔虫病，食积腹胀，风湿筋骨疼痛。叶：解毒，杀虫；治疮疡，疥癣。花：清热解毒，生肌；治烧烫伤。

【观赏特性】落叶小乔木，林木类，3～4月观白、红花，作为防护使用。

【经济用途】树胶、工业油脂、树脂。

七十九、鼠李科 Rhamnaceae

（一）勾儿茶属 *Berchemia* Neck.

1. 光枝勾儿茶 *B. polyphylla* Hand. -Mazz. var. *leioclada*（Hand. -Mazz.）Hand. -Mazz. 洋溪镇新阳村汤包沟，海拔892m，YJ-548。

【药用】藤茎、根入药。消肿解毒，止血镇痛，祛风除湿。治痈疽疔毒，咳嗽咯血，消化道出血，跌打损伤，烫伤，风湿骨痛，风火牙痛。

【经济用途】饮料。

（二）猫乳属 *Rhamnella* Miq.

1. 多脉猫乳 *R. martinii*（H. Lév.）C. K. Schneid. 洋溪镇洋溪村小河，海拔692m，YJ-163。

（三）雀梅藤属 *Sageretia* Brongn.

1. 雀梅藤 *S. thea*（Osbeck）M. C. Johnst. 罗场乡靛厂村石洞河，海拔856m，YJ-716。

【药用】果实入药。行气化痰，祛风除湿。主治咳嗽，胃痛，哮喘，鹤膝风，水肿。

2. 皱叶雀梅藤 *S. rugosa* Hance 洋溪镇洋溪村小河，海拔744m，YJ-134。

【药用】根入药。舒筋活络。治风湿痹痛。

【观赏特性】落叶藤状灌木，蔓木类，观红背叶，作为藤木使用。

（四）鼠李属 *Rhamnus* Linn.

1. 薄叶鼠李 *Rh. leptophylla* C. K. Schneid. 洋溪镇曾心村大屋基，海拔670m，YJ-2。

【药用】果实、根入药。消食化滞，行水通便。主治食积腹胀，水肿，腹水，便秘。

2. 贵州鼠李 *Rh. esquirolii* H. Lév. 洋溪镇曾心村大屋基，海拔668m，YJ－71。

【药用】果实、根、叶入药。活血消积，理气止痛。主治腹痛，食积，月经不调。

【观赏特性】常绿灌木或小乔木，林木类，10月观紫红果，作为防护使用。贵州是模式产地。

【经济用途】饮料、染料。

3. 锐齿革叶鼠李 *Rh. coriophylla* Hand. －Mazz. var. *acutidens* Y. L. Chen et P. K. Chou，YJ－556。

4. 石生鼠李 *Rh. calcicolus* Q. H. Chen 洋溪镇新阳村，YJ－552。

（五）枣属 *Ziziphus* Mill.

1. 枣 *Z. jujuba* Mill. 洋溪镇曾心村乔家，海拔730m，YJ－82。

【药用】果实入药。补脾胃，益气血，安心神。治脾胃虚弱，气血不足，食小便溏，心悸失眠。

【经济用途】蜜源。

（六）枳椇属 *Hovenia* Thunb.

1. 枳椇 *H. acerba* Lindl. 洋溪镇曾心村大屋基，海拔659m，YJ－61。

【药用】成熟种子入药。解酒毒，止渴除烦，止呕，利大小便。治醉酒，烦渴，呕吐，二便不利。

八十、葡萄科 Vitaceae

（一）蛇葡萄属 *Ampelopsis* Michaux

1. 灰毛蛇葡萄 *A. bodinieri*（H. Lév. et Vaniot）Rehder var. *cinerea*（Gagnep.）Rehder 洋溪镇银坳村水田沟，海拔848m，YJ－670。

【药用】根皮入药。水肿解毒，止血止痛，排脓生肌，祛风湿。主治跌打损伤，骨折，风湿关节炎，风湿腰腿痛，便血，崩，白带。

2. 异叶蛇葡萄 *A. glandulosa* var. *heterophylla*（Thunb.）Momiy. 洋溪镇桅杆村梨坪，海拔1099m，YJ－235。

【药用】根皮入药。清热补虚，散瘀通络，解毒。治中风半身不遂，跌打损伤，痈肿恶疮。

3. 羽叶蛇葡萄 *A. chaffanjonii*（H. Lév.）Rehder 洋溪镇洋溪村小河，海拔692m，YJ－164。

【药用】藤茎入药。祛风除湿。治风湿疼痛，跌打损伤等。

【观赏特性】落叶攀援藤本，蔓木类，7～9月观黑果，作为藤木使用。贵州是模式产地。

（二）乌蔹莓属 *Cayratia* Juss.

1. 华中乌蔹莓 *C. oligocarpa*（H. Lév. et Vaniot）Gagnep. 洋溪镇蒋家坝村陈家沟，海拔885m，YJ－444；洋溪镇新黔村，海拔669m，YJ－211。

2. 乌蔹莓 *C. japonica*（Thunb.）Gagnep. 罗场乡岭峰村三花山，海拔920m。

【药用】全草入药。清热利湿，解毒消肿。主治热毒痈肿，疔疮，丹毒，咽喉肿痛，蛇虫咬伤，水火烫伤，风湿痹痛，黄疸，泻痢，白浊，尿血。

【森林蔬菜】食用部位：嫩叶。食用、烹调方法：鲜用。凉拌。喜食度：一般。

3. 车索藤 *C. japonica*（Thunb.）Gagnep. var. *pubifolia* Merr. et Chun 罗场乡靛厂村打劫沟，海拔780m，YJ－0454。

（三）爬山虎属 *Parthenocissus* Planch.

1. 三叶地锦 *P. semicordata*（Wall.）Planch. 洋溪镇桅杆村瑶寨沟白岩尖，海拔763m，YJ－343。

【药用】全株入药。祛风除湿，散瘀通络。主治风湿痹痛，跌打损伤，骨折。

2. 异叶地锦 *P. dalzielii* Gagnep. 洋溪镇蒋家坝村，海拔935m，YJ－437。

【药用】根、茎、叶入药。祛风除湿，散瘀止痛，解毒消肿。主治风湿痹痛，胃脘痛，偏头痛，产后瘀滞腹痛，跌打损伤，痈疮肿毒。

【观赏特性】落叶木质攀援藤本，蔓木类，10～11月观红叶，作为藤木使用。

(四)崖爬藤属 *Tetrastigma* Planch

1. 狭叶崖爬藤 *T. hypoglaucum* Planch. 缠溪镇冷水溪，海拔 890m。

2. 崖爬藤 *T. obtectum* (Wall.) Planch. 洋溪镇小河至张家，海拔 670m，YJ-0180；洋溪镇银坳村银坳，海拔 970m，YJ-0408；罗场乡靛厂村打掘沟，海拔 780m，YJ-0432。

【药用】根、全株入药。祛风除湿，活血通络，解毒消肿。治风湿痹痛，跌打损伤，痈疮肿毒，毒蛇咬伤。

3. 三叶崖爬藤 *T. hemsleyanum* Diels et Gilg 洋溪镇蒋家坝村格优寨组，海拔 1069m，YJ-586；洋溪镇曾心村大屋基，海拔 670m，YJ-1。

(五)葡萄属 *Vitis* Linn.

1. 刺葡萄 *V. davidii* (Rom. Caill.) Foex 洋溪镇银坳村水田沟，海拔 848m，YJ-671。

【药用】根入药。舒筋止痛，散瘀消积。治筋骨伤痛，关节肿痛，腹胀食积。

【观赏特性】落叶攀援藤本，蔓木类，6~9 月观紫果，作为藤木使用。

2. 葛藟葡萄 *V. flexuosa* Thunb. 洋溪镇桅杆村姚家寨半截田，海拔 803m，YJ-317。

【药用】藤汁入药。补五脏，续筋骨。益气，止渴。治跌打损伤，骨折，口渴，乏力。

3. 毛葡萄 *V. heyneana* Roem. et Schult. 缠溪镇塘房岭村分水岭，海拔 1223m，YJ-511。

【药用】根皮、叶、藤茎入药。舒筋活血。治月经不调，风湿骨痛，跌打损伤。

4. 葡萄 *V. vinifera* L. 洋溪镇桅杆村姚家沟，海拔 880m，YJ-338。

【药用】(栽培)茎叶、根入药。祛风除湿，利水消肿，解毒。主治风湿痹痛，腹泻，风热目赤，痈肿疔疮等。

5. 网脉葡萄 *V. wilsonae* H. J. Veitch 洋溪镇桅杆村姚家寨半截田，海拔 775m，YJ-288。

【药用】根入药。清热解毒。主治痈疽疔疮，慢性骨髓炎。

6. 小叶葡萄 *V. sinocinerea* W. T. Wang 缠溪镇塘房岭村分水岭，海拔 1307m，YJ-527；洋溪镇桅杆村石架山，海拔 1018m，YJ-264。

八十一、远志科 Polygalaceae

八十二、远志属 *Polygala* Linn.

1. 黄花倒水莲 *P. fallax* Hemsl. 罗场乡岭峰村枫香坪，海拔 1210m，YJ-767。

【药用】根、枝叶入药。补虚健脾，散瘀痛络。主治劳倦乏力，子宫脱垂，小儿疳积，脾虚水肿，带下清稀，风湿痹痛，腰痛，月经不调，痛经，跌打损伤。

2. 尾叶远志 *P. caudata* Rehder et E. H. Wilson 洋溪镇洋溪村小河，海拔 669m，YJ-127。

【药用】根入药。清热利湿，通淋。治黄疸肝炎、血尿。

【观赏特性】常绿灌木，叶木类，11 月至翌年 5 月观白、黄、紫花，11 月观紫叶，作为地被使用。

3. 长毛籽远志 *P. wattersii* Hance 洋溪镇双龙村小溪河，海拔 740m，YJ-369。

4. 瓜子金 *P. japonica* Houtt. 杨柳乡白虎咀村田家寨，海拔 870m。

【药用】全株入药。祛痰止咳，散瘀止血，宁心安神，解毒消肿。

【观赏特性】4~5 月观紫色或白色花，作花坪。

5. 卵叶远志 *P. sibirica* Linn. 洋溪镇桅杆村大张山，海拔 1020m。

八十三、省沽油科 Staphyleaceae

(一)野鸦椿属 *Euscaphis* Sieb. et Zucc.

1. 野鸦椿 *E. japonica* (Thunb.) Dippel 洋溪镇桅杆村梨坪，海拔 1099m，YJ-230。

【药用】根、果实入药。清热解毒，祛风散寒，止血止痛。治感冒，肠炎，痢疾，睾丸炎，子宫脱垂。

【观赏特性】半常绿小乔木或灌木，果木类，7~次年 2 月观红果，作为花木使用。

【经济用途】工业油脂、树胶、树脂。

八十四、伯乐树科 Bretschneideraceae

(一)伯乐树属 *Bretschneidera* Hemsl.

1. 伯乐树 *B. sinensis* Hemsl. 罗场乡岭峰村三花山，海拔982m，YJ－761。

【药用】树皮入药。活血祛风。主治筋骨疼痛。

【森林蔬菜】食用部位：嫩茎叶。食用、烹调方法：炒食或做汤。喜食度：差。

【观赏特性】落叶乔木，林木类，6～7月观白花、10～11月观红果，作为林丛使用。

八十五、无患子科 Sapindaceae

(一)伞花木属 *Eurycorymbus* Hand. －Mazz.

1. 伞花木 *E. cavaleriei* (H. Lév.) Rehder et Hand. －Mazz. 洋溪镇新黔村，海拔669m，YJ－191。

八十六、槭树科 Aceraceae

(一)槭属 *Acer* Linn.

1. 滨海槭 *A.* sino－*oblongum* Metc. 罗场乡岭峰村三花山，海拔982m，YJ－740。

2. 飞蛾槭 *A. oblongum* Wall. ex DC. 洋溪镇桅杆村雷家沟，海拔823m，YJ－455。

【药用】树皮入药。祛风除湿。主治风湿关节炎，风湿痹痛。

3. 光叶槭 *A. laevigatum* Wall. 洋溪镇，YJ－283。

【药用】根、树皮、果实入药。根、树皮：祛风湿，活血；主治劳伤痛。果实：清热利咽；主治咽喉肿痛，声音嘶哑。

4. 建始槭 *A. henryi* Pax 洋溪镇桅杆村深坳，海拔1021m，YJ－245。

【药用】根入药。活络止痛。主治关节酸痛，跌打骨折。

5. 角叶槭 *A. sycopseoides* Chun YJ－555。

【观赏特性】落叶乔木，叶木类，3月观紫红幼叶、10月观黄叶、5～7月观紫果，作为花木使用。

6. 阔叶槭 *A. amplum* Rehder 罗场乡岭峰村枫香坪，海拔1210m，YJ－779。

7. 罗浮槭 *A. fabri* Hance 洋溪镇洋溪村小河，海拔692m，YJ－165；杨柳乡竹林村，海拔1010m，YJ－529；洋溪镇桅杆村石架山，YJ－277；洋溪镇桅杆村姚家寨半截田，海拔880m，YJ－330。

【药用】果实入药；清热解毒。治单、双喉鹅及因用嗓过度引起的声音嘶哑、肝炎、肺结核、胸膜炎、跌打损伤。

【观赏特性】常绿乔木，果木类，5～7月观红果、观叶，作为独赏树、行道树使用。

8. 纳雍槭 *A. nayongense* Fang 罗场乡岭峰村三花山，海拔982m，YJ－746。

【观赏特性】落叶小乔木，荫木类，9～10月观黄叶，作为遮阴树使用。贵州特有。

9. 青榨槭 *A. davidii* Franch. 洋溪镇桅杆村梨坪，海拔1002m，YJ－225。

【药用】根、树皮、花入药。根、树皮：祛风除湿，散瘀止痛，消食健脾；主治风湿痹痛，肢体麻木，关节不利，跌打瘀痛，泄泻，痢疾。花煎水洗结膜炎，内服治小儿消化不良。

【观赏特性】落叶乔木，叶木类，10～11月观黄叶，作为花木使用。

【经济用途】纤维、栲胶。

10. 锐齿槭 *A. hookeri* Miq. 洋溪镇桅杆村姚家寨半截田，海拔758m，YJ－307。

11. 五裂槭 *A. oliverianum* Pax 罗场乡岭峰村三花山，海拔982m，YJ－745。

12. 樟叶槭 *A. amplum* subsp. Rehder subsp. catalpifolium (Rehder) Y. S. Chen 罗场乡岭峰村三花山，海拔982m，YJ－737。

【观赏特性】常绿乔木，荫木类，作为遮阴树使用。

13. 中华槭 *A. sinense* Pax　洋溪镇桅杆村姚家寨半截田，海拔 803m，YJ－321。

【药用】根、根皮入药。治单、双喉鹅及因用嗓过度引起的声音嘶哑、肝炎、肺结核、胸膜炎、跌打损伤。

【观赏特性】落叶乔木，果木类，10 月观黄叶、5～7 月观红果，作为花木使用。

14. 紫果槭 *A. cordatum* Pax　洋溪镇双龙村小溪河，海拔 847m，YJ－403。

【观赏特性】常绿乔木，果木类，6～9 月观紫果，作为花木使用。

八十七、漆树科 Anacardiaceae

（一）黄连木属 *Pistacia* Linn.

1. 黄连木 *Pistacia chinensis* Bunge　洋溪镇曾心村大屋基，海拔 659m，YJ－59。

【药用】根、叶入药。清暑生津，解毒，利湿。主治暑热口渴，咽喉肿痛，口舌糜烂，吐泻。

【森林蔬菜】食用部位：嫩茎叶。食用、烹调方法：①鲜用；②腌制。炒。喜食度：差。

【观赏特性】落叶乔木，林木类，观枝干、5 月观嫩红叶、10～11 观黄叶，作为林丛使用。

【经济用途】工业油脂、饮料、染料。

（二）南酸枣属 *Choerospondias* Burtt et Hill

1. 毛脉南酸枣 *C. axillaris*（Roxb.）B. L. Burtt et A. W. Hill var. *pubinervis*（Rehder et E. H. Wilson）B. L. Burtt et A. W. Hill　洋溪镇银坳村水田沟，海拔 848m，YJ－673。

2. 南酸枣　*C. axillaris*（Roxb.）B. L. Burtt et A. W. Hill 洋溪镇双龙村小溪河，海拔 740m，YJ－383。

【经济用途】工业油脂、饮料、染料。

【药用】树皮入药。治疮疡，烫火伤，阴囊湿疹，细菌性痢疾。

【经济用途】纤维、树脂、工业油脂。

（三）漆属 *Toxicodendron*（Tourn.）Mill.

1. 木蜡树 *T. sylvestre*（Siebold et Zucc.）Kuntze　洋溪镇新界村，海拔 659m，YJ－179。

【药用】根入药。祛瘀，止痛止血。治风湿痹痛，跌打损伤，伤口出血，毒蛇咬伤。

【经济用途】工业油脂、土农药。

2. 漆树 *T. vernicifluum*（Stokes）F. A. Barkley　洋溪镇曾心村大屋基，海拔 670m，YJ－8。

【经济用途】树脂、工业油脂、土农药。

【药用】根、种子、干漆入药。破血消积，燥湿杀虫。治风寒湿痛，月经不调，驱蛔虫病。

（四）盐肤木属 *Rhus*（Tourn.）Linn. emend. Moench

1. 红麸杨 *Rh. punjabensis* Stewart var. *sinica*（Diels）Rehder et E. H. Wilson　洋溪镇曾心村大屋基，海拔 719m，YJ－74。

【药用】根、树上蚜虫瘿（五倍子）入药。根：涩肠止泻；主治痢疾，热泻。五倍子：敛肺，止汗，涩肠，固精，止血，解毒；主治肺虚咳嗽，自汗盗汗，久泻久痢，脱肛，遗精，白浊，各种出血，痈肿疮疖。

2. 盐肤木　*Rh. chinensis* Mill. 洋溪镇曾心黄大土，海拔 775m，YJ－93。

【药用】根入药：消炎利尿；治肠炎、便血、疮毒。虫瘿入药：止泻止血。

【森林蔬菜】食用部位：嫩茎叶、果。食用、烹调方法：嫩茎叶鲜用。炒食；果鲜用。生食。喜食度：差。

【观赏特性】落叶灌木或小乔木，叶木类，10～11 月观红叶，作为防护、花木使用。

【经济用途】寄主、土农药、工业油脂。

八十八、苦木科 Simaroubaceae

(一)臭椿属 *Ailanthus* Desf.

1. 臭椿 *A. altissima* (Mill.) Swingle 洋溪镇新黔村，海拔729m，YJ－219。

【药用】根皮入药。除热，燥湿，涩肠，止血，杀虫，治久痢、久泻、肠风便血、崩漏、带下、遗精、白浊、蛔虫。

【经济用途】饲料、工业油脂。

(二)苦木属 *Picrasma* Bl.

1. 苦木 *P. quassioides* (D. Don) Benn. 洋溪镇曾心村大屋基，海拔668m，YJ－68。

【药用】树皮入药。祛风，除湿，消炎，抗菌。治菌痢、胃肠炎、蛔虫病、疥癣、烧伤。

【经济用途】土农药。

八十九、楝科 Meliaceae

(一)香椿属 *Toona* Roem.

1. 香椿 *T. sinensis* (Juss.) Roem. 洋溪镇蒋家坝村侯家堰，海拔1005m，YJ－599。

【药用】叶、根白皮入药。叶：消炎，解毒，杀虫；治肠炎，痢疾，疔、疽、漆疮、疥疮、白秃。根、树白皮：除热，燥湿，涩肠，止血，杀虫；治久泻、久痢、肠风便血、崩漏带下、遗精、白浊、疳积、蛔虫、疮癣。

【森林蔬菜】食用部位：嫩茎叶。食用、烹调方法：①鲜用；②干制；③腌制。拌、炒、炸、烧汤或做馅。喜食度：较喜欢。

【经济用途】工业用香料、纤维、工业油脂、。

九十、芸香科 Rutaceae

(一)松风草属 *Boenninghausenia* Reichb.

1. 松风草 *B. albiflora* (Hook.) Meiss. 洋溪镇双龙村小溪河，海拔740m。

【药用】茎叶、根入药。解表、截疟，活血，解毒。主治感冒发热，支气管炎，疟疾，胃肠炎，跌打损伤，痈疽闪疮肿，烫伤。

(二)柑橘属 *Citrus* L.

1. 宜昌橙 *C. ichangensis* Swingle 洋溪镇洋溪村小河，海拔679m，YJ－172。

【药用】根、果皮、叶入药。消食化痰，理气散结。治胸痛、食捉拿不化、痰饮、胃下垂、子宫下垂。

【观赏特性】常绿灌木或小乔木，果木类，4月观白花、10～11月观黄果，作为花木使用。

【经济用途】工业用香料。

(三)黄皮属 *Clausena* Burm. f.

1. 齿叶黄皮 *C. dunniana* H. Lév. 洋溪镇桅杆村姚家寨半截田，海拔880m，YJ－333。

【药用】叶、根入药。疏风解毒表，除湿消肿，行气散瘀。主治感冒，麻疹，哮喘，水肿，胃痛，风湿痹痛，湿疹，扭挫伤折等。

【观赏特性】常绿灌木或小乔木，果木类，8～11月观紫果，作为花木、防护使用。

(四)臭常山属 *Orixa* Thunb.

1. 臭常山 *O. japonica* Thunb. 罗场乡岭峰村三花山，海拔982m，YJ－723。

【药用】根入药。清热解表，行气止痛，祛风利湿，治风热感冒、咳嗽、喉痛、牙痛、胃痛、风湿关节痛、痢疾、无名肿毒。

(五)黄柏属 *Phellodendron* Rupr.

1. 黄檗 *Ph. amurense* Rupr. 洋溪镇洋溪村小河，海拔744m，YJ－151。

【经济用途】染料、工业油脂。

2. 秃叶黄檗 *Ph. chinense* C. K. Schneid.　罗场乡岭峰村三花山，海拔982m，YJ-733。

【药用】(栽培)。茎皮入药。清热燥湿，消肿解毒。主治痢疾，肠炎，黄疸型肝炎，风湿关节炎，泌尿系统感染，黄水疮。

(六)四数花属 *Tetradium* Loureiro

1. 臭辣树 *T. glabrifolium* (Champ. ex Benth.) Hartley　洋溪镇蒋家坝村陈家沟，海拔823m，YJ-453。

【药用】果实入药。治腹痛、麻疹后咳嗽。

(七)飞龙掌血属 *Toddalia* A. Juss.

1. 飞龙掌血 *T. asiatica* (L.) Lam.　洋溪镇洋溪村小河，海拔669m，YJ-116。

【药用】根、茎、皮入药。止血，生肌，消肿解毒。治刀伤、跌打、筋骨痛、红痢、淋症。

【观赏特性】常绿攀援灌木，蔓木类，8~9月观黄果、终年开花结果，作为藤木使用。

【经济用途】染料。

(八)花椒属 *Zanthoxylum* Linn.

1. 刺异叶花椒 *Z. ovalifolium* Wight var. *spinifolium* (Rehder et E. H. Wilson) C. C. Huang　洋溪镇洋溪村小河，海拔669m，YJ-126。

2. 花椒簕 *Z. scandens* Blume　洋溪镇双龙村小溪河，海拔740m，YJ-373。

【药用】枝叶、根入药。活血，散瘀，止痛。主治胃脘滞疼痛，跌打损伤。

【经济用途】食用香料。

3. 狭叶花椒 *Z. stenophyllum* Hemsl. 洋溪镇蒋家坝村，海拔935m，YJ-436。

4. 砚壳花椒 *Z. dissitum* Hemsl. 洋溪镇新黔村，海拔669m，YJ-185。

【药用】果实、种子入药。治妇女月经过多，疝气。

5. 异叶花椒 *Z. ovalifolium* Wight 洋溪镇双龙村小溪河，海拔740m，YJ-367。

【药用】枝入叶药。散寒燥湿。主治寒湿脚气疼痛。

6. 竹叶花椒 *Z. armatum* DC. 罗场乡靛厂村风洞沟，海拔775m，YJ-709。

【药用】果实入药。散寒，止痛，祛蛔。治胃寒、蛔虫腹痛、牙痛、湿疮。

【森林蔬菜】食用部位：果或嫩叶。食用、烹调方法：干制或鲜用。食品调味剂。喜食度：一般。

九十一、酢浆草科 Oxalidaceae

(一)酢浆草属 *Oxalis* L.

1. 酢浆草 *O. corniculata* L.　洋溪镇曾心村大屋基，海拔650m，YJ-0050；洋溪镇桅杆村大张山，海拔1000m，YJ-0214；区内广布。

【药用】全草入药。清热利湿，凉血散瘀，解毒消肿。主治湿热泄泻，痢疾，黄疸，淋症，带下，吐血，尿血，月经不调，跌打损伤，咽喉肿痛，痈肿疔疮，湿疹，蛇虫咬伤等。

【观赏特性】全年观黄花，作地栽草坪。

2. 山酢浆草 *O. grifithii* Edgew. et Hook. f.　罗场乡岭峰村三花山，海拔940m。

【药用】全草入药。活血化瘀，清热解毒，利尿通淋。主治跌打损伤，劳伤疼痛，无名肿毒，疥癣，烫伤，淋浊带下，尿闭。

【观赏特性】4~5月观白色或淡黄色花，观叶，叶背紫色，作林下草坪或盆栽、袋栽摆花。

九十二、牻牛儿苗科 Geraniaceae

(一)老鹳草属 *Geranium* L.

1. 东亚老鹳草 *G. nepalense* var. *thunbergii* (Sieb. et Zucc.) Kudo　洋溪镇盐井沟，海拔680m，YJ-0070；洋溪镇桅杆村石家山，海拔1020m，YJ-0280。

【药用】全草入药。祛风除湿，通络止痛。主治风湿痹痛，麻木拘挛，筋骨酸痛，泄泻，痢疾等。

2. 鼠掌老鹳草 *G. sibiricum* Linn. 罗场乡三花山，海拔950m，YJ－0508。

【药用】全草入药。祛风通络，活血，清热利湿。主治风湿痹痛，肌肤麻木，筋骨酸痛，跌打损伤，泄泻，痢疾，疮毒。

九十三、凤仙花科 Balsaminaceae

(一)凤仙花属 *Impatiens* L.

1. 睫萼凤仙花 *I. biepharosephara* E. Pritz. ex Diels. 洋溪镇蒋家坝村格佑寨溪沟边。

【观赏特性】6～8月观紫色花，花果奇特，作科普趣味、地栽观赏。

2. 细柄凤仙花 *I. icptocaulon* Hook. f. 洋溪镇银坳村吊家沟，海拔750m，YJ－0423。

【药用】根、根茎入药。理气活血，止痛。主治风湿关节炎，跌打肿痛。

【观赏特性】一般生长在山坡草丛中、阴湿处和林下沟边，观花，作地栽观赏。

3. 黄金凤 *I. siculifer* Hook. f. 洋溪镇小河，海拔670m，YJ－0137；洋溪镇桅杆村石家山，海拔1020m，YJ－0291；罗场乡岭峰村三花山，海拔980m，YJ－0483。

【药用】全草入药。祛风除湿，活血消肿，清热解毒。主治风湿骨痛，风湿麻木，跌打损伤，烧烫伤。

【观赏特性】5～10月观黄色花，花果奇特，作科普趣味、阴湿环境种植。

九十四、五加科 Araliaceae

(一)常春藤属 *Hedera* Linn.

1. 常春藤 *H. sinensis*（Tobler）Hand. －Mazz. 洋溪镇曾心村大屋基，海拔670m，YJ－26。

【药用】茎、叶入药。祛风活血，消肿。治关节酸痛、痈肿疮毒。

【观赏特性】常绿附生藤本，蔓木类，作为室内绿化装饰、藤木使用。

【经济用途】树脂。

(二)刺楸属 *Kalopanax* Miq.

1. 刺楸 *K. septemlobus*（Thunb.）Koidz. 洋溪镇曾心村大屋基，海拔670m，YJ－10。

【药用】根、树皮入药。凉血，散瘀，祛风，除湿，杀虫。治肠风、痔血、跌打损伤、风湿骨痛、腰膝痛。

【森林蔬菜】食用部位：嫩叶芽。食用、烹调方法：鲜用。凉拌、炒。喜食度：差。

【经济用途】工业油脂、树脂。

(三)刺五加属 *Eleutherococcus* Maximowicz

1. 白簕 *E. trifoliatus*（Linnaeus）S. Y. Hu 洋溪镇银坳村银坳组，海拔974m，YJ－650。

【药用】根皮入药。清热解毒，祛风利湿，舒筋活血。治感冒高热、咳痰带血、风湿性关节炎、黄疸、白带、尿路结石、肠炎、腹泻、跌打损伤、疖肿疮毒、骨折。

【森林蔬菜】食用部位：嫩茎叶。食用、烹调方法：鲜用。凉拌、炒食、做汤。喜食度：喜欢。

(四)楤木属 *Aralia* Linn.

1. 楤木 *A. elata*（Miq.）Seem. 洋溪镇桅杆村石架山，海拔1081m，YJ－261。

【药用】根皮、茎皮入药。祛风除湿，利尿消肿，活血止痛。治肝炎、淋巴结肿大、肾炎水肿、糖尿病、白带、胃痛、风湿关节痛、腰腿痛、跌打损伤、骨折、无名肿毒。

【观赏特性】落叶灌木或小乔木，林木类，8～10月黑果，作为林丛使用。

(五)鹅掌柴属 *Schefflera* J. R. et G. Forst.

1. 穗序鹅掌柴 *S. delavayi*（Franch.）Harms 洋溪镇曾心黄大土，海拔775m，YJ－106。

【药用】树皮、根皮入药。祛风湿，强筋骨，补肝肾。治跌打损伤、骨折、扭伤、肾虚腰痛。

【观赏特性】常绿灌木或小乔木，叶木类，作为室内绿化装饰、地被使用。

（六）树参属 *Dendropanax* Decne. et Planch.

1. 胀果树参 *D. inflatus* Li 洋溪镇新阳村汤包沟，海拔892m，YJ－542。

（七）通脱木属 *Tetrapanax* K. Koch

1. 通脱木 *T. papyrifer*（Hook.）K. Koch　洋溪镇蒋家坝村毛湾，海拔959m，YJ－638。

【药用】茎髓、花蕾、花粉、根入药。清热利水，通乳。主治淋症涩痛，小便不利，水肿，黄疸，产后乳少，经闭，带下。

【观赏特性】常绿灌木，叶木类，作为室内绿化装饰、地被使用。

（八）文参属 *Metapanax* J. Wen et Frodin

1. 异叶梁王茶 *M. davidii*（Franch.）J. Wen ex Frodin　洋溪镇曾心村田坝，海拔751m，YJ－110。

【药用】根、茎入药。治跌打损伤，风湿关节痛。

（九）五加属　*Acanthopanax*

1. 五加 *A. gracilistylus* W. W. Smith　洋溪镇蒋家坝村格优寨组，海拔1069m，YJ－592。

【观赏特性】落叶灌木，果木类，10月观黑果，作为花木使用。

九十五、鞘柄木科 Toricelliaceae

（一）鞘柄木属 *Toricellia* DC.

1. 鞘柄木 *T. tiliifolia* DC.　洋溪镇新黔村，海拔669m，YJ－186。

2. 有齿鞘柄木 *T. angulata* Oliv. var. *intermedia*（Harms）Hu　洋溪镇新黔村深家河沟，海拔729m，YJ－218。

【药用】根、根皮、树皮、叶、花入药。活血舒筋，祛风利湿，接骨。主治跌打瘀肿，筋伤骨折，风湿痹痛，水肿等。

【经济用途】绿肥。

九十六、伞形科 Umbelliferae

（一）当归属 *Angelica* L.

1. 紫花前胡 *A. decursiva*（Miq.）Franch. et Sav. Enum. 洋溪镇谯家，海拔730m，YJ－0085。

（二）积雪草属 *Centella* L.

1. 积雪草 *C. asiatica*（L.）Urban　洋溪镇曾心村大屋基，海拔650m，YJ－0026；区内路边、林缘荒地习见。

【药用】全草入药。清热利湿，活血止血，解毒消肿。主治发热，肠炎，痢疾，水肿，痛经，跌打肿痛，外伤出血等。

【森林蔬菜】食用部位：嫩茎叶。食用、烹调方法：①鲜用；②干制。炒、做汤或饮料。喜食度：一般。

【观赏特性】观叶，作草坪。

（三）鸭儿芹属 *Cryptotaenia* DC.

1. 鸭儿芹 *C. japonica* Hasskarl　洋溪镇谯家，海拔730m，YJ－0081；洋溪镇银坳村银坳，海拔970m，YJ－0389。

【药用】全草入药。活血祛瘀，祛风止咳。治感冒咳嗽，跌打损伤；外用治皮肤瘙痒。

【森林蔬菜】食用部位：嫩苗、嫩茎叶。食用、烹调方法：鲜用。凉拌、炒食。喜食度：喜欢。

【经济用途】工业油脂。

（四）胡萝卜属 *Daucus* L.

1. 野胡萝卜 *D. carota* L.　洋溪镇桅杆村深坳，海拔1000m，YJ－0264。

【药用】全草入药。活血祛瘀，祛风止咳。治感冒咳嗽，跌打损伤；外用治皮肤瘙痒。

【森林蔬菜】食用部位：肉质根嫩叶。食用、烹调方法：①鲜用；②腌制。炒或蒸食；鲜嫩叶炒、蒸食或做馅。喜食度：差。

【观赏特性】植株芳香，5～9月观白色或淡红色花，做切花。

【经济用途】工业用香料。

（五）茴香属 *Foeniculum* Adans.

1. 茴香 *F. vulgare* Mill. 洋溪镇谯家，海拔730m，YJ－0077。

【药用】果实、根入药。温肾暖肝，行气止痛，和胃。主治寒疝腹痛，睾丸偏坠，食少吐泻，肾虚腰痛，痛经。

【观赏特性】植株极芳香，观叶，叶奇特呈丝状，7～10月观金黄色花，作插花配材或干花。

（六）天胡荽属 *Hydrocotyle* L.

1. 红马蹄草 *H. nepalensis* Hook Exot. Bot. 洋溪镇小河至张家，海拔670m，YJ－0177；洋溪镇银坳村银坳，海拔970m，YJ－0410。

【药用】全草入药。清热利湿，化瘀止血，解毒。主治感冒，痢疾，痛经，月经不调，跌打伤肿等。

2. 天胡荽 *H. sibthorpioides* Lam. 洋溪镇曾心村大屋基，海拔650m，YJ－0027。

【药用】全草入药。清热利湿，解毒消肿。主治黄疸，痢疾，水肿，痈肿疮毒，带状疱疹，跌打损伤。

【森林蔬菜】食用部位：嫩茎叶。食用、烹调方法：鲜用。蒸肉。喜食度：差。

【观赏特性】观叶，叶光亮，作草坪。

（七）水芹属 *Oenanthe* L.

1. 西南水芹 *O. dielsii* Boiss 罗场乡三花山，海拔1020m。

【药用】全草入药。疏风清热，止痛降压。主治风热感冒，咳嗽，麻疹，胃痛，高血压。

2. 水芹 *O. javanica*（Blume）DC. 洋溪镇谯家，海拔730m，YJ－0080；洋溪镇桅杆村石家山，海拔1020m，YJ－0283；区内湿地习见。

【药用】全草入药。清热解毒，利尿，止血。主治感冒，小便不利，尿血，经多等。

【森林蔬菜】食用部位：嫩苗、嫩茎叶。食用、烹调方法：鲜用。凉拌、炒食。喜食度：喜欢。

3. 线叶水芹 *O. linearis* Wall. ex DC. 洋溪镇小河，海拔670m，YJ－0119。

4. 卵叶水芹 *O. rosthornii* Diels 洋溪镇银坳村吊家沟，海拔750m，YJ－0420。

（八）前胡属 *Peucedanum* L.

1. 白花前胡 *P. praeruptorum* Dunn. 洋溪镇小河，海拔680m，YJ－0587。

【药用】根入药。疏散风热，降气化痰。主治外感风热，咳喘痰多，痰黄稠黏，胸膈满闷等。

（九）茴芹属 *Pimpinella* L.

1. 异叶茴芹 *P. diversifolia* DC. 洋溪镇小河，海拔680m，YJ－0600。

【药用】全草入药。散风宣肺，理气止痛，消积健脾，活血通经，除湿解毒。主治感冒，咳嗽，百日咳，胃气痛，消化不良，跌打损伤。

【经济用途】工业用香料。

（十）囊瓣芹属 *Pternopetalum* Franch.

1. 膜蕨囊瓣芹 *P. trichomanifolium*（Fr.）Hand.－Mazz. 罗场乡岭峰村三花山，海拔950m。

【药用】根、全草入药。清热解毒，祛风除湿，活血止血。主治胃痛，头痛，咳嗽，跌打损伤，外伤出血，蛇咬伤。

2. 囊瓣芹（五匹青）*P. vulgare*（Dunn）Hand.－Mazz. 洋溪镇小河至张家，海拔670m，YJ－0169；罗场乡靛厂村打掘沟，海拔780m，YJ－0452B。

【药用】根、全草入药。散寒理气，通络止痛，止咳安神。主治胃脘冷痛，胸胁痛，风湿痹痛，头痛，咳嗽抢眼。

（十一）变豆菜属 *Sanicula* L.

1. 变豆菜 *S. chinensis* Bunge 洋溪镇双龙村小溪河，海拔 720m。

【药用】全草入药。解毒，止血。主治咽痛，咳嗽，月经过多，外伤出血，疮痈肿毒等。

2. 薄片变豆菜 *S. lamelligera* Hance 罗场乡三花山。

【药用】全草入药。化痰止咳，祛风发表，活血调经。主治感冒咳嗽，哮喘，月经不调，跌打肿痛，风湿关节痛等。

3. 直刺变豆菜 *S. orchacantha* S. Moore 洋溪镇银坳村银坳，海拔 970m，YJ－0405。

【药用】全株入药。清热解毒，益肺止咳，祛风除湿，活血通络。主治麻疹后热未尽，肺热咳嗽，劳伤咳嗽，风湿关节痛等。

（十二）窃衣属 *Torilis* Adans.

1. 小窃衣 *T. japonica*（Houtt.）DC. 洋溪镇银坳村银坳，海拔 970m，YJ－0400。

【药用】果实入药。杀虫。治虫积腹痛，外用治恶疮，解蛇毒。

2. 窃衣 *T. scabra*（Thunb.）DC. 洋溪镇曾心村大屋基，海拔 650m，YJ－0003。

【药用】果实、全草入药。杀虫止泻，收湿止痒。主治虫积腹痛，泻痢，疮疡溃烂，阴痒带下，风热湿疹。

九十七、龙胆科 Gentianaceae

（一）龙胆属 *Gentiana* L.

1. 贵州龙胆 *G. esquirolii* Lévl. 罗场乡岭峰村三花山，海拔 980m，YJ－0515。

【药用】全草入药。清热解毒。主治肺热咳喘，黄疸，痢疾，疮疡肿毒，烫伤，蛇咬伤等。

【观赏特性】花蓝色，花果期 6 月，作地被和盆栽。

2. 红花龙胆 *G. rhodantha* Franch. ex Hemsl. 洋溪镇蒋家坝村格佑寨倒竹坑，海拔 1030m，YJ－0332；罗场乡靛厂村打掘沟，海拔 780m，YJ－0465B；罗场乡广东坪村茂林，海拔 1140m，YJ－0631。

【药用】全草入药。清热利湿，凉血解毒。治肺热咳喘，痨病痰血，黄疸，痢疾，便血，疮疡肿毒，烧烫伤，毒蛇咬伤。

【观赏特性】4～10 月观紫红色花，作袋栽摆花。

（二）花锚属 *Halenia* Borckh.

1. 椭圆叶花锚 *H. elliptica* D. Don 洋溪镇蒋家坝村走马山坪，海拔 1150m。

【药用】全草入药。疏风，清暑，镇痛。主治中暑腹痛，风热头痛，胆囊炎，肠胃炎。

【观赏特性】8－12 月观蓝紫色或淡黄白色花，作袋栽摆花、科普趣味、切花。

（三）獐牙菜属 *Swertia* L.

1. 獐牙菜 *S. bimaculata*（Sieb. et Zucc.）Hook. f. et Thoms. 洋溪镇小河至张家，海拔 670m，YJ－0163；洋溪镇双龙村小溪河；杨柳乡白虎咀。

【药用】全草入药。清肝利胆，除湿降火。主治急、慢性肝炎，胆囊炎，尿路感染，肠炎。

【观赏特性】花淡黄绿色，花期 8～9 月，作地被、切花。

2. 西南獐牙菜 *S. cincta* Burkill 缠溪镇冷水溪村木根坡，海拔 1120m。

【观赏特性】花黄绿色，花期 8～11 月，作地被、切花。

九十八、夹竹桃科 Apocynaceae

（一）络石属 *Trachelospermum* Lem.

1. 络石 *T. jasminoides*（Lindl.）Lem. 洋溪镇曾心村大屋基，海拔 670m，YJ－16 洋溪镇银坳村水田沟，海拔 848m，YJ－666。

【药用】茎叶入药。祛风，通络，止血，消瘀。治风湿痹痛、筋脉拘挛、痈肿、喉痹、吐血、跌打损伤、产后恶露不行。

【观赏特性】常绿缠绕藤本，蔓木类，作为藤木使用。

【经济用途】工业用香料、纤维。

2. 乳儿绳 *T. cathayanum* Schneid. 洋溪镇桅杆村姚家寨半截田，海拔758m，YJ－302。

【药用】茎藤入药。祛风通络，消肿止痛。主治风湿痹痛，腰肌劳损，风湿性关节痛，跌打损伤。

3. 锈毛络石 *T. dunnii*（Levl.）Levl. 洋溪镇银坳村水田沟，海拔848m，YJ－657。

【药用】茎藤入药。祛风通络，活血消肿。主治风湿痹痛，腰肌劳损，风湿性关节痛，跌打损伤。

【经济用途】树胶。

4. 紫花络石 *T. axillare* Hook. f.　罗场乡靛厂村风洞沟，海拔775m，YJ－703。

【药用】根茎入药。祛风散，活血通络。治风湿痹痛、感冒、跌打损伤。

【经济用途】树胶、树脂、纤维

九十九、萝藦科 Asclepiadaceae

（一）鹅绒藤属 *Cynanchum* Linn.

1. 昆明杯冠藤 *C. wallichii* Wight　洋溪镇曾心村肖家，海拔661m，YJ－601。

【药用】根入药。补肾壮腰，强筋骨，解毒。主治肾虚。

2. 牛皮消 *C. auriculatum* Royle ex Wight　洋溪镇曾心村大屋基，海拔670m，YJ－37。

【药用】块根入药。补肝肾，强筋骨，益精血，健脾消食，解毒疗疮。主治腰膝酸痛，阳痿遗精，头晕耳鸣，惊悸失眠，食欲不振，小儿疳积，产后乳汁稀少，痈疮肿毒，毒蛇咬伤。

3. 白薇 *C. atratum* Bunge　洋溪镇桅杆大张山，海拔1020m；洋溪镇蒋家坝村走马山坪，海拔1180m。

（二）萝藦属 *Metaplexis* R. Br.

1. 华萝藦 *M. hemsleyana* Oliv. 罗场乡靛厂村风洞沟，海拔786m，YJ－685；罗场乡岭峰村三花山，海拔950m。

【药用】根茎、或全草入药。温肾益精。主治肾阳不足，畏寒肢冷，腰膝酸软，遗精阳痿，小乳，肢力劳伤。

【观赏特性】总状式聚伞花序腋生，花白色，芳香，蓇葖果双生，种子长卵形，7～9月开花。作地栽使用。

（三）秦岭藤属 *Biondia* Schltr.

1. 黑水藤 *B. insignis* Tsiang　洋溪镇双龙村小溪河，海拔847m，YJ－412。

一百、茄科 Solanaceae

（一）茄属 *Solanum* Linn.

1. 龙葵 *S. nigru* L.　洋溪镇盐井沟，海拔680m，YJ－0065；洋溪镇小河，海拔680m，YJ－0624。

【药用】全草入药。清热，解毒，活血，消肿。治疔疮，痈肿，丹毒，跌打损伤，慢性气管炎，急性肾炎。

【森林蔬菜】食用部位：嫩茎叶、成熟的果。食用、烹调方法：嫩茎叶鲜用，炒食或煮；果成熟的鲜用，生食、泡酒、糖渍。喜食度：差。

2. 千年不烂心 *S. cathayamum* C. Y. Wu et S. C. Huang　洋溪镇谯家，海拔730m，YJ－0094；洋溪镇桅杆村半沟，海拔780m，YJ－0297。

【药用】全草入药。清热解毒，熄风定惊。治小儿发热惊风，黄疸，风火牙痛，肺热咳嗽。

【观赏特性】10～12月观红色果，作栅栏处种栽。

3. 珊瑚豆 *S. pseudocapsicum* L. var. *diflorum*（Vell.）Bitter　洋溪镇曾心村大屋基，海拔668m，YJ－66。

【药用】全草入药。祛风通络，消肿止痛。主治风湿痹痛，跌打损伤，腰背疼痛，无名肿毒。

4. 少花龙葵 *S. pheteinocarpum* Nakam. et Odash.　洋溪镇蒋家坝村毛湾，海拔980m。

【药用】全草入药。清热解毒，利湿消肿。主治痢疾，咽喉肿痛，高血压，热淋，目赤，疔疮疖肿等。

(二)酸浆属 *Physalis* L.

1. 挂金灯 *Ph. alkekengi* L. var. *franchetii* (Mast.) Makino　洋溪镇蒋家坝村毛湾，海拔980m。

【药用】全草、根、果实入药。全草：清热毒，利咽喉，通利二便；主治咽喉肿痛，肺热咳嗽，黄疸，痢疾，水肿，小便涩痛，便秘，湿疹，疝气等。果实：清肺利咽，化痰利水；主治咽喉肿痛，骨蒸劳热，小便不利等。

【观赏特性】多年生直立草本植物；生长势强，常作切花、多年生花坛，供观赏用。适合庭院栽培。

2. 酸浆 *P. angulata* L. 洋溪镇桅杆村大张山，海拔1020m。

【药用】全草入药。清热毒，利咽喉，通二便。治咽喉肿痛，肺热咳嗽，黄疸，痢疾，小便涩痛，便秘，湿疹，疝气。

一百〇一、旋花科 Convolvulaceae

(一)打碗花属 *Calystegia* R. Br.

1. 旋花(篱天剑)*C. sepium* (Linn.) R. Br. 洋溪镇银坳村银坳，海拔970m，YJ－0416；洋溪镇小河，海拔680m，YJ－0591。

【观赏特性】7～9月观粉红色或白色花，可植于栅栏。

(二)马蹄金属 *Dichondra* J. R. et G. Forst.

1. 马蹄金 *D. repens* Forst. 洋溪镇曾心村大屋基海拔650m，YJ－0061。

【药用】全草入药。清热，利湿，解毒。主治黄疸，痢疾，水肿，跌打损伤，疔疮肿毒，毒蛇咬伤。

【观赏特性】观叶，作草坪。

(三)飞蛾藤属 *Porana* Burm. f.

1. 飞蛾藤 *P. racemosa* Roxb.　杨柳乡白虎咀村田家寨，海拔870m。

【药用】全草、根入药。清热解毒，活血行气。主治风寒感冒，食滞腹胀，无名肿毒。

【观赏特性】5～9月观白色花，可植栅栏攀援。

一百〇二、马鞭草科 Verbenaceae

(一)大青属 *Clerodendrum* Linn.

1. 臭牡丹 *C. bungei* Steud. 洋溪镇曾心村乔家，海拔764m，YJ－85。

【药用】根、茎、叶入药。祛风解毒，消肿止痛，强筋壮骨，降压。治痈疽疔疮、肺痈、乳腺炎、跌打损伤、风湿性关节炎、子宫脱垂、脱肛、崩漏、白带、头晕虚咳、胃炎、高血压、毒蛇咬伤、疝气。

2. 海州常山 *C. trichotomum* Thunb. 罗场乡岭峰村枫香坪，海拔1210m，YJ－777。

【药用】嫩枝、叶入药。祛风湿，降血压。治风湿痹痛、半身不遂、高血压病、偏头痛、疟疾、痔疮，痈疽疮疥。

(二)紫珠属 *Callicarpa* Linn.

1. 红紫珠 *C. rubella* Lindl. 杨柳乡白虎咀村田家寨组，海拔839m，YJ－478。

【药用】叶、嫩枝、根入药。叶、嫩枝：凉血止血，解毒消肿。主治外伤出血，咯血，尿血，痔血，跌打损伤，痈疮肿毒，毒蛇咬伤等。根：凉血止血，祛风止痛。主治吐血，尿血，偏头痛，风湿痹痛。

【观赏特性】落叶灌木，果木类，9～12月观紫果，作为花木使用。

2. 老鸦糊 *C. giraldii* Hesse ex Rehder 洋溪镇曾心村肖家，海拔661m，YJ－604。

【药用】叶入药。清热解毒，收敛止血。主治外伤出血，咯血，尿血，便血，崩漏，皮肤紫癜，痈疽肿毒，毒蛇咬伤。

3. 窄叶紫珠 *C. membranacea* H. T. Chang 洋溪镇双龙村小溪河，海拔734m，YJ－397。

（三）豆腐柴属 *Premna* Linn.

1. 豆腐柴 *P. microphylla* Turcz. 洋溪镇曾心村大屋基，海拔670m，YJ－36。

【森林蔬菜】食用部位：嫩叶。食用、烹调方法：鲜用。制作豆腐凉粉、山胶粉。喜食度：一般。

2. 黄药 *P. cavaleriei* H. Lév. 洋溪镇银坳村水田沟，海拔848m，YJ－665。

（四）马鞭草属 *Verbena* L.

1. 马鞭草 *V. officinalis* L. 洋溪镇谯家，海拔730m，YJ－0082；罗场乡岭峰村三花山，海拔980m，YJ－0466；洋溪镇曾心村徐家，海拔870m，YJ－0537。

【药用】全草入药。清热解毒，截疟杀虫，利尿散瘀。治疟疾、痢疾、胃肠炎、肝炎。

【观赏特性】6～11月观紫色花，作地被使用。

一百〇三、紫草科 Boraginaceae

（一）斑种草属 *Bothriospermum* Bunge

1. 柔弱斑种草 *B. tenellum*（Hornem.）Fisch. et Mey. 洋溪镇盐井沟，海拔680m，YJ－0064。

【药用】全草入药。止咳，止血。治咳嗽，吐血。

（二）琉璃草属 *Cynoglossum* L.

1. 琉璃草 *C. zeylanicum*（Vahl）Thunb. ex Lehm. 洋溪镇小河，海拔670m，YJ－0143；洋溪镇桅杆村半沟，海拔780m，YJ－0293；洋溪镇蒋家坝村毛湾，海拔980m，YJ－0368。

【药用】根、叶入药。治疮疖肿，跌打损伤，黄疸，毒蛇咬伤。

【森林蔬菜】食用部位：嫩叶。食用、烹调方法：①鲜用；②干制。炒、做汤或做馅。喜食度：一般。

【观赏特性】4～6月观淡蓝色花，作切花、插花、地被、科普趣味。

（三）附地菜属 *Trigonotis* Stev.

1. 西南附地菜 *T. cavaleriei*（Lévl.）Hand. －Mazz. 洋溪镇小河，海拔670m，YJ－0144。

【药用】全草入药。解毒消肿，行气止痛。主治手脚麻木，热毒痈肿，胃痛吐酸等。

2. 附地菜 *T. peduncularis*（Trev.）Benth. ex Baker et Moore 洋溪镇谯家，海拔730m，YJ－0113；缠溪镇塘房岭村竹洋坪。

【药用】全草入药。解毒消肿，行气止痛。治脚麻木，热毒痈肿，胃痛吐酸，痢疾。

【森林蔬菜】食用部位：幼苗。食用、烹调方法：鲜用。炒食或做菜豆腐。喜食度：差。

（四）厚壳树属 *Ehretia* L.

1. 粗糠树 *Eh. macrophylla* Wall. 洋溪镇曾心村大屋基，海拔659m，YJ－57。

一百〇四、唇形科 Lamiaceae

（一）薄荷属 *Mentha* Linn.

1. 薄荷 *M. haplocalyx* Briq. 洋溪镇桅杆村石家山，海拔1020m，YJ－0274。

【药用】全草、叶入药。清头目，散风热，利咽喉，解郁，透疹。主治止痛目赤，风热表症，咽喉肿痛，肝郁胁痛，麻疹不透，瘾疹瘙痒等。

2. 留兰香（狗肉香）*M. spicata* Linn. 洋溪镇曾心村大屋基，海拔650m，YJ－0044。

【药用】全草入药。疏风，理气，止痛。治感冒，咳嗽，头疼，脘腹胀痛，痛经。

【经济用途】工业用香料。

(二)风轮草属 *Clinopodium* L.

1. 寸金草 *C. megalanthum*（Diels）C. Y. Wu et Hsuan ex H. W. Li 洋溪镇桅杆村半沟，海拔780m，YJ－0299。

【药用】全草入药。活血消肿，清热解毒。主治跌打肿痛，疮痈肿毒，小儿疳积，风湿关节痛，牙痛。

【观赏特性】观叶，叶背紫红色，7～9月观粉红色花，作袋栽造型。

2. 风轮菜 *C. chinense*（Benth.）O. Ktze. 洋溪镇曾心村大屋基，海拔650m，YJ－0035；洋溪镇曾心村徐家，海拔870m，YJ－0542。

3. 细风轮菜 *C. gracile*（Benth.）Matsum. 洋溪镇曾心村大屋基，海拔650m，YJ－0060；洋溪镇银坳村银坳，海拔970m，YJ－0383；罗场乡岭峰村三花山，海拔980m，YJ－0502。

(三)黄芩属 *Scutellaria* L.

1. 岩藿香 *S. franchetiana* Lévl. 罗场乡靛厂村打掘沟，海拔780m，YJ－0452；洋溪镇桅杆村黑湾。

【药用】全草入药。祛暑清热，活血解毒。主治感冒暑湿，风热咳嗽，风湿痹痛，痈肿疔毒，跌打损伤等。

2. 韩信草 *S. indica* Linn. 洋溪镇桅杆村黑湾，海拔780m。

【药用】全草入药。清热解毒，活血止痛，止血消肿。主治痈疮疔毒，肺热咳喘，牙痛，咽喉肿痛，吐血，便血，跌打损伤，皮肤瘙痒。

【观赏特性】2－6月观粉紫色花，用于盆花及花坛栽培，也可用于风景园林及地栽。

3. 柳叶红茎黄芩 *S. yunnanensis* Lévl. var. *salicifolia* Sun 洋溪镇小河至张家，海拔670m，YJ－0166。

(四)活血丹属 *Glechoma* L.

1. 活血丹(连钱草) *G. longituba*（Nakai）Kupr. 洋溪镇银坳村银坳，海拔970m，YJ－0387。

【药用】全草入药。清热，利尿，镇咳，解毒。治黄疸，水肿，膀胱结石，疟疾，肺痈，咳嗽，吐血，淋浊，带下，风湿痹痛，小儿疳积，痈肿，疮癣，湿疹。

【观赏特性】观叶，叶形美观，叶背紫色，4～5月观淡蓝、蓝至紫色花，作林下草坪、花坪。

(五)筋骨草属 *Ajuga* L.

1. 金疮小草 *A. decumbens* Thunb. 洋溪镇小河，海拔670m，YJ－0138。

【药用】全草入药。止咳化痰，清热，凉血，消肿，解毒。治气管炎，吐血，衄血，赤痢，淋病，咽喉肿痛，疔疮，痈肿，跌打损伤。

(六)牛至属 *Origanum* linn

1. 牛至 *O. vulgare* Linn. 洋溪镇蒋家坝村格佑寨鸡爬坎，海拔980m，YJ－0320。

【药用】全草入药。解表，理气，化湿。治伤风感冒，发热，呕吐，胸膈胀满，腹泻。

【经济用途】工业用香料、蜜源。

(七)鼠尾草属 *Salvia* L.

1. 贵州鼠尾草 *S. cavaleriei* Lévl. 罗场乡岭峰村三花山，海拔980m，YJ－0517。

【药用】全草入药。凉血止血，活血消肿，清热利湿。主治咳血，吐血，崩漏，湿热泻痢，疮痈疖肿，跌打伤痛等。

【观赏特性】多生长在林下、岩石的山坡上和水沟边，观紫色花。

2. 荔枝草 *S. plebeia* R. Br. 洋溪镇曾心村徐家，海拔870m，YJ－0539；罗场乡岭峰村三花山亦有分布。

3. 硬毛地梗鼠尾草 *S. scapiformis* Hance var. *hirsuta* Stib. 洋溪镇小河，海拔670m，YJ－0130；罗场乡广东坪村茂林，海拔900m，YJ－0646。

4. 血盆草 *S. cavaleriei* Lévl. var. *simplicifolia* Stib. 罗场乡靛厂村打掘沟，海拔780m，YJ－0431。

【药用】全草入药。凉血止血，活血消肿，清热利湿。主治咳血，吐血，崩漏，湿热泻痢，疮痈疖肿，跌打伤痛等。

【观赏特性】观叶，叶背紫色，作袋栽摆花。

（八）水苏属 *Stachys* L.

1. 西南水苏 *S. kouyangensis*（Vaniot）Dunn 杨柳乡茶山村五家沟，海拔980m。

【药用】全草入药。消炎解毒，止痒。主治疮疖，赤白痢，湿疹等。

（九）夏枯草属 *Prunella* L.

1. 夏枯草 *P. vulgaris* L. 洋溪镇曾心村大屋基，海拔650m，YJ－0002；区内荒山、林缘草坡习见。

【药用】果穗入药。清肝明目，散结解毒。主治目珠疼痛，目赤羞明，头痛眩晕，耳鸣，急、慢性肝炎，瘰疬，乳痈，痈疽肿毒等。

【森林蔬菜】食用部位：嫩茎叶、花。食用、烹调方法：嫩茎叶①鲜用；②干制。凉拌、炒食、做汤或蒸食；花干制。做调料。喜食度：差。

【观赏特性】4～6月观紫色、蓝紫色或红紫色花，作草坪和花坪。

（十）香茶菜属 *Rabdosia*（Bl.）Hassk.

1. 牛尾草 *R. ternifolia*（D. Don）Hara 洋溪镇曾心村徐家，海拔870m，YJ－0571。

2. 碎米桠 *R. rubescens*（Hemsl.）H. Hara 洋溪镇蒋家坝村格优寨组，海拔1028m，YJ－576。

【药用】全草入药。清热解毒，活血止痛。主治咽喉肿痛，感冒，头痛，风湿关节痛，慢性肝炎，蛇虫咬伤等。

（十一）香科科属 *Teucrium* L.

1. 铁轴草 *T. quadrifarium* Buch.－Ham. 洋溪镇蒋家坝村侯家堰，海拔980m，YJ－0362。

【药用】全草入药。祛风解暑，利湿消肿，凉血解毒。主治风热感冒，中暑，肺热咳嗽，肺痈，泻痢，水肿，劳伤吐血，便血，无名肿毒，湿疹，跌打损伤。

【观赏特性】花淡红色、橙黄色，花期7～9月，果期10月至翌年4月，作地栽、切花。

（十二）香薷属 *Elsholtzia* Willd.

1. 香薷 *E. ciliate*（Thunb.）Hyland 洋溪镇曾心村徐家，海拔870m，YJ－0528。

【药用】全草入药。发汗解暑，化湿利尿。主治夏令感冒，中暑，泄泻，小便不利，湿疹，水肿等。

【森林蔬菜】食用部位：嫩叶。食用、烹调方法：干制。炖肉或泡水喝。喜食度：一般。

【观赏特性】观叶，叶紫色，9～11月观白色或淡红色花，可以作袋栽摆花。

【经济用途】饲料。

（十三）野芝麻属 *Lamium* Linn

1. 宝盖草 *L. amplexicaule* Linn. 洋溪镇曾心村大屋基，海拔650m，YJ－0058。

【药用】全草入药。活血通络，解毒消肿。主治跌打损伤，筋骨疼痛，四肢麻木，半身不遂，黄疸，面瘫，鼻炎，疮痈肿毒。

（十四）紫苏属 *Perilla* L.

1. 野生紫苏 *P. frutescens*（L.）Britt. var. *acuta*（Thunb.）Kudo 罗场乡靛厂村打掘沟，海拔780m，YJ－0428。

【药用】叶、茎、果实入药。叶：散寒解表，宣肺化痰，行气和中，安胎，解毒；主治风湿感冒，咳嗽痰多，脘腹胀闷，食积，恶心呕吐，腹痛吐泻，胎气不和，食鱼蟹中毒等。茎：理气宽中，安胎，止血；主治脾胃气滞，胎动不安，咯血，吐血等。果实：降气，祛痰，平喘，润肠。主治咳嗽气喘，肠燥便秘等。

【观赏特性】观叶，叶紫色，作片植。

一百〇五、透骨草科 Phrymataceae

(一)透骨草属 *Phryma* L.

1. 透骨草 *P. leptostachya* L.　杨柳乡茶山村五家沟，海拔 870m。

【药用】全草入药。清热解毒杀虫。主治感冒，痢疾，黄疸，疥疮，脓疱疮，漆疮等。

一百〇六、水马齿科 Callitrichaceae

(一)水马齿属 *Callitriche* Linn.

1. 水马齿 *C. palustris* Linn. 洋溪镇桅杆、蒋家坝等地沟谷湿地。

【药用】全草入药。清热解毒，利尿消肿。主治目赤肿痛，水肿，湿热淋痛。

一百〇七、车前草科 Plantaginaceae

(一)车前草属 *Plantago* L.

1. 车前草 *P. asiatica* L.　洋溪镇曾心村大屋基，海拔 650m，YJ－0005；罗场乡岭峰村三花山，海拔 980m，YJ－0500。

【药用】全草入药。清热利尿，祛痰止咳，明目。治泌尿系统感染、结石，肾炎水肿，小便不利，肠炎，细菌性痢疾，急性黄疸型肝炎，支气管炎，急性眼结膜炎。

2. 大车前 *P. major* L.　洋溪镇蒋家坝村格佑寨倒竹坑，海拔 1030m，YJ－0345。

【药用】全草、种子入药。全草：清热利尿，凉血解毒；主治小便不通，痈肿疮毒，淋浊，尿血，黄疸，肝热目赤，咽喉肿痛，暑湿泻痢。种子：清热利尿，祛痰，明目；主治水肿胀痛，带下，目赤障翳，痰热咳嗽。

【森林蔬菜】食用部位：嫩苗、嫩叶。食用、烹调方法：鲜用。凉拌、炒、炸、炖、做汤。喜食度：差。

一百〇八、木犀科 Oleaceae

(一)白蜡树属 *Fraxinus* Linn.

1. 白蜡树 *F. chinensis* Roxb. 洋溪镇曾心黄大土，海拔 775m，YJ－99。

【药用】树皮入药。治疟疾，月经不调，小儿头疮。

【经济用途】寄主。

2. 苦枥木 *F. insularis* Hemsl.　洋溪镇桅杆村姚家寨半截田，海拔 775m，YJ－290。

【药用】树皮、叶入药。清热燥湿，治风湿痹痛。

(二)茉莉属 *Jasminum* Linn.

1. 青藤仔 *J. nervosum* Lour.　罗场乡岭峰村枫香坪，海拔 1210m，YJ－782。

2. 清香藤 *J. lanceolarium* Roxb.　罗场乡靛厂村风洞沟，海拔 786m，YJ－682。

【药用】根、茎叶入药。驱风除湿，理气止痛，凉血解毒。治风湿麻木，无名肿毒，外伤出血，毒蛇咬伤。

【观赏特性】常绿缠绕藤本，蔓木类，4～7 月观白花、芳香，作为藤木使用。

(三)木犀属 *Osmanthus* Lour.

1. 蒙自桂花 *O. henryi* P. S. Green　洋溪镇双龙村小溪河，海拔 847m，YJ－404。

【观赏特性】常绿小乔木，花木类，1～10 月观白花，作为花木使用。

2. 木犀 *O. fragrans*（Thunb.）Lour.　洋溪镇桅杆村姚家沟，海拔 880m，YJ－341。

【观赏特性】常绿乔木，花木类，8～10 月观白、黄花，极芳香，作为花木、遮阴树使用。

【经济用途】食用香料、工业用香料、工业油脂。

(四)女贞属 *Ligustrum* Linn.

1. 粗壮女贞 *L. robustum*（Roxb.）Blume 杨柳乡白虎咀村田家寨组，海拔 825m，YJ－464。

【药用】枝叶入药。清头目，散风热，除烦渴。治头痛，耳鸣，目赤，暑热烦渴。

2. 多毛小蜡 *L. sinense* Lour. var. *coryanum*（W. W. Sm.）Hand. – Mazz. 洋溪镇洋溪村小河，海拔669m，YJ – 119。

3. 光萼小蜡 *L. sinense* Lour. var. *myrianthum*（Diels）Hoefker 洋溪镇曾心村大屋基，海拔670m，YJ – 25。

【药用】枝叶入药。泻火解毒。治咽喉炎，口腔炎，疮痈。

4. 女贞 *L. lucidum* W. T. Aiton 洋溪镇曾心村大屋基，海拔659m，YJ – 50。

【药用】果实、叶、根皮入药。果实：补肝肾，强腰膝；治阴虚内热、头晕、目花、耳鸣、腰膝软、须发早白。叶：祛风，明目，消肿，止痛；治头目昏痛、诸恶疮肿、疮肿溃烂、烫伤、口腔炎。根：散气血，止气痛；治咳嗽、经闭、白带。

【观赏特性】常绿乔木，观叶，6 ~ 8 月观白花、芳香，林木类，8 ~ 10 月观紫蓝果，作为防护、林丛使用。

【经济用途】工业淀粉、工业用香料、寄主、工业油脂。

5. 小蜡 *L. sinense* Lour. 洋溪镇曾心村上竹园组岩上，海拔848m，YJ – 624。

【药用】树皮、叶入药。清热，降火。治吐血、牙痛、口疮、咽喉痛、湿热黄水疮痒。

【经济用途】饮料、纤维、工业油脂。

6. 总梗女贞 *L. pedunculare* Rehder 罗场乡靛厂村石洞河，海拔856m，YJ – 714。

一百〇九、玄参科 Scrophulariaceae

(一)鞭打绣球属 *Hemiphragma* Wall.

1. 鞭打绣球 *H. heterophyllum* Wall. 洋溪镇盐井沟海拔680m，YJ – 0067

【药用】全草入药。祛风除湿，清热解毒，活血止痛。主治风湿痹痛，经闭腹痛，瘰疬，疮肿湿毒，咽喉肿痛，齿龈肿痛，跌打损伤。

【观赏特性】4 ~ 6 月观白色至玫瑰色花，作地被使用。

(二)腹水草属 *Veronicastrum* Heist. ex Farbic.

1. 爬岩红 *V. axillare*（Siebold et Zucc.）T. Yamaz. 洋溪镇曾心村大屋基，海拔668m，YJ – 64。

【药用】全草入药。行水，散瘀消肿，解毒。主治肝硬化腹水，肾炎水肿，跌打损伤，疮肿疔毒，毒蛇咬伤等。

2. 细穗腹水草 *V. stenostachyum*（Hemsl.）Yamazaki 洋溪镇盐井沟海拔680m，YJ – 0074；洋溪镇小河，海拔680m，YJ – 0621。

【药用】全草入药。清热解毒，行水，散瘀。主治痢疾，肝炎，水肿，因血吸虫引起的腹水，跌打损伤，烫伤等。

(三)来江藤属 *Brandisia* Hook. f. et Thoms.

1. 来江藤 *B. hancei* Hook. f. 罗场乡靛厂村风洞沟，海拔775m，YJ – 698。

【药用】全株入药。祛风利湿，清热止血。治风湿筋骨痛，黄疸型肝炎，骨髓炎，跌打损伤。

【观赏特性】常绿灌木，花木类，10 月至翌年 2 月观红花，作为花木使用。

(四)马先蒿属 *Pedicularis* Linn.

1. 江南马先蒿 *P. henryi* Maxim. 洋溪镇蒋家坝村走马山坪，海拔1280m。

【药用】根入药。补气血，活络。治头晕耳鸣，心慌心跳，筋骨疼痛，虚烧不退。

【观赏特性】五月至六月底开花，观红色或粉红色花，作地栽使用。

(五)泡桐属 *Paulownia* Sieb. et Zucc.

1. 川泡桐 *P. fargesii* Franch. 杨柳乡白虎咀村田家寨组，海拔825m，YJ – 471。

【药用】树皮、果实、根入药。树皮：祛风除湿，消肿解毒；主治风湿热痹，丹毒，淋症，跌打肿痛，骨折等。果实：止咳，化痰，平喘；主治慢性支气管炎，咳嗽痰多等。根：祛风止痛，活血解毒；主治风湿疼痛，疮痈，跌打肿痛等。

【观赏特性】落叶乔木，林木类，5～6月观紫花，作为防护、林丛使用。

(六)婆婆纳属 *Veronica* L.

1. 华中婆婆纳 *V. henryi* Yamazaki　洋溪镇桅杆村石家山，海拔1020m，YJ－0289。

【药用】全草入药。消肿止痛，解毒。治疗疮痈肿，无名肿毒。

2. 疏花婆婆纳 *V. laxa* Benth. 洋溪镇桅杆村申坳，海拔1000m，YJ－0257；杨柳乡白虎咀村田家寨马家岩，海拔870m。

【药用】全草入药。活血散瘀，活络。主治跌打损伤，筋骨酸痛，痛经，带下。

3. 婆婆纳 *V. polita* Fries　洋溪镇曾心村大屋基，海拔650m，YJ－0013；洋溪镇桅杆村大张山，海拔1000m，YJ－0228。

【药用】全草入药。补肾强腰，消肿解毒。主治肾虚腰痛，痈肿，白带，疝气等。

(七)石龙尾属 *Limnophila* R. Br.

1. 抱茎石龙尾 *L. connata*（Buch. －Ham. ex D. Don）Hand. －Mazz.

【药用】全草入药。利湿消肿，清热解毒。主治风湿疼痛，浮肿，痢疾，黄疸，疮疡肿疖。

(八)通泉草属 *Mazus* Lour.

1. 通泉草 *M. japonicus*（Thunb.）O. Kuntze　洋溪镇蒋家坝村格佑寨倒竹坑，海拔1030m，YJ－0350；洋溪镇桅杆村雷公塘。

【药用】全草入药。清热解毒，利湿通淋，健脾消积。主治热毒痈肿，脓包疮，泌尿系统感染，腹水，黄疸，消化不良，小儿疳积。

2. 毛果通泉草 *M. spicatus* Vant. 洋溪镇桅杆村姚寨沟组半截田，海拔750m。

【药用】全草入药。清热解毒。主治脓包疮，肿毒，头痛。

(九)翼萼属 *Torenia* L.

1. 光叶翼萼 *T. glabra* Osbeck　缠溪镇冷水溪，海拔860m。

【药用】全株入药。清热利湿，解毒，化瘀。治热咳，黄疸，泻痢，疔毒，跌打损伤。

(十)阴行草属 *Siphonostegia* Benth.

1. 阴行草 *S. chinensis* Benth. 洋溪镇蒋家坝村格佑寨鸡爬坎，海拔980m，YJ－0319。

【药用】全草入药。清热利湿，凉血止血，散瘀止痛。主治湿热黄疸，痢疾，肠炎，小便淋浊，痈疽肿毒，尿血，便血，瘀血经闭，跌打肿痛，关节炎等。

一百一、苦苣苔科 Gesneriaceae

(一)吊石苣苔属 *Lysionotus* D. Don

1. 吊石苣苔 *L. pauciflorus* Maxim. 杨柳乡白虎咀村田家寨组，海拔825m，YJ－465。

【药用】全草入药。祛风除湿，化痰止咳，祛瘀通络。主治风湿痹痛，咳喘痰多，月经不调，痛经，腰腿酸痛，跌打肿痛等。

(二)粗筒苣苔属 *Briggsia* Craib

1. 革叶粗筒苣苔 *B. mihieri*（Franch.）Craib　罗场乡岭峰村三花山，海拔1020m。

【观赏特性】观叶，叶厚革质光亮，8～10月观蓝紫色花，作点缀山水盆景。

2. 川鄂粗筒苣苔 *B. rosthornii*（Diels）Burtt

【药用】全草入药。止咳润肺，散瘀止痛。主治感冒咳嗽，肺热咳喘，肺痈，跌打损伤，刀伤等。

【观赏特性】观叶，叶背有绣色长柔毛，7～8月观白色或淡紫色花，作山水盆景。

(三)唇柱苣苔属 *Chirita Buch.* －Ham. ex D. Don

1. 隆林唇柱苣苔 *C. lunglinensis* W. T. Wang　罗场乡靛厂村打掘沟，海拔780m，YJ－0442。

【观赏特性】观叶，5~6月观白色或紫色花，作山石盆景点缀。

(四)半蒴苣苔属 Hemiboea Clarke

1. 毛果半蒴苣苔 *H. flaccid* Chun ex Z. Y. Li　罗场乡靛厂村打掘沟，海拔780m，YJ-0439。

【观赏特性】8~10月观白色花，作山石盆景点缀。

2. 华南半蒴苣苔 *H. follicularis* Clarke　罗场乡岭峰村三花山，海拔980m，YJ-0523。

【观赏特性】6~8月观白色花，作山石盆景点缀。

3. 纤细半蒴苣苔 *H. gracilis* Franch. 洋溪镇小河，海拔680m，YJ-0603。

【观赏特性】8月观紫红色花，作盆栽。

4. 降龙草 *H. subcapitata* Clarke　洋溪镇申家河沟，海拔720m，YJ-0207。

【观赏特性】叶光亮，观叶，8~9月观白色或带粉红色花，作石灰岩林下地被。

(五)蛛毛苣苔属 *Paraboea* (Clarke) Ridley

1. 厚叶蛛毛苣苔 *P. crassifolia* (Hemsl.) Burtt. 洋溪镇小河，海拔670m，YJ-0153；罗场乡靛厂村打掘沟，海拔780m，YJ-0430；洋溪镇双龙村晴望山。

【药用】全草入药。补肺止咳，凉血止血。主治肺虚咳嗽，咯血，血崩，外伤出血等。

【观赏特性】观叶，5~6月观紫蓝色花，作山石盆景点缀。

一百一十一、桔梗科 Campanulaceae

(一)半边莲属 *Lobelia* L.

1. 西南山梗菜 *L. sequinii* Lévl. et Van.　缠溪镇冷水溪，海拔880m。

【观赏特性】多年生半灌木状草本，8~10月观紫红色、紫蓝色或淡蓝色花，作地栽。

(二)铜锤玉带属 *Pratia* Gaudich.

1. 铜锤玉带草 *P. nummularia* (Lam.) A. Br. et Aschers.　罗场乡岭峰村三花山，海拔940m。

【药用】全草入药。祛风利湿，活血，解毒。治风湿疼痛，跌打损伤，乳痈，无名肿毒。

【观赏特性】4~9月观紫红色、淡紫色或黄白色花，同时观紫红色或红褐色果，作草坪、花坪。

(三)沙参属 *Adenophora* Fisch.

1. 无柄沙参 *A. stricta* Miq. subsp. *sessilifolia* Hong 洋溪镇冷水溪，海拔880m。

【观赏特性】8~11月观蓝色或紫色花，作草坪点缀、花坛、切花。

2. 杏叶沙参 *A. hunanensis* Nannf.　洋溪镇谯家，海拔730m，YJ-0083；洋溪镇蒋家坝村格佑寨倒竹坑，海拔1030m，YJ-0346；洋溪镇曾心村徐家，海拔870m，YJ-0530。

【药用】根入药。养阴清肺，祛痰止咳。治肺热燥咳，虚痨久咳，阴伤咽干喉痛。

【森林蔬菜】食用部位：嫩叶、根。食用、烹调方法：嫩叶鲜用。凉拌，根煮食。喜食度：差。

(四)金钱豹属 *Campanumoea* Bl.

1. 大花金钱豹 *C. Javanica* Bl. subsp. *javanica*　洋溪镇盐井沟，海拔680m，YJ-0075；洋溪镇银坳村银坳，海拔970m，YJ-0395；洋溪镇曾心村徐家，海拔870m，YJ-0533。

【药用】根入药。健脾胃，补肺气，祛痰止咳。治虚劳内伤，肺虚咳嗽，脾虚泄泻，乳汁不多，小儿疳积，遗尿。

【观赏特性】8~10月观白色、紫色花，9~10月观黑紫色果，作栅栏处种植。

(五)桔梗属 *Platycodon* A. DC.

1. 桔梗(泡参) *P. grandiflorus* (Jacq.) A. DC.　洋溪镇冷水溪，海拔930m。

【药用】根入药。宣肺，利咽，祛痰，排脓。治咳嗽痰多，胸闷不畅，咽痛，音哑，肺痈吐脓，疮疡脓溃。

【经济用途】工业油脂。

一百一十二、爵床科 Acanthaceae

(一)爵床属 *Justicia* Linn. S. l.

1. 爵床 *J. procumbens* Linn.　洋溪镇银坳村银坳，海拔970m，YJ－0396；洋溪镇曾心村徐家，海拔870m，YJ－0540；区内荒野广布。

【药用】全草入药。清热解毒，活血止痛，利湿消积。主治感冒发热，咽喉肿痛，黄疸，疟疾，跌打肿痛，疳积，湿疹等。

(二)马蓝属 *Strobilanthes* Bl.

1. 球花马蓝 *S. pentstemonoides* (Nees) T. Anders 洋溪镇小河，海拔670m，YJ－0122；YJ－0597。

【药用】全草入药。清热解毒，凉血。主治风热感冒，咽喉肿痛，流脑，肺炎，疮疹，目赤肿痛等。

2. 翅柄马蓝(三花马蓝) *S. wallichii* Nees　洋溪镇小河，海拔680m，YJ－0617。

【药用】全草入药。清热解毒，活血止痛。主治感冒咳嗽，黄疸，痢疾，跌打疼痛，无名肿毒等。

一百一十三、茜草科 Rubiaceae

(一)风箱属 *Cephalanthus* Linn.

1. 风箱树 *C. tetrandrus* (Roxb.) Ridsdale et Bakh. f.　洋溪镇双龙村小溪河，海拔740m，YJ－375。

(二)香果树属 *Emmenopterys* Oliv.

1. 香果树 *E. henryi* Oliv.　洋溪镇新黔村，海拔814m，YJ－221。

【药用】根皮入药。治反胃呕吐。

【观赏特性】落叶乔木，花木类，7～8月观白花、9～11月观白、粉红果，作为独赏树、行道树使用。

【经济用途】纤维。

(三)栀子属 *Gardenia* Ellis

1. 栀子 *G. jasminoides* J. Ellis　洋溪镇曾心黄大土，海拔775m，YJ－101。

【药用】果、花、叶、根入药。泻火解毒、利尿，止血，清肝。治热病心烦、风热感冒、黄疸型肝炎、热毒疮疡、口舌糜烂、痔疮、小便涩热痛、烫火伤、扭伤肿痛、吐血、尿血、衄血、乳痈、头痛高热、痢疾、肾炎水肿。

【森林蔬菜】食用部位：花。食用、烹调方法：鲜用。炒、炸、粥食。喜食度：一般。

【观赏特性】常绿灌木，花木类，5月观白花、芳香，10～12月观黄果，作为室内绿化及装饰、地被、花木使用。

(四)拉拉藤属 *Galium* L.

1. 小叶猪殃殃 *G. aparine* L. var. *tenerum* (Gren. et Godr.) Rcbb.　洋溪镇曾心村徐家，海拔870m，YJ－0570。

【药用】全草入药。清热解毒，消肿止痛，利尿通淋。主治感冒发热，痢疾，疮痈肿毒，水肿，尿路感染，跌打损伤等。

2. 六叶葎 *G. asperuloides* Edgew. var. *hoffmeisteri* (Klotzsch) Hand.－Mazz. 洋溪镇曾心村大屋基，海拔650m，YJ－0023；洋溪镇桅杆村石家山，海拔1020m，YJ－0279；洋溪镇蒋家坝村格佑寨上坝，海拔980m，YJ－0301。

【药用】全草入药。清湿热，散瘀，消肿，解毒。治淋浊、尿血、跌打损伤、肠痈、疖肿、中耳炎。

3. 四叶葎 *G. bungei* Steudel　洋溪镇银坳村吊家沟，海拔750m，YJ－0422；罗场乡岭峰村三花山，海拔980m，YJ－0507。

【药用】全草入药。清热，利尿，解毒，消肿。治尿路感染，赤白带下，痢疾，痈肿，跌打损伤。

(五)粗叶木属 *Lasianthus* Jack

1. 云广粗叶木亚种 *L. japonicus*subsp. Miq. subsp. *longicaudus* (Hook. f.) C. Y. Wu et H. Zhu 罗场乡岭峰村枫香坪，海拔1210m，YJ－766。

【观赏特性】常绿灌木，果木类，9～10月观蓝果，作为花木使用。

(六)黄棉树属 *Metadina* Bakh. f.

1. 黄棉木 *M. trichotoma* (Zoll. et Moritzi) Bakh. f. 洋溪镇新黔村，海拔669m，YJ－188。

(七)蛇根草属 *Ophiorrhiza* L.

1. 日本蛇根草 *O. japonica* Bl. 洋溪镇小河，海拔670m，YJ－0132，YJ－0613；洋溪镇小河至张家，海拔670m，YJ－0181；罗场乡靛厂村打掘沟，海拔780m，YJ－0446。

【药用】全草入药。活血散瘀。治咳嗽、劳伤吐血、跌打、月经不调。

【观赏特性】观叶，3～5月观白色或黄绿色花，作林下阴湿地被，配山石水景。

(八)茜草属 *Rubia* L.

1. 茜草 *R. cordifolia* L. 洋溪镇小河，海拔670m，YJ－0126。

【药用】茎、根入药。止血，行瘀。治吐血，血崩，跌打损伤，风痹，腰痛，痈毒，疔肿。

【观赏特性】观形态，10月观紫黑色果，作科普趣味。

2. 披针叶茜草 *R. lanceolata* Hayata 洋溪镇挂榜山，海拔1280m。

(九)鸡仔木属 *Sinoadina* Ridsd.

1. 鸡仔木 *S. racemosa* (Siebold et Zucc.) Ridsdale 洋溪镇桅杆村姚家寨半截田，海拔775m，YJ－286。

【药用】全草入药。清热解毒，活血散瘀。主治感冒发热，肺热咳嗽，胃肠炎，痢疾，风火牙痛，痈疽肿毒，湿疹，跌打损伤，外伤出血。

【经济用途】纤维。

(十)六月雪属 *Serissa* Comm. ex A. L. Jussieu

1. 六月雪 *S. japonica* (Thunb.) Thunb. 洋溪镇新阳村汤包沟，海拔892m，YJ－547。

【药用】茎叶、根入药。清热解毒，祛风除湿。主治感冒，肾炎水肿，黄疸，痢疾，咽喉肿痛，腰腿疼痛，跌打损伤，痈疽肿毒等。

【观赏特性】常绿灌木，叶木类，6月观白花，作为地被使用。

(十一)钩藤属 *Uncaria* Schreber

1. 华钩藤 *U. sinensis* (Oliv.) Havil. 洋溪镇桅杆村姚家寨半截田，海拔758m，YJ－299。

【药用】带钩枝条、根入药。带钩枝条：清热平肝，熄风定惊；治小儿惊热、血压偏高、头晕、目眩、全身麻木、面神经麻痹。根：舒筋活络，清热消肿；治关节痛风、半身不遂、癫痫、水肿、跌扑损伤。

一百一十四、忍冬科 Caprifoliaceae

(一)六道木属 *Abelia* R. Br.

1. 二翅六道木 *A. uniflora* R. Br. 罗场乡靛厂村风洞沟，海拔786m，YJ－676。

【药用】果实、根入药。祛风湿，解热毒。治风湿筋骨痛，痈疮红肿。根：理气止痛，清热燥湿。治牙痛，高热，目赤。

【观赏特性】落叶灌木，花木类，5～6月观紫红花，8～10月观红果，作为桩景使用。

2. 糯米条 *A. chinensis* R. Br. 洋溪镇曾心村上竹园组岩上，海拔848m，YJ－622。

3. 小叶六道木 *A. parvifolia* Hemsl. 洋溪镇双龙村小溪河，海拔847m，YJ－402。洋溪镇桅杆村瑶寨沟白岩尖，海拔763m，YJ－361。

【药用】茎、叶入药 。祛风除湿，消肿解毒。治风湿痹痛，跌打损伤，疮痈肿毒。

【观赏特性】落叶灌木，花木类，5～8 月观紫红花，8～9 月观红果，作为桩景使用。

(二)双盾木属 *Dipelta* Maxim.

1. 云南双盾木 *D. yunnanensis* Franch.　洋溪镇双龙村小溪河，海拔 847m，YJ－409。

【药用】根入药。发表透疹，解毒止痒。治麻疹痘毒，湿热身痒。

【观赏特性】花木类，落叶灌木，5～6 月观白、红花，作为花木使用。

(三)忍冬属 *Lonicera* Linn.

1. 短柄忍冬 *L. pampaninii* H. Lév.　洋溪镇双龙村小溪河，海拔 740m，YJ－368。

【药用】花蕾入药。清热解毒，抗菌消炎。主治温病发热，热毒血痢，疮疡肿毒等。

【观赏特性】常绿缠绕藤本，蔓木类，5～6 月观白、黄花、芳香，作为室内绿化装饰、藤木使用。

2. 女贞叶忍冬 *L. ligustrina* Wall.　洋溪镇新阳村汤包沟，海拔 892m，YJ－543。

3. 忍冬 *L. japonica* Thunb.　洋溪镇曾心村田坝，海拔 724m，YJ－112。

【药用】蓓蕾、茎叶入药。蓓蕾：清热解毒；治上呼吸道感染，急性乳腺炎，急性结膜炎，流行性感冒，扁桃体炎细菌性痢疾，肺脓疡，急性阑尾炎，疮疖脓肿，外伤感染。茎叶：清热，解毒，通络；治温病发热，热毒血痢，传染性肝炎，痈肿疮毒，筋骨疼痛。

【森林蔬菜】食用部位：嫩叶及花可食。食用、烹调方法：鲜用。凉拌、可以直接泡水喝、或者与菊花一起做成菊花金银花汤。喜食度：喜欢。

4. 蕊帽忍冬 *L. pileata* Oliv.　洋溪镇洋溪村小河，海拔 669m，YJ－123。

【药用】花蕾入药。清热解毒，止痢。主治痢疾，疟疾等。

【观赏特性】常绿或半常绿灌木，果木类，4～6 月观白花，9～12 月观蓝紫色透明果，作为花木使用。

5. 锈毛忍冬 *L. ferruginea* Rehder　洋溪镇曾心村大屋基，海拔 670m，YJ－11。

6. 皱叶忍冬 *L. rhytidophylla* Hand.－Mazz.　洋溪镇蒋家坝村格优寨组，海拔 984m，YJ－566。

(四)接骨木属 *Sambucus* L.

1. 血满草 *S. adnata* Wall.　洋溪镇银坳村银坳，海拔 970m，YJ－0401。

2. 接骨草 *S. chinensis* L.　洋溪镇申家河沟，海拔 720m，YJ－0205。

【药用】茎、枝、根入药。祛风，利湿，活血，止痛。治风湿筋骨痛，腰痛，水肿，跌打损伤，骨折；创伤出血等。

(五)荚蒾属 *Viburnum* Linn.

1. 巴东荚蒾 *V. henryi* Hemsl. 洋溪镇洋溪村小河，海拔 692m，YJ－167。

【药用】根、茎叶入药。清热解毒。主治痈疖肿毒。湿疹，小儿鹅疮。

2. 茶荚蒾 *V. setigerum* Hance　缠溪镇塘房岭村分水岭，海拔 1193m，YJ－507。

【观赏特性】落叶灌木，果木类，4～5 月观白花，9～10 月观红果，作为花木使用。

3. 短序荚蒾 *V. brachybotryum* Hemsl. 洋溪镇双龙村小溪河，海拔 847m，YJ－414。

【药用】茎叶入药。清热解毒，止痢。主治感冒发热，热痢等。

4. 金佛山荚蒾 *V. chinshanense* Graebn. 洋溪镇蒋家坝村格优寨组，海拔 984m，YJ－569。

【药用】果实入药。破瘀，通经，清热解毒。主治闭经，泄泻，跌打损伤，疮疖肿毒。

5. 球核荚蒾 *V. propinquum* Hemsl. 洋溪镇洋溪村小河，海拔 692m，YJ－153。

【药用】全株或根皮入药。止血，消肿止痛，接骨续筋。治跌打损伤，外伤出血。

6. 三叶荚蒾 *V. ternatum* Rehder　罗场乡靛厂村风洞沟，海拔 775m，YJ－692。

【药用】根、叶入药 。舒筋止痛。主治腰腿痛等。

7. 珊瑚树 *V. odoratissimum* Ker Gawl.　洋溪镇双龙村小溪河，海拔 740m，YJ－388。

8. 水红木 *V. cylindricum* Buch.－Ham. ex D. Don　缠溪镇塘房岭村分水岭，海拔 1223m，YJ－514。

【药用】叶、根、花入药。清热凉血，化湿通络。治燥咳，痢疾，风湿疼痛，跌打损伤。

【经济用途】饲料、工业油脂、栲胶。

(六)锦带花属 *Weigela* Thunb.

1. 半边月 *W. japonica*. Thunb. var. *sinica* (Rehder) Bailey　洋溪镇蒋家坝村侯家堰，海拔988m，YJ－629。

【观赏特性】落叶灌木或小乔木，花木类，4～5月观白、红花，作为花木使用。

一百一十五、败酱科 Valerianaceae

(一)败酱属 *Patrinia* Juss.

1. 单蕊败酱 *P. monandra* C. B. Clarke　罗场乡广东坪村茂林，海拔900m，YJ－0648。

【药用】全草入药。清热解毒，消肿排脓，止血止痛。主治痢疾，肝炎，肠痈，产后瘀血腹痛，痈肿疔疮等。

2. 白花败酱 *P. sinensis* (Lévl.) Koidz.　洋溪镇蒋家坝村毛湾，海拔980m，YJ－0381。

【药用】全草入药。清热解毒，活血排脓。主治痈肿，肠痈，肺痈，痢疾，产后瘀滞腹痛。

【经济用途】饲料。

(二)缬草属 *Valeriana* L.

1. 柔垂缬草 *V. flaccidissima* Maxim. 洋溪镇挂榜山；洋溪镇蒋家坝村格佑寨倒竹坑，海拔1030m，YJ－0333。

【药用】根、根茎入药。祛风，散寒，除湿，消食。主治外感风寒，风湿痹痛，食积腹胀，消化不良。

2. 长序缬草 *V. hardwickii* Wall.　罗场乡靛厂村打掘沟，海拔780m，YJ－0458。

3. 蜘蛛香 *V. jatamansi* Jones　洋溪镇蒋家坝村格佑寨鸡爬坎，海拔980m，YJ－0326；洋溪镇蒋家坝村格佑寨倒竹坑，海拔1030m，YJ－0330。

【药用】根茎入药。理气和中，散寒除湿，活血调经。主治胃气痛，脘腹胀痛，呕吐泄泻，小儿疳积，风寒湿痹，月经不调，跌打损伤等。

【观赏特性】4～5月观白色或粉红色花，全株有浓烈香味，作干花、地栽和盆栽。

【经济用途】工业用香料。

4. 缬草 *V. officinalis* L.　洋溪镇曾心村大屋基海拔650m，YJ－0042；洋溪镇桅杆村申坳，海拔1000m，YJ－0250；罗场乡岭峰村三花山，海拔980m，YJ－0475；缠溪镇塘房岭村分水岭。

【药用】根、根茎入药。安心神，祛风湿，行气血，止痛。主治心神不安，心悸失眠，癫狂，风湿痹痛，脘腹胀痛，经闭，痛经，跌打损伤等。

【观赏特性】根状茎具浓香味，5～7月观淡紫色或白色花，作盆栽、干花。

【经济用途】工业用香料。

5. 宽叶缬草 *V. officinalis* L. var. *latifolia* Mig　洋溪镇桅杆。

【药用】根、根茎入药。安心神，祛风湿，行气血，止痛。主治心神不安，心悸失眠，癫狂，风湿痹痛，脘腹胀痛，经闭，痛经，跌打损伤等。

【观赏特性】根状茎具浓香味，5～7月观淡紫色或白色花，作盆栽、干花。

一百一十六、川续断科 Dipsacaceae

(一)川续断属 *Dipsacus* L.

1. 川续断 *D. asper* Wall. 洋溪镇小河，海拔670m，YJ－0162；洋溪镇曾心村徐家，海拔870m，YJ－0584。

【药用】根入药。补肝肾，强筋骨，活血止痛。主治腰膝酸软，肢节痿痹，遗精，带下，崩漏，风湿痛，骨折，跌打损伤等。

【森林蔬菜】食用部位：根。食用、烹调方法：①鲜用；②干制。炖肉。喜食度：差。

【观赏特性】7－8 月观白色花，作插花或切花。

一百一十七、菊科 Compositae

（一）下田菊属 *Adenostemma* J. R. et G. Forst.

1. 下田菊 *A. lavenia*（L.）O. Kuntze　缠溪镇冷水溪，海拔 880m。

（二）兔儿风属 *Ainsliaea* DC.

1. 纤序兔儿风 *A. cavalerei* Lévl.　洋溪镇双龙村晴望山。

2. 光叶兔儿风 *A. glabra* Hemsl.　罗场乡靛厂村打掘沟，海拔 780m，YJ－0461。

【药用】全草入药。养阴清肺，祛瘀止血。主治肺痨咯血，跌打损伤。

（三）香青属 *Anaphalis* DC.

1. 珠光香青（原变种）*A. margaritacea*（L.）Benth. et Hook. var. *margaritacea*　洋溪镇谯家，海拔 730m，YJ－0104。

【药用】全草入药。清热泻火，燥湿，驱虫。主治吐血，胃火牙痛，湿热泻痢，蛔虫病等。

【观赏特性】观叶，叶白色，芳香，作插花、干花。

【经济用途】工业用香料。

2. 珠光香青黄褐变种 *A. margaritacea*（L.）Benth. et Hook. var. *cinnamomea*（DC.）Herd. ex Maxim. 洋溪镇桅杆村大张山，海拔 1000m，YJ－0224。

3. 珠光香青线叶变种 *A. margaritacea*（L.）Benth. et Hook. var. *japonica*（Sch. －Bip.）Makino

（四）牛蒡属 *Arctium* L.

1. 牛蒡 *A. lappa* L.　洋溪镇小河至张家，海拔 670m，YJ－0168；洋溪镇桅杆村半沟，海拔 780m，YJ－0292。

【药用】果实、根、茎叶入药。疏散风热，宣肺透疹，利咽散结，解毒消肿。主治风热咳嗽，咽喉肿痛，斑疹不透，风湿痹痛，痈疖恶疮等。

（五）蒿属 *Artemisia* L.

1. 黄花蒿 *A. annua* L.　洋溪镇曾心村大屋基，海拔 650m，YJ－0037；洋溪镇蒋家坝村格佑寨上坝，海拔 980m，YJ－0311；洋溪镇蒋家坝村格佑寨倒竹坑，海拔 1030m，YJ－0347。

【药用】全草入药。清热解疟，驱虫上痒。主治伤暑，疟疾，潮热，小儿惊风，热泻，恶疮疥癣。

2. 艾蒿 *A. argyi* Lévl et Van. 洋溪镇曾心村大屋基，海拔 650m，YJ－0012；洋溪镇桅杆村深坳，海拔 1000m，YJ－0251。

3. 牡蒿 *A. japonica* Thunb.　洋溪镇桅杆村深坳，海拔 1000m，YJ－0261；洋溪镇蒋家坝村走马山坪，海拔 1220m。

【药用】全草入药。解表，清热，杀虫。主治感冒身热，劳伤咳嗽，潮热，小儿疳热，疟疾，口疮，疥癣，湿疹。

【经济用途】饲料、土农药、工业用香料。

4. 白苞蒿 *A. lactiflora* Wall. ex DC.　洋溪镇盐井沟，海拔 680m，YJ－0076。

【药用】全草入药。活血和瘀，理气化湿。主治血瘀痛经，经闭，产后瘀滞腹痛，慢性肝炎，食积腹胀，寒湿泄泻，跌打损伤等。

【森林蔬菜】食用部位：嫩苗、嫩茎叶。食用、烹调方法：鲜用。凉拌、或炒食。喜食度：喜欢。

【经济用途】工业用香料。

5. 灰苞蒿 *A. roxburghiana* Bess.　洋溪镇银坳村银坳，海拔 970m，YJ－0411。

6. 大籽蒿 *A. sieversiana* Willd.　罗场乡岭峰村三花山，海拔 980m，YJ－0494；缠溪镇冷水溪，海拔 880m。

【药用】全草入药。清热利湿，凉血止血。主治肺热咳喘，咽喉肿痛，湿热黄疸，热痢，吐血，咯血，外伤出血等。

【经济用途】工业用香料、饲料。

(六)紫菀属 *Aster* L.

1. 三脉紫菀 *A. ageratoides* Turcs. 洋溪镇曾心村大屋基，海拔650m，YJ－0022；洋溪镇谯家，海拔730m，YJ－0092；洋溪镇曾心村徐家，海拔870m，YJ－0526。

【药用】全草入药。疏风清热解毒，祛痰镇咳。治风热感冒，扁桃体炎，支气管炎，疔疮肿毒，蛇咬伤。

【森林蔬菜】食用部位：嫩叶。食用、烹调方法：鲜用。凉拌、炒。喜食度：较喜欢。

【观赏特性】10－11月观浅红色或白色花。

2. 三脉紫菀毛枝变种 A. *ageratoides* Turcs. var. *lasiocladus*（Hayata）Hand. － Mazz. 洋溪镇小河，海拔680m，YJ－0588。

【药用】全草入药。清热解毒，理气止痛，祛痰镇咳。主治风热感冒，头痛，痢疾，胸痛，咳嗽，蛇咬伤等。

3. 柔软紫菀 *A. flaccidus* Bunge 洋溪镇桅杆村石家山，海拔1020m，YJ－0287。

4. 钻形紫菀 *A. subulatus* Michx. 洋溪镇曾心村大屋基，海拔650m，YJ－0025。

【药用】全草入药。清热解毒。主治痈肿，湿疹。

【森林蔬菜】食用部位：嫩苗、嫩茎叶。食用、烹调方法：鲜用。凉拌、炒。喜食度：较喜欢。

(七)鬼针草属 *Bidens* L.

1. 鬼针草 *B. pilosa* L. 洋溪镇曾心村大屋基，海拔650m，YJ－0045；罗场乡广东坪村茂林，海拔900m，YJ－0635；区内荒地广布。

【药用】全草入药。清热解毒，利湿健脾。主治流行感冒，咽喉肿痛，黄疸肝炎，暑湿吐泻，痢疾，小儿疳积，肠痈，蛇虫咬伤等。

2. 狼把草 *B. tripartite* L. 缠溪镇冷水溪，海拔850m。

【药用】全草入药。清热解毒，利湿，通经。主治肺热咳嗽，咽喉肿痛，赤白痢疾，黄疸，月经不调，湿疹癣疮等。

(八)艾纳香属 *Blumea* DC.

1. 大叶艾纳香 *B. martiniana* Vant. 洋溪镇谯家，海拔730m，YJ－0099；杨柳乡白虎咀村田家寨，海拔870m。

(九)天名精属 *Carpesium* L.

1. 天名精 *C. abrotanoides* L. 洋溪镇蒋家坝村毛湾，海拔980m，YJ－0370；洋溪镇曾心村徐家，海拔870m，YJ－0544。

【经济用途】工业用香料。

2. 烟管头草 *C. cernuum* L. 洋溪镇曾心村大屋基，海拔650m，YJ－0034。

【药用】全草入药。清热解毒，消肿止痛。主治感冒发热，高热惊风，咽喉肿痛，乳蛾，痄腮，风火牙痛，淋巴结结核，乳腺炎。

3. 金挖耳 *C. divaricatum* Sieb. et Zucc. 洋溪镇申家河沟，海拔720m，YJ－0198；洋溪镇曾心村徐家，海拔870m，YJ－0572。

【药用】全草入药。清热解毒，消肿止痛。主治感冒发热，头风，风火赤眼，咽喉肿痛，乳痈，疮疖肿毒，泄泻等。

(十)蓟属 *Cirsium* Mill.

1. 骆骑 *C. handelii* Petr. ex Hand. － Mazz. 洋溪镇桅杆村深坳，海拔1000m，YJ－0240；罗场乡靛厂村打劫沟，海拔780m，YJ－0450。

【观赏特性】7～8月观紫红色花，作原生境、切花。

2. 蓟 *C. japonicum* Fisch. et DC. 洋溪镇小河，海拔670m，YJ－0124。

【药用】全草、根入药。凉血，止血，祛瘀，消痈肿。治吐血，衄血，尿血，血淋，血崩，带下，肠风，肠痈，疔疮。

【观赏特性】4～5月观紫色或红色花，作原生境、切花。

3. 马刺蓟 *C. monocephalum*（Van.）Lévl. 洋溪镇银坳村银坳，海拔970m，YJ－0409。

4. 刺儿菜 *C. setosum*（Willd.）MB.　罗场乡岭峰村三花山，海拔980m，YJ－04670；洋溪镇小河，海拔680m，YJ－0589。

【药用】全草、根入药。凉血，祛瘀，止血。治吐血，衄血，尿血，血淋，便血，血崩，急性传染性肝炎，创伤出血，疔疮，痈毒。

【森林蔬菜】食用部位：嫩苗、嫩茎叶。食用、烹调方法：①鲜用；②干制。炒食、做汤或煮粥。喜食度：喜欢。

5. 牛口刺 *C. shansiense* Petr. 杨柳乡竹林村，海拔960m。

（十一）白酒草属 *Conyza* Less.

1. 小蓬草 *C. canadensis*（L.）Cronq.　区内荒地、路边习见。

【药用】全草入药。清热利湿，散瘀消肿。主治痢疾，肠炎，肝炎，胆囊炎，跌打损伤，风湿骨痛，疮疖肿痛等。

【经济用途】饲料。

2. 白酒草 *C. japonica*（Thunb.）Less. ex DC. 洋溪镇曾心村大屋基，海拔650m，YJ－0032。

3. 苏门白酒草 *C. sumatrensis*（Retz.）Walker 洋溪镇曾心村大屋基，海拔650m，YJ－0033。

（十二）木耳菜属 *Crassocephalum* Moench.

1. 野茼蒿 *C. crepidioides*（Benth.）S. Moore　洋溪镇曾心村徐家，海拔870m，YJ－0583。

【药用】全草入药。清热解毒，调和脾胃。主治感冒，肠炎，痢疾，乳腺炎，消化不良等。

（十三）菊属 *Dendranthema*（DC.）Des Moul.

1. 野菊 *D. indicum*（L.）Des. Moul. 洋溪镇蒋家坝村格佑寨鸡爬坎，海拔980m，YJ－0318；洋溪镇曾心村徐家，海拔870m，YJ－0525；罗场乡广东坪村茂林，海拔900m，YJ－0631。

【药用】全草、根入药。清热解毒，疏风平肝。主治风寒感冒，咽喉肿痛，气管炎，肝炎，高血压，痢疾，痈肿，疔疮。

【森林蔬菜】食用部位：嫩茎叶。食用、烹调方法：鲜用。凉拌、炒食、和面蒸、和鸡蛋炸。喜食度：差。

【观赏特性】9～11月观黄色花，作原生境、插花、干花。

【经济用途】工业用香料、土农药。

（十四）金鱼草属 *Dichrocephala* Läherit. ex DC.

1. 小鱼眼草 *D. benthamii* C. B. Clarke　杨柳乡白虎咀村田家寨，海拔870m。

2. 鱼眼草 *D. integrifolia*（L. f.）O. Kuntze　罗场乡岭峰村三花山，海拔980m，YJ－0472。

【药用】全草入药。活血调经，解毒消肿。主治月经不调，扭伤肿痛，疔毒，毒蛇咬伤。

（十五）一点红属 *Emillia*（Cass.）Cass.

1. 一点红 *E. sonchifolia*（L.）DC. ex Wight　洋溪镇银坳村银坳，海拔970m，YJ－0412。

（十六）菊芹属 *Erechtites* Raf.

1. 梁子菜 *E. hieraciifolia*（L.）Raf. ex DC.　缠溪镇冷水溪，海拔880m。

【森林蔬菜】食用部位：嫩茎叶。食用、烹调方法：鲜用。凉拌、炒食、做汤或做馅。喜食度：喜欢。

（十七）鳢肠属 *Eclipta* L.

1. 鳢肠 *E. prostrata*（L.）L. 缠溪镇冷水溪，海拔880m。

【药用】全草入药。凉血，止血，补肾，益阴。治吐血，咳血，衄血，尿血，便血，血痢，须发早白，白喉，淋浊，带下，阴部湿疹。

(十八)飞蓬属 *Erigeron* L.

1. 一年蓬 *E. annuus*（L.）Pers. 区内荒地、路边有分布。

【药用】全草入药。消食止泻，清热解毒，截疟。主治消化不良，胃肠炎，疟疾，毒蛇咬伤等。

(十九)泽兰属 *Eupatoium* L.

1. 多须公(华泽兰)*E. chinense* L.　洋溪镇谯家，海拔730m，YJ－0089；洋溪镇曾心村徐家，海拔870m，YJ－0581；缠溪镇冷水溪，海拔880m。

【药用】全草、根入药。清热利咽，凉血散瘀，解毒消肿。主治咽喉肿痛，吐血，赤白下痢，跌打损伤，痈疮肿毒等。

【观赏特性】7－11月观白色、粉红色或红色花，作原生境。

2. 异叶泽兰 *E. heterophyllum* DC.　洋溪镇谯家，海拔730m，YJ－0103。

(二十)牛膝菊属 *Galinsoga* Ruiz et Pav.

1. 牛膝菊(辣子草)*G. parviflora* Cav. 罗场乡岭峰村三花山，海拔980m，YJ－0504；洋溪镇曾心村徐家，海拔870m，YJ－0567。

【药用】全草入药。清热解毒，止咳平喘，止血。主治扁桃体炎，咽喉炎，黄疸型肝炎，咳喘，疔疮，外伤出血。

(二十一)鼠麴草属 *Gnaphalium* L.

1. 鼠麴草(清明菜)*G. affine* D. Don　洋溪镇曾心村大屋基，海拔650m，YJ－0020；洋溪镇桅杆村石家山，海拔1020m，YJ－0285；罗场乡岭峰村三花山，海拔980m，YJ－0493。

【药用】全草入药。化痰，止咳，祛风寒。治咳嗽痰多，气喘，感冒风寒，蚕豆病，筋骨疼痛，白带，痈疡，

【森林蔬菜】食用部位：嫩苗、嫩茎叶。食用、烹调方法：鲜用，做清明粑或炒、蒸、做饮料。喜食度：较喜欢。

2. 秋鼠麴草 *G. hypoleucum* DC. 洋溪镇小河，海拔680m，YJ－0586。

【药用】全草入药。疏风清热，解毒，利湿。主治感冒，咳嗽，泄泻，痢疾，风湿痛，疮疡等。

(二十二)三七草属 *Gynura* Cass.

1. 三七草(血当归)*G. japonica*（Thunb.）Juel　洋溪镇桅杆村大张山，海拔1000m，YJ－0234。

(二十三)向日葵属 *Helianthus* L.

1. 菊芋(洋姜)*H. tuberosus* L. 洋溪镇蒋家坝村格佑寨倒竹坑，海拔1030m，YJ－0352。

【经济用途】饲料。

(二十四)泥胡菜属 *Hemistepta* Bunge

1. 泥胡菜 *H. lyrata*（Bunge）Bunge　洋溪镇谯家，海拔730m，YJ－0107；洋溪镇蒋家坝村毛湾，海拔980m，YJ－0366；洋溪镇蒋家坝村格佑寨。

【森林蔬菜】食用部位：嫩茎叶。食用、烹调方法：鲜用。凉拌、炒食、做汤、煮粥。喜食度：一般。

(二十五)旋覆花属 *Inula* L.

1. 羊耳菊 *I. cappa*（Buch.－Ham. ex D. Don）DC　罗场乡广东坪村茂林，海拔900m，YJ－0630。

【药用】全草入药。祛风散寒，行气利湿，解毒消肿。主治风湿感冒，咳嗽，风湿痹痛，泄泻，乳腺炎，痔疮等。

(二十六)苦荬菜属 *Ixeris* Cass.

1. 苦荬菜 *I. denticulate*（Houtt.）Stebb. 洋溪镇蒋家坝村格佑寨鸡爬坎，海拔980m，YJ－0317；洋溪镇曾心村徐家，海拔870m，YJ－0532。

【药用】全草入药。清热解毒，消肿止痛。主治痈疖疔毒，乳痈，咽喉肿痛，黄疸，痢疾，跌打损伤等。

2. 细叶苦荬菜 *I. gracilis* (DC.) Stebb.　缠溪镇冷水溪，海拔 880m。

(二十七) 马兰属 *Kalimeris* Cass.

1. 马兰 *K. indica* (L.) Sch. – Bip.　洋溪镇曾心村大屋基，海拔 650m，YJ – 0028；洋溪镇蒋家坝村毛湾，海拔 980m，YJ – 0369；区内广布。

【药用】全草、根入药。凉血止血，清热利湿，解毒消肿。主治吐血，血痢，黄疸，水肿，感冒咳嗽，咽痛喉痹，小儿疳积等。

【森林蔬菜】食用部位：嫩茎叶。食用、烹调方法：鲜用。凉拌、炒、炖、做馅或饮料。喜食度：喜欢。

【观赏特性】7 – 11 月观浅蓝色花，作花坪、原生境。

(二十八) 莴苣属 *Lactuca* L.

1. 异叶莴苣 *L. diversifolia* Vant. 罗场乡靛厂村打掘沟，海拔 780m，YJ – 0438

2. 山莴苣 *L. indica* L. 洋溪镇曾心村大屋基海拔 650m，YJ – 0029；洋溪镇谯家，海拔 730m，YJ – 0100；罗场乡靛厂村打掘沟，海拔 780m，YJ – 0435。

3. 水龙骨叶苣 *L. polypodifolia* Franch. 洋溪镇桅杆村申坳，海拔 1000m，YJ – 0252；洋溪镇蒋家坝村侯家堰，海拔 980m，YJ – 0363；罗场乡靛厂村打掘沟，海拔 780m，YJ – 0429。

4. 堆莴苣 *L. sororia* Miq.　罗场乡岭峰村三花山，海拔 950m。

5. 莴苣 *L.* sp. 罗场乡岭峰村三花山，海拔 980m，YJ – 0513。

(二十九) 火绒草属 *Leontopodium* R. Brown

1. 戟叶火绒草 *L. dedekensii* (Bur. et Franch.) Beauv. 罗场乡岭峰村三花山，海拔 980m，YJ – 0495。

(三十) 橐吾属 *Ligularia* Cass.

1. 齿叶橐吾 *L. dentate* (A. Gray) Hara　洋溪镇小河，海拔 670m，YJ – 0119；洋溪镇小河，海拔 670m，YJ – 0145。

【药用】根入药。舒筋活血，散瘀消肿。主治跌打损伤，月经不调，便血等。

2. 肾叶橐吾 *L. fischerii* (Ledeb.) Turcz.　洋溪镇曾心村徐家，海拔 870m，YJ – 0545。

(三十一) 黏冠草属 *Myriactis* Less.

1. 无喙黏冠草 *M. nepalensis* Lees.　洋溪镇曾心村徐家，海拔 870m，YJ – 0576。

(三十二) 风毛菊属 *Saussurea* DC.

1. 长梗风毛菊 *S. dolichopoda* Diels　洋溪镇小河，海拔 680m，YJ – 0619。

(三十三) 千里光属 *Senecio* L.

1. 糙叶千里光 *S. asperifolius* Franch. 洋溪镇桅杆村深坳，海拔 1000m，YJ – 0241。

2. 菊状千里光 *S. laetus* Edgew. 罗场乡靛厂，海拔 880m，YJ – 0425。

【观赏特性】4 ~ 11 月观黄色花。作地栽使用。

3. 千里光 *S. scandeus* Buch. – Ham. ex D. Don　洋溪镇谯家，海拔 730m，YJ – 0093；洋溪镇桅杆村半沟，海拔 780m，YJ – 0296。

【药用】全草入药。清热解毒，明目退翳，杀虫止痒。主治流感，菌痢，黄疸型肝炎，目赤肿痛，翳障，滴虫性阴道炎等。

【观赏特性】3 ~ 10 月观黄色花，原生境观赏和地栽。

4. 缺裂千里光 *S. scandens* Buch. – Ham. var. *incisus* Franch. 洋溪镇蒋家坝村毛湾，海拔 980m，YJ – 0374。

【观赏特性】9 月至次年 1 月观黄色花，原生境观赏和地栽。

5. 紫毛千里光 *S. villiferus* Franch.　洋溪镇双龙村小溪河。

(三十四)豨莶属 *Siegesbeckia* L.

1. 豨莶(虾柑草)*S. orientalis* L.　洋溪镇银坳村吊家沟，海拔750m，YJ－0419；洋溪镇曾心村徐家，海拔870m，YJ－0566。

【药用】全草入药。祛风湿，利筋骨，降血压。治四肢麻痹，筋骨疼痛，腰膝无力，疟疾，急性肝炎，高血压病，疔疮肿毒，外伤出血。

(三十五)蒲儿根属 *Sinosenecio* B. Nord.

1. 蒲儿根 *S. oldhamianus* (Maxim.) B. Nord.　洋溪镇盐井沟，海拔680m，YJ－0068；洋溪镇小河，海拔670m，YJ－0135；洋溪镇桅杆村大张山，海拔1000m，YJ－0219B。

【药用】全草入药。解毒，活血。主治疮疡，疮毒化脓，刀伤出血等。

【观赏特性】4～7月观黄色花，作切花和原生境。

(三十六)一枝黄花属 *Solidago* L.

1. 一枝黄花 *S. decurrens* Lour. 洋溪镇蒋家坝村走马山坪，海拔1180m。

【药用】全草、根入药。疏风泄热，解毒消肿。主治风热感冒，头痛，咽喉肿痛，黄疸，泄泻，痈肿疮疖等。

【观赏特性】10～11月观黄花，作切花。

(三十七)苦苣菜属 *Sonchus* L.

1. 苦苣菜 *S. oleraceus* L.　洋溪镇曾心村大屋基，海拔650m，YJ－0031；洋溪镇桅杆村大张山，海拔1000m，YJ－0233。

【药用】全草入药。清热解毒，凉血止血。主治肠炎，痢疾，黄疸，咽喉肿痛，痈疮肿毒，乳腺炎，吐血，便血，尿血，痔瘘等。

(三十八)蒲公英属 *Taraxacum* Weber.

1. 蒲公英 *T. mongolicum* Hand.－Mazz. 洋溪镇蒋家坝村格佑寨鸡爬坎，海拔980m，YJ－0323；缠溪镇塘房岭村分水岭。

【药用】全草入药。清热解毒，消肿痈散结。主治乳痈，肺痈，肠痈，目赤肿痛，感冒发热，咳嗽，痢疾等。

【森林蔬菜】食用部位：嫩苗、嫩叶。食用、烹调方法：鲜用。生食、凉拌、炒、炸、做汤、煮粥。喜食度：喜欢。

【观赏特性】4～10月观黄色花，作地栽。

(三十九)苍耳属 *Xanthium* L.

1. 苍耳 *X. sibiricum* Patrin ex Widd.　罗场乡广东坪村茂林，海拔900m，YJ－0644。

【药用】全草入药。发汗通窍，散风祛湿，消炎镇痛。治感冒头痛，慢性鼻窦炎，疟疾，风湿性关节炎，子宫出血，深部脓肿，麻风，皮肤湿疹。

【观赏特性】果期8～11月。可植于路旁、草坪边缘、疏林下或药草园。

【经济用途】工业油脂。

(四十)黄鹌菜属 *Youngia* Cass.

1. 红果黄鹌菜 *Y. erythrocarpa* (Van.) Babc. et Stebb.　洋溪镇小河，海拔670m，YJ－0155；洋溪镇小河风雨桥，海拔720m，YJ　0189；洋溪镇蒋家坝村陈家沟。

【药用】全草入药。清热解毒，消肿止痛。主治感冒，咽痛，乳痈，痢疾，风湿关节痛，疮疖肿毒等。

2. 异叶黄鹌菜 *Y. heterophylla* (Hemsl.) Babc. et Stebb. 洋溪镇小河，海拔680m，YJ－0616。

3. 黄鹌菜 *Y. japonica* (L.) DC. 洋溪镇曾心村大屋基，海拔650m，YJ－0015。

【药用】全草、根入药。清热解毒，利尿消肿。主治感冒，咽痛，眼结膜炎，乳痈，痢疾，风湿关节痛，肝硬化腹水，急性肾炎，血尿，淋浊，疮疖肿毒等。

【森林蔬菜】食用部位：苗叶。食用、烹调方法：鲜用。凉拌。喜食度：喜欢。

单子叶纲 MONOCOTYLEDONEAE

一百一十八、泽泻科 Alismataceae

(一)慈姑属 *Sagittaria* L.

1. 慈姑 *S. sagittifolia* L. 罗场乡岭峰村三花山，海拔980m，YJ－0501。

(二)泽泻属 *Alisma* L.

1. 泽泻 *A. plantago－aquatica* Linn. var. *orientale* Sam.

【森林蔬菜】食用部位：嫩叶。食用、烹调方法：鲜用，凉拌。喜食度：差。

一百一十九、眼子菜科 Potamogetonaceae

(一)眼子菜属 *Potamogeton* L.

1. 抱茎眼子菜 *P. perfoliatus* Linn.

【药用】全草入药。祛风除湿。主治皮肤瘙痒，湿疹。

【观赏特性】观叶，作水体栽培。

【经济用途】绿肥、饲料。

2. 菹草 *P. cripus* Linn.　洋溪镇小河，海拔680m，YJ－0593。

【药用】全草入药。清热，利水，止血，消肿。主治目赤红肿，痢疾，水肿，带下。

【森林蔬菜】食用部位：嫩茎叶。食用、烹调方法：鲜用，凉拌或煮粥。喜食度：差。

【经济用途】饲料。

3. 眼子菜 *P. distinctus* A. Benn. 洋溪镇小河，海拔680m，YJ－0592。

【药用】全草入药。清热解毒，清肝明目，除湿利水，止血凉血。主治湿热黄疸，赤白痢，热淋，小便赤痛，疮痈肿毒，痔疮出血。

一百二十、茨藻科 Najadaceae

(一)茨藻属 *Najas* L.

1. 茨藻 *N. japonica* Nakai　缠溪镇冷水溪等地浅水中。

【观赏特性】观叶，生于湖泊等静水水域，在园林水体中常有生长。也可放植于热带鱼鱼缸中，作点缀装饰。

2. 草茨藻 *N. graminea* Del.　缠溪镇冷水溪等地浅水中。

【经济用途】绿肥、饲料。

一百二十一、棕榈科 Arecaceae

(一)棕榈属 *Trachycarpus* H. Wendl.

1. 棕榈 *T. fortunei*（Hook.）H. Wendl.　洋溪镇曾心村大屋基，海拔670m，YJ－22。

【药用】叶柄、叶鞘纤维入药。收敛止血。主治衄血，便血，尿血，功能性子宫出血，血崩等。

【观赏特性】常绿乔木，荫木类，作为独赏树使用。

【经济用途】纤维。

一百二十二、天南星科 Araceae

(一)雷公连属 *Amydrium* Schott

1. 雷公连 *A. sinense*（Engl.）H. Li　洋溪镇新界村，海拔659m，YJ－183。

【药用】全草入药。行瘀止痛，舒筋活络。主治跌打损伤，骨折，风湿麻木，心绞痛。

【观赏特性】观叶，6～11月观黄色、红色果，作攀援盆栽、科普趣味。

(二)菖蒲属 *Acorus* L.

1. 石菖蒲 *A. tatarinowii* Schott　洋溪镇小河至张家，海拔670m，YJ－0164；洋溪镇小河，海拔

680m，YJ－0612。

【药用】根状茎入药。开窍化痰，辟秽杀虫。治饮食不振，痢疾，肠炎，气管炎，疮疥。

【观赏特性】观叶，叶芳香，作点缀配水景。

（三）魔芋属 *Amorphophallus* Blume

1. 野魔芋 *A. rivieri* Durieu　洋溪镇蒋家坝村侯家堰，海拔 980m，YJ－0359。

【药用】块茎入药。解毒散结，行瘀止痛，化痰消积。主治痈疔肿毒，跌打损伤，毒蛇咬伤，疟疾，痰咳，积滞等。

（四）天南星属 *Arisaema* Mart.

1. 全缘灯台莲 *A. sikokianum* Franch. et Sav. 洋溪镇桅杆村大张山，海拔 1000m，YJ－0219。

【药用】块茎入药。消肿止痛，燥湿化痰，祛风止痉。主治毒蛇咬伤，痈肿，风痰眩晕，口眼歪斜，中风等。

【观赏特性】观叶，3～5 月观紫色花，花奇特，作林下地被、科普趣味。

2. 灯台莲 *A. sikokianum* var. *serratum*（Makino）Hand. －Mazt. 洋溪镇桅杆村大张山，海拔 1000m，YJ－0221；溪镇蒋家坝村格佑寨。

【药用】块茎入药。燥湿化痰，消肿止痛，祛风止痉。主治痰湿咳嗽，风痰眩晕，毒蛇咬伤，痈肿，中风，口眼歪斜等。

【观赏特性】观叶，3～5 月观紫色花，花奇特，作林下地被、科普趣味。

3. 一把伞南星 *A. erubescens*（Wall.）Schott. 洋溪镇小河，海拔 670m，YJ－0131；洋溪镇小河至张家，海拔 670m，YJ－0174；洋溪镇桅杆村大张山，海拔 820m，YJ－0210，YJ－0220；杨柳乡白虎咀。

【药用】块茎入药。有毒。燥湿化痰，祛风定痛。治中风口眼歪斜；无名毒疮，疟疾。

【观赏特性】观叶，4～7 月观淡紫色花，花奇特，8～10 月观红色果，作林下地被、科普趣味。

4. 花南星 *A. lobatum* Engl.　洋溪镇桅杆村干梁屋基，海拔 750m。

【药用】块茎入药。燥湿化痰，祛风定惊，散瘀消肿。主治风痰眩晕，咳嗽顽痰，半身不遂，惊风，癫痫，毒蛇咬伤，疮毒等。

【观赏特性】多生于草坡、林下以及荒地，4～7 月观花，作林下地被、科普趣味。

5. 天南星 *A.* sp.　洋溪镇小河至张家，海拔 670m，YJ－0178。

【药用】块茎入药。祛风止痉，化痰散结。主治中风痰壅，半身不遂，手足麻痹，癫痫，破伤风，痈肿，跌打损伤，毒蛇咬伤。

【观赏特性】观叶，7～9 月观黄红色果，作林下种植、科普趣味。

【经济用途】食用淀粉。

（五）芋属 *Colocasia* Schott

1. 野芋 *C. antiquorum* Schott　洋溪镇小溪河，海拔 840m。

【观赏特性】观叶，作地被、科普趣味、点缀水景。

（六）半夏属 *Pinellia* Tenore.

1. 滴水珠 *P. cordata* N. E. Brown 洋溪镇小河至张家，海拔 670m，YJ－0179B。

2. 半夏 *P. ternate*（Thunb.）Breit.　洋溪镇蒋家坝村格佑寨上坝，海拔 980m，YJ－0310。

【药用】块茎入药。有毒。燥湿化痰，降逆止呕，生用消疖肿。治咳嗽痰多，胸闷胀满，恶心呕吐。

一百二十三、浮萍科 Lemnaceae

（一）浮萍属 *Lemna* L.

1. 浮萍 *L. miner* L.　洋溪镇曾心村大屋基，海拔 650m，YJ－0048。

【药用】全草入药。发汗解表，透疹止痒，利水消肿，清热解毒。主治风热表证，麻疹不透，隐疹瘙痒，水肿，癃闭，疮癣，丹毒，烫伤。

【经济用途】饲料。

（二）紫萍属 *Spirodela* Scheid.

1. 紫萍 *S. polyrrhiza*（L.）Schleid.　洋溪镇曾心村大屋基，海拔650m，YJ－0055。

【经济用途】饲料。

一百二十四、鸭跖草科 Commelinaceae

（一）鸭跖草属 *Commelina* L.

1. 鸭跖草 *C. communis* L. 洋溪镇曾心村大屋基，海拔650m，YJ－0046；洋溪镇桅杆村大张山，海拔1000m，YJ－0224B。

【药用】全草入药。清热解毒，利水消肿。治风热感冒，高热不退，咽喉肿痛，水肿尿少，热淋涩痛，痈肿疔疮。

【森林蔬菜】食用部位：嫩苗、嫩茎叶。食用、烹调方法：鲜用。炒、拌、烫、煮、煎、做汤。喜食度：一般。

【观赏特性】5～6月观深蓝色花，作袋栽造型、插花配材。

【经济用途】饲料。

（二）蓝耳草属 *Cyanotis* D. Don

1. 蓝耳草 *C. vaga*（Lour.）Roem. et Schult.

【观赏特性】7～8月观蓝色或蓝紫色花，作插花配材。

（三）杜若属 *Pollia* Thunb.

1. 川杜若 *P. omeiensis* Hong　杨柳乡茶山村五家沟，海拔850m。

一百二十五、莎草科 Cyperaceae

（一）苔草属 *Carex* L.

1. 大理苔草 *C. rubro－brunnea* C. B. Clarke. var. *taliensis*（Franch.）Kukenth. 洋溪镇曾心村徐家，海拔870m，YJ－0525。

【药用】全草入药。清热解毒，消疮止痒。

2. 粉背苔草 *C. pruinosa* Boott　罗场乡岭峰村三花山，海拔980m。

3. 花葶苔草 *C. scaposa* C. B. Clarke　洋溪镇蒋家坝村灯盏山，海拔890m。

【药用】全草入药。活血散瘀，清热解毒。主治腰肌劳损，跌打损伤，急性胃肠炎等。

4. 蕨状苔草 *C. filicina* Nees　洋溪镇银坳村银坳，海拔970m，YJ－0398。

【药用】全草入药。理气止痛，祛风除湿。主治风湿疼痛。

5. 栗褐苔草 *C. bruunnea* Thunb. 罗场乡岭峰村三花山，海拔960m。

【药用】全草入药。收敛，止痒。主治皮肤瘙痒。

6. 披针苔草 *C. lanceolata* Boott　洋溪镇小河，海拔670m，YJ－0150；洋溪镇桅杆村冰深坳，海拔1000m，YJ－0262。

【药用】全草。清热燥湿，解毒。主治湿疹，小儿羊须疮，黄水疮。

【观赏特性】观叶，作地被。

【经济用途】纤维、饲料。

7. 舌叶苔草 *C. ligulata* Nees　洋溪镇谯家，海拔730m，YJ－0091；洋溪镇银坳村银坳，海拔970m，YJ－0414；罗场乡靛厂村打掘沟，海拔780m，YJ－0445。

【药用】全草入药。解表透疹，理气健脾。主治风热感冒，麻疹不出，消化不良。

8. 十字苔草 *C. cruciata* Wahlenb.　洋溪镇谯家，海拔730m，YJ－0108；区内广布。

【药用】全草入药。解表透疹，理气健脾。主治麻疹不出，风热感冒，消化不良。

9. 苔草 *C.* sp. 洋溪镇曾心村大屋基，海拔650m，YJ－0011B。

10. 细梗苔草 *C. teinogyna* Boott　罗场乡岭峰村三花山，海拔950m。

11. 中华苔草 *C. chinensis* Retz.　杨柳乡茶山村五家沟，海拔910m。

【药用】全草入药。理气止痛。主治小儿夜啼。

(二)莎草属 *Cyperus* L.

1. 碎米莎草 *C. iria* Linn. 洋溪镇盐井沟，海拔680m。

2. 香附子 *C. rotundus* L. 罗场乡岭峰村三花山，海拔980m。

【药用】根茎入药。理气解郁，调经止痛，安胎。主治乳房胀痛，疝气疼痛，月经不调，脘腹痞满，经行腹痛，胎动不安等。

【观赏特性】观叶，作地栽草坪。

(三)荸荠属 *Eleocharis* R. Br.

1. 牛毛毡 *E. yokoscensis*（Franch. et Sav.）Tang et Wang　洋溪镇桅杆村大张山，海拔950m。

(四)飘拂草属 *Fimbristylis* Vahl

1. 拟二叶飘拂草 *F. diphylloides* Makino　洋溪镇蒋家坝盏山沟谷，海拔850m。

2. 水虱草 *F. miliacea*（Linn.）Vahk. 罗场乡岭峰村三花山，海拔980m。

【药用】全草入药。清热利尿，活血解毒。主治小便短赤，风热咳嗽，胃肠炎，跌打损伤。

(五)水蜈蚣属 *Kyllinga* Rottb.

1. 水蜈蚣 *K. brevifolia* Rottb. 洋溪镇盐井沟，海拔680m，杨柳、缠溪、罗场等地田边、沟边湿地习见。

【药用】全草入药。止咳化痰，祛风利湿，截疟。主治感冒咳嗽，关节酸痛，百日咳，皮肤瘙痒，疟疾等。

(六)砖子苗属 *Mariscus* Gaertn.

1. 砖子苗 *M. umbellatus* Vahl　罗场乡岭峰村三花山，海拔980m。

【药用】全草入药。止咳化痰，祛风解表，解郁调经。主治风寒感冒，咳嗽痰多，皮肤瘙痒，月经不调。

(七)扁莎属 *Pycreus* P. Beauv.

1. 球穗扁莎 *P. globosus*（All.）Reichb.

【药用】全草入药。破血行气，止痛。主治跌打损伤，小便不利，风寒感冒等。

(八)刺子莞属 *Rhynchospora* Vahl

1. 刺子莞 *Rh. rubra*（Lour.）Makino　洋溪镇挂榜山脚，海拔1200m。

(九)水葱属 *Schoenoplectus.*

1. 萤蔺 *S. juncoides* Roxb.　罗场乡岭峰村三花山，海拔980m。

【药用】全草入药。清热解毒，利湿凉血，消积开胃。主治肺痨咳血，目赤肿痛，麻疹热毒，牙痛，热淋，白浊，食积停滞。

一百二十六、灯心草科 Juncaceae

(一)灯心草属 *Juncus* L.

1. 翅茎灯心草 *J. alatus* Franch. et Savat. 罗场乡岭峰村三花山，海拔980m，YJ－0477；杨柳乡白虎咀。

【药用】全草入药。清热，通淋，止血。主治心烦口渴，口舌生疮，淋症，小便涩痛等。

2. 野灯心草 *J. setchuensis* Buchen　洋溪镇谯家，海拔730m，YJ－0079；洋溪镇桅杆村大张山，海拔820m，YJ－0208。

【药用】全草入药。利水通淋，泄热安神，凉血止血。主治肾炎水肿，热淋，心热烦燥，心烦失眠，口舌生疮，咯血，尿血等。

【观赏特性】花果期5～10月，观形，观茎，作水体种植和插花配材。

一百二十七、禾本科 Poaceae

（一）簕竹属 *Bambusa* Schreb.

1. 慈竹 *B. emeiensis* L. C. Chia et H. L. Fung　洋溪镇曾心村大屋基，海拔659m，YJ－48。

【观赏特性】乔木状竹类，林木类，作为林丛使用。

（二）大明竹属 *Pleioblastus* Nakai

1. 苦竹 *P. amarus*（Keng）Keng f.　洋溪镇曾心村大屋基，海拔659m，YJ－49。

（三）刚竹属 *Phyllostachys* Sieb. et Zucc.

1. 桂竹 *Ph. reticulata*（Rupr.）K. Koch　洋溪镇银坳村银坳组，海拔974m，YJ－651。

【药用】根茎、根入药。祛风除湿，止咳平喘，止血。主治风湿疼痛，筋骨疼痛，咳嗽气喘，血崩。

2. 毛竹 *Ph. edulis*（Carrière）J. Houzeau 洋溪镇曾心村大屋基，海拔668m，YJ－67。

【药用】幼竹苗入药：治小儿痘疹不出。毛竹笋入药：通血脉通窍，化痰消食；治疟疾，消食。

【观赏特性】乔木状竹类，林木类，作为林丛使用。

【经济用途】纤维。

3. 水竹 *Ph. heteroclada* Oliv. 洋溪镇蒋家坝村格优寨组，海拔1069m，YJ－587。

【药用】根入药。清热，凉血，化痰。治咳嗽，痰中带血。

（四）寒竹属 *Chimonobambusa* Makino

1. 狭叶方竹 *C. angustifolia* C. D. Chu et C. S. Chao　洋溪镇洋溪村小河，海拔679m，YJ－177。

【观赏特性】灌木状竹类，林木类，作为林丛使用。

（五）类芦属 *Neyraudia* Hook. f.

1. 类芦 *N. reynaudiana*（Kunth）Keng ex Hitchc.　罗场乡靛厂村风洞沟，海拔786m，YJ－677；罗场乡靛厂村打劫沟，海拔780m，YJ－0426。

（六）牡竹属 *Dendrocalamus* Nees

1. 黔竹 *D. tsiangii*（McClure）L. C. Chia et H. L. Fung　洋溪镇银坳村银坳组，海拔974m，YJ－652。

【观赏特性】乔木状竹类，林木类，作为林丛使用。

（七）箬竹属 *Indocalamus* Nakai

1. 阔叶箬竹 *I. latifolius*（Keng）McClure　洋溪镇曾心村大屋基，海拔659m，YJ－55。

【观赏特性】灌木状竹类，林木类，作为地被使用。

（八）玉山竹属 *Yushania* Keng f.

1. 梵净山玉山竹 *Y. complanata* T. P. Yi　罗场乡岭峰村枫香坪，海拔1210m，YJ－773。

（九）翦股颖属 *Agrostis* L.

1. 翦股颖 *A. clavata* Trin. subsp. *matsumurae*（Hack. ex Honda）Tateoka　洋溪镇盐井沟，海拔680m，YJ－0066。

【观赏特性】观叶，作草坪。

2. 多花翦股颖 *A. myriandra* Hook. f.　洋溪镇桅杆村大张山，海拔1020m。

【观赏特性】观叶，作草坪。

（十）看麦娘属 *Alopecurus* L.

1. 看麦娘 *A. aequalis* Sohol.　洋溪镇曾心村大屋基，海拔650m，YJ－0001，YJ－0024；洋溪镇桅杆村石家山，海拔1020m，YJ－0281。

【药用】全草入药。止咳定喘，杀虫。治哮喘，外感风寒咳嗽，疮疡。

(十一)荩草属 *Arthraxon* Beauv.

1. 荩草 *A. hispidus*（Thunb.）Makino　洋溪镇桅杆村大张山，海拔1000m，YJ－0215。

【药用】全草入药。止咳，定喘，杀虫。主治气喘上气，恶疮疥癣。

2. 矛叶荩草 *A. lanceolatus*（Roxb.）Hochst.　洋溪镇小河，海拔680m，YJ－0609。

【药用】全草入药。止咳定喘，杀虫。主治上气喘逆，久咳，疮疡疥癣。

(十二)野古草属 *Arundinella* Raddi

1. 野古草 *A. hirta*（Thunb.）Tanaka　洋溪镇曾心村徐家，海拔870m，YJ－0534。

【药用】全草入药。清热，凉血。主治风热感冒，鼻衄，小儿高热等。

【经济用途】纤维。

(十三)臂形草属 *Brachiaria* Griseb.

1. 毛臂形草 *B. villosa*（Lam.）A. Camus

(十四)雀麦属 *Bromus* L.

1. 疏花雀麦 *B. remotiflorus*（Steud.）Obwi　洋溪镇蒋家坝，海拔880m。

(十五)拂子茅属 *Calamagrostis* Adans.

1. 拂子茅 *C. epigejos*（L.）Roth　罗场乡岭峰村三花山，海拔980m。

【经济用途】饲料。

(十六)细柄草属 *Capillipedium* Stapf

1. 硬杆子草 *C. assimile*（Steud.）A. Camus　洋溪镇曾心村大屋基，海拔650m，YJ－0010B；洋溪镇谯家，海拔730m，YJ－0118。

(十七)狗牙根属 *Cynodon* Rich.

1. 狗牙根 *C. dactylon*（L.）Pers.　洋溪镇谯家，海拔730m，YJ－0115；洋溪镇蒋家坝村毛湾，海拔980m，YJ－0380；区内路边草地习见。

【经济用途】饲料。

(十八)马唐属 *Digitaria* Hall.

1. 升马唐 *D. adscendens*（HBK）Henr. 罗场乡岭峰村三花山，海拔980m，YJ－0505。

【经济用途】饲料。

2. 十字马唐 *D. cruciata*（nees）A. Camus

【经济用途】饲料。

3. 止血马唐 *D. ischaemum*（Schreb.）Schreb. 洋溪镇曾心村徐家，海拔870m，YJ－0582。

4. 马唐 *D. sanguinalis*（Linn.）Scop. 洋溪镇曾心村徐家，海拔870m，YJ－0536。

【药用】全草入药。明目润肺。主治耳目不明等。

【经济用途】饲料、树脂、栲胶、寄主。

5. 紫马唐 *D. violascens* Link. 罗场乡岭峰村三花山，海拔980m。

(十九)稗属 *Echinochloa* Beauv.

1. 光头稗 *E. colonum*（Linn.）Link　洋溪镇蒋家坝、桅杆水田边。

【药用】根入药。消肿，止血，利水。主治水肿，咯血，腹水。

2. 稗 *E. crusgalli*（Linn.）Beauv.　区内水田、湿地习见。

(二十)穇属 *Eleusine* Gaertn.

1. 牛筋草 *E. indica*（Linn.）Gaertn. 罗场乡广东坪村茂林，海拔900m，YJ－0645。

(二十一)画眉草属 *Eragrostis* Wolf.

1. 知风草 *E. ferruginea*（Thunb.）Beauv. 洋溪镇蒋家坝村格佑寨鸡爬坎，海拔980m，YJ－0324；罗场乡广东坪村茂林，海拔900m，YJ－0636。

【经济用途】饲料。

2. 画眉草 *E. pilosa*（Linn.）Beauv. 洋溪镇蒋家坝，海拔 880m。

【经济用途】饲料。

（二十二）蜈蚣草属 *Eremochloa* Buese.

1. 假俭草 *E. ophiuroides*（Munro）Hack. 洋溪镇曾心村徐家，海拔 870m，YJ－0577。

（二十三）羊茅属 *Festuca* L.

1. 小颖羊茅 *F. parvigluma* Steud. 洋溪镇蒋家坝村灯盏山，海拔 1160m。

（二十四）白茅属 *Imperata* Cyrillo.

1. 白茅 *I. cylindrica*（L.）Beauv. var. *major*（Nees）C. E. Hubb. 洋溪镇谯家，海拔 730m，YJ－0101；罗场乡岭峰村三花山，海拔 1020m，YJ－0509；洋溪镇曾心村徐家，海拔 870m，YJ－0579。

【药用】根茎入药。凉血，止血，清热，利尿。治热病烦渴，吐血，衄血，肺热喘急，胃热哕逆，淋病，小便不利，水肿，黄疸。

【森林蔬菜】食用部位：根状茎。食用、烹调方法：①鲜用；②干制。生食、炒肉、做饮料。喜食度：一般。

（二十五）鸭嘴草属 *Ischaemum* Linn.

1. 有芒鸭嘴草 *I. aristatum* Linn. 罗场乡靛厂，海拔 900m；缠溪镇木根坡。

【经济用途】饲料。

（二十六）柳叶箬属 *Isachne* R. Br.

1. 柳叶箬 *I. globosa*（Thunb.）Kuntze. 洋溪、罗场等地溪谷水边。

（二十七）淡竹叶属 *Lophatherum* Brongn.

1. 淡竹叶 *L. gracile* Brongn. 洋溪镇蒋家坝村灯盏山，海拔 1040m。

【药用】全草入药。清心火，除烦热，利小便。治热病口渴，心烦，小便赤涩，淋浊，口糜舌疮，牙龈肿痛。

【观赏特性】观叶，作林下草坪。

（二十八）芒属 *Miscanthus* Anderss.

1. 芒 *M. sinensis* Anderss. 洋溪镇曾心村大屋基，海拔 650m，YJ－0021；洋溪镇桅杆村深坳，海拔 1000m，YJ－0267；区内广布。

【药用】茎入药。清热解毒，利尿，散血。治小便不利，虫咬伤。

【观赏特性】夏秋冬观白色圆锥花序，作插花配材或片植。

【经济用途】饲料、纤维。

（二十九）求米草属 *Oplismenus* Beauv.

1. 求米草 *O. undulatifolius*（Ard.）Beauv. 洋溪镇银坳村银坳，海拔 970m，YJ－0397。

【药用】全草入药。活血化瘀。主治跌打损伤。

（三十）稷属 *Panicum* Linn.

1. 糠稷 *P. bisulcatum* Thunb. 罗场乡岭峰村三花山，海拔 980m。

（三十一）雀稗属 *Paspalum* L.

1. 毛花雀稗 *P. dilatatum* Piro. 缠溪镇冷水溪，海拔 880m。

2. 圆果雀稗 *P. orbiculare* G. Forst.

3. 雀稗 *P. thunbergii* Kunth ex Steud. 罗场、缠溪等地水边草地。

【观赏特性】观叶，作草坪。

（三十二）狼尾草属 *Pennisetum* Rich

1. 狼尾草 *S. alopecuroides*（Linn.）Spreng. 洋溪镇曾心村徐家，海拔 870m，YJ－0547。

【药用】全草入药。明目，散血。治眼目赤痛。

【观赏特性】夏秋季观紫色的圆锥花序，作干花、插花配材，也作片植。

【经济用途】饲料、纤维。

(三十三)显子草属 *Phaenosperma* Munro

1. 显子草 *Ph. globosum* Munro ex Oliv. Hook. 洋溪镇蒋家坝灯盏山，海拔1120m。

(三十四)早熟禾属 *Poa* L.

1. 早熟禾 *P. annua* Linn. 洋溪镇曾心村大屋基，海拔650m，YJ－0030。

【药用】全草。消炎，清热，止咳。主治跌打损伤，支气管炎，感冒咳嗽，湿疹。

2. 草地早熟禾 *P. pratensis* Linn. 洋溪镇桅杆村石家山，海拔1020m，YJ－0268。

【药用】根茎入药。降血糖。主治糖尿病。

【观赏特性】观叶，作草坪。

3. 硬质早熟禾 *P. sphodylodes* Trin. ex Bunge 罗场乡靛厂村打劫沟，海拔780m，YJ－0427。

【观赏特性】观叶，作草坪。

(三十五)棒头草属 *Polypogon* Desf.

1. 棒头草 *P. fugax* Nees ex Stead. 洋溪镇桅杆村大张山，海拔980m。

【药用】全草入药。清热利湿，消炎。主治关节疼痛。

2. 鹅观草 *P. kamoji* Ohwi 洋溪镇曾心村大屋基，海拔650m，YJ－0004；洋溪镇桅杆村大张山，海拔1000m，YJ－0216B；洋溪镇蒋家坝村毛湾，海拔980m，YJ－0375。

【药用】全草入药。凉血，清热，镇痛。主治咳嗽痰中带血，丹毒，劳伤疼痛。

【经济用途】饲料。

3. 钙生鹅观草 *P. calcicola* Keng 洋溪镇小河至张家，海拔670m，YJ－0182。

(三十六)狗尾草属 *Seteria* P. Beauv.

1. 大狗尾草 *S. faberii* Herrm. 罗场乡广东坪村茂林，海拔900m，YJ－0639。

【药用】全草、根入药。清热，消疳，祛风，止痛。主治小儿疳积，风疹，牙痛。

【观赏特性】7－9月观圆锥花序，作插花、干花。

2. 西南莩草 *S. forbesiana*（Nees）Hook. f. 洋溪镇盐井沟海拔680m，YJ－0062。

3. 皱叶狗尾草 *S. plicata*（Lam.）T. cooke 罗场乡广东坪村茂林，海拔900m，YJ－0634。

4. 狗尾草 *S. viridis*（L.）P. Beauv. 洋溪镇曾心村徐家，海拔870m，YJ－0535。

【药用】全草入药。除热，去湿，消肿。治痈肿，疮癣，赤眼，黄水疮。

【经济用途】饲料、土农药、纤维。

(三十七)鼠尾粟属 *Sporobolus* R. Br.

1. 鼠尾粟 *S. indicus*（Linn.）R. Br. var. *purpurea－suffusus*（Ohwi）T. Koyama f. *spiciformis* T. Koyama 洋溪镇谯家，海拔730m，YJ－0106；洋溪镇桅杆村石家山，海拔1020m，YJ－0270；洋溪镇曾心村徐家，海拔870m，YJ－0580。

【药用】全草入药。清热解毒，凉血利尿。主治黄疸，传染性肝炎，乙脑，高热神昏，赤白痢疾，热淋，尿血。

(三十八)三毛草属 *Trisetum* Pers.

1. 三毛草 *T. bifidum*（Thunb.）Ohwi 罗场乡广东坪村茂林，海拔1140m，YJ－0627。

一百二十八、香蒲科 Typhaceae

(一)香蒲属 *Typha* L.

1. 香蒲 *T.* orientalis Presl. 洋溪镇小河，海拔680m，YJ－0598；洋溪镇蒋家坝村格佑寨。

【药用】花粉入药。清热，利水，止血，消肿，驱虫。主治目赤红肿，痢疾，水肿，带下，小儿疳积等。

【观赏特性】观果，5～10月观褐红色穗状果序，作插花、湿地水体种植。

【经济用途】纤维。

一百二十九、芭蕉科 Musaceae

(一)芭蕉属 *Musa* L.

1. 芭蕉 *M. sapientum* L.　区内村寨偶见栽培。

【药用】根、花、果实入药。根：清热解毒，止渴，利尿，主治热病，烦闷，消渴，痈疽疔疮，丹毒，崩漏，淋浊，水肿，脚气。花：化痰消痞，散瘀，止痛，主治胸膈饱胀，脘腹痞疼，吞酸反胃，呕吐痰涎，头目昏眩，心痛，怔忡，风湿疼痛，痢疾。果实：止咳润肺。

一百三十、姜科 Zingiberaceae

(一)山姜属 *Alpinia* Roxb.

1. 山姜 *A. japonica* (Thunb.) Miq.　罗场乡靛厂村打劫沟，海拔 780m，YJ－0451。

【药用】根、果实入药。根：温趺，散寒，活血，祛风；主治肺寒咳喘，脘腹冷痛，月经不调，劳伤出血，跌打损伤，风湿痹痛。果实：温中散寒，行气调中；主治呕吐泄泻，脘腹胀痛，食欲不振。

【观赏特性】观叶，4～6 月观白色花，7～12 月观橙黄色果，作盆栽和林下特有地被。

【经济用途】工业用香料。

(二)姜属 *Zingiber* Boehm.

1. 阳荷 *Z. striolatum* Diels　洋溪镇小河风雨桥，海拔 720m，YJ－0191。

【药用】根茎入药。活血调经，解毒消肿，祛痰止咳。主治痛经，月经不调，咳嗽气喘，跌打损伤，痈疽肿毒，瘰疬。

【森林蔬菜】食用部位：嫩芽、根状茎。食用、烹调方法：鲜用。炒、炖、凉拌、泡酒等。喜食度：一般。

一百三十一、美人蕉科 Cannaceae

(一)美人蕉属 *Canna* L.

1. 美人蕉 *C. indica* L.　洋溪镇谯家，海拔 730m，YJ－0086。栽培。

【观赏特性】多年生草本植物，6～10 月观红、粉、黄、白色花，作地栽、盆栽、切花、花坛使用。

一百三十二、百合科 Smilacaceae

(一)菝葜属 *Smilax* L.

1. 菝葜 *S. china* L.　洋溪镇曾心村田坝，海拔 751m，YJ－108。

【药用】根茎入药。祛风利湿，解毒消痈，利水。主治淋浊，带下，风湿痹痛，痢疾，泄泻，痈肿疮毒等。

【观赏特性】常绿攀援灌木，蔓木类，2～5 月观黄绿花，9～11 观红果，作为藤木使用。

2. 短梗菝葜 *S. scobinicaulis* C. H. Wright 洋溪镇双龙村小溪河，海拔 740m，YJ－389。

【药用】根、根茎。祛风除湿，解毒散结，活血通络。主治风湿痹痛，关节不利，肿毒，疮疖，瘰疬。

【观赏特性】攀援状落叶灌木，蔓木类，10 月观蓝黑色果，作为藤木使用。

3. 黑果菝葜 *S. glaucochina* Warb.　洋溪镇曾心黄大土，海拔 775m，YJ－95。

【药用】根茎入药。清热解毒，祛风除湿。主治痈肿疮毒，腰腿疼痛，风湿痹痛，小便淋涩，跌打损伤。

【观赏特性】落叶攀援灌木，蔓木类，10 月观紫黑果，作为藤木使用。

【经济用途】食用淀粉。

4. 黑叶菝葜 *S. nigrescens* F. T. Wang et C. L. Tang ex P. Y. Li　洋溪镇桅杆村梨坪，海拔 1099m，YJ－238。

5. 牛尾菜 *S. riparia* A. DC. 洋溪镇蒋家坝村格优寨组，海拔984m，YJ－565。

【药用】根茎入药。补气活血，舒筋通络，消炎镇痛。治气虚浮肿，筋骨疼痛，偏瘫，头晕头痛，咳嗽吐血，骨结核，白带。

【森林蔬菜】食用部位：嫩芽、幼叶。食用、烹调方法：鲜用。炒。喜食度：差。

6. 青城菝葜 *S. tsinchengshanensis* F. T. Wang 罗场乡靛厂村风洞沟，海拔775m，YJ－708。

(二)百合属 *Lilium* L.

1. 湖北百合 *L. henryi* Baker 洋溪镇小河至张家，海拔670m，YJ－0175

【药用】鳞茎入药。养阴润肺，清心安神。主治痰中带血，阴虚久咳，失眠多梦，精神恍惚，虚烦惊悸等。

【观赏特性】6～7月观橙色花，作地栽、切花。

2. 南川百合 *L. rosthornii* Diels 洋溪镇申家河沟，海拔720m，YJ－0202

【观赏特性】6～7月观黄色或黄红色花，作地栽、配水景、切花。

3. 野百合 *L. brownii* F. E. Brown ex Miellez 洋溪镇盐井沟，海拔680m，YJ－0072；罗场乡岭峰村三花山，海拔1050m，YJ－0511；洋溪镇小河，海拔680m，YJ－0618；罗场乡广东坪村茂林，海拔1140m，YJ－0628

【药用】鳞茎入药。润肺止咳，清心安神。主治咳嗽，虚烦惊悸。

【森林蔬菜】食用部位：鳞茎、花、嫩苗。食用、烹调方法：鳞茎：①提取淀粉；开水冲食、炒、蒸食；②鲜用；③干制，烧食或炖；花：①鲜用；②干制。做甜食；嫩苗鲜用。炒食或做汤。喜食度：差。

【观赏特性】6～7月观乳白色花，花芳香，作切花、配假山、地栽。

【经济用途】食用淀粉。

(三)大百合属 *Cardiocrinum* (Endl.) Lindl.

1. 大百合 *C. giganteum* (Wall.) Makino

【森林蔬菜】食用部位：鳞茎、花。食用、烹调方法：鳞茎：①提取淀粉。开水冲食、炒、蒸食；②鲜用；③干制，烧熟食或炖；花：①鲜用；②干制。做甜食。喜食度：差。

【观赏特性】5～6月观淡紫色、白色花，作盆栽、地栽、切花。

【经济用途】食用淀粉。

(四)粉条儿菜属 *Aletris* L.

1. 粉条儿菜 *A. spicata* (Thunb.) Franch. 洋溪镇小河，海拔670m，YJ－0146；罗场乡广东坪村茂林，海拔930m，YJ－0647。

【药用】全草、根入药。清热，润肺止咳，活血调经，杀虫。主治咳嗽，百日咳，哮喘，盗汗，咯血，乳痈，经闭，小儿疳积，蛔虫病等。

(五)黄精属 *Polygonatum* Mill.

1. 卷叶黄精 *P. cirrhifolium* (Wall.) Royle. 洋溪镇小河，海拔670m，YJ－0121；洋溪镇银坳村银坳，海拔970m，YJ－0390。

【药用】根茎入药。润肺养阴，祛痰止血，消肿解毒，分赴脾益气。主治遗精，肺虚咳嗽，崩漏带下，衄血，肾虚眩晕，外伤出血等。

【观赏特性】观形、观叶，叶奇特拳卷，4～5月观淡紫色或白色花，观黑色或紫红色果，作地栽、科普。

2. 多花黄精 *P. cyrtonema* Hua 洋溪镇小河，海拔670m，YJ－0140；洋溪镇桅杆村石家山，海拔1020m，YJ－0269。

【药用】根茎入药。润肺养阴，健脾益气，祛痰止咳，消肿解毒。主治虚咳，遗精，盗汗吐血，脾虚乏力，消渴，须发早白，外伤出血。

【森林蔬菜】食用部位：根状茎。食用、烹调方法：炖肉、炒、做汤。喜食度：差。

【观赏特性】5～6 月观黄绿色花，本种全株嫩绿色，花多，略下垂，绿白色，宜植于林下、树丛中、庭园角隅或建筑物背阴处。

3. 黄精 *P.* sp. 杨柳乡白虎咀村田家寨，海拔 870m。

【观赏特性】观形，观叶，叶奇特拳卷，4～5 月观白色或淡黄色花，观黑色果，作地栽、科普。

(六)葱属 *Allium* L.

1. 薤白 *A. macrostemon* Bunge. 洋溪镇桅杆村雷公塘。

【药用】鳞茎入药。理气，宽胸，通阳，散结。治胸痹心痛，脘腹不舒，干呕，泻痢，疮疖。

【森林蔬菜】食用部位：鳞茎。食用、烹调方法：①鲜用；②腌制。炒、煮或作汤等。喜食度：喜欢。

2. 宽叶韭 *A. hookeri* Thwaites　洋溪镇银坳村银坳，海拔 970m，YJ－0392。

3. 韭 *A. tuberosum* Rottl. ex Spreng. 洋溪镇银坳村银坳，海拔 970m，YJ－0382。栽培。

(七)吉祥草属 *Reineckia* Kunth

1. 吉祥草 *R. carnea*（Andr.）Kunth　洋溪镇小河风雨桥，海拔 720m，YJ－0184。

【药用】全草入药。润肺止咳，清热活血。治黄疸型肝炎，妇女干痨，肾盂肾炎，跌打损伤，咯血，骨折，咳嗽。

【观赏特性】观叶，叶嫩绿，观鲜红色果，作地被。

(八)开口箭属 *Tupistra* Ker－Gawl.

1. 弯蕊开口箭 *T. wattii*（C. B. Clarke）Hook. f.　洋溪镇小河风雨桥，海拔 720m，YJ－0196。

【药用】根茎入药。清热解毒，止血消肿。治外伤出血，跌打损伤，胃出血，扁桃体炎，淋巴结炎。

【观赏特性】观叶，叶浓绿，观红色果，作地被、切叶。

(九)天门冬属 *Asparagus* L.

1. 天门冬 *A. cochinchinensis*（Lour.）Merr.　洋溪镇小河，海拔 670m，YJ－0148；洋溪镇曾心村徐家，海拔 870m，YJ－0561。

【药用】块根入药。滋阴润燥，清火止咳。治咳嗽，阴虚发热，消渴，便秘，肺痈，喉痛。

【观赏特性】观叶，叶式丛状扁形似松针，绿色有光泽，6～8 月观果，果实绿色，成熟后红色，作地栽。

(十)万年青属 *Rohdea* Roth.

1. 万年青 *R. japonica*（Thunb.）Roth. 洋溪镇曾心村大屋基，海拔 650m，YJ－0003B；洋溪镇蒋家坝村格佑寨倒竹坑，海拔 1030m，YJ－0348；罗场乡广东坪村茂林，海拔 900m，YJ－0641。

【药用】根、根茎入药。清热解毒，强心利尿，凉血止血。主治咽喉肿痛，疮疡肿毒，蛇虫咬伤，心力衰竭，咯血，吐血，崩漏等。

【观赏特性】观叶，叶浓绿，观红色果，作地被、切叶。

(十一)万寿竹属 *Disporum* Salisb.

1. 万寿竹 *D. cantoniense*（Lour.）Merr.　洋溪镇申家河沟，海拔 720m，YJ－0204；洋溪镇蒋家坝村格佑寨倒竹坑，海拔 1030m，YJ－0331；杨柳乡白虎咀。

【药用】根、根茎入药。健脾消肿积，润肺止咳。主治食积胀满，肠风下血，痰中带血，虚损咳喘。

【观赏特性】观形，4～5 月观紫色花，观黑色果，作盆栽观赏。

2. 宝铎草(淡竹花)*D. sessile* D. Don　洋溪镇小河至张家，海拔 670m，YJ－0171；洋溪镇蒋家坝村格佑寨上坝，海拔 980m，YJ－0307；洋溪镇桅杆村黑湾。

【药用】根状茎入药。健脾消积，润肺止咳。主治食积胀满，肠风下血，痰中带血，虚损咳喘。

【观赏特性】观形，4 ~5 月观黄色、绿黄色或白色花，观黑色果实，作盆栽。

(十二)萱草属 *Hemerocallis* L.

1. 萱草 *H. fulva*（L.）L. 洋溪镇申家河沟，海拔 720m，YJ－0197；洋溪镇桅杆村石家山，海拔 1020m，YJ－0284。

【药用】根入药。清热利湿，凉血止血，解毒消肿。治水肿，黄疸，淋浊，崩漏，便血，乳汁不通，乳痈。

【观赏特性】5 ~7 月观橘红色至橙色花，作盆栽、地被、切花观赏。

(十三)沿阶草属 *Ophiopogon* Ker－Gawl.

1. 间型沿阶草 *O. intermedius* D. Don 杨柳乡茶山村五家沟，海拔 920m。

【药用】块根入药。滋阴润肺，益胃生津，清心除烦。主治肺燥干咳，阴虚劳咳，咽喉疼痛，肠燥便秘等。

2. 西南沿阶草 *O. mairei* Lévl.

【药用】根茎入药。清热润肺，养阴生津，清心除烦。主治肺痈，津伤口渴，肺燥干咳，心烦失眠，神经衰弱。

【观赏特性】观叶，作地被使用，也可盆栽。

3. 狭叶沿阶草 *O. stenophyllus*（Merr.）Rodrig 洋溪镇小河风雨桥，海拔 720m，YJ－0183

【药用】根茎入药。清热润肺，养阴生津，清心除烦。主治肺痈，津伤口渴，肺燥干咳，心烦失眠，神经衰弱。

【观赏特性】观叶，观花作地被、盆栽使用。

4. 沿阶草 *O. bodinieri* Lévl. 洋溪镇谯家，海拔 730m，YJ－0114；罗场乡岭峰村三花山，海拔 980m，YJ－0503；洋溪镇曾心村徐家，海拔 870m，YJ－0543。

【药用】块根入药。滋阴润肺，益胃生津，清心除烦。主治肺燥干咳，阴虚劳咳，消渴，咽喉疼痛，肠燥便秘，心烦失眠等。

(十四)玉簪属 *Hosta* Tratt.

1. 紫萼 *H. ventricosa*（Salisb.）Stcarn 洋溪镇谯家，海拔 730m，YJ－0117；洋溪镇小河风雨桥，海拔 720m，YJ－0192。

【药用】根、花入药。清热解毒，散瘀止痛，止血，下骨鲠。主治咽喉肿痛，牙痛，痈肿疮疖，跌打损伤，胃痛，带下，骨鲠等。

【森林蔬菜】食用部位：幼苗、花。食用、烹调方法：①鲜用；②干制；③腌制。凉拌、炒、煮。喜食度：差。

【观赏特性】观叶，7 ~8 月观紫色或淡紫色花，作盆栽、地栽、地被、插花配材观赏。

(十五)蜘蛛抱蛋属 *Aspidistra* Ker－Gawl.

1. 四川蜘蛛抱蛋 *A. sichuanensis* K. Y. Lang et Z. Y. Zhu 杨柳乡茶山村五家沟。

【药用】根茎入药。接骨止痛，活血散瘀，解蛇毒。治跌打肿痛，骨折，肾亏腰痛，风湿痹痛，毒蛇咬伤。

【观赏特性】观叶，作地被、庭院林下散植、盆栽。

(十六)重楼属 *Paris* L.

1. 球药隔重楼 *P. fargesii* Franch. 洋溪镇桅杆村黑湾，海拔 780m。

【药用】根状茎入药。消肿止痛，清热解毒，平喘止咳，熄风定惊。主治咽喉肿痛，痈肿疮毒，咳嗽，小儿惊风抽搐等。

2. 七叶一枝花 *P. polyphylla* Smith 洋溪镇桅杆村黑湾。

【药用】根状茎入药。清热解毒，消肿止痛，治乙型脑炎，胃痛，淋巴结核，腮腺炎，蛇咬伤，无名肿毒。

【森林蔬菜】食用部位：根茎。食用、烹调方法：鲜用。炖肉。喜食度：差。

【观赏特性】观形，观奇特花，5~6月观绿色、黄绿色花，作地栽、科普。

3. 华重楼 *P. polyphylla* Smith var. *chinensis* (Franch..) Hara　洋溪镇银坳村银坳，海拔970m，YJ-0403。

【药用】根状茎入药。清热解毒，消肿止痛，凉肝定惊。主治痈肿疮毒，乳痈，咽肿喉痹，蛇虫咬伤，跌打肿痛，肝热抽搐。

【观赏特性】观叶，作地栽、科普。

（十七）竹根七属 *Disporopsis* Hance

1. 深裂竹根七 *D. pernyi* (Hua) Diels　洋溪镇申家河沟，海拔720m，YJ-0206；洋溪镇曾心村徐家，海拔870m，YJ-0550。

【药用】根茎入药。生津止渴，养阴润燥。主治心烦心悸，消渴，热病口燥咽干，阴虚肺燥，干咳少痰。

一百三十三、石蒜科 Amaryllidaceae

（一）石蒜属 *Lycoris* Herb.

1. 忽地笑 *L. aurea* (L'Her.) Herb.　洋溪镇小河，海拔700m，YJ-0611。

【药用】鳞茎入药。润肺止咳，消肿止痛。主治肺热咳嗽，阴虚劳热，痈肿疮毒，疔疮，结核等。

【观赏特性】观叶，8~9月观黄色花，作花坪、群植、盆栽。

2. 石蒜 *L. radiata* (L' Her.) Herb. 洋溪镇小河至张家，海拔780m，YJ-0176；洋溪镇曾心村徐家，海拔870m，YJ-0569。

【药用】鳞茎入药。祛痰，利尿，催吐。治咽喉肿痛，痈肿疮痛，瘰疬，水肿，小便不利，咳嗽痰喘，食物中毒。

【森林蔬菜】食用部位：花芽。食用、烹调方法：鲜用。拌、炒、炝、熘、蒸、做馅。喜食度：一般。

【观赏特性】观叶，8~9月观红色花，作花坪、群植点缀、盆栽。

（二）仙茅属 *Curculigo* Gaertn.

1. 仙茅 *C. orchioides* Gaertn. 洋溪镇挂榜山，海拔1540m。

【药用】根茎入药。祛寒除湿，温阳益肾。主治小便失禁，阳痿精冷，心腹冷痛，崩漏，腰脚冷痛，痈疽，更年期综合征。

一百三十四、鸢尾科 Iridaceae

（一）唐菖蒲属 *Gladiiolus* Linn.

1. 唐菖蒲 *G. gandavensis* Van Houtte　洋溪镇桅杆村姚寨沟寨，栽培。

【观赏特性】7-9月观红、黄、白或粉红色等花，可作为切花、花坛或盆栽。

（二）鸢尾属 *Iris* L.

1. 蝴蝶花(扁竹根) *I. japonica* Thunb.　洋溪镇银坳村银坳，海拔970m，YJ-0399

【药用】全草、根茎入药。全草：清热解毒，消肿止痛；主治肝炎，肝肿大，咽喉肿痛，胃痛，便血，跌打损伤。根茎：活血止痛，解毒杀虫，消食，通便利水；主治疮肿，咽喉肿痛，牙痛，蛇、犬咬伤，虫积腹痛，腹胀，水肿，热燥便秘等。

【观赏特性】3~4月观淡蓝色或蓝紫色花，作疏林下地被、科普趣味。

2. 鸢尾 *I. tectorum* Maxim　洋溪镇盐井沟，海拔680m，YJ-0073；洋溪镇曾心村徐家，海拔870m，YJ-0574。

【药用】根茎、叶、全草入药。消积通便，利咽，泻热。主治食积胀满，便秘，咽喉肿痛，痔瘘，牙龈肿痛。

【观赏特性】观叶，4～5 月观蓝紫色花，作花坛、点缀、花坪、科普趣味。

【经济用途】指示植物。

一百三十五、薯蓣科 Dioscoreaceae

(一)薯蓣属 *Dioscorea* Linn.

1. 薯蓣 *D. polystachya* Turcz. 洋溪镇双龙村小溪河，海拔 740m，YJ－392。

【药用】块茎入药。补脾养胃，生津益肺，益肾涩精。主治脾虚食少，脾虚泄泻，肺虚咳喘，食少浮肿，肾虚遗精，小便尿频，带下，消渴。外用于痈肿，瘰疬。

【森林蔬菜】食用部位：嫩叶、块茎、珠芽。食用、烹调方法：鲜用，炒、煮、蒸、炖、做馅。喜食度：一般。

【观赏特性】观叶，7～11 月观黄色果，作地栽攀援、科普趣味。

2. 日本薯蓣 *D. japonica* Thunb. 洋溪镇银坳村银坳，海拔 970m，YJ－0415

【药用】块茎入药。健脾补肺，固肾益精。主治脾胃虚弱，泄泻，食少倦怠，虚劳咳嗽，消渴，无名肿毒。

3. 黑珠芽薯蓣 *D. melanophyma* Prain et Burkill

【观赏特性】10～12 月观黄色果，圆形珠芽具有趣味性，作地栽攀援、科普趣味。

4. 毛胶薯蓣 *D. subcalva* Prain et Burkill 罗场乡靛厂，海拔 1020m。

【经济用途】树胶、工业淀粉。

一百三十六、兰科 Orchidaceae

(一)白及属 *Bletilla* Rchb. f.

1. 白及 *B. stiata*（Thunb.）Rchb. f. 杨柳乡茶山村五家沟，海拔 860m。

【药用】块茎入药。补肺止血，消肿生肌。治肺结核咳血，支气管扩张咯血，胃溃疡吐血，尿血，便血；外伤出血，烧烫伤。

【观赏特性】4～5 月观紫红色或淡紫色花，作原生境、盆栽。

(二)虾脊兰属 *Calanthe* R. Br.

1. 肾唇虾脊兰 *C. brevicornu* Lindl. 洋溪镇桅杆村深坳，海拔 1000m，YJ－0246。

【观赏特性】观叶，5 月观黄绿色花，作地栽、盆栽。

2. 剑叶虾脊兰 *C. davidii* Franch. 洋溪镇小河风雨桥，海拔 720m，YJ－0188。

【药用】根入药。清热解毒，散瘀止痛。主治脘腹疼痛，咽喉肿痛，牙痛，关节痛，闭经，毒蛇咬伤，跌打损伤。

【观赏特性】观叶，6～7 月观花，作地栽和盆栽。

3. 虾脊兰 *C. discolor* Lindl. 洋溪镇小河，海拔 670m，YJ－0161。

【观赏特性】观叶，4～5 月观褐紫色、唇瓣白色花，作地栽和盆栽。

4. 虾脊兰 *C.* sp. 洋溪镇申家河沟，海拔 720m，YJ－0201。

(三)头蕊兰属 *Cephalanthera* L. C. Rich.

1. 金兰 *C. falcata*（Thunb.）Bl. 洋溪镇桅杆村大张山，海拔 1000m，YJ－0218；缠溪镇塘房岭村分水岭。

【药用】全草入药。清热泻火，解毒。主治牙痛，咽喉肿痛，毒蛇咬伤。

【观赏特性】5 月观黄花，作盆栽。

(四)杜鹃兰属 *Cremastra* Lindl.

1. 杜鹃兰 *C. appendiculata*（D. Don）Makino 洋溪镇蒋家坝村格佑寨倒竹坑，海拔 1030m，YJ－0356；洋溪镇桅杆村黑湾。

【药用】鳞茎入药。清热解毒，消肿散结。主治咽喉痹痛，结核，痈肿疔毒，瘰疬，蛇、虫咬伤。

【观赏特性】观花，5～6月观淡紫褐色花；作原生境、盆栽。

（五）兰属 *Cymbidium* Sw.

1. 莎叶兰（套叶兰）*C. cyperifolium* Wall. ex Lindl.　罗场乡岭峰村三花山，海拔1020m。

【观赏特性】花期10月至翌年2月，花带白色或淡黄色，侧裂片上有紫纹，观叶、观花。作地栽、盆栽、山石点缀使用。

2. 蕙兰 *C. faberi* Rolfe　洋溪镇谯家，海拔730m，YJ－0098；洋溪镇小河风雨桥，海拔720m，YJ－0193；洋溪镇桅杆村深坳，海拔1000m，YJ－0245。

【药用】根入药。止咳，明目，调经和中。主治久咳，白内障，胸闷，腹泻。

【森林蔬菜】食用部位：花。食用、烹调方法：鲜用。炒、炖、泡水喝。喜食度：一般。

【观赏特性】3～5月观淡黄绿色、紫红色花，极芳香，作盆栽。

3. 多花兰 *C. floribundum* Lindl.　洋溪镇灯盏山，海拔1040m。

【药用】根入药。止咳，明目，调气和中。主治久咳，白内障，胸闷，腹泻。

【观赏特性】观叶，4～6月观紫褐色、紫红色、绿黄色花，作盆栽或袋栽。

4. 春兰 *C. goeringii*（Rchb. f.）Rchb. f.　洋溪镇桅杆村大张山，海拔1020m。

【药用】全草入药。止咳，明目，调气和中。主治久咳，白内障，胸闷，腹泻。

【森林蔬菜】食用部位：花。食用、烹调方法：鲜用。炒、炖、泡水喝。喜食度：一般。

【观赏特性】观叶，1～3月观绿黄色、绿白色、黄白色花，芳香，作盆栽。

（六）天麻属 *Gastrodia* R. Br.

1. 天麻 *G. elata* Bl.　据当地居民介绍区内洋溪、杨柳有分布，但本次调查未见。

【药用】块茎入药。平肝，熄风止痉，祛风，通络。主治眩晕，头痛，抽搐拘挛，急慢惊风，肢麻，半身不遂，风湿痹痛。

（七）斑叶兰属 *Goodyera* R. Br.

1. 大斑叶兰 *G. schlechtendaliana* Rchb. f.　杨柳乡茶山村五家沟，海拔900m。

【药用】全草入药。润肺止咳，消肿解毒，补肾益气，行气活血。主治肺痨咳嗽，咽喉肿痛，气管炎，神经衰弱，阳痿，疮疖，跌打损伤，毒蛇咬伤等。

【观赏特性】观叶，叶背紫色，有白色斑纹，7月观白色带粉红色花，作盆栽。

（八）玉凤花属 *Habenaria* Willd.

1. 毛葶玉凤花 *H. ciliolaris* Kraenzl.　杨柳乡茶山村五家沟，海拔920m。

【药用】块茎入药。壮腰补肾，清热解毒，利水。主治肾虚腰痛，阳痿，遗精，疮疖肿毒，毒蛇咬伤，热淋。

【观赏特性】7～9月观白色或绿白色花，作盆栽观赏。

（九）角盘兰属 *Herminium* L.

1. 叉唇角盘兰 *H. lanceum*（Thunb.）Vuijk　杨柳乡茶山村五家沟，海拔860m。

【药用】块茎、全草入药。益肾壮阳，润肺抗痨，止血。主治肾虚腰痛，遗精，阳痿，小儿疝气，肺痨，淋症。外用刀伤出血。

（十）羊耳蒜属 *Liparis* Rich.

1. 见血青 *L. nervosa*（Thunb. ex A. Murray）Lindl.　杨柳乡茶山村五家沟，海拔850m。

【药用】全草入药。清热解毒，凉血止血。主治肺热咯血，胃热吐血，手术出血，疮疡肿毒，创伤出血，毒蛇咬伤，跌打损伤。

2. 羊耳蒜 *L. japonica*（Miq.）Maxim.　罗场乡岭峰村三花山，海拔1080m，YJ－0519。

【药用】带根全草入药。消肿止痛，活血止血。主治扁桃体炎，产后腹痛，白带过多，崩漏，烧伤，跌打损伤。

【观赏特性】观叶，6～8月观淡绿色、有时可变为粉红色或带紫红色花；作地被、盆栽使用。

(十一)舌唇兰属 *Platenthera* L. C. Rich.

1. 舌唇兰 *P. japonica*（Thunb. ex A. Marray）Lindl. 罗场乡岭峰村三花山，海拔980m，YJ－0524。

【药用】带根全草入药。止咳化痰，润肺。主治咳嗽痰多，肺热咳嗽。

2. 小舌唇兰 *P. minor*（Miq.）Rchb. f. 洋溪镇桅杆村黑湾。

(十二)绶草属 *Spiranthes* L. C. Rich.

1. 绶草 *S. sinensis*（Pers）Ames 杨柳乡茶山村王家坪，海拔1020m。

【药用】全草、根入药。滋阴凉血，润肺止咳，益气生津。主治咳嗽吐血，咽喉肿痛，肺痨咯血，病后体虚。

【观赏特性】5～8月观紫红色或白色花，作地栽。

（杨成华 安明态 李 鹤 吴 华 王加国 李晓芳 孟 敏 杨焱冰）

附件二　印江洋溪自然保护区动物名录

软体动物名录

腹足纲 Gastropoda

前鳃亚纲 Prosobranchia

一、田螺科 Viviparidae

1. 中国圆田螺 *Cipangopaludina chinensis*（Gray, 1834）
2. 瓶圆田螺 *Cipangopaludina lecythoides*（Benson, 1842）
3. 长螺旋圆田螺 *Cipangopaludina longispira*（Heude, 1889）

二、觿螺科 Hydrobiidae

1. 湖北小豆螺 *Bythinella hubeiensis* Liu *et al.*, 1983
2. 三齿拟小豆螺 *Pseudobythinella triodonta* Liu *et al.*, 1991
3. 中国拟钉螺 *Tricula sinica*（Liu *et al.*, 1983）
4. 格氏拟钉螺 *Tricula gredleri* Kang, 1986

三、豆螺科 Bithyniidae

1. 赤豆螺 *Bithynia fuchsiana*（Moellendorff, 1888）
2. 带沼蜷 *Paludomus cinctus* Liu, Zhang et Duan, 1994

肺螺亚纲 Pulmonata

一、椎实螺科 Lymnaeidae

1. 耳萝卜螺 *Radix auricularia*（Linnaeus, 1758）
2. 卵萝卜螺 *Radix ovata*（Dtaparnaud, 1805）
3. 尖萝卜螺 *Radix acuminata*（Lamarck, 1822）

二、扁蜷螺科 Planorbidae

1. 白旋螺 *Cyraulus albus*（Muller, 1774）
2. 凸旋螺 *Cyraulus convexiusculus*（Hutton, 1849）
3. 扁旋螺 *Cyraulus compressus*（Hutton, 1834）

三、环口螺科 Cyclophoridae

1. 光亮环口螺 *Cyclophorus eleganus* Moellendorff
2. 细毛兔唇螺 *Lagochilus tenuipilis* Gredler

四、虹蛹螺科 Pupillidae

1. 湖北喇叭螺 *Boysidia hupeana*（Gredler）

五、巴蜗牛科 Bradybaenidae

1. 灰巴蜗牛 *Bradybaena ravida ravida*（Benson）
2. 高旋华蜗牛 *Cathatca constantiae vestita* Pilsbry
3. 假穴环肋螺 *Plectotropis pseudpatula*（Morllendorff）
4. 双片伪盾螺 *Pseudaspasita binodata*（Moellendorff, 1886）

（蒋玄空　陈会明　张志升　陆　天　孟祥伟）

甲壳动物名录

甲壳动物亚门 Crustacea

软甲纲 Malacostraca

一、枝角类

1. 短体秀体溞 *Diaphanosoma brachyurum*（Lieven，1848）
2. 长肢秀体溞 *Diaphanosoma leuchtenbergianum* Fischer，1854
3. 透明溞 *Daphnia hyalina* Leydig，1860

二、桡足类

1. 翼状荡镖水蚤 *Neutrodiaptomus alatus* Hu，1943
2. 萨氏中镖水蚤 *Sinodiaptomus sarsi*（Rylov，1923）
3. 施氏新镖水蚤 *Neodiaptomus schmackeria*（Poppe *et* Richard，1892）
4. 舌状叶镖水蚤 *Phyllodiaptomus tunguidus* Shen *et* Tai，1964
5. 同形拟猛水蚤 *Harpacticella paradoxa*（Brehm，1924）
6. 隆脊异猛水蚤 *Camthocamptus carinatus* Shen *et* Sung，1973

十足目 Decapoda

三、匙指虾科 Atyidae

1. 短刺米虾 *Caridina brevispina* Liang *et* Yan，1986
2. 贾氏米虾 *Caridina cavaleriei* Bouiver，1919
3. 粗肢米虾 *Caridina crassipes* Liang，1993
4. 舌肢米虾 *Caridina glossopoda* Liang *et al.*，1993

四、长臂虾科 Palaemonidae

1. 日本沼虾 *Macrobrachium nipponense*（de Haan，1849）

溪蟹总科 Potamoidea

五、溪蟹科 Potamidae

1. 僧帽石蟹 *Isolapotamon physalisum* Dai *et* Li，1984
2. 武陵黔溪蟹 *Qiangpotamon wulingense* Dai，1995

（蒋玄空　陈会明　张志升　陆　天　孟祥伟）

环节动物名录

寡毛纲 Oligochaeta

一、链胃蚓科 Moniligastridae

1. 日本杜拉蚓 *Drawida japonica*（Michuelsan）

蛭纲 Hirudinea

二、舌蛭科 Glossipho

1. 淡色舌蛭 *Glossiphonia weberi* Blanchard，1897
2. 宽身舌蛭 *Glossiphonia lata* Oka，1910

三、医蛭科 Hirudiniidae

1. 日本医蛭 *Hirudo nipponia* Whitmania，1886

四、黄蛭科 Haemopidae

1. 光润金线蛭 *Whitmania laevis*（Baird，1869）

2. 宽身金线蛭 *Whitmania pigra*（Whitman，1884）

五、石蛭科 Herpobdellidae

1. 条纹红蛭 *Dina lineata*（O. F. Muller，1774）
2. 湘红蛭 *Dina xiangjiangensis* Yang，1983

（蒋玄空　陈会明　张志升　陆　天　孟祥伟）

倍足动物名录

倍足纲 Diplopoda Leach，1814

蠕形马陆亚纲 Helminothomorpha Pocock

无毛总目 Anocheta Cook，1895

山蛩目 Spirobolida Bollman，1893

一、山蛩科 Spirobolidae Brolemann，1913

1. 格氏山蛩 *Spirobolus grahami* Keeton，1960　分布：贵州印江、思南，湖北建始县。

双毛总目 Diplocheta Cook，1895

异蛩目 Spirostreptida Brandt，1833

二、钩马陆科 Harpagophoridae Attems，1909

1. 双叶尾草马陆 *Uriunceustreptus bilamellatus* Zhang，1997　分布：贵州印江、思南，重庆酉阳。

姬马陆目 Julida Leach，1814

三、姬马陆科 Julidae Verhoeff，1911

1. 黏基尼姬马陆 *Nepalmatoiulus coxahaerens* Enghoff，1989　分布：贵州印江、思南，湖北巴东。

节毛总目 Mercoheta Cook，1895

带马陆目 Polydesmida Leach，1815

奇马陆亚目 Paradoxosomatidea Hoffman，1967

四、奇马陆科 Paradoxosomatidae Daday，1889（syn. Strongylosomatidae Cook，1895）

1. 北京小直马陆 *Orthomorphella pecuensis*（Karsch，1881）　分布：贵州印江、思南，湖南沅陵县木马岭，北京、东北三省向南伸展到湖南，系一广布种。分布：日本、朝鲜。
2. 小叶武陵马陆 *Wulingina miniloba* Zhang，1997　分布：贵州印江、思南，湖北鹤峰。
3. 大叶武陵马陆 *Wulingina macroloba* Zhang，1997　分布：贵州印江、思南，湖北鹤峰。
4. 旋刺马陆 *Inversispina tortiapicalis* Zhang，1997　分布：贵州印江、思南，湖北鹤峰、宣恩。

（蒋玄空　陈会明　张志升　陆　天　孟祥伟）

蜘蛛名录

一、漏斗蛛科 Agelenidae

1. 缘漏斗蛛 *Agelena limbata* Thorell，1897
2. 森林漏斗蛛 *Agelena silvatica* Oliger，1983

二、园蛛科 Araneidae

1. 褐吊叶蛛 *Acusilas coccineus* Simon，1895
2. 蝶斑肋园蛛 *Alenatea fuscocolorata*（Boesenberg et Strand，1906）
3. 双隆园蛛 *Araneus biprominens* Yin，Wang & Xie，1989
4. 半黑园蛛 *Araneus seminiger*（L. Koch，1878）
5. 黄斑园蛛 *Araneus ejusmodi* Boesenberg *et* Strand，1906

6. 摩鹿加云斑蛛 *Cyrtophora moluccensis*（Doleschall, 1857）
7. 菱斑芒果蛛 *Mongora rhombopicta* Yin *et al.*, 1990
8. 霍氏新园蛛 *Neoscona holmi*（Schenkel, 1953）
9. 梅氏新园蛛 *Neoscona melloteei*（Simon, 1895）
10. 小青新园蛛 *Neoscona multiplicans*（Chamberlin, 1924）
11. 嗜水新园蛛 *Neoscona nautica*（L. Koch, 1875）
12. 拟嗜水新园蛛 *Neoscona pseudonautica* Yin *et al.*, 1990
13. 青新园蛛 *Neoscona scylla*（Karsch, 1879）
14. 类青新园蛛 *Neoscona scylloides*（Boesenberg *et* Strand, 1906）
15. 山地亮腹蛛 *Singa alpigena* Yin, Wang *et* Li, 1983
16. 叶斑八氏蛛 *Yaginumia sia*（Strand, 1906）

三、管巢蛛科 Clubionidae

1. 斑管巢蛛 *Clubiona deletrix* O. P. – Cambridge, 1885
2. 粽管巢蛛 *Clubiona japonicola* Boes et Str, 1906
3. 羽斑管巢蛛 *Clubiona jucunda*(Karsch, 1878)
4. 漫山管巢蛛 *Clubiona manshanensis* Zhu et An, 1988

四、栉足蛛科 Ctenidae

5. 田野安蛛 *Anahita fauna* Karsch, 1879

五、平腹蛛科 Gnaphosidae

1. 赵氏平腹蛛 *Gnaphosa zhaoi* Ovtsharenko, Platnick *et* Song, 1992
2. 安之辅希托蛛 *Hitobia yasunosukei* Kamura, 1992
3. 亚洲狂蛛 *Zelotes asiaticus*（Bösenberg *et* Strand, 1906）

六、长纺蛛科 Hersiliidae

1. 白斑长纺蛛 *Hersilia albomaculata* Wang *et* Yin, 1985

七、异纺蛛科 Hexathelidae

1. 单卷大疣蛛 *Macrothele monocirculata* Xu *et* Yin, 2000

八、皿蛛科 Linyphiidae

1. 卡氏盖蛛 *Neriene cavaleriei*（Schenkel, 1963）
2. 醒目盖蛛 *Neriene emphana*（Walckenaer, 1842）
3. 花腹盖蛛 *Neriene radiata*（Walckenaer, 1842）
4. 中华面蛛 *Prosoponoides sinensis*（Chen, 1991）
5. 阴沟瘤蛛 *Ummeliata feminea*（Boesenberg et Strand, 1906）

九、光盔蛛科 Liocranidae

1. 草栖毛丛蛛 *Itatsina praticola*（Bösenberg et Strand, 1906）

十、ycosidae 狼蛛科

1. 沟渠豹蛛 *Pardosa laura* Karsch, 1879
2. 苏门答腊豹蛛 *Pardosa sumatrana*（Thorell, 1890）
3. 旋囊脉狼蛛 *Venonia spirocysta* Chai, 1991

十一、Mimetidae 拟态蛛科

1. 刺拟态蛛 *Mimetus echinatus* Wang, 1990

2. 中华拟态蛛 *Mimetus sinicus* Song *et* Zhu, 1993

十二、Miturgidae 米图蛛科

1. 皮雄红螯蛛 *Chiracanthium pichoni* Schenkel, 1963
2. 结实红螯蛛 *Cheiracanthium solidum* Zhang, Zhu *et* Hu, 1993
3. 浙江红螯蛛 *Cheiracanthium zhejiang* Hu et Song, 1982

十三、络新妇科 Nephilidae

1. 棒络新妇 *Nephila clavata* L. Koch, 1878

十四、猫蛛科 Oxyopidae

1. 线纹猫蛛 *Oxyopes lineatipes* (L. Koch, 1848)
2. 拟斜纹猫蛛 *Oxyopes sertatoides* Xie *et* Kim, 1996
3. 条纹猫蛛 *Oxyopes striagatus* Song, 1991

十五、盗蛛科 Pisauridae

1. 黑斑狡蛛 *Dolomedes nigrimaculatus* Song *et* Chen, 1991
2. 赤条狡蛛 *Dolomedes saganus* Bosenberg *et* Strand, 1906
3. 黄褐狡蛛 *Dolomedes sulfureus* L. Koch, 1877
4. 纹草蛛 *Perenethis fascigera* (Bosenberg et Strand 1906)

十六、楼网蛛科 Psechridae

1. 新平缕网蛛 *Psechrus xinping* Chen *et al.*, 2002
2. 汀坪褛网蛛 *Psechrus tingpingensis*Yin, Wang & Zhang

十七、跳蛛科 Salticidae

1. 长触螯跳蛛 *Cheliceroides longipalpis* Zabka, 1985
2. 双叉艾普蛛 *Epeus bicuspidatus*(Song, Gu *et* Chen, 1988)
3. 白斑猎蛛 *Evarcha albaria* (L. Koch, 1878)
4. 鳃哈莫蛛 *Harmochirus brachiatus* (Thorell, 1877)
5. 阿氏蛤沙蛛 *Hasarius adansoni* (Audouin, 1826)
6. 斑腹蝇象 *Hyllus diardi* (Walckenaer, 1837)
7. 长螯翘蛛 *Irura longiochelicera* (Peng X., Yin C., 1991)
8. 浊斑(金黄)扁蝇虎 *Menemerus fulvus* (L. Koch, 1877)
9. 长腹蚁蛛 *Myrmarachne elongate* Szombathy, 1915
10. 吉氏蚁蛛 *Myrmarachne gisti* Fox, 1937
11. 伏蚁蛛 *Myrmarachne volatilis* (Peckham et Peckham, 1892)
12. 双带金蝉蛛 *Phintella aequipeiformis* Zabka, 1985
13. 花腹金蝉蛛 *Phintella bifurcilinea* (Boesenberg *et* Strand, 1906)
14. 卡氏金蝉蛛 *Phintella cavaleriei* (Schenkel, 1963)
15. 黑色蝇虎 *Plexippus paykulli* (Audouin, 1826)
16. 昆孔蛛 *Portia quei* Zabka, 1985
17. 毛垛兜跳蛛 *Ptocasius strupifer* Simon, 1901
18. 蓝翠蛛 *Siler cupreus* Simon, 1889
19. 普氏散蛛 *Spartaeus platnichi* Song, Chen *et* Gong, 1991

十八、拟扁蛛科 Selenopidae

1. 袋似扁蛛 *Selenops bursarius* Karsch, 1879

十九、肖蛸科 Tetragnathidae

1. 黔双胜蛛 *Diphya qianica* Zhu *et* al. , 2003
2. 肩斑银鳞蛛 *Leucauge blanda* (L. Koch, 1878)
3. 西里银鳞蛛 *Leucauge celebesiana* (Walckenaer, 1842)
4. 千国后鳞蛛 *Metleucauge chikunii* Tanikawa, 1992
5. 凤振粗螯蛛 *Pachygnatha fengzhen* Zhu, Song et Zhang, 2003
6. 艳丽肖蛸 *Tetragnatha lauta* Yaginuma, 1959
7. 锥腹肖蛸 *Tetragnatha maxillosa* Thorell, 1895
8. 华丽肖蛸 *Tetragnatha nitens* (Audouin, 1826)

二十、球蛛科 Theridiidae

1. 日本腴蛛 *Parasteatoda japonica* (Böesenberg *et* Strand, 1906)
2. 温室腴蛛 *Parasteatoda tepidariorum* (C. L. Koch, 1841)
3. 钟巢腴蛛 *Parasteatoda campanulata* (Chen, 1993)
4. 白银斑蛛 *Argyrodes bonadea* (Karsch, 1881)
5. 蚓腹阿里蛛 *Ariamnes cylindrogaster* (Simon, 1889)
6. 风雅丽蛛 *Chrysso venusta* Yaginuma, 1957
7. 怪肥腹蛛 *Steatoda terastiosa* Zhu, 1998
8. 高汤球蛛 *Theridion takayense* Saito, 1939
9. 咸丰球蛛 *Theridion xianfengensis* Zhu et Song, 1992

二十一、蟹蛛科 Thomisidae

1. 陷狩蛛 *Diaea subdola* O. P. -Cambridge, 1885
2. 三突艾奇蛛 *Ebrechtella tricuspidata* (Fabricius, 1775)
3. 膨胀微蟹蛛 *Lysiteles inflatus* Song *et* Chai, 1990
4. 乳突瘤蟹蛛 *Phrynarachne mammillata* Song, 1990
5. 带花叶蛛 *Synema zonatum* Tang et Song, 1988
6. 角红蟹蛛 *Thomisus labefactus* Karsch, 1881
7. 千岛花蟹蛛 *Xysticus kurilensis* Strand, 1907
8. 波纹花蟹蛛 *Xysticus croceus* Fox, 1937

（蒋玄空　陈会明　张志升　陆　天　孟祥伟）

昆虫名录

蚤目 Siphonaptera

一、蚤科 Pulicidae

1. 致痒蚤 *Pulex irritans* Linnaeus

寄主：犬、豹、豺、狐、鼬獾、山羊、刺猬、旱獭、黄胸鼠、人等。

分布：贵州(洋溪等)，全国性分布；世界性分布。

等翅目 Isoptera

二、白蚁科 Termitidae

1. 黑翅土白蚁 *Odontotermes formosanus* (Shiraki)

分布：贵州(洋溪等)，浙江，湖北，湖南，广西，广东，四川，重庆，云南，福建。

革翅目 Dermaptera

三、球螋科 Forficuiidae

1. 华球螋 *Forficula sinica* Bey – Bienko

分布：贵州(洋溪等)，湖北，湖南，四川，云南。

直翅目 Orthoptera

四、丝角蝗科 Acrididae

1. 棉蝗 *Chondracris rosea* De Geer

分布：贵州(洋溪等)，华北，华东，华南，西南；越南；朝鲜；日本；印度尼西亚；尼泊尔。

2. 中华稻蝗 *Oxya chinensis* (Thunberg)

寄主：水稻、玉米、高粱、麦类、甘蔗和豆类等

分布：贵州(洋溪等)，内蒙古，甘肃，河北，山西，陕西，山东，河南，江苏，浙江，安徽，湖北，江西，湖南，福建，台湾，广东，海南，四川，广西，云南；东南亚；美洲；澳大利亚等。

3. 短额负蝗 *Atractomorpha sinensis* Bolivar

分布：贵州(洋溪等)，全中国；日本；越南。

4. 中华剑角蝗 *Acrida cinerea* (Thunberg)

分布：贵州(洋溪等)，黑龙江，吉林，辽宁，北京，宁夏，甘肃，陕西，四川，云南，山西，河北，山东，江苏，安徽，浙江，福建，江西，湖南，湖北，广西，广东。

五、斑翅蝗科 Oedipodidae

1. 东亚飞蝗 *Locusta migratoria manilensis* (Meyen)

分布：贵州(洋溪等)，河北，山西，陕西，福建，广东，广西，海南，广西，云南，浙江，江苏，江西，安徽，河南，湖南，湖北，上海，山东，重庆，四川，甘肃。

六、刺翼蚱科 Scelimenidae

1. 大优角蚱 *Eucriotettix grandis* (Hancock)

分布：贵州(洋溪等)，河南，广东，广西，云南，四川，西藏，甘肃；尼泊尔。

七、露螽科 Phaneropteridae

1. 日本条螽 *Ducetia japonica* (Thunberg)

分布：贵州(洋溪等)，重庆，四川，云南，广西，广东；日本。

八、蝼蛄科 Gryllotalpidae

1. 非洲蝼蛄 *Gryllotalpa africana* Palisot de Beauvois

分布：贵州(洋溪等)，全国性分布；印度；斯里兰卡；日本；菲律宾；马来西亚；印度尼西亚；夏威夷以及大洋洲和非洲均有分布。

九、蟋蟀科 Gryllidae

1. 油葫芦 *Cryllus testaceus* Wallker

分布：贵州(洋溪等)，安徽，江苏，浙江，江西，福建，河北，山东，山西，陕西，广东，广西，云南，西藏，海南等。

蜚蠊目 Blattaria

十、蜚蠊科 Blattidae

1. 东方蜚蠊 *Blatta orientalis* Linnaeus

分布：贵州(洋溪等)，全国各地；亚洲；欧洲；南美洲；非洲。

2. 美洲大蠊 *Periplaneta americana* Linnaeus

分布：贵州(洋溪等)，河北，北京，吉林，辽宁，内蒙古，山东，河南，河北，江苏，上海，浙江，福建，江西，湖南，湖北，广东，广西，海南，四川，云南以及新疆；世界各大区系均有分布。

3. 黑胸大蠊 *Periplaneta fuliginosa*(Serville)

分布：贵州(洋溪等)，全国分布。

脉翅目 Neuroptera

十一、草蛉科 Chrysopidae

1. 中华草蛉 *Chrysoperla sinica* Tjeder

分布：贵州(洋溪等)，黑龙江，吉林，辽宁，河北，北京，陕西，山西，山东，河南，湖北，湖南，四川，江苏，江西，安徽，上海，广东，云南。

蜻蜓目 Odonata

十二、蜻科 Aeshnidae

1. 红蜻 *Crocothemis servilia* Drur

分布：贵州(洋溪等)，北京，江苏，福建，江西，广东等。

2. 白尾灰蜻 *Orthetrum albistylum* (Selys)

分布：贵州(洋溪等)，黑龙江，河北，河南，湖北，新疆，安徽，江苏，海南，山西，浙江，湖南，福建，广东，广西，四川，云南；日本。

3. 褐肩灰蜻 *Orthetrum internum* McLachlan

分布：贵州(洋溪等)，北京，河北，湖北，湖南，，浙江，福建，云南。

4. 黄蜻 *Pantala flavescens* (Fabricius)

分布：贵州(洋溪等)，辽宁，吉林，陕西，河北，河南，湖北，湖南，山西，江西，江苏，浙江，福建，广东，海南，四川，广西，云南，西藏；日本；印度尼西亚；马来西亚；缅甸；印度；斯里兰卡。

5. 黄蜻 *Pantala flavescens* Fabricius

分布：贵州(洋溪等)，吉林，辽宁，北京，河北，河南，山东，山西，陕西，甘肃，江苏，浙江，福建，安徽，广东，海南，湖北，广西，云南，海南。

6. 晓褐蜻 *Trithemis aurora* (Burmeister)

分布：贵州(洋溪等)，福建，湖北，湖南，广东，广西，广东，四川，重庆，云南，海南，台湾；东南亚。

十三、色蟌科 Calopterygidae

1. 透顶单脉色蟌 *Matrona basilaris basilaris*(Selys)

分布：贵州(洋溪等)，河北，山西，江西，湖南，西藏，浙江，福建，广西，重庆，云南。

2. 黄翅绿色蟌 *Mnais auripennis* (Needham)

分布：贵州(洋溪等)，四川，云南，湖北。

十四、蟌科 Coenagrionoidae

1. 长尾黄蟌 *Ceriagrion fallax* Ris

分布：贵州(洋溪等)，湖南，云南，湖北。

螳螂目 Mantodea

十五、螳科 Mantidea

1. 中华大刀螳 *Tenodera aridlfolia* Sinensls

分布：贵州(洋溪等)，全国性分布。

2. 棕污斑螳螂 ***Statilia maculata*** **(Thunberg)**

分布：贵州(洋溪等)，四川，重庆，云南，西藏，湖南，湖北，甘肃，陕西，广东，广西，福建，台湾，海南。

半翅目 Homoptera

十六、飞虱科 Delphacidae

1. 褐飞虱 ***Nilaparvata lugens*** **(Stal)**

分布：贵州(洋溪等)，黑龙江，江西，陕西，安徽，湖北，湖南，四川，重庆，云南，福建，海南，广东，广西，海南。

2. 白背飞虱 ***Sogatella furcifera*** **(Horváth)**

分布：贵州(洋溪等)，黑龙江，江西，陕西，安徽，湖北，湖南，四川，重庆，云南，福建，海南，广东，广西，海南；前苏联；朝鲜；日本；太平洋岛屿；东南亚；澳大利亚。

十七、颖蜡蝉科 Achilidae

1. 广颖蜡蝉 ***Catonidia*** **sp.**

分布：贵州(洋溪)。

十八、蜡蝉科 Fulgoridae

1. 斑衣蜡蝉 ***Lycorma delicatula*** **(White)**

分布：贵州(洋溪等)，河北，陕西，山西，山东，安徽，河南，江西，湖北，浙江，江苏，上海，四川，重庆，云南，甘肃，广东，广西，福建，台湾。

十九、广翅蜡蝉科 Ricaniidae

1. 八点广翅蜡蝉 ***Ricanula speculum*** **(Walker)**

分布：贵州(洋溪等)，四川，云南。

二十、菱蜡蝉科 Cixiidae

1. 乌苏里库菱蜡蝉 ***Kuvera ussuriensis*** **Vilbaste 中国新纪录**

分布：贵州(洋溪等)，陕西；前苏联。

二十一、象蜡蝉科 Dictyopharidae

1. 瘤鼻象蜡蝉 ***Saigona gobbosa*** **Matsumura**

分布：贵州(洋溪等)，重庆，四川，湖南，台湾；日本。

二十二、沫蝉科 Cercopidae

1. 白带尖胸沫蝉 ***Aphrophora horizontalis*** **Kato**

分布：贵州(洋溪等)，安徽，浙江，湖北，江西，湖南，福建，台湾，广东，广西，云南。

2. 小白带尖胸沫蝉 ***Aphrophora obliqua*** **Uhler**

分布：贵州(洋溪等)，甘肃，陕西，河南，安徽，浙江，福建，广西，四川；日本。

3. 白斑尖胸沫蝉 ***Aphrophora quadriguttata*** **Melichar**

分布：贵州(洋溪等)，台湾。

4. 稻赤斑沫蝉 ***Callitetix versicolor*** **(fabricius)**

分布：贵州(洋溪等)，广东，广西，云南，四川，福建。

5. 锥形禾草铲头叶蝉 ***Clovia conifera*** **(Walker)**

分布：贵州(洋溪等)，西藏，青海，甘肃，云南、贵州、广西，广东，福建，台湾；印度；孟加拉国；缅甸；泰国；柬埔寨；越南；日本；菲律宾；马来西亚；新加坡；印度尼西亚。

6. 中脊沫蝉 ***Mesoptyelus decoratus*** **(Melichar)**

分布：贵州(洋溪等)，重庆，广西。

7. 川拟沫蝉 ***Paracercopis seminigra*** **(Melichar)**

分布：贵州(洋溪等)，四川，重庆。

8. 红头凤沫蝉 ***Paphnutius ruficeps*** **(Melichar)**

分布：贵州(洋溪等)，陕西，湖北，湖南，广东，广西，四川，云南，西藏；越南；印度；东洋界。

9. 黑斑丽沫蝉 ***Cosmoscarta dorsimacula*** **Walker**

分布：贵州(洋溪等)，江苏，江西，四川，广东；印度；马来西亚。

10. 紫胸丽沫蝉 ***Cosmosearta exultans*** **Walker**

分布：贵州(洋溪等)，湖北，江西，福建，重庆，四川，广东，广西，云南等。

二十三、蝎蝽科 Nepidae

1. 日壮蝎蝽 ***Laccotrephes japonensis*** **Scott**

分布：贵州(洋溪等)，北京，天津，河北，山西，江苏，江西，台湾。

二十四、缘蝽科

1. 瘤缘蝽 ***Acanthocoris scaber*** **Linnaeus**

分布：贵州(洋溪等)，山东，江西，江苏，安徽，湖北，浙江，四川，福建，广西，广东，海南，云南。

2. 稻脊缘蝽 ***Cletus punctiger*** **(Dallas)**

分布：贵州(洋溪等)，上海，江苏，浙江，安徽，河南，福建，江西，湖南，湖北，广东，云南，西藏。

3. 长肩棘缘蝽 ***Cletus trigonus*** **(Thunberg)**

分布：贵州(洋溪等)，四川，重庆，湖北，江苏，河南，云南。

4. 拟黛缘蝽 ***Dasynopsis cunealis*** **Hsiao**

分布：贵州(洋溪)，云南。

5. 暗黑缘蝽 ***Hygia opaca*** **Uhler**

分布：贵州(洋溪等)，湖南，山西，河南，浙江，江西，福建，广西。

6. 中稻缘蝽 ***Leptocorisa acuta*** **(Thunberg)**

分布：贵州(洋溪等)，广东，广西，海南，云南，台湾等。

7. 黑长缘蝽 ***Megalotomus Junceus*** **Scopoli**

分布：贵州(洋溪等)，北京，山东，江苏。

8. 条蜂缘蝽 ***Riptortus linearis*** **Fabricius**

分布：贵州(洋溪等)，广东，河北，河南，安徽，湖北，福建，台湾，浙江，江西，广西，四川，云南等。

二十五、盾蝽科 Scutelleridae

1. 角盾蝽 ***Cantao ocallatus*** **Thunderg**

分布：贵州(洋溪等)，河南，浙江，安徽，江西，湖北，湖南，台湾，福建，广东，海南，广西，云南；印度；越南；缅甸；菲律宾；马来西亚；斯里兰卡；印度尼西亚。

2. 尼泊尔宽盾蝽 ***Poecilocoris nepalensis*** **(Herrich - Schaeffer)**

分布：贵州(洋溪等)，广东，云南。

二十六、蝽科 Pentatomidae

1. 蠋蝽 ***Arma custos*** **(Fabricius)**

分布：贵州(洋溪等)，黑龙江，吉林，辽宁，内蒙古，河北，山西，河北，山东，陕西，新疆，江苏，浙江，江西，湖北，四川，云南；欧洲；俄罗斯(西伯利亚)；中亚；日本；古北；东洋。

2. 长叶蝽 *Amyntor obscurus* Dallas

分布：贵州(洋溪等)，江西，四川，重庆，广西。

3. 峰疣蝽 *Cazira horvathi* Breddin

分布：贵州(洋溪等)，湖南，河南，湖北，四川，福建，广东，海南；越南 。

4. 九香虫 *Coridius chinensis* (Dallas)

寄主：瓜、柑橘、花生、豇豆、菜豆、烟草等。

分布：贵州(洋溪等)，河南，江苏，浙江，湖南，四川，台湾，福建，广东，广西，云南，西藏；东南亚。

5. 大皱蝽 *Cyclopelta obscura* (Lepeletier - Serville)

分布：贵州(洋溪等)，四川，广东，广西，云南。

6. 小皱蝽 *Cyclopelta parva* Distant

分布：贵州(洋溪等)，山东，江苏，浙江，湖南，湖北，四川，福建，广东，云南。

7. 岱蝽 *Dalpada oculata* (Fabricius)

分布：贵州(洋溪等)，湖南，陕西，江苏，浙江，四川，广东，海南，广西，云南；日本；印度；缅甸；越南；马来西亚；印度尼西亚。

8. 斑须蝽 *Dolycoris baccaram* (Linnaeus)

寄主：枸杞、苹果、梨、桃、石榴、山楂、梅、柑橘、杨梅。

分布：贵州(洋溪等)，全国性分布；中亚；朝鲜；日本；前苏联；印度；北美。

9. 麻皮蝽 *Erthesina full* (Thunberg)

分布：贵州(洋溪等)，河北，天津，北京，河南，山东，陕西，山西，江苏，江西，浙江，湖北，湖南，重庆，四川，云南，广东，广西，海南，福建，台湾等；日本；印度；缅甸；斯里兰卡及安达曼群岛。

10. 菜蝽 *Eurydema dominulus* (Scopoli)

分布：贵州(洋溪等)，北京，河北，河南，新疆，山西，浙江，福建，江西，湖北，湖南，广东，广西，云南，陕西。

11. 二星蝽 *Eysarcoris guttiger* (Thunberg)

分布：贵州(洋溪等)，河北，山西，陕西，山东，河南，江苏，安徽，浙江，湖北，湖南，江西，四川，福建，台湾，广东，广西，海南，青海，云南，甘肃，西藏；日本；越南；缅甸；印度；斯里兰卡。

12. 赤条蝽 *Graphosoma rubrolineata* (Westwood)

分布：贵州(洋溪等)，黑龙江，辽宁，内蒙古，宁夏，青海，新疆，河北，山西，陕西，山东，江苏，安徽，浙江，湖北，江西，湖南，广东，广西，四川，云南，重庆；俄罗斯(西伯利亚东部)；朝鲜；日本；古北；东洋。

13. 茶翅蝽 *Halyomorpha picus* (Fabricius)

寄主：梨、苹果、桃、杏、李等果树及部分林木和农作物

分布：贵州(洋溪等)，东北、华北、华东和西北、西南地区。

14. 玉蝽 *Hoplistodera fergussoni* Distant

分布：贵州(洋溪等)，陕西，安徽，浙江，湖北，福建，广西，四川，云南，西藏；东洋界。

15. 短角瓜蝽 *Megymeum brevicornis* Fabricius

分布：贵州(洋溪等)，北京，河北，浙江，福建，江西，广东，广西，四川，云南；缅甸；印度；印度尼西亚。

16. 紫蓝曼蝽 *Menida violacea* Motshulsky

分布：贵州(洋溪等)，吉林，辽宁，内蒙古，甘肃，河北，陕西，山西，山东，河南，江苏，安徽，浙江，湖北，江西，湖南，福建，广东，广西，四川，云南；俄罗斯；朝鲜；日本。

17. 稻绿蝽 *Nezara viridula* (Fabricius)

分布：贵州(洋溪等)，宁夏，河北，山西，山东，河南，安徽，浙江，湖北，江西，湖南，福建，台湾，广东，海南，广西，四川，云南，西藏；朝鲜；日本；东南亚；中亚；欧洲；非洲；北美洲南部；南美洲；大洋洲。

18. 宽碧蝽 *Palomena viridissima* (Poda)

分布：贵州(洋溪等)，河北，山西，黑龙江，山东，云南，陕西，甘肃，青海。

19. 金绿真蝽 *Pentatoma metallifera* (Motshulsky)

分布：贵州(洋溪等)，黑龙江，吉林，辽宁，内蒙古，河北，北京，陕西；古北界。

20. 尖角普蝽 *Priassus springer* Haglund

分布：贵州(洋溪)，四川，重庆。

21. 广二星蝽 *Stollia ventralis* (Westwood)

分布：贵州(洋溪等)，甘肃，北京，山西，河南，陕西，江西，浙江，湖北，广东，广西，福建；日本；越南；菲律宾；马来西亚；印度尼西亚；缅甸；印度；古北；东洋。

二十七、龟蝽科 Plataspidae

1. 双裂圆龟蝽 *Coptosoma bifaria* Montandon

分布：贵州(洋溪等)，安徽，湖北，江西，湖南，福建，广西，重庆，四川。

2. 筛豆龟蝽 *Megacopta cribraria* (Fabricius)

分布：贵州(洋溪等)，北京，山西，陕西，河南，河北，山东，江西，上海，安徽，江西，湖南，湖北，福建，广东，广西，台湾，四川、云南、西藏。

二十八、异蝽科 Urostylidae

1. 红足壮异蝽 *Urochela quadrinotata* Reuter

分布：贵州(洋溪)，黑龙江，辽宁，北京，山西，陕西；日本；俄罗斯；朝鲜。

二十九、红蝽科 Pyrrhocoridae

1. 小斑红蝽 *Physopelta cincticollis* Stal

分布：贵州(洋溪等)，陕西，江苏，浙江，湖北，江西，湖南，广东。

2. 突背斑红蝽 *Physopelta gutta* (Burmeister)

分布：贵州(洋溪等)，湖北，广东，广西，台湾，云南，西藏。

三十、同蝽科 Acanthosomatidae

1. 伊锥同蝽 *Sastragata esakii* Hasegawa

分布：贵州(洋溪等)，河南，江西，福建，台湾，广西，四川，重庆等；日本。

三十一、盲蝽科 Miridae

1. 明翅盲蝽 *Isabel ravana* Kirby

分布：贵州(洋溪等)，浙江，福建，江西，湖南，广东，广西，四川，甘肃。

三十二、猎蝽科 Reduviidae

1. 霜斑素猎蝽 *Epidaus famulus* Stål

分布：贵州(洋溪等)，四川，广东，江西，海南，广西，福建，湖南，云南；印度；缅甸。

2. 圆肩菱猎蝽 *Isyndus planicollis* Lindberg

分布：贵州(洋溪等)，云南，甘肃，陕西，四川。

3. 环斑猛猎蝽 ***Sphedanolestes impressicollis*** **(Stal)**

分布：贵州(洋溪等)，陕西，山东，江苏，浙江，湖北，江西，湖南，福建，广东，广西，四川，云南；日本。

4. 齿缘刺猎蝽 ***Sclomina erinacea*** **Stål**

分布：贵州(洋溪等)，安徽，江西，湖南，浙江，福建，台湾，广东，海南，广西，云南。

三十三、蝉科 Cicadidae

1. 黑蚱蝉 ***Cryptotympana atrata*** **Fabricius**

分布：贵州(洋溪等)，上海，江苏，浙江，河北，陕西，山东，河南，安徽，湖南，福建，台湾，广东，四川，云南。

2. 绿草蝉 ***Mogannia hebei*** **(Walker)**

分布：贵州(洋溪等)，四川，福建，广东，广西，云南，河南，河北，山东，陕西，湖北，湖南，江西，江苏，安徽，台湾；日本。

三十四、叶蝉科 Cicadellidae

1. 格氏条大叶蝉 ***Arkinsoniella grahami*** **Young**

分布：贵州(洋溪等)，河南，湖北，海南，重庆，四川，云南，陕西，甘肃。

2. 黑圆条大叶蝉 ***Arkinsoniella heiyuana*** **Kuoh**

分布：贵州(洋溪等)，江西，广东，四川，重庆，云南，西藏，甘肃，广西，湖北。

3. 大青叶蝉 ***Cicadella viridis*** **(Linnaeus)**

分布：(洋溪等)，中国各省区；古北界；东洋界。

4. 顶斑边大叶蝉 ***Kolla paulula*** **(Walker)**

分布：贵州(洋溪等)，天津，河北，黑龙江，辽宁，江苏，浙江，安徽，福建，江西，河南，湖北，湖南，广东，广西，海南，重庆，四川，云南，宁夏，台湾，香港；柬埔寨；泰国；日本；越南；马来西亚；印度；印度尼西亚；菲律宾；尼泊尔；缅甸；斯里兰卡；孟加拉国。

5. 印支洋大叶蝉 ***Seasogonia indosinica*** **(Jacobi)**

分布：贵州(洋溪等)，福建，广西，海南，四川，云南；越南；缅甸。

6. 淡脉横脊叶蝉 ***Evacanthus danmainus*** **Kuoh**

分布：贵州(洋溪等)，西藏，陕西，甘肃，湖北，四川，重庆，安徽，浙江，河南，吉林，黑龙江，福建，广西。

7. 黑褐横脊叶蝉 ***Evacanthus fuscous*** **Kuoh**

分布：贵州(洋溪)，青海，西藏，四川。

8. 宽索横脊叶蝉 ***Evacanthus latus*** **Cai et Jiang**

分布：贵州(洋溪等)，河南。

三十五、瘿绵蚜科 Pemphigidae

1. 角倍蚜 ***Malaphis chinensis*** **Bell**

分布：贵州(洋溪等)，湖南，四川，重庆，湖北，陕西，河南，云南，广西，江西，安徽，广东，福建，浙江；日本；朝鲜。

2. 倍花蚜 ***Nurudea shiraii*** **Matsumura**

分布：贵州(洋溪等)，陕西，浙江，湖北，湖南，台湾，四川，广西，云南；日本。

3. 蛋倍蚜 ***Schlechtendalia peitan*** **(Tsai et Tang)**

分布：贵州(洋溪等)，陕西，湖北，湖南，四川，云南。

三十六、蚜科 Aphididae

1. 萝卜蚜 *Lipaphis erysimi*（Kaltenbach）

寄主：油菜、白菜、萝卜等。

分布：贵州(洋溪等)，北京，辽宁，内蒙古，河北，山东，宁，甘肃，上海，江苏，浙江，湖南，四川，台湾，广东，云南；朝鲜；日本；印度；印度尼西亚；伊拉克；以色列；埃及；非洲；美国。

2. 桃蚜 *Myzus persicae*（Sulzer）

分布：贵州(洋溪等)，广东，广西，福建，四川，重庆，云南等；东南亚；欧洲；美洲；南美；澳大利亚；非洲。

鞘翅目 Coleoptera

三十七、锹甲科 Lucanidae

1. 中华扁锹 *Dorcus titanus*（Sumatra）

分布：贵州(洋溪等)，重庆，四川，湖北，福建，广东，广西，云南，湖南；越南。

三十八、天牛科 Cerambycidae

1. 桑天牛 *Apriona germari*（Hope）

分布：贵州(洋溪等)，北京，天津，广东，广西，湖北，湖南，河北，辽宁，河南，山东，安徽，江苏，上海，浙江，福建，四川，江西，台湾，海南，云南，山西，陕西；日本；朝鲜；越南；老挝；柬埔寨；缅甸；泰国等。

2. 云斑天牛 *Batocera horsfields*（Hope）

分布：贵州(洋溪等)，山东，山西，河南，河北，吉林，陕西，甘肃，江苏，安徽，浙江，福建，广东，广西，上海，江西，湖南，湖北，四川。

3. 橙斑白条天牛 *Batocera davidis* Deyrolle

分 布：贵州(洋溪等)，河南，陕西，四川，湖北，云南，浙江，江西，湖南，广西，广东。

4. 木棉天牛 *Diastocera wallichi*（Hope）

分布：贵州(洋溪等)，四川，云南，广东，广西；越南；缅甸；印度。

5. 松褐天牛 *Monochamus alternatus* Hope

分布：贵州(洋溪等)，河北，河南，山东，陕西，江苏，浙江，江西，福建，湖南，四川，云南，西藏，广东，广西。

6. 短足筒天牛 *Oberea ferruginea* Thunberg

分布：贵州(洋溪等)，广西，云南；越南；老挝。

7. 菊小筒天牛 *Phytoecia rufiventris* Gautier

分布：贵州(洋溪等)，浙江，重庆，四川，江西，福建，广西，广东，台湾。

8. 苎麻天牛 *Paraglenea fortunei*（Saundeas）

分布：贵州(洋溪等)，黑龙江，吉林，辽宁，四川，重庆，云南，广东，广西，安徽，福建，湖北，湖南，江西，江苏，海南。

9. 黄星桑天牛 *Psacothea hilaris*（Pascoe）

分布：贵州(洋溪等)，陕西，河北，河南，安徽，江苏，上海，浙江，湖北，江西，湖南，福建，广东，广西，四川，云南等。

10. 金丝花天牛 *Leptura aurosericans* Fairmaire

分布：贵州(洋溪等)，浙江，江西，广西，云南。

三十九、芫菁科 Meloidae

1. 红头豆芫菁 *Epicauta ruficeps* Illiger

寄主：幼虫捕食蝗虫的卵，成虫取食蕨类等

分布：贵州(洋溪等)，福建，江西，湖南，广西，重庆，四川，云南。

四十、叶甲科 Chrysomelidae

1. 皱背叶甲 *Abiromorphus anceyi* Pic

分布：贵州(洋溪等)，江苏，山东，湖北，山西，东北，北京，浙江；朝鲜。

2. 柳氏黑守瓜 *Aulacophora lewisii* Baly

分布：贵州(洋溪等)，浙江，江西，湖南，福建，广东，海南，广西，四川，西藏，安徽，湖北，云南。

3. 蒿金叶甲 *Chrysolina aurichalcea* (Mannerheim)

分布：贵州(洋溪等)，东北，甘肃，新疆，河北，陕西，山东，河南，湖北，湖南，福建，广西，四川，云南。

4. 甘薯叶甲 *Colasposoma dauricum* Mannerhein

寄主：蕹菜、甘薯、小麦等。

分布：贵州(全省)，黑龙江，内蒙古，新疆，河北，天津，吉林，宁夏，山西，陕西，甘肃，青海，四川，重庆，云南，广西，广东、江苏，江西，安徽，上海，湖北，湖南，浙江，海南。

5. 铜绿里叶甲 *Linaeidea aenea* (Linnaeus)

分布：黑龙江，辽宁；俄罗斯；日本；欧洲。

6. 四斑拟守瓜 *Paridea quadriplagiata* (Baly)

分布：贵州(洋溪等)，安徽，浙江，江西，湖南，福建，广东，四川，云南；日本；印度。

7. 中华拟守瓜 *Paridea sinensis* Laboissiere

分布：贵州(洋溪等)，湖北，湖南，四川，江西，福建，云南。

8. 斑角拟守瓜 *Paridea angulicollis* (Motschulsky)

分布：贵州(洋溪等)，吉林，河北，江苏，福建，台湾；日本；朝鲜。

9. 黄色凹缘跳甲 *Podontia lutea* (Olivier, 1790)

分布：贵州(洋溪等)，陕西，河南，江苏，安徽，浙江，湖北，江西，福建，台湾，广东，广西，重庆，四川，云南；越南；缅甸；东南亚。

10. 核桃扁叶甲 *Gastrolina depressa* Baly

寄主：核桃

分布：贵州(洋溪等)，甘肃，江苏，湖北，湖南，广西，四川，陕西，河南，浙江，福建，广东，黑龙江，吉林，辽宁，河北等。

四十一、萤叶甲科 Galerucidae

1. 茶殊角萤叶甲 *Agetocera mirabilis* Hope

分布：贵州(洋溪)，江苏，浙江，安徽，台湾，广东，海南，广西，云南；尼泊尔；印度；不丹；缅甸；老挝；越南。

2. 二纹柱萤叶甲 *Gallerucida bifasciata* Motschulsky

分布：贵州(洋溪等)，黑龙江，吉林，辽宁，甘肃，河北，河南，陕西，江苏，浙江，湖北，江西，湖南，福建，四川，云南，广西，台湾。

3. 日本榕萤叶甲 *Morphosphaera japonica* (Hornstedi)

分布：贵州(洋溪等)，湖北，湖南，广西，四川，浙江，福建，台湾，云南。

4. 沟翅毛胸萤叶甲 *Pyrrhalta sulcatipennis*（Chen）

分布：贵州(洋溪等)。

四十二、负泥虫科 Crioceridae

1. 黑胸负泥虫 *Lilioceris bechynei* Medvedev

分布：贵州(洋溪)，浙江，福建，海南，广西，云南，西藏。

2. 长角水叶甲 *Sominella longicornis*（Jacoby）

分布：贵州(洋溪等)，浙江，湖北，湖南，福建。

四十三、花萤科 Cantharidae

1. 利氏丽花萤 *Themus leechianus*（Gorharm）

分布：贵州(洋溪)，浙江，广东，江西，福建。

2. 华丽花萤 *Themus cavaleriei*（Pec）

分布：贵州(洋溪)，甘肃，陕西，江苏，江西，福建，广西，四川，云南；越南。

四十四、伪叶甲科 Lagriidae

1. 紫蓝角伪叶甲 *Cerogira janthinipennis*（Fairmaire）

分布：贵州(洋溪等)，浙江，安徽，福建，江西，河南，湖北，湖南，广西，四川，陕西；韩国。

2. 黑胸伪叶甲 *Lagria hirta*（Linnaeus）

分布：贵州(洋溪等)，辽宁，新疆，河南，湖北，湖南，福建。

3. 毛伪叶甲 *Lagria oharai* Masumoto

分布：贵州(洋溪等)，浙江，安徽，河南，湖南，广西，台湾。

4. 足彩伪叶甲 *Mimoborchmannia coloirpes*（Pic）

分布：贵州(洋溪等)，广西；越南。

四十五、埋葬甲科 Silphidae

1. 双色丽葬甲 *Calosilpha brunnicollis* Kraatz

分布：贵州(洋溪等)，黑龙江，辽宁，北京，山西，陕西，浙江；日本；朝鲜；韩国；印度；不丹；俄罗斯。

2. 亚洲尸葬甲 *Necrodes littoralis* Linnaeus

分布：贵州(洋溪等)，黑龙江，吉林，辽宁，河北，北京，陕西，湖北，江西，福建，甘肃，四川，云南；日本；韩国；朝鲜；蒙古；俄罗斯；阿富汗；印度；伊朗；吉尔吉斯斯坦；哈萨克斯坦；巴基斯坦；塔吉克斯坦；土库曼斯坦；欧洲。

四十六、瓢虫科 Coccinellidae

1. 球端崎齿瓢虫 *Afissula expansa*（ Dieke）

分布：贵州(洋溪等)，河南，云南，陕西，四川，湖北，湖南，广东，海南。

2. 六斑异瓢虫 *Aiolocaria hexaspilota*（Hope）

分布：贵州(洋溪等)，北京，河北，内蒙古，吉林，河南，陕西，甘肃，西藏，云南，黑龙江，四川，湖北，福建，广东，台湾；朝鲜；日本；印度；尼泊尔；缅甸；前苏联。

3. 华裸瓢虫 *Calvia chinensis*（Mulsant）

分布：贵州(洋溪等)，广东，广西，福建，湖南，四川，江苏，浙江，台湾；日本。

4. 黑缘红瓢虫 *Chilocorus rubldus* Hope

分布：贵州(洋溪等)，北京，黑龙江，吉林，辽宁，内蒙古，宁夏，甘肃，陕西，河北，河南，山东，江苏，浙江，湖南，四川，福建，海南，云南，西藏；日本；俄罗斯；朝鲜；印度；尼泊尔；

印度尼西亚；澳大利亚。

5. 七星瓢虫 *Coccinella septempunctata* Linnaeus

分布：贵州(洋溪等)，北京，辽宁，吉林，黑龙江，河北，山东，山西，河南，陕西，江苏，浙江，上海，湖北，湖南，江西，福建，广东，四川，云南，青海，新疆，西藏，内蒙古等。

6. 双带盘瓢虫 *Coelophora biplagiata* (Swartz)

分布：贵州(洋溪等)，广东，云南，福建，台湾，江西，广西，江苏，西藏，湖北，四川。

7. 异色瓢虫 *Harmonia axyridis* (Pallas)

分布：贵州(洋溪等)，黑龙江，吉林，辽宁，河北，山东，山西，河南，陕西，甘肃，湖南，江苏，浙江，江西；朝鲜；蒙古；日本。

8. 隐斑瓢虫 *Harmonia yedoensis* (Takizawa)

分布：贵州(洋溪等)，甘肃，北京，河北，河南，山西，浙江，福建，台湾，四川，香港；日本；朝鲜；越南。

9. 周缘盘瓢虫 *Lemnia circumvelata* Mulsant

分布：贵州(洋溪等)，湖南，河南，陕西，广东，台湾；尼泊尔。

10. 六斑月瓢虫 *Menochilus sexmaculata* (Fabriciys)

分布：贵州(洋溪等)，河南，重庆，四川，湖南，云南，广东，广西，福建，台湾。

11. 黄缘巧瓢虫 *Oenopia sauzeti* Mulsant

分布：贵州(洋溪等)，湖北，四川，云南，西藏，广西，安徽。

四十七、叩甲科 Elateridae

1. 中华丽步甲 *Calleida chinensis* Jedlicka

分布：贵州(洋溪等)，福建，广东，重庆，四川。

2. 朱肩丽叩甲 *Campsosternus gemma* Candeze

分布：贵州(洋溪等)，江苏，江西，安徽，浙江，湖北，福建，湖南，四川，台湾。

3. 缝线重脊叩甲 *Chiagosnius suturalis maculicollis* (Candeze)

分布：贵州(洋溪)，广西，云南；越南；老挝。

四十八、吉丁甲科 Buprestidae

1. 四斑黄吉丁 *Ptosima chineseis* Marseul

分布：贵州(洋溪等)，山东，陕西，湖南，江西，福建，四川；日本。

四十九、步甲科 Carabidae

1. 暗步甲 *Amara mandschurica* Luts

分布：贵州(洋溪)，福建。

2. 印度细颈步甲 *Casnoidea ingica* Thunberg

分布：贵州(洋溪等)，浙江，江西，福建，台湾，广东，广西，四川等；日本；中南半岛；缅甸；泰国；印度；斯里兰卡；马来西亚。

五十、铁甲科 Hispidae

1. 三楂肋龟甲 *Alledoya vespertina* (Boheman)

分布：贵州(洋溪等)，黑龙江，内蒙古，甘肃，河北，陕西，江苏，浙江，湖北，湖南，福建，广东，广西，台湾，四川。

2. 金梳龟甲 *Aspidomorpha sanctaecrucis* Fabricius

分布：贵州(洋溪等)，福建，广东，广西，四川，云南；孟加拉国；印度；斯里兰卡等。

3. 甘薯蜡龟甲 *Laccoptera quadrimaculata* (Thunberg)

寄主：甘薯、小旋花、楸树

分布：贵州(洋溪等)，江苏，浙江，湖北，福建，台湾，广东，海南，广西，四川。

4. 大锯龟甲 ***Basiprionota chinensis*** **(Fabricius)**

分布：贵州(洋溪等)，福建，江西，湖南，广东，陕西，江苏，重庆，四川。

5. 甘薯小龟甲 ***Taiwania circumdata*** **(Herbst)**

分布：贵州(洋溪等)，福建，台湾，海南，广东，广西，云南，四川，江西，湖南，湖北，浙江，江苏；越南。

6. 并蒂掌铁甲 ***Platypria aliena*** **Chen et Sun**

分布：贵州(洋溪)，云南。

五十一、粪金龟科 Geotrupidae

1. 黑利蜣螂 ***Liatongus gagatinus*** **(Hope)**

分布：贵州(洋溪等)，四川，云南，西藏；越南；老挝；缅甸；印度；尼泊尔。

2. 黑裸蜣螂 ***Paragymnopleurus melanarius*** **(Harold)**

分布：贵州(洋溪等)，上海，江西，福建，台湾，香港，广西，四川，云南；越南，老挝，泰国，缅甸，印度，斯里兰卡，马来西亚。

五十二、花金龟科 Cetoniidae

1. 斑青花金龟 ***Oxycetonia bealiae*** **(Gory *et* Percheron)**

寄主：白蜡、柑橘、栎、杂木、女贞等

分布：贵州(洋溪等)，江苏，浙江，安徽，湖北，江西，湖南，福建，广东，广西，海南，四川，云南，西藏；印度；越南。

2. 雅唇花金龟 ***Trigonophorus gracilipes*** **Westw**

分布：贵州(洋溪等)。

五十三、丽金龟科 Rutelidae

1. 铜绿丽金龟 ***Anomala corpulenta*** **Motsch**

分布：贵州(洋溪等)，黑龙江，吉林，辽宁，河北，内蒙古，宁夏，陕西，山西，山东，河南，湖北，湖南，安徽，江苏，浙江，江西，四川，广西，广东等；朝鲜；日本；蒙古；韩国；东南亚。

2. 斑喙丽金龟 ***Adoretus tenuimaculatus*** **Waterhouse**

分布：贵州(洋溪等)，黑龙江，辽宁，吉林，河北，山东，上海，江苏，江西，福建，浙江，湖南，台湾，广东；日本；朝鲜。

3. 中喙丽金龟 ***Adoretus sinicus*** **Burmeister**

分布：贵州(洋溪等)，山东，江苏，浙江，安徽，江西，湖北，湖南，广东，广西，福建，台湾。

五十四、鳃金龟科 Melolonthidae

1. 棕色鳃金龟 ***Holotrichia titanis*** **Reitter**

分布：贵州(洋溪等)，全国各地。

2. 二色希鳃金龟 ***Hilyotrogus bicoloreus*** **(Heyden)**

分布：贵州(洋溪)，辽宁，河北，湖北。

五十五、象甲科 Curculionidae

1. 毛束象 ***Desmidophorus hebes*** **Dejean**

分布：贵州(洋溪等)，江苏，浙江，湖北，湖南，广东，广西，四川，云南。

五十六、豆象科 Bruchidae

1. 绿豆象 *Callosobruchus chinensis*（Linnaeus）

分布：贵州（洋溪等），全国各地，世界各地。

鳞翅目 Lepidoptera

五十七、天蛾科 Sphingidae

1. 缺角天蛾 *Acosmeryx castanea* Rothschild et Jordan

分布：贵州（洋溪等），浙江，福建，台湾等；日本。

2. 黄点缺角天蛾 *Acosmeryx miskini*（Murray）

分布：贵州（洋溪），广东，海南，福建；新几内亚；澳大利亚。

3. 白薯天蛾 *Agrius convolvuli*（Linnaeus）

分布：贵州（洋溪等），江苏，安徽，浙江，湖北，福建，台湾，广东，海南，四川等。

4. 背条天蛾 *Cechenena lineosa*（Walker）

分布：贵州（洋溪等），华南，四川等。

5. 八字白眉天蛾 *Hyles livornica*（Esper）

分布：贵州（洋溪），黑龙江，河北，宁夏，湖南，浙江，江西，台湾；日本；印度；非洲；欧洲；美洲。

6. 构月天蛾 *Paeum colligata*（Walker）

分布：贵州（洋溪等），东北，华北，河南，湖北，台湾，重庆，四川等。

7. 梨六点天蛾 *Matumba gaschkewitschi complacens*（J）

分布：贵州（洋溪），江苏，浙江，湖北，湖南，四川。

8. 大背天蛾 *Meganoton analis*（Felder）

分布：贵州（洋溪等），浙江，江西，福建，广东，海南，四川，云南；印度。

9. 鹰翅天蛾 *Oxyambulyx ochracea*（Butler）

分布：贵州（洋溪等），河北，辽宁，山西，陕西，山东，河南，湖北，江苏，浙江，福建，台湾及华南各省；日本；印度。

10. 斜绿天蛾 *Rhyncholaba acteus*（Cramer）

分布：贵州（洋溪等），中国南方；印度；斯里兰卡；越南；缅甸；印度尼西亚等。

11. 青白肩天蛾 *Rhagastis olivacea*（Moore）

分布：贵州（洋溪等），湖南，西藏，广东，广西，福建，海南，台湾，云南；印度。

12. 华中白肩天蛾 *Rhagastis mongoliana centrosinaria* Chu et Wang

分布：贵州（洋溪等），湖北，湖南，四川。

13. 木蜂天蛾 *Sataspes tagalica tagalica* Bolsduval

分布：贵州（洋溪），湖南，云南，四川，浙江，广东。

14. 青背斜纹天蛾 *Theretra nessus*（Drury）

分布：贵州（洋溪等），广东，湖南，福建，台湾；日本；印度尼西亚；印度；斯里兰卡；巴布亚新几内亚；菲律宾；澳大利亚。

五十八、钩蛾科 Drepanidae

1. 洋麻钩蛾 *Cyclidia substigmaria*（Hübner）

分布：贵州（洋溪），湖北，四川，云南，广东，广西，台湾。

2. 豆点丽钩蛾 *Callidrepana gemina* Watson

分布：贵州（洋溪），广西，江苏，福建，湖北，广西，四川。

3. 大窗钩蛾 *Macrauzata maxima* Inoue

分布：贵州(洋溪等)，陕西，浙江，湖北，福建，重庆，四川；朝鲜半岛；日本。

五十九、夜蛾科 Noctuidae

1. 小地老虎 *Agrotis ypsilon* Rottemberg

分布：贵州(洋溪)，全国各地，世界各国。

2. 大地老虎 *Agrotis tokionis* Butler

分布：贵州(洋溪)，全国各地；日本，前苏联。

3. 大红裙杂夜蛾 *Amphipyra monolitha* Guenée

分布：贵州(洋溪)，河北，黑龙江，湖北，河南，江西，四川，广东。

4. 张卜馍夜蛾 *Bomoloch atrista*lisLederer

分布：贵州(洋溪)，黑龙江，吉林，辽宁，河北，山西，宁夏；日本。

5. 白线尖须夜蛾 *Bleptina albolinealis* Leech

分布：贵州(洋溪)，江西，四川。

6. 白斑散纹夜蛾 *Callopistria albomacula* Leech

分布：贵州(洋溪)，广东，四川。

7. 苎麻夜蛾 *Cocytodes coerulea* Guenee

分布：贵州(洋溪等)，全国各地。

8. 两色夜蛾 *Dichromia trigonalis* Guenee

分布：贵州(洋溪)，江西；日本；朝鲜。

9. 旋皮夜蛾 *Eligma narcissus* (Cramer)

分布：贵州(洋溪)，湖南，辽宁，河北，山东，浙江，湖北，福建，四川，云南；日本；印度；马来西亚；菲律宾；印度尼西亚。

10. 波魔目夜蛾 *Erebus orion* Hampson

分布：贵州(洋溪)，浙江。

11. 槲犹冬夜蛾 *Eupsilia transversa* Hufnagel

分布：贵州(洋溪)，黑龙江，吉林，新疆；欧洲；土耳其。

12. 乌桕癞皮夜蛾 *Gadirtha inexacta* (Walker)

分布：贵州(洋溪)，台湾；北美。

13. 茶色狭翅夜蛾 *Hermonassa cecilia* Butler

分布：贵州(洋溪)，江西，四川，西藏；日本。

14. 苹美皮夜蛾 *Lamprothripa lactaria* Graeser

分布：贵州(洋溪)，河北，江西，四川；日本

15. 肖毛翅夜蛾 *Lagoptera juno* Dalman

分布：贵州(洋溪)，河北，黑龙江，辽宁，湖北，浙江，江西，四川；日本；印度。

16. 仿劳粘夜蛾 *Leucania insecuta* Walker

分布：贵州(洋溪)，河北，江苏，湖北，四川，云南。

17. 瘦银锭夜蛾 *Macdunnoughia confusa* (Stephens)

分布：贵州(洋溪)，四川，吉林，内蒙古，甘肃，山西，陕西，青海，河南；欧洲。

18. 银锭夜蛾 *Macdunoughia crassisigna* (Warren)

分布：贵州(洋溪)，浙江，河南。

19. 褐毛冬夜蛾 *Mniotype magnirena* Alpheraky

分布：贵州(洋溪)，西藏，青海。

20. 光腹夜蛾 ***Mythimna turca*** **(Linnaeus)**

分布：贵州(洋溪等)，黑龙江,，湖北，江西，四川，云南。

21. 青安钮夜蛾 ***Ophiusa tirhaca*** **(Cramer)**

分布：贵州(洋溪)，福建，广东，海南，广西，云南；东南亚；非洲南部及欧洲。

22. 玫瑰巾夜蛾 ***Parallelia arctotaenia*** **Guenee**

分布：贵州(洋溪)，山东，河北，江苏，上海，浙江，安徽，江西，陕西，四川。

23. 无肾巾夜蛾 ***Parallelia crameri*** **Moore**

分布：贵州(洋溪)，浙江，广西，四川。

24. 棘翅夜蛾 ***Scolioteryx libatrix*** **(Linnaeus)**

分布：贵州(洋溪等)，黑龙江，内蒙古，河北，江苏，湖北，浙江，江西，福建，湖南，台湾，广东，广西，四川，甘肃，云南；日本；朝鲜；欧洲。

25. 胡桃豹夜蛾 ***Sinna extrema*** **(Walker)**

分布：贵州(洋溪等)，湖南，黑龙江，陕西，河南，江苏，浙江，江西，湖北，四川；日本 。

26. 星闪夜蛾 ***Sypna constellata*** **Moore**

分布：贵州(洋溪)，四川。

27. 中金弧夜蛾 ***Thysanoplusia intermixta*** **(Warren)**

分布：贵州(洋溪)，黑龙江，辽宁，吉林，天津，北京，河北，山西，陕西，宁夏，湖北、重庆、四川、台湾。

28. 黄后夜蛾 ***Trisuloides subflava*** **Wileman**

分布：贵州(洋溪)，台湾，四川。

29. 异后夜蛾 ***Trisuloides variegata*** **Moore**

分布：贵州(洋溪)，西藏。

30. 暗后夜蛾 ***Trisuloides caliginea*** **Moore**

分布：贵州(洋溪)，黑龙江，河北，江西，湖北，四川；日本；朝鲜；苏联(西伯利亚)。

31. 掌夜蛾 ***Tiracola plagiata*** **Walker**

分布：贵州(洋溪)，浙江，台湾，四川；印度；斯里兰卡；印度尼西亚；大洋洲；美洲中部。

六十、毒蛾科 Lymantridae

1. 刻茸毒蛾 ***Dasychira Taiwan taiwana*** **Wileman**

分布：贵州(洋溪)，江西，台湾。

2. 松茸毒蛾 ***Dasychira axutha*** **Collenette**

分布：贵州(洋溪等)，湖北，湖南，福建，广东，广西，四川，江苏，安徽，浙江，江西，云南。

3. 皎星黄毒蛾 ***Euproctis bimaculata*** **(Walker)**

分布：贵州(洋溪)，江苏，江西，湖北，湖南，广东，广西，四川，台湾。

六十一、舟蛾科 Notodontidae

1. 银刀奇舟蛾 ***Allata argyropeza*** **(Oberthur)**

分布：贵州(洋溪)，四川，北京，福建，浙江，河北，湖北，陕西，甘肃，江西，云南，山西。

2. 分月扇舟蛾 ***Clostera anastomosis*** **(Linnaeus)**

分布：贵州(洋溪等)，河北，内蒙古，吉林，黑龙江，江苏，浙江，安徽，福建，湖北，湖南，四川，云南，陕西，河南，甘肃，新疆；日本；朝鲜；俄罗斯；蒙古；欧洲。

3. 杨扇舟蛾 ***Clostera anachoreta*** **(Fabricius)**

分布：贵州(洋溪)，黑龙江，辽宁，吉林，天津，北京，内蒙古，河北，河南，陕西，山西，福建，浙江，宁夏，甘肃，青海，四川，重庆，云南，新疆，内蒙古，西藏，江苏，江西，上海，浙江，安徽；欧洲；日本；朝鲜；印度；斯里兰卡；印度尼西亚等。

六十二、潜叶蛾科 Lyonetiidae

1. 柑橘潜叶蛾 *Phyllocnistis citrella* Stainton

分布：贵州(洋溪等)，江西，江苏，福建，浙江，海南，广西，广东，湖南，湖北，四川，重庆，上海等。

六十三、苔蛾科 Lithosiidae

1. 白黑华苔蛾 *Agylla ramelana* (Moore)

分布：贵州(洋溪等)，江西，湖北，湖南，重庆，四川，福建，海南，云南，西藏。

2. 优美苔蛾 *Barsine striata* (Bremer *et* Grey)

分布：贵州(洋溪等)，江苏，浙江，江西，福建，湖南，广东，陕西，四川，重庆；日本。

3. 猩红雪苔蛾 *Cyana coccinea* (Moore)

分布：贵州(洋溪)，广东，海南，云南。

4. 美雪苔蛾 *Cyana distincta* (Rothschild)

分布：贵州(洋溪)，湖南，四川，福建，云南，西藏；缅甸。

5. 齿美苔蛾 *Miltochrista dentifascia* Hampson 贵州新纪录

分布：贵州(洋溪)，江西，海南，云南，西藏；缅甸；印度。

6. 玫痣苔蛾 *Stigmatophora rhodophila* (Walker)

分布：贵州(洋溪)，黑龙江，吉林，河北，山西，陕西，山东，河南，江苏，浙江，湖北，湖南，广西，四川。

7. 掌痣苔蛾 *Stigmatophora palmata* (Moore)

分布：贵州(洋溪)，广西，浙江，广东，四川，云南，江西，西藏；印度。

六十四、灯蛾科 Hypercompe

1. 大丽灯蛾 *Callimorpha histrio* Walker

分布：贵州(洋溪等)，江苏，浙江，湖北，江西，湖南，福建，台湾，四川，云南等。

2. 黑须污灯蛾 *Spilarctia casigneta* (Rothschild)

分布：贵州(洋溪)，甘肃，陕西，四川，西藏，云南，安徽，浙江，江苏，海南，新疆，台湾；巴基斯坦；印度。

3. 日污灯蛾 *Spilarctia japonensis* (Rothschild)

分布：贵州(洋溪)，甘肃，浙江，吉林，重庆等；日本。

4. 白腹污灯蛾 *Spilarctia melansoma* Hampson

分布：贵州(洋溪)，陕西，四川，云南，西藏；印度。

5. 强污灯蛾 *Spilarctia robusta* (Leech)

分布：贵州(洋溪)，甘肃，河北，陕西，山东，江苏，浙江，湖北，江西，湖南，福建，广东，四川；印度尼西亚。

6. 白污灯蛾 *Spilarctia neglecta* (Rothschild)

分布：贵州(洋溪)，西藏；印度；缅甸。

7. 粉蝶灯蛾 *Nyctemera adversata* (Schaller)

分布：贵州(洋溪等)，浙江，江西，湖南，广东，广西，河南，重庆，四川，云南，西藏，台湾等；日本；印度；尼泊尔；不丹；马来西亚；苏门答腊岛。

8. 乳白斑灯蛾 *Pericallia galactina* (Hoeven)

分布：贵州(洋溪等)，湖南，广东，广西，四川，云南；印度；印度尼西亚。

9. 八点灰灯蛾 *Creatonotus transiens*（Walker）

分布：贵州（洋溪等），山西，陕西，华东，华中，华南，四川，云南，西藏。

六十五、枯叶蛾科 Lasiocampidae

1. 马尾松毛虫 *Dendrolimus Punctatus* Walker

寄主：马尾松、黑松、湿地松、火炬松

分布：贵州（洋溪等），海南，广东，广西，福建，台湾，浙江，江苏，湖南，湖北，四川，云南，重庆，江西，河南，安徽，陕西。

2. 思茅松毛虫 *Dendrolimus kikuchii* Matsumura

分布：贵州（洋溪等），江西，福建，台湾，云南，广东，广西，浙江，安徽，湖北，湖南，四川。

3. 栗黄枯叶蛾 *Trabala vishnou* Lefebure

分布：贵州（洋溪等），湖北，安徽，湖南等。

六十六、带蛾科 Thaumetopoeidae

1. 褐斑带蛾 *Apha subdive* Walker

分布：贵州（洋溪），福建，云南。

2. 云线带蛾 *Apona yunnanensis* Mell

分布：贵州（洋溪），福建，云南。

六十七、凤蛾科 Epicopeiidae

1. 蚬蝶凤蛾 *Psychostrophia nymphidiaria*（Oberthür）

分布：贵州（洋溪），重庆，四川。

六十八、鹿蛾科 Ctenuchidae

1. 红带新鹿蛾 *Caeneressa rubrozonata* Poujade

分布：贵州（洋溪），福建，浙江，重庆。

六十九、尺蛾科 Geometridae

1. 黑星白尺蛾 *Asthena melanosticta* Wehrli

分布：贵州（洋溪等），湖南（湘南），江西，台湾，广东，广西。

2. 丝棉木金星尺蛾 *Calospilos suspecta* Warren

分布：贵州（洋溪等），华北、中南、华东、华北、西北、东北、西南等。

3. 肾纹绿尺蛾 *Comibaena procumbaria*（Pryer）

分布：贵州（洋溪等），北京，上海，浙江，四川，台湾；日本。

4. 木橑尺蠖 *Culcula panternaria* Bremer *et* Grey

分布：贵州（洋溪等），四川，河南，河北，山西，山东，台湾，江西，浙江。

5. 核桃星尺蛾 *Ophthalmitis albosignaria*（Bremer Grey）

分布：贵州（洋溪），湖南，山西，河南，河北，北京，云南。

6. 雪尾尺蛾 *Ourapteryx nivea* Butler

分布：贵州（洋溪等），湖南，浙江，甘肃，内蒙古，重庆，四川，香港；日本。

7. 黑条眼尺蛾 *Problepsis diazoma* Prout

分布：贵州（洋溪），湖南，江西，湖北；日本。

七十、波纹蛾科 Thyatiridae

1. 费浩波纹蛾 *Habrosyne fraterna* Moore

分布：贵州（洋溪），江苏，浙江，湖北，湖南，福建，台湾，重庆。

七十一、锚纹蛾科 Callidulidae

1. 隐锚纹蛾 *Tetraonus catamitus* (Geyer)

分布：贵州(洋溪)，四川，云南，广西；印度尼西亚。

七十二、蚕蛾科 Bombycidae

1. 樗蚕 *Philosamia Cynthia* Walker *et* Felder

分布：贵州(洋溪等)，全国各地；朝鲜；日本。

2. 银杏大蚕蛾 *Dictyoploca japonica* Butler

分布：贵州(洋溪等)，吉林，黑龙江，辽宁，天津，北京，河北，山西，宁夏，内蒙古，上海，山东，安徽，湖南，湖北，重庆，陕西，四川，重庆，云南；日本；朝鲜；韩国。

3. 藤豹大蚕蛾 *Loepa anthera* Jordan

分布：贵州(洋溪)，福建，湖南，广西，云南；巴基斯坦。

4. 粤豹天蚕蛾 *Loepa kuangdongensis* Mell

分布：贵州(洋溪等)，重庆，陕西，湖南。

5. 黄豹大蚕蛾 *Leopa katinka* Westwood

分布：贵州(洋溪等)，华南，西南；印度。

6. 银杏珠天蚕蛾 *Saturnia japonica* (Moe)

分布：贵州(洋溪等)，河北，山西，黑龙江，广东，广西，四川，陕西，台湾；日本等。

7. 后目珠天蚕蛾 *Saturnia simla* (Westwood)

分布：贵州(洋溪等)，广东，四川，云南，陕西。

七十三、刺蛾科 Limacodidae

1. 中国绿刺蛾 *Latoia sinica* Moore

分布：贵州(洋溪等)，山东，河北，湖北，江苏，浙江，上海，江西，四川，重庆，云南，台湾，黑龙江，吉林，辽宁。

七十四、斑蛾科 Zygaenidae

1. 梨叶斑蛾 *Illiberis pruni* Dyar

分布：贵州(洋溪等)，新疆，黑龙江，河北，山东，陕西，四川，重庆，浙江等。

七十五、螟蛾科 Pyralidae

1. 茶须野螟 *Analthes semitritalis* (Leech)

分布：贵州(洋溪)，四川，浙江，湖南，福建，台湾，广东，云南。

2. 白斑翅野螟 *Bocchoris inspersalis* (Zeller)

分布：贵州(洋溪等)，河北，浙江，湖北，福建，台湾，广东，海南，广西，四川，云南。

3. 黄翅缀叶野螟 *Botyodes diniasalis* Walker

寄主：杨、柳等。

分布：贵州(洋溪等)，东北，华北，宁夏，陕西，山东，河南，江苏，浙江，湖北，福建，台湾，四川，云南；朝鲜；日本；缅甸；印度。

4. 豆野螟 *Maruca testulalis* Geyer

分布：贵州(洋溪等)，吉林、内蒙古，河北，宁夏，甘肃，陕西，湖北，湖南，安徽，山东，山西，四川，重庆，江苏，江西，福建，广东，广西，云南，台湾。

5. 稻纵卷叶螟 *Cnaphalocrocis medinalis* Guenee

分布：贵州(洋溪等)，辽宁，黑龙江，广西，广东，山东，江西，湖北，安徽，浙江，河南，四川，湖南，云南，海南；东南亚；日本。

6. 黄杨绢野螟 *Diaphania Perspectalis* Cwalker

分布：贵州(洋溪等)，青海，甘肃，陕西，河北，山东，江苏，上海，浙江，江西，福建，湖北，湖南，广东，广西，重庆，四川，西藏。

7. 橙黑纹野螟 *Tyspanodes striata*（Butler，1879）

分布：贵州(洋溪等)，山东，江苏，浙江，湖北，江西，福建，台湾，广东，四川，云南。

8. 玉米螟 *Ostrinia nubilalis*（Hubner）

分布：贵州(洋溪等)，辽宁，吉林，黑龙江，河北，河南，山东，山西，陕西，江苏，浙江，四川，广西，广东，安徽，湖南，湖北，台湾；欧洲；北美；西北非；澳大利亚等。

9. 六斑蓝水螟 *Zalanga sexpunctalis* Moore

分布：贵州(洋溪)，海南等。

10. 桃蛀螟 *Conogethes punctiferalis*（Guenée）

分布：贵州(洋溪等)，黑龙江，内蒙古，山西，陕西，甘肃，宁夏，四川，云南，西藏，台湾，海南，广东，广西，云南；俄罗斯；朝鲜。

11. 甜菜白带野螟 *Hymenia recurvalis* Fabricius

分布：贵州(洋溪等)，黑龙江，吉林，辽宁，内蒙古，宁夏，青海，陕西，山西，北京，河北，山东，安徽，江苏，上海，浙江，江西，福建，台湾，湖南，湖北，广东，广西，重庆，四川，云南，西藏。

七十六、粉蝶科 Pieridae

1. 黑角方粉蝶 *Dercas lycorias*（Doubleday）

分布：贵州(洋溪等)，陕西，浙江，福建，四川，云南，广西；印度；尼泊尔等。

2. 檗黄粉蝶 *Eurema blanda*（Boisduval）

分布：贵州(洋溪等)，海南，广东，台湾，福建，广西，湖南；东南亚各岛屿至印度南部。

3. 宽边黄粉蝶 *Eurema hecabe*（Linnaeus）

分布：贵州(洋溪等)，浙江，四川，云南，湖南，湖北，重庆，广东，台湾，北京；日本、朝鲜、菲律宾、印度尼西亚、马来西亚、缅甸、泰国、印度、孟加拉国。

4. 圆翅钩粉蝶 *Gonepteryx amintha* Blanchard

分布：贵州(洋溪等)，华南，华中，西南，台湾，西藏；朝鲜；日本；尼泊尔；印度。

5. 黑纹粉蝶 *Pieris melete*（Ménétriès）

分布：贵州(洋溪等)，黑龙江，辽宁，河南，陕西，福建，江西，湖北，广西，云南，青海，西藏等。

6. 东方菜粉蝶 *Pieris canidia* Sparrman

分布：贵州(洋溪等)，河南，陕西，山东，湖南，浙江，江西，四川，福建，广东，海南，广西，云南，西藏；印度；缅甸等。

七十七、凤蝶科 Papilionidae

1. 宽尾凤蝶 *Agehana maraho*（Shiraka & Sonan）

分布：贵州(洋溪等)，广东，广西，湖南，台湾等。

2. 碧凤蝶 *Papilio bianor* Cramer

寄主：茱萸、飞龙掌血、柑橘、花椒、黄檗等。

分布：贵州(洋溪等)，国内大部分地区；日本；朝鲜；越南北部；印度；缅甸等。

3. 玉斑凤蝶 *Papilio helenus* Linnaeus

寄主：柑橘、双面刺、食茱萸、飞龙血掌、楝叶吴茱萸等。

分布：贵州(洋溪等)，浙江，江西，重庆，四川，广东，广西，福建，台湾，海南等；日本；朝鲜；印度；缅甸；斯里兰卡；印度尼西亚；泰国。

4. 美凤蝶 *Papilio memnon*（Linnaeus）

分布：贵州（洋溪等），四川，云南，湖北，湖南，浙江，江西，海南，广东，广西，福建，台湾；日本；印度；缅甸；泰国。

5. 巴黎翠凤蝶 *Papilio paris* Linnaeus

分布：贵州（洋溪等），河南，四川，云南，陕西，海南，广东，广西，浙江，福建，台湾，香港；印度；缅甸；泰国；老挝；越南；马来西亚；印度尼西亚。

6. 玉带凤蝶 *Papilio polytes* Linnaeus

分布：贵州（洋溪等），甘肃，青海，陕西，河北，河南，湖南，湖北，山东，山西，江西，浙江，江苏，海南，广西，四川，云南，广东，福建，台湾；印度；泰国；马来西亚；印度尼西亚；日本。

7. 蓝凤蝶 *Papilio protenor* Cramer

分布：贵州（洋溪等），华西，华南，海南。

8. 蓝凤蝶 *Papilio protenor* Cramer

分布：贵州（洋溪等），广东，云南，台湾，香港。

9. 红斑美凤蝶 *Papilio memnon*（Linnaeus）

分布：贵州（洋溪等），四川，云南，湖北，海南；日本；印度。

10. 暖曙凤蝶 *Atrophaneura aidonea*（Doubleday）

分布：贵州（洋溪等），广东，广西，海南，四川，云南；越南；泰国；缅甸；印度。

七十八、眼蝶科 Satyridae

1. 曲纹黛眼蝶 *Lethe chandica* Moore

分布：贵州（洋溪等），浙江，湖北，福建，广东，广西，重庆，四川，山西，云南，台湾。

2. 矍眼蝶 *Ypthima balda*（Fabricius）

分布：贵州（洋溪等），黑龙江，山西，甘肃，青海，河南，云南，陕西，四川，浙江，湖北，湖南，福建，广东，广西，海南，西藏；尼泊尔；不丹；巴基斯坦；缅甸；马来西亚。

七十九、斑蝶科 Danaidae

1. 虎斑蝶 *Danaus genutia*（Cramer）

分布：贵州（洋溪等），广东，广西，台湾，海南，四川，台湾；斯里兰卡；安达曼群岛；尼科巴群岛；马来半岛；巴拉望岛。

2. 大绢斑蝶 *Parantica sita*（Kollar）

分布：贵州（洋溪等），云南，湖北，湖南，广东，广西，台湾，海南；南亚；中南半岛等。

八十、蛱蝶科 Nymphalidae

1. 斐豹蛱蝶 *Argyreus hyperbius*（Linnaeus）

分布：贵州（洋溪等），福建，浙江，江西，广东，广西，台湾，北京，云南等；朝鲜；韩国；日本；菲律宾；印度尼西亚；老挝；不丹；尼泊尔；阿富汗；印度；巴基斯坦；孟加拉国；斯里兰卡；非洲北部。

2. 相思带蛱蝶 *Athyma nefte* Cramere 贵州新纪录

分布：贵州（洋溪），广东。

3. 玄珠带蛱蝶 *Athyma perius*（Linnaeus）

分布：贵州（洋溪），海南、云南、福建、台湾

4. 嘉翠蛱蝶 *Euthalia kardama*（Moore）

分布：贵州（洋溪等），四川，浙江，云南，福建。

5. 黑脉蛱蝶 *Hestina assimilis*（Linnaeus）

分布：贵州(洋溪等)，福建，黑龙江，辽宁，甘肃，河北，山西，陕西，山东，河南，湖北，浙江，江苏，江西，湖南，台湾，广东，广西，四川，云南，西藏；朝鲜；日本等。

6. 美眼蛱蝶 *Junonia almana*（Linnaeus）

分布：贵州(洋溪等)，黑龙江，吉林，辽宁，北京，河北，天津，陕西，山西，宁夏，山东，河南，湖南，湖北，安徽，江苏，江西，上海，四川，重庆，云南，广东，广西，海南，福建，香港，台湾；日本；东南亚。

7. 翠蓝眼蛱蝶 *Junonia orithya*（Linnaeus，1758）

分布：贵州(洋溪等)，陕西，河南，江西，湖北，湖南，浙江，云南，重庆，广西，广东，香港，福建，台湾。

8. 翠蓝眼蛱蝶 *Junonia orithya*（Linnaeus，1758）

分布：贵州(洋溪等)，陕西，河南，江西，湖北，湖南，浙江，云南

9. 重琉璃蛱蝶 *Kaniska canace*（Linnaeus）

分布：贵州(洋溪等)，东北，华北，华东，中南，华南，西南。

10. 夜迷蛱蝶 *Mimathyma nycteis nycteis*（Ménétriès）

分布：贵州(洋溪)，黑龙江，山西，河南，辽宁，陕西，北京。

11. 稻眉眼蝶 *Mycalesis gotama* Moore

分布：贵州(洋溪等)，河南，陕西，西藏，四川，云南，江苏，安徽，湖北，浙江，湖南，福建，江西，广东，广西，海南，台湾；越南；朝鲜；日本。

12. 羚环蛱蝶 *Neptis antilope* Leech

分布：贵州(洋溪等)，浙江，福建，河南，湖北，陕西，四川，云南。

13. 珂环蛱蝶 *Neptis clinia* Moore

分布：贵州(洋溪等)，四川，西藏，云南，海南，福建，浙江。

14. 德环蛱蝶 *Neptis dejeani* Oberthür

分布：贵州(洋溪)，云南，四川。

15. 链环蛱蝶 *Neptis pryeri* Butler

分布：贵州(洋溪)，东北，陕西，江西，台湾，北京。

16. 大二尾蛱蝶 *Polyura eudamippus*（Doubleday）贵州新纪录

分布：贵州(洋溪)，广东，台湾；印度；缅甸；泰国；老挝；越南；马来西亚；日本。

17. 秀蛱蝶 *Pseudergolis wedah*（Kollar）

分布：贵州(洋溪等)，陕西，四川，湖北，云南，西藏，重庆。

18. 散纹盛蛱蝶 *Symbrenthia lilaea*（Hewitson）

分布：贵州(洋溪等)，江西，福建，广东，广西，云南，台湾。

19. 小红蛱蝶 *Vanessa cardui*（Linnaeus）

分布：贵州(洋溪等)，全国分布(所有温带地区，包含热带地区的山区)。

八十一、喙蝶科 Libytheidae

1. 朴喙蝶 *Libythea celtis* Laicharting

分布：贵州(洋溪)，北京，辽宁，河北，山西，陕西，甘肃，河南，湖北，浙江，福建，四川，广西，台湾；日本；朝鲜；印度；缅甸；泰国；斯里兰卡；欧洲。

八十二、蚬蝶科 Riodinidae

1. 白带褐蚬蝶 *Abisara fylloides* Moore，1902

分布：贵州(洋溪等)，海南，福建，浙江，湖北，江西，云南，四川。

2. 黄带褐蚬蝶 *Abisara fylla* Westwood 贵州新纪录

分布：贵州(洋溪)，福建，云南；泰国；缅甸；印度。

3. 白蚬蝶 *Stiboges nymphidia* Butler

分布：贵州(洋溪等)，华东，华南，西南，中南，四川，云南。

八十三、灰蝶科 Lycaenidae

1. 红灰蝶 *Lycaena phlaeas*（Fabricius）

分布：贵州(洋溪)，北京，河北，黑龙江，吉林，河南，浙江，江西，福建，西藏；朝鲜；日本；欧洲；美洲；非洲等。

2. 尖翅银灰蝶 *Curetis acuta* Moore

分布：贵州(洋溪)，河南，陕西，浙江，江西，湖北，福建，海南，西藏，广西，四川，云南，台湾；日本；印度。

3. 白斑妩灰蝶 *Udara albocaerulea*（Moore）

分布：贵州(洋溪)，重庆，浙江，福建，广东，台湾；日本；中南半岛；缅甸；印度；马来半岛。

双翅目 Diptera

八十四、蝇科 Muscidae

1. 大头金蝇 Chrysomyia *megacephala*（Fabricius）

分布：贵州(洋溪等)，全国分布；日本；越南；东洋界；大洋洲普遍分布。

八十五、食蚜蝇科 Syrphidae

1. 梯斑黑食蚜蝇 *Melanostoma scalare* Fabricius

分布：贵州(洋溪等)，湖北，四川，浙江，福建，云南，西藏。

2. 黑带食蚜蝇 *Epistrophe balteata* De Geer

分布：贵州(洋溪等)，全国各地；日本；印度；欧洲；非洲北部；澳大利亚。

3. 灰带管尾蚜蝇 *Eristalis cerealis* Fabricius

分布：贵州(洋溪等)，全国各地；俄罗斯；印度；印度尼西亚；泰国等。

4. 黄颜食蚜蝇 *Syrphus ribesii*(Linnaeus)

分布(贵州(洋溪等)，河北，吉林，辽宁，四川，重庆，云南，西藏，陕西，甘肃，宁夏，新疆等。

5. 黑股条胸食蚜蝇 *Helophilus virgatus* Coquillett

分布：贵州(洋溪)，辽宁，河北，江苏，浙江，湖北，江西，四川。

八十六、实蝇科 Tephritidae

1. 具条实蝇 *Dacus scutellatus*（Hendel）

寄主：南瓜属植物等

分布：贵州(洋溪等)，上海，安徽，浙江，湖北，江西，湖南，广东，广西，福建，四川，云南，台湾；泰国；日本；韩国；马来西亚。

2. 橘小实蝇 *Bactrocera dorsalis* Hendel

分布：贵州(洋溪等)，广东，广西，福建，四川，湖南；美国；澳大利亚；巴基斯坦；印度。

3. 柑橘大实蝇 *Bactrocera minax*（Enderlein）

分布：贵州(贵州(洋溪等)，四川，重庆，云南，广西，湖南，湖北，陕西，台湾；不丹；印度；日本。

八十七、突眼蝇科 Diopsidae

1. 凹曲突眼蝇 *Cytodiopsis concaya* Yang et Chen

分布：贵州(洋溪等)，云南，西藏，广西。

八十八、水虻科 Stratiomyidae

1. 金黄指突水虻 *Ptecticus aurifer* (Walker)

分布：贵州(洋溪等)，湖南，重庆，陕西，河南，江西，宁夏，海南，北京，安徽，江苏，浙江，四川，吉林，内蒙古，河北，山西，湖北，福建，云南，广西，西藏，台湾；日本；俄罗斯；印度；印度尼西亚；马来西亚；越南。

2. 丽瘦腹水虻 *Sargus metallinus* Fabricius

分布：贵州(洋溪等)，甘肃，四川，云南，浙江，湖南，天津，吉林，北京，河北，内蒙古，陕西，山西，上海，江西，福建，广西，广东，西藏；日本；韩国；俄罗斯；印度；印度尼本亚；马来西亚；缅甸；菲律宾；斯里兰卡；泰国；大洋界。

3. 亮斑扁角水虻 *Hermetia illucens* (Linnaeus)

分布：贵州(洋溪等)，全国各地；世界各大陆地动物区。

4. 黄腹小丽水虻 *Microchrysa flaviventris* (Wiedemann)

分布：贵州(洋溪等)，江西，陕西，安徽，河南，云南，重庆，四川，广东，上海，广西，海南，浙江，江苏，台湾；日本；俄罗斯；马来西亚；印度；印度尼西亚；巴基斯坦；菲律宾；斯里兰卡；泰国；马达加斯加；喀麦隆；塞舌尔群岛；美国；大洋界。

八十九、蜂虻科 Bombyliidae

1. 姬蜂虻 *Systropus* sp.

分布：贵州(洋溪等)。

膜翅目 Hymenoptera

九十、胡蜂科 Vespidae

1. 金环胡蜂 *Vespa mandarinia* Smith

分布：贵州(洋溪等)，湖北，湖南，江苏，浙江，四川，广西，江西，福建等。

2. 墨胸胡蜂 *Vespa velutina nigrithorax* Buysson

分布：贵州(洋溪等)，浙江，重庆，四川，江西，广东，广西，福建，云南，西藏；印度；印度尼西亚。

3. 黑盾胡蜂 *Vespa bicolor* Fabricius

分布：贵州(洋溪等)，河北，河南，陕西，四川，云南，浙江，福建，广东，广西，山西等。

九十一、马蜂科 Polistidae

1. 约马蜂 *Polistes jokajamae* Radoszkowski

分布：贵州(洋溪等)，河北，河南，浙江，江西，四川，重庆，福建，广东，广西；日本。

2. 和马蜂 *Polistes rothneyi iwatai* (van der Vecht)

分布：贵州(洋溪等)，河北；朝鲜；日本。

3. 陆马蜂 *Polsties rothneyi grahami* (van der Vecht)

分布：贵州(洋溪等)，福建，黑龙江，辽宁，河北，山东，江苏，浙江，江西，安徽，湖北，广东，广西，重庆，四川。

4. 棕马蜂 *Polistes gigas* (Kirby)

分布：贵州(洋溪等)，江苏，浙江，重庆，四川，福建，广东，广西。

九十二、异腹胡蜂科 Polybiidae

1. 印度侧异腹胡蜂 *Parapolybia indica indica*（Saussure）

分布：贵州(洋溪等)，江苏，浙江，江西，福建，四川，云南；日本；缅甸；马来西亚。

九十三、叶蜂科 Tenthredinidae

1. 绿宝丽锤角叶蜂 *Abia berezowskii* Semenov

分布：贵州(洋溪等)，河南，湖北，浙江，福建，湖南。四川，重庆，云南；朝鲜；日本。

九十四、蜜蜂科 Apidae

1. 中华蜜蜂 *Apis cerana cerana* Fabricius

分布：贵州(洋溪等)，云南，四川，广西，福建，广东，湖北，安徽，湖南，江西居多，分布及全国大部分地区。

2. 黑足熊蜂 *Bombus atripes* Smith

分布：贵州(洋溪等)，河北，北京，甘肃，新疆，安徽，江苏，上海，浙江，江西，湖南，湖北，福建，广东，广西，四川，云南；缅甸。

3. 瑞熊蜂 *Bombus richardsi*（Reing）

分布：云南，四川，西藏；印度。

4. 三条熊蜂 *Bombus trifasciatus*（Smith）

分布：贵州(洋溪等)，浙江，河北，陕西，甘肃，江苏，安徽，江西，湖北，湖南，四川，重庆，台湾，福建，广东，广西，西藏；越南；泰国；缅甸；马来西亚；印度；巴基斯坦；尼泊尔；不丹。

5. 黄熊蜂 *Bombus flavescens*（Smith）

分布：贵州(洋溪等)，甘肃，浙江，湖北，江西，福建，广东，海南，广西，云南。

九十五、木蜂科 Xylocopidae

1. 黄胸木蜂 *Xylocopa appendiculata* Smith

分布：贵州(洋溪等)，辽宁，河北，山西，山东，河南，陕西，甘肃，江苏，安徽，浙江，江西，湖北，湖南，四川，福建，广东，广西，云南，海南，西藏；俄罗斯；日本；朝鲜。

九十六、姬蜂科 Ichneumonidae

1. 两色深沟姬蜂 *Trogus bicolor* Radoszkowski

分布：贵州(洋溪等)，广东，湖北，江西，四川，浙江；韩国；俄罗斯。

2. 广黑点瘤姬蜂 *Xanthopimpla punctata* Fabricius

分布：贵州(洋溪等)，河北、北京、河南、上海、湖南、台湾、西藏，云南；朝鲜；日本；菲律宾；马来西亚；印度；毛里求斯。

九十七、蚁科 Formicidae

1. 日本弓背蚁 *Camponotus japonicus* Mary

分布：贵州(洋溪等)，黑龙江，辽宁，吉林，山东，北京，江苏，上海，浙江，福建，湖南、重庆，广东，广西；日本，朝鲜等。

2. 中华四节大头蚁 *Ceratopheidole sinica* Wu et Wang

分布：贵州(洋溪)，湖南，云南。

（杨再华　朱秀娥）

鱼类名录

鲤形目 Cypriniformes

一、鳅科 Cobitidae

(一)泥鳅属 *Misgurnus* lacepede

1. 泥鳅 *M. anguillicaudatus*（Cantor） 分布：洋溪河、湄坨水库、乐茂江、茶园河。数量较多

(二)条鳅属 *Nemacheilus* van Hasselt

1. 班带条鳅 *N. fasciolatus*（Nichols et Pope）分布：茶园河。数量稀少。
2. 红尾条鳅 *N. variegates* Sauvage *et* Dabry 分布：茶园河。数量稀少。

二、鲤科 Cyprinidae

二 a、雅罗鱼亚科 Leuciscinae

(一)草鱼属 *Ctenopharyngodon* Steindachner

1. 草鱼 *C. idellus*(Cuvier et Valenciennes)分布：洋溪河、湄坨水库、乐茂江、茶园河。数量较多。

二 b、鲃丹亚科 Danioninae

(一)鱲属 *Zacco* Jordan et Evermann

1. 宽鳍鱲 *Z. platypus*（Temminck et Schlegel） 分布：洋溪河、湄坨水库、乐茂江、茶园河。数量较多。

(二)马口鱼属 *Opsariichthys* Bleeker

1. 马口鱼 *O. bidens* Cuother 分布：洋溪河、湄坨水库、乐茂江、茶园河。数量较多。

二 c、鲌亚科 Cultrinae

(三)鳘属 *Hemiculter* Bleeker

1. 鳘 *H. leucisculus*（Basilewsky）分布：洋溪河。数量较多。

(四)飘鱼属 *Pseudolaubuca* Bleeker

1. 银飘鱼 *P. sinensis* Bleeker 分布：洋溪河、乐茂江。数量一般。

(五)拟鳘属 *Pseudohemiculter* Nichols *et* Pope

1. 南方拟鳘 *P. dispar*（Peters）分布：洋溪河、乐茂江。数量一般。

(六)华鳊属 *Hemiculterella* Warpachowsky

1. 大眼华鳊 *H. sauvagei* Warpachowsky 分布：洋溪河、乐茂江。数量较多。

二 d、鲢亚科 Hypophthalmichthinae

(七)鳙属 *Aristichthys* Oshima

1. 鳙 *A. nobilis*（Richardson）分布：洋溪河、湄坨水库、乐茂江。数量少。

(八)鲢属 *Hypophalmichthys* Bleeker

1. 鲢 *H. molitrix*（Cuvier et Valenciennes）分布：洋溪河、湄坨水库、乐茂江。数量一般。

二 e、鮈亚科 Gobioninae

(九)䱻属 *Hemibarbus* Bleeker

1. 唇䱻 *H. labeo*（Pallas）分布：洋溪河、乐茂江。数量一般。
2. 花䱻 *H. maculatus* Bleeker 分布：洋溪河、乐茂江。数量一般。

(十)麦穗鱼属 *Pseudorasbora* Bleeker

1. 麦穗鱼 *P. parva*（Temminck *et* Schlegel）分布：洋溪河、湄坨水库、乐茂江、茶园河。数量一般。

(十一)鳈属 *Sarcocheilichthys* Bleeker

1. 黑鳍鳈 *S. nigripinnis nigripinnis*（Günther）分布：洋溪河、乐茂江。数量稀少。

(十二)颌须鮈属 *Gnathopogon* Bleeker

1. 银色颌须鮈 *G. argentatus* (Sauvage et Dabry)分布：洋溪河、乐茂江、茶园河。数量一般。

(十三)棒花鱼属 *Abbottina* Jordan *et* Fowler

1. 棒花鱼 *A . rivularis* (Basilewsky)

二 f、鱊亚科 Acheilognathinae

(十四)刺鳑鲏属 *Acanthorhodeus* Bleeker

1. 越南刺鳑鲏 *A. tonkinensis* Vaillant 分布：洋溪河、乐茂江。数量少。

二 g、鲃亚科 Barbinae

(十五)光唇鱼属 *Acrossocheilus* Oshima

1. 云南光唇鱼 *A.* (*A.*) *yunnanensis* (Regan)分布：洋溪河、乐茂江。数量稀少。
2. 厚唇鱼 *A.* (*Lissochilichthys*) *labiatus* (Regan)分布：洋溪河、乐茂江。数量稀少。

(十六)突吻鱼属 *Varicorhinus* Rüppell

1. 白甲鱼 *V.* (*Onychostoma*) *simus* (Sauvage *et* Dabry)分布：洋溪河、乐茂江、茶园河。数量稀少

(十七)唇鱼属 *Semilabeo* Peters

1. 泉水鱼 *S. procheilus* (Sauvage *et* Dabry)分布：洋溪河、乐茂江。数量稀少。

(十八)盘鮈属 *Discogobio* Lin

1. 云南盘鮈 *D. yunnanensis* (Regan)分布：洋溪河、乐茂江。数量稀少。

二 h、鲤亚科 Cyprininae

(十九)鲤属 *Cyprinus* Linnaeus

1. 鲤 *C.* (*Cyprinus*) *carpio haematopterus* Temminck *et* Schlegel 分布：洋溪河、乐茂江、茶园河。数量较多。
2. 华南鲤 *C.* (*Cyprinus*) *carpio rubrofuscus* Lacepede 分布：洋溪河、乐茂江。数量少。

(二十)鲫属 *Carassius* Jarocki

1. 鲫 *C. auratus* (Linnaeus)分布：洋溪河、湄坨水库、乐茂江、茶园河。数量较多。

三、平鳍鳅科 Homalopteridae

三 a、腹吸鳅亚科 Gastromyzoninae

(一)原缨口鳅属 *Vanmanenia* Hora

1. 平舟原缨口鳅 *V. pingchowensis* (Fang)分布：洋溪河、乐茂江、数量一般。

鲇形目 Siluriformes

四、鲇科 Siluridae

(一)鲇属 *Parasilurus* Bleeker

1. 鲇 *P . asotus* (Linnaeus)分布：洋溪河、湄坨水库、乐茂江、数量一般。

五、鲿科 Bagridae

(一)黄颡鱼属 *Pelteobagrus* Bleeker

1. 黄颡鱼 *P. fulvidraco* (Richardson)分布：洋溪河、湄坨水库、乐茂江。数量一般。

(二)鳠属 *Mystus* Scopli

1. 大鳍鳠 *M. macropterus* Bleeker 分布：洋溪河、乐茂江。数量稀少。

合鳃鱼目 Synbranchiformes

六、合鳃鱼科 Synbranchidae

(一)黄鳝属 *Monopterus* Lacepede

1. 黄鳝 *M. albus* (Zuiew)分布：洋溪河、涠坨水库、乐茂江、茶园河。数量少。

鲈形目 Perciformes

七、鮨科 Serranidae

(一)鳜鱼属 *Siniperca* Gill

1. 大眼鳜 *S. kneri* Garman 分布：洋溪河、乐茂江。数量稀少。

八、塘鳢科 Eleotridae

(一)沙塘鳢属 *Odontobutis* Bleeker

1. 沙塘鳢 *O. obscura*(Temminck *et* Schlegel)分布：洋溪河、乐茂江。数量稀少。

九、鰕虎鱼科 Gobiidae

(一)栉鰕虎鱼属 *Ctenogobius* Gill

1. 普栉鰕虎鱼 *C. giurinus* (Rutter)分布：洋溪河、涠坨水库、乐茂江。数量一般。
2. 褐栉鰕虎鱼 *C. brunneuss* (Temminck *et* Schlegel)分布：洋溪河、乐茂江。数量一般。

十、鳢科 Channidae

(一)鳢属 *Channa*

1. 月鳢 *C. asiatica* (Linnaeus)分布：洋溪河、乐茂江。数量稀少。

（雷孝平 陈 靖 罗新娅 秦 进）

两栖动物名录

两栖纲 AMPHIBIA

有尾目 URODELA

一、隐鳃鲵科 Cryptobranchidae

(一)大鲵属 *Andrias*

1. 大鲵 *Andrias davidianus* 流水生态类型；资源量非常稀少；查阅资料得到。

无尾目 ANURA

二、角蟾科 Megophryidae

(一)髭蟾属 *Vibrissaphora*

1. 峨眉髭蟾 *V. boringii* 流水生态类型；资源量稀少；查阅资料得到。

(二)掌突蟾属 *Paramegophrys*

1. 峨山掌突蟾 *P. oshanensis* 陆栖－流水生态类型；资源量稀少；查阅资料得到。

(三)齿蟾属 *Oreolalax*

1. 红点齿蟾 *O. rhodostigmatus* 流水生态类型；资源量稀少；采集或观察到实体。

(四)角蟾属 *Megophrys*

1. 小角蟾 *M. minor* 陆栖－流水生态类型；资源量丰富；查阅资料得到。

三、蟾蜍科 Bufonidae

(一)蟾蜍属 *Bufo*

1. 中华蟾蜍指名亚种 *B. gargarizans gargarizans* 陆栖－静水生态类型；资源量丰富；采集或观察到实体。

四、雨蛙科 Halidae

(一)雨蛙属 *Hyla*

1. 华西雨蛙武陵亚种 *H. gongshanensis wulingensis* 树栖生态类型；资源量丰富；采集或观察到实体。

2. 无斑雨蛙 *H. immaculate* 树栖生态类型；资源量丰富；采集或观察到实体。

五、蛙科 Ranidae

(一)林蛙属 *Rana*

1. 峨眉林蛙 *R. omeimontis* 陆栖－静水生态类型；资源量丰富；采集或观察到实体。

2. 镇海林蛙 *R. zhenhaiensis* 陆栖－静水生态类型；资源量丰富；采集或观察到实体。

(二)侧褶蛙属 *Pelophylax*

1. 黑斑侧褶蛙 *P. nigromaculatus* 静水生态类型；资源量丰富；采集或观察到实体。

(三)沼蛙属 *Boulengerana*

1. 沼水蛙 *B. guentheri* 静水生态类型；资源量丰富；采集或观察到实体。

(四)臭蛙属 *Odorrana*

1. 龙胜臭蛙 *O.* (*Odorrana*)*lungshengensis* 流水生态类型；资源量一般；采集或观察到实体。

2. 绿臭蛙 *O.* (*Odorrana*) *margaretae* 流水生态类型；资源量稀少；查阅资料得到。

3. 花臭蛙 *O.* （*Odorrana*）*schmackeri* 流水生态类型；资源量丰富；采集或观察到实体。

(五)陆蛙属 *Fejervarya*

1. 泽陆蛙 *F. multistriata* 陆栖－静水生态类型；资源量丰富；采集或观察到实体。

(六)棘蛙属 *Paa*

1. 棘腹蛙 *P. boulengeri* 流水生态类型资源量一般；采集或观察到实体。

2. 棘侧蛙 *P. shini* 流水生态类型；资源量稀少；采集或观察到实体。

(七)湍蛙属 *Amolops*

1. 华南湍蛙 *A. ricketti* 流水生态类型；资源量丰富；采集或观察到实体。

六、树蛙科 Rhacophoridae

(一)泛树蛙属 *Polypedates*

1. 斑腿泛树蛙 *P. megacephalus* 树栖生态类型；资源量丰富；采集或观察到实体。

2. 无声囊泛树蛙 *P. mutus* 树栖生态类型资源量一般；采集或观察到实体。

七、姬蛙科 Microhylidae

(一)姬蛙属 *Microhyla*

1. 粗皮姬蛙 *M. butleri* 陆栖－静水生态类型；资源量丰富；采集或观察到实体。

2. 小弧斑姬蛙 *M. heymonsi* 陆栖－静水生态类型；资源量丰富；采集或观察到实体。

3. 合征姬蛙 *M. mixture* 陆栖－静水生态类型；资源量一般；查阅资料得到。

4. 饰纹姬蛙 *M. ornata* 陆栖－静水生态类型；资源量丰富；采集或观察到实体。

（李仕泽　吕敬才　李　灿　魏　刚　邹诗兵　欧　飞　徐　宁）

爬行动物名录

龟鳖目 TESTUDOFORMES

一、鳖科 Trionychidae

(一)鳖属 *Pelodiscus*

1. 中华鳖 *P. sinensis* 种群数量稀少，收录依据为调查。

蜥蜴目 LCERTIFORMES

二、石龙子科 Scincidae

(一)蜓蜥属 *Sphenomorphus*

1. 铜蜓蜥 *S. indicus*　种群数量丰富，收录依据为调查。

有鳞目 SQUAMATA

三、游蛇科 Colubridae

(一)脊蛇属 *Achalinus*

1. 黑脊蛇 *A. spinalis*

(二)后棱蛇属 *Opisthotropis*

1. 山溪后棱蛇 *O. latouchii*

(三)斜鳞蛇属 *Pseudoxenodon*

1. 大眼斜鳞蛇中华亚种 *P. macrops sinensis*

(四)钝头蛇属 *Pareas*

2. 平鳞钝头蛇 *P. boulengeri*

(五)腹链蛇属 *Amphiesma*

1. 丽纹腹链蛇 *A. optatum*
2. 八线腹链蛇 *A. octolineata*

(六)锦蛇属 *Elaphe*

1. 王锦蛇 *E. carinata*　种群数量丰富，收录依据为调查。
2. 黑眉锦蛇 *E. taeniura*　种群数量丰富，收录依据为调查。
3. 玉斑锦蛇 *E. mandarina*
4. 灰腹绿锦蛇 *E. frenata*

(七)白环蛇属 *Lycodom*

1. 黑背白环蛇 *L. ruhstrati*　种群数量一般，收录依据为走访。

(八)链蛇属 *Dinodon*

1. 赤链蛇 *D. rufozonatum*　种群数量丰富，收录依据为调查。

(九)剑蛇属 *Sibynophis*

1. 黑头剑蛇 *S. chinensis*　种群数量一般。

(十)颈槽蛇属 *Rhobdophis*

1. 虎斑颈槽蛇 *R. tigrina lateralis*　种群数量一般，收录依据为走访。

(十一)翠青蛇属 *Cyclophiops*

1. 翠青蛇 *C. major*　种群数量一般，收录依据为走访。

(十二)乌梢蛇属 *Zaocys*

1. 乌梢蛇 *Z. dhumnades*　种群数量丰富，收录依据为调查。

(十三)鼠蛇属 *Ptyas*

1. 灰鼠蛇 *P. korros*　种群数量稀少。

(十四)林蛇属 *Boiga*

1. 绞花林蛇 *B. kraepelini*　种群数量丰富。

四、眼镜蛇科 Elapidae

(一)环蛇属 *Bungarus*

1. 银环蛇 *B. multicinctus*　种群数量一般，收录依据为走访。

五、蝰科 Viperidae

(一)原矛头蝮属 *Protobothrops*

1. 原矛头蝮 *P. mucrosquamatus* 种群数量丰富，收录依据为调查。

(二)尖吻蝮属 *Deinagkistrodon*

1. 尖吻蝮 *D. acutus* 种群数量一般，收录依据为调查。

(三)竹叶青蛇属 *Viridovipera*

1. 福建竹叶青蛇 *V. stejnegeri* 种群数量一般，收录依据为走访。

（李仕泽 吕敬才 李 灿 魏 刚 邹诗兵 欧 飞 徐 宁）

鸟类名录

䴙䴘目 PODICIPEDIFORME

一、䴙䴘科 Podicipediae

1. 小䴙䴘 *Tachybaptus ruficollis* 留鸟，罕见种，栖息生境为湿地。

鹳形目 CICONIIFORMES

二、鹭科 Ardeidae

1. 绿鹭 *Butorides striatus* 留鸟，罕见种，栖息生境为湿地。
2. 苍鹭 *Ardea cinerea* 冬候鸟，稀有种，栖息生境为湿地、农田。
3. 白鹭 *Egretta garzetta* 留鸟，常见种，栖息生境为湿地、农田。
4. 牛背鹭 *Bubulcus ibis* 留鸟，常见种，栖息生境为湿地、农田。
5. 池鹭 *Ardeola bacchus* 留鸟，常见种，栖息生境为湿地。

雁形目 ANSERIFORMES

三、鸭科 Anatidae

1. 绿翅鸭 *Anas crecca* 冬候鸟，罕见种，栖息生境为湿地。
2. 鸳鸯 *Aix galericulata* 冬候鸟、留鸟，稀有种，栖息生境为湿地。

隼形目 FALCONIFORMES

四、鹰科 Accipitridae

1. 黑冠鹃隼 *Aviceda leuphotes* 留鸟，稀有种，栖息生境为森林。
2. 蛇雕 *Spilornis cheela* 留鸟，稀有种，栖息生境为森林。
3. 凤头鹰 *Accipiter trivirgatus* 留鸟，罕见种，栖息生境为森林。
4. 赤腹鹰 *Accipiter soloensis* 夏候鸟，稀有种，栖息生境为森林、农田。
5. 松雀鹰 *Accipiter virgatus* 留鸟，稀有种，栖息生境为森林。

五、隼科 Falconidae

1. 红隼 *Falco tinnunculus* 留鸟，常见种，栖息生境为森林。
2. 燕隼 *Falco subbuteo* 夏候鸟，稀有种，栖息生境为森林。

鸡形目 GALLIFORMES

六、雉科 Phasianidae

1. 灰胸竹鸡 *Bambusicola thoracicus* 留鸟，稀有种，栖息生境为森林、草地及灌丛。
2. 白颈长尾雉 *Syrmaticus ellioti* 留鸟，稀有种，栖息生境为森林。
3. 白冠长尾雉 *Syrmaticus reevesii* 留鸟，罕见种，栖息生境为森林、农田。
4. 雉鸡 *Phasianus colchicus* 留鸟，稀有种，栖息生境为森林、农田。
5. 红腹锦鸡 *Chrysolophus pictus* 留鸟，常见种，栖息生境为森林、草地及灌丛。

鹤形目 GRUIFORMES

七、秧鸡科 Rallidae

1. 白胸苦恶鸟 *Amaurornis phoenicurus*　留鸟，稀有种，栖息生境为湿地。

鸻形目 CHARADDRIIFORMES

八、鸻科 Charadriidae

1. 金眶鸻 *Charadrius dubius*　冬候鸟，稀有种，栖息生境为湿地。

鸽形目 COLUMBIFORMES

九、鸠鸽科 Columbidae

1. 山斑鸠 *Streptopelia orientalis*　留鸟，常见种，栖息生境为森林、草地及灌丛、农田、居民区。
2. 珠颈斑鸠 *Streptopelia chinensis*　留鸟，稀有种，栖息生境为森林、草地及灌丛、农田、居民区。

鹃形目 CUCULIFORMES

十、杜鹃科 Cuculidae

1. 大杜鹃 *Cuculus canorus*　夏候鸟，稀有种，栖息生境为森林、草地及灌丛。
2. 棕腹杜鹃 *Cuculus nisicolor*　夏候鸟，罕见种，栖息生境为森林。
3. 四声杜鹃 *Cuculus micropterus*　夏候鸟，稀有种，栖息生境为森林。
4. 八声杜鹃 *Cacomantis merulinus*　夏候鸟，罕见种，栖息生境为森林、草地及灌丛。
5. 小杜鹃 *Cuculus poliocephalus*　夏候鸟，常见种，栖息生境为森林。
6. 中杜鹃 *Cuculus saturatus*　夏候鸟，常见种，栖息生境为森林。
7. 大鹰鹃 *Cuculus sparverioides*　夏候鸟，稀有种，栖息生境为森林。
8. 噪鹃 *Eudynamys scolopacea*　夏候鸟，常见种，栖息生境为森林、草地及灌丛。
9. 乌鹃 *Surniculus dicruroides*　夏候鸟，稀有种，栖息生境为森林。

鸮形目 STRIGIFORMES

十一、鸱鸮科 Strigidae

1. 黄腿渔鸮 *Ketupa flavipes*　夏候鸟，罕见种，栖息生境为森林、湿地。
2. 斑头鸺鹠 *Glaucidium cuculoides*　留鸟，常见种，栖息生境为森林、草地及灌丛。

佛法僧目 CORACIIFORMES

十二、翠鸟科 Alcedinidae

1. 普通翠鸟 *Alcedo atthis*　留鸟，常见种，栖息生境为湿地。
2. 白胸翡翠 *Halcyon smyrnensis*　留鸟，稀有种，栖息生境为湿地。
3. 冠鱼狗 *Megaceryle lugubris*　留鸟，稀有种，栖息生境为湿地。

戴胜目 UPUPIFORMES

十三、戴胜科 Upupidae

1. 戴胜 *Upupa epops*　留鸟，稀有种，栖息生境为草地及灌丛、农田、居民区。

鴷形目 PICIFORMES

十四、拟鴷科(须鴷科)Capitonidae

1. 大拟啄木鸟 *Megalaima virens*　留鸟，稀有种，栖息生境为森林。

十五、啄木鸟科 Picidae

1. 斑姬啄木鸟 *Picumnus innominatus*　留鸟，常见种，栖息生境为森林。
2. 灰头绿啄木鸟 *Picus canus*　留鸟，常见种，栖息生境为森林。
3. 星头啄木鸟 *Picoides canicapillus*　留鸟，常见种，栖息生境为森林。

4. 黄嘴栗啄木鸟 *Blythipicus pyrrhotis* 留鸟，常见种，栖息生境为森林。

雀形目 PASSERIFORMES

十六、燕科 Hirundinidae

1. 金腰燕 *Cecropis daurica* 夏候鸟，优势种，栖息生境为农田、居民区。

十七、鹡鸰科 Motacillidae

1. 白鹡鸰 *Motacilla alba* 留鸟，常见种，栖息生境为湿地、草地及灌丛、农田、居民区。
2. 灰鹡鸰 *Motacilla cinerea* 留鸟，常见种，栖息生境为湿地、草地及灌丛、农田、居民区。
3. 树鹨 *Anthus hodgsoni* 夏候鸟，稀有种，栖息生境为森林、草地及灌丛、农田。

十八、山椒鸟科 Campephagidae

1. 短嘴山椒鸟 *Pericrocotus brevirostris* 夏候鸟，稀有种，栖息生境为森林。
2. 小灰山椒鸟 *Pericrocotus cantonensis* 旅鸟，稀有种，栖息生境为森林。
3. 灰山椒鸟 *Pericrocotus divaricatus* 旅鸟，稀有种，栖息生境为森林。

十九、鹎科 Pycnonotidae

1. 领雀嘴鹎 *Spizixos semitorques* 留鸟，优势种，栖息生境为森林、草地及灌丛、农田。
2. 黄臀鹎 *Pycnonotus xanthorrhous* 留鸟，优势种，栖息生境为森林、草地及灌丛、农田。
3. 白头鹎 *Pycnonotus sinensis* 留鸟，常见种，栖息生境为森林、草地及灌丛。
4. 栗背短脚鹎 *Hemixos castanonotus* 留鸟，优势种，栖息生境为森林。
5. 绿翅短脚鹎 *Hypsipetes mcclellandii* 留鸟，常见种，栖息生境为森林。
6. 黑短脚鹎 *Hypsipetes leucocephalus* 留鸟，常见种，栖息生境为森林。

二十、伯劳科 Laniidae

1. 虎纹伯劳 *Lanius tigrinus* 夏候鸟，稀有种，栖息生境为草地及灌丛、农田。
2. 红尾伯劳 *Lanius cristatus* 夏候鸟，稀有种，栖息生境为草地及灌丛、农田。
3. 棕背伯劳 *Lanius schach schach* 留鸟，常见种，栖息生境为森林、草地及灌丛、农田。

二十一、黄鹂科 Oriolidae

1. 黑枕黄鹂 *Oriolus chinensis* 夏候鸟，稀有种，栖息生境为森林。

二十二、卷尾科 Dicruridae

1. 黑卷尾 *Dicrurus macrocercus* 夏候鸟，常见种，栖息生境为森林、草地及灌丛、农田。
2. 灰卷尾 *Dicrurus leucophaeus* 夏候鸟，稀有种，栖息生境为森林、草地及灌丛、农田。
3. 发冠卷尾 *Dicrurus hottentottus* 夏候鸟，常见种，栖息生境为森林、草地及灌丛。

二十三、椋鸟科 Sturnidae

1. 八哥 *Acridotheres cristatellus* 留鸟，优势种，栖息生境为草地及灌丛、农田、居民区。

二十四、鸦科 Corvidae

1. 松鸦 *Garrulus glandarius* 留鸟，常见种，栖息生境为森林。
2. 红嘴蓝鹊 *Urocissa erythrorhyncha* 留鸟，常见种，栖息生境为森林、农田。
3. 灰树鹊 *Dendrocitta formosae* 留鸟，常见种，栖息生境为森林。
4. 喜鹊 *Pica pica bactriana* 留鸟，常见种，栖息生境为草地及灌丛、农田、居民区。
5. 小嘴乌鸦 *Corvus corone* 留鸟，稀有种，栖息生境为居民区。
6. 白颈鸦 *Corvus torquatus* 留鸟，稀有种，栖息生境为森林、农田。

二十五、河乌科 Cinclidae

1. 褐河乌 *Cinclus pallasii* 留鸟，稀有种，栖息生境为湿地。

二十六、鸫科 Turdidae

1. 红胁蓝尾鸲 *Tarsiger cyanurus*　冬候鸟，常见种，栖息生境为森林、草地及灌丛。
2. 鹊鸲 *Copsychus saularis*　夏候鸟，常见种，栖息生境为草地及灌丛、农田、居民区。
3. 北红尾鸲 *Phoenicurus auroreus*　冬候鸟，常见种，栖息生境为草地及灌丛、农田、居民区。
4. 红尾水鸲 *Rhyacornis fuliginosa*　留鸟，常见种，栖息生境为湿地。
5. 灰背燕尾 *Enicurus schistaceus*　留鸟，常见种，栖息生境为湿地。
6. 白额燕尾 *Enicurus leschenaulti*　留鸟，常见种，栖息生境为湿地。
7. 灰林[即鸟] *Saxicola ferreus*　留鸟，常见种，栖息生境为草地及灌丛。
8. 黑喉石[即鸟] *Saxicola torquata*　留鸟，稀有种，栖息生境为草地及灌丛。
9. 蓝矶鸫 *Monticola solitarius*　留鸟，稀有种，栖息生境为草地及灌丛。
10. 紫啸鸫 *Myophonus caeruleus*　留鸟，稀有种，栖息生境为湿地、草地及灌丛。
11. 黑胸鸫 *Turdus dissimilis*　留鸟，常见种，栖息生境为草地及灌丛。
12. 乌鸫 *Turdus merula*　留鸟，常见种，栖息生境为森林、草地及灌丛。

二十七、鹟科 Muscicapidae

1. 乌鹟 *Muscicapa sibirica*　夏候鸟，罕见种，栖息生境为森林。
2. 北灰鹟 *Muscicapa dauurica*　夏候鸟，罕见种，栖息生境为森林。
3. 方尾鹟 *Culicicapa ceylonensis*　留鸟，稀有种，栖息生境为森林。

二十八、王鹟科 Monarchinae

1. 寿带 *Terpsiphone paradisi*　夏候鸟，稀有种，栖息生境为森林。

二十九、画眉科 Timaliidae

1. 黑脸噪鹛 *Garrulax perspicillatus*　留鸟，稀有种，栖息生境为森林、草地及灌丛。
2. 画眉 *Garrulax canorus*　留鸟，稀有种，栖息生境为森林、草地及灌丛。
3. 白颊噪鹛 *Garrulax sannio*　留鸟，优势种，栖息生境为草地及灌丛。
4. 斑胸钩嘴鹛 *Pomatorhinus erythrocnemis*　留鸟，常见种，栖息生境为森林、草地及灌丛。
5. 棕颈钩嘴鹛 *Pomatorhinus ruficollis*　留鸟，常见种，栖息生境为森林、草地及灌丛。
6. 红头穗鹛 *Stachyris ruficeps*　留鸟，常见种，栖息生境为森林、草地及灌丛。
7. 矛纹草鹛 *Babax lanceolatus*　留鸟，常见种，栖息生境为森林、草地及灌丛。
8. 红嘴相思鸟 *Leiothrix lutea*　留鸟，优势种，栖息生境为森林、草地及灌丛。
9. 褐头雀鹛 *Alcippe cinereiceps*　留鸟，稀有种，栖息生境为森林。
10. 褐胁雀鹛 *Alcippe dubia*　留鸟，稀有种，栖息生境为草地及灌丛。
11. 灰眶雀鹛 *Alcippe morrisonia*　留鸟，优势种，栖息生境为草地及灌丛。
12. 栗耳凤鹛 *Yuhina castaniceps*　留鸟，优势种，栖息生境为森林。
13. 黑颏凤鹛 *Yuhina nigrimenta*　留鸟，优势种，栖息生境为森林。

三十、鸦雀科 Paradoxornithidae

1. 棕头鸦雀 *Paradoxornis webbianus*　留鸟，优势种，栖息生境为草地及灌丛。

三十一、莺科 Sylviidae

1. 强脚树莺 *Cettia fortipes*　留鸟，常见种，栖息生境为草地及灌丛。
2. 褐柳莺 *Phylloscopus fuscatus*　冬候鸟，稀有种，栖息生境为草地及灌丛。
3. 冠纹柳莺 *Phylloscopus reguloides*　夏候鸟，常见种，栖息生境为森林。
4. 黄胸柳莺 *Phylloscopus cantator*　留鸟，常见种，栖息生境为森林。
5. 棕脸鹟莺 *Abroscopus albogularis*　留鸟，常见种，栖息生境为森林。

三十二、绣眼鸟科 Zosteropidae

1. 暗绿绣眼鸟 *Zosterops japonicus* 留鸟，优势种，栖息生境为森林。

三十三、长尾山雀科 Aegithalidae

1. 红头长尾山雀 *Aegithalos concinnus* 留鸟，优势种，栖息生境为森林、草地及灌丛。

三十四、山雀科 Paridae

1. 黄腹山雀 *Parus venustulus* 留鸟，常见种，栖息生境为森林。
2. 大山雀 *Parus major* 留鸟，常见种，栖息生境为森林、草地及灌丛。
3. 绿背山雀 *Parus monticolus* 留鸟，常见种，栖息生境为森林。

三十五、䴓科 Sittdae

1. 普通䴓 *Sitta europaea* 留鸟，罕见种，栖息生境为森林。

三十六、花蜜鸟科 Nectariniidae

1. 蓝喉太阳鸟 *Aethopyga gouldiae* 留鸟，常见种，栖息生境为森林、草地及灌丛。
2. 叉尾太阳鸟 *Aethopyga christinae* 留鸟，稀有种，栖息生境为森林。

三十七、雀科 Passeridae

1. 山麻雀 *Passer rutilans* 留鸟，优势种，栖息生境为森林、草地及灌丛、农田、居民区。
2. 麻雀 *Passer montanus* 留鸟，优势种，栖息生境为草地及灌丛、农田、居民区。

三十八、梅花雀科 Estrildidae

1. 白腰文鸟 *Lonchura striata* 留鸟，优势种，栖息生境为草地及灌丛、农田、居民区。

三十九、燕雀科 Fringillidae

1. 燕雀 *Fringilla montifringilla* 冬候鸟，优势种，栖息生境为森林、草地及灌丛。
2. 金翅雀 *Carduelis sinica* 冬候鸟，优势种，栖息生境为森林、草地及灌丛、农田。

四十、鹀科 Emberizidae

1. 凤头鹀 *Melophus lathami* 留鸟，罕见种，栖息生境为草地及灌丛、农田。
2. 三道眉草鹀 *Emberiza cioides* 留鸟，常见种，栖息生境为草地及灌丛、农田。
3. 黄喉鹀 *Emberiza elegans* 留鸟，常见种，栖息生境为森林、草地及灌丛、农田。
4. 小鹀 *Emberiza pusilla* 冬候鸟，常见种，栖息生境为居民区、草地及灌丛、农田。

（匡中帆　李筑眉　江亚猛　陈东升　李　扬　李振吉）

兽类名录

食虫目 Insectivora

一、鼩鼱科 Soricidae

1. 灰麝鼩 *Crocidura attenuat* 来源为访谈。

翼手目 Chiroptera

二、菊头蝠科 Rhinolophidae

1. 绒毛菊头蝠 *Rhinolophus pearsoni* 来源为文献。

三、蝙蝠科 Vespertillionidae

1. 水鼠耳蝠 *Myotis daubentoni* 来源为实体、粪便。

灵长目 Primates

四、猴科 Cercopithecidae

1. 猕猴 *Macaca mulatta* 来源为访谈。

2. 藏酋猴 *Macaca thibetana* 来源为访谈。

鳞甲目 Pholidota

五、鲮鲤科 Manidae

1. 穿山甲 *Manis pentadactyla* 来源为巢穴、访谈。

食肉目 Carnivora

六、犬科 Canidae

1. 赤狐 *Vulpes vulpes* 来源为文献。
2. 貉 *Nyctereutes procyonoides* 来源为文献。

七、鼬科 Mustelidae

1. 青鼬 *Martes flavigula* 来源为文献。
2. 黄腹鼬 *Mustela kathiah* 来源为文献。
3. 黄鼬 *Mustela sibirica* 来源为访谈。
4. 鼬獾 *Melogale moschata* 来源为实体、访谈。
5. 狗獾 *Meles meles* 来源为粪便、足迹、访谈。
6. 猪獾 *Arctonyx collaris* 来源为粪便、足迹、食迹、访谈、红外检测影像。
7. 水獭 *Lutra lutra* 来源为文献。

八、灵猫科 Viverridae

1. 大灵猫 *Viverra zibetha* 来源为访谈。
2. 斑灵狸 *Prionodon pardicolor* 来源为访谈。
3. 花面狸 *Paguma larvata* 来源为实体、访谈、红外检测影像。

九、猫科 Felidae

1. 豹猫 *Prionailurus bengalensis* 来源为访谈。

偶蹄目 Artiodactyla

十、猪科 Suidae

1. 野猪 *Sus scrofa* 来源为足迹、食迹、访谈。

十一、麝科 Moschidae

1. 林麝 *Moschus berezovskii* 来源为访谈。

十二、鹿科 Cervidae

1. 毛冠鹿 *Elaphodus cephalophus* 来源为实体。
2. 小麂 *Muntiacus reevesi* 来源为实体、粪便、足迹、访谈。
3. 赤麂 *Muntiacus vaginalis* 来源为访谈。

十三、牛科 Bovidae

1. 斑羚 *Naemorhedus goral* 来源为访谈。
2. 鬣羚 *Naemorhedus sumatraensi* 来源为实体、访谈。

啮齿目 Rodentia

十四、松鼠科 Sciuridae

1. 赤腹松鼠 *Callosciurus erythraeus* 来源为实体、食迹、访谈。
2. 隐纹花松鼠 *Tamiops swinhoei* 来源为访谈。

十五、鼯鼠科 Petauristidae

1. 棕鼯鼠 *Petaurista petaurista* 来源为实体、粪便、访谈。

十六、鼠科 Muridae

1. 巢鼠 *Micromys minutus* 来源为巢穴。
2. 高山姬鼠 *Apodemus chevrieri* 来源为文献。
3. 黄胸鼠 *Rattus tanezumi* 来源为实体、巢穴。
4. 大足鼠 *Rattus nitidus* 来源为文献。
5. 褐家鼠 *Rattus norvegicus* 来源为食迹、访谈、文献。
6. 社鼠 *Niviventer confucianus* 来源为实体、食迹、巢穴。
7. 针毛鼠 *Niviventer fulvescens* 来源为巢穴、文献。
8. 青毛巨鼠 *Berylmys bowersi* 来源为巢穴。
9. 白腹巨鼠 *Leopoldamys edwardsi* 来源为实体、巢穴、红外检测影像。
10. 小家鼠 *Mus musculus* 来源为文献。
11. 锡金小家鼠 *Mus pahari* 来源为文献。

十七、竹鼠科 Rhizomyidae

1. 银星竹鼠 *Rhixomys pruinosus* 来源为食迹、巢穴、访谈。

十八、豪猪科 Hystricidae

1. 豪猪 *Hystrix brachyura* 来源为实体、粪便、访谈。

兔形目 Lagomorpha

十九、兔科 Leporidae

1. 草兔 *Lepus capensis* 来源为实体、访谈。

（张明明　张海波　冉景丞　粟海军　王元顶　黄　冰）

附：科学考察人员信息

一、基础组

朱　军：贵州省林科院，副院长，研究员
吴　鹏：贵州省林科院，在读博士
高华端：贵州大学，教授
龚羿文：贵州大学，学生
罗忠志：贵州大学，学生
穆　彪：茅台学院，教授
张　莉：仁怀市环保局，硕士，助理工程师
刘　京：茅台学院，硕士，讲师
朱惊毅：贵州省野生动植物管理站，高工
杨婷婷：茂兰保护区管理局，助工
谭志明：印江县林业局，工程师
高　江：印江县林业局，助理工程师
罗时娟：印江县林业局，工程师
秦　进：印江县林业局，工程师
代瑞华：印江县气象局，技术员

二、动物组

冉景丞：贵州省野生动植物保护站，站长，研究员
李筑眉：贵州科学院生物所，研究员
张明明：贵州大学林学院，博士，教授
张海波：贵州大学林学院，学生
王元顶：贵州大学林学院，学生
江亚猛：贵州省野生动植物管理站，工程师
匡中凡：贵州科学院生物所
李　扬：雷公山保护局
魏　刚：茅台学院，教授
徐　宁：茅台学院，教授
吕敬才：贵阳学院
李仕泽：贵阳学院
雷孝平：梵净山保护区管理局，副局长，高工
陈　靖：梵净山保护区管理局
罗新娅：梵净山保护区管理局
杨再华：贵州省林科院，博士，副研究员
朱秀娥：贵州省林科院，工程师
龙见坤：贵州大学
周　舜：贵州大学

陈会明：贵州科学院生物所，博士，总工，副研究员
张志升：西南大学生物科学学院，教授
王露雨：西南大学生物科学学院
孟祥伟：西南大学生物科学学院
谭贤明：印江县林业局，助理工程师
严小波：印江县林业局，助理工程师
陈天仁：印江县林业局，工程师
张　红：印江县林业局，助理工程师
洪　华：印江县林业局，助理工程师
游云军：印江县林业局，工程师
黄　冰：印江县林业局，助理工程师
任亚华：印江县林业局，助理工程师
任晓东：印江县林业局，工程师

三、植物组

张华海：贵州省野生动植物管理站，研究员
陈志萍：贵州省林科院，工程师
冯邦贤：铜仁市林业局，硕士
安黔宁：铜仁市林业局，站长，高工
李光容：贵州大学
穆　君：习水国家自然保护区管理局
汤升虎：贵州省植物园，硕士
吴兴亮：贵州科学院，教授
康　超：贵州科学院
龚光禄：贵州科学院
李秋华：贵州师范大学，博士后，教授
胡　韧：贵州师范大学，硕士
李　磊：贵州师范大学，硕士
李新华：贵州师范大学，硕士
熊源新：贵州大学生命科学学院，教授
周金川：山东大学，博士
何　林：遵义师范学院
夏　欣：贵州大学生命科学学院，学生
周书芹：贵州大学生命科学学院，学生
苟光前：贵州大学生命科学学院，博士，教授
钟世梅：贵州大学生命科学学院，学生
吴菲菲：贵州大学生命科学学院，学生
孙巧玲：贵州大学生命科学学院，学生
王美娟：贵州大学生命科学学院，学生
安明态：贵州大学林学院，博士，教授
王加国：贵州大学林学院，学生
李晓芳：贵州大学林学院，学生
杨成华：贵州省林科院，研究员

李　鹤：贵州省林科院，助工
李从瑞：贵州省林科院，工程师
韦堂灵：望谟县林业局，站长，工程师
邓伦秀：贵州省林科院，博士，研究员
潘德权：贵州省林科院，助理研究员
杨传东：梵净山保护区管理局，局长，研究员
张　泓：梵净山保护区管理局
范云美：贵州省野生动植物管理站，副站长，高工
宋泽芬：黔南州林业种苗站
林　虹：贵州省野生动植物管理站
王加国：贵州大学林学院
姜运力：贵州省林科院，副所长，高工
田　凡：贵州省林科院，硕士
黄小龙：贵州大学，硕士
杨　洋：贵州师范大学
黄雁飞：印江县林业局，工程师
田朝阳：印江县林业局，高级工程师
潘明发：印江县林业局，助理工程师
徐　华：印江县林业局，助理工程师
李秀斌：印江县林业局，助理工程师
李应树：印江县林业局，高级工程师
黄　力：印江县林业局，助理工程师
邹锡彬：印江县林业局，助理工程师
李朝彪：印江县林业局，工程师
杨印铭：印江县林业局，工程师
王　婷：印江县林业局，助理工程师
张小玲：印江县林业局，工程师
严丽蓉：印江县林业局，工程师
王时霞：印江县林业局，工程师

四、资源生态组

谢双喜：贵州大学，教授
谢镇国：雷公山保护局，研究员
刘　飞：贵州大学
张文洁：贵州大学
唐　静：贵州大学
杨荣和：贵州师范大学，教授
丁章超：贵州省林校
蒙惠理：茂兰保护区管理局，工程师
杨加文：黔东南州林科所，硕士
罗　扬：贵州省林科院，院长，博士，研究员
姚世雄：贵州大学，研究生
李　茂：贵州省林科院，副所长，工程师

陈　祥：印江县林业局，工程师
王　英：印江县林业局，工程师
陈光德：印江县林业局，助理工程师
王　蓉：印江县林业局，工程师
任晓英：印江县林业局，工程师
田　英：印江县林业局，助理工程师

五、旅游、区划组

余登利：茂兰保护区管理局，副局长，高工
陈正仁：茂兰保护区管理局
兰洪波：茂兰保护区管理局
魏鲁明：麻阳河保护区管理局，局长，研究员
刘　龙：麻阳河保护区管理局
肖　志：麻阳河保护区管理局
陈东升：贵州省野生动植物管理站，工程师
欧阳洁：媒体记者
田如春：印江县林业局，助理工程师
孟　敏：印江县林业局，工程师
杨明富：印江县林业局，助理工程师
邓　辉：印江县林业局，助理工程师
代　江：印江县林业局，工程师

印江洋溪自然保护区行政区划图

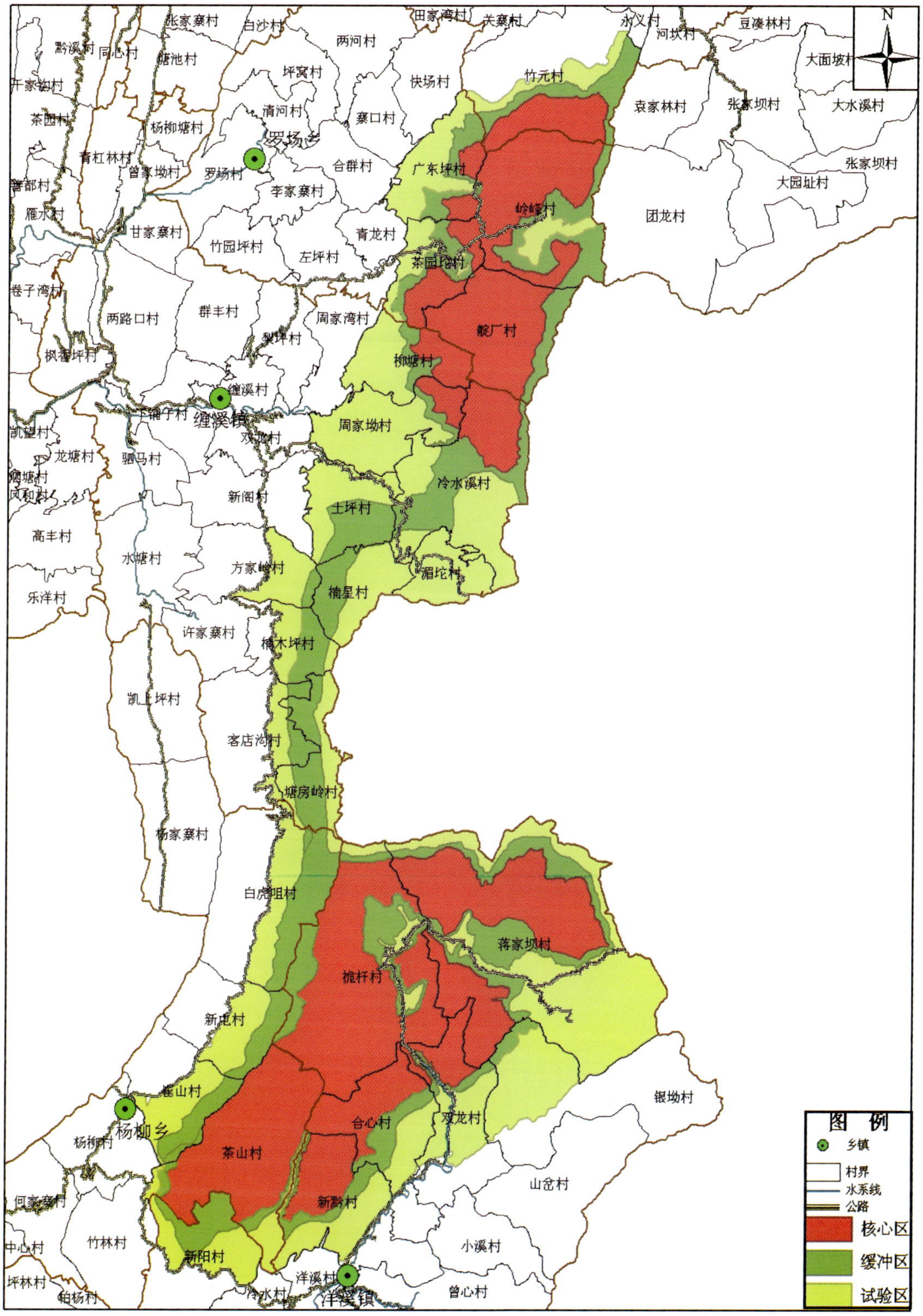

自然概貌

断层河谷

河谷地貌

宏观地貌

溪流

岩溶地貌之一

（均由高华端拍摄）

岩溶地貌之二（李茂　摄）

地下暗河

隔水地层

岩溶地貌之三

河流景观

自然风光

保护区景观（陈东升　摄）

三花山秋色（陈东升　摄）

茶园核心片区（陈东升　摄）

保护区远景（陈东升　摄）

山顶远眺（陈东升　摄）

山间小溪（陈东升　摄）

挂榜山秋色（李茂　摄）

茶园（李茂　摄）

俯瞰桅杆村（李茂　摄）

深山村寨（李茂　摄）

万里桥（陈东升　摄）

远眺挂榜山（李茂　摄）

真菌资源

盾状裸柄伞 *Gymnopus peronatus*

高大环柄菇 *Macrolepiota procera*

冠锁瑚菌
Clavulina cristata

褐扇小孔菌 *Microporus verniceps*

红皮美口菌 *Calostoma cinnabarinum*

（均由吴兴亮拍摄）

红汁乳菇
Lactarius hatsudake

鳞片扇菇
Panellus stipticus

蜜环菌
Armillaria mellea

斯托氏小皮伞 *Marasmius staudtii*

硬皮地星 *Astraeus hygrometricus*

苔藓资源

单齿藓 *Dozya japonica*

东亚小金发藓 *Pogonatum inflexum*

红蒴真藓 *Bryum atrovirens*

黄角苔 *Phaeoceros laevis*

角状刺枝藓 *Wijkia hornschuchii*

（均由熊源新拍摄）

球蒴木灵藓东亚变种
Orthotrichum laevigatum var. *japonicum*

小金发藓 *Pogonatum aloides*

新丝藓 *Neodicladiella pendula*

异齿藓 *Regmatodon declinatus*

石松与蕨类资源

笔管草 *Equisetum ramosissimum*

耳形瘤足蕨 *Plagiogyria stenoptera*

伏地卷柏 *Selaginella nipponica*

江南卷柏 *Selaginella moellendorffii*

亮鳞肋毛蕨 *Ctenitis subglandulosa*

三翅铁角蕨 *Asplenium tripteropus*

（均由苟光前拍摄）

石松 *Lycopodium japonicum*

水龙骨 *Polypodiodes niponica*

相近石韦
Pyrrosia assimilis

银粉背蕨 *Aleuritopteris argentea*

紫萁 *Osmunda japonica*

草本植物资源

红花龙胆 *Gentiana rhodantha*

还亮草 *Delphinium anthriscifolium*

黄金凤 *Impatiens siculifer*

毛茛 *Ranunculus japonicas*

鸡眼梅花草 *Parnassia wightiana*

石菖蒲 *Acorus tatarinowii*

（均由安明态拍摄）

深裂竹根七 *Disporopsis pernyi*

一把伞南星 *Arisaema erubescens*

鼠麴草 *Gnaphalium affine*

万寿竹 *Disporum cantoniense*

血盆草 *Salvia cavaleriei* var. *simplicifolia*

厚叶蛛毛苣苔 *Paraboea crassifolia*

骆骑 *Cirsium handelii*

南川百合 *Lilium rosthornii*

木本植物资源

河滩冬青 *Ilex metabaptista*

杜鹃 *Rhododendron simsii*

榉树 *Zelkova serrata*

云实 *Caesalpinia decapetala*

（均由安明态、杨成华拍摄）

柔毛绣球 *Hydrangea aspera*

野鸦椿 *Euscaphis japonica*

巴东荚蒾 *Viburnum henryi*

桑寄生 *Taxillus sutchuenensis*

黄杉 *Pseudotsuga sinensis*

川黔紫薇 *Lagerstroemia excels*

新种 – 柔毛黄精

Polygonatum sinopubescens M. T. An, Yun Lin & J. G. Wang

（均由安明态拍摄）

软体动物资源

（均由陈会明拍摄）

椭圆背角无齿蚌
Anodonta woodiana elliptica

掌肢新米虾指名亚种
Neocaridina palmata

浙山蛩
Spirobolus walkeri

蜘蛛资源

波纹花蟹蛛 *Xysticus croceus*

伯氏金蛛 *Argiope boesenbergi*

大腹园蛛 *Araneus ventricosus*

怪肥腹蛛 *Steatoda terastiosa*

横纹金蛛 *Argiope bruennich*

角红蟹蛛 *Thomisus labefactus*

蓝翠蛛 *Siler cupreus*

南国壁钱 *Uroctea compactilis*

普氏散蛛 *Spartaeus platnichi*

（均由陈会明拍摄）

前齿肖蛸 *Tetragnatha praedonia*

蛃腹阿里蛛 *Ariamnes cylindrogaster*

银背艾蛛
Cyclosa argenteoalba

山地亮腹蛛 *Singa alpigena*

西里银鳞蛛
Leucauge celebesiana

钟巢腴蛛 *Parasteatoda campanulata*（雌蛛）

锥腹肖蛸
Tetragnatha maxillosa

星斑丽蛛
Chrysso scintillans（雌蛛）

星斑丽蛛
Chrysso scintillans（雄蛛）

叶斑八氏蛛 *Yaginumia sia*

昆虫资源

暗黑缘蝽 *Hygia opaca*

赤条蝽 *Graphosoma rubrolineata*

川拟沫蝉 *Paracercopis seminigra*

二斑素瓢虫 *Illeris bistigmosa*

二纹柱叶甲 *Gallerucida bifasciata*

灰带管尾蚜蝇 *Eristalis cerealis*

（均由杨再华拍摄）

十斑大瓢虫 *Anisolemnia dilatata*

双带盘瓢虫 *Coelophora biplagiata*

梯斑黑食蚜蝇 *Melanostoma scalare*

完璧矍眼蝶 *Ypthima perfecta*

中华弧丽金龟 *Popillia quadriguttata*

鱼类资源

（均由雷孝平拍摄）

白甲鱼 *Varicorhinus (Onychostoma) simus*

褐栉鰕虎鱼 *Ctenogobius brunneuss*

黑鳍鳈 *Sarcocheilichthys nigripinnis nigripinnis*

较多的堤坝阻碍了鱼类洄游

宽阔的水域为鱼类提供了栖息生存场所

林间小溪是小型鱼类的重要生存环境

宽鳍鱲 *Zacco platypus*

马口鱼 *Opsariichthys. bidens*

麦穗鱼 *Pseudorasbora parva*

泉水鱼 *Semilabeo procheilus*

云南光唇鱼 *Acrossocheilus yunnanensis*

爬行动物资源

（均由魏刚拍摄）

八线腹链蛇 *Amphiesma octolineata*

黑脊蛇 *Achalinus spinalis*

平鳞钝头蛇
Pareas boulengeri

山溪后棱蛇
Opisthotropis latouchii

两栖动物资源

斑腿泛树蛙 *Polypedates megacephalus*

峨眉林蛙 *Rana omeimontis*

峨眉髭蟾 *Vibrissaphora boringii*

花臭蛙 *Odorrana schmackeri*

华南湍蛙 *Amolops ricketti*

棘侧蛙 *Paa shini*

（均由魏刚拍摄）

棘腹蛙 *Paa boulengeri*

饰纹姬蛙 *Microhyla ornata*

无声囊泛树蛙
Polypedates mutus

宜章臭蛙 *Odorrana yizhangensis*

镇海林蛙 *Rana omeimontis*

鸟类资源

暗绿绣眼 *Zosterops japonicus*（匡中帆　摄）

戴胜 *Upupa epops*（江亚猛　摄）

黑卷尾 *Dicrurus macrocercus*（匡中帆　摄）

红尾水鸲 *Rhyacornis fuliginosa*（匡中帆　摄）

黄腹山雀 *Parus venustulus*（江亚猛　摄）

灰胸竹鸡 *Bambusicola thoracicus*（匡中帆　摄）

红嘴蓝鹊 *Urocissa erythrorhyncha*（匡中帆　摄）

黄腿渔鸮 *Ketupa flavipes*（李茂　摄）

领雀嘴鹎 *Spizixos semitorques*（江亚猛　摄）

山麻雀 *Passer rutilans*（江亚猛　摄）

燕雀 *Fringilla montifringilla*（匡中帆　摄）

兽类资源

赤腹松鼠（陈东升　摄）

棕鼯鼠（张明明　摄）

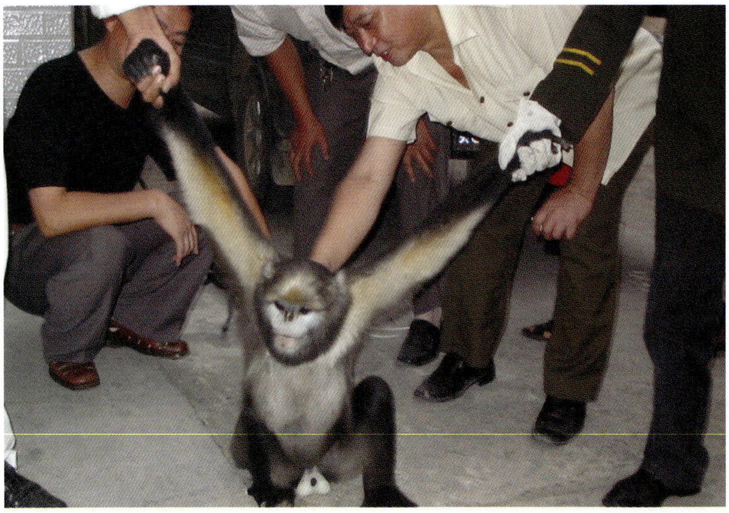

黔金丝猴
2005年9月4日，在印江自治县罗场乡救助了一只下山觅食迷路的黔金丝猴，并护送到黑湾河梵净山野生动物救助中心。
（印江县林业局　提供）

花面狸（张明明　摄）

猪獾（张明明　摄）

启动仪式与总结

2014 年 5 月 11 日，启动仪式在印江县洋溪镇举行（陈东升　摄）

2014年5月20日，第一阶段小结会议（李茂　摄）

贵州省林业厅黎平厅长在启动仪式上讲话（陈东升　摄）

贵州省林科院罗扬院长在第一阶段小结会上讲话（李茂　摄）

科考剪影

贵州省林业厅厅长黎平（左二）、贵州省林科院院长罗扬（右二）、印江县副县长田猛（左一）、印江县林业局局长张安兵（右一）在保护区调研

（吴华　摄）

贵州省林业厅野生动植物保护处处长孙吉慧（左二）在保护区调研

（吴华　摄）

合影

标本整理（陈东升　摄）

渡河（李茂　摄）

溶洞考察（李茂　摄）

考察途中

涉水考察（李鹤　摄）

鸟类调查（陈东升　摄）

溶洞考察（李茂　摄）

调查途中（李鹤　摄）

调查行进中（李鹤　摄）

雨中考察（李鹤　摄）

植物鉴定（陈东升　摄）